Elektrodynamik

Einführung für Physiker und Ingenieure

Von Akad. Oberrat Dipl.-Phys. Roland Kröger
und Prof. Dr.-Ing. Rolf Unbehauen
Universität Erlangen-Nürnberg

3., überarbeitete Auflage
Mit 265 Abbildungen und 47 Aufgaben
mit Lösungen

B. G. Teubner Stuttgart 1993

Die Deutsche Bibliothek - CIP-Einheitsaufnahme

Kröger, Roland:
Elektrodynamik : Einführung für Physiker und Ingenieure /
von Roland Kröger und Rolf Unbehauen. 3., überarb. Aufl.
Stuttgart : Teubner, 1993

NE: Unbehauen, Rolf:

ISBN 978-3-663-01221-4 ISBN 978-3-663-01220-7 (eBook)
DOI 10.1007/978-3-663-01220-7
Softcover reprint of the hardcover 3rd edition 1993

Gesamtherstellung: Zechnersche Buchdruckerei GmbH, Speyer
Umschlaggestaltung: P.P.K,S-Konzepte, T. Koch, Ostfildern/Stuttgart

VORWORT ZUR ZWEITEN AUFLAGE

Auf mittlerem mathematischen Niveau (dreidimensionale Vektoranalysis plus Wellengleichung) führt dieses Buch in die klassische Elektrodynamik ein. Dabei stehen die Maxwell-Gleichungen (einschließlich der zugehörigen Grenzbedingungen) im Mittelpunkt. Die traditionelle Unterscheidung zwischen "Maxwell-Gleichungen im Vakuum" und "Maxwell-Gleichungen in Materie" wird allerdings nicht übernommen. Statt dessen wird unterschieden zwischen Größen ($\boldsymbol{E}$ und $\boldsymbol{B}$), die den (makroskopisch gemittelten) Zustand des Vakuums zwischen den Materieteilchen beschreiben und Größen (ρ_f, $\boldsymbol{P}$, $\boldsymbol{J}_f$, $\boldsymbol{M}$), die ausschließlich der Materie zuzuordnen sind. Im Rahmen dieses Konzepts lassen sich $\boldsymbol{D}$ und $\boldsymbol{H}$ sehr einfach als Hilfsfelder definieren.

Auf die spezielle Relativitätstheorie wird zwar nur kurz eingegangen, doch werden bewußt Aussagen vermieden, die zu ihr im Widerspruch stehen. Das betrifft vor allem die Formulierung des integralen Induktionsgesetzes (gemeint ist die einschlägige Maxwell-Gleichung) und die Darstellung der Induktion in bewegten Leitern durch *Hinzunahme* des entsprechend modifizierten Ohmschen Gesetzes (vgl. die Abschnitte 3.4.1c und 7.5).

Die Maxwell-Gleichungen werden im üblichen vektoranalytischen Formalismus dargestellt. Dieser ist seinem Wesen nach räumlich dreidimensional, so daß die zeitlichen Ableitungen der Felder immer extra angeschrieben werden müssen. Diese Äußerlichkeit eines nicht ganz adäquaten Formalismus läßt die Größen $\partial \boldsymbol{E}/\partial t$, $\partial \boldsymbol{B}/\partial t$ als etwas Besonderes erscheinen, und als solches werden sie bekanntlich auch heute noch angesehen, obwohl die relativistische raum-zeitlich vierdimensionale Schreibweise der Maxwell-Gleichungen längst bekannt ist. Diese Schreibweise wird im Buch zwar nicht angewendet, doch wird konsequent vermieden, die Maxwell-Gleichungen in der üblichen Art zu interpretieren, wobei $\partial \boldsymbol{E}/\partial t$ und $\partial \boldsymbol{B}/\partial t$ als dynamische Ursachen von $\boldsymbol{B}$ bzw. $\boldsymbol{E}$ aufgefaßt werden (vgl. Abschnitt 3.5). Eine Interpretation des elektrodynamischen Formalismus wird statt dessen an die retardierten Lösungen der Maxwell-Gleichungen geknüpft (vgl. Abschnitt 11.4.3). Besonderer Wert wird daher auf diese retardierten Lösungen im Zeitbereich gelegt, was hinsichtlich Umfang und konzeptioneller Bedeutung kaum anderswo in vergleichbaren Büchern zu finden sein dürfte.

Das Buch betont also die begrifflichen Grundlagen und bemüht sich dabei um ausführliche Erläuterungen (u.a. durch viele vollständig gerechnete Beispiele und Aufgaben mit Lösungen). Daher sollte es sich auch zum Selbststudium gut eignen.

Die sehr ansprechende äußere Form verdankt diese zweite Auflage vor allem der engagierten Arbeit von Frau H. Schadel (Textverarbeitung) und Frau E. Orth (Bilder).

Erlangen, Juli 1990 *Die Autoren*

VORWORT ZUR DRITTEN AUFLAGE

Anläßlich der dritten Auflage wurden alle uns bekannt gewordenen Fehler korrigiert und der Text an zahlreichen Stellen überarbeitet. Insbesondere wurden die Beispiele 10.2.3 und 11.5.1 umgeschrieben und die alte Aufgabe 9.1, die identisch mit dem Beispiel 9.3.1b war, durch eine neue ersetzt.

Auch die jetzige Aufgabe 11.5 ist neu. Sie und die Aufgabe 11.3 illustrieren die Integralform der inhomogenen Maxwell-Gleichungen in ungewohnter Weise.

Unsere Behandlung der quasistationären Näherung wird jetzt durch eine "Zusammenfassung" am Ende des Abschnitts 6.5.1 abgeschlossen, wodurch stärker als bisher der uns wesentliche Punkt herausgestellt wird: Nicht die Verschiebungsstromdichte als Ganzes, sondern nur deren induzierter Anteil bleibt bei der quasistationären Näherung unberücksichtigt. So kann man dann etwa auch im Inneren von Kondensatoren, wo der coulombsche Anteil der Verschiebungsstromdichte unerläßlich ist, quasistationär rechnen (s. Beispiel 10.3d).

Im Vorwort zur zweiten Auflage fehlt ein Hinweis auf die erste Auflage. Sie erschien 1987 unter dem Titel "Technische Elektrodynamik" in der Reihe "Teubner Studienbücher".

Erlangen, Dezember 1992 *Die Autoren*

INHALT

1 Vektoranalytische Hilfsmittel

Dieses erste Kapitel stellt die in der Elektrodynamik benötigten vektoranalytischen Hilfsmittel bereit. Es handelt sich dabei im wesentlichen um die Begriffe "Gradient", "Divergenz" und "Rotation" sowie um die Integralsätze von Gauß, Stokes und Green.

Weil die Darstellung kurz und anschaulich sein soll, muß auf mathematische Vollständigkeit verzichtet werden. Stetigkeit oder Differenzierbarkeit der betrachteten Felder wird im jeweils nötigen Umfang stillschweigend vorausgesetzt. Die genannten Integralsätze werden nur plausibel gemacht. Ziel ist die von der Anschauung geleitete Anwendung der formalen Hilfsmittel und nicht deren restlos exakte Begründung.

Vom Leser werden erwartet die erforderlichen Kenntnisse über Vektoralgebra, partielles Differenzieren sowie Kurven-, Flächen- und Volumen-Integration.

Eine gute Einführung in das gesamte hier angesprochene Stoffgebiet geben die Bücher von Bourne/Kendall und S. Großmann (s. Literaturverzeichnis).

Generell sei vorausgesetzt, daß alle Koordinatensysteme rechtshändig sind. Dadurch werden Komplikationen insbesondere bei der Berechnung von Vektorprodukten vermieden. In diesem ersten Kapitel sind alle Größen dimensionslos und zeitunabhängig.

1.1 Skalare und vektorielle Felder

Die Eigenschaft X sei innerhalb eines ausgedehnten Punktekontinuums örtlich variabel. Dann spricht man von einem X-Feld. Beispiele sind die Druckverteilung in der Atmosphäre und die Geschwindigkeitsverteilung (nach Betrag und Richtung) innerhalb einer Strömung. Ersteres nennt man ein skalares, letzteres ein vektorielles Feld. Formal handelt es sich hier also um Funktionen des Ortes, deren Werte skalare oder vektorielle Größen sind:

$$U = U(\boldsymbol{r}) \qquad \text{(skalares Feld)},$$

$$\boldsymbol{F} = \boldsymbol{F}(\boldsymbol{r}) \qquad \text{(vektorielles Feld)}.$$

Dabei wird mit $\boldsymbol{r}$ der Ortsvektor bezüglich des Ursprungs (Nullpunktes) bezeichnet. Solange rein vektoriell gerechnet wird, genügt die Festlegung dieses einen Punktes, ohne zugleich auch schon Koordinaten einzuführen. Zwischen Punkten im Raum und ihren Ortsvektoren bezüglich des Nullpunktes besteht eine umkehrbar eindeutige Zuordnung, so daß man kurz vom "Punkt $\boldsymbol{r}$" sprechen kann.

1.1.1 Veranschaulichung durch Niveauflächen und Feldlinien

Zu einem vorgegebenen Punkt $\boldsymbol{r}_0$ betrachte man diejenige Fläche durch $\boldsymbol{r}_0$, für deren andere Punkte $\boldsymbol{r}$ das skalare Feld $U(\boldsymbol{r})$ den gleichen Wert U_0 hat wie im Punkt $\boldsymbol{r}_0$. Diese durch

$$U(\boldsymbol{r}) = U(\boldsymbol{r}_0) = U_0$$

implizit definierte Fläche wird Niveaufläche zum Wert U_0 genannt. Eine Schar derartiger Niveauflächen (s. Bild 1.1) gibt eine gute Veranschaulichung skalarer Felder. Meist wählt man die Flächen so aus, daß sich der Wert von U beim Übergang von einer Fläche zu einer benachbarten stets um den gleichen Wert ändert.

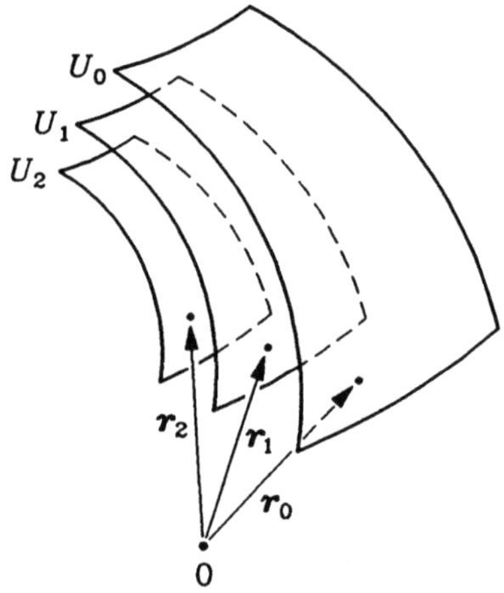

Bild 1.1

Vektorfelder lassen sich dadurch veranschaulichen, daß man in einzelnen Raumpunkten den Feldvektor anträgt, wie dies für die Punkte $\boldsymbol{r}_1$, $\boldsymbol{r}_2$ und $\boldsymbol{r}$ im Bild 1.2 geschehen ist.

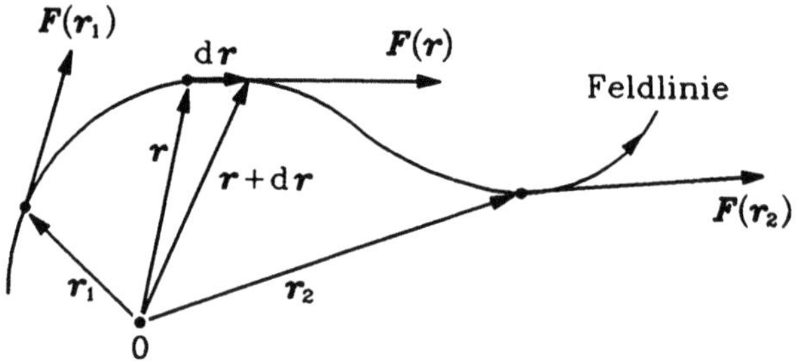

Bild 1.2

Übersichtlicher stellt man Vektorfelder mit Hilfe von Feldlinien dar. Das sind Kurven, die in jedem Punkt tangential zum dortigen Feldvektor verlaufen. Geht man also vom Punkt $\boldsymbol{r}$ aus ein infinitesimales Stück $d\boldsymbol{r}$ in Richtung des dortigen Feldvektors $\boldsymbol{F}(\boldsymbol{r})$, dann bewegt man sich auf der durch $\boldsymbol{r}$ verlaufenden Feldlinie (s. Bild 1.2). Die Parallelität von $\boldsymbol{F}(\boldsymbol{r})$ und $d\boldsymbol{r}$ wird durch die Gleichung

$$\boldsymbol{F}(\boldsymbol{r}) \times \mathrm{d}\boldsymbol{r} = \boldsymbol{0} \tag{1.1}$$

ausgedrückt.

In einfachen Fällen können die Feldlinien zu einem gegebenen Vektorfeld durch Integration der Gl. (1.1) ermittelt werden (vgl. Beispiel 1.1.2b). Andernfalls muß numerisch gerechnet werden: Zum Punkt $\boldsymbol{r}_{\nu+1}$ auf der gesuchten Feldlinie gelangt man näherungsweise gemäß

$$\boldsymbol{r}_{\nu+1} = \boldsymbol{r}_\nu + \frac{\boldsymbol{F}(\boldsymbol{r}_\nu)}{|\boldsymbol{F}(\boldsymbol{r}_\nu)|} \Delta s \ ,$$

wenn $\boldsymbol{r}_\nu$ der zuvor ermittelte Feldlinienpunkt ist und die Schrittweite Δs genügend klein gewählt wird.

Man beachte, daß $\boldsymbol{F}(\boldsymbol{r})$ und $U(\boldsymbol{r})\boldsymbol{F}(\boldsymbol{r})$ $(U(\boldsymbol{r}) \neq 0)$, obwohl es verschiedene Vektorfelder sind, die gleichen Feldlinien haben. Feldlinienbilder sind anschauliche Hilfen, aber kein vollwertiger Ersatz für die mathematische Beschreibung durch die Kenngrößen Divergenz und Rotation, die das Hauptthema dieses Kapitels sind.

1.1.2 Beispiele

a) Ein skalares Feld sei durch

$$U(\boldsymbol{r}) = \frac{1}{r}$$

für $r = |\boldsymbol{r}| \neq 0$ definiert. Die Niveauflächen $1/r = \text{const}$ sind offensichtlich Kugelflächen um den Ursprung (s. Bild 1.3).

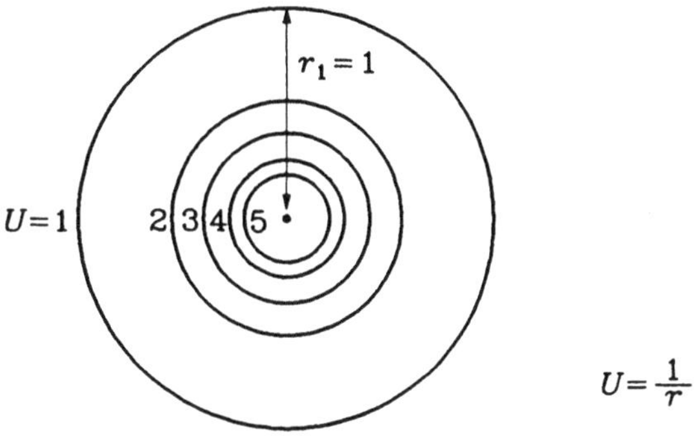

Bild 1.3

b) Ein Vektorfeld sei durch

$$\boldsymbol{F}(\boldsymbol{r}) = \frac{\boldsymbol{r}}{r^3}$$

für $r \neq 0$ definiert. Obwohl man dieser Darstellung unmittelbar entnehmen kann, daß die Feldlinien radiale Geraden bezüglich des Ursprungs sind, (s. Bild 1.4) soll dieser Tatbestand aus der Differentialgleichung (1.1) formal hergeleitet werden. Sie lautet in diesem Fall nach Einsetzen des Vektorfeldes und beidseitiger Multiplikation mit r^3

$$\boldsymbol{r} \times \mathrm{d}\boldsymbol{r} = \boldsymbol{0} . \tag{1.2}$$

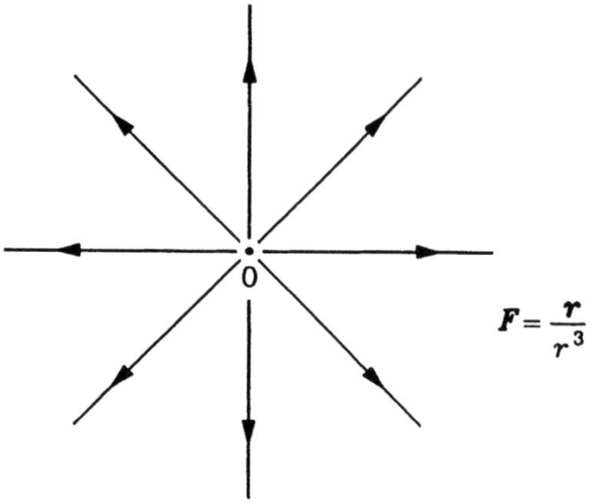

Bild 1.4

Legt man in den Ursprung ein kartesisches Koordinatensystem mit den drei Einheitsvektoren $\boldsymbol{e}_x$, $\boldsymbol{e}_y$ und $\boldsymbol{e}_z$, so gilt

$$\boldsymbol{r} = x\,\boldsymbol{e}_x + y\,\boldsymbol{e}_y + z\,\boldsymbol{e}_z\,, \qquad \mathrm{d}\boldsymbol{r} = \mathrm{d}x\,\boldsymbol{e}_x + \mathrm{d}y\,\boldsymbol{e}_y + \mathrm{d}z\,\boldsymbol{e}_z$$

und

$$\boldsymbol{r} \times \mathrm{d}\boldsymbol{r} = (y\,\mathrm{d}z - z\,\mathrm{d}y)\,\boldsymbol{e}_x - (x\,\mathrm{d}z - z\,\mathrm{d}x)\,\boldsymbol{e}_y + (x\,\mathrm{d}y - y\,\mathrm{d}x)\,\boldsymbol{e}_z\,.$$

Wegen Gl. (1.2) folgt hieraus

$$y\,\mathrm{d}z = z\,\mathrm{d}y\,, \quad x\,\mathrm{d}z = z\,\mathrm{d}x\,, \quad x\,\mathrm{d}y = y\,\mathrm{d}x\,. \tag{1.3}$$

Gesucht wird die Feldlinie durch einen vorgegebenen Punkt $P_0 = (x_0, y_0, z_0)$, wobei das Achsenkreuz immer so gedreht werden kann, daß alle drei Koordinaten ungleich null sind. Die Feldlinie durch P_0 wird nun so weit berechnet, als auch für ihre anderen Punkte $x \neq 0$, $y \neq 0$, $z \neq 0$ gilt. Dann dürfen die drei Gln. (1.3) in die Form

$$\frac{\mathrm{d}y}{y} = \frac{\mathrm{d}z}{z}\,, \quad \frac{\mathrm{d}x}{x} = \frac{\mathrm{d}z}{z}\,, \quad \frac{\mathrm{d}y}{y} = \frac{\mathrm{d}x}{x}$$

gebracht werden. Die Integration der ersten dieser Differentialgleichungen liefert

$$\ln\frac{y}{y_0} = \ln\frac{z}{z_0}\,,$$

und nach beidseitiger Anwendung der Exponentialfunktion

$$z_0\,y - y_0\,z = 0\,.$$

Analog ergeben sich

$$z_0\,x - x_0\,z = 0\,, \quad y_0\,x - x_0\,y = 0\,.$$

Jeweils eine dieser drei Beziehungen ist überflüssig, da sie von den anderen beiden linear abhängig ist.

Durch die letzte Bedingung wird eine Ebene festgelegt, die den Punkt P_0 und die z-Achse enthält. Die vorletzte Bedingung bestimmt eine Ebene durch P_0 und die y-Achse. Da der Nullpunkt ausgeschlossen wurde, besteht der Durchschnitt beider "punktierten" Ebenen aus zwei Halbgeraden, die in unmittelbarer Nähe des Ursprungs beginnen. Eine davon geht durch P_0 und ist somit die gesuchte Feldlinie.

Wie erwartet, verlaufen also die Feldlinien geradlinig in radialer Richtung bezüglich des Ursprungs. In Bild 1.4, das man sich räumlich ergänzt denken muß, sind einige Feldlinien dargestellt.

An diesem Beispiel ist typisch, daß sich aus Gl. (1.1) Flächen (hier Ebenen) ergeben, deren Durchschnitt die gesuchten Feldlinien sind.

1.2 Gradient eines skalaren Feldes

In einem skalaren Feld $U(\boldsymbol{r})$ denke man sich zwei eng benachbarte Niveauflächen, deren U-Werte um ΔU differieren. Will man von einer der Flächen auf kürzester Wegstrecke Δl zur anderen, soll mit anderen Worten der Quotient $|\Delta U|/\Delta l$ maximal werden, dann muß man senkrecht zu den Flächen fortschreiten. Das wird im folgenden Abschnitt durch die Einführung eines Vektors zusammengefaßt, der in jedem Punkt eines skalaren Feldes Betrag und Richtung der maximalen Feldzunahme angibt.

1.2.1 Definition des Gradienten und eine Folgerung

Es sei ein skalares Feld $U(\boldsymbol{r})$ gegeben. Im Bild 1.5 sind die Schnittlinien (gestrichelt) zweier infinitesimal benachbarter Niveauflächen dieses Feldes mit der Zeichenebene dargestellt.

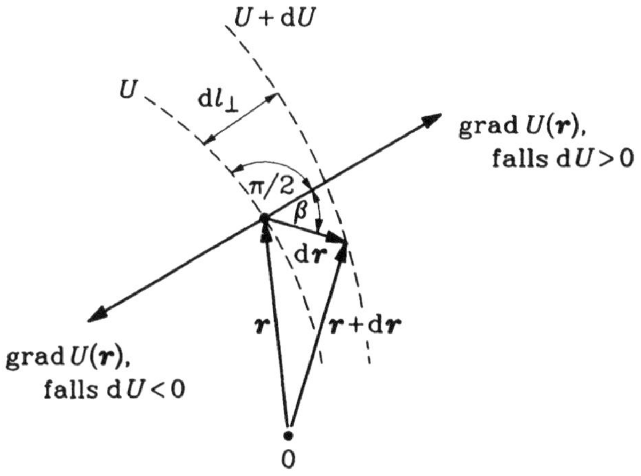

Bild 1.5

In der hier betrachteten sehr kleinen Umgebung von $\boldsymbol{r}$ sollen die Niveauflächen senkrecht zur Zeichenebene verlaufen. Als Gradient von U im Punkt $\boldsymbol{r}$ bezeichnet man den Vektor $\operatorname{grad} U(\boldsymbol{r})$, der wie folgt definiert ist:

(a) $\operatorname{grad} U(\boldsymbol{r})$ steht senkrecht auf der Niveaufläche im Punkt $\boldsymbol{r}$ und zeigt in die Richtung zunehmender Werte von U.

(b) Es gilt

$$|\operatorname{grad} U(\boldsymbol{r})| = \frac{|\mathrm{d}U|}{\mathrm{d}l_\perp},$$

wobei $\mathrm{d}l_\perp$ der senkrechte Abstand ist, den die beiden Niveauflächen $U = \text{const}$ und $U + \mathrm{d}U = \text{const}$ haben. Die Größe $\mathrm{d}U$ kann positiv oder negativ sein, da sie als die Differenz $\mathrm{d}U = U(\boldsymbol{r} + \mathrm{d}\boldsymbol{r}) - U(\boldsymbol{r})$ definiert ist.

Für die sehr kleine Ortsveränderung $\mathrm{d}\boldsymbol{r}$ wird jetzt das Skalarprodukt $(\operatorname{grad} U) \cdot \mathrm{d}\boldsymbol{r}$ berechnet. Mit den Bezeichnungen von Bild 1.5 gilt

$$(\operatorname{grad} U) \cdot \mathrm{d}\boldsymbol{r} = \begin{cases} |\operatorname{grad} U|\ |\mathrm{d}\boldsymbol{r}|\ \cos\beta, & \text{falls } \mathrm{d}U > 0, \\ |\operatorname{grad} U|\ |\mathrm{d}\boldsymbol{r}|\ \cos(\pi - \beta), & \text{falls } \mathrm{d}U < 0. \end{cases}$$

Hieraus folgt mit der Eigenschaft (b)

$$(\operatorname{grad} U) \cdot \mathrm{d}\boldsymbol{r} = \begin{cases} \dfrac{|\mathrm{d}U|}{\mathrm{d}l_\perp}\ |\mathrm{d}\boldsymbol{r}|\ \cos\beta, & \text{falls } \mathrm{d}U > 0, \\ \dfrac{|\mathrm{d}U|}{\mathrm{d}l_\perp}\ |\mathrm{d}\boldsymbol{r}|\ \cos(\pi - \beta), & \text{falls } \mathrm{d}U < 0. \end{cases}$$

Nun gilt $\cos(\pi - \beta) = -\cos\beta$. Aus der Zeichnung entnimmt man ferner $\mathrm{d}l_\perp = |\mathrm{d}\boldsymbol{r}| \cos\beta$. Also gilt

$$(\operatorname{grad} U) \cdot \mathrm{d}\boldsymbol{r} = \begin{cases} |\mathrm{d}U|, & \text{falls } \mathrm{d}U > 0, \\ -|\mathrm{d}U|, & \text{falls } \mathrm{d}U < 0. \end{cases}$$

Da $\mathrm{d}U = |\mathrm{d}U|$ gilt, falls $\mathrm{d}U > 0$ ist, und $\mathrm{d}U = -|\mathrm{d}U|$ gilt, falls $\mathrm{d}U < 0$ ist, ergibt sich schließlich allgemein

$$\mathrm{d}U = (\operatorname{grad} U) \cdot \mathrm{d}\boldsymbol{r}. \tag{1.4}$$

Kennt man also $\operatorname{grad} U$, so kann man mit Hilfe der Gl. (1.4) die Änderung von U beim Fortschreiten um $\mathrm{d}\boldsymbol{r}$ bestimmen. Sie ist ersichtlich positiv und maximal, wenn $\mathrm{d}\boldsymbol{r}$ gleiche Richtung hat wie $\operatorname{grad} U$. Sie ist gleich null, wenn $\mathrm{d}\boldsymbol{r}$ tangential zu einer Niveaufläche ist.

1.2.2 Darstellung des Gradienten in kartesischen Koordinaten

Es sei U als Funktion der kartesischen Koordinaten gegeben:

$$U = U(x, y, z).$$

Das totale Differential dieser Funktion lautet

$$\mathrm{d}U = \frac{\partial U}{\partial x}\mathrm{d}x + \frac{\partial U}{\partial y}\mathrm{d}y + \frac{\partial U}{\partial z}\mathrm{d}z.$$

Da $\mathrm{d}x, \mathrm{d}y$ und $\mathrm{d}z$ die Komponenten von $\mathrm{d}\boldsymbol{r}$ sind, läßt sich Gl. (1.4) auch in der Form

$$\mathrm{d}U = c_x\,\mathrm{d}x + c_y\,\mathrm{d}y + c_z\,\mathrm{d}z$$

schreiben, wobei c_x, c_y und c_z die zu bestimmenden Komponenten von $\operatorname{grad} U$ sind. Nun können $\mathrm{d}x, \mathrm{d}y$ und $\mathrm{d}z$ beliebig gewählt werden, insbesondere darf man jeweils zwei von ihnen gleich null setzen. Deshalb zeigt der Koeffizientenvergleich, daß die partiellen Ableitungen von U gleich den Komponenten des Gradienten sind:

$$\operatorname{grad} U = \frac{\partial U}{\partial x}\boldsymbol{e}_x + \frac{\partial U}{\partial y}\boldsymbol{e}_y + \frac{\partial U}{\partial z}\boldsymbol{e}_z . \tag{1.5}$$

Häufig betrachtet man den Ausdruck

$$\nabla = \frac{\partial}{\partial x}\boldsymbol{e}_x + \frac{\partial}{\partial y}\boldsymbol{e}_y + \frac{\partial}{\partial z}\boldsymbol{e}_z \tag{1.6}$$

gesondert, bezeichnet ihn als Nablaoperator und schreibt kürzer

$$\operatorname{grad} U = \nabla U . \tag{1.7}$$

1.2.3 Beispiel

Als Beispiel sei wieder das durch $U(\boldsymbol{r}) = 1/r = 1/\sqrt{x^2+y^2+z^2}$ definierte skalare Feld aus Abschnitt 1.1.2a gewählt. Es ist hier

$$\frac{\partial U}{\partial x} = -\frac{x}{\sqrt{x^2+y^2+z^2}^{\,3}} = -\frac{x}{r^3} ,$$

$$\frac{\partial U}{\partial y} = -\frac{y}{\sqrt{x^2+y^2+z^2}^{\,3}} = -\frac{y}{r^3} ,$$

$$\frac{\partial U}{\partial z} = -\frac{z}{\sqrt{x^2+y^2+z^2}^{\,3}} = -\frac{z}{r^3} .$$

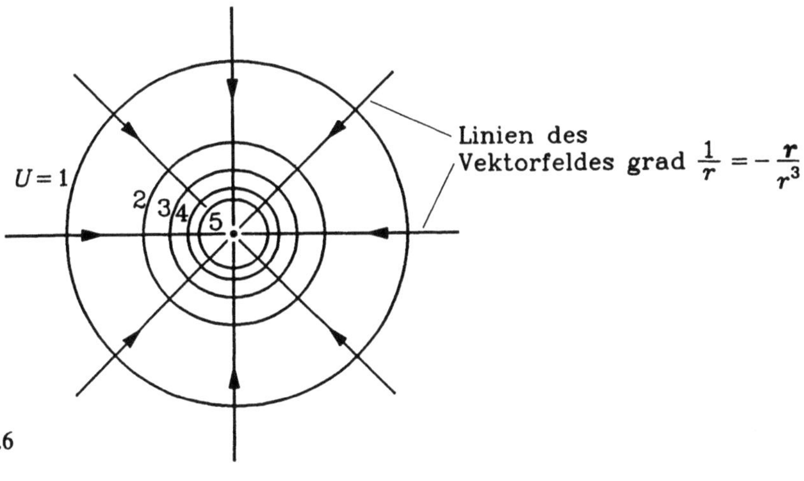

Bild 1.6

Damit wird

$$\operatorname{grad} \frac{1}{r} = -\frac{\boldsymbol{r}}{r^3} . \tag{1.8}$$

Dies ist bis auf das Vorzeichen das in Abschnitt 1.1.2b als Beispiel behandelte Vektorfeld. Faßt man die Bilder 1.3 und 1.4 zusammen, nachdem man im letzteren die Feldlinienrichtung umgekehrt hat, so ergibt sich Bild 1.6. Man sieht dort den Gradienten senkrecht auf den Niveauflächen stehen und in die Richtung zunehmender Werte von U zeigen. Sein Betrag wird dort größer, wo die Niveauflächen dichter liegen, wo sich U also stärker ändert (bezogen auf eine feste Schrittweite).

1.3 Quellen eines Vektorfeldes

Die Feldlinien des im Beispiel 1.1.2b behandelten Vektorfeldes "entspringen" im Nullpunkt (s. Bild 1.4). Dieser Punkt kann daher als "Quelle" des Feldes aufgefaßt werden. Bei Bild 1.6 dagegen "verschwinden" die Feldlinien im Nullpunkt, und man spricht deshalb von einer "Senke". Ohne im Augenblick diese Begriffe schärfer zu fassen, kann ganz grob gesagt werden, daß auch bei anderen Vektorfeldern Bereiche vorkommen, die man als Quellen bzw. Senken des Feldes insofern betrachten kann, als die Feldvektoren "im Mittel" aus diesen Bereichen heraus- bzw. hineinzeigen. Die mathematische Präzisierung dieser Vorstellung führt über die Begriffe "Fluß" und "Ergiebigkeit" schließlich zur "Divergenz".

1.3.1 Fluß

Gegeben sei ein Vektorfeld $\boldsymbol{F}(\boldsymbol{r})$ und in diesem Feld eine Fläche S (s. Bild 1.7). An jeder Stelle von S denke man sich einen Einheitsvektor $\boldsymbol{n}$ senkrecht zur Fläche errichtet. Für die Richtung des Normalenvektors kommen zwei Möglichkeiten in Betracht. Eine davon sei für die gesamte Fläche fest gewählt. Unter dem (vektoriellen) Flächenelement $\mathrm{d}\boldsymbol{a}$ versteht man dann den Vektor

$$\mathrm{d}\boldsymbol{a} = \boldsymbol{n}\,\mathrm{d}a ,$$

wobei $\mathrm{d}a$ der Flächeninhalt eines infinitesimalen Stücks von S ist. Das skalare Produkt

$$\mathrm{d}\psi = \boldsymbol{F} \cdot \mathrm{d}\boldsymbol{a} = \boldsymbol{F} \cdot \boldsymbol{n}\,\mathrm{d}a = F_n\,\mathrm{d}a$$

heißt Fluß des Vektorfeldes durch das infinitesimale Flächenstück. Dabei ist $F_n = \boldsymbol{F} \cdot \boldsymbol{n}$ die Komponente von $\boldsymbol{F}$ in Richtung $\boldsymbol{n}$ an der Stelle des Flächenelements (F_n und folglich auch $\mathrm{d}\psi$ sind negativ, falls $\boldsymbol{F}$ und $\boldsymbol{n}$ einen stumpfen Winkel einschließen!). Der Betrag von $\mathrm{d}\psi$ ist ein Maß für den "Anteil" des Vektorfeldes, der das kleine Flächenstück "durchsetzt". Summiert, d.h. integriert man die Beiträge von allen infinitesimalen Flächenelementen, so erhält man den gesamten Fluß ψ des Vektorfeldes durch S:

$$\psi = \iint_S \boldsymbol{F} \cdot \mathrm{d}\boldsymbol{a} . \tag{1.9}$$

Der Name "Fluß" ist sehr anschaulich. Bedeutet nämlich $\boldsymbol{F}$ die Geschwindigkeit fließenden Wassers, so ist $|\psi|$ ein Maß für diejenige Wassermenge, die pro Zeit durch S hindurchströmt.

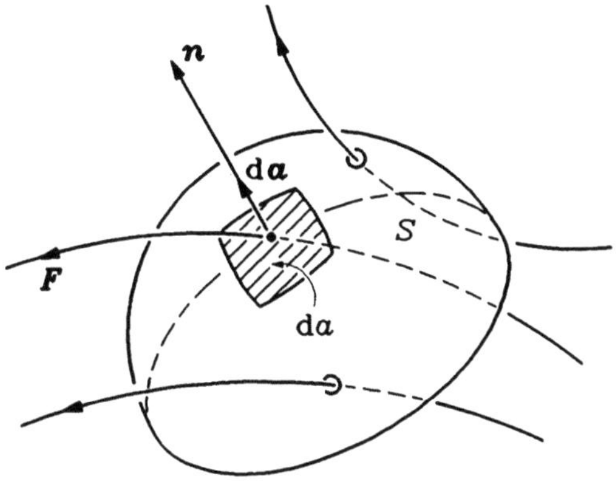

Bild 1.7

Man beachte, daß $d\psi$ bzw. ψ das Vorzeichen ändert, wenn man $\boldsymbol{n}$ umkehrt. Die Aussage, daß der Fluß durch eine Fläche gleich ψ sei, hat also erst dann einen genauen Sinn, wenn die Normalenrichtung oder, wie man auch sagt, die Orientierung der Fläche mit angegeben wird (nicht orientierbare Flächen, wie z.B. das Moebius-Band werden im ganzen Buch nicht betrachtet). In zeichnerischen Darstellungen geschieht dies mit Hilfe eines Zählpfeils (s. Bild 1.8). Er gibt die sogenannte Zähl- oder Bezugsrichtung an, die prinzipiell unabhängig von der Feldrichtung gewählt werden kann. Zu jeder Fläche S gibt es somit zwei Flüsse mit gleichen Beträgen aber ungleichen Vorzeichen gemäß den zwei möglichen entgegengesetzten Zählrichtungen. Im Bild 1.8 wurde die Zählrichtung so gewählt, daß ψ negativ ist.

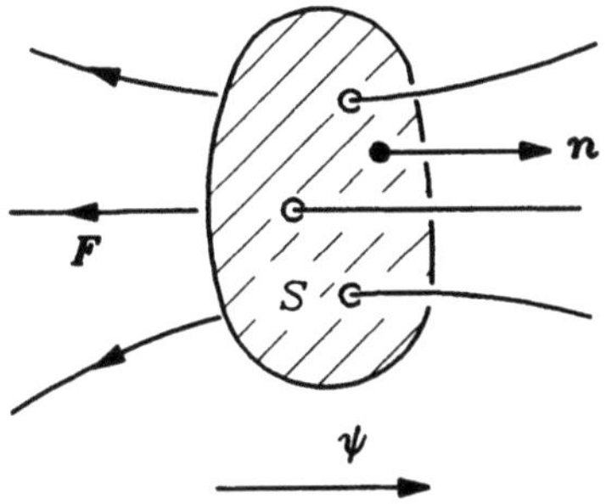

Bild 1.8

1.3.2 Beispiel

Der Fluß ψ des Vektorfeldes $\boldsymbol{F}(\boldsymbol{r}) = \boldsymbol{r}/r^3$ durch das im Bild 1.9 dargestellte (schraffierte) Quadrat S (Seitenlänge h) soll berechnet werden bezüglich der eingetragenen Zählrichtung. In diesem Fall kann die Fläche S zerlegt werden in lauter infinitesimale Rechtecke mit Seitenlängen dy und dz. Also ist hier

$$da = dy\,dz\,.$$

Ferner wird in allen Punkten von S der in Zählrichtung zeigende Normaleneinheitsvektor $\boldsymbol{n}$ einheitlich durch $\boldsymbol{e}_x$ gegeben (wäre für ψ die entgegengesetzte Zählrichtung gewählt worden, dann wäre $\boldsymbol{n} = -\boldsymbol{e}_x$ zu setzen). Das vektorielle Flächenelement wird somit durch

$$\mathrm{d}\boldsymbol{a} = \mathrm{d}y\,\mathrm{d}z\,\boldsymbol{e}_x$$

dargestellt. Das gegebene Vektorfeld lautet in kartesischen Koordinaten und bei Beschränkung auf die Punkte von S (d.h. $x = -h$)

$$\boldsymbol{F}\Big|_S = \frac{-h\,\boldsymbol{e}_x + y\,\boldsymbol{e}_y + z\,\boldsymbol{e}_z}{\sqrt{h^2+y^2+z^2}^{\,3}}.$$

Einsetzen in Gl. (1.9) führt wegen $\boldsymbol{e}_y \cdot \boldsymbol{e}_x = \boldsymbol{e}_z \cdot \boldsymbol{e}_x = 0$ schließlich auf das gewöhnliche Doppelintegral

$$\psi = -h \int_0^h\!\!\int_0^h \frac{\mathrm{d}y\,\mathrm{d}z}{\sqrt{h^2+y^2+z^2}^{\,3}} = -\frac{\pi}{6},$$

dessen explizite Auswertung dem Leser überlassen wird. Das Minus im Ergebnis wird verständlich, wenn man die Feldrichtung (s. Bild 1.4) auf der Fläche S mit der gewählten Zählrichtung vergleicht.

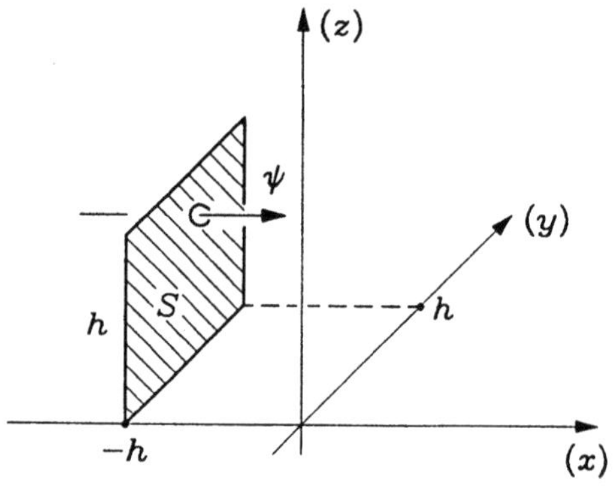

Bild 1.9

Mit 23 weiteren Quadraten der Seitenlänge h kann man hier zur Oberfläche eines Würfels (Seitenlänge $2h$) ergänzen, dessen Mittelpunkt im Ursprung liegt. Wählt man die Zählrichtung von innen nach außen, dann folgt mit dem letzten Resultat

$$\mathring{\psi} = 24\left(\frac{\pi}{6}\right) = 4\pi.$$

Dabei zeigt der hochgestellte Kreis an, daß sich der Fluß auf eine geschlossene Fläche (Hüllfläche) bezieht. Dies ist vorab ein Beispiel zum nächsten Abschnitt.

1.3.3 Ergiebigkeit

Der Fluß $\overset{\circ}{\psi}$ durch eine geschlossene Fläche S in Richtung der nach außen zeigenden Normalen (s. Bild 1.10) heißt Ergiebigkeit des Feldes im eingeschlossenen Bereich. Die über eine geschlossene Fläche (Hüllfläche) zu erstreckende Integration wird durch einen Kreis im Integralzeichen angedeutet:

$$\overset{\circ}{\psi} = \oint\!\!\!\!\int_S \boldsymbol{F} \cdot \mathrm{d}\boldsymbol{a} \,. \tag{1.10}$$

Falls $\overset{\circ}{\psi}$ positiv ist, "überwiegen" im Integranden der rechten Seite dieser Gleichung die positiven Skalarprodukte $\boldsymbol{F} \cdot \mathrm{d}\boldsymbol{a}$ die negativen, d.h. das Vektorfeld "strömt" im Mittel nach außen, was man sich an dem bereits benutzten Beispiel fließenden Wassers veranschaulichen kann. Die Fläche S umschließt, wie man sagt, Quellen des Feldes. In analoger Weise spricht man von Senken, wenn $\overset{\circ}{\psi}$ negativ ist. Formal kann man Senken als negative Quellen auffassen und dann nur noch von Quellen sprechen.

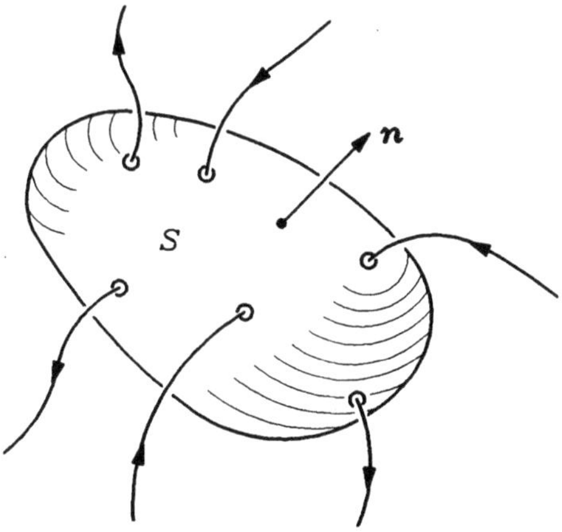

Bild 1.10

Im Hinblick auf spätere Anwendungen wird jetzt eine Additionseigenschaft von Integralen bewiesen, die sich über Hüllflächen mit gemeinsamen Teilflächen erstrecken.

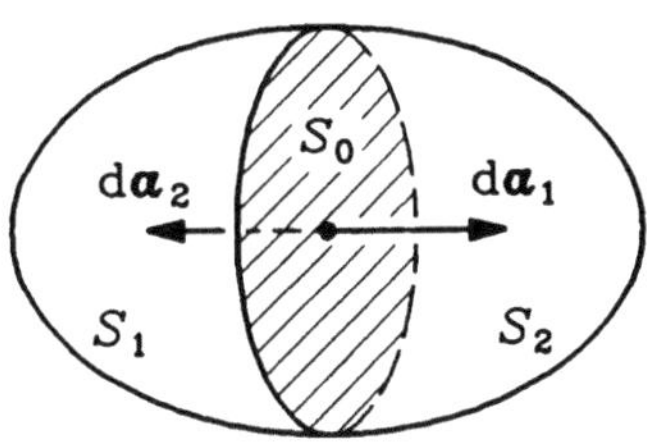

Bild 1.11

Im Bild 1.11 wird der von der Hüllfläche $S_1 \cup S_2$ berandete Bereich durch die Fläche S_0 in zwei Teilbereiche zerlegt, die ihrerseits von den Hüllflächen $S_1 \cup S_0$ bzw. $S_2 \cup S_0$ berandet werden. Die jeweils nach außen zeigenden Flächenelemente von $S_1 \cup S_0$ bzw. $S_2 \cup S_0$ sind

$\mathrm{d}\boldsymbol{a}_1$ bzw. $\mathrm{d}\boldsymbol{a}_2$. In allen Punkten von S_0 gilt also

$$\mathrm{d}\boldsymbol{a}_1 = -\,\mathrm{d}\boldsymbol{a}_2 \qquad (\text{überall auf } S_0\,).$$

Integriert man $\boldsymbol{F}(\boldsymbol{r})$ über S_0 zuerst mit dem Flächenelement $\mathrm{d}\boldsymbol{a}_1$ und dann mit $\mathrm{d}\boldsymbol{a}_2$, so folgt mit der letzten Beziehung

$$\iint_{S_0} \boldsymbol{F}\cdot\mathrm{d}\boldsymbol{a}_1 + \iint_{S_0} \boldsymbol{F}\cdot\mathrm{d}\boldsymbol{a}_2 = 0.$$

Hiermit erhält man wegen

$$\oiint_{S_1\cup S_0} \boldsymbol{F}\cdot\mathrm{d}\boldsymbol{a}_1 = \iint_{S_1} \boldsymbol{F}\cdot\mathrm{d}\boldsymbol{a}_1 + \iint_{S_0} \boldsymbol{F}\cdot\mathrm{d}\boldsymbol{a}_1$$

und

$$\oiint_{S_2\cup S_0} \boldsymbol{F}\cdot\mathrm{d}\boldsymbol{a}_2 = \iint_{S_2} \boldsymbol{F}\cdot\mathrm{d}\boldsymbol{a}_2 + \iint_{S_0} \boldsymbol{F}\cdot\mathrm{d}\boldsymbol{a}_2$$

nach Addition schließlich die Gleichung

$$\oiint_{S_1\cup S_0} \boldsymbol{F}\cdot\mathrm{d}\boldsymbol{a}_1 + \oiint_{S_2\cup S_0} \boldsymbol{F}\cdot\mathrm{d}\boldsymbol{a}_2 = \oiint_{S_1\cup S_2} \boldsymbol{F}\cdot\mathrm{d}\boldsymbol{a}\,.$$

Dabei ist $\mathrm{d}\boldsymbol{a}$ das nach außen gerichtete Flächenelement von $S_1\cup S_2$. Die Ergiebigkeit des von $S_1\cup S_2$ berandeten Bereiches ist also gleich der Summe der Ergiebigkeiten der beiden durch S_0 getrennten Teilbereiche. Dieses Ergebnis läßt sich leicht auf eine beliebige Unterteilung des ursprünglichen Bereiches erweitern.

1.3.4 Divergenz

Die Ergiebigkeit $\mathring{\psi}$ ermöglicht es, ein Vektorfeld hinsichtlich seiner Quellen zu untersuchen. Jedoch ist sie keine Größe, die eine lokale Eigenschaft des Feldes ausdrückt; sie bezieht sich vielmehr auf den ganzen von der Hüllfläche berandeten Bereich. Das Ziel ist es jetzt, ausgehend von der Ergiebigkeit eine Größe (Divergenz genannt) zu definieren, die über jeden Feldpunkt aussagt, ob er eine Quelle ist oder nicht. Dazu umgibt man (s. Bild 1.12) den Punkt $\boldsymbol{r}$ mit einer Hüllfläche S und läßt sie schrittweise auf diesen Punkt zusammenschrumpfen (Kurzschreibweise: $S\to\boldsymbol{r}$). Bei jedem Schritt bestimmt man die Ergiebigkeit $\mathring{\psi}$ des von S berandeten Bereichs nach Gl. (1.10) und dividiert das Ergebnis durch das Volumen V dieses Bereiches. Als volumenbezogene Ergiebigkeit oder kurz als Divergenz des Vektorfeldes $\boldsymbol{F}$ im Punkt $\boldsymbol{r}$ definiert man dann den Grenzwert

$$\operatorname{div}\boldsymbol{F}(\boldsymbol{r}) := \lim_{S\to\boldsymbol{r}} \frac{\oiint_S \boldsymbol{F}\cdot\mathrm{d}\boldsymbol{a}}{V}\,. \tag{1.11a}$$

Wenn man beachtet, daß die rechte Seite dieser Gleichung keine gewöhnliche Ableitung darstellt, kann man abkürzend auch

$$\operatorname{div}\boldsymbol{F}(\boldsymbol{r}) = \left.\frac{\mathrm{d}\mathring{\psi}}{\mathrm{d}V}\right|_{\boldsymbol{r}} \tag{1.11b}$$

schreiben.

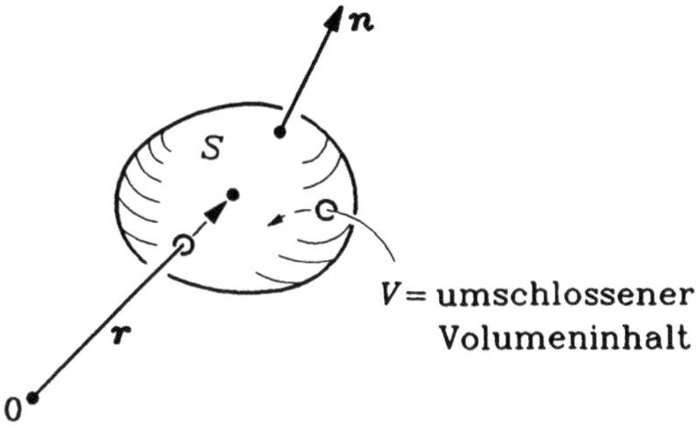

Bild 1.12

Es ist jetzt möglich, genau zu sagen, was man unter den Quellpunkten eines Vektorfeldes versteht. Es sind diejenigen Punkte, in welchen $\operatorname{div}\boldsymbol{F} \neq 0$ gilt und zwar auch dann, wenn der Grenzwert in Gl. (1.11a) unendlich wird (s. Beispiel 1.3.6.b).

1.3.5 Darstellung der Divergenz in kartesischen Koordinaten

Ein Vektorfeld $\boldsymbol{F}(\boldsymbol{r})$ sei in kartesischen Koordinaten dargestellt:

$$\boldsymbol{F} = F_x(x,y,z)\,\boldsymbol{e}_x + F_y(x,y,z)\,\boldsymbol{e}_y + F_z(x,y,z)\,\boldsymbol{e}_z \,.$$

Als Hüllfläche wird die Oberfläche eines sehr kleinen Würfels mit dem Mittelpunkt (x,y,z) und den Kantenlängen $2\mathrm{d}x$, $2\mathrm{d}y$, $2\mathrm{d}z$ gewählt. Die Kanten des Würfels sind achsenparallel (s. Bild 1.13). Das Integral über die Würfeloberfläche setzt sich aus den sechs Beiträgen der sechs quadratischen Flächen zusammen. Jeweils zwei gegenüberliegende Quadrate werden zusammengefaßt und ihr gemeinsamer Beitrag bestimmt. Zunächst soll der von den schraffierten Flächen herrührende Beitrag ermittelt werden. Als Flächennormale dient dabei der Einheitsvektor $\boldsymbol{e}_x$ für die eine Fläche und $-\boldsymbol{e}_x$ für die andere. Es gilt dann

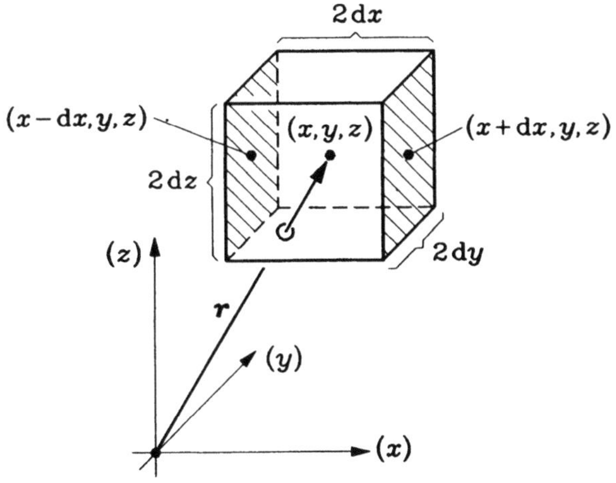

Bild 1.13

$$\iint\limits_{\substack{\text{schraffierte}\\\text{Flächen}}} \boldsymbol{F}\cdot \mathrm{d}\boldsymbol{a} = [\boldsymbol{F}(x+\mathrm{d}x,y,z) - \boldsymbol{F}(x-\mathrm{d}x,y,z)]\cdot \boldsymbol{e}_x\, 4\,\mathrm{d}y\,\mathrm{d}z$$

$$= [F_x(x+\mathrm{d}x,y,z) - F_x(x-\mathrm{d}x,y,z)]\, 4\,\mathrm{d}y\,\mathrm{d}z$$

$$= \frac{F_x(x+\mathrm{d}x,y,z) - F_x(x-\mathrm{d}x,y,z)}{(2\mathrm{d}x)}\,(2\mathrm{d}x)\, 4\,\mathrm{d}y\,\mathrm{d}z$$

$$= 8\,\frac{\partial F_x}{\partial x}\,\mathrm{d}x\,\mathrm{d}y\,\mathrm{d}z\,.$$

Behandelt man die y- und z-Richtung in analoger Weise, so erhält man für die Ergiebigkeit des Würfels

$$\mathrm{d}\mathring{\psi}_{\text{Würfel}} = 8\left(\frac{\partial F_x}{\partial x} + \frac{\partial F_y}{\partial y} + \frac{\partial F_z}{\partial z}\right)\mathrm{d}x\,\mathrm{d}y\,\mathrm{d}z\,.$$

Für das Volumen des Würfels gilt

$$\mathrm{d}V_{\text{Würfel}} = 8\,\mathrm{d}x\,\mathrm{d}y\,\mathrm{d}z\,,$$

so daß auf Grund von Gl. (1.11b) schließlich folgt:

$$\operatorname{div}\boldsymbol{F} = \frac{\partial F_x}{\partial x} + \frac{\partial F_y}{\partial y} + \frac{\partial F_z}{\partial z}\,. \tag{1.12}$$

Damit ist die Berechnungsvorschrift für die Divergenz in kartesischen Koordinaten gefunden. Diesem Ausdruck kann man die anschauliche Bedeutung der Divergenz nicht so unmittelbar entnehmen, wie dies bei der koordinatenfreien Definition nach Gl. (1.11a) möglich ist. Umgekehrt ist die explizite Anwendung dieser Definition auch bei einfachen Feldern umständlich, wie sich gleich zeigen wird, und in den meisten Fällen gar nicht praktikabel. Viel einfacher ist dann die Anwendung der Formel (1.12).

Die rechte Seite der Gl. (1.12) kann gelesen werden als "Skalarprodukt" des Nablaoperators gemäß Gl. (1.6) mit $\boldsymbol{F}$:

$$\operatorname{div}\boldsymbol{F} = \nabla\cdot\boldsymbol{F}\,. \tag{1.13}$$

1.3.6 Beispiele

a) Es wird das Vektorfeld

$$\boldsymbol{F}(\boldsymbol{r}) = \boldsymbol{r}\,,$$

dessen Feldlinien ersichtlich radial verlaufen, zunächst hinsichtlich seiner Ergiebigkeit untersucht. Der hierzu gewählte Bereich ist in Bild 1.14 dargestellt. Die Hüllfläche besteht aus drei Teilflächen, von denen S_1 und S_2 Kugelflächenausschnitte mit den Flächeninhalten

$$a_1 = \Omega R_1^2\,,\quad a_2 = \Omega R_2^2$$

sind, wobei Ω der gemeinsame Raumwinkel ist, unter dem S_1 und S_2 vom Nullpunkt aus gesehen werden. Die Einheitsnormalen dieser beiden Flächen lassen sich folgendermaßen ausdrücken:

$$\boldsymbol{n}_1 = -\frac{\boldsymbol{r}_1}{R_1}, \qquad |\boldsymbol{r}_1| = R_1,$$

$$\boldsymbol{n}_2 = \frac{\boldsymbol{r}_2}{R_2}, \qquad |\boldsymbol{r}_2| = R_2.$$

Die Punkte $\boldsymbol{r}_1$ und $\boldsymbol{r}_2$ durchlaufen S_1 bzw. S_2. Jetzt kann die Ergiebigkeit berechnet werden:

$$\begin{aligned} \mathring{\psi} &= \iint_{S_1} \boldsymbol{F}(\boldsymbol{r}_1) \cdot \mathrm{d}\boldsymbol{a}_1 + \iint_{S_2} \boldsymbol{F}(\boldsymbol{r}_2) \cdot \mathrm{d}\boldsymbol{a}_2 + \iint_{S_3} \boldsymbol{F}(\boldsymbol{r}_3) \cdot \mathrm{d}\boldsymbol{a}_3 \\ &= \iint_{S_1} \boldsymbol{r}_1 \cdot \boldsymbol{n}_1 \, \mathrm{d}a_1 + \iint_{S_2} \boldsymbol{r}_2 \cdot \boldsymbol{n}_2 \, \mathrm{d}a_2 + \iint_{S_3} \boldsymbol{r}_3 \cdot \boldsymbol{n}_3 \, \mathrm{d}a_3 \\ &= -R_1 \iint_{S_1} \mathrm{d}a_1 + R_2 \iint_{S_2} \mathrm{d}a_2 \\ &= \Omega\,(R_2^3 - R_1^3). \end{aligned}$$

Dabei wurde neben den oben genannten Beziehungen noch ausgenutzt, daß überall auf der Mantelfläche $\boldsymbol{r}_3 \cdot \boldsymbol{n}_3 = 0$ gilt.

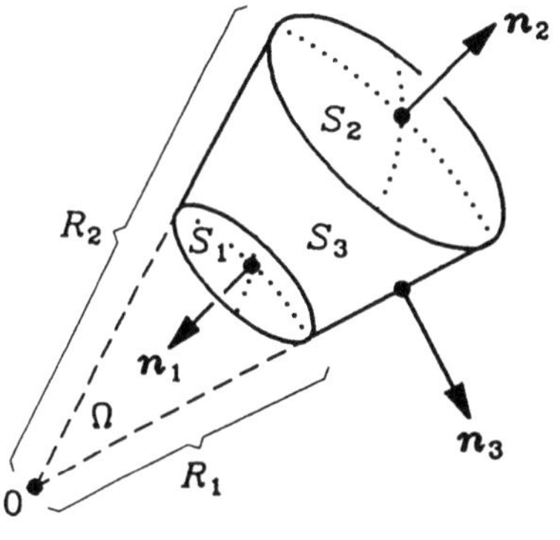

Bild 1.14

Der von der Hüllfläche berandete Bereich hat das Volumen

$$V = \frac{\Omega}{4\pi}\left[\frac{4}{3}\pi\,(R_2^3 - R_1^3)\right] = \frac{\Omega}{3}\,(R_2^3 - R_1^3),$$

wobei $\Omega/4\pi$ der dem Raumwinkel Ω entsprechende Bruchteil des vollen Raumwinkels 4π ist und der Ausdruck in eckigen Klammern das Volumen der zwischen den Radien R_1 und R_2 liegenden gesamten Kugelschale darstellt. Also bleibt der Quotient

$$\frac{\mathring{\psi}}{V} = 3$$

konstant, wenn man den betrachteten Bereich ohne Formänderung auf einen Punkt zusammenschrumpfen läßt. Das bedeutet nach Gl. (1.11b)

$$\operatorname{div} \boldsymbol{r} = 3.$$

In kartesischen Koordinaten gelangt man mit Gl. (1.12) schneller ans Ziel:

$$\operatorname{div} \boldsymbol{r} = \frac{\partial x}{\partial x} + \frac{\partial y}{\partial y} + \frac{\partial z}{\partial z} = 3 .$$

Dieses Vektorfeld hat also überall Quellen.

b) Eines der wichtigsten Felder ist das elektrische Feld einer Punktladung. Es ist, bis auf einen dimensionsbehafteten Faktor, gegeben durch

$$\boldsymbol{F}(\boldsymbol{r}) = \frac{\boldsymbol{r}}{r^3} \qquad (r \neq 0) .$$

Dieses Feld (s. Bild 1.4), das den anschaulichen Ausgangspunkt der zum Begriff "Divergenz" führenden Überlegungen lieferte, soll jetzt daraufhin untersucht werden, ob es außer im Ursprung noch anderswo Quellen besitzt. Seine kartesischen Komponenten sind

$$F_x = \frac{x}{r^3}, \quad F_y = \frac{y}{r^3}, \quad F_z = \frac{z}{r^3}$$

mit $r = \sqrt{x^2 + y^2 + z^2}$. Hieraus berechnet man die partiellen Ableitungen

$$\frac{\partial F_x}{\partial x} = -\frac{3x^2}{r^5} + \frac{1}{r^3}, \quad \frac{\partial F_y}{\partial y} = -\frac{3y^2}{r^5} + \frac{1}{r^3}, \quad \frac{\partial F_z}{\partial z} = -\frac{3z^2}{r^5} + \frac{1}{r^3} .$$

Mit Gl. (1.12) folgt schließlich

$$\operatorname{div} \frac{\boldsymbol{r}}{r^3} = 0 \qquad (r \neq 0) .$$

Jedes bezüglich des Nullpunktes radialsymmetrische und wie $1/r^2$ abnehmende Vektorfeld ist also außerhalb des Nullpunktes quellenfrei. Man mache sich dieses Ergebnis auch klar durch Berechnung der Ergiebigkeit wie in Teil a dieses Abschnitts für den dort verwendeten räumlichen Bereich (s. Bild 1.14).

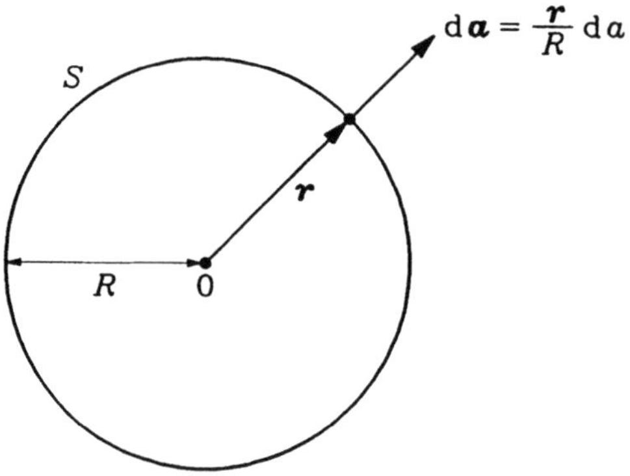

Bild 1.15

Als nächstes wird die Ergiebigkeit eines Kugelbereichs vom Radius R mit dem Ursprung als Mittelpunkt bestimmt. Mit den Bezeichnungen von Bild 1.15 erhält man

$$\mathring{\psi} = \oiint_S \frac{\boldsymbol{r}}{R^3} \cdot \mathrm{d}\boldsymbol{a} = \oiint_S \frac{\boldsymbol{r} \cdot \boldsymbol{r}}{R^4}\,\mathrm{d}a = \frac{1}{R^2} \oiint_S \mathrm{d}a = 4\pi ,$$

denn das zuletzt auszuwertende Integral stellt den Inhalt der Kugeloberfläche dar. Die Ergiebigkeit ist also unabhängig vom Kugelradius.

Für das eingeschlossene Volumen gilt

$$V = \frac{4\pi}{3} R^3 ,$$

so daß der Quotient

$$\frac{\mathring{\psi}}{V} = \frac{3}{R^3}$$

gegen unendlich strebt, wenn die Kugel auf den Nullpunkt zusammenschrumpft. In Gl. (1.11a) ergibt sich also kein endlicher Grenzwert. Da auch in einem solchen Fall von einem Quellpunkt gesprochen wird, ist der Ursprung die einzige Quelle des betrachteten Feldes.

c) Es gibt auch Vektorfelder, die keine Quellen haben. Darunter fallen alle diejenigen, deren Feldlinien konzentrische Kreise um eine gerade Achse sind, falls zusätzlich noch der Betrag der Feldvektoren nicht vom Drehwinkel um diese Achse abhängt. Dies kann einfach bewiesen werden, indem man die Bereiche zur Ergiebigkeitsberechnung wieder so wählt, daß deren Hüllfläche sich aus Teilflächen zusammensetzt, die entweder parallel oder senkrecht zu den Feldlinien liegen. In Bild 1.16 sind zwei derartige Hüllflächen dargestellt zusammen mit einer repräsentativen Feldlinie (Kreis um die z-Achse). Die Ergiebigkeit ist in beiden Fällen ersichtlich gleich null. Das heißt aber, daß für alle Punkte auf und außerhalb der Achse die Divergenz verschwindet.

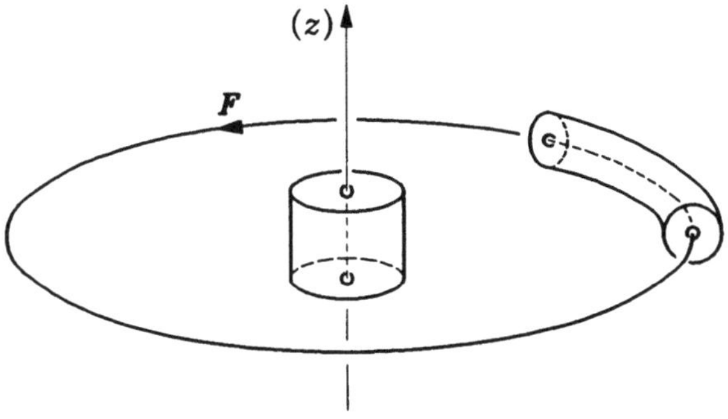

Bild 1.16

Das Magnetfeld eines stromdurchflossenen geradlinigen und langen Drahtes ist demnach quellenfrei, wie übrigens jedes andere magnetische Feld auch.

1.4 Satz von Gauß

Innerhalb eines Vektorfeldes sei ein Bereich G mit der Hüllfläche S gegeben. Wie kann die Ergiebigkeit $\mathring{\psi}$ von G (globale Quellenhaftigkeit) aus der Divergenz (lokale Quellenhaftigkeit) des Feldes berechnet werden? Dazu sei an Abschnitt 1.3.3 erinnert, wo zuletzt gezeigt wurde, daß die Ergiebigkeit eines Bereiches, der beliebig unterteilt ist, gleich der Summe der Ergiebigkeiten der Teilbereiche ist. Es sei also G in Teilbereiche G_ν mit den Teilergiebigkeiten $\Delta\mathring{\psi}_\nu$ zerlegt (s. Bild 1.17). Dann ist

$$\overset{\circ}{\psi} = \sum_{\nu} \Delta\overset{\circ}{\psi}_{\nu} .$$

Falls die Volumina ΔV_ν der Teilbereiche genügend klein gewählt sind (durch Einengen in allen Richtungen und nicht etwa durch Plattdrücken), folgt weiter aus Gl. (1.11b)

$$\Delta\overset{\circ}{\psi}_{\nu} \approx \operatorname{div} \boldsymbol{F}(\boldsymbol{r}_\nu)\, \Delta V_\nu .$$

Verwendet man noch die Definitionsgleichung (1.10) der Ergiebigkeit, dann erhält man mit guter Näherung

$$\oiint_S \boldsymbol{F} \cdot \mathrm{d}\boldsymbol{a} \approx \sum_{\nu} \operatorname{div} \boldsymbol{F}(\boldsymbol{r}_\nu)\, \Delta V_\nu .$$

In der Grenze beliebig feiner Unterteilung von G geht dies über in die Gleichung

$$\oiint_S \boldsymbol{F} \cdot \mathrm{d}\boldsymbol{a} = \iiint_G \operatorname{div} \boldsymbol{F}\, \mathrm{d}V . \tag{1.14a}$$

Das ist der Satz von Gauß. Er besagt, daß die Ergiebigkeit eines Bereiches G gleich ist dem Raumintegral der spezifischen Ergiebigkeit (Divergenz) erstreckt über G.

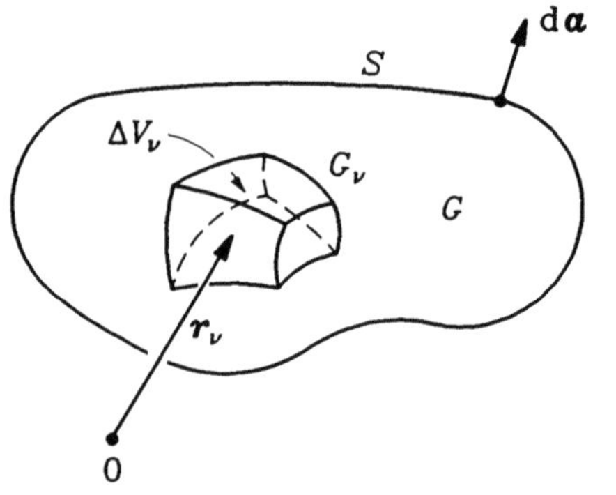

Bild 1.17

Mit diesem sehr wichtigen Satz kann man Hüllenintegrale in Raumintegrale überführen. Der umgekehrte Prozeß ist ebenfalls möglich, falls der Integrand eines Raumintegrales sich als Divergenz darstellen läßt. Von beiden Möglichkeiten wird später häufig Gebrauch gemacht. Bei der Anwendung von Gl. (1.14a) ist zu beachten, daß auf deren linker Seite über die *gesamte* und *nach außen orientierte* Randfläche von G integriert werden muß. Diese darf dabei aus mehreren nicht zusammenhängenden Teilflächen bestehen, denn die Begründung der Gl. (1.14a) bleibt davon unberührt. In Bild 1.18 beispielsweise wird G (schraffiert) von den geschlossenen Flächen S_1, S_2 und S_3 begrenzt mit jeweils aus G hinauszeigenden Flächenelementen. Hier gilt

$$\iiint_G \operatorname{div} \boldsymbol{F}\, \mathrm{d}V = \oiint_{S_1} \boldsymbol{F} \cdot \mathrm{d}\boldsymbol{a}_1 + \oiint_{S_2} \boldsymbol{F} \cdot \mathrm{d}\boldsymbol{a}_2 + \oiint_{S_3} \boldsymbol{F} \cdot \mathrm{d}\boldsymbol{a}_3 \tag{1.14b}$$

mit den aus Bild 1.18 hervorgehenden Orientierungen.

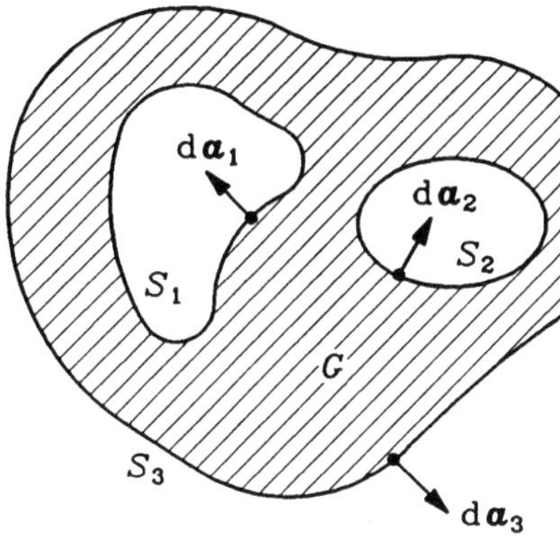

Bild 1.18

1.4.1 Eine Anwendung

Wieder wird das wichtige Vektorfeld $\boldsymbol{F}(\boldsymbol{r}) = \boldsymbol{r}/r^3$ untersucht. Es soll jetzt mit dem Satz von Gauß bewiesen werden, daß für eine beliebige Hüllfläche S folgendes gilt:

$$\oint\!\!\!\oint_S \frac{\boldsymbol{r}}{r^3} \cdot \mathrm{d}\boldsymbol{a} = \begin{cases} 4\pi\,, & \text{falls } S \text{ den Nullpunkt umschließt}\,, \quad (1.15a) \\ 0\,, & \text{falls } S \text{ den Nullpunkt ausschließt}\,. \quad (1.15b) \end{cases}$$

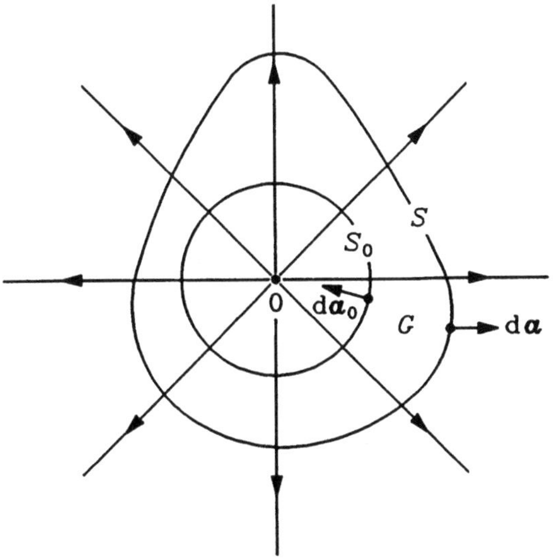

Bild 1.19

Für Kugelflächen S_0 (s. Bild 1.19), die den Ursprung zum Mittelpunkt haben, wurde die Gültigkeit von Gl. (1.15a) bereits in Beispiel 1.3.6.b gezeigt (mit nach außen gerichtetem Flächenelement). Das war in einfacher Weise möglich, da in diesem Fall $\boldsymbol{r}$ stets senkrecht auf der Fläche steht und dort konstanten Betrag hat. Bei einer beliebigen Hüllfläche S (siehe Bild 1.19) gilt das jedoch nicht.

Im Bereich G zwischen S_0 und S ist das Feld quellenfrei (s. Beispiel 1.3.6.b). Wendet man darauf sinngemäß die Gl. (1.14b) an, so erhält man

$$\oint\!\!\!\oint_{S_0} \frac{\boldsymbol{r}}{r^3} \cdot \mathrm{d}\boldsymbol{a}_0 + \oint\!\!\!\oint_{S} \frac{\boldsymbol{r}}{r^3} \cdot \mathrm{d}\boldsymbol{a} = \iiint_G \operatorname{div} \frac{\boldsymbol{r}}{r^3}\, \mathrm{d}V = 0 .$$

Da das Flächenelement der Kugelfläche im Beispiel 1.3.6b (Bild 1.15) nach außen, hier jedoch nach innen zeigt, gilt jetzt

$$\oint\!\!\!\oint_{S_0} \frac{\boldsymbol{r}}{r^3} \cdot \mathrm{d}\boldsymbol{a}_0 = -4\pi .$$

Damit ist schließlich Gl. (1.15a) bewiesen.

Wenn der Nullpunkt außerhalb einer Hüllfläche liegt, gilt $\operatorname{div}(\boldsymbol{r}/r^3) = 0$ für *alle* eingeschlossenen Punkte, so daß die Gl. (1.15b) unmittelbar aus dem Satz von Gauß folgt.

Die Aussage der Gln. (1.15a,b) ist einfach die, daß nur solche Hüllflächen S zu einer von null verschiedenen und dann immer gleichen Ergiebigkeit führen, die den einzigen Quellpunkt des Feldes umschließen.

1.4.2 Anmerkung

Aus Beispiel 1.3.6b ist bekannt, daß

$$\operatorname{div} \frac{\boldsymbol{r}}{r^3} = \begin{cases} 0\,, & \text{falls } r \neq 0\,, \\ \infty\,, & \text{falls } r = 0 \end{cases}$$

gilt.

Im Sinne des üblichen Funktionsbegriffes ist $\operatorname{div}(\boldsymbol{r}/r^3)$ demnach im Nullpunkt nicht definiert. Eine im ganzen Raum erklärte "Funktion" erhält man aber, wenn man

$$\operatorname{div} \frac{\boldsymbol{r}}{r^3} = 4\pi\,\delta(\boldsymbol{r}) \tag{1.16}$$

setzt, wobei $\delta(\boldsymbol{r}) := \delta(x)\,\delta(y)\,\delta(z)$ die dreidimensionale Deltafunktion ist. Im Sinne der Distributionentheorie hat sie die Eigenschaft

$$\iiint_G \delta(\boldsymbol{r})\, \mathrm{d}V = \begin{cases} 1\,, & \text{falls } G \text{ den Nullpunkt enthält}\,, \\ 0\,, & \text{andernfalls}\,. \end{cases}$$

Das ist unter anderem deshalb von Vorteil, weil so der Satz von Gauß in diesem wichtigen Vektorfeld ($\boldsymbol{F} = \boldsymbol{r}/r^3$) auch dann formuliert werden kann, wenn der Bereich G den Nullpunkt enthält. Es ist in diesem Fall nämlich einerseits

$$\oint\!\!\!\oint_{S} \frac{\boldsymbol{r}}{r^3} \cdot \mathrm{d}\boldsymbol{a} = 4\pi ,$$

wie im letzten Abschnitt gezeigt wurde, und andererseits

$$\iiint_G \operatorname{div} \frac{\boldsymbol{r}}{r^3}\, \mathrm{d}V = 4\pi$$

wegen Gl. (1.16). Also gilt insgesamt

$$\oint\!\!\!\oint_S \frac{\boldsymbol{r}}{r^3} \cdot \mathrm{d}\boldsymbol{a} = \iiint_G \operatorname{div} \frac{\boldsymbol{r}}{r^3} \, \mathrm{d}V .$$

Damit wird auch der Faktor 4π in Gl. (1.16) verständlich.

Aus den Gln. (1.8) und (1.16) folgt die nützliche Beziehung

$$\operatorname{div}\left(\operatorname{grad} \frac{1}{r}\right) = -4\pi\,\delta(\boldsymbol{r}). \tag{1.17}$$

1.5 Sätze von Green

Wichtige beweistechnische Hilfsmittel der Vektoranalysis sind die beiden Integralsätze von Green. Vor ihrer Formulierung und Begründung wird zweckmäßigerweise der sogenannte Laplace-Operator,

$$\nabla^2 = \frac{\partial^2}{\partial x^2} + \frac{\partial^2}{\partial y^2} + \frac{\partial^2}{\partial z^2}, \tag{1.18}$$

eingeführt, dessen Anwendung auf skalare Funktionen durch

$$\nabla^2 U = \frac{\partial^2 U}{\partial x^2} + \frac{\partial^2 U}{\partial y^2} + \frac{\partial^2 U}{\partial z^2} \tag{1.19}$$

erklärt ist.

Wie man in kartesischen Koordinaten leicht nachrechnet, gilt

$$\operatorname{div}(\operatorname{grad} U) = \nabla^2 U . \tag{1.20}$$

Andererseits läßt sich mittels der Gln. (1.13) und (1.7)

$$\operatorname{div}(\operatorname{grad} U) = \nabla \cdot (\nabla U) \tag{1.21}$$

schreiben, so daß ∇^2 als symbolische Abkürzung für $\operatorname{div}\operatorname{grad} = \nabla \cdot \nabla$ einleuchtet.

Die Anwendung des Laplace-Operators auf Vektorfelder ist in kartesischen Koordinaten wie folgt erklärt:

$$\nabla^2 \boldsymbol{F} = (\nabla^2 F_x)\boldsymbol{e}_x + (\nabla^2 F_y)\boldsymbol{e}_y + (\nabla^2 F_z)\boldsymbol{e}_z . \tag{1.22}$$

Das ist hier aber noch nicht wichtig.

Ausgangspunkt für die Herleitung der Greenschen Sätze ist die Beziehung

$$\nabla \cdot (U_1 \nabla U_2) = U_1 (\nabla^2 U_2) + (\nabla U_1) \cdot (\nabla U_2),$$

die im wesentlichen mit der Produktregel bestätigt werden kann. Integriert man beide Seiten dieser Gleichung über ein beliebiges Gebiet G mit der Oberfläche S, und wendet danach links den Satz von Gauß an, dann erhält man den ersten Greenschen Satz

$$\oint\!\!\!\oint_S (U_1 \nabla U_2) \cdot \mathrm{d}\boldsymbol{a} = \iiint_G [U_1 \nabla^2 U_2 + (\nabla U_1) \cdot (\nabla U_2)] \, \mathrm{d}V . \tag{1.23}$$

Nun vertausche man die Indizes 1, 2 und subtrahiere die so gewonnene völlig gleich gebaute Formel von Gl. (1.23). Das Ergebnis ist der zweite Greensche Satz:

$$\oint\!\!\!\oint_S (U_1 \nabla U_2 - U_2 \nabla U_1) \cdot \mathrm{d}\boldsymbol{a} = \iiint_G (U_1 \nabla^2 U_2 - U_2 \nabla^2 U_1)\,\mathrm{d}V. \tag{1.24}$$

Spezialfälle von Gl. (1.23) sind

$$\oint\!\!\!\oint_S (\nabla U) \cdot \mathrm{d}\boldsymbol{a} = \iiint_G (\nabla^2 U)\,\mathrm{d}V \tag{1.25}$$

für $U_1 = 1$ und $U_2 = U$ sowie

$$\oint\!\!\!\oint_S (U \nabla U) \cdot \mathrm{d}\boldsymbol{a} = \iiint_G [U \nabla^2 U + (\nabla U)^2]\,\mathrm{d}V \tag{1.26}$$

für $U_1 = U_2 = U$.

1.5.1 Satz von Gauß für den Gradienten

Setzt man $U_1 = U$ und $U_2 = x$ (kartesische Koordinate) in den ersten Satz von Green (1.23) ein, so folgt wegen $\nabla x = \boldsymbol{e}_x$, $\nabla^2 x = 0$ sowie $\mathrm{d}\boldsymbol{a} = \boldsymbol{n}\,\mathrm{d}a$

$$\iiint \nabla U \cdot \boldsymbol{e}_x\,\mathrm{d}V = \oint\!\!\!\oint U \boldsymbol{n} \cdot \boldsymbol{e}_x\,\mathrm{d}a .$$

Analog erhält man

$$\iiint \nabla U \cdot \boldsymbol{e}_y\,\mathrm{d}V = \oint\!\!\!\oint U \boldsymbol{n} \cdot \boldsymbol{e}_y\,\mathrm{d}a ,$$

$$\iiint \nabla U \cdot \boldsymbol{e}_z\,\mathrm{d}V = \oint\!\!\!\oint U \boldsymbol{n} \cdot \boldsymbol{e}_z\,\mathrm{d}a .$$

Diese drei Gleichungen für die kartesischen Komponenten von ∇U und $U\boldsymbol{n}$ können zur Vektorgleichung

$$\iiint (\operatorname{grad} U)\,\mathrm{d}V = \oint\!\!\!\oint U\,\mathrm{d}\boldsymbol{a} , \tag{1.27}$$

zusammengefaßt werden. Man kann sie als Satz von Gauß für den Gradienten bezeichnen. Aus ihr liest man die alternative Definition

$$\operatorname{grad} U(\boldsymbol{r}) = \lim_{S \to \boldsymbol{r}} \frac{\oint\!\!\!\oint_S U\,\mathrm{d}\boldsymbol{a}}{V} \tag{1.28}$$

ab, die formal wie diejenige der Divergenz gebaut ist.

1.6 Wirbel eines Vektorfeldes

Quellen sind nicht die einzigen bemerkenswerten Erscheinungen in einem Vektorfeld. Betrachtet man beispielsweise das in Bild 1.20 dargestellte Feld, so kann man anschaulich sagen, es "zirkuliere" um die z- Achse, wobei diese eine "Wirbellinie" sei. Auch in anderen Vektorfeldern finden sich Bereiche, die als Wirbel angesprochen werden können. Die mathematische Präzisierung dieser vagen Vorstellungen führt auf zwei Größen, "Zirkulation" und "Rotation", wovon die erste ein Skalar und die zweite ein Vektor ist.

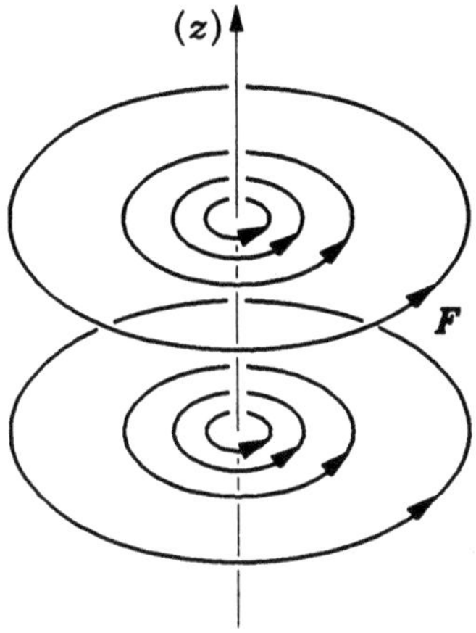

Bild 1.20

1.6.1 Zirkulation

Gegeben sei ein Vektorfeld $\boldsymbol{F}(\boldsymbol{r})$ und in diesem Feld eine geschlossene Kurve K (s. Bild 1.21). An jeder Stelle von K denke man sich einen Einheitsvektor $\boldsymbol{t}$ tangential zur Kurve angetragen. Dieser Tangentenvektor kann nach zwei Richtungen zeigen. Eine davon sei für die gesamte Kurve fest gewählt und durch einen Orientierungspfeil (Zählpfeil) angezeigt.

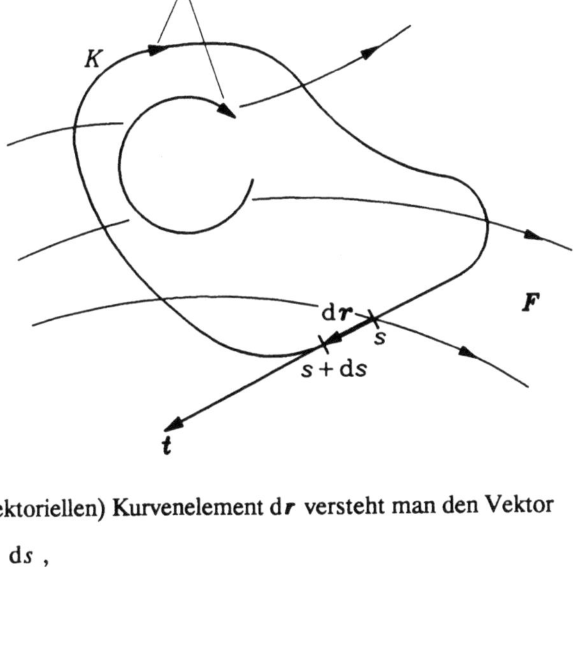

Bild 1.21

Unter dem (vektoriellen) Kurvenelement $\mathrm{d}\boldsymbol{r}$ versteht man den Vektor

$$\mathrm{d}\boldsymbol{r} = \boldsymbol{t}\,\mathrm{d}s\ ,$$

wobei s die Bogenlänge ist, die von einem beliebigen Nullpunkt auf K ausgehend längs der Kurve in Richtung des Orientierungspfeils (Zählrichtung) gemessen wird. In jedem Punkt von K denke man sich das Skalarprodukt

$$\mathrm{d}Z = \boldsymbol{F} \cdot \mathrm{d}\boldsymbol{r} = \boldsymbol{F} \cdot \boldsymbol{t}\, \mathrm{d}s = F_t\, \mathrm{d}s$$

gebildet. Dabei ist $F_t = \boldsymbol{F} \cdot \boldsymbol{t}$ die Komponente von $\boldsymbol{F}$ in Richtung $\boldsymbol{t}$ an der Stelle des Kurvenelementes. Man beachte, daß F_t auch negativ sein kann. Die Summe aller $\mathrm{d}Z$, d.h. das Integral

$$Z = \oint_K \boldsymbol{F} \cdot \mathrm{d}\boldsymbol{r} \tag{1.29}$$

heißt Zirkulation des Vektorfeldes längs K. Der Kreis im Integralzeichen deutet auf die Geschlossenheit von K hin, was auch verbal durch die Redeweise "Ringintegral" ausgedrückt wird.

Zur Veranschaulichung des eingeführten Begriffes denke man sich die geschlossene Kurve K im Geschwindigkeitsfeld fließenden Wassers und die Zirkulation Z nach Gl. (1.29) bestimmt. Unmittelbar danach soll das Wasser zu Eis erstarren mit Ausnahme einer gleichmäßig engen Röhre, in der K verläuft. Genau dann, wenn Z vorher ungleich null war, stellt sich jetzt in der Röhre eine umlaufende Strömung ein, und zwar in Zählrichtung, wenn Z positiv war, ihr entgegen, wenn Z negativ war. Der jetzt überall gleiche Betrag der Strömungsgeschwindigkeit ist proportional zum Betrag der vorher ermittelten Zirkulation.

Wenn in einem beliebigen Vektorfeld die Zirkulation längs einer geschlossenen Kurve K von null verschieden ist, dann umfaßt K, wie man sagt, Wirbel des Feldes. Dies ist zunächst eine globale Charakterisierung ähnlich wie die Ergiebigkeit hinsichtlich der Quellen. Im nächsten Abschnitt jedoch wird hierauf aufbauend ein lokales Maß für die Wirbel eines Vektorfeldes angegeben, die Rotation.

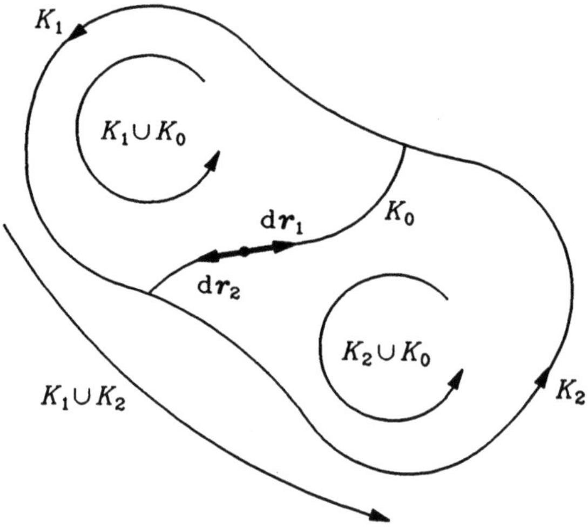

Bild 1.22

Im Bild 1.22 haben zwei geschlossene Kurven $K_1 \cup K_0$ und $K_2 \cup K_0$ ein gemeinsames Kurvenstück K_0, so daß die Kurvenstücke K_1 und K_2 ihrerseits zusammen eine geschlossene Kurve $K_1 \cup K_2$ bilden. Die Orientierungen seien wie eingezeichnet. Das Kurvenstück K_0 hat als Teil von $K_1 \cup K_0$ das Kurvenelement $\mathrm{d}\boldsymbol{r}_1$, als Teil von $K_2 \cup K_0$ das Kurvenelement $\mathrm{d}\boldsymbol{r}_2$. In allen Punkten von K_0 gilt somit

$$\mathrm{d}\boldsymbol{r}_1 = -\,\mathrm{d}\boldsymbol{r}_2 \qquad (\text{ auf } K_0).$$

Nach dem Vorbild von Abschnitt 1.3.3 erhält man hieraus

$$\oint_{K_1 \cup K_0} \boldsymbol{F} \cdot \mathrm{d}\boldsymbol{r}_1 + \oint_{K_2 \cup K_0} \boldsymbol{F} \cdot \mathrm{d}\boldsymbol{r}_2 = \oint_{K_1 \cup K_2} \boldsymbol{F} \cdot \mathrm{d}\boldsymbol{r}.$$

Die Verallgemeinerung dieses Ergebnisses auf mehr als zwei geschlossene Kurven mit gemeinsamen, aber gegensinnig durchlaufenen Teilstücken wird an späterer Stelle verwendet.

1.6.2 Rotation

Als quantitatives Maß für das, was man sich qualitativ unter Wirbeln vorstellt, muß die Rotation insbesondere Auskunft über die Richtung der Wirbellinien geben. Deshalb ist es einleuchtend, daß diese Größe als Vektor definiert wird. Man schreibt für ihn $\operatorname{rot}\boldsymbol{F}$.

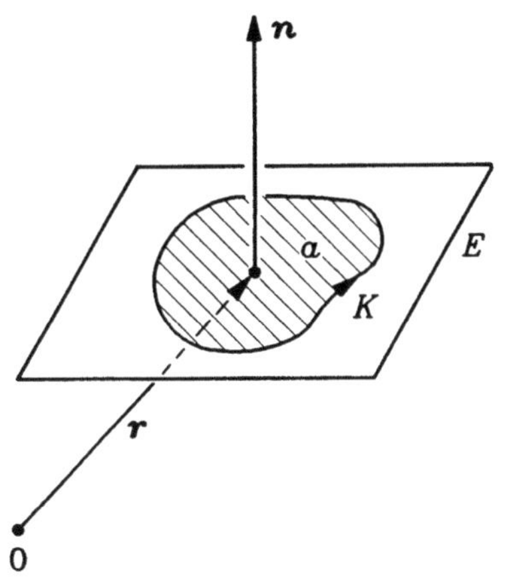

Bild 1.23

Im Bild 1.23 sei $\boldsymbol{r}$ der Punkt, in welchem $\operatorname{rot}\boldsymbol{F}$ zu definieren ist. Durch diesen Punkt werde eine beliebige Ebene E gelegt mit dem Einheitsvektor $\boldsymbol{n}$ als Normalenvektor. In dieser Ebene verlaufe eine geschlossene Kurve K, die im Sinne einer Rechtsschraube bezüglich der Richtung von $\boldsymbol{n}$ orientiert sei und die den (ebenen) Flächeninhalt a einschließe. Nun ziehe sich K schrittweise auf den Punkt $\boldsymbol{r}$ zusammen, wobei a gegen null geht. Bei jedem Schritt berechne man die Zirkulation pro Fläche und bilde schließlich

$$\boldsymbol{n} \cdot \operatorname{rot} \boldsymbol{F}(\boldsymbol{r}) := \lim_{K \to \boldsymbol{r}} \frac{\oint_K \boldsymbol{F} \cdot \mathrm{d}\boldsymbol{r}}{a}. \tag{1.30a}$$

Das definiert zunächst die (skalare) Komponente von $\operatorname{rot}\boldsymbol{F}$ bezüglich der Richtung von $\boldsymbol{n}$. Den Vektor $\operatorname{rot}\boldsymbol{F}$ erhält man hieraus, wenn man ihn bezüglich dreier paarweise senkrechter Einheitsvektoren $\boldsymbol{e}_1, \boldsymbol{e}_2, \boldsymbol{e}_3$ zerlegt,

$$\operatorname{rot}\boldsymbol{F} = (\boldsymbol{e}_1 \cdot \operatorname{rot}\boldsymbol{F})\,\boldsymbol{e}_1 + (\boldsymbol{e}_2 \cdot \operatorname{rot}\boldsymbol{F})\,\boldsymbol{e}_2 + (\boldsymbol{e}_3 \cdot \operatorname{rot}\boldsymbol{F})\,\boldsymbol{e}_3\,, \tag{1.30b}$$

und jede der drei skalaren Komponenten gemäß Gl. (1.30a) bestimmt.

So, wie man die Divergenz eines Vektorfeldes als spezifische (volumenbezogene) Ergiebigkeit umschreiben kann, so die Rotation als spezifische (flächenbezogene) Zirkulation. Das kommt auch in der folgenden Abkürzung für die rechte Seite der Gl. (1.30a) zum Ausdruck:

$$\boldsymbol{n} \cdot \operatorname{rot}\boldsymbol{F} = \frac{\mathrm{d}Z_E}{\mathrm{d}a}\,, \tag{1.30c}$$

wobei der Index "E" daran erinnern soll, daß die Zirkulation nur mit solchen geschlossenen Kurven zu bilden ist, die alle in der Ebene E liegen.

Bisher wurde von Wirbellinien und Wirbeln nur in intuitiver Weise gesprochen. Diese Begriffe können jetzt genauer definiert werden: Wirbellinien sind die Feldlinien des Vektorfeldes $\operatorname{rot}\boldsymbol{F}$, und die Wirbel des Vektorfeldes $\boldsymbol{F}$ sind die Bereiche, in denen die Rotation von null verschieden ist.

1.6.3 Darstellung der Rotation in kartesischen Koordinaten

Für das sehr kleine Quadrat von Bild 1.24 mit den Kantenlängen $2\mathrm{d}y = 2\mathrm{d}z$ und dem Mittelpunkt (x, y, z) wird zunächst die (infinitesimale) Zirkulation $\mathrm{d}Z_x$ des beliebig vorgegebenen Vektorfeldes $\boldsymbol{F}$ (nicht dargestellt) längs der Randkurve bestimmt. Das Quadrat liegt in einer Ebene $x = \mathrm{const}$, und seine Kanten sind parallel zur y- bzw. z-Achse. Das Zirkulationsintegral setzt sich aus den vier Anteilen zusammen, die von den mit 1, 2, 3 und 4 bezeichneten Geradenstücken herrühren. Dabei haben die Geradenstücke 1 und 3 die Einheitsvektoren $\boldsymbol{e}_y$ bzw. $\boldsymbol{e}_z$ als Tangentenvektoren in Zählrichtung, während $-\boldsymbol{e}_y$ und $-\boldsymbol{e}_z$ diejenigen für die Geradenstücke 2 bzw. 4 sind. Es gilt dann wegen $\mathrm{d}y = \mathrm{d}z$

$$\begin{aligned}
\mathrm{d}Z_x &= \{[\boldsymbol{F}(x, y, z - \mathrm{d}z) - \boldsymbol{F}(x, y, z + \mathrm{d}z)] \cdot \boldsymbol{e}_y \\
&\qquad + [\boldsymbol{F}(x, y + \mathrm{d}y, z) - \boldsymbol{F}(x, y - \mathrm{d}y, z)] \cdot \boldsymbol{e}_z\}\, 2\,\mathrm{d}y \\
&= \{F_y(x, y, z - \mathrm{d}z) - F_y(x, y, z + \mathrm{d}z) + F_z(x, y + \mathrm{d}y, z) \\
&\qquad - F_z(x, y - \mathrm{d}y, z)\}\, 2\,\mathrm{d}y \\
&= \left\{-2\,\frac{\partial F_y}{\partial z}\,\mathrm{d}z + 2\,\frac{\partial F_z}{\partial y}\,\mathrm{d}y\right\} 2\,\mathrm{d}y\,.
\end{aligned}$$

Zuletzt wurde

$$\frac{\mathrm{d}f}{\mathrm{d}x} = \lim_{\Delta x \to 0} \frac{f(x + \Delta x) - f(x - \Delta x)}{2\,\Delta x} \tag{1.31}$$

sinngemäß auf die beiden partiellen Ableitungen übertragen. Mit $\mathrm{d}y = \mathrm{d}z$ ergibt sich schließlich

$$\mathrm{d}Z_x = \left\{\frac{\partial F_z}{\partial y} - \frac{\partial F_y}{\partial z}\right\} 4\,(\mathrm{d}y)^2\,.$$

Der Flächeninhalt des kleinen Quadrates ist

$$da = 4\,(dy)^2\,,$$

so daß mit Gl. (1.30c)

$$\boldsymbol{e}_x \cdot \operatorname{rot} \boldsymbol{F} = \frac{\partial F_z}{\partial y} - \frac{\partial F_y}{\partial z}$$

folgt. Durch die zyklische Vertauschung $x \to y \to z \to x$ ergeben sich hieraus auch die y-Komponente und die z-Komponente von $\operatorname{rot} \boldsymbol{F}$:

$$\boldsymbol{e}_y \cdot \operatorname{rot} \boldsymbol{F} = \frac{\partial F_x}{\partial z} - \frac{\partial F_z}{\partial x}\,, \qquad \boldsymbol{e}_z \cdot \operatorname{rot} \boldsymbol{F} = \frac{\partial F_y}{\partial x} - \frac{\partial F_x}{\partial y}\,.$$

Es ist also

$$\operatorname{rot} \boldsymbol{F} = \left(\frac{\partial F_z}{\partial y} - \frac{\partial F_y}{\partial z}\right)\boldsymbol{e}_x - \left(\frac{\partial F_z}{\partial x} - \frac{\partial F_x}{\partial z}\right)\boldsymbol{e}_y + \left(\frac{\partial F_y}{\partial x} - \frac{\partial F_x}{\partial y}\right)\boldsymbol{e}_z\,. \qquad (1.32)$$

Dies läßt sich bequem mit Hilfe des Nablaoperators gemäß Gl. (1.6) merken:

$$\operatorname{rot} \boldsymbol{F} = \nabla \times \boldsymbol{F} = \begin{vmatrix} \boldsymbol{e}_x & \boldsymbol{e}_y & \boldsymbol{e}_z \\ \dfrac{\partial}{\partial x} & \dfrac{\partial}{\partial y} & \dfrac{\partial}{\partial z} \\ F_x & F_y & F_z \end{vmatrix}\,. \qquad (1.33)$$

Entwickelt man nämlich die "Determinante" formal nach den Einheitsvektoren, dann erhält man Gl. (1.32).

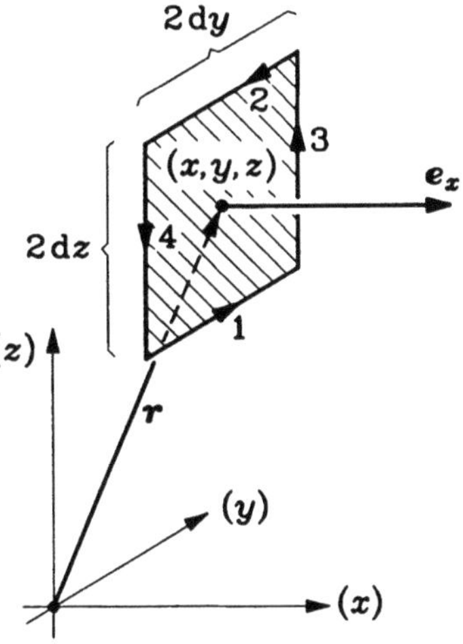

Bild 1.24

Das hier auftretende "Vektorprodukt" darf nicht geometrisch interpretiert werden. Insbesondere muß $\nabla \times \boldsymbol{F}$ nicht unbedingt senkrecht zu $\boldsymbol{F}$ sein. Es kann sogar $\operatorname{rot} \boldsymbol{F} = \boldsymbol{F}$ sein, wie das z.B. für $\boldsymbol{F} = \sin z\; \boldsymbol{e}_x + \cos z\; \boldsymbol{e}_y + 0\, \boldsymbol{e}_z$ der Fall ist.

1.6.4 Beispiele

a) Das Geschwindigkeitsfeld $\boldsymbol{u}(\boldsymbol{r})$ eines starren kreiszylindrischen Körpers, der sich um seine Achse (z-Achse in Bild 1.25) mit der Winkelgeschwindigkeit $\boldsymbol{\omega} = \omega \boldsymbol{e}_z$ dreht, läßt sich durch

$$\boldsymbol{u}(\boldsymbol{r}) = \boldsymbol{\omega} \times \boldsymbol{r} = \omega \boldsymbol{e}_z \times \boldsymbol{r}$$

ausdrücken, wenn man den Ursprung auf der z-Achse wählt. Die Feldlinien dieses Vektorfeldes sind Kreise um diese Achse. Mit den in Bild 1.25 eingeführten Bezeichnungen gilt

$$|\boldsymbol{u}| = \omega r \sin\vartheta = \omega \rho .$$

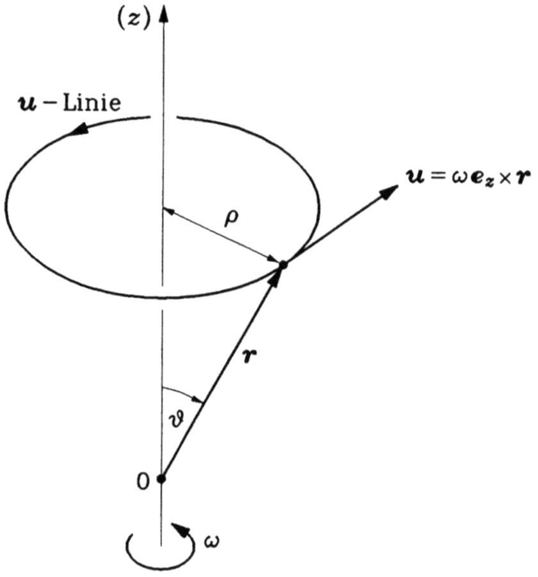

Bild 1.25

Es wird zunächst die Zirkulation Z längs der Randkurve des im Bild 1.26 schraffierten ebenen Flächenstückes berechnet. Die Teilkurven K_3 und K_4 liefern keinen Beitrag zum Zirkulationsintegral

$$Z = \oint_{K_1 \cup K_3 \cup K_2 \cup K_4} \boldsymbol{u} \cdot \boldsymbol{t} \, \mathrm{d}s ,$$

da dort der Tangentenvektor stets senkrecht zum Feld ist. Die Tangentenvektoren $\boldsymbol{t}_1$ bzw. $\boldsymbol{t}_2$ der Kurvenstücke K_1 bzw. K_2 lassen sich folgendermaßen darstellen:

$$\boldsymbol{t}_1 = -\frac{\boldsymbol{u}_1}{|\boldsymbol{u}_1|}, \qquad |\boldsymbol{u}_1| = \omega \rho_1 ,$$

$$\boldsymbol{t}_2 = \frac{\boldsymbol{u}_2}{|\boldsymbol{u}_2|}, \qquad |\boldsymbol{u}_2| = \omega \rho_2 .$$

Also ist

$$Z = -\int_{K_1} \boldsymbol{u}_1 \cdot \frac{\boldsymbol{u}_1}{|\boldsymbol{u}_1|}\, ds + \int_{K_2} \boldsymbol{u}_2 \cdot \frac{\boldsymbol{u}_2}{|\boldsymbol{u}_2|}\, ds$$

$$= \omega\left[-\rho_1 \int_{K_1} ds + \rho_2 \int_{K_2} ds\right].$$

Die beiden in der Klammer stehenden Integrale sind die Längen

$$s_1 = \alpha_0\, \rho_1\,, \quad s_2 = \alpha_0\, \rho_2$$

der Kurvenstücke K_1 und K_2, so daß man schließlich

$$Z = \alpha_0\, \omega\, (\rho_2^2 - \rho_1^2)$$

erhält.

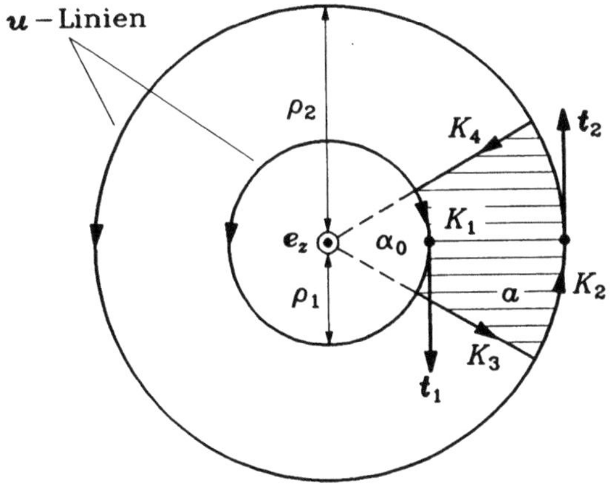

Bild 1.26

Der Inhalt der schraffierten Fläche ist

$$a = \frac{\alpha_0}{2}\, (\rho_2^2 - \rho_1^2)\,.$$

Also bleibt der Quotient

$$\frac{Z}{a} = 2\,\omega$$

konstant, wenn sich das betrachtete Flächenstück ohne Formänderung und stets in der gleichen Ebene auf einen Punkt zusammenzieht. Das bedeutet nach Gl. (1.30c), daß

$$\boldsymbol{e}_z \cdot \operatorname{rot}\, (\boldsymbol{\omega} \times \boldsymbol{r}) = 2\,\omega$$

gilt. Es handelt sich um die z-Komponente der Rotation, da $\boldsymbol{e}_z$ der Normalenvektor zur gewählten Ebene ist. Man beachte, daß seine Richtung und der Umlaufsinn der geschlossenen Kurve $K_1 \cup K_3 \cup K_2 \cup K_4$ eine Rechtsschraube bilden.

Die beiden anderen Komponenten von rot $(\boldsymbol{\omega}\times\boldsymbol{r})$ sind gleich null, wie man durch ähnliche Betrachtungen zeigen kann. Also gilt

$$\operatorname{rot}(\boldsymbol{\omega}\times\boldsymbol{r}) = 2\,\omega\,\boldsymbol{e}_z = 2\,\boldsymbol{\omega}\,.$$

Dieses Ergebnis wird durch die (viel kürzere) Berechnung in kartesischen Koordinaten bestätigt. Es ist nämlich

$$\boldsymbol{\omega}\times\boldsymbol{r} = \omega\boldsymbol{e}_z\times(x\,\boldsymbol{e}_x + y\,\boldsymbol{e}_y + z\,\boldsymbol{e}_z) = \omega(-y\,\boldsymbol{e}_x + x\,\boldsymbol{e}_y)\,, \tag{1.34}$$

woraus durch Anwendung der Gl. (1.33) das erwartete Resultat gewonnen wird:

$$\operatorname{rot}(\boldsymbol{\omega}\times\boldsymbol{r}) = \omega\begin{vmatrix} \boldsymbol{e}_x & \boldsymbol{e}_y & \boldsymbol{e}_z \\ \dfrac{\partial}{\partial x} & \dfrac{\partial}{\partial y} & \dfrac{\partial}{\partial z} \\ -y & x & 0 \end{vmatrix} = 0\,\boldsymbol{e}_x + 0\,\boldsymbol{e}_y + 2\,\omega\,\boldsymbol{e}_z = 2\,\boldsymbol{\omega}\,.$$

Das betrachtete Vektorfeld hat also überall Wirbel.

b) Überall wirbelfrei sind dagegen die Felder der Beispiele 1.3.6a,b. Diese sind Spezialfälle des allgemeinen kugelsymmetrischen Feldes

$$\boldsymbol{F}(\boldsymbol{r}) = f(r)\,\boldsymbol{r}\,,$$

wo $f(r)$ und damit auch $|\boldsymbol{F}|$ eine nur vom Nullpunktsabstand

$$r = |\boldsymbol{r}| = \sqrt{x^2+y^2+z^2}$$

abhängende Funktion ist. Alle derartigen Felder sind wirbelfrei, wie jetzt gezeigt wird.

Die kartesischen Komponenten von $\boldsymbol{F}$ und zwei ausgewählte partielle Ableitungen sind

$$F_x = f(r)\,x\,,\qquad F_y = f(r)\,y\,,\qquad F_z = f(r)\,z\,,$$

$$\frac{\partial F_z}{\partial y} = z\,\frac{\mathrm{d}f}{\mathrm{d}r}\,\frac{\partial r}{\partial y} = z\,\frac{\mathrm{d}f}{\mathrm{d}r}\,\frac{y}{r}\,,\qquad \frac{\partial F_y}{\partial z} = y\,\frac{\mathrm{d}f}{\mathrm{d}r}\,\frac{\partial r}{\partial z} = y\,\frac{\mathrm{d}f}{\mathrm{d}r}\,\frac{z}{r}\,.$$

Beide partiellen Ableitungen sind gleich, so daß wegen Gl. (1.32) die x-Komponente der Rotation verschwindet. Analog zeigt man dies auch für die beiden anderen Komponenten. Also gilt

$$\operatorname{rot}[f(r)\,\boldsymbol{r}] = \boldsymbol{0}\,.$$

c) Das Vektorfeld

$$\boldsymbol{F} = \frac{-y\,\boldsymbol{e}_x + x\,\boldsymbol{e}_y + 0\,\boldsymbol{e}_z}{x^2+y^2}$$

ist für $(x^2+y^2)\neq 0$, d.h. außerhalb der z-Achse definiert. Seine Richtung wird durch den Zähler bestimmt, der sich folgendermaßen umformen läßt:

$$x\,\boldsymbol{e}_y - y\,\boldsymbol{e}_x = \boldsymbol{e}_z\times(x\,\boldsymbol{e}_x + y\,\boldsymbol{e}_y + z\,\boldsymbol{e}_z) = \boldsymbol{e}_z\times\boldsymbol{r}\,.$$

Ein Blick auf Gl. (1.34) zeigt, daß das hier vorliegende Feld dieselbe Richtung hat wie $\boldsymbol{u}(\boldsymbol{r})$ aus Teil a, und es hat somit kreisförmige Feldlinien um die z-Achse (vgl. Bild 1.25). Da sich $|\boldsymbol{F}| = 1/\sqrt{x^2+y^2}$ längs einer solchen Feldlinie (Radius $=\sqrt{x^2+y^2}$) nicht ändert, haben Ringintegrale längs der Feldlinien einen von null verschiedenen Wert ($= 2\pi$; s. Aufgabe 1.1).

Obwohl diese Zirkulationsintegrale ungleich null sind, das betrachtete Feld also *global* nicht wirbelfrei ist, erweist es sich trotzdem als *lokal* wirbelfrei im Sinne verschwindender Rotation. Mit Gl. (1.33) kann nämlich leicht nachgerechnet werden, daß

$$\operatorname{rot}\left(\frac{x\,\boldsymbol{e}_y - y\,\boldsymbol{e}_x}{x^2+y^2}\right) = \boldsymbol{0}$$

außerhalb der z-Achse gilt. Sie ist somit die einzige Wirbellinie dieses wichtigen Vektorfeldes. Es ist geometrisch identisch mit dem Magnetfeld um einen sehr langen geraden Draht, der von einem Gleichstrom durchflossen wird.

1.7 Satz von Stokes

Innerhalb eines Vektorfeldes sei eine Fläche S mit der Randkurve K gegeben, deren Orientierung mit der Richtung der Flächennormalen eine Rechtsschraube bildet (s. Bild 1.27). Wie kann die Zirkulation längs K (globale Wirbelhaftigkeit) aus der Rotation (lokale Wirbelhaftigkeit) des Feldes berechnet werden? Dazu unterteilt man, wie im Bild 1.27 angedeutet, die Fläche S in kleine Flächenstücke S_ν mit den Randkurven K_ν, die ebenfalls im Rechtsschraubensinn bezüglich $\boldsymbol{n}$ orientiert sind. Letzteres hat zur Folge, daß gemeinsame Randkurvenabschnitte von benachbarten Flächenstücken gegensinnig durchlaufen werden und folglich die am Ende von Abschnitt 1.6.1 angestellten Überlegungen hierauf übertragen werden können. Das bedeutet, daß die Zirkulation Z längs K gleich ist der Summe der Zirkulationen ΔZ_ν längs K_ν:

$$Z = \sum_\nu \Delta Z_\nu\,.$$

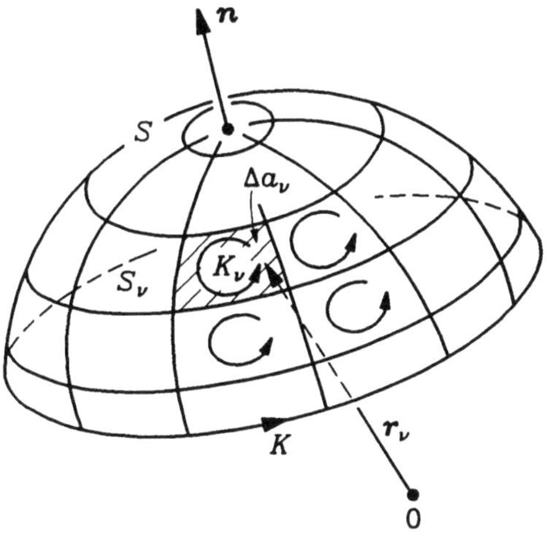

Bild 1.27

Falls die Inhalte Δa_ν der Flächenstücke genügend klein sind (durch Einengen auf $\boldsymbol{r}_\nu$ hin), folgt weiter aus Gl. (1.30c)

$$\Delta Z_\nu \approx \operatorname{rot} \boldsymbol{F}(\boldsymbol{r}_\nu) \cdot \boldsymbol{n}(\boldsymbol{r}_\nu)\, \Delta a_\nu \,.$$

Verwendet man noch die Definitionsgleichung (1.29) der Zirkulation, dann erhält man den Näherungsausdruck

$$\oint_K \boldsymbol{F} \cdot \mathrm{d}\boldsymbol{r} \approx \sum_\nu \operatorname{rot} \boldsymbol{F}(\boldsymbol{r}_\nu) \cdot \boldsymbol{n}(\boldsymbol{r}_\nu)\, \Delta a_\nu \,,$$

der in der Grenze beliebig feiner Unterteilung von S in die Gleichung

$$\oint_K \boldsymbol{F} \cdot \mathrm{d}\boldsymbol{r} = \iint_S \operatorname{rot} \boldsymbol{F} \cdot \mathrm{d}\boldsymbol{a} \tag{1.35a}$$

übergeht. Dies ist der Satz von Stokes. Er besagt, daß die Zirkulation des Vektorfeldes $\boldsymbol{F}(\boldsymbol{r})$ längs einer geschlossenen Kurve K gleich ist dem Fluß von $\operatorname{rot}\boldsymbol{F}$ durch eine Fläche S mit K als Randkurve. Für S kann dabei jede Fläche genommen werden, die von K berandet wird.

Der Satz von Stokes ist ebenso wichtig wie der Satz von Gauß und spielt eine analoge Rolle bei der gegenseitigen Umwandlung von Kurven- und Flächenintegralen.

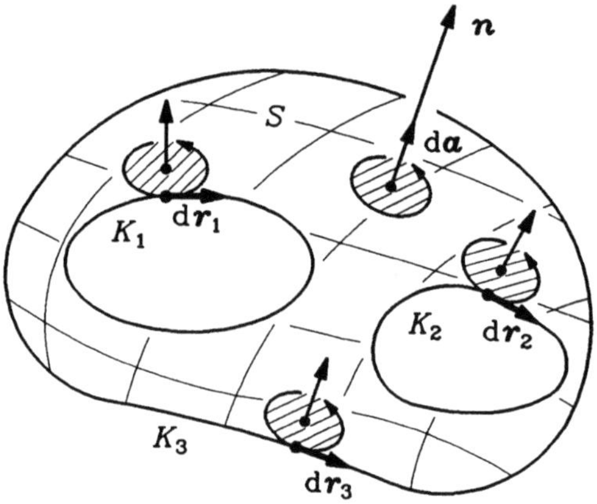

Bild 1.28

Bei der Anwendung von Gl. (1.35a) ist zu beachten, daß auf deren linker Seite über die *gesamte* und *rechtshändig* zu S orientierte Randkurve K integriert werden muß. Diese darf dabei aus mehreren nicht zusammenhängenden Teilkurven bestehen, denn die Begründung der Gl. (1.35a) bleibt davon unberührt. In Bild 1.28 beispielsweise wird S von den geschlossenen Kurven K_1, K_2 und K_3 begrenzt, deren Orientierungen sich ersichtlich nach den jeweils angrenzenden Flächenelementen richten, die ihrerseits rechtshändig zu $\boldsymbol{n}$ orientiert sind. Hier gilt

$$\iint_S \operatorname{rot} \boldsymbol{F} \cdot \mathrm{d}\boldsymbol{a} = \oint_{K_1} \boldsymbol{F} \cdot \mathrm{d}\boldsymbol{r}_1 + \oint_{K_2} \boldsymbol{F} \cdot \mathrm{d}\boldsymbol{r}_2 + \oint_{K_3} \boldsymbol{F} \cdot \mathrm{d}\boldsymbol{r}_3 \tag{1.35b}$$

mit den aus Bild 1.28 hervorgehenden Orientierungen.

Eine erste Anwendung des Satzes von Stokes bringt der Abschnitt 1.8.3.

1.8 Verschiedenes

Es folgen Abschnitte mit wichtigen vektoranalytischen Zusammenhängen.

1.8.1 Formeln

An Hand der Gln. (1.5), (1.12), (1.32) und der Produktregel können die folgenden allgemeingültigen Beziehungen in kartesischen Koordinaten bestätigt werden:

$$\operatorname{grad}(U_1 U_2) = U_1 \operatorname{grad} U_2 + U_2 \operatorname{grad} U_1 , \tag{1.36a}$$

$$\operatorname{div}(U \boldsymbol{F}) = U \operatorname{div} \boldsymbol{F} + \boldsymbol{F} \cdot \operatorname{grad} U , \tag{1.36b}$$

$$\operatorname{div}(\boldsymbol{F}_1 \times \boldsymbol{F}_2) = \boldsymbol{F}_2 \cdot \operatorname{rot} \boldsymbol{F}_1 - \boldsymbol{F}_1 \cdot \operatorname{rot} \boldsymbol{F}_2 , \tag{1.36c}$$

$$\operatorname{rot}(U \boldsymbol{F}) = U \operatorname{rot} \boldsymbol{F} - \boldsymbol{F} \times \operatorname{grad} U . \tag{1.36d}$$

Die Bedeutung von $\nabla^2 \boldsymbol{F}$ ist zunächst in *kartesischen Koordinaten* durch Gl. (1.22) *definiert*. Damit verifiziert man

$$\nabla^2 \boldsymbol{F} = \operatorname{grad}(\operatorname{div} \boldsymbol{F}) - \operatorname{rot}(\operatorname{rot} \boldsymbol{F}) \tag{1.36e}$$

und betrachtet schließlich diese Gleichung als *koordinatenunabhängige Definition* von $\nabla^2 \boldsymbol{F}$. Diese Formel verknüpft alle wesentlichen Operationen der Vektoranalysis und ist daher grundlegend wichtig für die Feldtheorie.

Wie der Laplace-Operator ∇^2 kann auch der gleich zu definierende Operator $(\boldsymbol{G} \cdot \nabla)$ auf skalare und vektorielle Felder wirken ($\boldsymbol{G}$ in diesem Operator bedeutet ein Vektorfeld; vektorielle Konstanten werden als homogene Felder aufgefaßt). Die Anwendung auf skalare Felder $U(\boldsymbol{r})$ kann sofort koordinatenunabhängig definiert werden:

$$(\boldsymbol{G} \cdot \nabla) U = \boldsymbol{G} \cdot \operatorname{grad} U . \tag{1.36f}$$

Die Anwendung auf Vektorfelder $\boldsymbol{F}(\boldsymbol{r})$ wird in kartesischen Koordinaten definiert durch

$$\begin{aligned}(\boldsymbol{G} \cdot \nabla) \boldsymbol{F} &= (\boldsymbol{G} \cdot \operatorname{grad} F_x) \boldsymbol{e}_x + (\boldsymbol{G} \cdot \operatorname{grad} F_y) \boldsymbol{e}_y + (\boldsymbol{G} \cdot \operatorname{grad} F_z) \boldsymbol{e}_z \\ &= G_x \frac{\partial \boldsymbol{F}}{\partial x} + G_y \frac{\partial \boldsymbol{F}}{\partial y} + G_z \frac{\partial \boldsymbol{F}}{\partial z} .\end{aligned} \tag{1.36g}$$

Auch hier kann man zunächst in kartesischen Koordinaten die Formel

$$\begin{aligned}2(\boldsymbol{G} \cdot \nabla) \boldsymbol{F} = {} & \operatorname{rot}(\boldsymbol{F} \times \boldsymbol{G}) + \operatorname{grad}(\boldsymbol{F} \cdot \boldsymbol{G}) - \boldsymbol{F} \operatorname{div} \boldsymbol{G} + \boldsymbol{G} \operatorname{div} \boldsymbol{F} \\ & - \boldsymbol{F} \times \operatorname{rot} \boldsymbol{G} - \boldsymbol{G} \times \operatorname{rot} \boldsymbol{F}\end{aligned} \tag{1.36h}$$

bestätigen, welche der Operation $(\boldsymbol{G} \cdot \nabla) \boldsymbol{F}$ schließlich auch eine koordinatenunabhängige Bedeutung gibt. Wichtiger ist die Veranschaulichung dieser Operation. Dazu wird ein beliebiger Punkt $\boldsymbol{r}_0$ herausgegriffen und das kartesische Achsenkreuz so lange gedreht, bis $G_y(\boldsymbol{r}_0) = G_z(\boldsymbol{r}_0) = 0$, d.h. $\boldsymbol{G}(\boldsymbol{r}_0) = G_x \boldsymbol{e}_x$ gilt. Die Gl. (1.36g) geht dann über in

$$(\boldsymbol{G}\cdot\nabla)\boldsymbol{F}\Big|_0 = G_x\,\frac{\partial \boldsymbol{F}}{\partial x}\Big|_0 \;.$$

Die fragliche Operation hat also (bis auf den Gewichtsfaktor G_x) die Bedeutung einer Ableitung des Feldes $\boldsymbol{F}$ in Richtung von $\boldsymbol{G}$ (hier die x-Richtung), alles genommen im gerade betrachteten Aufpunkt.

Zuletzt folgen noch drei Formeln, in die $(\boldsymbol{G}\cdot\nabla)\boldsymbol{F}$ eingeht:

$$\operatorname{grad}(\boldsymbol{F}\cdot\boldsymbol{G}) = (\boldsymbol{F}\cdot\nabla)\boldsymbol{G} + (\boldsymbol{G}\cdot\nabla)\boldsymbol{F} + \boldsymbol{F}\times\operatorname{rot}\boldsymbol{G} + \boldsymbol{G}\times\operatorname{rot}\boldsymbol{F}\,, \tag{1.36i}$$

$$(\boldsymbol{G}\cdot\nabla)U\boldsymbol{F} = \boldsymbol{F}(\boldsymbol{G}\cdot\operatorname{grad}U) + U(\boldsymbol{G}\cdot\nabla)\boldsymbol{F}\,, \tag{1.36j}$$

$$\operatorname{rot}(\boldsymbol{F}\times\boldsymbol{G}) = (\boldsymbol{G}\cdot\nabla)\boldsymbol{F} - (\boldsymbol{F}\cdot\nabla)\boldsymbol{G} + \boldsymbol{F}\operatorname{div}\boldsymbol{G} - \boldsymbol{G}\operatorname{div}\boldsymbol{F}\;. \tag{1.36k}$$

1.8.2 Gradientenfelder sind wirbelfrei

Alle Gradientenfelder sind global wirbelfrei (zirkulationsfrei), was heißen soll, daß

$$\oint(\operatorname{grad}U)\cdot d\boldsymbol{r} = 0 \tag{1.37a}$$

oder wegen Gl. (1.4)

$$\oint dU = 0 \tag{1.37b}$$

für *jede* geschlossene Kurve gilt. Letzteres kann gut veranschaulicht werden. Trägt man nämlich die Werte, die $U(\boldsymbol{r})$ in den Punkten einer geschlossenen Kurve K annimmt, als Funktion der von einem beliebigen Kurvenpunkt P_0 aus gemessenen Bogenlänge s auf, so ergibt sich z.B. der in Bild 1.29 angegebene Funktionsverlauf. Dabei bedeutet s_0 den Gesamtumfang von K, so daß $U(0) = U(s_0)$ gilt. Zerlegt man die Kurve in Abschnitte der Länge Δs_ν, so ergeben sich zugehörige Funktionsänderungen ΔU_ν, die an manchen Stellen positiv und an anderen negativ sind. Ihre Summe ist stets gleich null, wie die Abschnitte Δs_ν auch gewählt werden:

$$\sum_\nu \Delta U_\nu = 0\,.$$

Durch Grenzübergang zu beliebig feiner Unterteilung entsteht die Gl. (1.37b), die äquivalent zur Gl. (1.37a) ist.

Damit ist die globale Wirbelfreiheit von Gradientenfeldern bewiesen. Deren auch lokale Wirbelfreiheit, d.h.

$$\operatorname{rot}(\operatorname{grad}U) = \boldsymbol{0} \tag{1.38}$$

ist eine unmittelbare Konsequenz. Setzt man nämlich $\boldsymbol{F} = \operatorname{grad}U$ in die Definitionsgleichung (1.30a) ein, dann folgt wegen Gl. (1.37a) $\boldsymbol{n}\cdot\operatorname{rot}(\operatorname{grad}U) = 0$ für beliebige $\boldsymbol{n}$.

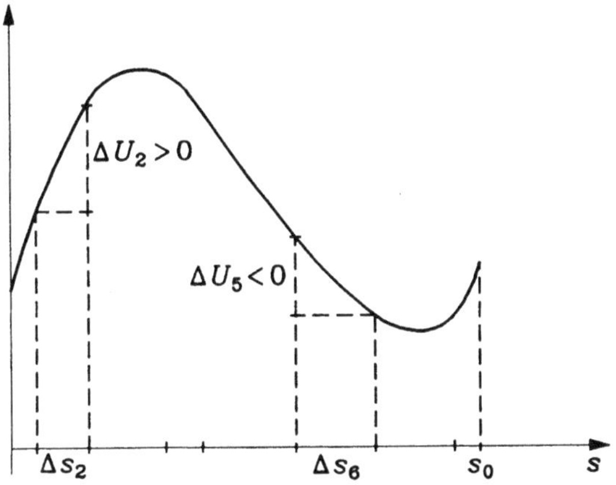

Bild 1.29

1.8.3 Rotorfelder sind quellenfrei

Eine beliebige Hüllfläche sei wie im Bild 1.30 in zwei Teile S_1 und S_2 zerlegt, deren Randkurven K_1 bzw. K_2 sich nur durch die Orientierungen unterscheiden. Diese sind jeweils rechtshändig zu den nach außen zeigenden Normalenvektoren $\boldsymbol{n}_1$ bzw. $\boldsymbol{n}_2$ orientiert. Die Zirkulationen eines Vektorfeldes $\boldsymbol{F}$ längs K_1 und K_2 haben gleiche Beträge, jedoch ungleiche Vorzeichen.

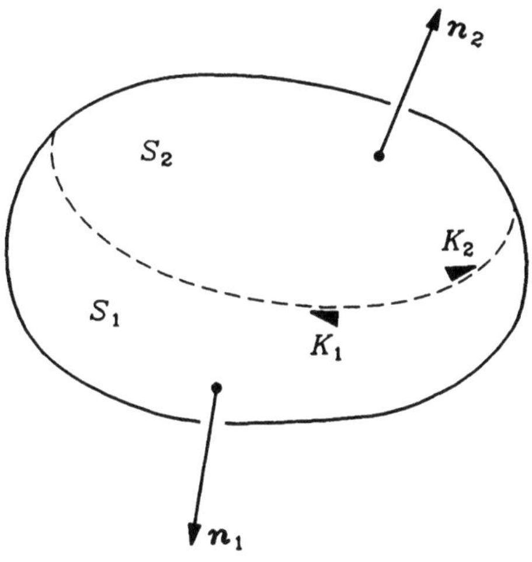

Bild 1.30

Also folgt mit dem Satz von Stokes

$$\oiint (\operatorname{rot} \boldsymbol{F}) \cdot \mathrm{d}\boldsymbol{a} = \iint_{S_1} (\operatorname{rot} \boldsymbol{F}) \cdot \boldsymbol{n}_1 \, \mathrm{d}a_1 + \iint_{S_2} (\operatorname{rot} \boldsymbol{F}) \cdot \boldsymbol{n}_2 \, \mathrm{d}a_2$$
$$= \oint_{K_1} \boldsymbol{F} \cdot \mathrm{d}\boldsymbol{r}_1 + \oint_{K_2} \boldsymbol{F} \cdot \mathrm{d}\boldsymbol{r}_2$$
$$= 0 . \tag{1.39}$$

Das zeigt die globale Quellenfreiheit von Rotorfeldern, deren lokale Quellenfreiheit, d.h.

$$\operatorname{div} (\operatorname{rot} \boldsymbol{F}) = 0 , \tag{1.40}$$

sich unmittelbar aus der Definitionsgleichung (1.11a) ergibt, wenn man dort Gl. (1.39) berücksichtigt.

1.8.4 Satz von Gauß für die Rotation

Setzt man $\boldsymbol{F}_1 = \boldsymbol{F}$ und $\boldsymbol{F}_2 = \boldsymbol{e}_x$ in die Gl. (1.36c) ein, dann erhält man (nach Seitentausch)

$$\boldsymbol{e}_x \cdot \operatorname{rot} \boldsymbol{F} = \operatorname{div} (\boldsymbol{F} \times \boldsymbol{e}_x) .$$

Hieraus folgt nach beidseitiger Gebietsintegration und Anwendung des Satzes von Gauß (auf die rechte Seite)

$$\iiint \boldsymbol{e}_x \cdot \operatorname{rot} \boldsymbol{F} \, \mathrm{d}V = \oiint (\boldsymbol{F} \times \boldsymbol{e}_x) \cdot \boldsymbol{n} \, \mathrm{d}a = \oiint \boldsymbol{e}_x \cdot (\boldsymbol{n} \times \boldsymbol{F}) \, \mathrm{d}a .$$

Analog zeigt man

$$\iiint \boldsymbol{e}_y \cdot \operatorname{rot} \boldsymbol{F} \, \mathrm{d}V = \oiint \boldsymbol{e}_y \cdot (\boldsymbol{n} \times \boldsymbol{F}) \, \mathrm{d}a ,$$
$$\iiint \boldsymbol{e}_z \cdot \operatorname{rot} \boldsymbol{F} \, \mathrm{d}V = \oiint \boldsymbol{e}_z \cdot (\boldsymbol{n} \times \boldsymbol{F}) \, \mathrm{d}a .$$

Diese drei skalaren Gleichungen für die einzelnen Komponenten von $\operatorname{rot} \boldsymbol{F}$ und $\boldsymbol{n} \times \boldsymbol{F}$ lassen sich zu einer Vektorgleichung,

$$\iiint \operatorname{rot} \boldsymbol{F} \, \mathrm{d}V = \oiint (\boldsymbol{n} \times \boldsymbol{F}) \, \mathrm{d}a = - \oiint \boldsymbol{F} \times \mathrm{d}\boldsymbol{a} , \tag{1.41}$$

zusammenfassen. Man kann sie als Satz von Gauß für die Rotation bezeichnen und daraus die alternative Definition

$$\operatorname{rot} \boldsymbol{F}(\boldsymbol{r}) = \lim_{S \to \boldsymbol{r}} \frac{\oiint_S (\boldsymbol{n} \times \boldsymbol{F}) \, \mathrm{d}a}{V} \tag{1.42}$$

für die Rotation ablesen. Sie ist formal so gebaut wie die Definitionsgleichung (1.11a) der Divergenz (vgl. auch Abschnitt 1.5.1).

1.9 Skalares Potential

In bestimmten (weiter unten genau spezifizierten) Fällen gibt es zu einem Vektorfeld $\boldsymbol{F}(\boldsymbol{r})$ ein skalares Feld $U(\boldsymbol{r})$ derart, daß

$$\boldsymbol{F} = -\operatorname{grad} U \tag{1.43}$$

gilt. Dann nennt man $U(\boldsymbol{r})$ ein skalares Potential zu $\boldsymbol{F}(\boldsymbol{r})$ und solche Vektorfelder konservativ oder Gradientenfelder. Das Minuszeichen in Gl. (1.43) stammt aus der Mechanik, wo U die potentielle Energie zu einem konservativen Kraftfeld bedeutet. Da von *vektoriellen* Potentialen erst viel später die Rede sein wird, kann bis dahin das Adjektiv "skalar" beim Potential entfallen.

Da der Gradient konstanter Funktionen verschwindet, ist mit U auch U + const ein Potential zum gleichen Vektorfeld.

1.9.1 Notwendige Bedingungen

Das Vektorfeld $\boldsymbol{F}(\boldsymbol{r})$ sei gemäß Gl. (1.43) ein Gradientenfeld. Dann ist es notwendigerweise sowohl global wirbelfrei, d.h.

$$\oint \boldsymbol{F} \cdot \mathrm{d}\boldsymbol{r} = 0 \qquad \text{für } \textit{jede} \text{ geschlossene Kurve}, \tag{1.44}$$

als auch lokal wirbelfrei, d.h.

$$\operatorname{rot} \boldsymbol{F} = \boldsymbol{0} \qquad \text{in } \textit{allen} \text{ Feldpunkten}. \tag{1.45}$$

Beides wurde schon im Abschnitt 1.8.2 bewiesen.

1.9.2 Hinreichende Bedingungen

Jetzt wird gezeigt, daß die Bedingung (1.44) auch hinreichend für die Existenz eines Potentials ist, die Bedingung (1.45) dagegen erst, wenn das Gebiet, in dem sie gilt, einfach zusammenhängend ist.

a) Das Bild 1.31 zeigt zwei verschiedene Kurven K_1 und K_2, die in einem Vektorfeld $\boldsymbol{F}(\boldsymbol{r})$ (nicht dargestellt) von P_0 nach P verlaufen.

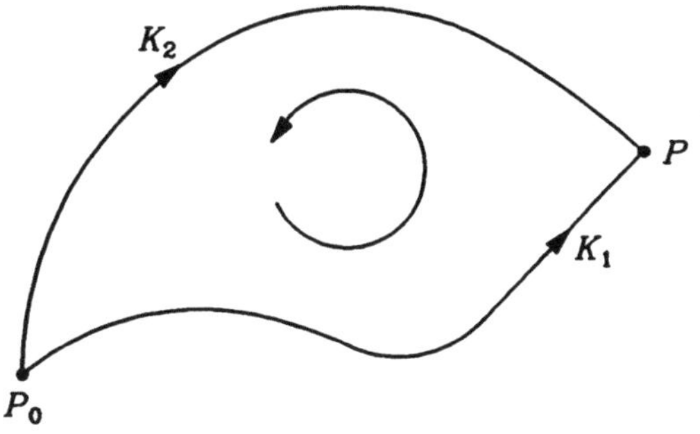

Bild 1.31

Die Wege K_1 und K_2 bilden zusammen eine geschlossene Kurve, die einheitlich wie K_1 orientiert sein soll. Hierfür gilt dann

$$\oint \boldsymbol{F} \cdot \mathrm{d}\boldsymbol{r} = \int_{K_1} \boldsymbol{F} \cdot \mathrm{d}\boldsymbol{r} - \int_{K_2} \boldsymbol{F} \cdot \mathrm{d}\boldsymbol{r} .$$

Erfüllt nun das Vektorfeld die Bedingung (1.44), so folgt

$$\int_{K_1} \boldsymbol{F} \cdot \mathrm{d}\boldsymbol{r} = \int_{K_2} \boldsymbol{F} \cdot \mathrm{d}\boldsymbol{r} .$$

Der Wert von Linienintegralen hängt in diesem Fall (globale Wirbelfreiheit) also nur von den Punkten P_0 und P ab, nicht jedoch von der sie verbindenden Kurve. Wegen dieser Eigenschaft definiert

$$U(P) = -\int_{P_0}^{P} \boldsymbol{F} \cdot \mathrm{d}\boldsymbol{r} \tag{1.46}$$

eine eindeutige skalare Funktion U des Punktes P, wenn P_0 festgehalten wird.

Mit Gl. (1.46) wurde ein Potential U zum Vektorfeld $\boldsymbol{F}$ konstruiert, denn es gilt auf Grund dieser Gleichung

$$\mathrm{d}U = -\boldsymbol{F} \cdot \mathrm{d}\boldsymbol{r}$$

und nach Gl. (1.4)

$$\mathrm{d}U = \operatorname{grad} U \cdot \mathrm{d}\boldsymbol{r} .$$

Da das Wegelement $\mathrm{d}\boldsymbol{r}$ beliebig gewählt werden darf (vgl. Abschnitt 1.2.2), folgt

$$\boldsymbol{F} = -\operatorname{grad} U .$$

Die globale Wirbelfreiheit ($\oint \boldsymbol{F} \cdot \mathrm{d}\boldsymbol{r} \equiv 0$) garantiert also die Existenz eines Potentials, das nach Gl. (1.46) oder durch Lösen der Differentialgleichung (1.43) berechnet werden kann. Im ersten Fall kann P_0, der sogenannte Bezugspunkt (dort ist U gleich null), beliebig gewählt werden. Gehört $\tilde{U}$ zum neuen Bezugspunkt $\tilde{P}_0$, dann ist die Differenz

$$\tilde{U}(P) - U(P) = -\int_{\tilde{P}_0}^{P} \boldsymbol{F} \cdot \mathrm{d}\boldsymbol{r} + \int_{P_0}^{P} \boldsymbol{F} \cdot \mathrm{d}\boldsymbol{r} = \int_{P_0}^{\tilde{P}_0} \boldsymbol{F} \cdot \mathrm{d}\boldsymbol{r}$$

eine Konstante. Dem entspricht es, daß beim zweiten Berechnungsverfahren (Auflösen der Gl. (1.43) nach U) eine Integrationskonstante offen bleibt.

b) Das Beispiel 1.6.4c zeigt, daß es Vektorfelder gibt, die zwar lokal, aber nicht global wirbelfrei sind. Aus der lokalen Wirbelfreiheit ($\operatorname{rot} \boldsymbol{F} \equiv \boldsymbol{0}$) darf also nicht ohne weiteres auf die Existenz eines Potentials geschlossen werden, da letzteres, wie schon bewiesen, gleichbedeutend mit der globalen Wirbelfreiheit ($\oint \boldsymbol{F} \cdot \mathrm{d}\boldsymbol{r} \equiv 0$) ist.

Setzt man jedoch Wirbelfreiheit nicht in einem beliebig gestalteten, sondern in einem *einfach zusammenhängenden* Gebiet voraus, dann existiert dort, wie gleich gezeigt wird, ein Potential zum vorliegenden Vektorfeld.

Einfach zusammenhängend heißt ein Gebiet, wenn es dort zu *jeder* geschlossenen Kurve *mindestens eine* Fläche gibt, die *vollständig* im betrachteten Gebiet liegt, und deren Rand die geschlossene Kurve ist. Der dreidimensionale Raum ist trivialerweise einfach zusammenhängend. Entfernt man daraus isolierte Punkte, so bleibt jene Eigenschaft erhalten. Entfernt man jedoch alle Punkte der z-Achse, dann ergibt sich ein nicht einfach zusammenhängendes Gebiet. Denn zu einer um die z-Achse verlaufenden geschlossenen Kurve gibt es keine einzige von dieser Kurve berandete Fläche, die nicht von der z-Achse durchstoßen würde.

Es gelte jetzt also $\operatorname{rot} \boldsymbol{F} = \boldsymbol{0}$ in allen Punkten eines einfach zusammenhängenden Gebietes G. Außerdem sei K eine beliebige geschlossene Kurve aus G. Dazu gibt es dann mindestens eine von K berandete Fläche S, deren Punkte *alle* im rotationsfreien Gebiet liegen. Also folgt mit dem Satz von Stokes, angewendet auf diese Fläche,

$$\oint_K \boldsymbol{F} \cdot \mathrm{d}\boldsymbol{r} = \iint_S (\operatorname{rot} \boldsymbol{F}) \cdot \mathrm{d}\boldsymbol{a} = 0 .$$

Da K beliebig war, ist hier (bei einfach zusammenhängenden Gebieten) die lokale Wirbelhaftigkeit hinreichend für die globale Wirbelhaftigkeit und damit auch für die Existenz eines Potentials.

Die letzten beiden Abschnitte haben folgendes gezeigt: Die Bedingung (1.44) ist immer sowohl notwendig als auch hinreichend dafür, daß $\boldsymbol{F}$ aus einem (skalaren) Potential ableitbar ist. Die Bedingung (1.45) ist dafür immer notwendig. Sie ist auch hinreichend, wenn einfach zusammenhängende Gebiete zu Grunde liegen.

1.9.3 Beispiele

a) Das Beispiel 1.2.3 hat gezeigt, daß $U = 1/r$ Potential zu $\boldsymbol{F} = \boldsymbol{r}/r^3$ ist.

b) Das Vektorfeld

$$\boldsymbol{F} = y\,\boldsymbol{e}_x + x\,\boldsymbol{e}_y + 0\,\boldsymbol{e}_z$$

ist im ganzen Raum rotationsfrei. Da dieser einfach zusammenhängend ist, existiert ein Potential, das jetzt mittels Gl. (1.46) durch eine Wegintegration bestimmt wird.

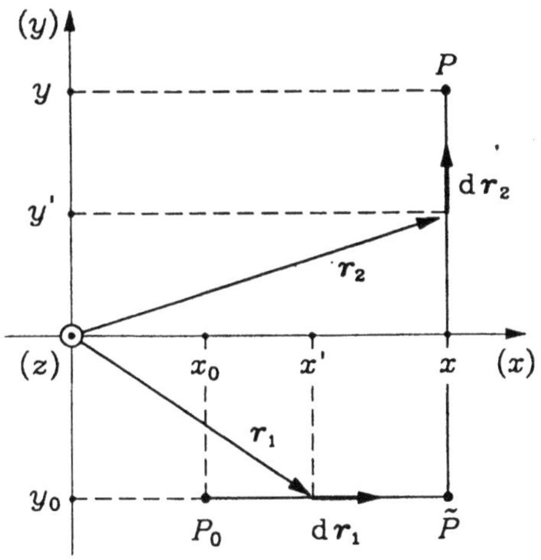

Bild 1.32

Die z-Komponente des vorliegenden Vektorfeldes ist gleich null, so daß ohne Einschränkung der Allgemeinheit in der xy-Ebene gerechnet werden kann. In das Bild 1.32 sind der Bezugspunkt P_0, der Aufpunkt P und ein Weg eingetragen, der beide Punkte (über $\tilde{P}$) verbindet. Der erste Teil dieses Weges wird durch

$$\boldsymbol{r}_1 = x'\boldsymbol{e}_x + y_0\,\boldsymbol{e}_y$$

beschrieben, der zweite durch

$$\boldsymbol{r}_2 = x\,\boldsymbol{e}_x + y'\boldsymbol{e}_y\,.$$

Beim Fortschreiten ändern sich nur x' längs Teil 1 bzw. y' längs Teil 2 des Weges, während y_0 und x feste Werte haben. Dementsprechend gilt

$$\mathrm{d}\boldsymbol{r}_1 = \mathrm{d}x'\boldsymbol{e}_x\,, \qquad \mathrm{d}\boldsymbol{r}_2 = \mathrm{d}y'\boldsymbol{e}_y\,.$$

Mit

$$\boldsymbol{F}(\boldsymbol{r}_1) = y_0\,\boldsymbol{e}_x + x'\boldsymbol{e}_y\,, \quad \boldsymbol{F}(\boldsymbol{r}_2) = y'\boldsymbol{e}_x + x\,\boldsymbol{e}_y$$

kann jetzt die Integration ausgeführt werden:

$$U = -\left[\int_{P_0}^{\tilde{P}} \boldsymbol{F}(\boldsymbol{r}_1)\cdot\mathrm{d}\boldsymbol{r}_1 + \int_{\tilde{P}}^{P} \boldsymbol{F}(\boldsymbol{r}_2)\cdot\mathrm{d}\boldsymbol{r}_2\right]$$

$$= -\int_{x_0}^{x} y_0\,\mathrm{d}x' - \int_{y_0}^{y} x\,\mathrm{d}y' = -y_0\,(x - x_0) - x\,(y - y_0) = -x\,y + x_0\,y_0\,.$$

c) Zum gleichen Resultat gelangt man schneller durch komponentenweises Lösen der Differentialgleichung (1.43), hier also des Systems

$$\frac{\partial U}{\partial x} = -y\,, \qquad \frac{\partial U}{\partial y} = -x\,, \qquad \frac{\partial U}{\partial z} = 0\,.$$

Die letzte Gleichung besagt, daß U nicht von z abhängt. Also folgt mit der zweiten Gleichung

$$U = -x\,y + f(x)\,,$$

wobei f nur noch von x abhängt. Setzt man dieses Zwischenergebnis in die erste Gleichung ein, so erhält man

$$-y + \frac{\mathrm{d}f}{\mathrm{d}x} = -y\,,$$

woraus

$$f = \mathrm{const}$$

folgt. Also lautet das gesuchte Potential

$$U = -x\,y + \mathrm{const}\,.$$

1.10 Divergenz und Rotation als wesentliche Bestimmungsstücke eines Vektorfeldes

Warum interessieren bei einem Vektorfeld gerade die Divergenz und die Rotation? Diese Frage beantwortet der folgende *Eindeutigkeitssatz*:

In einem einfach zusammenhängenden Gebiet G seien die skalare Funktion $u(\boldsymbol{r})$ und die vektorielle Funktion $\boldsymbol{w}(\boldsymbol{r})$ gegeben. Ferner sei auf der das Gebiet G berandenden Oberfläche S die Funktion $f(\boldsymbol{r})$ gegeben. Dann hat das Gleichungssystem

$$\operatorname{div} \boldsymbol{F} = u \quad (\text{ in } G), \tag{1.47a}$$

$$\operatorname{rot} \boldsymbol{F} = \boldsymbol{w} \quad (\text{ in } G), \tag{1.47b}$$

$$\boldsymbol{F} \cdot \boldsymbol{n} = f \quad (\text{ auf } S) \tag{1.47c}$$

höchstens eine Lösung $\boldsymbol{F}$. Dabei ist $\boldsymbol{n}$ die nach außen gerichtete Flächennormale von S.

Mit anderen Worten: Durch Vorgabe der Divergenz, Rotation und Randbedingungen ist ein Vektorfeld eindeutig festgelegt, falls das betrachtete Gebiet einfach zusammenhängend und das System (1.47a-c) lösbar ist.

Zum Beweis werde angenommen, daß zwei Lösungen $\boldsymbol{F}_1$ und $\boldsymbol{F}_2$ existieren. Dann gilt für ihre Differenz

$$\operatorname{div}(\boldsymbol{F}_1 - \boldsymbol{F}_2) = 0 \quad (\text{ in } G), \tag{1.48a}$$

$$\operatorname{rot}(\boldsymbol{F}_1 - \boldsymbol{F}_2) = \boldsymbol{0} \quad (\text{ in } G), \tag{1.48b}$$

$$(\boldsymbol{F}_1 - \boldsymbol{F}_2) \cdot \boldsymbol{n} = 0 \quad (\text{ auf } S). \tag{1.48c}$$

Das Vektorfeld $\boldsymbol{F}_1 - \boldsymbol{F}_2$ ist also lokal wirbelfrei in einem einfach zusammenhängenden Gebiet. Es ist deshalb nach Abschnitt 1.9.2b aus einem Potential U ableitbar:

$$\boldsymbol{F}_1 - \boldsymbol{F}_2 = -\operatorname{grad} U. \tag{1.49}$$

Dieses Potential setze man in die Gl. (1.23) (erster Greenscher Satz) ein. Dann erhält man:

$$\oiint_S (U \nabla U) \cdot \mathrm{d}\boldsymbol{a} = \iiint_G [U \nabla^2 U + (\nabla U)^2] \, \mathrm{d}V.$$

Hier sind nun zwei Ausdrücke gleich null. Das sind

$$\nabla^2 U = \operatorname{div} \operatorname{grad} U = \operatorname{div}(\boldsymbol{F}_2 - \boldsymbol{F}_1) = 0$$

wegen der Gln. (1.49) und (1.48a) sowie

$$\oiint_S (U \nabla U) \cdot \mathrm{d}\boldsymbol{a} = \oiint_S U (\boldsymbol{F}_2 - \boldsymbol{F}_1) \cdot \boldsymbol{n} \, \mathrm{d}a = 0$$

wegen der Gln. (1.49) und (1.48c). Es folgt also

$$\iiint_G (\operatorname{grad} U)^2 \, \mathrm{d}V = 0.$$

Da der Integrand nicht negativ ist, muß

$$\operatorname{grad} U = \boldsymbol{0}$$

gelten, woraus mit Gl. (1.49) die behauptete Gleichheit

$$\boldsymbol{F}_1 = \boldsymbol{F}_2$$

der Lösungen folgt.

Randbedingungen lassen sich auch anders als gemäß Gl. (1.47c) formulieren. Insbesondere verlangt man bei unendlich ausgedehnten Feldern oft, daß deren Betrag für $|\boldsymbol{r}| \to \infty$ "hinreichend stark" abnimmt ("natürliche" Randbedingung).

Ist das interessierende Feldgebiet G nicht einfach zusammenhängend, dann wird Gl. (1.47b) ersetzt durch die Vorgabe der Werte aller Zirkulationsintegrale $\oint \boldsymbol{F} \cdot \mathrm{d}\boldsymbol{r}$ in G. Das Differenzenfeld $(\boldsymbol{F}_1 - \boldsymbol{F}_2)$ ist dann global wirbelfrei und somit konservativ, so daß wieder der erste Greensche Satz angewendet und damit die Eindeutigkeit bewiesen werden kann.

Wegen Gl. (1.40) kann $\boldsymbol{w}(\boldsymbol{r})$ in Gl. (1.47b) nicht beliebig vorgegeben werden, sondern es muß $\operatorname{div} \boldsymbol{w} = 0$ sein. Andernfalls ist das System der Gln. (1.47a-c) nicht lösbar.

1.10.1 Poissonsche Differentialgleichung

Der soeben geführte Eindeutigkeitsbeweis läßt die Frage völlig offen, *wie* man die Lösung des Gleichungssystems (1.47a-c) findet. Dafür gibt es auch kein allgemeines Schema. Fragt man jedoch nach einer partikulären Lösung *nur* des Gleichungspaares (1.47a,b), dann liegt der Schlüssel zur Antwort in der Gl. (1.36e). Substituiert man dort nämlich $\operatorname{rot} \boldsymbol{F} = \boldsymbol{w}$ und $\operatorname{div} \boldsymbol{F} = u$, so folgt

$$\nabla^2 \boldsymbol{F} = \operatorname{grad} u - \operatorname{rot} \boldsymbol{w} = \boldsymbol{g}\,, \tag{1.50a}$$

wobei $\boldsymbol{g}$ die Abkürzung des vorausgehenden Ausdrucks bedeutet. Eine Differentialgleichung der Form

$$\nabla^2 \boldsymbol{F} = \boldsymbol{g} \tag{1.50b}$$

heißt vektorielle Poisson-Gleichung. In kartesischen Koordinaten ist wegen Gl. (1.22) die vektorielle Poisson-Gleichung äquivalent zu drei skalaren Poisson-Gleichungen, und zwar für jede kartesische Komponente eine:

$$\nabla^2 F_x = g_x\,, \quad \nabla^2 F_y = g_y\,, \quad \nabla^2 F_z = g_z\,. \tag{1.50c}$$

Es bleibt also die Aufgabe, Poisson-Gleichungen zu lösen, um partikuläre Lösungen des Gleichungspaares (1.47a,b) zu erhalten. Gesucht ist dann noch diejenige Lösung des homogenen Gleichungspaares $\operatorname{div} \boldsymbol{F} = 0$, $\operatorname{rot} \boldsymbol{F} = \boldsymbol{0}$, die nach Addition zur partikulären Lösung für die Erfüllung der Randbedingungen sorgt. Das ist in der Regel der bei weitem schwierigste Teil des Problems, für den es kein allgemeines Rezept gibt.

Wie man die Poisson-Gleichungen löst und Randbedingungen erfüllt, wird an späterer Stelle besprochen.

1.11 Zylinder- und Kugelkoordinaten

Bisher wurde entweder rein vektoriell oder in kartesischen Koordinaten gerechnet. Bei vielen Aufgabenstellungen ist es aber viel zweckmäßiger, Zylinder- oder Kugelkoordinaten zu benutzen. Sie werden durch Bild 1.33 definiert einschließlich der zugehörigen Einheitsvektoren. Diese zeigen in Richtung zunehmender Werte der durch den Index angegebenen Koordinate (wobei die jeweils anderen beiden konstant zu halten sind). Hiermit hat jeder Feldvektor $\boldsymbol{F}$ im Punkt P die Darstellungen

$$\boldsymbol{F}(P) = F_\rho(P)\,\boldsymbol{e}_\rho(P) + F_\alpha(P)\,\boldsymbol{e}_\alpha(P) + F_z(P)\,\boldsymbol{e}_z$$

und

$$\boldsymbol{F}(P) = F_r(P)\,\boldsymbol{e}_r(P) + F_\vartheta(P)\,\boldsymbol{e}_\vartheta(P) + F_\alpha(P)\,\boldsymbol{e}_\alpha(P)\ .$$

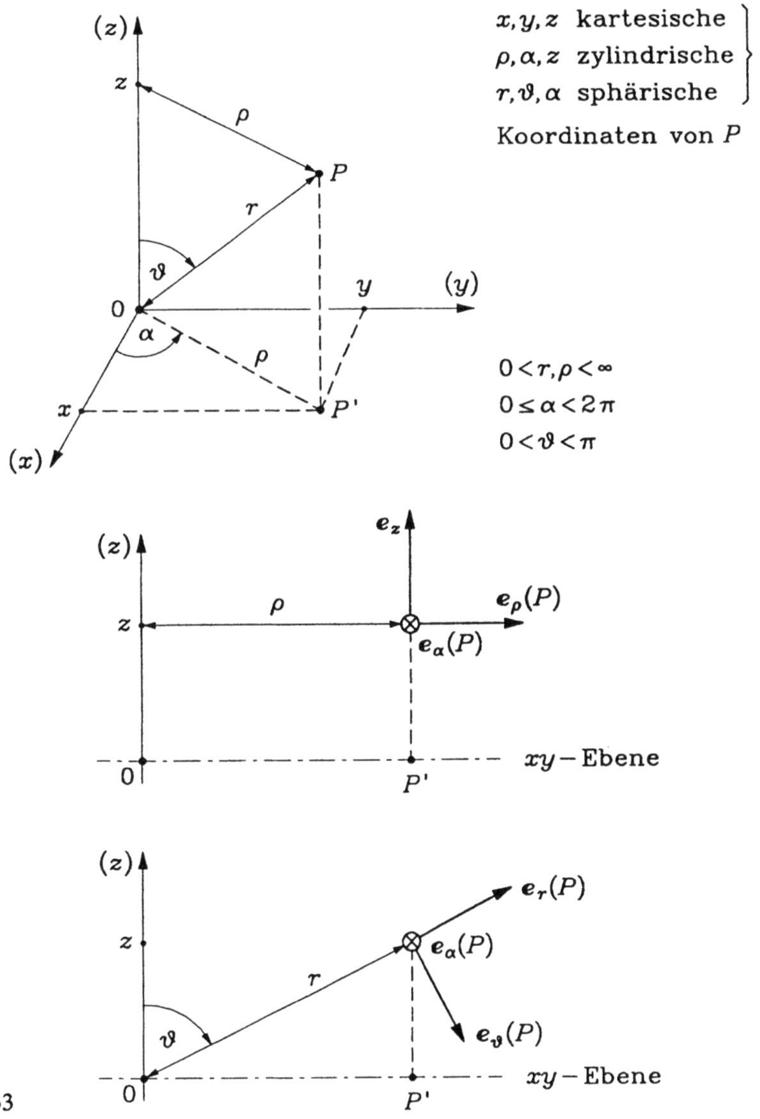

Bild 1.33

Die Reihenfolge der Koordinaten wurde jeweils so gewählt, daß die zugehörigen Einheitsvektoren in dieser Reihenfolge ein Rechtssystem bilden. Außerdem ist zu beachten, daß die

Einheitsvektoren $\boldsymbol{e}_\rho$, $\boldsymbol{e}_\alpha$, $\boldsymbol{e}_r$ und $\boldsymbol{e}_\vartheta$ (nicht dagegen $\boldsymbol{e}_z$) hinsichtlich ihrer Richtung Funktionen des Aufpunktes P sind, der jeweils der Ursprung des Dreibeines $\{\boldsymbol{e}_\rho, \boldsymbol{e}_\alpha, \boldsymbol{e}_z\}$ bzw. $\{\boldsymbol{e}_r, \boldsymbol{e}_\vartheta, \boldsymbol{e}_\alpha\}$ ist.

Der Einführung von Zylinder- oder Kugelkoordinaten geht immer die Festlegung eines kartesischen Achsenkreuzes voraus. Hierauf bezogen liest man aus Bild 1.33 die folgenden, im jeweiligen Aufpunkt P gültigen Beziehungen ab:

$$\boldsymbol{e}_\rho = \cos\alpha\, \boldsymbol{e}_x + \sin\alpha\, \boldsymbol{e}_y \;, \tag{1.51a}$$

$$\boldsymbol{e}_r = \sin\vartheta\, \boldsymbol{e}_\rho + \cos\vartheta\, \boldsymbol{e}_z$$

$$= \sin\vartheta\,(\cos\alpha\, \boldsymbol{e}_x + \sin\alpha\, \boldsymbol{e}_y) + \cos\vartheta\, \boldsymbol{e}_z \;, \tag{1.51b}$$

$$\boldsymbol{e}_\alpha = \boldsymbol{e}_z \times \boldsymbol{e}_\rho$$

$$= -\sin\alpha\, \boldsymbol{e}_x + \cos\alpha\, \boldsymbol{e}_y \;, \tag{1.51c}$$

$$\boldsymbol{e}_\vartheta = \boldsymbol{e}_\alpha \times \boldsymbol{e}_r$$

$$= \cos\vartheta\, \boldsymbol{e}_\rho - \sin\vartheta\, \boldsymbol{e}_z \tag{1.51d}$$

$$= \cos\vartheta\,(\cos\alpha\, \boldsymbol{e}_x + \sin\alpha\, \boldsymbol{e}_y) - \sin\vartheta\, \boldsymbol{e}_z \;. \tag{1.51e}$$

Dabei wurde gelegentlich auf vorausgehende Gleichungen zurückgegriffen. Diese Darstellungen (bezüglich fester kartesischer Einheitsvektoren) zeigen deutlich, daß $\boldsymbol{e}_\rho$, $\boldsymbol{e}_r$, $\boldsymbol{e}_\alpha$ und $\boldsymbol{e}_\vartheta$ Funktionen von α bzw. ϑ sind, und man kann damit leicht folgendes nachrechnen:

$$\frac{\partial \boldsymbol{e}_\rho}{\partial \alpha} = \boldsymbol{e}_\alpha \;, \qquad \frac{\partial \boldsymbol{e}_\alpha}{\partial \alpha} = -\boldsymbol{e}_\rho \;, \tag{1.52a,b}$$

$$\frac{\partial \boldsymbol{e}_r}{\partial \vartheta} = \boldsymbol{e}_\vartheta \;, \qquad \frac{\partial \boldsymbol{e}_r}{\partial \alpha} = \sin\vartheta\, \boldsymbol{e}_\alpha \;, \tag{1.52c,d}$$

$$\frac{\partial \boldsymbol{e}_\vartheta}{\partial \vartheta} = -\boldsymbol{e}_r \;, \qquad \frac{\partial \boldsymbol{e}_\vartheta}{\partial \alpha} = \cos\vartheta\, \boldsymbol{e}_\alpha \;, \tag{1.52e,f}$$

$$\frac{\partial \boldsymbol{e}_\alpha}{\partial \alpha} = -\sin\vartheta\, \boldsymbol{e}_r - \cos\vartheta\, \boldsymbol{e}_\vartheta \;. \tag{1.52g}$$

1.11.1 Kurven-, Flächen- und Volumenelement

Schreitet man von einem Punkt P aus um $\mathrm{d}\boldsymbol{r}$ nach Q fort (s. Bild 1.34), dann gehen die Zylinderkoordinaten (ρ, α, z) des Punktes P über in die Zylinderkoordinaten $(\rho + \mathrm{d}\rho$, $\alpha + \mathrm{d}\alpha, z + \mathrm{d}z)$ des Punktes Q. Das Wegelement $\mathrm{d}\boldsymbol{r} = \overrightarrow{PQ}$ (in Bild 1.34 nicht eingetragen) hat also bezüglich der (ebenfalls in das Bild 1.34 hineinzudenkenden) Einheitsvektoren $\boldsymbol{e}_\rho(P)$, $\boldsymbol{e}_\alpha(P)$, $\boldsymbol{e}_z(P)$ die Komponenten $\mathrm{d}\rho$, $\rho\,\mathrm{d}\alpha$, $\mathrm{d}z$. In Zylinderkoordinaten hat $\mathrm{d}\boldsymbol{r}$ somit die Darstellung

$$\mathrm{d}\boldsymbol{r} = (\mathrm{d}\rho)\,\boldsymbol{e}_\rho + (\rho\,\mathrm{d}\alpha)\,\boldsymbol{e}_\alpha + (\mathrm{d}z)\,\boldsymbol{e}_z \;. \tag{1.53a}$$

Analog kann man sich anhand des Bildes 1.34 überlegen, daß in Kugelkoordinaten

$$\mathrm{d}\boldsymbol{r} = (\mathrm{d}r)\,\boldsymbol{e}_r + (r\,\mathrm{d}\vartheta)\,\boldsymbol{e}_\vartheta + (r\sin\vartheta\,\mathrm{d}\alpha)\,\boldsymbol{e}_\alpha \tag{1.53b}$$

gilt.

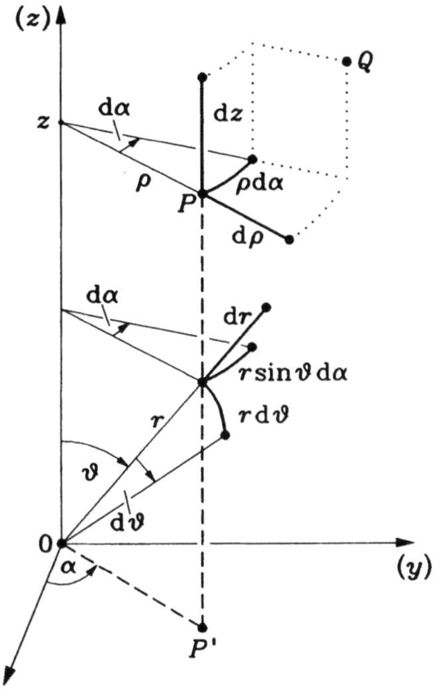

Bild 1.34

Diese Darstellungen erhält man auch durch die folgenden Rechnungen:

$$\boldsymbol{r} = \rho\,\boldsymbol{e}_\rho + z\,\boldsymbol{e}_z \ ,$$

$$\mathrm{d}\boldsymbol{r} = \mathrm{d}(\rho\,\boldsymbol{e}_\rho + z\,\boldsymbol{e}_z) = \mathrm{d}\rho\,\boldsymbol{e}_\rho + \rho\,\mathrm{d}\boldsymbol{e}_\rho + \mathrm{d}z\,\boldsymbol{e}_z = \mathrm{d}\rho\,\boldsymbol{e}_\rho + \rho\,\frac{\partial\boldsymbol{e}_\rho}{\partial\alpha}\,\mathrm{d}\alpha + \mathrm{d}z\,\boldsymbol{e}_z$$

$$= \mathrm{d}\rho\,\boldsymbol{e}_\rho + \rho\,\mathrm{d}\alpha\,\boldsymbol{e}_\alpha + \mathrm{d}z\,\boldsymbol{e}_z \ ;$$

$$\boldsymbol{r} = r\,\boldsymbol{e}_r \ ,$$

$$\mathrm{d}\boldsymbol{r} = \mathrm{d}(r\,\boldsymbol{e}_r) = \mathrm{d}r\,\boldsymbol{e}_r + r\,\mathrm{d}\boldsymbol{e}_r = \mathrm{d}r\,\boldsymbol{e}_r + r\left(\frac{\partial\boldsymbol{e}_r}{\partial\vartheta}\,\mathrm{d}\vartheta + \frac{\partial\boldsymbol{e}_r}{\partial\alpha}\,\mathrm{d}\alpha\right)$$

$$= \mathrm{d}r\,\boldsymbol{e}_r + r\left(\mathrm{d}\vartheta\,\boldsymbol{e}_\vartheta + \sin\vartheta\,\mathrm{d}\alpha\,\boldsymbol{e}_\alpha\right) .$$

Dabei wurde auf die Gln. (1.52a,c,d) zurückgegriffen und folgende Vereinbarung unterstellt: Wenn nicht durch Klammern etwas anderes verlangt wird, soll der Operator "d" nur auf die unmittelbar folgende Größe "wirken".

Infinitesimale Quader (Volumenelemente) mit den Kantenlängen $\mathrm{d}\rho$, $\rho\,\mathrm{d}\alpha$, $\mathrm{d}z$ bzw. $\mathrm{d}r$, $r\,\mathrm{d}\vartheta$, $r\sin\vartheta\,\mathrm{d}\alpha$ (vgl. Bild 1.34) haben den Inhalt

$$\mathrm{d}V = \rho\,\mathrm{d}\rho\,\mathrm{d}\alpha\,\mathrm{d}z \tag{1.54a}$$

und

$$dV = r^2 \sin\vartheta \, dr \, d\vartheta \, d\alpha \, . \tag{1.54b}$$

Aus Bild 1.34 lassen sich auch die folgenden Darstellungen von vektoriellen Flächenelementen $d\boldsymbol{a} = da\,\boldsymbol{n}$ ablesen, deren Normalenvektor $\boldsymbol{n}$ die Koordinateneinheitsvektoren $\boldsymbol{e}_\rho$, $\boldsymbol{e}_\alpha$ usw. durchläuft:

$$d\boldsymbol{a} = \rho \, d\alpha \, dz \, \boldsymbol{e}_\rho \, , \tag{1.55a}$$

$$d\boldsymbol{a} = d\rho \, dz \, \boldsymbol{e}_\alpha \, , \tag{1.55b}$$

$$d\boldsymbol{a} = \rho \, d\rho \, d\alpha \, \boldsymbol{e}_z \, , \tag{1.55c}$$

$$d\boldsymbol{a} = r^2 \sin\vartheta \, d\vartheta \, d\alpha \, \boldsymbol{e}_r \, , \tag{1.55d}$$

$$d\boldsymbol{a} = r \sin\vartheta \, dr \, d\alpha \, \boldsymbol{e}_\vartheta \, , \tag{1.55e}$$

$$d\boldsymbol{a} = r \, dr \, d\vartheta \, \boldsymbol{e}_\alpha \, . \tag{1.55f}$$

1.11.2 Vektoranalytische Operationen

Da Weg-, Flächen- und Volumenelemente in Zylinder- bzw. Kugelkoordinaten weniger einfach gebaut sind als in kartesischen Koordinaten, ist zu erwarten, daß "grad", "div" und "rot" in jenen Koordinaten auch komplizierter aussehen als in kartesischen. Es gilt

$$\operatorname{grad} U = \frac{\partial U}{\partial \rho} \boldsymbol{e}_\rho + \frac{1}{\rho} \frac{\partial U}{\partial \alpha} \boldsymbol{e}_\alpha + \frac{\partial U}{\partial z} \boldsymbol{e}_z \tag{1.56a}$$

$$= \frac{\partial U}{\partial r} \boldsymbol{e}_r + \frac{1}{r} \frac{\partial U}{\partial \vartheta} \boldsymbol{e}_\vartheta + \frac{1}{r \sin\vartheta} \frac{\partial U}{\partial \alpha} \boldsymbol{e}_\alpha \, , \tag{1.56b}$$

$$\operatorname{div} \boldsymbol{F} = \frac{1}{\rho} \left[\frac{\partial}{\partial \rho} (\rho F_\rho) + \frac{\partial F_\alpha}{\partial \alpha} \right] + \frac{\partial F_z}{\partial z} \tag{1.57a}$$

$$= \frac{1}{r^2} \frac{\partial}{\partial r} (r^2 F_r) + \frac{1}{r \sin\vartheta} \left[\frac{\partial}{\partial \vartheta} (F_\vartheta \sin\vartheta) + \frac{\partial F_\alpha}{\partial \alpha} \right] , \tag{1.57b}$$

$$\operatorname{rot} \boldsymbol{F} = \left[\frac{1}{\rho} \frac{\partial F_z}{\partial \alpha} - \frac{\partial F_\alpha}{\partial z} \right] \boldsymbol{e}_\rho + \left[\frac{\partial F_\rho}{\partial z} - \frac{\partial F_z}{\partial \rho} \right] \boldsymbol{e}_\alpha + \frac{1}{\rho} \left[\frac{\partial}{\partial \rho} (\rho F_\alpha) - \frac{\partial F_\rho}{\partial \alpha} \right] \boldsymbol{e}_z \tag{1.58a}$$

$$= \frac{1}{r \sin\vartheta} \left[\frac{\partial}{\partial \vartheta} (F_\alpha \sin\vartheta) - \frac{\partial F_\vartheta}{\partial \alpha} \right] \boldsymbol{e}_r + \frac{1}{r} \left[\frac{1}{\sin\vartheta} \frac{\partial F_r}{\partial \alpha} - \frac{\partial}{\partial r} (r F_\alpha) \right] \boldsymbol{e}_\vartheta + \frac{1}{r} \left[\frac{\partial}{\partial r} (r F_\vartheta) - \frac{\partial F_r}{\partial \vartheta} \right] \boldsymbol{e}_\alpha \, . \tag{1.58b}$$

Die Anwendung des Laplace-Operators auf skalare Funktionen der Zylinder- oder Kugelkoordinaten erfolgt gemäß

$$\nabla^2 U = \frac{1}{\rho}\frac{\partial}{\partial \rho}\left(\rho \frac{\partial U}{\partial \rho}\right) + \frac{1}{\rho^2}\frac{\partial^2 U}{\partial \alpha^2} + \frac{\partial^2 U}{\partial z^2} \tag{1.59a}$$

bzw.

$$\nabla^2 U = \frac{1}{r^2}\frac{\partial}{\partial r}\left(r^2 \frac{\partial U}{\partial r}\right) + \frac{1}{r^2 \sin\vartheta}\left[\frac{\partial}{\partial \vartheta}\left(\sin\vartheta \frac{\partial U}{\partial \vartheta}\right) + \frac{1}{\sin\vartheta}\frac{\partial^2 U}{\partial \alpha^2}\right] \tag{1.59b}$$

$$= \frac{1}{r}\frac{\partial^2}{\partial r^2}(r\,U) + \frac{1}{r^2 \sin\vartheta}\left[\frac{\partial}{\partial \vartheta}\left(\sin\vartheta \frac{\partial U}{\partial \vartheta}\right) + \frac{1}{\sin\vartheta}\frac{\partial^2 U}{\partial \alpha^2}\right]. \tag{1.59c}$$

Die entsprechenden Formeln für $\nabla^2 \boldsymbol{F}$ sind so unhandlich, daß sie wenig praktischen Wert haben. Oft genügt es, mit der kartesischen Darstellung (1.22) zu rechnen.

Die Operation $(\boldsymbol{G}\cdot\nabla)\boldsymbol{F}$ gemäß Gl. (1.36g) ist in Zylinder- bzw. Kugelkoordinaten wie folgt auszuführen:

$$(\boldsymbol{G}\cdot\nabla)\boldsymbol{F} = G_\rho \frac{\partial \boldsymbol{F}}{\partial \rho} + \frac{1}{\rho} G_\alpha \frac{\partial \boldsymbol{F}}{\partial \alpha} + G_z \frac{\partial \boldsymbol{F}}{\partial z} \tag{1.60a}$$

$$= G_r \frac{\partial \boldsymbol{F}}{\partial r} + \frac{1}{r} G_\vartheta \frac{\partial \boldsymbol{F}}{\partial \vartheta} + \frac{1}{r\sin\vartheta} G_\alpha \frac{\partial \boldsymbol{F}}{\partial \alpha}\,. \tag{1.60b}$$

Stellvertretend für die anderen Beziehungen sollen die Gln. (1.56b) und (1.57a) noch kurz begründet werden.

Man denke sich Kugelkoordinaten eingeführt und ein skalares Feld $U(r, \vartheta, \alpha)$ gegeben. Das totale Differential dieser Funktion lautet dann

$$\mathrm{d}U = \frac{\partial U}{\partial r}\,\mathrm{d}r + \frac{\partial U}{\partial \vartheta}\,\mathrm{d}\vartheta + \frac{\partial U}{\partial \alpha}\,\mathrm{d}\alpha\,.$$

Andererseits folgt mit den Gln. (1.4) und (1.53b)

$$\mathrm{d}U = c_r\,\mathrm{d}r + c_\vartheta\, r\,\mathrm{d}\vartheta + c_\alpha\, r\sin\vartheta\,\mathrm{d}\alpha\,,$$

wobei c_r, c_ϑ und c_α die zu bestimmenden sphärischen Komponenten von grad U sind. Beide Beziehungen müssen für jede Wahl der $\mathrm{d}r$, $\mathrm{d}\vartheta$ und $\mathrm{d}\alpha$ gelten, so daß durch Koeffizientenvergleich

$$c_r = \frac{\partial U}{\partial r}\,, \quad c_\vartheta = \frac{1}{r}\frac{\partial U}{\partial \vartheta}\,, \quad c_\alpha = \frac{1}{r\sin\vartheta}\frac{\partial U}{\partial \alpha}$$

folgt, d.h. die Gl. (1.56b).

Zur Begründung der Gl. (1.57a) wird in Bild 1.35 das den Zylinderkoordinaten angepaßte Volumenelement betrachtet, dessen "Mittelpunkt" die Koordinaten (ρ, α, z) hat. Die zugehörige Ergiebigkeit $\mathrm{d}\psi$ eines Vektorfeldes $\boldsymbol{F}$ ist die Summe von sechs Beiträgen der Form $\boldsymbol{F}\cdot\boldsymbol{n}\,\mathrm{d}a$, wobei $\boldsymbol{n}$ die Einheitsvektoren $\boldsymbol{e}_\rho$, $-\boldsymbol{e}_\rho$, $\boldsymbol{e}_\alpha$, $-\boldsymbol{e}_\alpha$, $\boldsymbol{e}_z$, $-\boldsymbol{e}_z$ durchläuft und $\mathrm{d}a$ in dieser Reihenfolge die Gestalt $(\rho+\mathrm{d}\rho)4\,\mathrm{d}\alpha\,\mathrm{d}z$, $(\rho-\mathrm{d}\rho)4\,\mathrm{d}\alpha\,\mathrm{d}z$, sowie je zweimal $4\,\mathrm{d}\rho\,\mathrm{d}z$ und $4\,\rho\,\mathrm{d}\rho\,\mathrm{d}\alpha$ annimmt. Also gilt

$$\begin{aligned}
\mathrm{d}\mathring{\psi} &= [F_\rho(\rho+\mathrm{d}\rho,\alpha,z)(\rho+\mathrm{d}\rho) - F_\rho(\rho-\mathrm{d}\rho,\alpha,z)(\rho-\mathrm{d}\rho)]\,4\,\mathrm{d}\alpha\,\mathrm{d}z \\
&\quad + [F_\alpha(\rho,\alpha+\mathrm{d}\alpha,z) - F_\alpha(\rho,\alpha-\mathrm{d}\alpha,z)]\,4\,\mathrm{d}\rho\,\mathrm{d}z \\
&\quad + [F_z(\rho,\alpha,z+\mathrm{d}z) - F_z(\rho,\alpha,z-\mathrm{d}z)]\,4\rho\,\mathrm{d}\rho\,\mathrm{d}\alpha \\
&= \{[F_\rho(\rho+\mathrm{d}\rho,\alpha,z) - F_\rho(\rho-\mathrm{d}\rho,\alpha,z)]\rho + 2F_\rho(\rho,\alpha,z)\mathrm{d}\rho\}\,4\,\mathrm{d}\alpha\,\mathrm{d}z \\
&\quad + \frac{\partial F_\alpha}{\partial\alpha}\,8\,\mathrm{d}\rho\,\mathrm{d}\alpha\,\mathrm{d}z + \frac{\partial F_z}{\partial z}\,8\rho\,\mathrm{d}\rho\,\mathrm{d}\alpha\,\mathrm{d}z \\
&= \left(\frac{\partial F_\rho}{\partial\rho}\rho + F_\rho + \frac{\partial F_\alpha}{\partial\alpha} + \frac{\partial F_z}{\partial z}\rho\right) 8\,\mathrm{d}\rho\,\mathrm{d}\alpha\,\mathrm{d}z \ .
\end{aligned}$$

Dabei wurde Gl. (1.31) wieder sinngemäß auf die partiellen Ableitungen übertragen.

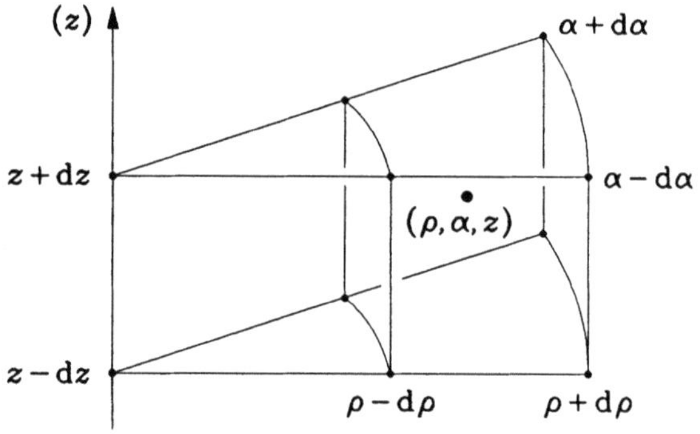

Bild 1.35

Der Inhalt des betrachteten Volumenelements ist

$$\mathrm{d}V = 8\rho\,\mathrm{d}\rho\,\mathrm{d}\alpha\,\mathrm{d}z \ ,$$

so daß sich mit Gl. (1.11b) zunächst

$$\operatorname{div}\boldsymbol{F} = \frac{\partial F_\rho}{\partial\rho} + \frac{1}{\rho}F_\rho + \frac{1}{\rho}\frac{\partial F_\alpha}{\partial\alpha} + \frac{\partial F_z}{\partial z}$$

ergibt. Das ist aber wegen

$$\frac{\partial F_\rho}{\partial\rho} + \frac{1}{\rho}F_\rho = \frac{1}{\rho}\frac{\partial}{\partial\rho}(\rho F_\rho)$$

nur eine andere Form der Gl. (1.57a), die jetzt wenigstens plausibel sein sollte.

Obwohl die allgemeinen Darstellungen von "grad", "div" usw. in Zylinder- bzw. Kugelkoordinaten komplizierter gebaut sind als in kartesischen Koordinaten, sind sie trotzdem oft vorteilhafter, da sie durch Anpassung an die Feldgeometrie in vielen Fällen zu einer Verringerung des Rechenaufwandes führen. Das soll durch die folgenden Beispiele demonstriert werden.

1.11.3 Beispiele

a) Der Gradient des skalaren Feldes $U = 1/r$ (vgl. Beispiel 1.2.3) berechnet sich in Kugelkoordinaten nach Gl. (1.56b) sehr einfach, denn $\partial U/\partial\vartheta$ und $\partial U/\partial\alpha$ sind gleich null:

$$\operatorname{grad}\frac{1}{r} = \frac{\mathrm{d}}{\mathrm{d}r}\left(\frac{1}{r}\right)\boldsymbol{e}_r = -\frac{1}{r^2}\boldsymbol{e}_r \ .$$

b) Die Divergenzfreiheit des Vektorfeldes $\boldsymbol{F} = \boldsymbol{r}/r^3 = \boldsymbol{e}_r/r^2$ für $r \neq 0$ (vgl. Beispiel 1.3.6b) folgt aus Gl. (1.57b) nach sehr kurzer Rechnung:

$$\operatorname{div}\left(\frac{1}{r^2}\boldsymbol{e}_r\right) = \frac{1}{r^2}\frac{\mathrm{d}}{\mathrm{d}r}\left(\frac{r^2}{r^2}\right) = 0 \ .$$

c) Dem Geschwindigkeitsfeld aus Beispiel 1.6.4a

$$\boldsymbol{u} = \boldsymbol{\omega}\times\boldsymbol{r} = \omega\boldsymbol{e}_z \times (\rho\boldsymbol{e}_\rho + z\,\boldsymbol{e}_z) = \omega\rho\boldsymbol{e}_\alpha$$

sind Zylinderkoordinaten am besten angepaßt, so daß die Gl. (1.58a) sehr einfach auszuwerten ist:

$$\operatorname{rot}(\omega\rho\boldsymbol{e}_\alpha) = \omega\frac{1}{\rho}\frac{\mathrm{d}}{\mathrm{d}\rho}(\rho^2)\boldsymbol{e}_z = 2\omega\boldsymbol{e}_z \ .$$

1.11.4 Nützliche Formeln

Beim vektoranalytischen Rechnen werden gelegentlich die folgenden Beziehungen gebraucht.

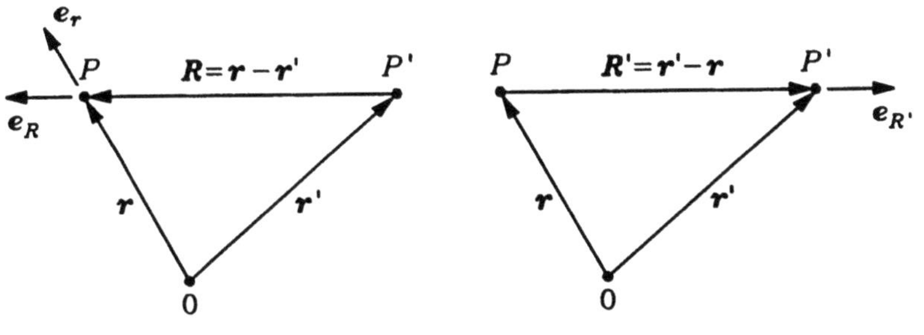

Bild 1.36

Es sei P' in Bild 1.36a ein fester Punkt (wie der Ursprung 0). Dann kann

$$\boldsymbol{R} := \boldsymbol{r} - \boldsymbol{r}' \tag{1.61}$$

aufgefaßt werden als Ortsvektor des variablen Punktes P bezüglich P' und

$$R := |\boldsymbol{r} - \boldsymbol{r}'| \tag{1.62}$$

als radiale Abstandsvariable mit dem zugehörigen Einheitsvektor

$$\boldsymbol{e}_R = \frac{\boldsymbol{R}}{R} \ . \tag{1.63}$$

Die Größen $\boldsymbol{R}, R$ und $\boldsymbol{e}_R$ spielen also bezüglich P' formal die gleiche Rolle wie $\boldsymbol{r}, r$ und $\boldsymbol{e}_r$ bezüglich 0. Daher können mit den sinngemäß angewendeten Gln. (1.56b), (1.59b) die Beziehungen

$$\operatorname{grad} \frac{1}{R} = -\frac{1}{R^2} \boldsymbol{e}_R = -\frac{\boldsymbol{R}}{R^3} \ , \tag{1.64}$$

$$\operatorname{grad} R = \boldsymbol{e}_R = \frac{\boldsymbol{R}}{R} \ , \tag{1.65}$$

$$\nabla^2 R = \frac{2}{R} \tag{1.66}$$

hergeleitet werden, und die Gln. (1.16), (1.17) gehen über in

$$\operatorname{div} \frac{\boldsymbol{R}}{R^3} = 4\pi\,\delta(R) \ , \tag{1.67}$$

$$\nabla^2 \frac{1}{R} = -4\pi\,\delta(R) \ . \tag{1.68}$$

Jetzt werde P als fest angenommen. Dann kann (s. Bild 1.36b)

$$\boldsymbol{R}' := \boldsymbol{r}' - \boldsymbol{r} \tag{1.61'}$$

aufgefaßt werden als Ortsvektor des jetzt variabel gedachten Punktes P' bezüglich P und

$$R' := |\boldsymbol{r}' - \boldsymbol{r}| \tag{1.62'}$$

als radiale Abstandsvariable mit dem zugehörigen Einheitsvektor

$$\boldsymbol{e}_{R'} = \frac{\boldsymbol{R}'}{R'} \ . \tag{1.63'}$$

Kennzeichnet man die Ableitungen nach der gestrichenen Ortsvariablen auch mit einem Strich, dann gelten, da sich formal sonst nichts ändert, die Gln. (1.64) bis (1.68) formgleich auch für die gestrichenen Größen und Operationen:

$$\operatorname{grad}' \frac{1}{R'} = -\frac{\boldsymbol{R}'}{R'^3} \ , \tag{1.64'}$$

$$\operatorname{grad}' R' = \frac{\boldsymbol{R}'}{R'} \ , \tag{1.65'}$$

$$\nabla'^2 R' = \frac{2}{R'} \tag{1.66'}$$

$$\operatorname{div}' \frac{\boldsymbol{R}'}{R'^3} = 4\pi\,\delta(R') \quad , \tag{1.67'}$$

$$\nabla'^2 \frac{1}{R'} = -4\pi\,\delta(R') \quad . \tag{1.68'}$$

Wegen

$$\boldsymbol{R} = -\boldsymbol{R}' = \boldsymbol{r} - \boldsymbol{r}' \quad , \qquad R = R' = |\boldsymbol{r} - \boldsymbol{r}'|$$

folgt schließlich durch Vergleich der einander entsprechenden ungestrichenen und gestrichenen Gleichungen

$$\operatorname{grad} \frac{1}{|\boldsymbol{r} - \boldsymbol{r}'|} = -\frac{\boldsymbol{r} - \boldsymbol{r}'}{|\boldsymbol{r} - \boldsymbol{r}'|^3} \quad , \tag{1.69a}$$

$$= -\operatorname{grad}' \frac{1}{|\boldsymbol{r} - \boldsymbol{r}'|} \quad , \tag{1.69b}$$

$$\operatorname{grad} |\boldsymbol{r} - \boldsymbol{r}'| = \frac{\boldsymbol{r} - \boldsymbol{r}'}{|\boldsymbol{r} - \boldsymbol{r}'|} \quad , \tag{1.70a}$$

$$= -\operatorname{grad}' |\boldsymbol{r} - \boldsymbol{r}'| \quad , \tag{1.70b}$$

$$\nabla^2 |\boldsymbol{r} - \boldsymbol{r}'| = \frac{2}{|\boldsymbol{r} - \boldsymbol{r}'|} \quad , \tag{1.71a}$$

$$= \nabla'^2 |\boldsymbol{r} - \boldsymbol{r}'| \quad , \tag{1.71b}$$

$$\operatorname{div} \frac{\boldsymbol{r} - \boldsymbol{r}'}{|\boldsymbol{r} - \boldsymbol{r}'|^3} = 4\pi\,\delta(|\boldsymbol{r} - \boldsymbol{r}'|) \quad , \tag{1.72a}$$

$$= -\operatorname{div}' \frac{\boldsymbol{r} - \boldsymbol{r}'}{|\boldsymbol{r} - \boldsymbol{r}'|^3} \quad , \tag{1.72b}$$

$$\nabla^2 \frac{1}{|\boldsymbol{r} - \boldsymbol{r}'|} = -4\pi\,\delta(|\boldsymbol{r} - \boldsymbol{r}'|) \quad , \tag{1.73a}$$

$$= \nabla'^2 \frac{1}{|\boldsymbol{r} - \boldsymbol{r}'|} \quad . \tag{1.73b}$$

2 Ladung, Strom und elektromagnetisches Feld

In diesem Kapitel werden die grundlegenden physikalischen Begriffe und Konzepte der klassischen Elektrodynamik besprochen. Dabei bedeutet "klassisch" eine Abgrenzung gegen die Quantentheorie, nicht jedoch gegen die Relativitätstheorie, denn die Maxwellschen Gleichungen sind bereits relativistisch korrekt.

2.1 Elektrische Ladung

Der Begriff "elektrische Ladung" wurde einst im Zusammenhang mit reibungselektrischen Erscheinungen eingeführt. Man stellte fest, daß zwei Arten der Ladung unterschieden werden können gemäß folgender Regel: Gleichartig geladene Körper stoßen sich ab, ungleichartig geladene Körper ziehen sich an. Mathematisch erfolgt die Unterscheidung beider Ladungsarten durch positive Zahlenwerte für die eine Art und negative für die andere. Dabei ist es prinzipiell gleichgültig, welche Ladungsart als die positive definiert wird.

Heute weiß man, daß elektrische Ladung eine Eigenschaft kleinster Teilchen ist. Die Konstituenten gewöhnlicher Materie, Neutron, Proton und Elektron, tragen (in dieser Reihenfolge) die Ladung 0, $e > 0$ und $-e$. Die Protonenladung e heißt auch Elementarladung. Sie ist die natürliche Ladungseinheit, denn ein Körper aus N_+ Protonen und N_- Elektronen hat die Gesamtladung

$$Q = (N_+ - N_-)\,e\,. \tag{2.1}$$

Das Internationale Einheitensystem (Système International d'Unités; Abkürzung SI) sieht als Einheit der elektrischen Ladung das Coulomb (Abkürzung C) vor. In dieser Einheit gilt

$$e = 1{,}602 \cdot 10^{-19}\,\mathrm{C}\,.$$

Auf die Definition des Coulomb wird im Abschnitt 2.1.1 eingegangen.

Man beachte, daß Q nach Gl. (2.1) positive und negative Werte annehmen kann. Die traditionelle Schreibweise $+Q$ und $-Q$ für eine positive bzw. negative Ladung ist daher nicht eindeutig. So ist z. B. $-Q$ positiv, wenn Q negativ ist. Unmißverständlich sind dagegen die Formulierungen $Q > 0$ bzw. $Q < 0$.

Die Ladung eines Teilchens ist während dessen Lebensdauer absolut unveränderlich, selbst dann, wenn das Teilchen eine hohe Bewegungs- oder Bindungsenergie hat. Dagegen hängt die Masse eines Teilchens von seiner Energie ab, weshalb auch die Gesamtmasse eines Körpers nicht einfach die Summe der Massen seiner Konstituenten im ungebundenen Zustand ist (Massendefekt). Die Gl. (2.1) besagt also auch, daß es keinen dem Massendefekt analogen Ladungsdefekt gibt.

Die Unveränderlichkeit der Ladung einzelner Teilchen soll hier als "individuelle Ladungserhaltung" bezeichnet werden. Dazu kommt als "kollektive Ladungserhaltung" folgendes: Entstehen und verschwinden bei einem Umwandlungsprozeß geladene Teilchen, so ist die Summe aller Ladungen nachher exakt die gleiche wie zuvor. Individuelle und kollektive Ladungserhaltung zusammen ergeben das Gesetz der Ladungserhaltung schlechthin: Innerhalb eines räumlichen Bereiches ist die Gesamtladung solange zeitlich konstant, als keine Ladungsträger die Bereichsgrenze überschreiten.

2.1.1 Coulombsches Gesetz und elektrische Feldkonstante

Das Gesetz der Kräfte, die zwei geladene und ruhende Körper aufeinander ausüben, ist im allgemeinen kompliziert, falls ihr gegenseitiger Abstand vergleichbar ist mit ihrer Ausdehnung; denn dann beeinflussen Gestalt, Lage und Material die Ladungsverteilung auf ihnen. Ein von den genannten Faktoren unabhängiges und einfaches Gesetz erhält man jedoch, wenn die geladenen Körper "punktförmig" sind. Das bedeutet, daß ihre Ausdehnung verschwindend klein ist gegenüber ihrem Abstand. Die mathematische Idealisierung dieses Sachverhaltes führt zum Begriff der Punktladung, das ist eine endliche, in einem Raumpunkt konzentrierte Ladung. Im folgenden wird für Punktladungen stets das Symbol q verwendet, während eine irgendwie verteilte Ladungsmenge mit Q bezeichnet werden soll.

Es seien gemäß Bild 2.1 zwei Punktladungen q_1 und q_2 im sonst leeren Raum fixiert. Bezeichnet man mit $\boldsymbol{F}_1$ die Kraft, die von q_2 auf q_1 ausgeübt wird, so gilt, wie man experimentell feststellt,

$$\boldsymbol{F}_1 = k_C \frac{q_1 q_2}{r_{12}^2} \boldsymbol{e}_{21} . \tag{2.2a}$$

Dabei ist k_C eine positive Konstante und $\boldsymbol{e}_{21}$ der von q_2 nach q_1 zeigende Einheitsvektor (im Bild 2.1 sind $\boldsymbol{e}_{21}$ und $\boldsymbol{F}_1$ gegensinnig parallel, weil dort $q_1 q_2 < 0$ angenommen wurde). Der Zahlenwert und die Einheit der Konstante k_C hängen von der verwendeten Einheit für die Ladung ab, worauf gleich eingegangen wird.

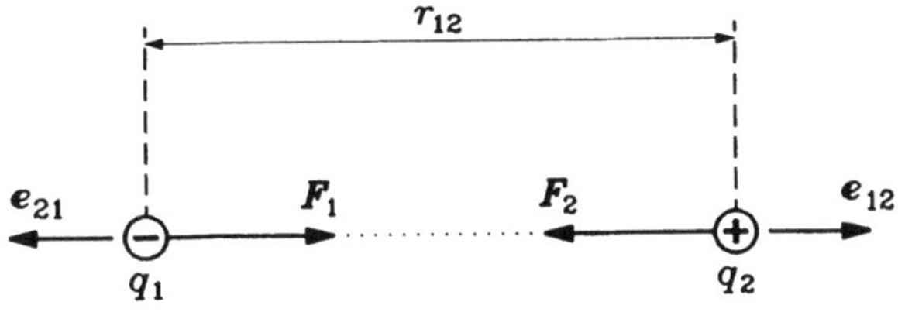

Bild 2.1

Die von q_1 auf q_2 ausgeübte Kraft $\boldsymbol{F}_2$ hat den gleichen Betrag wie $\boldsymbol{F}_1$, aber die entgegengesetzte Richtung, so daß mit dem von q_1 nach q_2 zeigenden Einheitsvektor $\boldsymbol{e}_{12}$ gilt:

$$\boldsymbol{F}_2 = k_C \frac{q_1 q_2}{r_{12}^2} \boldsymbol{e}_{12} . \tag{2.2b}$$

Die Gln. (2.2a) und (2.2b) drücken zusammen das Coulombsche Gesetz aus.

Die Konstante k_C aus dem Coulombschen Gesetz kann benutzt werden, um die Einheit der elektrischen Ladung zu definieren. Im Gaußschen CGS-System, das einem beträchtlichen Anteil der einschlägigen Fachliteratur zu Grunde liegt, setzt man $k_C = 1$. Da die mechanischen Basiseinheiten jenes Maßsystems Zentimeter, Gramm und Sekunde sind, ist gemäß den Gln. (2.2a,b) die CGS-Einheit der elektrischen Ladung gleich $(\mathrm{cm}^3\,\mathrm{g})^{1/2}\,\mathrm{s}^{-1}$.

In diesem Buch werden SI-Einheiten verwendet. Dieses Maßsystem, dessen mechanische Basiseinheiten Meter, Kilogramm und Sekunde sind, definiert für die Elektrodynamik eine eigene Basiseinheit, das Ampere (Abkürzung A) als Einheit der Stromstärke (vgl. Abschnitt 2.2.3): Wenn ein Strom von einem Ampere eine Sekunde lang durch eine Kontrollfläche fließt, tritt während dieser Zeit eine Ladung mit dem Betrag 1 Coulomb (Abkürzung C) durch diese Kontrollfläche. Es wird also 1C = 1As gesetzt. Mit der so definierten Ladungseinheit muß die Konstante in den Gln. (2.2a,b) experimentell ermittelt werden. Das Ergebnis ist

$$k_C = 8{,}988 \cdot 10^9 \,\frac{\mathrm{Nm}^2}{\mathrm{C}^2}\,. \tag{2.3}$$

Um den Faktor 4π später nicht in den Maxwell-Gleichungen führen zu müssen, schreibt man das Coulombsche Gesetz nicht mit k_C, sondern mit

$$\varepsilon_0 = \frac{1}{4\pi k_C} = 8{,}854 \cdot 10^{-12}\,\frac{\mathrm{C}^2}{\mathrm{Nm}^2}\,, \tag{2.4}$$

der sogenannten elektrischen Feldkonstante ε_0. Die Gln. (2.2a,b) gehen damit über in

$$\boldsymbol{F}_1 = \frac{1}{4\pi\varepsilon_0}\,\frac{q_1 q_2}{r_{12}^2}\,\boldsymbol{e}_{21} = -\boldsymbol{F}_2\,. \tag{2.5a,b}$$

Wenn sich die beiden Punktladungen *bewegen*, wird das Gesetz ihrer Wechselwirkung *nicht* mehr exakt durch die Gln. (2.2a) und (2.2b) dargestellt. Das macht man sich auf Grund der Tatsache klar, daß zwei ungeladene, aber stromdurchflossene Drähte Kräfte aufeinander ausüben, was nicht der Fall sein könnte, wenn trotz der Elektronenbewegung das Coulombsche Gesetz streng gültig bliebe; denn die gegenseitige Anziehung und Abstoßung der (punktförmig gedachten) Elektronen und Protonen beider (insgesamt ungeladenen!) Drähte würden sich dann genau die Waage halten. Das Coulombsche Gesetz gilt also nur für ruhende Punktladungen (vgl. Abschnitt 2.5.1).

Wird in die Nachbarschaft der bislang betrachteten zwei Punktladungen q_1 und q_2 eine weitere Punktladung q_3 gebracht (s. Bild 2.2), so wirken die beiden ersteren gemeinsam auf die letztere mit der Kraft

$$\boldsymbol{F}_3 = \frac{1}{4\pi\varepsilon_0}\,q_3\left(\frac{q_1}{r_{13}^2}\,\boldsymbol{e}_{13} + \frac{q_2}{r_{23}^2}\,\boldsymbol{e}_{23}\right).$$

Jede der Ladungen q_1 und q_2 leistet also einen coulombschen Beitrag zur Gesamtkraft $\boldsymbol{F}_3$ so, als ob die jeweils andere Ladung nicht vorhanden wäre. Entsprechendes gilt, falls allgemein N Punktladungen auf eine Punktladung Nummer $N+1$ einwirken. Coulombsche Kräfte gehorchen also dem Prinzip der "ungestörten Überlagerung" (Superpositionsprinzip).

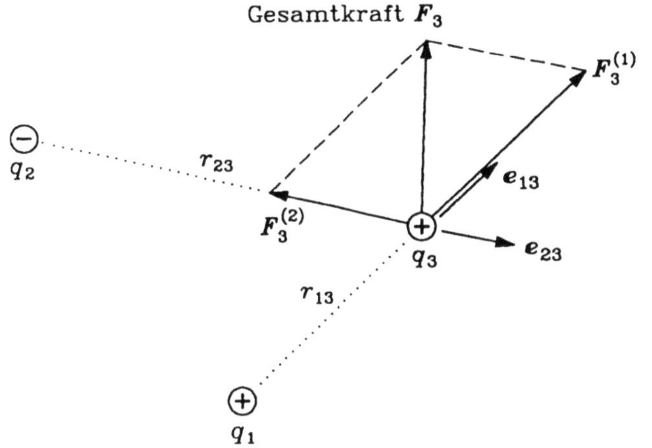

Bild 2.2

2.1.2 Ladungsdichten

Zur Beschreibung der Ladungsverteilung in und auf ausgedehnten Körpern oder im Vakuum bedient man sich je nach Zweckmäßigkeit einer der drei Ladungsdichtefunktionen, die im folgenden eingeführt werden. Dabei sieht man davon ab, daß elektrische Ladung nicht beliebig fein unterteilbar ist, und denkt sich die Ladung der mikroskopischen Ladungsträger kontinuierlich verschmiert. Das ist zulässig, solange aus makroskopischer Sicht nur die kollektive Wirkung sehr vieler atomarer Ladungsträger interessiert.

Im Rahmen dieser makroskopisch kontinuierlichen Betrachtungsweise ist es sinnvoll, von einer beliebig kleinen Ladungsmenge ΔQ innerhalb eines Teilgebietes mit beliebig kleinem Volumen ΔV zu reden (Bild 2.3a). Der Grenzwert

$$\rho(\boldsymbol{r}) = \lim_{\Delta V \to 0} \frac{\Delta Q}{\Delta V} \tag{2.6a}$$

definiert die räumliche Ladungsdichte (Raumladungsdichte) in dem Punkt $\boldsymbol{r}$, auf den sich jenes Teilgebiet mit dem Inhalt ΔV und der Ladung ΔQ zusammenziehen soll.

Die insgesamt in einem Bereich G enthaltene Ladung Q ist die Summe der "Ladungselemente"

$$\mathrm{d}Q = \rho\, \mathrm{d}V$$

in allen Volumenelementen von G:

$$Q = \iiint_G \rho\, \mathrm{d}V\,. \tag{2.6b}$$

Manchmal ist es zweckmäßiger, wenn man sich die Ladung nicht räumlich, sondern auf einer Fläche S kontinuierlich "verschmiert" denkt. Ist dann Δa der Inhalt einer kleinen Teilfläche, die mit der Ladung ΔQ belegt ist (s. Bild 2.3b), so wird durch

$$\sigma(\boldsymbol{r}) = \lim_{\Delta a \to 0} \frac{\Delta Q}{\Delta a} \tag{2.7a}$$

die Flächenladungsdichte im Punkt $\boldsymbol{r}$ definiert. Dabei ist $\boldsymbol{r}$ der Punkt von S, auf den sich jene Teilfläche mit dem Inhalt Δa und der Ladung ΔQ zusammenzieht.

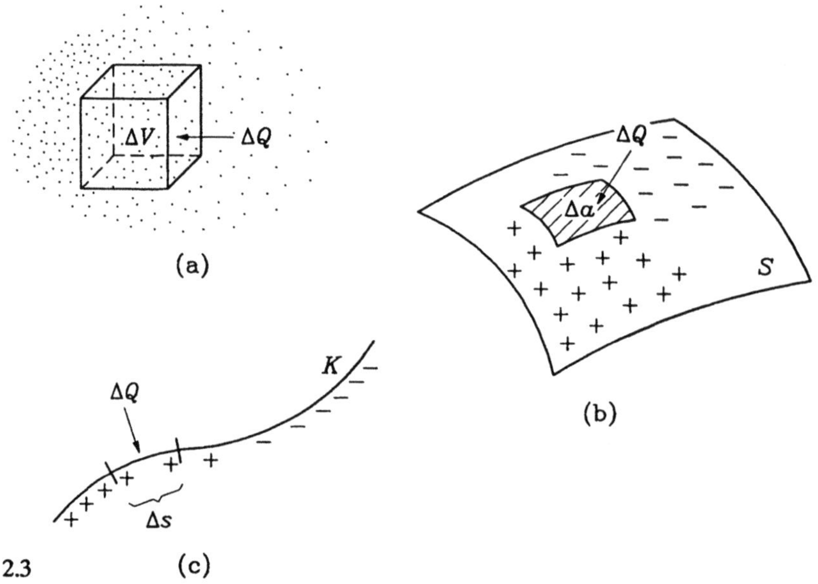

Bild 2.3

Die insgesamt auf S befindliche Ladung Q erhält man durch Integration über die Flächenladungsdichte:

$$Q = \iint_S \sigma \, \mathrm{d}a\,. \tag{2.7b}$$

Ist der geladene Körper fadenförmig, dann idealisiert man ihn zu einer ladungsbelegten Kurve K (s. Bild 2.3c). Auf einem herausgegriffenen Abschnitt mit der Länge Δs befinde sich die Ladung ΔQ. Dieser Abschnitt werde auf den Punkt $\boldsymbol{r}$ der Kurve zusammengezogen und dabei der Grenzwert

$$\tau(\boldsymbol{r}) = \lim_{\Delta s \to 0} \frac{\Delta Q}{\Delta s} \tag{2.8a}$$

gebildet. Man nennt ihn Linienladungsdichte im Punkt $\boldsymbol{r}$.

Die gesamte Ladung Q auf K wird durch

$$Q = \int_K \tau \, \mathrm{d}s \tag{2.8b}$$

gegeben.

Alle drei hier eingeführten Ladungsdichten können auch Funktionen der Zeit sein.

2.1.3 Beispiel

Ein Glasstab ist durch Reiben aufgeladen. Er soll so dünn sein, daß die Ladungsverteilung auf ihm als eindimensional angesehen und durch eine Linienladungsdichte τ beschrieben werden kann. Sie sei längs des Stabes ortsunabhängig. Welche Kraft $\boldsymbol{F}_q$ übt der geladene Glasstab auf eine Punktladung q aus, die im Abstand ρ von der Stabachse (z-Achse; s. Bild 2.4) angebracht ist?

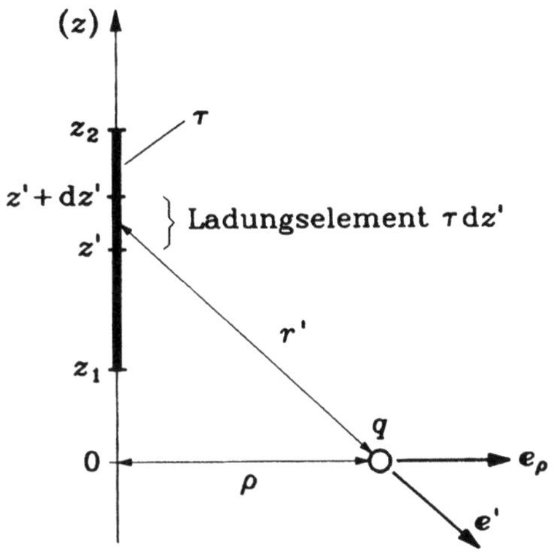

Bild 2.4

Jedes Ladungselement $\tau \mathrm{d}z'$ übt auf q gemäß dem Coulomb-Gesetz die Kraft

$$\mathrm{d}\boldsymbol{F}_q = \frac{q(\tau\,\mathrm{d}z')}{4\pi\varepsilon_0 r'^2}\,\boldsymbol{e}'$$

aus. Durch Überlagerung aller derartigen Beiträge erhält man die gesuchte Gesamtkraft

$$\boldsymbol{F}_q = \frac{q\tau}{4\pi\varepsilon_0}\int_{z_1}^{z_2}\frac{\mathrm{d}z'}{r'^2}\,\boldsymbol{e}'.$$

Sowohl r' als auch der Einheitsvektor $\boldsymbol{e}'$ hängen von der Integrationsvariablen z' folgendermaßen ab:

$$r' = \sqrt{\rho^2 + z'^2}\,, \qquad r'\boldsymbol{e}' = \rho\,\boldsymbol{e}_\rho - z'\boldsymbol{e}_z\,.$$

Also gilt

$$\boldsymbol{F}_q = \frac{q\tau}{4\pi\varepsilon_0}\left[\rho\int_{z_1}^{z_2}\frac{\mathrm{d}z'}{\sqrt{\rho^2+z'^2}^{\,3}}\,\boldsymbol{e}_\rho - \int_{z_1}^{z_2}\frac{z'\mathrm{d}z'}{\sqrt{\rho^2+z'^2}^{\,3}}\,\boldsymbol{e}_z\right]$$

$$= \frac{q\tau}{4\pi\varepsilon_0}\left[\frac{1}{\rho}\left(\frac{z_2}{\sqrt{\rho^2+z_2^2}} - \frac{z_1}{\sqrt{\rho^2+z_1^2}}\right)\boldsymbol{e}_\rho + \left(\frac{1}{\sqrt{\rho^2+z_2^2}} - \frac{1}{\sqrt{\rho^2+z_1^2}}\right)\boldsymbol{e}_z\right].$$

Hier interessiert vor allem der Grenzfall einer unendlich langen gleichförmigen Linienladung. Für $z_1 \to -\infty$, $z_2 \to +\infty$ verschwindet, wie aus Symmetriegründen zu erwarten ist, die z-Komponente, und die ρ-Komponente geht über in

$$\boldsymbol{F}_q = q \, \frac{\tau}{2\pi \varepsilon_0 \rho} \, \boldsymbol{e}_\rho \,. \tag{2.9}$$

2.2 Elektrischer Strom

Bewegen sich Elektronen oder Ionen in kollektiver Weise, dann spricht man von einem elektrischen Strom. Da bewegte Ladungen anders wechselwirken als ruhende, sind elektrische Ströme Erscheinungen eigener Art. Ihrer quantitativen Erfassung dienen die skalare Größe "Stromstärke" und zwei vektorielle "Stromdichten".

Die weithin übliche "Definition" der elektrischen Stromstärke I lautet bekanntlich

$$I = \frac{\Delta Q}{\Delta t} \,,$$

wobei ΔQ die Ladung ist, die während des Zeitintervalls Δt eine Kontrollfläche S passiert. Was aber heißt das angesichts der Tatsache, daß erstens ΔQ positiv oder negativ sein und zweitens die Bewegung von ΔQ durch die Kontrollfläche S nach zwei Seiten hin erfolgen kann. Beides, Ladungsvorzeichen und Bewegungsrichtung, hat physikalische Bedeutung und sollte daher bei einer sinnvollen Definition der Stromstärke simultan berücksichtigt werden. Die oben zitierte Standarddefinition erlaubt aber höchstens eine Berücksichtigung des Ladungsvorzeichens derart, daß beispielsweise alle Stromstärken I in Elektronenleitern negativ sind, weil die bewegte Ladung ΔQ dies ist. Diesem offensichtlichen Mangel wird durch die folgenden Präzisierungen abgeholfen (s. Bild 2.5).

Zuerst wird die Kontrollfläche S orientiert, also eine Vereinbarung darüber getroffen, nach welcher Flächenseite alle Normaleneinheitsvektoren $\boldsymbol{n}$ zeigen sollen. Diese Richtung heißt Zähl- oder Bezugsrichtung und kann prinzipiell willkürlich gewählt werden ohne Rücksicht auf die Bewegungsrichtung der Ladungsträger. Im nächsten Schritt wird dann unterschieden (s. Bild 2.5) zwischen

$\Delta Q_{\uparrow\uparrow}$ = Ladung (einschließlich Vorzeichen), die im Zeitintervall $\Delta t > 0$ durch S *in Zählrichtung* wandert

und

$\Delta Q_{\uparrow\downarrow}$ = Ladung (einschließlich Vorzeichen), die im gleichen Zeitintervall *entgegen der Zählrichtung* durch S wandert.

Die hiermit schließlich definierte Größe

$$\Delta Q_{\text{versch}} = \Delta Q_{\uparrow\uparrow} - \Delta Q_{\uparrow\downarrow} \tag{2.10a}$$

heißt die "effektiv durch S in Bezugsrichtung verschobene Ladung". Fließen beispielsweise Ladungsträger ausschließlich entgegen der Zählrichtung durch die Kontrollfläche, dann ist $\Delta Q_{\uparrow\uparrow} = 0$, und es gilt $\Delta Q_{\text{versch}} = -\Delta Q_{\uparrow\downarrow}$. Handelt es sich dabei um Elektronen, so ist $\Delta Q_{\uparrow\downarrow}$ negativ und folglich ΔQ_{versch} positiv.

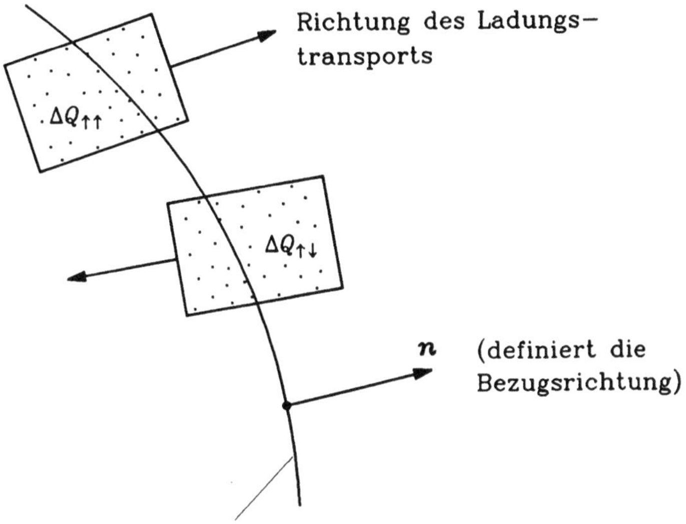

Bild 2.5

Für makroskopische Zwecke darf man sich die strömende Ladung als Kontinuum vorstellen, das beliebig fein unterteilbar ist. In diesem Sinn definiert

$$I = \lim_{\Delta t \to 0} \left(\frac{\Delta Q_{\uparrow\uparrow} - \Delta Q_{\uparrow\downarrow}}{\Delta t} \right) = \lim_{\Delta t \to 0} \left(\frac{\Delta Q_{\text{versch}}}{\Delta t} \right) \tag{2.10b}$$

die momentane elektrische Stromstärke bezüglich der orientierten Fläche S. Da jede orientierbare Fläche S, nur solche werden hier betrachtet, zwei Möglichkeiten der Orientierung bietet, gibt es (in der gleichen physikalischen Situation) stets zwei Stromstärken bezüglich S, die gleichen Betrag und verschiedene Vorzeichen haben. In der Situation von Bild 2.6 gilt beispielsweise $I_2 = -I_1$, $I_2 > 0$. Die Zählrichtungen für I_1 und I_2 sind dort wie üblich durch Pfeile (Zählpfeile, Bezugspfeile) definiert. Fließen zu einem späteren Zeitpunkt die Elektronen im Draht (Bild 2.6) nach links, dann ist zu diesem Zeitpunkt $I_1 > 0$ und $I_2 < 0$ (bei *festgehaltenen* Zählrichtungen).

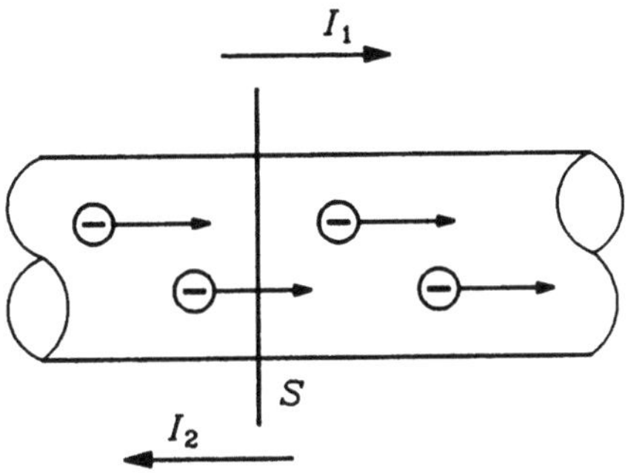

Bild 2.6

Pauschal gilt: Eine Stromstärke ist genau dann positiv, wenn entweder überwiegend positive Ladung in Zählrichtung oder überwiegend negative Ladung entgegen der Zählrichtung durch die Kontrollfläche fließt.

2.2.1 Stromdichten

Die Stromstärke als globale Größe sagt nichts aus über die lokale Richtung und Intensität des Ladungstransports. Hierüber geben vielmehr die im folgenden einzuführenden vektoriellen Größen "räumliche Stromdichte" (oder Stromdichte schlechthin) und "Flächenstromdichte" (oder Strombelag) Auskunft.

Es wird zunächst vorausgesetzt, daß nur Leitungselektronen fließen. Ist ihre Konzentration gleich n (Anzahl pro Volumen) und bewegen sie sich mit der mittleren Geschwindigkeit $\boldsymbol{u}_-$, dann wird durch

$$\boldsymbol{J} = -e\,n\,\boldsymbol{u}_- = \rho_-\boldsymbol{u}_- \tag{2.11a}$$

die räumliche Stromdichte oder kurz Stromdichte definiert. Dabei ist e die Elementarladung und $\rho_- = -en$ die Raumladungsdichte der bewegten Elektronen. Die Vektorrichtung von $\boldsymbol{J}$, auch technische Stromrichtung genannt, ist also bei Elektronenleitung definitionsgemäß gegensinnig parallel zum Geschwindigkeitsvektor $\boldsymbol{u}_-$, da $\rho_- < 0$ ist.

Strömen, wie in Elektrolyten und Halbleitern, auch positive Ladungsträger (Ionen bzw. Löcher), dann wird Gl. (2.11a) sinngemäß zu

$$\boldsymbol{J} = \rho_+\boldsymbol{u}_+ + \rho_-\boldsymbol{u}_- \tag{2.11b}$$

verallgemeinert.

Die Stromdichte $\boldsymbol{J}$ ist in Raumpunkten $\boldsymbol{r}$ zu einer bestimmten Zeit t definiert. Die Gesamtheit aller $\boldsymbol{J}$-Vektoren des betreffenden räumlichen Bereiches wird als Strömungsfeld bezeichnet. Der Fluß des $\boldsymbol{J}$-Feldes bezüglich einer orientierten Kontrollfläche S (vgl. Abschnitt 1.3.1) ist gleich der elektrischen Stromstärke I bezüglich S mit der durch die Flächenorientierung gegebenen Zählrichtung:

$$I = \iint_S \boldsymbol{J}\cdot\boldsymbol{n}\,\mathrm{d}a = \iint_S \boldsymbol{J}\cdot\mathrm{d}\boldsymbol{a}\,. \tag{2.12}$$

Zur Begründung wird (s. Bild 2.7) ein homogenes zeitunabhängiges Strömungsfeld bei reiner Elektronenleitung betrachtet, in welchem eine ebene Fläche S (Inhalt a) mit dem Normaleneinheitsvektor $\boldsymbol{n}$ gegeben ist. Während des Zeitintervalls $\Delta t > 0$ tritt, wie aus Bild 2.7 abzulesen ist, eine Ladung vom Betrag

$$|\Delta Q_-| = |\rho_-|\,|\boldsymbol{u}_-|\,|\cos\beta|\,a\,\Delta t$$

durch S hindurch. Dabei wurde absichtlich $|\cos\beta|$ geschrieben, um auch den Fall umgekehrter Elektronengeschwindigkeit ($\beta > \pi/2$) einzubeziehen. Im Sinne von Gl. (2.10a) gilt somit vorzeichenrichtig

$$\Delta Q_{\text{versch}} = \rho_-\boldsymbol{u}_-\cdot\boldsymbol{n}\,a\,\Delta t = \boldsymbol{J}\cdot\boldsymbol{n}\,a\,\Delta t\;,$$

woraus mit Gl. (2.10b)

$$I = \boldsymbol{J} \cdot \boldsymbol{n}\, a \tag{2.13a}$$

folgt. Bei inhomogenem Strömungsfeld und gekrümmter Kontrollfläche S gilt diese Beziehung nur für infinitesimale Teilflächen des Inhalts $\mathrm{d}a$:

$$\mathrm{d}I = \boldsymbol{J} \cdot \boldsymbol{n}\, \mathrm{d}a\,. \tag{2.13b}$$

Alle diese infinitesimalen Beiträge summieren sich zur Gesamtstromstärke I gemäß Gl. (2.12), die natürlich auch für zeitabhängige Strömungsfelder in jedem Zeitpunkt gilt.

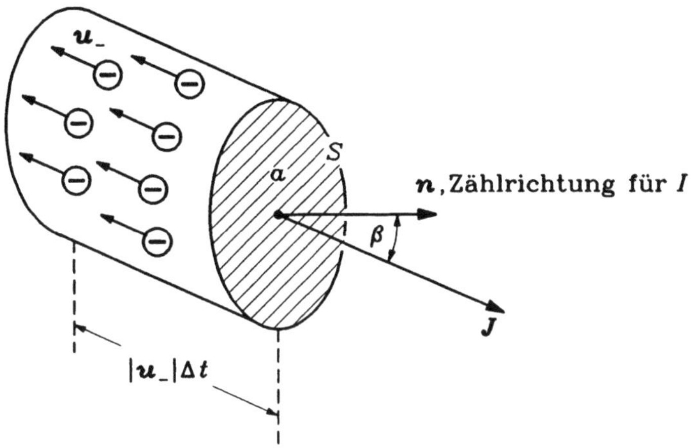

Bild 2.7

Aus Gl. (2.12) ersieht man deutlich, daß die technische Stromrichtung und die Bezugsrichtung der Stromstärke verschiedene Dinge sind. Erstere, die technische Stromrichtung, ist gleich der Vektorrichtung von $\boldsymbol{J}$, während letztere, die Bezugs- oder Zählrichtung, diejenige Seite der Kontrollfläche S angibt, nach welcher $\boldsymbol{n}$ zeigen soll.

Falls in der Situation von Bild 2.7 die (homogene) Stromdichte $\boldsymbol{J}$ senkrecht zu S ist, also gleichsinnig oder gegensinnig parallel zu $\boldsymbol{n}$, gilt $\boldsymbol{J} = (\boldsymbol{J} \cdot \boldsymbol{n})\boldsymbol{n}$, und es folgt mit Gl. (2.13a)

$$\boldsymbol{J} = \frac{I}{a}\boldsymbol{n}\,. \tag{2.14}$$

Die (homogene) räumliche Stromdichte $\boldsymbol{J}$ ist also gleich der Stromstärke I bezüglich einer zu $\boldsymbol{J}$ senkrechten Fläche, dividiert durch deren Inhalt a und multipliziert mit dem Normalenvektor $\boldsymbol{n}$ ($|\boldsymbol{n}| = 1$), der in Zählrichtung von I zeigt.

Findet Ladungstransport, wie beispielsweise bei einem stromdurchflossenen Metallband vernachlässigbarer Dicke, längs einer Fläche S_0 statt, dann wird seine örtliche Verteilung auf S_0 durch die sogenannte Flächenstromdichte

$$\boldsymbol{K} = \sigma_+ \boldsymbol{u}_+ + \sigma_- \boldsymbol{u}_- \tag{2.15}$$

beschrieben, die auch Strombelag heißt. Dies ist die auf zweidimensionale Stromverteilungen zugeschnittene Modifikation der Gl. (2.11b). Wichtig dabei ist, daß die Geschwindigkeiten $\boldsymbol{u}_+$ und $\boldsymbol{u}_-$ tangential sind zu derjenigen Fläche S_0, auf der die Ladungsdichten σ_+ bzw. σ_- gegeben sind. So liegt beispielsweise ein Flächenstrom vor, wenn sich eine geladene Kreisscheibe um ihre Rotationsachse dreht. Bewegt sich dagegen die gleiche Scheibe translatorisch in Achsenrichtung, dann liegt zwar ein elektrischer Strom im allgemeinen Sinn vor, er fällt aber nicht unter den Begriff der Flächenstromdichte.

Das Bild 2.8 stellt ausschnittsweise eine strombelegte Fläche S_0 dar, wobei die Realisierung des Strombelags $\boldsymbol{K}$ hier keine Rolle spielt. Der Einheitsvektor $\boldsymbol{t}$ liegt tangential zu S_0 und ist zugleich Normalenvektor zur infinitesimalen Kontrollfläche S. Diese wird nur dort von strömenden Ladungen durchsetzt, wo sie sich längs eines Kurvenstücks der Länge $\mathrm{d}s$ mit S_0 schneidet. Für die in Richtung von $\boldsymbol{t}$ gezählte Stromstärke $\mathrm{d}I$ bezüglich S gilt dann

$$\mathrm{d}I = \boldsymbol{K} \cdot \boldsymbol{t}\, \mathrm{d}s \,, \tag{2.16}$$

wobei $\boldsymbol{K}$ im Punkt P zu nehmen ist. Dieser Zusammenhang ergibt sich durch sinngemäße Abänderung der Gl. (2.13b).

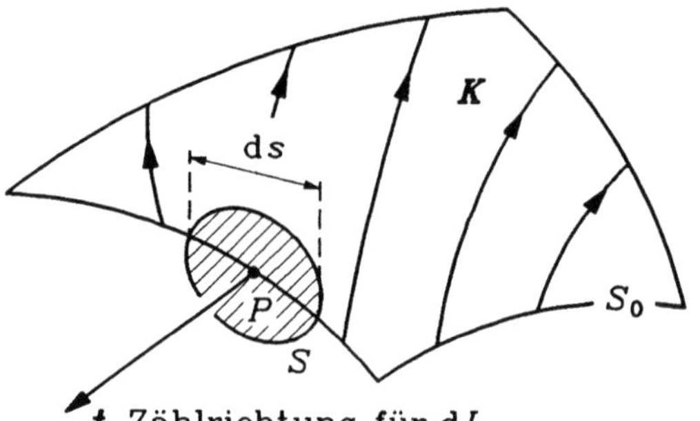

Bild 2.8

Für $\boldsymbol{K} \parallel \boldsymbol{t}$ liest man aus Gl. (2.16) die Beziehung $|\boldsymbol{K}| = |\mathrm{d}I|/\mathrm{d}s$ ab. Die Flächenstromdichte ist also betraglich gleich der Stromstärke bezüglich eines zur Strömung senkrechten Kurvenstücks dividiert durch dessen Länge.

Man beachte: Die (räumliche) Stromdichte $\boldsymbol{J}$ hat die Dimension Stromstärke pro Flächeninhalt. Die Flächenstromdichte $\boldsymbol{K}$ hat die Dimension Stromstärke pro Länge.

Neben räumlichen (dreidimensionalen) und flächenhaften (zweidimensionalen) Stromverteilungen werden oft linienhafte (eindimensionale) Ströme betrachtet, etwa solche, die in dünnen Drähten fließen. Die Stärke linienhafter Ströme wird künftig mit dem kleinen Buchstaben i bezeichnet.

2.2.2 Beispiel

Bild 2.9 zeigt die Hälfte einer torusartigen Luftspule rechteckigen Querschnitts. Sie (die komplette Spule) ist mit N Windungen eines dünnen stromdurchflossenen Drahtes eng und gleichmäßig dicht bewickelt. Zur vereinfachten Berechnung des zugehörigen Magnetfeldes, die erst an späterer Stelle erfolgen kann, denkt man sich den in N einzelnen Windungen fließenden Strom der Stärke i gleichmäßig über die torusartige Fläche "verschmiert", so daß dort ein kontinuierlicher Strombelag $\boldsymbol{K}$ entsteht. Er soll durch sinngemäße Anwendung der Gl. (2.16) bestimmt werden.

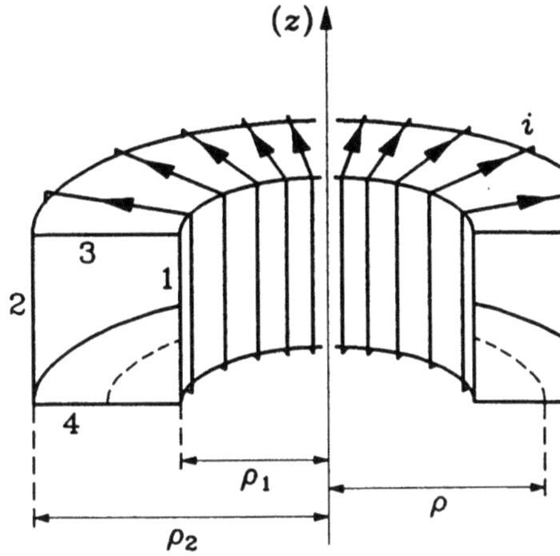

Bild 2.9

Von den Teilflächen 1 bis 4 (s. Bild 2.9) wird zunächst letztere herausgegriffen und dort ein Kreis um die z-Achse vom Radius ρ betrachtet ($\rho_1 < \rho < \rho_2$). Auf jedes seiner Bogenstücke der Länge $\Delta s = 2\pi\rho/N$ entfällt die Stromstärke $\Delta I = i$, die (auf Teilfläche 4) in Richtung von $\boldsymbol{t} = -\boldsymbol{e}_\rho$ gezählt wird. Also besagt Gl. (2.16) hier

$$i = \boldsymbol{K} \cdot (-\boldsymbol{e}_\rho)\,\frac{2\pi\rho}{N}\ ,$$

d. h.

$$K_\rho = -\frac{N i}{2\pi\rho}\ .$$

Da die Flächenstromdichte auf der betrachteten Teilfläche 4 keine z-Komponente haben kann und eine mögliche α-Komponente vernachlässigbar sein soll, folgt

$$\boldsymbol{K} = K_\rho \boldsymbol{e}_\rho = -\frac{N i}{2\pi\rho}\,\boldsymbol{e}_\rho$$

für diese Teilfläche. Analog verfährt man bei den anderen Teilflächen und erhält so für die idealisierte Stromverteilung der torusartigen Spule

$$\boldsymbol{K} = \begin{cases} \dfrac{N i}{2\pi\rho_1}\,\boldsymbol{e}_z\ , & \text{Teilfläche 1}\ , \\ -\dfrac{N i}{2\pi\rho_2}\,\boldsymbol{e}_z\ , & \text{Teilfläche 2}\ , \\ \dfrac{N i}{2\pi\rho}\,\boldsymbol{e}_\rho\ , & \text{Teilfläche 3}\ , \\ -\dfrac{N i}{2\pi\rho}\,\boldsymbol{e}_\rho\ , & \text{Teilfläche 4}\ . \end{cases}$$

2.2.3 Ampèresches Gesetz und magnetische Feldkonstante

Zwischen stromdurchflossenen Leitern wirken bekanntlich magnetische Kräfte. Bild 2.10 zeigt zwei sehr lange und parallel im Abstand ρ_{12} nebeneinander verlaufende dünne Drähte, die sich im Vakuum befinden und von Gleichströmen durchflossen werden. Deren Bezugsrichtungen wurden gemäß Bild 2.10 festgelegt. Die so gezählten Stromstärken i_1 und i_2 können positiv oder negativ sein entsprechend den aktuellen Richtungen des Elektronentransports. Erfolgt dieser, wie für das Bild 2.10 angenommen, in beiden Drähten nach der gleichen Richtung ($i_1 i_2 > 0$), dann liegt erfahrungsgemäß gegenseitige Anziehung vor. Kehrt man in einem der Drähte die Elektronenbewegung um ($i_1 i_2 < 0$; Zählrichtungen unverändert), dann geht die vorherige Anziehung in gegenseitige Abstoßung über.

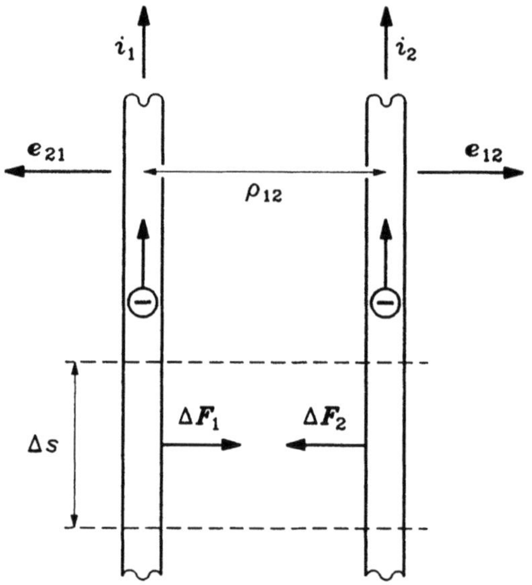

Bild 2.10

Mit den Bezeichnungen von Bild 2.10 und einem positiven Proportionalitätsfaktor k_A gilt allgemein (für positive und negative Werte der Stromstärken)

$$\frac{\Delta \boldsymbol{F}_1}{\Delta s} = -k_A \frac{i_1 i_2}{\rho_{12}} \boldsymbol{e}_{21} , \tag{2.17a}$$

$$\frac{\Delta \boldsymbol{F}_2}{\Delta s} = -k_A \frac{i_1 i_2}{\rho_{12}} \boldsymbol{e}_{12} . \tag{2.17b}$$

Hierbei bedeutet $\Delta \boldsymbol{F}_1$ die magnetische Kraft, die von dem sehr langen (theoretisch unendlich langen) Strom 2 auf ein endliches Stück der Länge Δs des Stromes 1 ausgeübt wird. Entsprechendes ist hinsichtlich $\Delta \boldsymbol{F}_2$ zu sagen. Die in das Bild 2.10 eingetragenen Richtungen dieser Kräfte gelten im Spezialfall $i_1 i_2 > 0$, wenn also gemäß den Gln. (2.17a,b) die Kräfte $\Delta \boldsymbol{F}_1$ und $\Delta \boldsymbol{F}_2$ gegensinnig parallel zu den Einheitsvektoren $\boldsymbol{e}_{21}$ bzw. $\boldsymbol{e}_{12}$ sind, da diese dann jeweils einen negativen Vorfaktor haben.

Das Minuszeichen in den Gln. (2.17a,b) würde übrigens entfallen, wenn man bei einer der beiden Stromstärken die Bezugsrichtung gegenüber Bild 2.10 umkehren würde. Gegenseitige Anziehung der Drähte wäre dann für $i_1 i_2 < 0$ gegeben.

Die Aussage der Gln. (2.17a,b) heißt in diesem Buch Ampèresches Gesetz. Andere Autoren vergeben diesen Namen anderweitig.

Die Konstante k_A aus dem Ampèreschen Gesetz wird im SI zur Definition der Stromstärkeeinheit Ampere (Abkürzung A) benutzt. Man setzt zu diesem Zweck (im Grunde willkürlich)

$$k_A = 2 \cdot 10^{-7} \, \frac{\text{N}}{\text{A}^2} \,. \tag{2.18a}$$

Im Hinblick auf die im SI übliche Form der Maxwell-Gleichungen schreibt man das Ampèresche Gesetz jedoch mit der durch

$$\mu_0 = 2\pi k_A \tag{2.18b}$$

definierten magnetischen Feldkonstante μ_0, die also den definitionsgemäß exakten Wert

$$\mu_0 = 4\pi \cdot 10^{-7} \, \frac{\text{N}}{\text{A}^2} \tag{2.18c}$$

hat. Führt man μ_0 in das Ampèresche Gesetz ein, so resultiert

$$\frac{\Delta \boldsymbol{F}_1}{\Delta s} = -\frac{\mu_0 \, i_1 \, i_2}{2\pi \rho_{12}} \, \boldsymbol{e}_{21} \,. \tag{2.19}$$

Legt man μ_0 und damit die Stromstärkeeinheit so wie geschehen fest, dann ergibt sich gemäß Gl. (2.10b) die Ladungseinheit zu 1 C = 1 As, und es resultiert schließlich der in Gl. (2.4) angegebene Wert von ε_0.

Wenn im SI das Ampere und nicht das Coulomb als Basiseinheit gewählt wird, dann hat das praktische Gründe. Prinzipiell gehört die elektrische Ladung zu den nicht ableitbaren Grundgegebenheiten der Elektrodynamik.

Einen interessanten Zusammenhang errechnet man aus den Gln. (2.4) und (2.18c):

$$\frac{1}{\varepsilon_0 \mu_0} = \left(2{,}998 \cdot 10^8 \, \frac{\text{m}}{\text{s}} \right)^2 .$$

In der Klammer steht der Wert der Vakuumlichtgeschwindigkeit

$$c_0 = 2{,}998 \cdot 10^8 \, \frac{\text{m}}{\text{s}} \,, \tag{2.20}$$

so daß offenbar die Beziehung

$$\frac{1}{\varepsilon_0 \mu_0} = c_0^2 \tag{2.21}$$

gilt. Dies ist kein Zufall, sondern ein Hinweis auf die elektromagnetische Natur des Lichtes.

2.3 Kontinuitätsgleichung

Ein beliebiges dreidimensionales Gebiet G enthalte zur Zeit t die Gesamtladung $Q(t)$ (s. Bild 2.11). Ändert sich diese im Laufe der Zeit, so kann das wegen der Ladungserhaltung nur daran liegen, daß Ladungsträger die Oberfläche von G passieren, dort also Ströme fließen. Ladungs-Erzeugung oder -Vernichtung innerhalb von G ist ausgeschlossen. Also gilt

$$\left|\frac{\mathrm{d}Q}{\mathrm{d}t}\right| = |\mathring{I}|$$

mit $\mathring{I}$ als Gesamtstromstärke durch die Hüllfläche S (Rand von G). Im Hinblick auf den Satz von Gauß werden Zählrichtungen bei geschlossenen Flächen in der Regel nach außen gewählt. Verfährt man so auch mit der Bezugsrichtung für $\mathring{I}$, dann gilt ohne Betragsstriche (wie noch gezeigt wird)

$$\frac{\mathrm{d}Q}{\mathrm{d}t} = -\mathring{I}. \tag{2.22}$$

Dies ist die (global formulierte) Kontinuitätsgleichung, die insofern das Gesetz von der Ladungserhaltung ausdrückt, als auf der rechten Seite dieser Gleichung kein weiterer, die Erzeugung oder Vernichtung von Ladung repräsentierender Term auftritt.

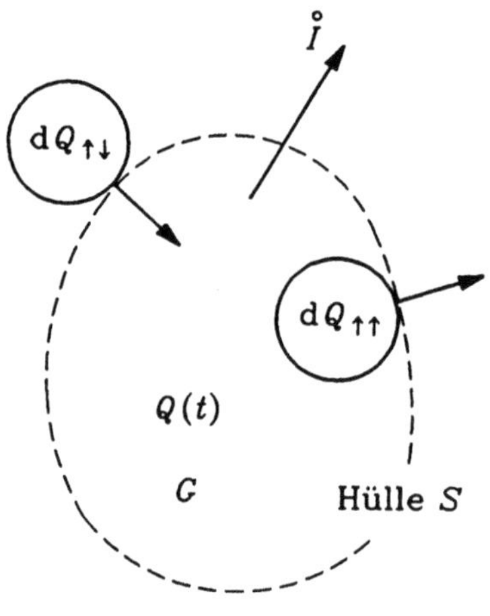

Bild 2.11

In Gl. (2.22) bedeutet $\mathrm{d}Q$ nicht eine verschobene Ladungsmenge wie in Gl. (2.10b), sondern die zeitliche Ladungsänderung $\mathrm{d}Q = Q(t+\mathrm{d}t) - Q(t)$ des Gebietes G, die gleich ist der zufließenden minus der aus G abfließenden Ladung. Ersteres geschieht gegen die Zählrichtung von $\mathring{I}$, letzteres in Zählrichtung von $\mathring{I}$ (vgl. Bild 2.11). Also gilt die folgende Bilanz:

$$\mathrm{d}Q = Q(t+\mathrm{d}t) - Q(t) = \mathrm{d}Q_{\uparrow\downarrow} - \mathrm{d}Q_{\uparrow\uparrow} = -\mathrm{d}Q_{\mathrm{versch}} = -\mathring{I}\,\mathrm{d}t\ .$$

Damit ist das Minuszeichen in Gl. (2.22) begründet.

Man beachte, daß die Stromstärkedefinition (2.10b) auch dann sinnvoll bliebe, wenn ein Bruchteil der Ladung nach dem Passieren der Kontrollfläche verschwände. Die Kontinuitätsgleichung (2.22) ist also, um es nochmals zu betonen, nicht bloß eine andere Formulierung der Stromstärkedefinition, sondern darüberhinaus Ausdruck für den Ladungserhaltungssatz.

Die globale Form (2.22) der Kontinuitätsgleichung kann auf räumliche, flächenhafte sowie linienhafte Verteilungen von Ladung und Strom angewendet werden. Dagegen wird jetzt angenommen, daß ausschließlich räumliche Verteilungen $\rho(\boldsymbol{r},t)$ und $\boldsymbol{J}(\boldsymbol{r},t)$ vorliegen. Mit den Beziehungen (2.6a) und (2.12) geht Gl. (2.22) dann über in

$$\iiint_G \frac{\partial \rho}{\partial t}\, \mathrm{d}V = -\oint\!\!\!\oint_S \boldsymbol{J} \cdot \mathrm{d}\boldsymbol{a} = -\iiint_G \operatorname{div} \boldsymbol{J}\, \mathrm{d}V ,$$

wobei die zeitliche Ableitung unter das Gebietsintegral gezogen werden durfte, da das Kontrollgebiet G zeitunabhängig sein soll. Außerdem wurde der Satz von Gauß angewendet. Die Gleichheit zweier Gebietsintegrale impliziert im allgemeinen nicht die Gleichheit auch der Integranden. Da hier aber G beliebig sein darf, folgt

$$\operatorname{div} \boldsymbol{J} = -\frac{\partial \rho}{\partial t} , \tag{2.23}$$

die Kontinuitätsgleichung in differentieller Form. Sie drückt die Ladungserhaltung lokal aus.

2.3.1 Beispiele

a) Die im Bild 2.12 dargestellte Dipolantenne wird mit zeitharmonischem Wechselstrom der Frequenz f derart betrieben, daß eine elektromagnetische Welle der Wellenlänge $\lambda = c_0/f$ abgestrahlt wird. Die Frequenz sei so gewählt, daß $\lambda/2$ gleich der gesamten Antennenlänge ist. Dann stellt sich auf den Antennenarmen zwischen $z = -\lambda/4$ und $z = \lambda/4$ eine Stromstärkeverteilung gemäß

$$i(z,t) = \hat{i} \cos(kz) \sin(\omega t)$$

ein (s. Bild 2.13a), wobei $k = 2\pi/\lambda$ die Wellenzahl, $\omega = 2\pi f$ die Kreisfrequenz und $\hat{i}$ ein positiver Amplitudenfaktor ist. Diese Formel ist eine Näherung, die um so besser gilt, je dünner die Antenne ist. Welche Ladungsverteilung $\tau(z,t)$ gehört zu dieser Stromverteilung, wenn die Linienladungsdichte keinen zeitunabhängigen Summanden hat?

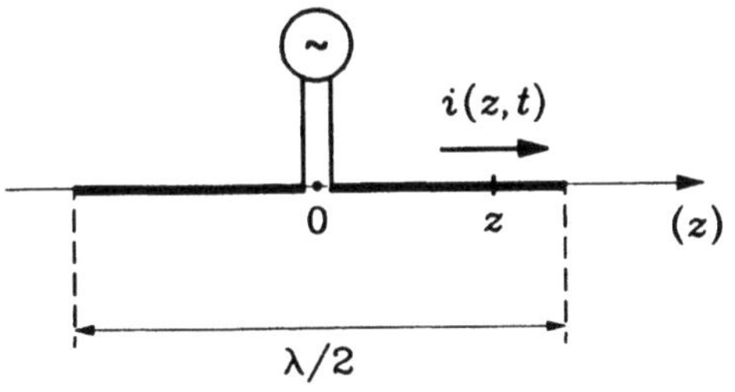

Bild 2.12

Durch zwei Querschnitte des Antennendrahtes etwa bei z und $z + \mathrm{d}z$ fließen hier im allgemeinen verschiedene Ströme $i(z,t)$ und $i(z+\mathrm{d}z,t)$. Das führt in diesem z-Intervall zur zeitlichen Ladungsänderung $\partial(\tau\,\mathrm{d}z)/\partial t$. Also gilt aufgrund der Ladungserhaltung

$$i(z + \mathrm{d}z, t) - i(z, t) = -\frac{\partial \tau}{\partial t}\,\mathrm{d}z\,.$$

Nach Division mit $\mathrm{d}z$ folgt die auf dünne Drähte zugeschnittene Form

$$\frac{\partial i}{\partial z} = -\frac{\partial \tau}{\partial t}$$

der Kontinuitätsgleichung. Mit der gegebenen Stromstärkeverteilung gilt also

$$\frac{\partial i}{\partial z} = -\hat{i}\,k\sin(kz)\sin(\omega t) = -\frac{\partial \tau}{\partial t}\,.$$

Daraus folgt durch Integration nach der Zeit

$$\tau(z,t) = -\frac{\hat{i}}{c_0}\sin(kz)\cos(\omega t)\,,$$

wobei die (nur von z abhängige) Integrationskonstante nach Voraussetzung gleich null ist. Diese Ladungsverteilung ist im Bild 2.13b für die dort angegebenen Zeitpunkte dargestellt.

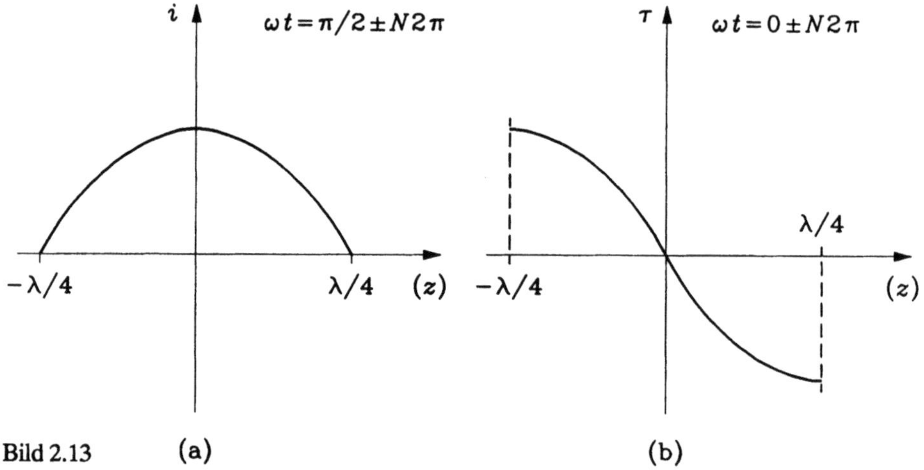

Bild 2.13

b) Die aus der Netzwerktheorie bekannte Knotenregel von Kirchhoff ist ebenfalls eine Folge der Gl. (2.22), wie anhand des Beispiels von Bild 2.14 erläutert wird. Um den dort dargestellten Knoten ist eine Hüllfläche S gelegt, die von den Strömen i_1, i_2 und i_3 durchstoßen wird. Der nach außen gezählte Gesamtstrom $\mathring{I}$ durch S ist dann gegeben durch

$$\mathring{I} = i_1 - i_2 + i_3\,.$$

Nimmt man an, daß S keine Ladung einschließt oder daß sich diese wenigstens zeitlich nicht ändert, dann folgt mit Gl. (2.22) sofort

$$i_1 - i_2 + i_3 = 0\,,$$

also die Knotenregel für das gewählte Beispiel.

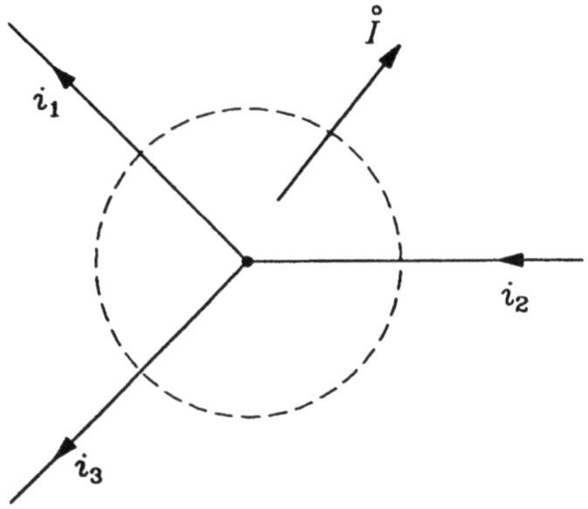

Bild 2.14

2.4 Physikalisches Feldkonzept

Bislang wurden die an materielle Teilchen geknüpften elektrodynamischen Grundgrößen betrachtet. Jetzt geht es um den leeren Raum zwischen diesen Teilchen. Dabei heißt "leer" aber nur "frei von Materie", denn in der Elektrodynamik denkt man sich das Vakuum als "felderfüllt". Dieses Konzept wird im folgenden zunächst qualitativ erläutert.

Für den Augenblick nehme man einmal an, daß die Wechselwirkung zweier beliebig bewegter Punktladungen stets durch das Coulombsche Gesetz dargestellt wird. Die Punktladungen würden dann zu jedem Zeitpunkt entgegengesetzt gleiche Kräfte aufeinander ausüben, deren Betrag bei vorgegebenen Ladungen nur von ihrem momentanen Abstand abhängt. Lageänderungen der einen Punktladung würden sich deshalb *ohne* Verzögerung durch eine Kraftänderung bei der anderen bemerkbar machen, so als ob die *entfernten* Objekte *direkt* aufeinander einwirken würden. Eine hierauf aufbauende Elektrodynamik würde man als Fernwirkungstheorie bezeichnen. Demgegenüber soll das folgende Gedankenexperiment deutlich machen, daß die elektromagnetische Wechselwirkung nicht durch Fernwirkungskräfte der geschilderten Art hervorgerufen wird.

Zwei punktförmige, gleichnamig geladene Körper seien an isolierenden Fäden in einem evakuierten Raum aufgehängt und zunächst in Ruhe. Sie nehmen dann unter dem Einfluß der Schwerkraft und der gegenseitigen elektrischen Abstoßung die im Bild 2.15a dargestellte Lage ein. Zur Zeit $t = 0$ werde die Ladung 1 plötzlich angestoßen. Dadurch verändert sich ihr Abstand zur Ladung 2, welche deshalb im Falle von Fernwirkung zum gleichen Zeitpunkt eine Reaktion zeigen müßte. Diese tritt jedoch *nicht sofort* ein, sondern, wie in den Bildern 2.15b,c dargestellt, erst nach Ablauf eines von null verschiedenen Zeitintervalles. Für dieses findet man den Wert r_{12}/c_0, wobei c_0 die Lichtgeschwindigkeit im Vakuum ist.

"Ursache" und "Wirkung" sind hier also durch ein Zeitintervall, in welchem sich nichts zu ereignen scheint, voneinander getrennt. Glaubt man aber an eine lückenlose Verkettung zwischen den in den Bildern 2.15a bis c dargestellten Vorgängen, dann ist man zu der Annahme gezwungen, daß sich im Vakuum zwischen den beiden Ladungen *physikalische Vorgänge* abspielen. Sie werden durch die plötzliche Bewegung der Ladung 1 eingeleitet und erfassen im Laufe der Zeit immer entferntere Punkte, genau so wie eine sich mit endlicher

Geschwindigkeit ausbreitende Welle. Diese Welle – ihre Darstellung in den Bildern 2.15b,c ist nur als sinnfällige Andeutung gemeint – erreicht schließlich die Ladung 2 und bewirkt deren Auslenkung aus der Ruhelage. Die hierzu nötige Kraft hat also im Rahmen der entwickelten Vorstellungen ihre Ursache in Vorgängen, die sich in unmittelbarer Umgebung der Ladung 2 abspielen. Man spricht deshalb von *Nahewirkung*.

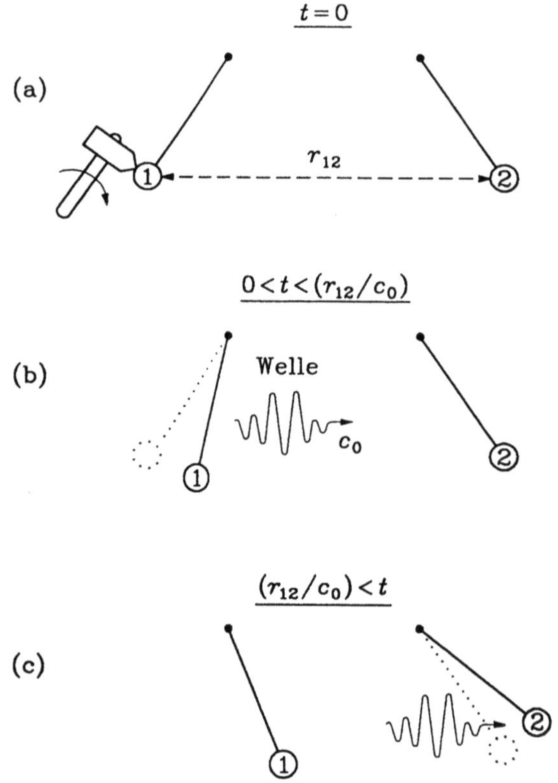

Bild 2.15

In der Elektrodynamik macht man sich seit Faraday und Maxwell diese Nahewirkungsinterpretation zu eigen und betrachtet jene bei der Diskussion des Gedankenexperimentes postulierten physikalischen Vorgänge als tatsächlich gegeben. Das, was dabei auf die Ladung 2 einwirkt, nennt man elektromagnetisches Feld, und das, was sich wellenartig ausbreitet, sind Änderungen dieses Feldes.

Diese Vorstellung, daß es keine unmittelbare und unverzögerte Wirkung in die Ferne gibt, läßt sich wie folgt zusammenfassen: Jede Ladung ruft im umgebenden Raum ein elektromagnetisches Feld hervor, das am Ort anderer Ladungen eine Kraft auf diese ausübt. Wird eine Ladung beschleunigt, so bedeutet dieses eine "Störung" des von ihr erzeugten Feldes, die sich mit der endlichen Geschwindigkeit des Lichtes fortpflanzt. Mit anderen Worten: Das (noch quantitativ zu definierende) elektromagnetische Feld ist "retardierender Vermittler" der Kraftwirkungen von Ladung zu Ladung (vgl. Kapitel 11).

2.4.1 Elektrische Feldstärke und magnetische Induktion

Die operationelle Definition (prinzipielle Meßvorschrift) des elektromagnetischen Feldes erfolgt mittels der Kraftwirkung auf Punktladungen. Diese Definition beruht auf theoretischen und experimentellen Erkenntnissen, die man wie folgt zusammenfassen kann.

Das auf eine Punktladung q mit der Kraft $\boldsymbol{F}$ wirkende elektromagnetische Feld wird durch sechs skalare Größen beschrieben, die zu je dreien die Komponenten zweier Vektoren $\boldsymbol{E}$ bzw. $\boldsymbol{B}$ bilden und so bemessen sind, daß

$$\boldsymbol{F} = q\,(\boldsymbol{E} + \boldsymbol{u} \times \boldsymbol{B}) \tag{2.24}$$

gilt, wenn $\boldsymbol{u}$ die Geschwindigkeit der Punktladung ist. Den Vektor $\boldsymbol{E}$ nennt man elektrische Feldstärke und $\boldsymbol{B}$ magnetische Induktion. Beide Größen sind im allgemeinen orts- und zeitabhängig.

Die Gl. (2.24) heißt Lorentzsches Kraftgesetz und demgemäß $\boldsymbol{F}$ Lorentz-Kraft. Ihr geschwindigkeitsunabhängiger Summand $q\,\boldsymbol{E}$ soll "elektrische Kraft", der Summand $q\,(\boldsymbol{u} \times \boldsymbol{B})$ soll "magnetische Kraft" heißen. Man beachte: Mit Lorentz-Kraft ist hier die elektromagnetische Gesamtkraft auf eine Ladung gemeint und nicht nur ihr magnetischer Anteil.

Statt "magnetische Induktion" sagt man für $\boldsymbol{B}$ auch "magnetische Flußdichte". Beide Benennungen sind im Hinblick auf das Lorentzsche Kraftgesetz (2.24) unverständlich. So gesehen, wäre "magnetische Feldstärke" als Name für $\boldsymbol{B}$ vorzuziehen, doch ist er bereits anderweitig vergeben (vgl. Abschnitt 9.4).

Eine erste mehr qualitative Interpretation der Gl. (2.24) lautet: Wo auf ruhende Ladungen Kräfte wirken, herrscht ein elektrisches Feld; wo auf bewegte Ladungen geschwindigkeitsabhängige Kräfte wirken, herrscht ein magnetisches Feld. Im folgenden wird Gl. (2.24) als quantitative Meßvorschrift für $\boldsymbol{E}$ und $\boldsymbol{B}$ interpretiert.

Unter der Voraussetzung, daß das elektromagnetische Feld zeitlich konstant ist und nicht durch die Anwesenheit und Bewegung der Punktladung q beeinflußt wird (s. u.), können elektrische Feldstärke und magnetische Induktion in einem Punkt grundsätzlich durch die folgenden, nacheinander auszuführenden Messungen und deren Auswertung mittels Gl. (2.24) bestimmt werden:

(a) Messung der elektrischen Kraft $\boldsymbol{F}_{el}$ auf die am Ort $\boldsymbol{r}$ ruhende Punktladung ($\boldsymbol{u} = \boldsymbol{0}$). Daraus ergibt sich die elektrische Feldstärke zu

$$\boldsymbol{E} = \frac{\boldsymbol{F}_{el}}{q}\,.$$

(b) Messung der magnetischen Kraft

$$\boldsymbol{F}_{mag} = \boldsymbol{F} - \boldsymbol{F}_{el}$$

am gleichen Ort als Differenz der Gesamtkraft $\boldsymbol{F}$ und der zuvor bestimmten elektrischen Kraft. Dies muß für zwei linear unabhängige Geschwindigkeiten $\boldsymbol{u}_1$ und $\boldsymbol{u}_2$ geschehen. Erst dann können die Komponenten der magnetischen Induktion aus

$$\boldsymbol{F}_{mag\,1} = q\,(\boldsymbol{u}_1 \times \boldsymbol{B})\ , \quad \boldsymbol{F}_{mag\,2} = q\,(\boldsymbol{u}_2 \times \boldsymbol{B})$$

berechnet werden. Eine einzige Messung reicht hier nicht aus, da wegen des Kreuzproduktes die geschwindigkeitsparallelen Komponenten von $\boldsymbol{B}$ nicht zur magnetischen Kraft beitragen.

In der Praxis mißt man Felder, die auch zeitabhängig sein dürfen, mit anderen Methoden. Doch zeigen die angegebenen Operationen das Prinzipielle jeder Messung von $\boldsymbol{E}$ und $\boldsymbol{B}$.

Die bewegte Punktladung q aus dem Lorentzschen Kraftgesetz hat ein eigenes elektromagnetisches Feld. Dieses Eigenfeld von q geht in das Kraftgesetz nicht ein, sondern nur das elektromagnetische Fremdfeld, das am Ort der Punktladung q von allen anderen Ladungen und Strömen hervorgerufen wird. Das Eigenfeld von q beeinflußt aber die Verteilung dieser umgebenden Ladungen und Ströme, so daß sie im allgemeinen ein anderes Feld erzeugen als bei Abwesenheit der Punktladung q. Da immer die aktuellen Werte von $\boldsymbol{E}$ und $\boldsymbol{B}$ die Lorentz-Kraft bestimmen, muß man $|q|$ und damit die störende Wirkung der Punktladung genügend klein machen, wenn man $\boldsymbol{E}$ und $\boldsymbol{B}$ möglichst unverfälscht nach der oben angegebenen Prozedur messen möchte. Eine Punktladung von derart kleinem Betrag wird Probe- oder Testladung genannt.

Von "Ruhe" oder "Bewegung" der Punktladung q zu sprechen, ist nur sinnvoll relativ zu einem Bezugssystem. Da die Maxwell-Gleichungen in ihrer üblichen Form ein Inertialsystem (s. u.) voraussetzen, werden hier und im folgenden auch nur solche zugrunde gelegt. Die Geschwindigkeit $\boldsymbol{u}$ der Punktladung q bezieht sich also auf ein Inertialsystem, und zwar auf ein *beliebig* ausgewähltes (Relativitätsprinzip). Alle anderen in das Lorentzsche Kraftgesetz eingehenden Größen sind dann auf dasjenige Inertialsystem zu beziehen, in welchem die Punktladungsgeschwindigkeit gemessen wird. Das ist wichtig, da bis auf q alle jene Größen vom Bezugssystem abhängen (vgl. Abschnitt 2.7).

Ein Inertialsystem ist ein Bezugssystem, das sich relativ zum Fixsternhimmel drehungsfrei und ohne translatorische Beschleunigung bewegt. Erdgebundene Bezugssysteme sind für die meisten Zwecke genügend inertial.

2.5 Elektromagnetisches Feld gleichförmig bewegter Punktladungen

Die Frage, wie elektromagnetische Felder auf Punktladungen wirken, ist mit dem Lorentzschen Kraftgesetz (2.24) einfach beantwortet. Nach welchen Gesetzen jedoch elektromagnetische Felder von Ladungen erzeugt werden, ist ein weit schwierigeres Problem, zu dessen Bewältigung man die Maxwellschen Gleichungen lösen muß (s. Kapitel 11).

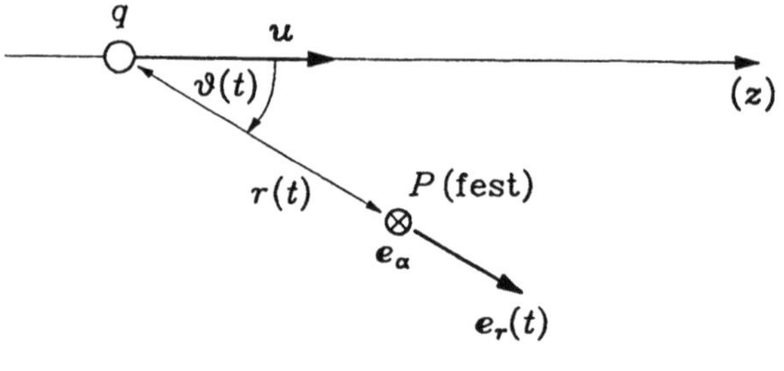

Bild 2.16

Vorab und daher ohne Herleitung wird im folgenden das elektromagnetische Feld betrachtet, das von einer Punktladung q erzeugt wird, die sich mit konstanter Geschwindigkeit $\boldsymbol{u}$ im leeren Raum bewegt (Herleitung per Liénard-Wiechert-Potentiale oder Relativitätstheorie etwa bei D.J. Griffiths). Bezieht man gemäß Bild 2.16 die Kugelkoordinaten eines festen Punktes P stets auf den momentanen Ort der Punktladung, dann gilt im Punkt P

$$\boldsymbol{E} = \frac{q}{4\pi\varepsilon_0 r^2} \frac{1-\dfrac{u^2}{c_0^2}}{\sqrt{1-\dfrac{u^2}{c_0^2}\sin^2\vartheta}^{\,3}} \boldsymbol{e}_r \tag{2.25}$$

und

$$\boldsymbol{B} = \frac{\mu_0 q}{4\pi r^2} \frac{1-\dfrac{u^2}{c_0^2}}{\sqrt{1-\dfrac{u^2}{c_0^2}\sin^2\vartheta}^{\,3}} \boldsymbol{u}\times\boldsymbol{e}_r\,, \tag{2.26}$$

wobei u der Betrag von $\boldsymbol{u}$ und c_0 die Lichtgeschwindigkeit im Vakuum ist. Im Einklang mit der speziellen Relativitätstheorie wird $u < c_0$ vorausgesetzt. Im folgenden werden die Gln. (2.25) und (2.26) schrittweise veranschaulicht.

Zunächst sei $\boldsymbol{u} = \boldsymbol{0}$. Dann folgt

$$\boldsymbol{E} = \frac{q}{4\pi\varepsilon_0 r^2} \boldsymbol{e}_r \tag{2.27}$$

und

$$\boldsymbol{B} = \boldsymbol{0}\,.$$

Die ruhende Punktladung erzeugt also nur ein elektrisches Feld. Es ist im Bild 2.17 für positives q dargestellt. Das kugelsymmetrische elektrische Feld einer ruhenden Punktladung wird Coulomb-Feld genannt.

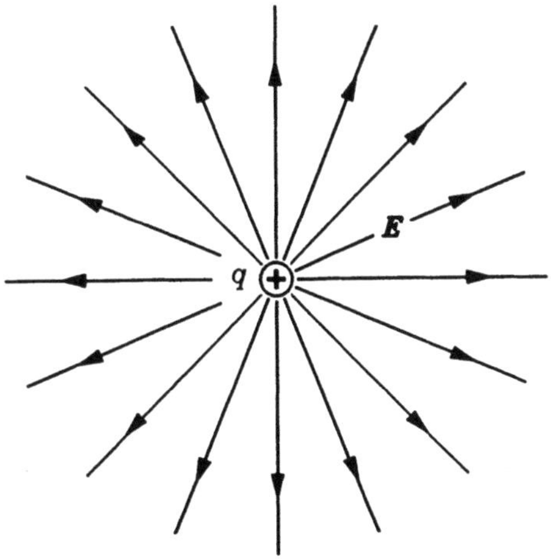

Bild 2.17

Es sei jetzt $\boldsymbol{u} \neq \boldsymbol{0}$, aber die Punktladung bewege sich so langsam, daß u^2/c_0^2 gegenüber 1 vernachlässigt werden kann. Die elektrische Feldstärke ist dann praktisch die gleiche wie im Falle $\boldsymbol{u} = \boldsymbol{0}$. Es existiert jedoch ein von null verschiedenes magnetisches Feld der Induktion

$$\boldsymbol{B} = \frac{\mu_0 q}{4\pi r^2} \boldsymbol{u}\times\boldsymbol{e}_r = \frac{\mu_0 q\, u_z \sin\vartheta}{4\pi r^2} \boldsymbol{e}_\alpha\,. \tag{2.28}$$

Die magnetischen Feldlinien sind Kreise um die durch $\boldsymbol{u}$ bestimmte Achse. Falls q positiv ist, sind sie im Rechtsschraubensinn bezüglich $\boldsymbol{u}$ orientiert. Auf der Achse selbst ist die Induktion gleich null. Der Betrag der magnetischen Induktion nimmt also mit wachsender Entfernung von der Punktladung wie $1/r^2$ ab, falls ϑ konstant gehalten wird. Zudem hat er für konstantes r ein Maximum in der durch die Punktladung gehenden Ebene senkrecht zu $\boldsymbol{u}$ (dort ist $\vartheta = \pi/2$). Zusammenfassend ergibt sich die im Bild 2.18 wiedergegebene Darstellung des magnetischen Feldes. Dabei wurde $q > 0$ vorausgesetzt und nur die Feldlinien eines Zylindermantels dargestellt. Dort, wo sie dichter gezeichnet sind, ist das Magnetfeld stärker.

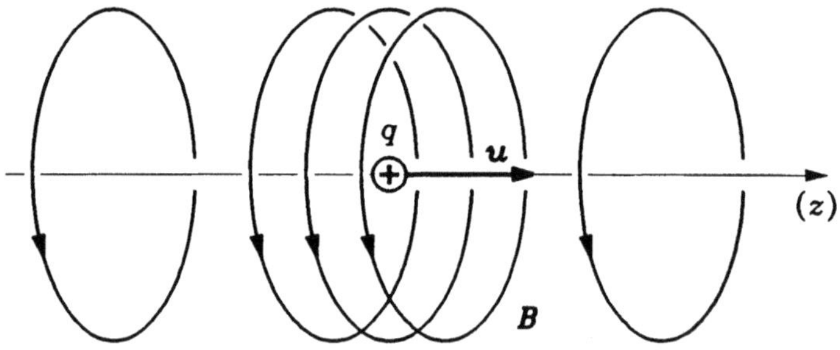

Bild 2.18

Wenn u vergleichbar wird mit c_0, dann muß in den Gln. (2.25) und (2.26) der den Ausdruck u^2/c_0^2 enthaltende Faktor berücksichtigt werden. Er wirkt sich nur auf die Beträge der beiden Felder aus. Dies hat speziell für das elektrische Feld zur Folge, daß zwar nach wie vor der Vektor $\boldsymbol{E}$ in die Richtung der Verbindungslinie von Aufpunkt P und Punktladung q zeigt, sein Betrag jedoch auf einer Kugelfläche um die Punktladung nicht mehr konstant ist, sondern für $\vartheta = \pi/2$ ein Maximum und für $\vartheta = 0$ ein Minimum annimmt. Das von einer schnell bewegten Punktladung erzeugte elektrische Feld sieht also etwa so aus, wie es im Bild 2.19 dargestellt ist. Die Feldlinien wurden dort dichter gezeichnet, wo $|\boldsymbol{E}|$ größer ist.

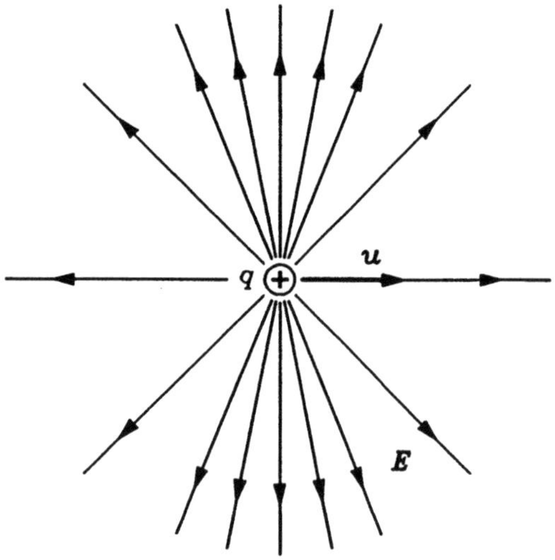

Bild 2.19

Die magnetischen Feldlinien haben den gleichen Verlauf wie im Bild 2.18. Je größer u ist, desto ausgeprägter wird das Maximum von $|\boldsymbol{B}|$ für $\vartheta = \pi/2$.

Man beachte, daß die Bilder 2.18, 2.19 "Momentaufnahmen" sind, und denke sich die jeweiligen Feldlinienbilder zusammen mit der Punktladung bewegt. Feldlinien sind mathematische Darstellungsmittel. Von ihrer physikalisch nicht feststellbaren Bewegung wird hier ausdrücklich nur im bildlichen Sinn gesprochen.

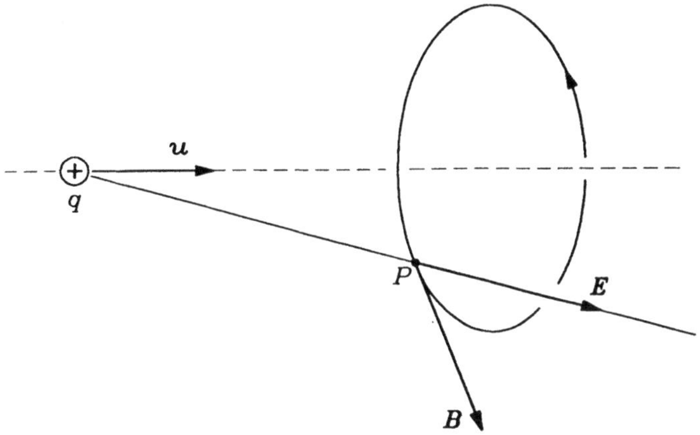

Bild 2.20

Bild 2.20 zeigt auf einen Blick die im Aufpunkt P herrschenden Feldvektoren und die elektrische bzw. magnetische Feldlinie durch diesen Punkt. Hinsichtlich der Feldrichtungen gilt diese Darstellung für langsam und schnell bewegte Punktladungen, solange dies nur gleichförmig geschieht. Insbesondere sind $\boldsymbol{E}$ und $\boldsymbol{B}$ stets senkrecht zueinander, was sich unmittelbar an der aus den Gln. (2.25) und (2.26) bzw. (2.27) und (2.28) folgenden Beziehung

$$\boldsymbol{B} = \varepsilon_0 \mu_0 \boldsymbol{u} \times \boldsymbol{E} = \frac{1}{c_0^2} \boldsymbol{u} \times \boldsymbol{E} \tag{2.29}$$

ablesen läßt.

2.5.1 Elektromagnetische Wechselwirkung zweier gleichförmig bewegter Punktladungen

Die elektromagnetischen Kräfte, die zwei Punktladungen q_1 bzw. q_2 aufeinander ausüben, wenn sie sich mit (zwangsweise) konstanten Geschwindigkeiten $\boldsymbol{u}_1$ bzw. $\boldsymbol{u}_2$ bewegen, können jetzt angegeben werden. Man braucht nur zu berücksichtigen, daß sich jede der beiden Punktladungen in dem durch die Gln. (2.25) und (2.26) gegebenen elektromagnetischen Feld der anderen bewegt, und die davon herrührende Kraft nach Gl. (2.24) zu berechnen. Als Kräfte $\boldsymbol{F}_1$ und $\boldsymbol{F}_2$ auf die Punktladungen q_1 bzw. q_2 erhält man dann

$$\boldsymbol{F}_1 = \frac{q_1 q_2}{4\pi r_{12}^2} f(u_2, \vartheta_2) \left[\frac{1}{\varepsilon_0} \boldsymbol{e}_{21} + \mu_0 \boldsymbol{u}_1 \times (\boldsymbol{u}_2 \times \boldsymbol{e}_{21}) \right], \tag{2.30a}$$

$$\boldsymbol{F}_2 = \frac{q_1 q_2}{4\pi r_{12}^2} f(u_1, \vartheta_1) \left[\frac{1}{\varepsilon_0} \boldsymbol{e}_{12} + \mu_0 \boldsymbol{u}_2 \times (\boldsymbol{u}_1 \times \boldsymbol{e}_{12}) \right] \tag{2.30b}$$

mit der Abkürzung

$$f(u, \vartheta) = \frac{1 - \frac{u^2}{c_0^2}}{\sqrt{1 - \frac{u^2}{c_0^2} \sin^2 \vartheta}^{\,3}} . \tag{2.30c}$$

Dabei liegen die Bezeichnungen von Bild 2.21 zugrunde. Die Darstellung dort ist nur symbolisch gemeint, denn im allgemeinen sind die Vektoren $\boldsymbol{u}_1$, $\boldsymbol{u}_2$, $\boldsymbol{F}_1$ und $\boldsymbol{F}_2$ nicht alle koplanar.

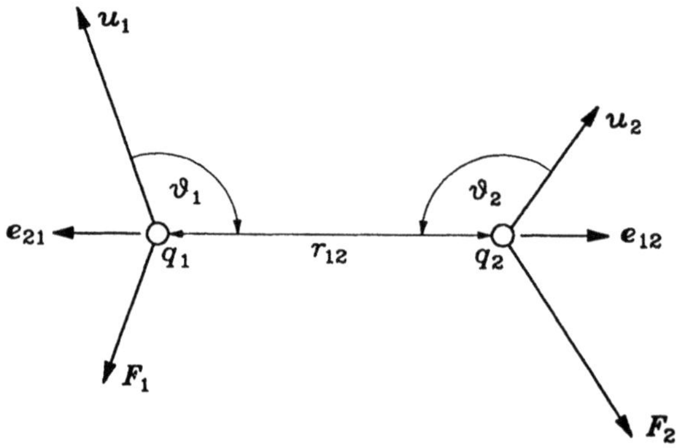

Bild 2.21

Aus diesen Gleichungen ergibt sich für ruhende Punktladungen ($\boldsymbol{u}_1 = \boldsymbol{u}_2 = \boldsymbol{0}$) das Coulombsche Gesetz. Ferner erkennt man, daß die Wechselwirkungskräfte zwischen gleichförmig bewegten Punktladungen im allgemeinen *nicht* entgegengesetzt gleich sind. Dazu setze man beispielsweise nur eine der beiden Geschwindigkeiten gleich null. Die in der Newtonschen Mechanik axiomatisch geltende Beziehung $\boldsymbol{F}_2 = -\boldsymbol{F}_1$ ist in der Elektrodynamik also nicht allgemein gültig. Nun gründet sich aber auf dieses Reaktionsprinzip der mechanische Impulserhaltungssatz, so daß sich die Frage stellt, ob auch bei elektromagnetischer Wechselwirkung die Impulserhaltung gewährleistet ist. Tatsächlich kann der Impulssatz dadurch "gerettet" werden, daß man dem elektromagnetischen Feld die Fähigkeit zuschreibt, Impuls aufnehmen und abgeben zu können (s. Anmerkung 10.3.2a). Da der Impulstransport im Feld aber nicht unendlich schnell erfolgt, kann Newton's momentan gemeintes "actio = reactio" in der Elektrodynamik höchstens für Spezialfälle richtig sein.

2.5.2 Beispiel

Ein solcher Spezialfall ist der folgende, bei welchem sich q_1 und q_2 mit der gleichen Geschwindigkeit $\boldsymbol{u}$ parallel zueinander bewegen und zwar so, daß ihre Verbindungslinie senkrecht zu $\boldsymbol{u}$ ist.

Für die magnetischen Anteile der Kräfte $\boldsymbol{F}_1$ bzw. $\boldsymbol{F}_2$ ergibt sich dann wegen der Bedingungen $\vartheta_1 = \vartheta_2 = \pi/2, \boldsymbol{e}_{12} = -\boldsymbol{e}_{21}$

$$\boldsymbol{F}_{1\text{mag}} = \frac{q_1 q_2}{4\pi r_{12}^2} \frac{\mu_0}{\sqrt{1 - \frac{u^2}{c_0^2}}} \boldsymbol{u} \times (\boldsymbol{u} \times \boldsymbol{e}_{21}) = -\boldsymbol{F}_{2\text{mag}}$$

und nach Berechnung des zweifachen Vektorproduktes unter Beachtung von $\boldsymbol{u} \cdot \boldsymbol{e}_{21} = 0$

$$\boldsymbol{F}_{1\text{mag}} = -\frac{q_1 q_2}{4\pi r_{12}^2} \frac{\mu_0 u^2}{\sqrt{1 - \frac{u^2}{c_0^2}}} \boldsymbol{e}_{21} .$$

Das bedeutet also bei ungleichnamigen Punktladungen eine magnetische Abstoßung zwischen ihnen. Dieses Ergebnis kann man sich an Hand des Bildes 2.22 veranschaulichen, in welches das von q_2 erzeugte magnetische Feld $\boldsymbol{B}^{(2)}$ eingetragen ist. Die Richtung von $\boldsymbol{F}_{1\text{mag}} = q_1 \boldsymbol{u} \times \boldsymbol{B}^{(2)}$ kann unmittelbar abgelesen werden.

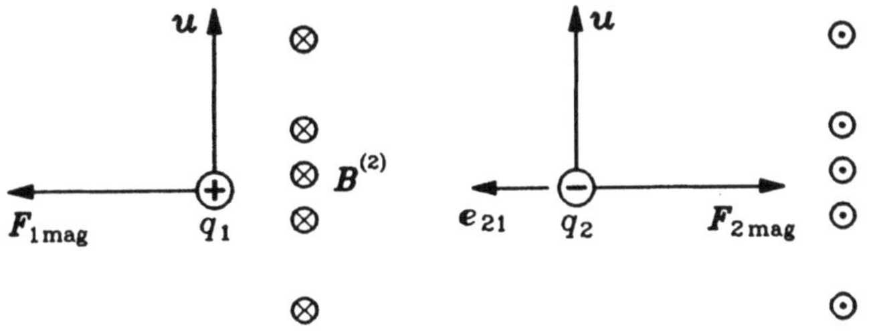

Bild 2.22

Für die elektrischen Anteile der Wechselwirkungskräfte ergibt sich

$$\boldsymbol{F}_{1\text{el}} = \frac{q_1 q_2}{4\pi \varepsilon_0 r_{12}^2} \frac{1}{\sqrt{1 - \frac{u^2}{c_0^2}}} \boldsymbol{e}_{21} = -\boldsymbol{F}_{2\text{el}} .$$

Das bedeutet gegenseitige elektrische Anziehung, falls wieder ungleichnamige Ladungen betrachtet werden.

In der Situation dieses Beispiels sind die magnetischen Kräfte um

$$\frac{|\boldsymbol{F}_{\text{mag}}|}{|\boldsymbol{F}_{\text{el}}|} = \varepsilon_0 \mu_0 u^2 = \frac{u^2}{c_0^2} < 1$$

schwächer als die elektrischen. Bei den nichtrelativistischen Geschwindigkeiten der Leitungselektronen in stromdurchflossenen Drähten (s. Aufgabe 2.1) sind die magnetischen Kräfte zwischen diesen überhaupt nur deshalb signifikant, weil die elektrischen Kräfte durch die nicht strömenden positiven Ladungsträger der Drähte ausbalanciert werden.

Angesichts von Bild 2.22 könnte man auf folgende Argumentation verfallen. Das Magnetfeld $\boldsymbol{B}^{(2)}$ wird von q_2 "mitgeführt". Folglich ist die Relativgeschwindigkeit zwischen q_1 und

$\boldsymbol{B}^{(2)}$ gleich null, so daß auf q_1 keine magnetische Kraft wirkt. Das ist aber falsch, denn in den Ausdruck für die magnetische Kraft auf eine Punktladung geht prinzipiell deren Geschwindigkeit relativ zum gewählten Inertialsystem ein.

2.6 Zeitliche Entwicklung der Felder

Bei einer Punktladung, die sich zum jetzigen Zeitpunkt t mit der gleichförmigen Geschwindigkeit $\boldsymbol{u}$ bewegt, gelten die Gln. (2.25) und (2.26) nicht für beliebige Entfernungen r, falls die Punktladung q vor dem Zeitpunkt t eine Beschleunigung erfuhr. Das liegt daran, daß sich die Auswirkungen dieser Geschwindigkeitsänderung nur mit Lichtgeschwindigkeit fortpflanzt. Zwei Beispiele sollen das veranschaulichen, die hier allerdings nur qualitativ besprochen werden können.

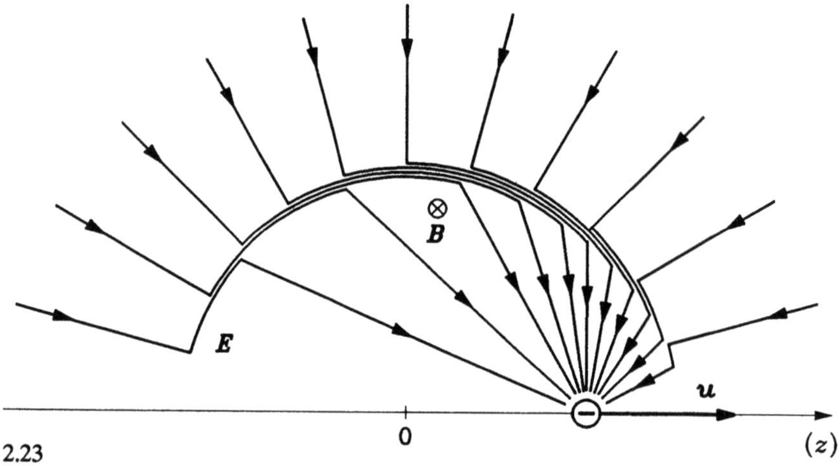

Bild 2.23

Zuerst wird eine (negative) Punktladung betrachtet, die bis zur Zeit $t = 0$ im Nullpunkt der z-Achse ruhte, dann bis zur Zeit $T > 0$ in z-Richtung konstant beschleunigt wurde und sich jetzt für $t > T$ mit gleichförmiger Geschwindigkeit $\boldsymbol{u}$ bewegt. Das zu diesem Vorgang gehörige $\boldsymbol{E}$-Feld ist in Bild 2.23 dargestellt. Im äußeren Bereich liegt noch das "alte" kugelsymmetrische Feld der im Punkt $z = 0$ ruhenden Punktladung vor. Der Abstand zum Nullpunkt ist dort zu groß, als daß die mit Lichtgeschwindigkeit verbreitete "Nachricht" vom Start der Punktladung bereits bis dorthin gedrungen ist. Der innere Teil des Feldes umfaßt diejenigen Punkte, die so nahe bei der Punktladung liegen, daß sie im betrachteten Zeitpunkt schon von der inzwischen konstanten Geschwindigkeit "wissen". Dort liegt also das $\boldsymbol{E}$-Feld der gleichförmig bewegten Punktladung vor. Die Übergangszone zwischen innerem und äußerem Feldbereich stammt von der Beschleunigungsphase und breitet sich ähnlich einer Kugelwelle mit Lichtgeschwindigkeit um den Nullpunkt aus. Das $\boldsymbol{B}$-Feld ist im äußeren Bereich noch null und hat ansonsten (einschließlich der Übergangszone) Feldlinien, die kreisförmig um die z-Achse verlaufen. Die Gln. (2.25) und (2.26), deren geometrische Größen gemäß Bild 2.16 auf den momentanen Ort von q bezogen sind, gelten hier also nur im inneren Bereich.

Einen Ausbreitungsvorgang der geschilderten Art muß man sich auch beim Gedankenexperiment nach Bild 2.15 vorstellen.

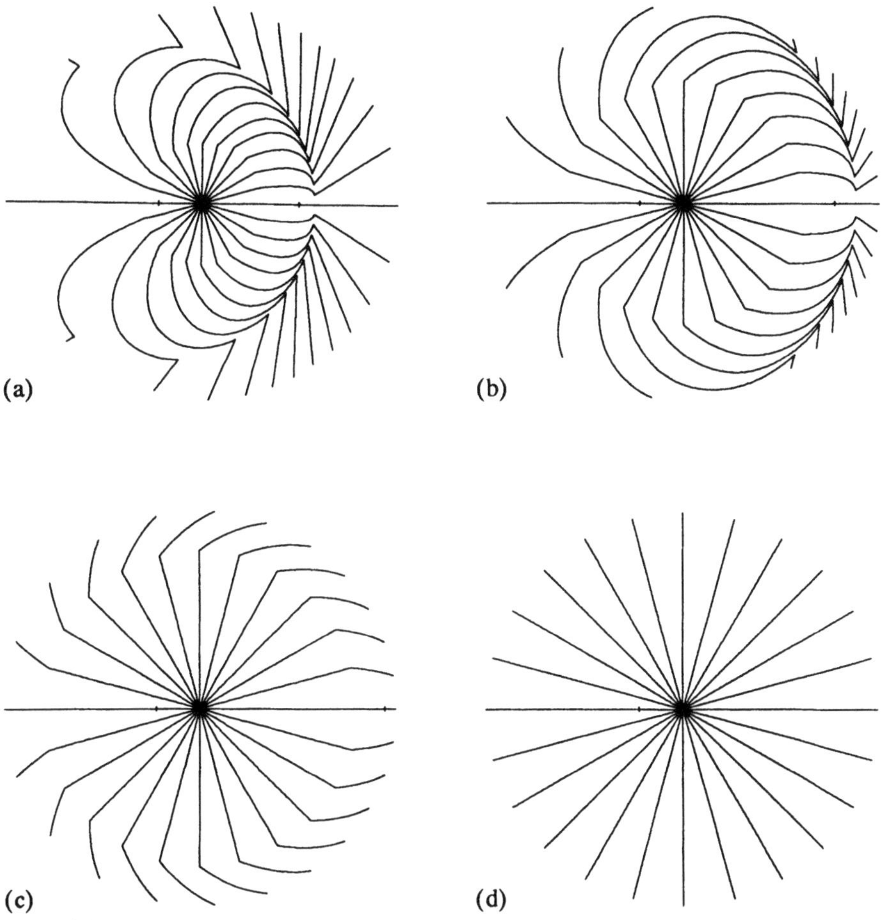

Bild 2.24

Auch das Coulomb-Feld (2.27) einer seit der Zeit t_0 ruhenden Punktladung erstreckt sich nicht bis zur Fernkugel (Umschreibung für $r \to \infty$), sondern es erfüllt nur eine mit Lichtgeschwindigkeit größer werdende Kugel um den jetzigen Ort von q mit dem Radius $c_0 \Delta t$. Dabei ist Δt die seit t_0 bis jetzt verstrichene Zeit. Nimmt man beispielsweise an, daß sich die Punktladung längere Zeit gleichförmig von links nach rechts bewegt hat, bevor sie konstant bis zur Ruhe abgebremst wurde (alles auf gerader Bahn), dann ergibt sich die in der Bilderfolge 2.24a bis d dargestellte zeitliche Entwicklung des elektrischen Feldes von einer Zeit $t > t_0$ an. Der Strich links von der Punktladung markiert den Ort des Bremsbeginnes, der rechte Strich (im Teilbild d nicht mehr sichtbar) denjenigen Ort, an dem sich die Punktladung bei ungebremster Weiterbewegung befinden würde. Auf diesen gleichförmig weiterlaufenden Punkt zeigen jeweils die Linien des äußeren und somit "alten" Feldbereiches. Ein dort befindlicher Beobachter kann noch nicht wissen, daß die Punktladung inzwischen ruht. Der Feldbereich mit den gekrümmten Linien stammt von der Bremsphase. Die Fortpflanzung dieser Zone veranschaulicht somit den Vorgang der Bremsstrahlung. (Zu den Bildern 2.24 vgl. R.Y. Tsien.)

2.7 Abhängigkeit der Feldgrößen vom Bezugssystem

Im folgenden werden zwei Inertialsysteme Σ und Σ' betrachtet, deren kartesische Achsen gemäß Bild 2.25 ausgerichtet sind. Es bewege sich Σ' mit der gleichförmigen Geschwindigkeit $\boldsymbol{u}_0 = u_0 \boldsymbol{e}_z$ in bezug auf Σ. Dieses "ungestrichene" System heißt im folgenden Laborsystem.

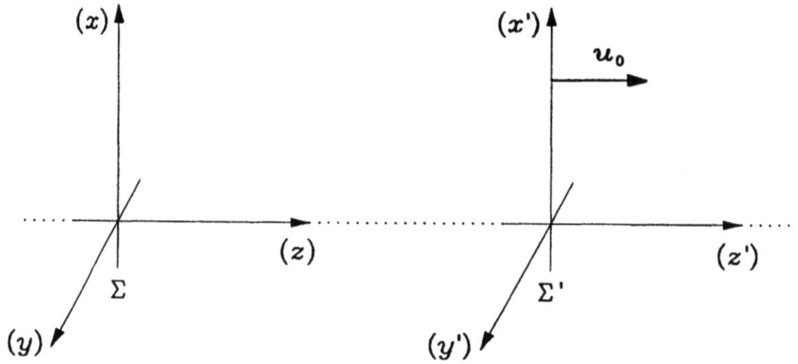

Bild 2.25

Eine Punktladung, die sich relativ zum Labor mit der gleichförmigen Geschwindigkeit $\boldsymbol{u}_0$ bewegt, erzeugt dort ein elektromagnetisches Feld gemäß den Gln. (2.25) und (2.26). Bezüglich des Systems Σ', in welchem die Punktladung ruht, ist kein Magnetfeld vorhanden ($\boldsymbol{B}' = \boldsymbol{0}$), und das elektrische Feld $\boldsymbol{E}'$ ist ein kugelsymmetrisches Coulomb-Feld gemäß Gl. (2.27).

Dies ist ein einfaches Beispiel für die grundsätzlich zu beachtende Tatsache, daß *die Werte der elektrischen Feldstärke und der magnetischen Induktion davon abhängen, in welchem Bezugssystem sie gemessen werden.*

Ohne Beweis werden hier die Formeln angegeben, nach denen die in Σ gemessenen Werte der Feldgrößen auf die in Σ' gemessenen Werte umzurechnen sind:

$$\boldsymbol{E}'_{\parallel} = \boldsymbol{E}_{\parallel} , \tag{2.31a}$$

$$\boldsymbol{B}'_{\parallel} = \boldsymbol{B}_{\parallel} , \tag{2.31b}$$

$$\boldsymbol{E}'_{\perp} = \gamma(\boldsymbol{E}_{\perp} + \boldsymbol{u}_0 \times \boldsymbol{B}_{\perp}), \tag{2.31c}$$

$$\boldsymbol{B}'_{\perp} = \gamma\left(\boldsymbol{B}_{\perp} - \frac{1}{c_0^2}\,\boldsymbol{u}_0 \times \boldsymbol{E}_{\perp}\right) \tag{2.31d}$$

mit

$$\gamma = \frac{1}{\sqrt{1 - u_0^2/c_0^2}} \,. \tag{2.32}$$

Die Zeichen " || " und " ⊥ " bedeuten "parallel" bzw. "senkrecht" zu $\boldsymbol{u}_0$.

Bewegt sich Σ' relativ zu Σ mit einer Geschwindigkeit $\boldsymbol{u}_0$, deren Betrag die Bedingung

$$\frac{u_0^2}{c_0^2} \ll 1 \tag{2.33}$$

erfüllt, also mit kleiner Geschwindigkeit, dann gilt $\gamma \simeq 1$ und die Gln. (2.31a-d) gehen über in

$$\boldsymbol{E}' = \boldsymbol{E} + \boldsymbol{u}_0 \times \boldsymbol{B} \,, \tag{2.34a}$$

$$\boldsymbol{B}' = \boldsymbol{B} - \frac{1}{c_0^2} \boldsymbol{u}_0 \times \boldsymbol{E} \,. \tag{2.34b}$$

Dabei wurde beispielsweise $\boldsymbol{u}_0 \times \boldsymbol{B}_\perp = \boldsymbol{u}_0 \times (\boldsymbol{B}_\perp + \boldsymbol{B}_\parallel) = \boldsymbol{u}_0 \times \boldsymbol{B}$ benutzt. Man erkennt, daß auch für diese kleinen Relativgeschwindigkeiten der Bezugssysteme die in Σ bzw. Σ' gemessenen Feldgrößen voneinander verschieden sind.

Sind die Felder, wie das allgemein der Fall ist, orts- und zeitabhängig, dann müssen die auf der linken Seite der Gln. (2.31a-d) einzusetzenden Orts- und Zeitkoordinaten mit denen der rechten Seite durch die Lorentz-Transformation verknüpft sein:

$$x' = x \,, \tag{2.35a}$$

$$y' = y \,, \tag{2.35b}$$

$$z' = \gamma(z - u_0 t) \,, \tag{2.35c}$$

$$t' = \gamma\left(t - \frac{u_0}{c_0^2} z\right). \tag{2.35d}$$

Zwar sind die Werte der elektromagnetischen Feldgrößen vom Bezugssystem abhängig, aber die Formeln, durch die sie gesetzmäßig miteinander verknüpft werden (Maxwell-Gleichungen), lauten in *allen* Inertialsystemen gleich (Relativitätsprinzip), falls man auch die Ladungs- und Stromdichten folgendermaßen transformiert:

$$\boldsymbol{J}'_\perp = \boldsymbol{J}_\perp \,, \tag{2.36a}$$

$$\boldsymbol{J}'_\parallel = \gamma(\boldsymbol{J}_\parallel - \rho \boldsymbol{u}_0) \,, \tag{2.36b}$$

$$\rho' = \gamma\left(\rho - \frac{1}{c_0^2} \boldsymbol{u}_0 \cdot \boldsymbol{J}\right). \tag{2.36c}$$

Von den keinesfalls vollständigen Ausführungen dieses Abschnitts wird später nur wenig Gebrauch gemacht. Sie sollen vor allem klar machen, daß $\boldsymbol{E}$ und $\boldsymbol{B}$ (sowie $\boldsymbol{J}$ und ρ) keine absoluten Größen sind. Daher ist folgende Feststellung wichtig: Falls nicht ausdrücklich etwas anderes gesagt wird, beziehen sich in diesem Buch *alle* Größen der jeweils benutzten Formeln auf ein und dasselbe Inertialsystem (Labor).

Gute Einführungen in die Relativitätstheorie sind beispielsweise die im Literaturverzeichnis genannten Bücher von A.P. French oder Sexl/Schmidt.

3 Maxwellsche Gleichungen

Im zweiten Kapitel wurden die Vektorfelder $\boldsymbol{E}(\boldsymbol{r},t)$ und $\boldsymbol{B}(\boldsymbol{r},t)$ eingeführt. Die Darlegungen des ersten Kapitels, insbesondere von Abschnitt 1.10 legen nun die Frage nach den Quellen und Wirbeln der beiden Felder nahe. Die Antwort hierauf wird durch die folgenden vier Maxwellschen Gleichungen gegeben:

$$\operatorname{div}\boldsymbol{E}(\boldsymbol{r},t) = \frac{\rho(\boldsymbol{r},t)}{\varepsilon_0} \ , \tag{3.1}$$

$$\operatorname{rot}\boldsymbol{E}(\boldsymbol{r},t) = -\frac{\partial}{\partial t}\boldsymbol{B}(\boldsymbol{r},t) \ , \tag{3.2}$$

$$\operatorname{div}\boldsymbol{B}(\boldsymbol{r},t) = 0 \ , \tag{3.3}$$

$$\operatorname{rot}\boldsymbol{B}(\boldsymbol{r},t) = \mu_0\left[\boldsymbol{J}(\boldsymbol{r},t) + \varepsilon_0 \frac{\partial}{\partial t}\boldsymbol{E}(\boldsymbol{r},t)\right]. \tag{3.4}$$

Dabei bedeutet ρ die Raumladungsdichte und $\boldsymbol{J}$ die Stromdichte.

Zusammen mit dem Lorentzschen Kraftgesetz (2.24) sind dies die *Grundgleichungen* der klassischen Elektrodynamik. Historisch sind sie aus dem Wechselspiel von Experiment und theoretischer Spekulation entstanden. Heute stellt man sie zweckmäßigerweise an den Anfang und leitet aus ihnen, eventuell unter Hinzunahme von Grenzbedingungen und Materialgleichungen, die empirisch prüfbaren Aussagen der Elektrodynamik ab.

So läßt sich beispielsweise die Ladungserhaltung in Gestalt der Kontinuitätsgleichung (2.23) aus den Gln. (3.1) und (3.4) folgern, wenn man erstere nach der Zeit differenziert und auf beiden Seiten der letzteren unter Berücksichtigung der Gl. (1.40) die Divergenz bildet. Man erhält dann einerseits

$$\operatorname{div} \varepsilon_0\dot{\boldsymbol{E}} = \dot{\rho}$$

und andererseits

$$\operatorname{div}(\boldsymbol{J} + \varepsilon_0\dot{\boldsymbol{E}}) = 0 \ ,$$

woraus sich nach Elimination von $\varepsilon_0 \operatorname{div}\dot{\boldsymbol{E}}$ die Kontinuitätsgleichung ergibt. (Der Punkt über einer Größe bedeutet deren zeitliche Ableitung, und zwar die partielle, falls die betreffende Größe auch ortsabhängig ist.) Auch das im Abschnitt 2.5 angegebene elektromagnetische Feld gleichförmig bewegter Punktladungen läßt sich – allerdings nicht so einfach – aus den Maxwellschen Gleichungen gewinnen; und das Superpositionsprinzip ist eine Konsequenz von deren Linearität.

Die Größen ρ und vor allem $\boldsymbol{J}$ in den Gln. (3.1) bzw. (3.4) haben in polarisierbarer oder magnetisierbarer Materie Bedeutungen, die über die elementaren Erklärungen des vorausgehenden Kapitels hinausgehen. Das wird in den Abschnitten 8.4 bzw. 9.4 ausgeführt. Mit $\boldsymbol{E}$ und $\boldsymbol{B}$ sind jeweils die makroskopischen Mittelwerte der entsprechenden "mikroskopischen" Felder im (überwiegend leeren) Raum zwischen den Materiebausteinen gemeint. In diesem Sinne werden $\boldsymbol{E}$ und $\boldsymbol{B}$ *auch innerhalb von Materie* als Vakuumgrößen angesehen, denen mit ρ und $\boldsymbol{J}$ diejenigen Größen gegenüberstehen, die den elektrodynamischen Zustand der Materie makroskopisch beschreiben. Der Leser, der in den Maxwell-Gleichungen auch die Felder $\boldsymbol{D}$ und $\boldsymbol{H}$ erwartet, sollte vorab schon einmal den Abschnitt 9.7 durchgehen.

Obwohl die Maxwellschen Gleichungen axiomatisch gelten sollen, können sie doch an Hand übersichtlicher Situationen wenigstens plausibel gemacht werden. In diesem Sinn müssen die folgenden Abschnitte verstanden werden.

3.1 Die Quellen von E

Für eine ruhende Punktladung q ist die Quelle der elektrischen Feldstärke bereits bekannt. Aus den Gln. (2.27) und (1.15a,b) folgt nämlich

$$\oint\!\!\!\oint_S \boldsymbol{E} \cdot \mathrm{d}\boldsymbol{a} = \begin{cases} \dfrac{q}{\varepsilon_0}\,, & \text{wenn } S \text{ die Punktladung einschließt}\,, \qquad (3.5\text{a}) \\[1ex] 0\,, & \text{wenn } S \text{ die Punktladung ausschließt}\,. \qquad (3.5\text{b}) \end{cases}$$

Da die Ergiebigkeit demnach nur dann von null verschieden ist, wenn die Hüllfläche S die Punktladung einschließt, ist diese selbst die einzige Quelle des in ihrer Umgebung vorhandenen elektrischen Feldes.

Nun bewege sich die Punktladung in beliebiger Weise. Dann hat ihr jetzt zeitabhängiges elektrisches Feld eventuell einen sehr komplizierten Verlauf, wie das im Bild 3.1 angedeutet ist. Bleiben auch unter diesen Umständen die Gln. (3.5a,b) gültig?

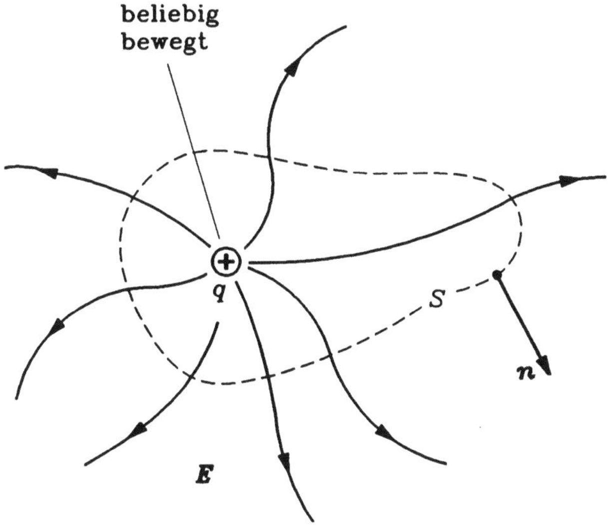

Bild 3.1

Bei gleichförmiger Bewegung der Punktladung ist dies nachweislich der Fall, wie Aufgabe 3.1 zeigen soll. Darüber hinaus wird *gefordert*, daß die Gln. (3.5a,b) auch bei beschleunigten Ladungen gelten. Die uneingeschränkte Gültigkeit dieser Gleichungen ist eines der Grundpostulate der Elektrodynamik.

Bewegen sich N Punktladungen q_ν im Raum, welche die elektrischen Feldstärken $\boldsymbol{E}^{(\nu)}$ erzeugen, so gilt infolge des Superpositionsprinzips

$$\oint\!\!\!\oint_S \boldsymbol{E} \cdot \mathrm{d}\boldsymbol{a} = \sum_{\nu=1}^{N} \oint\!\!\!\oint_S \boldsymbol{E}^{(\nu)} \cdot \mathrm{d}\boldsymbol{a} \; .$$

Von den N Summanden auf der rechten Seite sind wegen der Gl. (3.5b) alle diejenigen gleich null, deren zugehörige Punktladung im Augenblick nicht von S eingeschlossen wird. Bezeichnet man mit Q die momentane Summe aller eingeschlossenen Ladungen (auf S selbst soll sich keine Punktladung befinden), so folgt mit Gl. (3.5a)

$$\varepsilon_0 \oint\!\!\!\oint_S \boldsymbol{E} \cdot \mathrm{d}\boldsymbol{a} = Q \; . \tag{3.6}$$

Diese Gleichung gilt auch dann, wenn die Ladungsverteilung nicht punktförmig angenommen wird, sondern linienhaft, flächenhaft oder räumlich. Also folgt

$$\oint\!\!\!\oint_S \boldsymbol{E} \cdot \mathrm{d}\boldsymbol{a} = \frac{1}{\varepsilon_0} \iiint_G \rho \, \mathrm{d}V \tag{3.7}$$

bei einer ausschließlich räumlich verteilten Ladung der Dichte ρ, die sich im übrigen beliebig bewegen darf. Der im Augenblick außerhalb von G befindliche Teil der "Ladungswolke" (s. Bild 3.2) beeinflußt zwar die elektrische Feldstärke in den Punkten von S, nicht jedoch den Wert des Hüllenintegrals.

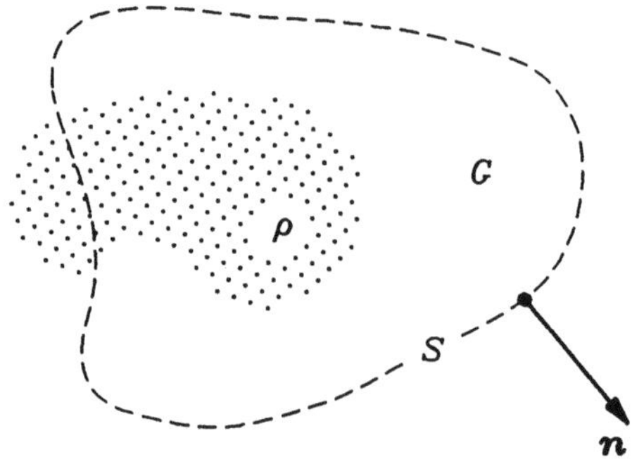

Bild 3.2

Man beachte, daß beide Integrale der Gl. (3.7) zum jeweils gleichen Zeitpunkt auszuwerten sind. Also wird die *momentane* Ladungsverteilung innerhalb eines Gebietes verknüpft mit dem *momentanen* elektrischen Feld am Rand des Gebietes. Es kann aber diese elektrische Feldstärke nicht von der *gleichzeitigen* Ladungsverteilung erzeugt worden sein wegen der von null verschiedenen Laufzeit zwischen dem Ort der Ursache und der Wirkung. Die übliche Deutung der Gl. (3.7) – Ladungen erzeugen elektrische Felder – ist also voreilig. Man muß deutlich unterscheiden zwischen momentanen mathematischen Bestimmungsstücken eines Feldes (hier seinen Quellen) und den retardierten physikalischen Ursachen dieses Feldes (vgl. Kapitel 11; Gl. (11.49a) zeigt, wie die zeitlich zurückliegende Ladungs- *und* Stromverteilung zum jetzigen elektrischen Feld beiträgt; s. auch Aufgabe 11.5).

Aus dem Prinzip der endlichen Ausbreitungsgeschwindigkeit elektromagnetischer Felder und der Gl. (3.7) folgt übrigens die Ladungserhaltung. Würde sich nämlich im Inneren eines Gebietes die Gesamtladung plötzlich ändern (ohne Ladungstransport über den Rand!), dann könnte zunächst noch kein Randpunkt etwas davon "wissen", und das Hüllenintegral in Gl. (3.7) würde zunächst noch seinen alten Wert beibehalten, während das Gebietsintegral sofort den neuen Wert der Gesamtladung annähme, im Widerspruch zur strengen Gültigkeit dieser Grundgleichung.

Durch Anwendung des Satzes von Gauß kann Gl. (3.7) in die äquivalente Form

$$\iiint_G \left(\operatorname{div} \boldsymbol{E} - \frac{\rho}{\varepsilon_0} \right) \mathrm{d}V = 0$$

gebracht werden. Da G beliebig gewählt werden darf, ist dieses Integral nur dann stets gleich null, wenn der Integrand selbst verschwindet:

$$\operatorname{div} \boldsymbol{E} = \frac{\rho}{\varepsilon_0} \; .$$

Das aber ist die Maxwellsche Gleichung (3.1). *Danach hat* **E** *Quellen genau dort, wo sich Ladungen befinden.*

Differenziert man diese Grundgleichung nach der Zeit, so folgt mit Hilfe der Kontinuitätsgleichung die Aussage

$$\operatorname{div} (\boldsymbol{J} + \varepsilon_0 \dot{\boldsymbol{E}}) = 0 \; . \tag{3.8}$$

Der in Klammern stehende Vektor ist also unter allen Umständen quellenfrei. Dies sei für spätere Verwendung hier schon angemerkt.

3.2 Die Wirbel von B

Unter den Maxwellschen Gleichungen ist die vierte die komplizierteste. Ihre Begründung wird daher auch den meisten Raum in Anspruch nehmen. Der Ausgangspunkt ist dabei das magnetische Feld eines zeitlich konstanten und geschlossenen Linienstromes, wie es durch das Gesetz von Biot-Savart (Abschnitt 3.2.1) gegeben ist. An Hand der daraus zu ziehenden Folgerungen (Abschnitt 3.2.3) wird dann das Durchflutungsgesetz (Abschnitt 3.2.4) formuliert, das schließlich durch Einführung des Verschiebungsstromes (Abschnitt 3.2.5) zur Gl. (3.4) erweitert wird.

3.2.1 Gesetz von Biot-Savart

Bild 3.3 zeigt einen geschlossenen linienhaften Strom im Vakuum, dessen Stärke i zeitlich konstant sein soll. Gefragt wird nach der magnetischen Induktion $\boldsymbol{B}$ im Punkt P. Es ist eine Erfahrungstatsache, daß $\boldsymbol{B}$ außer von der Form der Kurve K nur vom Wert der Stromstärke abhängt und nicht von weiteren Einzelheiten der Ladungsbewegung. Deshalb darf man sich vorstellen, daß eine Linienladung konstanter Dichte τ und gleichen Vorzeichens wie i sich längs der Kurve K in Richtung des Zählpfeiles von i bewegt. Bedeutet $\mathrm{d}t$ die Zeit, in der sich ein Ladungselement $\mathrm{d}Q = \tau \mathrm{d}s'$ um die Strecke $\mathrm{d}s'$ weiterschiebt, dann hat dieses den konstanten Geschwindigkeitsbetrag

$$u' = \frac{\mathrm{d}s'}{\mathrm{d}t} = \frac{\mathrm{d}Q}{\tau\,\mathrm{d}t} .$$

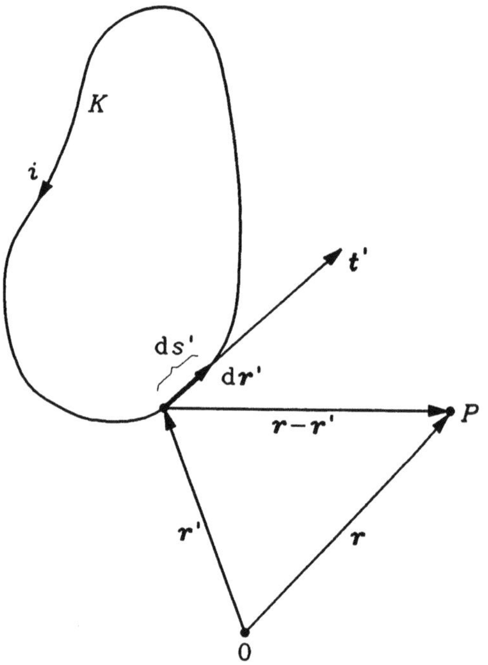

Bild 3.3

Da nach Voraussetzung die Bewegungsrichtung von $\mathrm{d}Q$ und die Zählrichtung von i übereinstimmen, gilt im Sinne der Gln. (2.10a,b)

$$\frac{\mathrm{d}Q}{\mathrm{d}t} = i$$

und somit auch

$$i = u'\tau = u'\,\frac{\mathrm{d}Q}{\mathrm{d}s'} . \tag{3.9a}$$

Hieraus folgt mit der Darstellung des Kurvenelements

$$\mathrm{d}\boldsymbol{r}' = \mathrm{d}s'\boldsymbol{t}' = \mathrm{d}s'\,\frac{\boldsymbol{u}'}{u'}$$

die Beziehung

$$i\,\mathrm{d}\boldsymbol{r}' = \mathrm{d}Q\,\boldsymbol{u}' \tag{3.9b}$$

für das "Stromelement", wobei $\boldsymbol{u}'$ die Geschwindigkeit des Ladungselements $\mathrm{d}Q$ an der Stelle $\boldsymbol{r}'$ ist und $\boldsymbol{t}'$ der dortige Tangenteneinheitsvektor.

Aus Gl. (3.9a) liest man ab, daß sich die Stromstärke i nicht ändert, wenn man u' erniedrigt und gleichzeitig den Betrag der Linienladungsdichte im entsprechenden Maß erhöht. Da es, wie schon gesagt, nur auf die Stromstärke ankommt, darf für das weitere u' als beliebig klein vorausgesetzt werden. Die Ladung $\mathrm{d}Q$ bewegt sich dann sehr langsam und bis auf die Richtungsänderungen von $\boldsymbol{u}'$ gleichförmig. Bei kleinem und konstantem u' kann diese Beschleunigung jedoch vernachlässigt werden, so daß die von $\mathrm{d}Q$ im Punkt P (s. Bild 3.3) erzeugte magnetische Induktion $\mathrm{d}\boldsymbol{B}$ nach Gl. (2.28) berechnet werden kann:

$$\mathrm{d}\boldsymbol{B} = \frac{\mu_0\,\mathrm{d}Q}{4\pi}\,\boldsymbol{u}' \times \frac{(\boldsymbol{r}-\boldsymbol{r}')}{|\boldsymbol{r}-\boldsymbol{r}'|^3} = \frac{\mu_0}{4\pi}\,\frac{i\,\mathrm{d}\boldsymbol{r}' \times (\boldsymbol{r}-\boldsymbol{r}')}{|\boldsymbol{r}-\boldsymbol{r}'|^3}\,, \tag{3.10a}$$

wobei noch Gl. (3.9b) verwendet wurde. Solche infinitesimalen Beiträge der einzelnen Stromelemente überlagern sich im Aufpunkt $\boldsymbol{r}$ zu

$$\boldsymbol{B}(\boldsymbol{r}) = \frac{\mu_0\,i}{4\pi} \oint_K \frac{\mathrm{d}\boldsymbol{r}' \times (\boldsymbol{r}-\boldsymbol{r}')}{|\boldsymbol{r}-\boldsymbol{r}'|^3}\,. \tag{3.10b}$$

Diese Formel heißt Gesetz von Biot-Savart. Man kann sie auch auf verzweigte Stromkreise anwenden, indem man mit den jeweiligen Zweigstromstärken längs der entsprechenden Zweige integriert.

Bei der Begründung der Biot-Savart-Formel wurden geschlossene Stromkreise und zeitlich konstante Ströme vorausgesetzt. Unter bestimmten Bedingungen kann man sowohl von der einen als auch von der anderen Voraussetzung absehen, was aber erst an späterer Stelle näher erläutert werden kann (vgl. die Abschnitte 6.5, 11.5.1 und 11.5.2a).

3.2.2 Beispiel

Bild 3.4 zeigt das geradlinige Teilstück einer ansonsten beliebig verlaufenden Stromschleife. Es soll auf der z-Achse zwischen z_1 und z_2 liegen. Die Nullpunktswahl auf der z-Achse ist beliebig. Welchen Beitrag $\Delta\boldsymbol{B}$ leistet das betrachtete Teilstück der Stromschleife zum magnetischen Feld im Punkt P (Ortsvektor $\boldsymbol{r}$)?

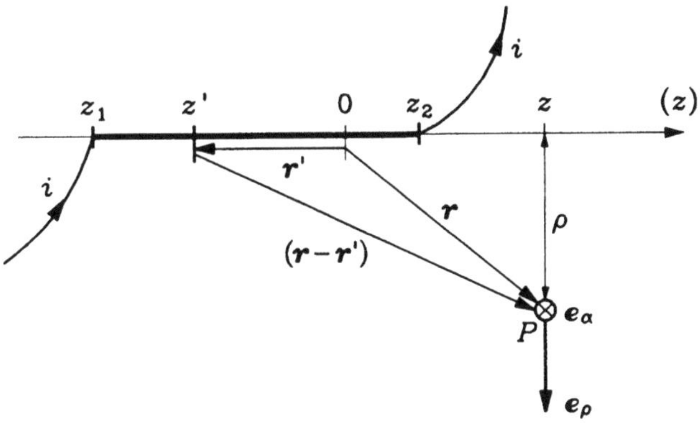

Bild 3.4

Ersichtlich gilt

$$\boldsymbol{r} = z\,\boldsymbol{e}_z + \rho\,\boldsymbol{e}_\rho\,, \qquad \boldsymbol{r}' = z'\boldsymbol{e}_z\,, \qquad \mathrm{d}\boldsymbol{r}' = \mathrm{d}z'\boldsymbol{e}_z$$

und nach Einsetzen in die Biot-Savart-Formel (3.10b)

$$\Delta\boldsymbol{B}(P) = \frac{\mu_0\, i}{4\pi}\int\limits_{z_1}^{z_2}\frac{\mathrm{d}z'\boldsymbol{e}_z\times[(z-z')\boldsymbol{e}_z+\rho\,\boldsymbol{e}_\rho]}{\sqrt{(z-z')^2+\rho^2}^{\,3}}$$

$$= \frac{\mu_0\, i}{4\pi}\,\rho\int\limits_{z_1}^{z_2}\frac{\mathrm{d}z'}{\sqrt{(z-z')^2+\rho^2}^{\,3}}\,\boldsymbol{e}_\alpha$$

$$= \frac{\mu_0\, i}{4\pi\rho}\left[\frac{z-z_1}{\sqrt{(z-z_1)^2+\rho^2}}-\frac{z-z_2}{\sqrt{(z-z_2)^2+\rho^2}}\right]\boldsymbol{e}_\alpha\,. \tag{3.11a}$$

Wäre die Stromschleife polygonal, dann könnte man das gesamte $\boldsymbol{B}$-Feld aus Beiträgen dieser Art zusammensetzen.

Das magnetische Feld eines unendlich langen, geraden und konstanten Linienstroms erhält man aus Gl. (3.11a) durch den Grenzübergang $z_1 \to -\infty$, $z_2 \to +\infty$:

$$\boldsymbol{B} = \frac{\mu_0\, i}{2\pi\rho}\,\boldsymbol{e}_\alpha\,. \tag{3.11b}$$

Dieses spezielle magnetische Feld soll hier Ampère-Feld heißen, weil es dem Ampèreschen Gesetz (2.19) zugrunde liegt (vgl. Aufgabe 3.3). Seine Feldlinien verlaufen überall tangential zum Einheitsvektor $\boldsymbol{e}_\alpha$, sind also Kreise um die z-Achse, die für $i > 0$ (in z-Richtung gezählt) wie in Bild 1.20 orientiert sind. Für $i < 0$ (bei unveränderter Zählrichtung) ist $\boldsymbol{B}$ in allen Punkten gegensinnig parallel zu $\boldsymbol{e}_\alpha$ (vgl. auch Bild 3.7).

3.2.3 Folgerungen

Es wird zunächst gezeigt, daß für das mit der Biot-Savart-Formel berechnete magnetische Feld eines konstanten geschlossenen Linienstromes in allen Punkten außerhalb der strombelegten Kurve $\operatorname{rot}\boldsymbol{B} = \boldsymbol{0}$ gilt.

Dazu gibt man dem Gesetz von Biot-Savart (3.10b) mit Hilfe der Gl. (1.69a), d.h.

$$\operatorname{grad}\frac{1}{|\boldsymbol{r}-\boldsymbol{r}'|} = -\frac{(\boldsymbol{r}-\boldsymbol{r}')}{|\boldsymbol{r}-\boldsymbol{r}'|^3}\,, \tag{3.12}$$

die Form

$$\boldsymbol{B}(\boldsymbol{r}) = \frac{\mu_0\, i}{4\pi}\oint\limits_K\left(\operatorname{grad}\frac{1}{|\boldsymbol{r}-\boldsymbol{r}'|}\right)\times\boldsymbol{t}'\,\mathrm{d}s'\,. \tag{3.13}$$

Hier und im folgenden ist zu beachten: Die Integration betrifft $\boldsymbol{r}'$ und $\boldsymbol{t}'$, während die (ungestrichenen) Operationen grad, div und rot auf den (ungestrichenen) Feldpunkt $\boldsymbol{r}$ wirken.

Hinsichtlich dieser Operationen sind $\boldsymbol{r}'$ und $\boldsymbol{t}'$ Konstanten. Außerdem darf die Reihenfolge dieser Operationen mit der Integration vertauscht werden.

Mit $U = 1/\,|\boldsymbol{r}-\boldsymbol{r}'|$ und $\boldsymbol{F} = \boldsymbol{t}'$ folgt aus Gl. (1.36d)

$$\operatorname{rot}\frac{\boldsymbol{t}'}{|\boldsymbol{r}-\boldsymbol{r}'|} = \left(\operatorname{grad}\frac{1}{|\boldsymbol{r}-\boldsymbol{r}'|}\right)\times\boldsymbol{t}'$$

und nach Einsetzen in Gl. (3.13)

$$\boldsymbol{B}(\boldsymbol{r}) = \frac{\mu_0\, i}{4\pi}\oint_K\left(\operatorname{rot}\frac{\boldsymbol{t}'}{|\boldsymbol{r}-\boldsymbol{r}'|}\right)\mathrm{d}s'\ .$$

Da die Reihenfolge von Integration und Rotationsbildung vertauscht werden darf, gilt also

$$\boldsymbol{B} = \operatorname{rot}\boldsymbol{A} \tag{3.14a}$$

mit dem sogenannten Vektorpotential (s. Abschnitt 6.1)

$$\boldsymbol{A}(\boldsymbol{r}) = \frac{\mu_0\, i}{4\pi}\oint_K\frac{\boldsymbol{t}'}{|\boldsymbol{r}-\boldsymbol{r}'|}\,\mathrm{d}s'\ . \tag{3.14b}$$

Für die zu bestimmende Rotation von $\boldsymbol{B}$ erhält man dann auf Grund der Gln. (3.14a) und (1.36e)

$$\operatorname{rot}\boldsymbol{B} = \operatorname{rot}\operatorname{rot}\boldsymbol{A} = \operatorname{grad}\operatorname{div}\boldsymbol{A} - \nabla^2\boldsymbol{A}\ . \tag{3.15}$$

Mit Hilfe der Gl. (1.36b) wird nun folgendermaßen gerechnet:

$$\begin{aligned}\operatorname{div}\boldsymbol{A} &= \frac{\mu_0\, i}{4\pi}\oint_K\left(\operatorname{div}\frac{\boldsymbol{t}'}{|\boldsymbol{r}-\boldsymbol{r}'|}\right)\mathrm{d}s' \\ &= \frac{\mu_0\, i}{4\pi}\oint_K\left(\operatorname{grad}\frac{1}{|\boldsymbol{r}-\boldsymbol{r}'|}\right)\cdot\boldsymbol{t}'\,\mathrm{d}s' \\ &= -\frac{\mu_0\, i}{4\pi}\oint_K\left(\operatorname{grad}'\frac{1}{|\boldsymbol{r}-\boldsymbol{r}'|}\right)\cdot\mathrm{d}\boldsymbol{r}'\ .\end{aligned} \tag{3.16}$$

Zuletzt wurde die Beziehung (1.69b), d.h.

$$\operatorname{grad}\frac{1}{|\boldsymbol{r}-\boldsymbol{r}'|} = -\operatorname{grad}'\frac{1}{|\boldsymbol{r}-\boldsymbol{r}'|} \tag{3.17}$$

benutzt (dies ist ein in ähnlichen Fällen oft angewendeter Trick). Die (gestrichene) Zirkulation des (gestrichenen) Gradienten ist aber unter allen Umständen (vgl. Abschnitt 1.8.2) gleich null. Also gilt

$$\operatorname{div}\boldsymbol{A} = 0\ . \tag{3.18}$$

Weiterhin folgt mit den Gln. (3.14b), (1.22), (1.20) und (3.12)

$$\nabla^2 \boldsymbol{A} = \frac{\mu_0 i}{4\pi} \oint_K \left(\nabla^2 \frac{\boldsymbol{t}'}{|\boldsymbol{r}-\boldsymbol{r}'|} \right) \mathrm{d}s'$$

$$= \frac{\mu_0 i}{4\pi} \oint_K \left(\nabla^2 \frac{1}{|\boldsymbol{r}-\boldsymbol{r}'|} \right) \boldsymbol{t}' \mathrm{d}s'$$

$$= \frac{\mu_0 i}{4\pi} \oint_K \left(\operatorname{div} \operatorname{grad} \frac{1}{|\boldsymbol{r}-\boldsymbol{r}'|} \right) \boldsymbol{t}' \mathrm{d}s'$$

$$= -\frac{\mu_0 i}{4\pi} \oint_K \left(\operatorname{div} \frac{\boldsymbol{r}-\boldsymbol{r}'}{|\boldsymbol{r}-\boldsymbol{r}'|^3} \right) \boldsymbol{t}' \mathrm{d}s' .$$

Da $\boldsymbol{r}$ außerhalb von K liegt, gilt $|\boldsymbol{r}-\boldsymbol{r}'| \neq 0$ überall auf K, so daß wegen Gl. (1.72a) hier die Divergenz gleich null ist. Also gilt außerhalb von K

$$\nabla^2 \boldsymbol{A} = \boldsymbol{0} . \tag{3.19}$$

Faßt man schließlich die Gln. (3.15), (3.18) und (3.19) zusammen, so erhält man

$$\operatorname{rot} \boldsymbol{B} = \boldsymbol{0} \tag{3.20a}$$

für das magnetische Feld eines linienförmigen geschlossenen Gleichstromes. Dies gilt im Gebiet außerhalb der strombelegten Kurve K. Da dieses Gebiet nicht einfach zusammenhängend ist, brauchen Zirkulationsintegrale des $\boldsymbol{B}$-Feldes nicht notwendig auch gleich null zu sein. Letzteres ist nur der Fall bei geschlossenen Kurven, die wie K_1 im Bild 3.5 den Strom i nicht umfassen, denn sie lassen sich in ein einfach zusammenhängendes und überall rotationsfreies Gebiet G einschließen. Es folgt also auf Grund des Abschnittes 1.9.2b

$$\oint_{K_1} \boldsymbol{B} \cdot \mathrm{d}\boldsymbol{r} = 0 . \tag{3.20b}$$

Die Zirkulationen längs geschlossener Kurven K_2 und K_3, die den Strom i einmal umfassen, haben den gleichen Wert, falls beide Kurven die gleiche Orientierung relativ zu i haben. Mit den Bezeichnungen von Bild 3.5 und dem Satz von Stokes in Form der Gl. (1.35b) gilt nämlich

$$\oint_{K_2 \cup K_4} \boldsymbol{B} \cdot \mathrm{d}\boldsymbol{r} = \iint_S \operatorname{rot} \boldsymbol{B} \cdot \mathrm{d}\boldsymbol{a} .$$

Mit der für alle Punkte von S gültigen Gl. (3.20a) folgt hieraus

$$\oint_{K_2} \boldsymbol{B} \cdot \mathrm{d}\boldsymbol{r} = -\oint_{K_4} \boldsymbol{B} \cdot \mathrm{d}\boldsymbol{r}$$

und schließlich wegen der entgegengesetzten Orientierungen von K_3 und K_4

$$\oint_{K_2} \boldsymbol{B} \cdot \mathrm{d}\boldsymbol{r} = \oint_{K_3} \boldsymbol{B} \cdot \mathrm{d}\boldsymbol{r} . \tag{3.21}$$

Man kann dies auch wie folgt ausdrücken: Die Zirkulation des Vektorfeldes $\boldsymbol{B}$ längs einer geschlossenen Kurve, die den Gleichstrom i umfaßt, ist unabhängig von der speziellen Kurvenform. Das ist zusammen mit Gl. (3.20b) im Hinblick auf die Wirbel von $\boldsymbol{B}$ das wichtigste Ergebnis dieses Abschnittes.

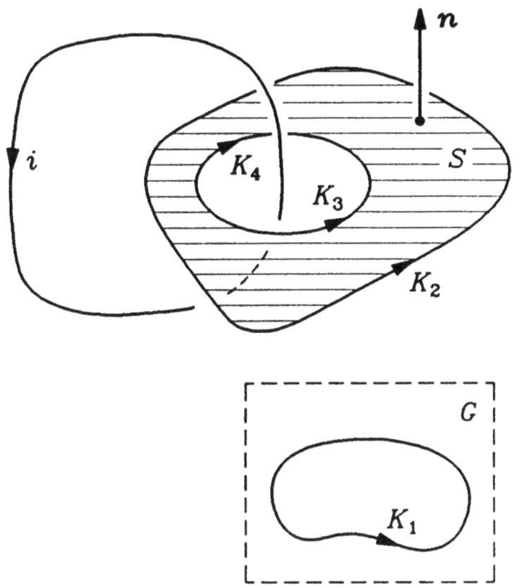

Bild 3.5

3.2.4 Durchflutungsgesetz

Das erste Ziel dieses Abschnittes ist die Berechnung der Zirkulation von $\boldsymbol{B}$ längs einer beliebigen geschlossenen Kurve, die den felderzeugenden, zeitlich konstanten und ebenfalls geschlossenen Linienstrom einmal umfaßt. Das Ergebnis muß nach Gl. (3.21) von der Form der Kurve unabhängig sein, falls man deren Orientierung relativ zur Zählrichtung von i beibehält. Es genügt also, die Zirkulation längs einer besonders günstig liegenden Kurve zu bestimmen. Vorher jedoch wird gezeigt, daß es dabei auch nicht auf die spezielle Form derjenigen Kurve ankommt, auf welcher der Strom fließt. Wenn das bewiesen ist, kann auch der Linienstrom geeignet gewählt werden.

Bei der im Bild 3.6a dargestellten Situation fließt ein Linienstrom i auf der Kurve K' und erzeugt die magnetische Induktion $\boldsymbol{B}'$. Für deren Zirkulation längs K'' gilt auf Grund des Gesetzes von Biot-Savart (3.10b)

$$\oint_{K''} \boldsymbol{B}'(\boldsymbol{r}'') \cdot \mathrm{d}\boldsymbol{r}'' = \frac{\mu_0 i}{4\pi} \oint_{K''} \oint_{K'} \frac{\mathrm{d}\boldsymbol{r}' \times (\boldsymbol{r}'' - \boldsymbol{r}')}{|\boldsymbol{r}'' - \boldsymbol{r}'|^3} \cdot \mathrm{d}\boldsymbol{r}'' .$$

Die im Bild 3.6b dargestellte Situation unterscheidet sich von der vorherigen nur darin, daß statt auf K' jetzt auf K'' ein Strom der gleichen Stärke i fließt. Die Zirkulation der von ihm erzeugten magnetischen Induktion $\boldsymbol{B}''$ längs K' ist

$$\oint_{K'} \boldsymbol{B}''(\boldsymbol{r}') \cdot \mathrm{d}\boldsymbol{r}' = \frac{\mu_0 i}{4\pi} \oint_{K'} \oint_{K''} \frac{\mathrm{d}\boldsymbol{r}'' \times (\boldsymbol{r}' - \boldsymbol{r}'')}{|\boldsymbol{r}' - \boldsymbol{r}''|^3} \cdot \mathrm{d}\boldsymbol{r}' .$$

Beide Zirkulationen sind wegen der Vertauschbarkeit der Integrationen gleich, denn es gilt

$$[\mathrm{d}\boldsymbol{r}' \times (\boldsymbol{r}'' - \boldsymbol{r}')] \cdot \mathrm{d}\boldsymbol{r}'' = [(\boldsymbol{r}'' - \boldsymbol{r}') \times \mathrm{d}\boldsymbol{r}''] \cdot \mathrm{d}\boldsymbol{r}'$$
$$= [\mathrm{d}\boldsymbol{r}'' \times (\boldsymbol{r}' - \boldsymbol{r}'')] \cdot \mathrm{d}\boldsymbol{r}'$$

und damit

$$\oint_{K''} \boldsymbol{B}'(\boldsymbol{r}'') \cdot \mathrm{d}\boldsymbol{r}'' = \oint_{K'} \boldsymbol{B}''(\boldsymbol{r}') \cdot \mathrm{d}\boldsymbol{r}' .$$

Da, wie der vorhergehende Abschnitt gezeigt hat, das rechts stehende Zirkulationsintegral nicht von der speziellen Form der Kurve K' abhängt, folgt aus dieser Gleichung auch die Unabhängigkeit des links stehenden Zirkulationsintegrals von K'. Dort ist K' aber diejenige Kurve, auf welcher der das Feld $\boldsymbol{B}'$ erzeugende Strom i fließt.

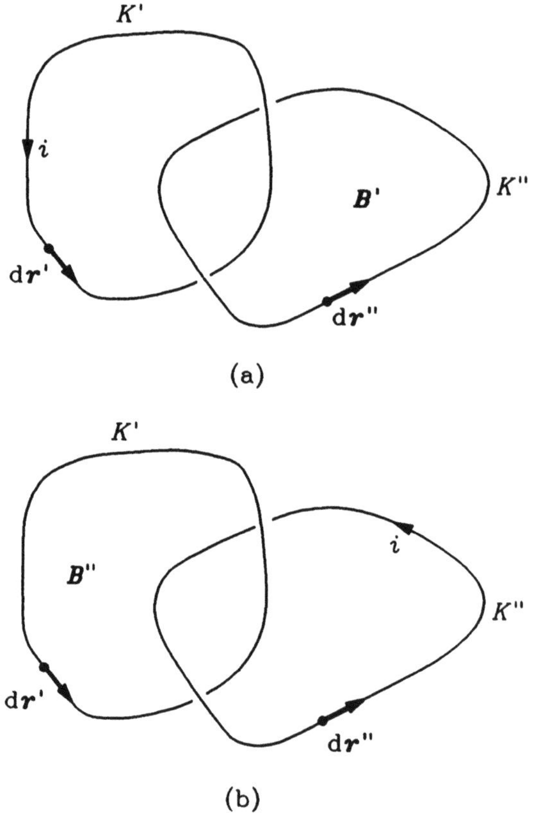

Bild 3.6

Als stromdurchflossene Kurve darf also ohne Einschränkung der Allgemeinheit eine Gerade gewählt werden. Die magnetische Induktion, die ein gerader Gleichstrom i erzeugt, ist gemäß Gl. (3.11b) durch

$$\boldsymbol{B} = \frac{\mu_0 i}{2\pi\rho} \boldsymbol{e}_\alpha \tag{3.22}$$

gegeben (Ampère-Feld). Wegen der Geometrie dieses Feldes empfiehlt sich zur Zirkulationsberechnung ein Kreis K vom Radius ρ um die z-Achse (Bild 3.7). Er sei im Rechtsschraubensinn bezüglich des Zählpfeiles von i orientiert. Mit Gl. (3.22) folgt dann

$$\oint \boldsymbol{B} \cdot \mathrm{d}\boldsymbol{r} = \frac{\mu_0 i}{2\pi} \int_0^{2\pi} \frac{\boldsymbol{e}_\alpha}{\rho} \cdot \boldsymbol{e}_\alpha \, \rho \, \mathrm{d}\alpha = \mu_0 i$$

(längs des Kreises ist $\mathrm{d}\boldsymbol{r} = \rho\, \mathrm{d}\alpha\, \boldsymbol{e}_\alpha$).

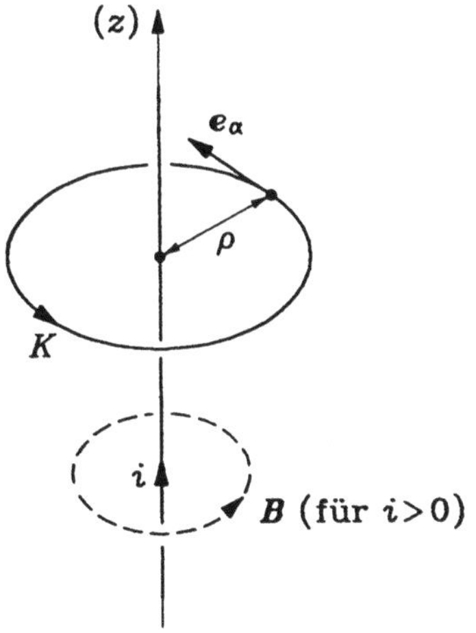

Bild 3.7

Der Wert $\mu_0 i$ für die Zirkulation ist, wie vorher gezeigt wurde, unabhängig von der speziellen Form sowohl der Kurve K als auch des Linienstromes i, wenn dieser genau einmal von K umfaßt wird und seine Zählrichtung mit der Orientierung von K eine Rechtsschraube bildet. Zusammen mit der durch Gl. (3.20b) ausgedrückten Tatsache erhält man also

$$\oint_K \boldsymbol{B} \cdot \mathrm{d}\boldsymbol{r} = \begin{cases} \mu_0 i\,, & \text{wenn } K \text{ den geschlossenen und konstanten Linienstrom einmal im Rechtsschraubensinn umfaßt,} \quad (3.23\text{a}) \\ 0\,, & \text{wenn } K \text{ den Strom nicht umfaßt.} \quad (3.23\text{b}) \end{cases}$$

Bilden dagegen die Zählrichtung von i und die Orientierung der einmal umschließenden Kurve K eine Linksschraube, so ist die Zirkulation von $\boldsymbol{B}$ längs K gleich $-\mu_0 i$.

Sind N linienhafte geschlossene Gleichströme $i_1, \ldots, i_N$ vorhanden, wobei, wie im Bild 3.8, die ersten M von der Kurve K einmal im Rechtsschraubensinn umfaßt werden, so folgt aus den Gln. (3.23a,b) und dem Superpositionsprinzip

$$\oint_K \boldsymbol{B} \cdot \mathrm{d}\boldsymbol{r} = \mu_0 \left(i_1 + i_2 + \cdots + i_M \right) . \tag{3.24}$$

Hier ist $\boldsymbol{B}$ die von allen N Strömen gemeinsam erzeugte magnetische Induktion. Wäre die Zählrichtung von einigen der Ströme entgegengesetzt zu der angenommenen, so müßte das durch ein Minuszeichen vor der entsprechenden Stromstärke berücksichtigt werden. Die Gl. (3.24) kann auch kürzer in der Form

$$\oint_K \boldsymbol{B} \cdot \mathrm{d}\boldsymbol{r} = \mu_0 I \tag{3.25}$$

geschrieben werden. Dabei bedeutet I (s. Bild 3.8) die gesamte Stromstärke durch S mit derjenigen Zählrichtung, die mit der Orientierung von K eine Rechtsschraube bildet. Man beachte, daß I unabhängig von der speziellen Fläche S ist, solange diese von K berandet wird. Die Gl. (3.25) heißt (vor allem in der Elektrotechnik) Durchflutungsgesetz.

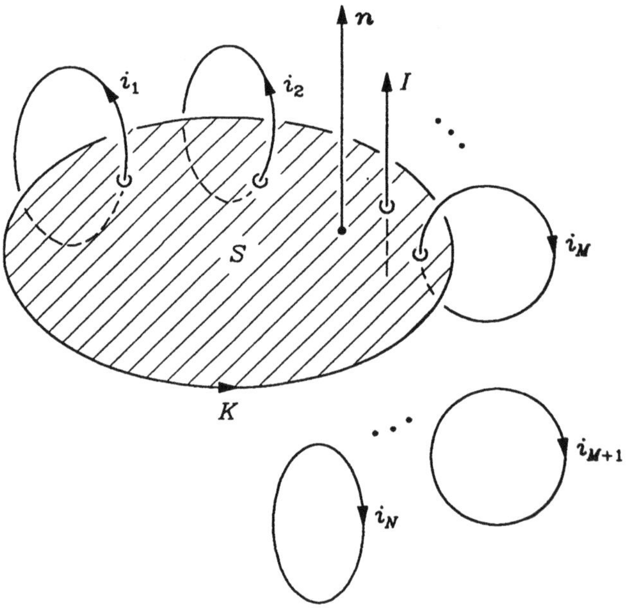

Bild 3.8

Denkt man sich die Linienströme von Bild 3.8 "räumlich verschmiert", dann ist

$$I = \iint_S \boldsymbol{J} \cdot \boldsymbol{n} \, \mathrm{d}a ,$$

und das Durchflutungsgesetz (3.25) nimmt die folgende Gestalt an:

$$\oint_K \boldsymbol{B} \cdot \mathrm{d}\boldsymbol{r} = \mu_0 \iint_S \boldsymbol{J} \cdot \mathrm{d}\boldsymbol{a} . \tag{3.26}$$

Im nächsten Abschnitt wird gezeigt, daß das Durchflutungsgesetz nicht allgemein gelten kann, und wie dieser Mangel zu beseitigen ist.

3.2.5 Verschiebungsstrom

Aus Gl. (3.26) folgt mit Hilfe des Satzes von Stokes die Beziehung

$$\iint_S (\operatorname{rot} \boldsymbol{B} - \mu_0 \boldsymbol{J}) \cdot \mathrm{d}\boldsymbol{a} = 0 .$$

Da dies für beliebige (insbesondere nicht geschlossene) Flächen S gilt, muß der Integrand selbst gleich null sein:

$$\operatorname{rot} \boldsymbol{B} = \mu_0 \boldsymbol{J} . \tag{3.27}$$

Das ist die differentielle Form des Durchflutungsgesetzes. Diese Gleichung kann jedoch noch nicht der allgemeine Ausdruck für die gesuchten Wirbel von $\boldsymbol{B}$ sein. Dazu müßte wegen $\operatorname{div} \operatorname{rot} \boldsymbol{B} = 0$ auch auf der rechten Seite ein stets quellenfreier Vektor stehen. Die Stromdichte $\boldsymbol{J}$ erfüllt diese Bedingung nicht wegen der Kontinuitätsgleichung (Ladungserhaltung)

$$\operatorname{div} \boldsymbol{J} = -\dot{\rho} .$$

Die mit der Ladungserhaltung verträgliche Gl. (3.8) besagt nun, daß man $\boldsymbol{J}$ zu dem immer und überall quellenfreien Vektor $\boldsymbol{J} + \varepsilon_0\, \partial \boldsymbol{E}/\partial t$ ergänzen kann. Nimmt man jetzt an, daß $\varepsilon_0\, \partial \boldsymbol{E}/\partial t$ und $\boldsymbol{J}$ gleichermaßen zu den Wirbeln von $\boldsymbol{B}$ beitragen, dann kann Gl. (3.27) durch

$$\operatorname{rot} \boldsymbol{B} = \mu_0 (\boldsymbol{J} + \varepsilon_0 \dot{\boldsymbol{E}}) \tag{3.28}$$

ersetzt werden. Es ist dies die Maxwellsche Gl. (3.4). *Danach hat* $\boldsymbol{B}$ *Wirbel genau dort, wo Ströme fließen und elektrische Felder sich zeitlich ändern.*

Absichtlich wurde nur von mathematischen Kenngrößen (hier den Wirbeln) gesprochen und nicht von physikalischen Ursachen. Erst später (s. Gl. (11.49b)) kann schlüssig erklärt werden, daß $\boldsymbol{B}$-Felder physikalisch immer nur von Strömen ausgehen.

Die Größe $\varepsilon_0\, \partial \boldsymbol{E}/\partial t$ wurde von Maxwell in die Grundgleichungen der Elektrodynamik eingeführt und als Verschiebungsstromdichte bezeichnet, allerdings auf Grund von Vorstellungen, die man heute nicht mehr teilt: Er nahm an, daß auch im Vakuum Ladungsverschiebungen stattfinden nach Art des Polarisationsvorganges in Nichtleitern (vgl. die Abschnitte 8.1 und 8.3). Wenn in diesem Buch ohne weitere Angaben von Strömen gesprochen wird, dann ist $\varepsilon_0\, \partial \boldsymbol{E}/\partial t$ *nicht* mit eingeschlossen.

Durch Anwendung des Satzes von Stokes kann Gl. (3.28) in die äquivalente integrale Form

$$\oint_K \boldsymbol{B} \cdot \mathrm{d}\boldsymbol{r} = \mu_0 \left[\iint_S \boldsymbol{J} \cdot \mathrm{d}\boldsymbol{a} + \varepsilon_0 \iint_S \dot{\boldsymbol{E}} \cdot \mathrm{d}\boldsymbol{a} \right] \tag{3.29}$$

gebracht werden. Dabei ist K eine beliebige geschlossene Kurve und S eine beliebige Fläche, die K zum Rand hat, und deren Normalenvektor bezüglich der Orientierung von K im Sinne einer Rechtsschraube orientiert ist. Das Durchflutungsgesetz (3.26) gilt offenbar dann, wenn kein Verschiebungsstrom vorliegt.

Zur Erläuterung dieser letzten Gleichung wird die im Bild 3.9 dargestellte spezielle Situation betrachtet: Am Ende eines leitfähigen Stabes ist die Stromdichte $\boldsymbol{J}$ mit der eingezeichneten Richtung vorgegeben. Sie soll schon einige Zeit konstant sein. Dann bewegen sich die strömenden Ladungsträger (im makroskopischen Mittel) mit gleichförmiger Geschwindigkeit, und das von ihnen erzeugte $\boldsymbol{B}$-Feld hat (auch in der Summe) kreisförmige Feldlinien, die rechtshändig zur $\boldsymbol{J}$-Richtung orientiert sind. Dort, wo das Strömungsfeld "zu Ende" ist, häuft sich im Laufe der Zeit immer mehr unkompensierte Ladung an (Kontinuitätsgleichung), so daß ein zeitveränderliches elektrisches Feld entsteht, dessen zeitlicher Differentialquotient die Richtung von $\boldsymbol{J}$ fortsetzt. Bei diesem Vorgang sind $\boldsymbol{B}$ und $\partial \boldsymbol{E}/\partial t$ so bemessen, daß Gl. (3.29) erfüllt ist, und zwar für beliebige Kontrollflächen S und deren Randkurven K.

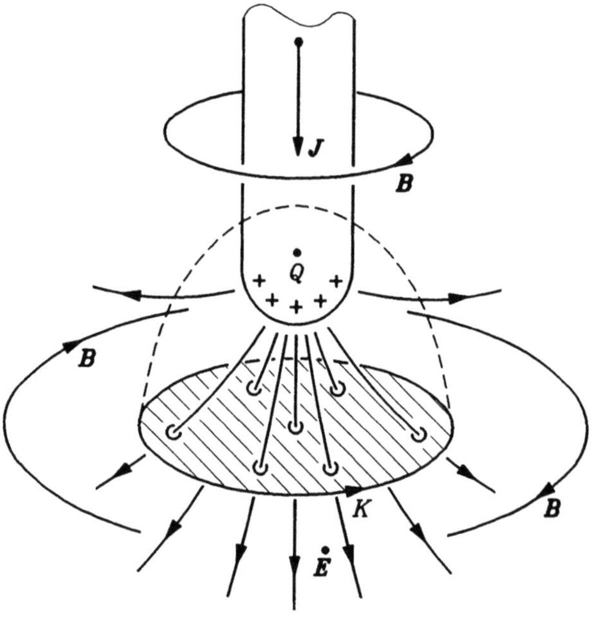

Bild 3.9

Soll diese Gleichung beispielsweise auf die geschlossene Kurve K in Bild 3.9 angewendet werden, dann kann man zur Auswertung der rechten Seite sowohl die schraffierte Fläche verwenden als auch die durch Strichelung angedeutete "Glocke". Im ersten Fall trägt nur der Verschiebungsstrom zur rechten Seite bei, im zweiten Fall liefert zusätzlich noch die materielle Stromdichte einen Beitrag. Beide Fälle führen auf den gleichen Wert, der wegen der vereinbarten Orientierung der Flächen (rechtshändig zu K) hier negativ ist. Ersichtlich ist hier auch die Zirkulation von $\boldsymbol{B}$ längs K negativ, wie es der Gl. (3.29) entspricht.

Ausgangspunkt der bisherigen Überlegungen war, daß die Gl. (3.27) sicher nicht richtig sein kann, wenn das betrachtete Strömungsfeld Quellen hat. Es gibt noch einen weiteren nicht so offenkundigen Mangel des Durchflutungsgesetzes. Es ist unverträglich mit dem Prinzip der endlichen Ausbreitungsgeschwindigkeit elektromagnetischer Felder. Das erkennt man am einfachsten an der integralen Form (3.25) und dort im Spezialfall (3.23a) bei Anwendung auf die Anordnung von Bild 3.7. Angenommen, der Linienstrom wird erst zur Zeit $t = 0$ eingeschaltet, dann gilt $\oint_K \boldsymbol{B} \cdot \mathrm{d}\boldsymbol{r} = 0$ noch bis zur Zeit $t = \rho/c_0$, während i bereits von null verschiedene Werte angenommen hat. Auch in einer solchen Situation kann also Gl. (3.23a) oder allgemein das Durchflutungsgesetz nicht gelten. Hier liegt kein Verstoß gegen die Ladungserhaltung vor, und der Leser muß zunächst einfach glauben, daß auch jetzt die in diesem Fall unmotivierte Erweiterung zur Gl. (3.28) bzw. (3.29) die Theorie "rettet" (s. Aufgabe 11.3b). Oder anders gesagt: Auch bei quellenfreien Stromverteilungen ($\operatorname{div}\boldsymbol{J} \equiv 0$, d.h. $\dot{\rho} \equiv 0$) darf der Term $\varepsilon_0\, \partial\boldsymbol{E}/\partial t$ in Gl. (3.28) *nicht* gestrichen werden, falls die quellenfreie Stromverteilung zeitabhängig ist.

3.3 Die Quellen von B

Das durch Gl. (2.26) gegebene $\boldsymbol{B}$-Feld einer gleichförmig bewegten Punktladung fällt in die Klasse derjenigen Vektorfelder, von denen im Beispiel 1.3.6c gezeigt wurde, daß sie global und somit auch lokal quellenfrei sind. Es gilt also

$$\oiint \boldsymbol{B} \cdot \mathrm{d}\boldsymbol{a} = 0 \tag{3.30}$$

bzw.

$$\operatorname{div}\boldsymbol{B} = 0 \tag{3.31}$$

zunächst für die Magnetfelder gleichförmig bewegter Punktladungen. Dies ist zugleich der allgemeine Fall, und die Maxwellsche Gleichung (3.3) besagt somit im übertragenen Sinn: *Es gibt keine "magnetischen Ladungen".*

Selbst wenn eines Tages "magnetische Monopole", wie man dazu auch sagt, gefunden werden sollten, dann sind das so exotische Teilchen, daß sich an der Gl. (3.3) hinsichtlich technischer Anwendungen nichts ändern dürfte.

3.4 Die Wirbel von E

Die Maxwellsche Gleichung (3.2) wird Induktionsgesetz genannt. Die zu Grunde liegenden Erscheinungen wurden von Faraday und Henry entdeckt. Beide experimentierten mit Leiterschleifen und beobachteten induzierte Ströme. Vorsorglich sei daher betont, daß die nachfolgend betrachteten geschlossenen Kurven rein mathematisch gemeint sind und dementsprechend auch nicht von induzierten Strömen die Rede ist. Es geht vielmehr um eine "innere Eigenschaft" des elektromagnetischen Feldes. Der nächste Abschnitt dient der Vorbereitung.

3.4.1 Magnetischer Fluß und seine zeitliche Änderung

Die Größe

$$\Phi = \iint_S \boldsymbol{B} \cdot \mathrm{d}\boldsymbol{a} \tag{3.32}$$

heißt magnetischer Fluß (vgl. Abschnitt 1.3.1). Ausführlicher müßte es heißen: Magnetischer Fluß bezüglich S mit der durch $\boldsymbol{n}$ bzw. $\mathrm{d}\boldsymbol{a} = \boldsymbol{n}\,\mathrm{d}a$ gegebenen Zähl- oder Bezugsrichtung. In Zeichnungen wird diese durch einen Pfeil angegeben, neben den das Symbol Φ gesetzt ist (Bild 3.10). Dieser Pfeil (Zählpfeil) hat also *ausschließlich* rechentechnische

Bedeutung für die Auswertung der Gl. (3.32). Er sagt nichts aus über die jeweils vorliegende Richtung des $\boldsymbol{B}$-Feldes. Diese wird im Skalarprodukt des Flußintegrals mit der Richtung von $\boldsymbol{n}$ (Zählrichtung) verrechnet. Verläuft das $\boldsymbol{B}$-Feld wie im Bild 3.10, dann ist Φ bei der dortigen Bezugsrichtung negativ.

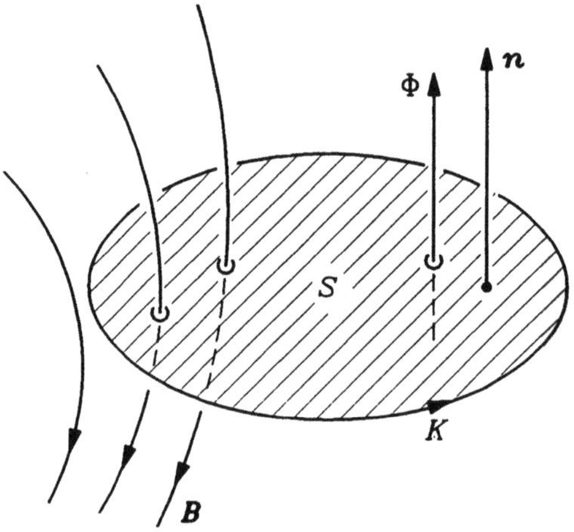

Bild 3.10

Die Quellenfreiheit von $\boldsymbol{B}$ ist äquivalent zur Tatsache, daß durch zwei Flächen mit derselben Randkurve K (sie bilden zusammen eine Hüllfläche) der gleiche magnetische Fluß tritt, wenn die Normalenvektoren beider Flächen zusammen mit der Orientierung von K den gleichen Schraubensinn ergeben. Von jetzt ab sei dies, wie im Bild 3.10, der Rechtsschraubensinn. Nach dieser Vereinbarung ist es eindeutig, wenn von *dem* magnetischen Fluß gesprochen wird, den die (orientierte!) Kurve K umfaßt.

Wichtig für die Begründung des Induktionsgesetzes im nächsten Abschnitt sind zeitliche Änderungen des von einer geschlossenen Kurve K umfaßten magnetischen Flusses. Dabei können zunächst zwei Sonderfälle unterschieden werden.

(a) Die Kurve K ruht und die magnetische Induktion ändert sich zeitlich. Dann gilt auf Grund der Gl. (3.32) einfach

$$\dot{\Phi} = \iint_S \dot{\boldsymbol{B}} \cdot \mathrm{d}\boldsymbol{a} \ .$$

(b) Die magnetische Induktion ist zeitlich konstant und die Kurve K bewegt sich in beliebiger Weise, wobei sie auch ihre Form ändern darf. Jedes Kurvenelement $\mathrm{d}\boldsymbol{r}$ hat dann im allgemeinen eine etwas andere Geschwindigkeit $\boldsymbol{u}$ und überstreicht zwischen den Zeiten t und $t + \mathrm{d}t$ das im Bild 3.11 schraffierte infinitesimale Parallelogramm mit dem Flächenelement

$$\mathrm{d}\boldsymbol{a} = \boldsymbol{u}\,\mathrm{d}t \times \mathrm{d}\boldsymbol{r} \ .$$

Dadurch ändert sich der von K zum Zeitpunkt t umfaßte magnetische Fluß um

$$\mathrm{d}\Phi = \boldsymbol{B} \cdot \mathrm{d}\boldsymbol{a} = \boldsymbol{B} \cdot (\boldsymbol{u} \times \mathrm{d}\boldsymbol{r})\,\mathrm{d}t = (\boldsymbol{B} \times \boldsymbol{u}) \cdot \mathrm{d}\boldsymbol{r}\,\mathrm{d}t = -(\boldsymbol{u} \times \boldsymbol{B}) \cdot \mathrm{d}\boldsymbol{r}\,\mathrm{d}t \ .$$

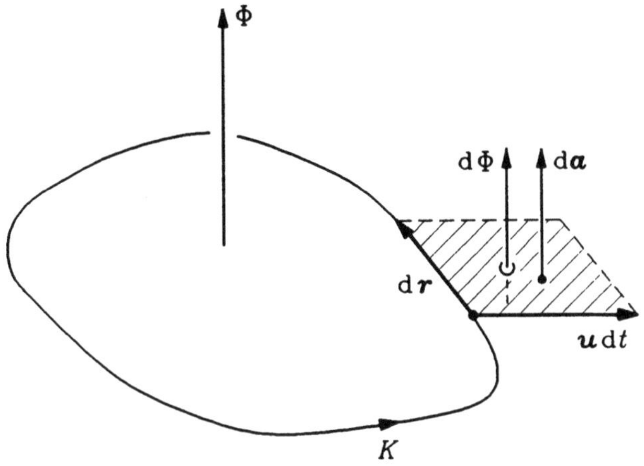

Bild 3.11

Hieraus erhält man

$$d\dot{\Phi} = -(\boldsymbol{u} \times \boldsymbol{B}) \cdot d\boldsymbol{r}$$

und schließlich durch Integration längs K zur Zeit t

$$\dot{\Phi} = -\oint_K (\boldsymbol{u} \times \boldsymbol{B}) \cdot d\boldsymbol{r} \ .$$

(c) Im allgemeinen ändert sich $\boldsymbol{B}$ während der Bewegung von K zeitlich. Dann gilt

$$\dot{\Phi} = \iint_S \dot{\boldsymbol{B}} \cdot d\boldsymbol{a} - \oint_K (\boldsymbol{u} \times \boldsymbol{B}) \cdot d\boldsymbol{r} \ . \qquad (3.33)$$

Für die beiden rechts stehenden Summanden werden hier die Abkürzungen

$$\dot{\Phi}^{(\dot{B})} = \iint \dot{\boldsymbol{B}} \cdot d\boldsymbol{a} \ , \qquad (3.34a)$$

$$\dot{\Phi}^{(u)} = -\oint (\boldsymbol{u} \times \boldsymbol{B}) \cdot d\boldsymbol{r} \qquad (3.34b)$$

eingeführt. Die Unterscheidung zwischen diesen Arten zeitlicher Flußänderung ist wichtig, denn in die integrale Form des Induktionsgesetzes (3.40) bzw. (3.42b) geht nur $(d\Phi/dt)^{(\dot{B})}$ ein. Erst nach dessen Verknüpfung mit dem Ohmschen Gesetz für bewegte Leiter (s. Abschnitt 7.5.2) kommt in der Gl. (7.46) auch $(d\Phi/dt)^{(u)}$ dazu. Erst dann ist auch von induzierten Strömen die Rede (vgl. die Einleitung zum Abschnitt 3.4).

3.4.2 Beispiele

a) Das schraffierte Rechteck von Bild 3.12 ändert sich zeitlich dadurch, daß seine z-parallelen Seiten (Länge l) translatorisch in x-Richtung verschoben werden mit den Geschwindigkeiten $\boldsymbol{u}_1 = \dot{x}_1 \, \boldsymbol{e}_x$ und $\boldsymbol{u}_2 = \dot{x}_2 \, \boldsymbol{e}_x$. Die x-parallelen Seiten sollen sich nicht bewegen. Parallel zur y-Achse herrscht ein homogenes und zeitunabhängiges Magnetfeld $\boldsymbol{B} = B_y \, \boldsymbol{e}_y$. Dann kann Gl. (3.34b) einfach ausgewertet werden:

$$\dot{\Phi}^{(u)} = -\left[\int_{z_0}^{z_0+l} (\dot{x}_1 \, \boldsymbol{e}_x \times B_y \, \boldsymbol{e}_y) \cdot \boldsymbol{e}_z \, \mathrm{d}z + \int_{z_0+l}^{z_0} (\dot{x}_2 \, \boldsymbol{e}_x \times B_y \, \boldsymbol{e}_y) \cdot \boldsymbol{e}_z \, \mathrm{d}z \right]$$

$$= -\left[\dot{x}_1 B_y \, l - \dot{x}_2 B_y \, l\right] = B_y \frac{\mathrm{d}}{\mathrm{d}t} l \, (x_2 - x_1) = B_y \, \dot{a} \; ,$$

wobei $a = l(x_2 - x_1)$ der Flächeninhalt des Rechtecks ist. Dieses Ergebnis ist in dieser einfachen Situation ($\Phi = B_y \, a$) natürlich auch ohne lange Rechnung zu ermitteln.

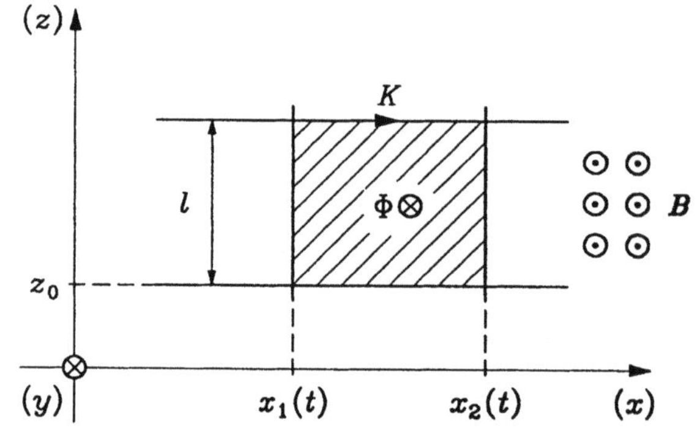

Bild 3.12

b) Längs der z-Achse (Bild 3.13) fließt ein Gleichstrom mit der (in z-Richtung gezählten) Stromstärke i. Dann umfaßt die rechteckige Kurve K den magnetischen Fluß

$$\Phi = \frac{\mu_0 \, i}{2\pi} \int_{z_0}^{z_0+l} \int_{\rho_1}^{\rho_2} \frac{1}{\rho} \, \boldsymbol{e}_\alpha \cdot \boldsymbol{e}_\alpha \, \mathrm{d}\rho \, \mathrm{d}z = \frac{\mu_0 \, i}{2\pi} \, l \ln \frac{\rho_2}{\rho_1} \; . \tag{3.35}$$

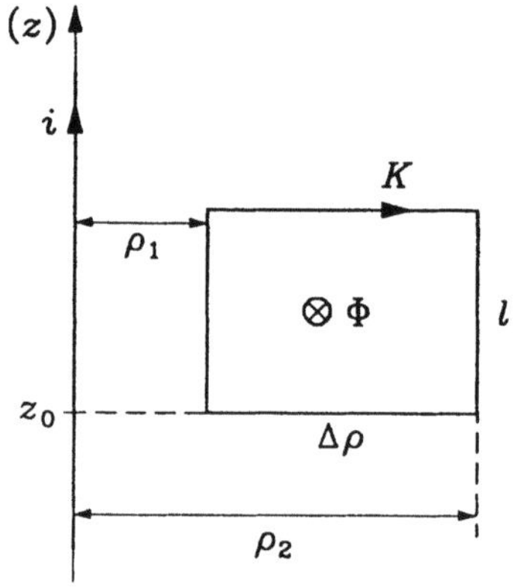

Bild 3.13

Jetzt bewege sich das Rechteck starr und translatorisch mit der Geschwindigkeit $\boldsymbol{u} = \dot{\rho}_1 \boldsymbol{e}_\rho$ senkrecht zur z-Achse. Dadurch ändert sich der zuvor berechnete magnetische Fluß zeitlich gemäß

$$\dot{\Phi}^{(u)} = \frac{\mu_0 i}{2\pi} l \frac{\mathrm{d}}{\mathrm{d}t} \ln\left(\frac{\rho_1 + \Delta\rho}{\rho_1}\right) = -\frac{\mu_0 i}{2\pi} l \frac{\dot{\rho}_1 \Delta\rho}{\rho_1 \rho_2} . \tag{3.36}$$

Dieses einfach gewonnene Resultat wird jetzt zu einem Test der Gl. (3.34b) benutzt:

$$\boldsymbol{u} \times \boldsymbol{B} = \dot{\rho}_1 \boldsymbol{e}_\rho \times \boldsymbol{e}_\alpha \frac{\mu_0 i}{2\pi\rho} = \frac{\mu_0 i \dot{\rho}_1}{2\pi\rho} \boldsymbol{e}_z ;$$

$$\oint_K (\boldsymbol{u} \times \boldsymbol{B}) \cdot \mathrm{d}\boldsymbol{r} = \frac{\mu_0 i \dot{\rho}_1}{2\pi} \left[\int_{z_0}^{z_0+l} \frac{1}{\rho_1} \boldsymbol{e}_z \cdot \boldsymbol{e}_z \,\mathrm{d}z + \int_{z_0+l}^{z_0} \frac{1}{\rho_2} \boldsymbol{e}_z \cdot \boldsymbol{e}_z \,\mathrm{d}z\right]$$

$$= \frac{\mu_0 i \dot{\rho}_1}{2\pi} l \left(\frac{1}{\rho_1} - \frac{1}{\rho_2}\right) = \frac{\mu_0 i}{2\pi} l \frac{\dot{\rho}_1 \Delta\rho}{\rho_1 \rho_2} ;$$

die ρ-parallelen Rechteckseiten liefern jeweils die Beiträge null zum Ringintegral wegen $\mathrm{d}\boldsymbol{r} \parallel \boldsymbol{e}_\rho$ und $(\boldsymbol{u} \times \boldsymbol{B}) \parallel \boldsymbol{e}_z$. Der so erhaltene Wert für das Ringintegral und das Ergebnis (3.36) verifizieren die Gl. (3.34b) in diesem Fall. Die explizite Auswertung dieses Ringintegrals ist selten verlangt. Meistens kann $(\mathrm{d}\Phi/\mathrm{d}t)^{(u)}$ einfacher berechnet werden, wie dieses und das vorausgegangene Beispiel gezeigt haben.

3.4.3 Induktionsgesetz

Im Laborsystem Σ herrsche ein zeitlich konstantes Magnetfeld, hervorgebracht etwa durch einen laborfesten Stabmagneten (Bild 3.14). Ein elektrisches Feld sei dort nicht vorhanden. Ferner bewege sich eine geschlossene Kurve K translatorisch und mit gleichförmiger Geschwindigkeit $\boldsymbol{u}_0$ relativ zu Σ, wobei $|\boldsymbol{u}_0|^2 \ll c_0^2$ gelte. Eine Probeladung q, die sich mit der Kurve bewegt, erfährt dabei die Kraft $\boldsymbol{F} = q(\boldsymbol{u}_0 \times \boldsymbol{B})$. Ein Beobachter im Ruhesystem Σ' der Kurve führt die auch dort festzustellende Kraft gemäß $\boldsymbol{F}' = q'\boldsymbol{E}'$ auf ein elektrisches Feld zurück, denn relativ zu Σ' ist die Probeladung in Ruhe. Da die Gesamtladung eines Körpers in allen Bezugssystemen den gleichen Wert hat, ist q' gleich q. Wegen $|\boldsymbol{u}_0|^2 \ll c_0^2$ gilt außerdem $\boldsymbol{F}' = \boldsymbol{F}$, so daß

$$\boldsymbol{E}' = \boldsymbol{u}_0 \times \boldsymbol{B}$$

folgt. Dies ist ein Spezialfall der Gl. (2.34a) für $\boldsymbol{E} = \boldsymbol{0}$. Daraus folgt unmittelbar

$$\oint_K \boldsymbol{E}' \cdot \mathrm{d}\boldsymbol{r} = \oint_K (\boldsymbol{u}_0 \times \boldsymbol{B}) \cdot \mathrm{d}\boldsymbol{r}$$

oder mittels Gl. (3.34b)

$$\oint_K \boldsymbol{E}' \cdot \mathrm{d}\boldsymbol{r} = -\dot{\Phi}_\Sigma^{(u)} . \tag{3.37a}$$

Die Indizes Σ und u besagen, daß es sich um die im Laborsystem gemessene und dort wegen

$\partial \boldsymbol{B}/\partial t = \boldsymbol{0}$ ausschließlich bewegungsbedingte zeitliche Flußänderung handelt.

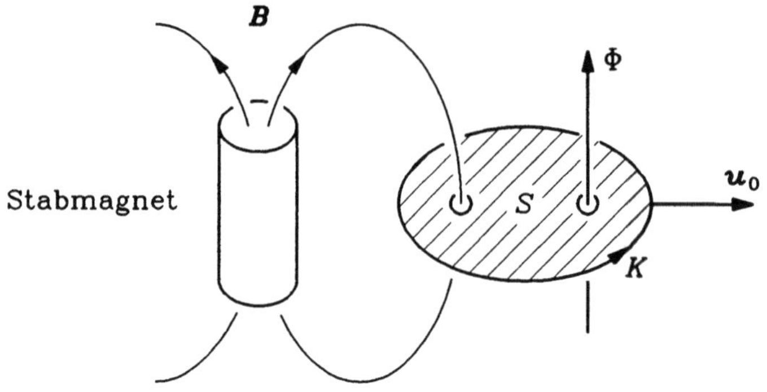

Bild 3.14

Für einen Beobachter im System Σ' ist die magnetische Induktion *zeitveränderlich*, weil bezüglich Σ' der Magnet in Bewegung ist. Da aber die geschlossene Kurve K in Σ' ruht, berechnet sich die dort festgestellte zeitliche Änderungsrate des Flusses durch K nach Gl. (3.34a) zu

$$\dot{\Phi}_{\Sigma'}^{(\dot{B})} = \iint_S \dot{\boldsymbol{B}}' \cdot \mathrm{d}\boldsymbol{a}' . \tag{3.37b}$$

Die Indizes Σ' und $\dot{B}$ besagen, daß es sich um die in Σ' gemessene und wegen der dort ruhenden Kurve ausschließlich vom zeitvariablen Magnetfeld herrührende Flußänderung handelt.

Wegen der Voraussetzungen $|\boldsymbol{u}_0|^2 \ll c_0^2$ und $\boldsymbol{E} = \boldsymbol{0}$ sind gemäß Gl. (2.34b) die Magnetfelder in beiden Systemen gleich. Zudem werden auch Zeitintervalle und geometrische Größen gleich beurteilt ($\mathrm{d}\boldsymbol{r}' = \mathrm{d}\boldsymbol{r}$, $\mathrm{d}\boldsymbol{a}' = \mathrm{d}\boldsymbol{a}$). Hiermit leitet man

$$\dot{\Phi}_{\Sigma}^{(u)} = \dot{\Phi}_{\Sigma'}^{(\dot{B})} \tag{3.38}$$

ab, woraus mit den Gln. (3.37a,b) die nur auf ein einziges Inertialsystem, hier Σ', bezogene Aussage

$$\oint_K \boldsymbol{E}' \cdot \mathrm{d}\boldsymbol{r}' = - \iint_S \dot{\boldsymbol{B}}' \cdot \mathrm{d}\boldsymbol{a}' \tag{3.39}$$

folgt. Hätte man am Anfang der Überlegungen Σ' zum Ruhesystem des Magneten und Σ (Labor) zum Ruhesystem der geschlossenen Kurve erklärt, dann hätte man jetzt die nur auf das Labor bezogene Aussage

$$\oint_K \boldsymbol{E} \cdot \mathrm{d}\boldsymbol{r} = - \iint_S \dot{\boldsymbol{B}} \cdot \mathrm{d}\boldsymbol{a} . \tag{3.40}$$

erhalten.

Plausibel gemacht wurde Gl. (3.39) bzw. (3.40) für das zeitveränderliche Magnetfeld eines gleichförmig bewegten Permanentmagneten. Tatsächlich jedoch gilt sie unabhängig davon, wie zeitvariable $\boldsymbol{B}$-Felder erzeugt werden, etwa von wechselstromdurchflossenen Spulen. *Alle* zeitveränderlichen Magnetfelder sind begleitet von elektrischen Feldern derart, daß für jede geschlossene Kurve und für jede davon berandete Fläche und zu jeder Zeit in jedem Inertialsystem die Gl. (3.39) bzw. (3.40) erfüllt ist.

Mit Absicht wurde zuvor nur von "begleitet" gesprochen und nicht behauptet, daß $\partial \boldsymbol{B}/\partial t$ eine physikalische Ursache von $\boldsymbol{E}$ ist. Wie soll auch $\partial \boldsymbol{B}/\partial t$ von einem inneren Punkt der Fläche S aus physikalisch einen unverzögerten Beitrag zum elektrischen Feld längs der entfernten Randkurve K leisten (beide Integrale verstehen sich immer zum gleichen Zeitpunkt)? Man muß auch hier klar unterscheiden zwischen momentanen vektoranalytischen Bestimmungsstücken (hier den Wirbeln) eines Feldes und seinen physikalischen Ursachen in Gestalt der retardierten Strom-Ladungs-Verteilung (vgl. Abschnitt 11.4.3).

Die Gl. (3.40) ist die integrale Form des Induktionsgesetzes, denn hieraus folgt mit Hilfe des Satzes von Stokes in der üblichen Schlußweise (vgl. Abschnitt 3.2.5)

$$\operatorname{rot} \boldsymbol{E} = -\dot{\boldsymbol{B}} .$$

*Danach hat **E** Wirbel genau dort, wo sich magnetische Felder zeitlich ändern.*

Eine Konsequenz des Minuszeichens in Gl. (3.40) soll an Hand der im Bild 3.15 dargestellten Situation erläutert werden. Dort wird angenommen, daß $\partial \boldsymbol{B}/\partial t$ innerhalb eines sehr langen Kreiszylinders homogen und außerhalb gleich null ist. Das läßt sich näherungsweise realisieren mit einer entsprechenden Spule, durch die ein Wechselstrom niedriger Frequenz fließt (vgl. Aufgabe 7.3). Dann sind die elektrischen Feldlinien Kreise um die Zylinderachse, wobei sich die Richtung von $\boldsymbol{E}$ ergibt, wenn man die Gl. (3.40) auf eine solche Feldlinie anwendet: Beide Seiten dieser Gleichung sind positiv, wenn man K (hier eine der kreisförmigen Feldlinien) in Richtung des $\boldsymbol{E}$-Pfeiles laut Bild 3.15 durchläuft und beachtet, daß dann das Flächenintegral (ohne den Faktor -1) negativ ist; denn die S-Orientierung ist nach genereller Übereinkunft rechtshändig zur K-Orientierung. Hier zirkuliert also $\boldsymbol{E}$ im Sinne einer Linksschraube um $\partial \boldsymbol{B}/\partial t$.

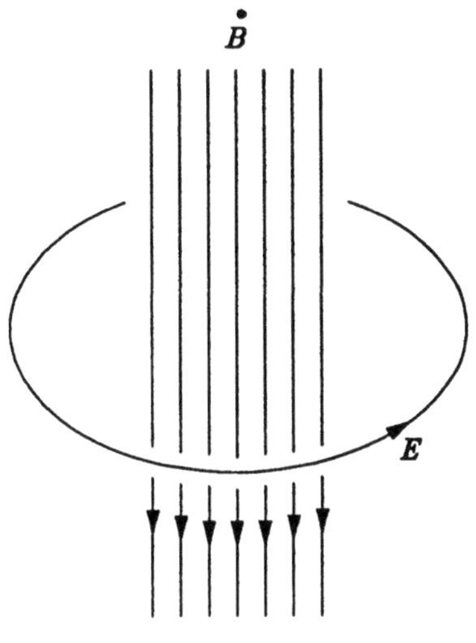

Bild 3.15

Die kreisförmige Gestalt der elektrischen Feldlinien von Bild 3.15 kommt von der Kreiszylindersymmetrie der felderzeugenden Spule. Im allgemeinen aber hat das von Wechselströmen erzeugte elektrische Feld einen komplizierten Verlauf (die Feldlinien müssen nicht einmal geschlossene Kurven sein). Dann bleibt nur die ganz pauschale Aussage, daß das elektrische Feld linkshändig zu $\partial \boldsymbol{B}/\partial t$ verwirbelt ist.

3.5 Vorläufiges zur Interpretation der Maxwell-Gleichungen

Durch die Maxwell-Gleichungen (3.1) bis (3.4) werden die Quellen und Wirbel des elektrischen und magnetischen Feldes verknüpft mit der Ladungs- und Stromverteilung einerseits sowie mit $\partial \boldsymbol{B}/\partial t$ und $\partial \boldsymbol{E}/\partial t$ andererseits. Es werden dabei zunächst nur Gleichheiten festgestellt, die lokal und momentan überall und immer gelten.

Die Versuchung liegt nahe, darüber hinaus eine Interpretation vorzunehmen in dem Sinn, daß die rechten Seiten jener Gleichungen aufgefaßt werden als Ursachen der links stehenden Felder.

Versteht man dabei "Ursache" rein vektoranalytisch, dann ist nichts gegen eine solche Interpretation zu sagen; denn bei gegebenen rechten Seiten (zur festen Zeit t für alle $\boldsymbol{r}$) sind $\boldsymbol{E}$ und $\boldsymbol{B}$ (zur gleichen Zeit als Funktion des Ortes) eindeutig bestimmt. Das folgt aus Abschnitt 1.10, wenn man als Randbedingung verlangt, daß beide Felder auf der Fernkugel (Umschreibung für $|\boldsymbol{r}| \to \infty$) gegen null gehen. (Vgl. auch Abschnitt 6.6, Anmerkung.)

Versteht man "Ursache" dagegen physikalisch, dann verbietet sich jene Interpretation wegen der Tatsache, daß physikalische Wirkungen an entfernten Orten nicht momentan eintreten. Das wurde schon in den Abschnitten 3.1, 3.2.5 und 3.4.3 betont (vgl. auch Abschnitt 6.6, Anmerkung). Eine physikalische Interpretation des elektrodynamischen Formalismus ergibt sich zwanglos erst anhand der retardierten Lösungen der Maxwell-Gleichungen in Kapitel 11. Dann wird auch formal klar, daß die *frühere* Verteilung von Ladungen und Strömen alleinige Ursache der *jetzt* vorliegenden Felder ist. Die Größen $\partial \boldsymbol{B}/\partial t$ und $\partial \boldsymbol{E}/\partial t$ zählen dabei *nicht* zu den *physikalischen* Ursachen von $\boldsymbol{E}$ bzw. $\boldsymbol{B}$. Es empfiehlt sich, vorab schon einmal den Abschnitt 11.4.3 durchzulesen.

Jene vektoranalytische Interpretation der Maxwellschen Gleichungen (vorletzter Absatz) ist die traditionell übliche und wird natürlich durch die Schreibweise der Gln. (3.1) bis (3.4) aufgedrängt (Angabe der Quellen und Wirbel von $\boldsymbol{E}$ bzw. $\boldsymbol{B}$).

Bei dieser an der räumlich dreidimensionalen Vektorrechnung orientierten Schreibweise werden nur die partiellen Ableitungen nach den Ortskoordinaten kompakt in den Operatoren "div" und "rot" zusammengefaßt, so daß die partielle Ableitung nach der Zeitkoordinate gesondert angeschrieben werden muß. Dadurch entsteht der falsche Eindruck, daß es sich bei $\partial \boldsymbol{E}/\partial t$ und $\partial \boldsymbol{B}/\partial t$ um etwas Besonderes handelt.

Das läßt sich vermeiden durch eine geeignete raumzeitlich vierdimensionale Schreibweise der Maxwell-Gleichungen. Ein erster Schritt in diese Richtung soll an Hand der Gln. (3.1) und (3.4) vorgeführt werden. Man übersetzt sie dazu in kartesische Koordinaten und ordnet geeignet an:

$$
\begin{array}{cccccccccc}
0 & + & \dfrac{\partial B_z}{\partial y} & - & \dfrac{\partial B_y}{\partial z} & - & \dfrac{1}{c_0^2}\dfrac{\partial E_x}{\partial t} & = & \mu_0 J_x & , \\[2ex]
-\dfrac{\partial B_z}{\partial x} & + & 0 & + & \dfrac{\partial B_x}{\partial z} & - & \dfrac{1}{c_0^2}\dfrac{\partial E_y}{\partial t} & = & \mu_0 J_y & , \\[2ex]
\dfrac{\partial B_y}{\partial x} & - & \dfrac{\partial B_x}{\partial y} & + & 0 & - & \dfrac{1}{c_0^2}\dfrac{\partial E_z}{\partial t} & = & \mu_0 J_z & , \\[2ex]
\dfrac{\partial E_x}{\partial x} & + & \dfrac{\partial E_y}{\partial y} & + & \dfrac{\partial E_z}{\partial z} & - & 0 & = & \dfrac{\rho}{\varepsilon_0} & .
\end{array}
$$

Das kann schließlich in eine vierdimensionale Matrizenschreibweise gebracht werden:

$$\begin{bmatrix} \dfrac{\partial}{\partial x} & \dfrac{\partial}{\partial y} & \dfrac{\partial}{\partial z} & \dfrac{1}{c_0^2}\dfrac{\partial}{\partial t} \end{bmatrix} \begin{bmatrix} 0 & -B_z & B_y & E_x \\ B_z & 0 & -B_x & E_y \\ -B_y & B_x & 0 & E_z \\ -E_x & -E_y & -E_z & 0 \end{bmatrix} =$$

$$= \begin{bmatrix} \mu_0 J_x & \mu_0 J_y & \mu_0 J_z & \dfrac{\rho}{\varepsilon_0} \end{bmatrix} .$$

Jetzt sind alle vier partiellen Ableitungen in einem Operator vereint, und die Komponenten der beiden dreidimensionalen Vektoren $\boldsymbol{E}$ und $\boldsymbol{B}$ erweisen sich als Komponenten einer einzigen vierdimensionalen Tensorgröße, dargestellt durch die schiefsymmetrische (4×4)-Matrix. Damit hat aber auch die Verschiebungsstromdichte $\varepsilon_0\, \partial \boldsymbol{E}/\partial t$ ihre vermeintliche Eigenständigkeit verloren.

Entsprechend geht auch $\partial \boldsymbol{B}/\partial t$ in einem voll ausgebauten vierdimensionalen Formalismus auf. Er liegt vor in der speziellen Relativitätstheorie, deren Raum und Zeit vereinigendes Denken nicht nur zufällig aus der Elektrodynamik entstanden ist.

3.6 Integrale Form der Maxwell-Gleichungen

Die vier Maxwellschen Gleichungen wurden zu Beginn dieses Kapitels in Gestalt partieller Differentialgleichungen formuliert. Im weiteren Verlauf ergab sich aber zu jeder dieser Gleichungen eine äquivalente integrale Form. Gemeint sind die Gln. (3.7), (3.29), (3.30) und (3.40). Sie und vor allem ihre mathematischen Verallgemeinerungen sollen im folgenden zusammenhängend noch einmal kurz besprochen werden.

Integriert man auf beiden Seiten der Gl. (3.1) über einen räumlichen Bereich G mit der Oberfläche S und formt das links entstehende Integral mit dem Gaußschen Satz um, dann erhält man

$$\oint\!\!\!\oint_S \boldsymbol{E}(\boldsymbol{r},t) \cdot \mathrm{d}\boldsymbol{a} = \frac{1}{\varepsilon_0} \iiint_G \rho(\boldsymbol{r},t)\, \mathrm{d}V . \tag{3.41a}$$

Da G beliebig gewählt werden darf, kann aus dieser integralen Gleichung, wie im Abschnitt 3.1 bereits gezeigt wurde, die differentielle Ausgangsgleichung zurückgewonnen werden. Ist die Ladung nicht räumlich (dreidimensional) verteilt, dann kann diese integrale Form gemäß

$$\oint\!\!\!\oint_S \boldsymbol{E}(\boldsymbol{r},t) \cdot \mathrm{d}\boldsymbol{a} = \frac{Q(t)}{\varepsilon_0} \tag{3.41b}$$

verallgemeinert werden mit

$Q(t)$ = von der Hüllfläche S zur Zeit t eingeschlossene Ladung.

Es ist jetzt gleichgültig, welche geometrische Verteilung die Ladung hat.

Integriert man auf beiden Seiten der Gl. (3.2) über eine Fläche S mit der Randkurve K und formt das links entstehende Integral mit dem Stokesschen Satz um, dann erhält man

$$\oint_K \boldsymbol{E}(\boldsymbol{r},t) \cdot \mathrm{d}\boldsymbol{r} = -\iint_S \dot{\boldsymbol{B}}(\boldsymbol{r},t) \cdot \mathrm{d}\boldsymbol{a} \;, \tag{3.42a}$$

wenn K und S im Rechtsschraubensinn zueinander orientiert sind. Da S beliebig gewählt werden darf, kann auch aus dieser integralen Gleichung, wie im Abschnitt 3.4.3 gezeigt wurde, die differentielle Ausgangsgleichung zurückgewonnen werden.

Beide Integrale von Gl. (3.42a) sind im Augenblick t zu nehmen. Ihre Werte hängen deshalb nicht davon ab, wo sich K eventuell vorher oder nachher befindet. Also gilt Gl. (3.42a) auch für beliebig bewegte Kurven. Zur Zirkulation von $\boldsymbol{E}$ längs K trägt somit auch bei bewegter Kurve nur der von $\partial \boldsymbol{B}/\partial t$ herrührende Anteil der zeitlichen Flußänderung bei, der durch Gl. (3.34a) mit $(\mathrm{d}\Phi/\mathrm{d}t)^{(B)}$ abgekürzt wurde. Damit erhält das integrale Induktionsgesetz (3.42a) die Form

$$\oint_K \boldsymbol{E}(\boldsymbol{r},t) \cdot \mathrm{d}\boldsymbol{r} = -\dot{\Phi}^{(B)}(t) \;. \tag{3.42b}$$

Hier beziehen sich, wie es auch sonst die Regel ist (vgl. den Schluß von Abschnitt 2.7), alle Größen auf das *gleiche* Inertialsystem. Eine ausdrückliche Ausnahme hiervon ist Gl. (3.37a), die ähnlich wie Gl. (3.42b) aussieht, mit dieser aber nicht verwechselt werden darf.

Wegen des Satzes von Gauß ist

$$\oiint_S \boldsymbol{B}(\boldsymbol{r},t) \cdot \mathrm{d}\boldsymbol{a} = 0 \tag{3.43}$$

das integrale Äquivalent zur Gl. (3.3).

Schließlich ist aus Abschnitt 3.2.5 bekannt, daß Gl. (3.4) mittels des Satzes von Stokes in die äquivalente integrale Form

$$\oint_K \boldsymbol{B}(\boldsymbol{r},t) \cdot \mathrm{d}\boldsymbol{r} = \mu_0 \left[\iint_S \boldsymbol{J}(\boldsymbol{r},t) \cdot \mathrm{d}\boldsymbol{a} + \varepsilon_0 \iint_S \dot{\boldsymbol{E}}(\boldsymbol{r},t) \cdot \mathrm{d}\boldsymbol{a} \right] \tag{3.44a}$$

gebracht werden kann. Von der Verschiebungsstromdichte wird in der Regel angenommen, daß sie räumlich (dreidimensional) verteilt ist. Für den elektrischen Strom dagegen wird häufig auch eine linienhafte oder flächenhafte Verteilung vorausgesetzt. In diesem Fall kann wie bei der ersten Maxwellschen Gleichung die integrale Form verallgemeinert werden, indem man

$$\oint_K \boldsymbol{B}(\boldsymbol{r},t) \cdot \mathrm{d}\boldsymbol{r} = \mu_0 \left[I(t) + \varepsilon_0 \iint_S \dot{\boldsymbol{E}}(\boldsymbol{r},t) \cdot \mathrm{d}\boldsymbol{a} \right] \tag{3.44b}$$

schreibt mit

$I(t)$ = rechtshändig zur K-Orientierung gezählte Stromstärke durch S zur Zeit t.

Der elektrische Strom braucht nun nicht mehr durch eine räumliche Stromdichte beschrieben zu werden.

(Man beachte, daß S in den Gln. (3.41a,b) und (3.43) eine nach außen orientierte Hüllfläche bedeutet, in den Gln. (3.42a) und (3.44a,b) dagegen eine offene Fläche, welche von K im Rechtsschraubensinn berandet wird.)

3.6.1 Beispiele

In den folgenden Beispielen werden Ladungs- bzw. Stromverteilungen vorgegeben ohne Rücksicht darauf, wie sie zu realisieren sind. Letzteres spielt für die Rechnung keine Rolle, und die Ergebnisse können auf eventuell verschiedene Realisierungen mit unterschiedlichen materiellen Medien angewendet werden. Gesucht sind jeweils die zugehörigen Felder.

a) Eine Kugel (Radius R; s. Bild 3.16) ist mit Raumladung der zeitlich und örtlich konstanten Dichte ρ_0 erfüllt und trägt auf ihrer Oberfläche eine ebenfalls konstante Flächenladungsdichte σ_0. Weitere Ladungen sind nicht vorhanden.

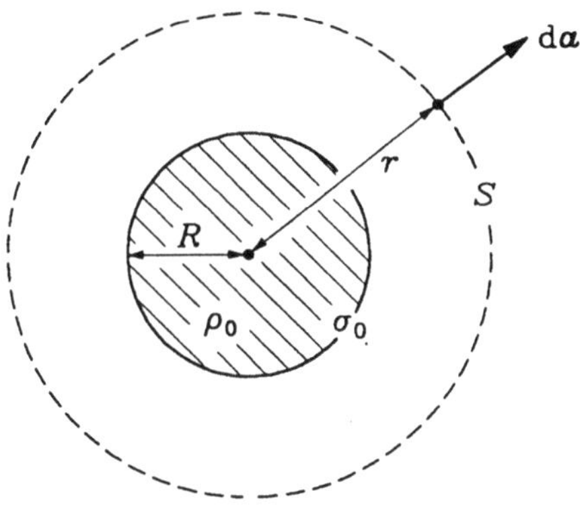

Bild 3.16

Zur Bestimmung des zugehörigen elektrischen Feldes könnte man die gegebene Ladungsverteilung nach dem Vorbild des Beispiels 2.1.3 in Ladungselemente zerlegen und differentielle Beiträge der coulombschen Form (2.27) per Integration überlagern. Dieses Verfahren wird hier nur soweit benutzt, als es leicht erkennen läßt, daß das resultierende $\boldsymbol{E}$-Feld radiale Richtung (bezüglich des Kugelmittelpunktes) hat. Wählt man nämlich ein erstes Ladungselement und betrachtet seinen coulombschen Beitrag zum elektrischen Feld in irgendeinem Aufpunkt P, dann zeigt jener im allgemeinen zwar nicht in radiale Richtung (bezüglich des Kugelmittelpunktes); doch läßt sich wegen der Kugelsymmetrie der Ladungsverteilung immer ein zweites Ladungselement derart finden, daß nach Addition seines vektoriellen Beitrags zu dem des ersten das Resultat radiale Richtung hat. Auf diese Weise lassen sich alle Ladungselemente kombinieren, und es folgt, daß für das gesamte $\boldsymbol{E}$-Feld der Ansatz

$$\boldsymbol{E} = E_r(r)\,\boldsymbol{e}_r$$

gilt (E_r kann wiederum aus Symmetriegründen nur von r abhängen).

Von hier an rechnet man am einfachsten mit der integralen Maxwell-Gleichung (3.41b) weiter, wobei die kugelförmige Hüllfläche S von Bild 3.16 benutzt wird, deren Radius r zwischen null und unendlich gewählt werden kann:

$$\oiint_S \boldsymbol{E}\cdot\mathrm{d}\boldsymbol{a} = \oiint E_r(r)\,\boldsymbol{e}_r\cdot\boldsymbol{e}_r\,\mathrm{d}a = E_r(r)\oiint \mathrm{d}a = E_r(r)\,4\pi r^2 \;,$$

denn r ist bei dieser Integration konstant. Nach Gl. (3.41b) muß die Ergiebigkeit bis auf den

Faktor $1/\varepsilon_0$ gleich der jeweils von S eingeschlossenen Ladung sein. Für diese gilt hier

$$Q(r) = \begin{cases} \rho_0 \dfrac{4}{3} \pi r^3 \ , & 0 \leqq r < R \ , \\ \rho_0 \dfrac{4}{3} \pi R^3 + \sigma_0 \, 4 \pi R^2 =: Q_0 \ , & R < r < \infty \ , \end{cases}$$

wobei Q_0 die Gesamtladung der Kugel ist. Es folgt also

$$E_r(r) = \begin{cases} \dfrac{\rho_0}{3\,\varepsilon_0} r \ , & 0 \leqq r < R \ , \\ \left(\dfrac{\rho_0 R^3}{3\,\varepsilon_0} + \dfrac{\sigma_0 R^2}{\varepsilon_0} \right) \dfrac{1}{r^2} = \dfrac{Q_0}{4 \pi \varepsilon_0 r^2} \ , & R < r < \infty \ . \end{cases}$$

Dieses Resultat ist für $\rho_0 > 0$ und $\sigma_0 > 0$ im Bild 3.17 dargestellt.

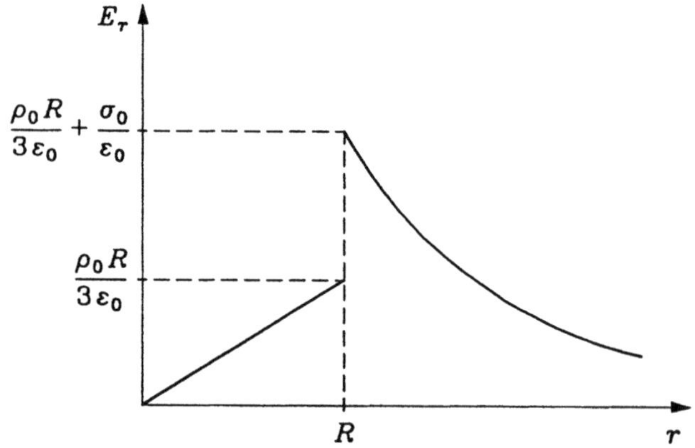

Bild 3.17

Außerhalb der kugelsymmetrisch verteilten Ladung ($r > R$) ist das elektrische Feld identisch mit dem Coulomb-Feld, das die punktförmig im Kugelmittelpunkt konzentrierte Gesamtladung Q_0 erzeugen würde. Innerhalb der Kugel ist die elektrische Feldstärke proportional zum Mittelpunktsabstand und hängt dort nicht von σ_0 ab. Insbesondere ist für $\rho_0 = 0$ das Kugelinnere völlig feldfrei.

Man beachte, daß sich E_r an der Stelle der Flächenladung ($r = R$) sprungartig um σ_0 / ε_0 ändert. Selbst wenn $\sigma_0 = 0$ ($\rho_0 \neq 0$) gilt, ist E_r an der Stelle $r = R$ (Unstetigkeitsstelle der Raumladungsdichte) nicht differenzierbar.

b) In der Wand eines (unendlich langen) kreiszylindrischen Rohres (Innenradius R_1, Außenradius R_2; s. Bild 3.18) fließt ein räumlich homogen verteilter Gleichstrom der Dichte $\boldsymbol{J}_0 = J_0 \, \boldsymbol{e}_z$. Zusätzlich trägt die äußere Oberfläche einen dort gleichförmig verteilten und zeitlich konstanten Strombelag $\boldsymbol{K}_0 = K_0 \, \boldsymbol{e}_z$. Weitere Ströme sind nicht vorhanden.

Diese Stromverteilung kann zerlegt werden in sehr viele dünne (unendlich lange) Stromfäden mit infinitesimalen Stromstärken $\mathrm{d}I$. Jeder solche Stromfaden erzeugt einen differentiellen ampèreschen Beitrag zum $\boldsymbol{B}$-Feld, der nach Gl. (3.11b) berechnet werden kann, wenn man $\mathrm{d}I$ anstelle von i einsetzt und die Zylinderkoordinaten der Gl. (3.11b) jeweils auf den betrachteten Stromfaden bezieht. Dieser Beitrag $\mathrm{d}\boldsymbol{B}$ steht insbesondere senkrecht auf der (kürzesten) Verbindung vom Stromfaden zum Aufpunkt P. Nach Wahl dieses Aufpunktes läßt sich zum Stromfaden $\mathrm{d}I'$ (s. Bild 3.19) immer ein zweiter Stromfaden $\mathrm{d}I''$ so finden, daß der gemeinsame Beitrag zum Magnetfeld im Punkt P die Richtung von $\boldsymbol{e}_\alpha(P)$ hat (jetzt beziehen sich die Zylinderkoordinaten auf die z-Achse von Bild 3.18 und Bild 3.19). Also hat das Gesamtfeld die Form

$$\boldsymbol{B} = B_\alpha(\rho)\,\boldsymbol{e}_\alpha \;.$$

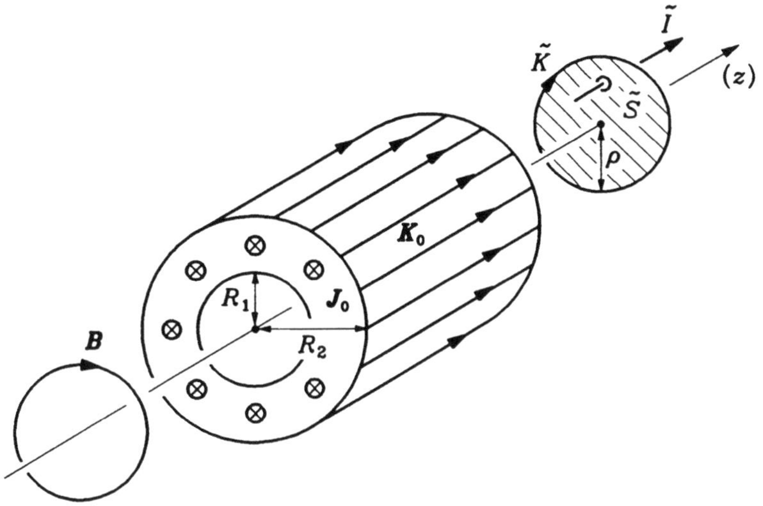

Bild 3.18

Man beachte, daß die Translationssymmetrie der felderzeugenden Stromverteilung in z-Richtung und die Rotationssymmetrie um die z-Achse wesentlich ausgenutzt wurden.

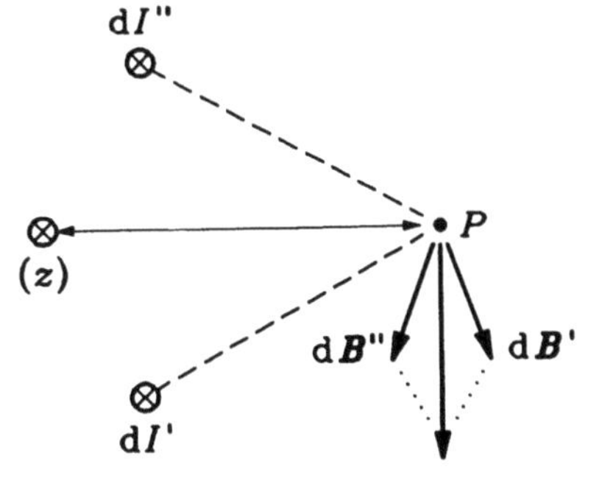

Bild 3.19 $(\mathrm{d}\boldsymbol{B}' + \mathrm{d}\boldsymbol{B}'') \parallel \boldsymbol{e}_\alpha(P)$

Von hier an rechnet man am einfachsten mit dem integralen Durchflutungsgesetz weiter, das aus Gl. (3.44b) entsteht, wenn man dort $\partial \boldsymbol{E}/\partial t \equiv \boldsymbol{0}$ setzt. Diese Gleichung gilt für alle (nicht geschlossenen) Flächen und deren (rechtshändig zur Flächenorientierung durchlaufenen) Randkurven. Im vorliegenden Fall wählt man am besten die aus Bild 3.18 ersichtliche Kreisscheibe $\widetilde{S}$, deren Radius ρ zwischen null und unendlich gewählt werden darf. Dann ist die (in z-Richtung gezählte) Stromstärke $\widetilde{I}$ durch $\widetilde{S}$ eine Funktion von ρ gemäß

$$\widetilde{I}(\rho) = \begin{cases} 0 & , \quad 0 \leqq \rho < R_1 \, , \\ J_0 \pi (\rho^2 - R_1^2) & , \quad R_1 < \rho < R_2 \, , \\ J_0 \pi (R_2^2 - R_1^2) + K_0 2\pi R_2 =: I_0 & , \quad R_2 < \rho < \infty \, , \end{cases}$$

wobei I_0 die Gesamtstromstärke durch $\widetilde{S}$ ist (für $\rho > R_2$). Die vektoriellen Wegelemente der kreisförmigen Randkurve $\widetilde{K}$ von $\widetilde{S}$ haben die Darstellung $\mathrm{d}\boldsymbol{r} = \rho \,\mathrm{d}\alpha\, \boldsymbol{e}_\alpha$ (s. Abschnitt 1.11.1), so daß sich hier die linke Seite des Durchflutungsgesetzes leicht auswerten läßt, denn ρ ist bei dieser Integration konstant:

$$\oint_{\widetilde{K}} \boldsymbol{B} \cdot \mathrm{d}\boldsymbol{r} = \oint B_\alpha(\rho)\, \boldsymbol{e}_\alpha \cdot \boldsymbol{e}_\alpha\, \rho \,\mathrm{d}\alpha = B_\alpha(\rho)\, \rho \int_0^{2\pi} \mathrm{d}\alpha = 2\pi\rho B_\alpha(\rho) \, .$$

Also folgt schließlich

$$B_\alpha(\rho) = \begin{cases} 0 & , \quad 0 \leqq \rho < R_1 \, , \\ \mu_0 \dfrac{J_0(\rho^2 - R_1^2)}{2\rho} & , \quad R_1 < \rho < R_2 \, , \\ \mu_0 \dfrac{J_0(R_2^2 - R_1^2) + K_0 2R_2}{2\rho} = \dfrac{\mu_0 I_0}{2\pi\rho} & , \quad R_2 < \rho < \infty \, . \end{cases}$$

Dieses Resultat ist für $J_0 > 0$ und $K_0 > 0$ in Bild 3.20 dargestellt.

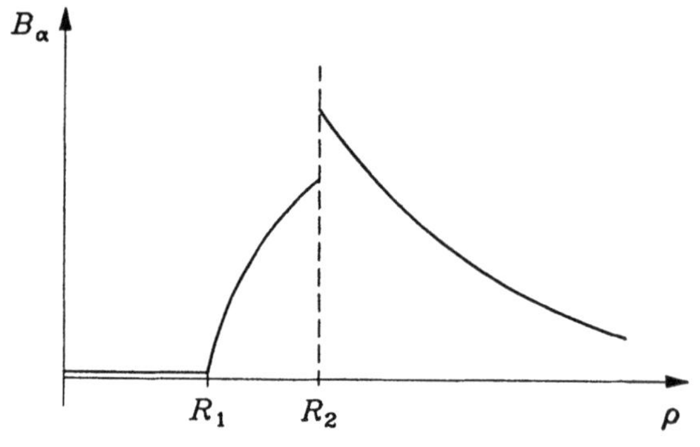

Bild 3.20

Es fällt auf, daß im inneren Bereich ($\rho < R_1$) das Magnetfeld verschwindet und im äußeren Bereich ein Ampère-Feld gemäß Gl. (3.11b) vorliegt, so als ob die Gesamtstromstärke I_0 auf der z-Achse konzentriert wäre. Für $R_1 = 0$ ist B_α im Inneren des jetzt vollständig homogen durchströmten Kreiszylinders proportional zu ρ.

Man beachte, daß B_α für $\rho = R_1, R_2$ (Unstetigkeitsstellen der räumlichen Stromdichte) nicht differenzierbar ist und sich an der Stelle des Flächenstroms sprungartig um $\mu_0 K_0$ ändert.

c) Gegeben ist ein zeitlich konstanter Flächenstrom, der mit überall gleicher Dichte $\boldsymbol{K}_0$ auf einer unendlich ausgedehnten Ebene fließt. Zur Bestimmung der von ihm hervorgerufenen magnetischen Induktion $\boldsymbol{B}$ wird zunächst gemäß Bild 3.21 ein kartesisches Koordinatensystem so eingeführt, daß der Flächenstrom in die xy-Ebene zu liegen kommt und $\boldsymbol{K}_0$ parallel zu $\boldsymbol{e}_y$ ist ($\boldsymbol{K}_0 = K_0 \boldsymbol{e}_y$). Die magnetische Induktion ist dann allenfalls eine Funktion von z, da sich bei einer Verschiebung der Anordnung in x- bzw. y-Richtung nichts ändert. Außerdem ist die y-Komponente von $\boldsymbol{B}$ gleich null, da man den Flächenstrom als Gesamtheit infinitesimaler paralleler Linienströme in y-Richtung auffassen kann, deren Beiträge, wie man weiß, keine y-Komponente besitzen. Die beiden bisher gewonnenen Erkenntnisse können im Ansatz

$$\boldsymbol{B} = B_z(z)\,\boldsymbol{e}_z + B_x(z)\,\boldsymbol{e}_x$$

zusammengefaßt werden.

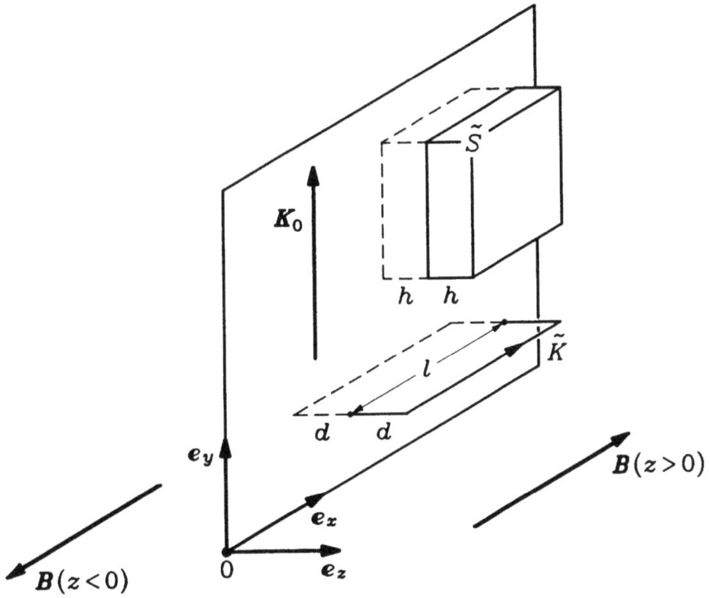

Bild 3.21

Nun wird symmetrisch zur xy-Ebene die im Bild 3.21 dargestellte quaderförmige Hüllfläche $\tilde{S}$ mit achsenparallelen Kanten gewählt. Nach Gl. (3.43) und dem obigen Ansatz muß

$$\iint B_z(h)\,\boldsymbol{e}_z \cdot \boldsymbol{e}_z \,\mathrm{d}x\,\mathrm{d}y + \iint B_z(-h)\,\boldsymbol{e}_z \cdot (-\boldsymbol{e}_z)\,\mathrm{d}x\,\mathrm{d}y +$$
$$+ \iint B_x(z)\,\boldsymbol{e}_x \cdot \boldsymbol{e}_x \,\mathrm{d}z\,\mathrm{d}y + \iint B_x(z)\,\boldsymbol{e}_x \cdot (-\boldsymbol{e}_x)\,\mathrm{d}z\,\mathrm{d}y = 0$$

gelten. Da sich die Integrale bezüglich der Teilflächen mit den Normalenvektoren $\boldsymbol{e}_x$ bzw. $-\boldsymbol{e}_x$ gegenseitig aufheben, erhält man hieraus

$$B_z(h) = B_z(-h)\,.$$

Aus Symmetriegründen muß aber auch

$$B_z(-h) = -B_z(h)$$

gelten, denn eine 180°-Drehung der Stromverteilung um die y-Achse führt die Stromverteilung und damit auch das zugehörige Feld in sich über. Da $h > 0$ beliebig wählbar ist, gilt

$$B_z \equiv 0$$

in beiden Halbräumen.

Für die Berechnung von B_x wird symmetrisch zur xy-Ebene die im Bild 3.21 dargestellte rechteckförmige Kurve $\widetilde{K}$ gewählt, deren Teilstücke parallel zur z- bzw. x-Achse sind. Da ein zeitlich konstanter Flächenstrom kein zeitvariables $\boldsymbol{E}$-Feld erzeugt, gilt nach Gl. (3.44b)

$$[B_x(d) - B_x(-d)]l = \mu_0 I ,$$

wenn man $B_z \equiv 0$ berücksichtigt. Die von $\widetilde{K}$ umfaßte Durchflutung I in Richtung von $\boldsymbol{e}_y$ ist hier durch

$$I = \boldsymbol{K}_0 \cdot \boldsymbol{e}_y \, l = K_0 \, l$$

gegeben, so daß man

$$B_x(d) - B_x(-d) = \mu_0 K_0$$

erhält. Aus den gleichen Symmetriegründen wie zuvor muß

$$B_x(-d) = -B_x(d)$$

sein, und es folgt also

$$B_x = \pm \frac{\mu_0 K_0}{2} , \quad z \gtrless 0 \tag{3.45}$$

für die x-Komponente der magnetischen Induktion. Da dies hier die einzige nicht verschwindende Komponente von $\boldsymbol{B}$ ist, ergeben sich die im Bild 3.21 durch je einen repräsentativen Vektor dargestellten Felder $\boldsymbol{B}(z > 0)$ und $\boldsymbol{B}(z < 0)$. Sie sind antiparallel und jeweils in ihrem Halbraum homogen. Bezüglich $\boldsymbol{K}_0$ ergibt sich ihre Richtung ersichtlicherweise aus dem Rechtsschraubensinn.

Man beachte wieder, daß die magnetische Induktion am Ort des Flächenstromes unstetig ist. Ihre Komponente in x-Richtung, das ist tangential zur Fläche und senkrecht zu $\boldsymbol{K}_0$, ändert sich dort sprungartig um $\mu_0 K_0$.

Das vorliegende Beispiel wird vom späteren Beispiel 11.4.6b aus noch einmal kritisch betrachtet.

3.7 Grenzbedingungen für E und B

Bei der Annäherung an eine Punkt- oder Linienladung wächst der Betrag der elektrischen Feldstärke über alle Grenzen. Ebenso verhält sich der Betrag der magnetischen Induktion in der Nähe eines Linienstromes. Anders verhalten sich beide Felder in der unmittelbaren

Nachbarschaft von Ladungen bzw. Strömen, die auf einer Fläche verteilt sind. Dort bleiben, wie in den Beispielen des vorangegangenen Abschnittes, die Feldvektoren endlich (Kanten und Ränder einer Fläche sind ausgenommen; vgl. Aufgabe 4.3). Allerdings erhält man für die *Grenzwerte der Feldvektoren*, die sich bei Annäherung an die Fläche ergeben, gelegentlich zwei verschiedene Werte, und zwar je nachdem, ob man sich von der einen oder anderen der beiden Seiten demselben Punkt der Fläche annähert. Die Differenzen beider Grenzwerte unterliegen Bedingungen, die mittels der integralen Maxwell-Gleichungen begründet werden können.

3.7.1 Flächendivergenz

Das Bild 3.22 zeigt den Ausschnitt einer mit Flächenladung σ belegten Fläche S (im folgenden Grundfläche genannt). Deren "positive Seite" ist dem Betrachter zugekehrt. "Positiv" bezieht sich nicht auf σ, sondern zeigt durch die Reihenfolge "negative"-"positive" Seite die Richtung des Normalenvektors $\boldsymbol{n}$ der Grundfläche an. Die "dosenförmige" Hüllfläche S' schneidet aus der Grundfläche S eine Teilfläche S'' aus.

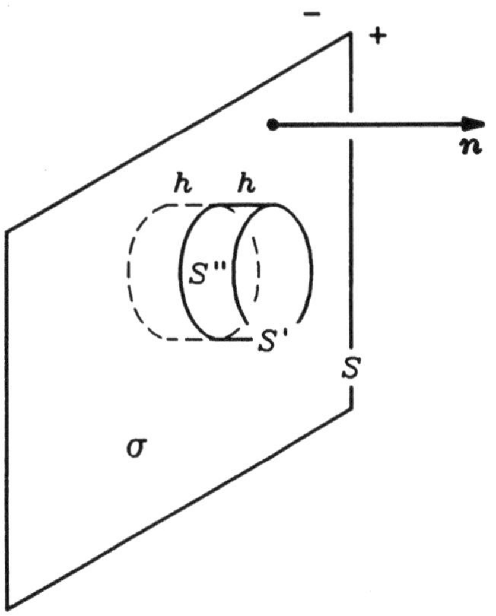

Bild 3.22

Aufgrund der integralen Maxwell-Gleichung (3.41b) gilt hier

$$\oint\!\!\!\oint_{S'} \boldsymbol{E} \cdot \mathrm{d}\boldsymbol{a}' = \frac{1}{\varepsilon_0} \iint_{S''} \sigma \,\mathrm{d}a'' + \frac{1}{\varepsilon_0} \Delta Q \quad , \tag{3.46a}$$

wobei mit ΔQ eine eventuell von S' zusätzlich zur Flächenladung eingeschlossene Ladung berücksichtigt wird. Läßt man nun h (s. Bild 3.22) gegen null gehen (ohne die Ladungsverteilung zu ändern), dann gilt einerseits

$$\lim_{h \to 0} \Delta Q = 0 \tag{3.46b}$$

und andererseits

$$\lim_{h\to 0} \oiint_{S'} \boldsymbol{E}\cdot \mathrm{d}\boldsymbol{a}' = \iint_{S''} \boldsymbol{E}^+ \cdot \boldsymbol{n}\,\mathrm{d}a'' + \iint_{S''} \boldsymbol{E}^- \cdot (-\boldsymbol{n})\,\mathrm{d}a'' \,, \tag{3.46c}$$

wobei $\boldsymbol{E}^+$ und $\boldsymbol{E}^-$ die Grenzwerte der elektrischen Feldstärke sind bei Annäherung an die Grundfläche S von deren positiver bzw. negativer Seite her. Da die Hülle S' einheitlich nach außen orientiert sein muß, geht deren Normalenrichtung auf der negativen Seite der Grundfläche S schließlich in die Richtung von $-\boldsymbol{n}$ über, wie es im letzten Term der Gl. (3.46c) berücksichtigt wurde. Außerdem wird angenommen, daß der Beitrag des "Dosenrandes" zum Hüllenintegral mit h gegen null strebt. Letzteres ist z.B. nicht der Fall, wenn $\boldsymbol{E}$ auf der betrachteten Fläche in Form einer δ-Verteilung flächenhaft konzentriert ist (s. Beispiel 11.6.1, wo sich $\boldsymbol{B}$ auf der $c_0 t$-Kugel so verhält).

Vom Grenzübergang $h \to 0$ sind in Gl. (3.46a) nur der erste und der letzte Term betroffen. Daher folgt mit den Gln. (3.46b,c) die Beziehung

$$\iint_{S''} \left[(\boldsymbol{E}^+ - \boldsymbol{E}^-)\cdot \boldsymbol{n} - \frac{1}{\varepsilon_0}\,\sigma \right] \mathrm{d}a'' = 0 \,. \tag{3.47}$$

Sie gilt unabhängig von der genauen Gestalt der Teilfläche S'' und unabhängig davon, wo S'' auf der Grundfläche S lokalisiert ist. Das Integral kann aber unter allen diesen Umständen nur dann gleich null sein, wenn der Integrand selbst in allen Punkten der Grundfläche S verschwindet. Also folgt die lokal gültige Bedingung

$$\boldsymbol{n}\cdot(\boldsymbol{E}^+ - \boldsymbol{E}^-) = \frac{\sigma}{\varepsilon_0} \,. \tag{3.48}$$

Sie besagt, daß die *Normalkomponente der elektrischen Feldstärke an einer geladenen Fläche unstetig ist* und dort um σ/ε_0 springt, wenn man von der negativen zur positiven Seite durch die Fläche hindurchtritt. (Diese Fläche darf auch gekrümmt sein; im Bild 3.20 wurde die Grundfläche S nur einfachheitshalber als eben dargestellt.)

Das Beispiel 3.6.1a kann zu einem ersten Test der Bedingung (3.48) herangezogen werden. Setzt man nämlich $\boldsymbol{n} = \boldsymbol{e}_r$ auf der Kugeloberfläche, so gilt dort

$$\boldsymbol{E}^+ = \left(\frac{\rho_0 R}{3\,\varepsilon_0} + \frac{\sigma_0}{\varepsilon_0} \right) \boldsymbol{e}_r \,, \quad \boldsymbol{E}^- = \frac{\rho_0 R}{3\,\varepsilon_0}\, \boldsymbol{e}_r$$

und somit

$$\boldsymbol{e}_r \cdot (\boldsymbol{E}^+ - \boldsymbol{E}^-) = \frac{\sigma_0}{\varepsilon_0} \,,$$

wie es von der Gl. (3.48) verlangt wird.

Wenn die Grenzfläche zweier Gebiete nicht ladungsbelegt ist ($\sigma = 0$), dann muß dort nach Gl. (3.48) die Normalkomponente von $\boldsymbol{E}$ stetig sein ($\boldsymbol{n}\cdot\boldsymbol{E}^+ = \boldsymbol{n}\cdot\boldsymbol{E}^-$). Das ist eine mathematisch schwächere Forderung als die Differenzierbarkeit, die auch an ungeladenen Grenzflächen oft nicht gegeben ist. Hierfür liefert Bild 3.17 mit $\sigma_0 = 0$ ($\rho_0 \neq 0$) ein Beispiel.

Man kann das alles so zusammenfassen: An Flächen, wo $\boldsymbol{E}$ in Normalenrichtung nicht differenzierbar ist, wird statt mit der Differentialgleichung (3.1) mit der Grenzbedingung (3.48) gerechnet, die nur eine Differenzenbildung verlangt.

Die vorausgehende Argumentation läßt sich auf jedes Vektorfeld $\boldsymbol{F}$ folgendermaßen übertragen. Geht man von einer dreidimensionalen Quellenverteilung g eines solchen Feldes im Sinne von

$$\operatorname{div} \boldsymbol{F} = g \tag{3.49}$$

über zur entsprechenden zweidimensionalen Verteilung mit der Flächendichte h, dann gilt an einer h-belegten Fläche

$$\boldsymbol{n} \cdot (\boldsymbol{F}^+ - \boldsymbol{F}^-) = h =:]g[\; . \tag{3.50}$$

Das Zeichen]...[soll allgemein den Übergang von einer dreidimensionalen zur entsprechenden zweidimensionalen Verteilung symbolisieren (z.B. $]\rho[= \sigma$). Außerdem kürzt man die Operation $\boldsymbol{n} \cdot (\boldsymbol{F}^+ - \boldsymbol{F}^-)$ durch

$$\operatorname{Div} \boldsymbol{F} := \boldsymbol{n} \cdot (\boldsymbol{F}^+ - \boldsymbol{F}^-) \tag{3.51}$$

ab, und nennt sie Flächendivergenz. Die zur Differentialgleichung (3.49) gehörige Grenzbedingung lautet dann sehr einprägsam

$$\operatorname{Div} \boldsymbol{F} =]g[\; . \tag{3.52}$$

Das $\boldsymbol{B}$-Feld hat schlechthin keine Quellen, so daß nicht nur seine gewöhnliche Divergenz (div), sondern auch seine Flächendivergenz gleich null ist:

$$\operatorname{Div} \boldsymbol{B} = \boldsymbol{n} \cdot (\boldsymbol{B}^+ - \boldsymbol{B}^-) = 0 \; , \tag{3.53}$$

oder verbal umschrieben: *Die Normalkomponente des $\boldsymbol{B}$-Feldes ist an allen Grenzflächen und unter allen Umständen stetig.*

3.7.2 Flächenrotation

Der Übergang von Gl. (3.49) zur Gl. (3.52) wird jetzt auch dazu benutzt, die Grenzbedingungen zu finden, die den Maxwellschen Differentialgleichungen (3.2) und (3.4) entsprechen.

Zunächst wird die Gl. (1.36c) auf den Ausdruck $\boldsymbol{B} \times \boldsymbol{e}_x$ angewendet und dann die Gl. (3.4) benutzt:

$$\operatorname{div} (\boldsymbol{B} \times \boldsymbol{e}_x) = \boldsymbol{e}_x \cdot \operatorname{rot} \boldsymbol{B} = \mu_0 \, \boldsymbol{e}_x \cdot (\boldsymbol{J} + \varepsilon_0 \dot{\boldsymbol{E}}) = \mu_0 \, (J_x + \varepsilon_0 \dot{E}_x) \; . \tag{3.54}$$

Das Vektorfeld $\boldsymbol{B} \times \boldsymbol{e}_x$ hat also Quellen der räumlichen Dichte $\mu_0 (J_x + \varepsilon_0 \, \partial E_x / \partial t)$. Die entsprechende flächenhafte Dichte soll wieder durch das Zeichen]...[symbolisiert werden, so daß durch sinngemäße Anwendung der Gln. (3.49) und (3.52) hier

$$\operatorname{Div} (\boldsymbol{B} \times \boldsymbol{e}_x) = \mu_0 \, (K_x + \varepsilon_0 \,]\dot{E}_x[) \tag{3.55}$$

folgt, denn es gilt $]J_x[= K_x$ (x-Komponente der Flächenstromdichte). Gewöhnlich werden nur bei Ladungen und Strömen flächenhafte Verteilungen betrachtet, und demgemäß wird hier $]\partial E_x / \partial t[= 0$ gesetzt. Dann gilt wegen Gl. (3.51)

$$\boldsymbol{n} \cdot [(\boldsymbol{B}^+ - \boldsymbol{B}^-) \times \boldsymbol{e}_x] = \mu_0 \, K_x$$

oder äquivalent

$$[\boldsymbol{n} \times (\boldsymbol{B}^+ - \boldsymbol{B}^-)] \cdot \boldsymbol{e}_x = \mu_0 \boldsymbol{K} \cdot \boldsymbol{e}_x \ . \tag{3.56a}$$

Analog zeigt man

$$[\boldsymbol{n} \times (\boldsymbol{B}^+ - \boldsymbol{B}^-)] \cdot \boldsymbol{e}_y = \mu_0 \boldsymbol{K} \cdot \boldsymbol{e}_y \ , \tag{3.56b}$$

$$[\boldsymbol{n} \times (\boldsymbol{B}^+ - \boldsymbol{B}^-)] \cdot \boldsymbol{e}_z = \mu_0 \boldsymbol{K} \cdot \boldsymbol{e}_z \ . \tag{3.56c}$$

Es gilt also vektoriell

$$\boldsymbol{n} \times (\boldsymbol{B}^+ - \boldsymbol{B}^-) = \mu_0 \boldsymbol{K} \ . \tag{3.57}$$

Diese Differenzengleichung ersetzt die Differentialgleichung (3.4) an strombelegten Flächen. Sie enthält zwei Aussagen über das Grenzverhalten bestimmter Tangentialkomponenten von $\boldsymbol{B}$, die jetzt anhand des Bildes 3.23 abgeleitet werden.

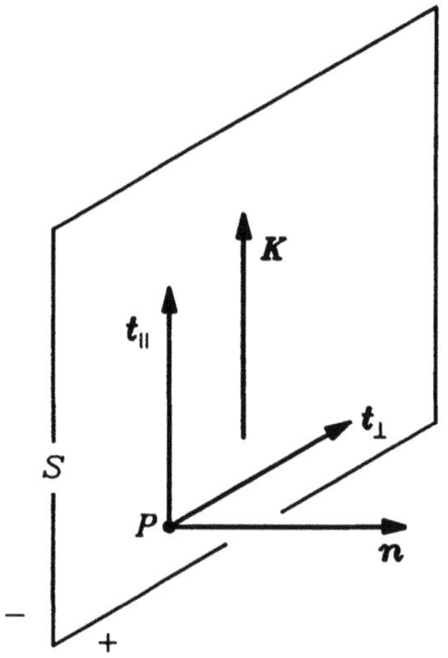

Bild 3.23

In einem Punkt P der strombelegten (und mittels $\boldsymbol{n}$ orientierten) Fläche S wird gleichsinnig parallel zu $\boldsymbol{K}$, also tangential zu S der Einheitsvektor

$$\boldsymbol{t}_\parallel = \frac{\boldsymbol{K}}{|\boldsymbol{K}|} \tag{3.58a}$$

eingeführt. Dann definiert

$$\boldsymbol{t}_\perp = \boldsymbol{t}_\parallel \times \boldsymbol{n} \tag{3.58b}$$

einen weiteren Einheitsvektor $\boldsymbol{t}_\perp$, der ebenfalls tangential zu S im Punkt P ist, dort aber senkrecht auf $\boldsymbol{K}$ steht. Multipliziert man die Gl. (3.57) beiderseits skalar mit $\boldsymbol{t}_\parallel$, dann folgt nach Auswertung des Spatproduktes und Berücksichtigung der Beziehungen (3.58a,b)

$$\boldsymbol{t}_\perp \cdot (\boldsymbol{B}^+ - \boldsymbol{B}^-) = \mu_0 \ |\boldsymbol{K}| \ . \tag{3.59a}$$

Multipliziert man die Gl. (3.57) beiderseits skalar mit $\boldsymbol{t}_{\perp}$, dann folgt wegen $\boldsymbol{t}_{\perp} \cdot \boldsymbol{K} = 0$ in analoger Weise

$$\boldsymbol{t}_{\parallel} \cdot (\boldsymbol{B}^{+} - \boldsymbol{B}^{-}) = 0. \tag{3.59b}$$

Den Gln. (3.59a,b) entnimmt man jetzt als Aussagen der Bedingung (3.57): *Die zum Flächenstrom senkrechte Tangentialkomponente des* $\boldsymbol{B}$*-Feldes ist unstetig an strombelegten Flächen, die parallele Tangentialkomponente dagegen stetig.*

Das Beispiel 3.6.1b kann zu einem ersten Test der Bedingung (3.57) herangezogen werden. Setzt man nämlich $\boldsymbol{n} = \boldsymbol{e}_{\rho}$ auf der strombelegten (äußeren) Kreiszylinderfläche, so gilt dort ($\rho = R_2$)

$$\boldsymbol{B}^{+} = \mu_0 \frac{J_0 (R_2^2 - R_1^2) + K_0 \, 2R_2}{2R_2} \boldsymbol{e}_{\alpha} , \quad \boldsymbol{B}^{-} = \mu_0 \frac{J_0 (R_2^2 - R_1^2)}{2R_2} \boldsymbol{e}_{\alpha}$$

und somit

$$\boldsymbol{e}_{\rho} \times (\boldsymbol{B}^{+} - \boldsymbol{B}^{-}) = \mu_0 K_0 \, \boldsymbol{e}_z ,$$

wie es die Grenzbedingung (3.57) verlangt.

Auch hier kann man verallgemeinern: Der Differentialgleichung

$$\operatorname{rot} \boldsymbol{F} = \boldsymbol{g} \tag{3.60}$$

entspricht, falls $]\boldsymbol{g}[$ die zu $\boldsymbol{g}$ gehörige flächenhafte Wirbelverteilung ist, die Differenzengleichung

$$\boldsymbol{n} \times (\boldsymbol{F}^{+} - \boldsymbol{F}^{-}) =]\boldsymbol{g}[\, . \tag{3.61}$$

Die Operation $\boldsymbol{n} \times (\boldsymbol{F}^{+} - \boldsymbol{F}^{-})$ wird durch

$$\operatorname{Rot} \boldsymbol{F} := \boldsymbol{n} \times (\boldsymbol{F}^{+} - \boldsymbol{F}^{-}) \tag{3.62}$$

abgekürzt und Flächenrotation genannt, so daß sehr einprägsam

$$\operatorname{Rot} \boldsymbol{F} =]\boldsymbol{g}[\tag{3.63}$$

geschrieben werden kann.

Das $\boldsymbol{E}$-Feld hat nach Gl. (3.2) räumlich verteilte Wirbel der Dichte $-\partial \boldsymbol{B}/\partial t$. Bei den gewöhnlichen Anwendungen kann $]\,\partial \boldsymbol{B}/\partial t\,[= \boldsymbol{0}$ gesetzt werden, so daß sich

$$\operatorname{Rot} \boldsymbol{E} = \boldsymbol{n} \times (\boldsymbol{E}^{+} - \boldsymbol{E}^{-}) = \boldsymbol{0} \tag{3.64}$$

ergibt. Eine genauere Untersuchung, wie die, welche im Anschluß an die Bedingung (3.57) zu den Gln. (3.59a,b) führte, erübrigt sich hier. Es gilt ersichtlich: *Alle Tangentialkomponenten des* $\boldsymbol{E}$*-Feldes bezüglich einer Fläche sind dort stetig.*

3.7.3 Zusammenfassung

Wegen ihrer Wichtigkeit werden die zuvor hergeleiteten Grenzbedingungen für $\boldsymbol{E}$ und $\boldsymbol{B}$ hier aufgelistet:

$$\operatorname{Div}\boldsymbol{E} := \boldsymbol{n}\cdot(\boldsymbol{E}^+ - \boldsymbol{E}^-) = \frac{\sigma}{\varepsilon_0}\,, \tag{3.65}$$

$$\operatorname{Rot}\boldsymbol{E} := \boldsymbol{n}\times(\boldsymbol{E}^+ - \boldsymbol{E}^-) = \boldsymbol{0}\,, \tag{3.66}$$

$$\operatorname{Div}\boldsymbol{B} := \boldsymbol{n}\cdot(\boldsymbol{B}^+ - \boldsymbol{B}^-) = 0\,, \tag{3.67}$$

$$\operatorname{Rot}\boldsymbol{B} := \boldsymbol{n}\times(\boldsymbol{B}^+ - \boldsymbol{B}^-) = \mu_0\boldsymbol{K}\,. \tag{3.68}$$

Die Operationen "Div" und "Rot" verlangen nur die Bildung einer Differenz. Sie ersetzen daher "div" und "rot" an Flächen, wo die jeweiligen Felder in Normalenrichtung nicht ableitbar sind.

Bei der Herleitung obiger Bedingungen wurde angenommen, daß nur Ladungen und Ströme in flächenhaften Verteilungen σ bzw. $\boldsymbol{K}$ vorliegen. Davon wird in den Standardanwendungen stets ausgegangen. An späterer Stelle (Kapitel 11) ergeben sich Beispiele, bei denen die Grenzbedingungen in obiger Form nicht gelten, weil eine der Größen $\boldsymbol{E}$, $\boldsymbol{B}$, $\partial\boldsymbol{E}/\partial t$ oder $\partial\boldsymbol{B}/\partial t$ "flächenhaft konzentriert" ist.

Zuletzt wird noch die zur differentiellen Kontinuitätsgleichung (2.23) gehörige Grenzbedingung formuliert:

$$\operatorname{Div}\boldsymbol{J} := \boldsymbol{n}\cdot(\boldsymbol{J}^+ - \boldsymbol{J}^-) = -\dot{\sigma}\,. \tag{3.69}$$

Das folgt in bekannter Weise, setzt aber voraus, daß in der Grenzfläche keine flächenhaften Ströme fließen, die in die Strombilanz einbezogen werden müßten.

3.7.4 Beispiele

Hier soll das Zusammenspiel der differentiellen Maxwell-Gleichungen mit den Grenzbedingungen vorgeführt werden.

a) Im Rahmen eines kartesischen Koordinatensystems sei der Bereich zwischen den Ebenen $z = z_0 > 0$ und $z = -z_0$ homogen mit Raumladung der Dichte ρ_0 erfüllt (s. Bild 3.24a). Jede der folgenden Symmetrieoperationen führt die Ladungsverteilung in sich über: eine beliebige Drehung um die z-Achse und beliebige Verschiebungen in x- oder y-Richtung. Das zur Ladungsverteilung gehörige elektrische Feld muß die gleichen Symmetrieeigenschaften haben. Daher gilt

$$E_x = E_y = 0\;, \quad \frac{\partial E_z}{\partial x} = \frac{\partial E_z}{\partial y} = 0\;,$$

d.h.

$$\boldsymbol{E} = E_z(z)\,\boldsymbol{e}_z\;.$$

Mit Gl. (3.1) folgt

$$\frac{\mathrm{d}E_z}{\mathrm{d}z} = \begin{cases} \dfrac{\rho_0}{\varepsilon_0}\,, & |\,z\,| < z_0 \\ 0\,, & |\,z\,| > z_0 \end{cases}$$

und somit

$$E_z = \begin{cases} k_1 \ , & z < -z_0 \\ \dfrac{\rho_0}{\varepsilon_0} z + k_2 \ , & |z| < z_0 \\ k_3 \ , & z > z_0 \ . \end{cases}$$

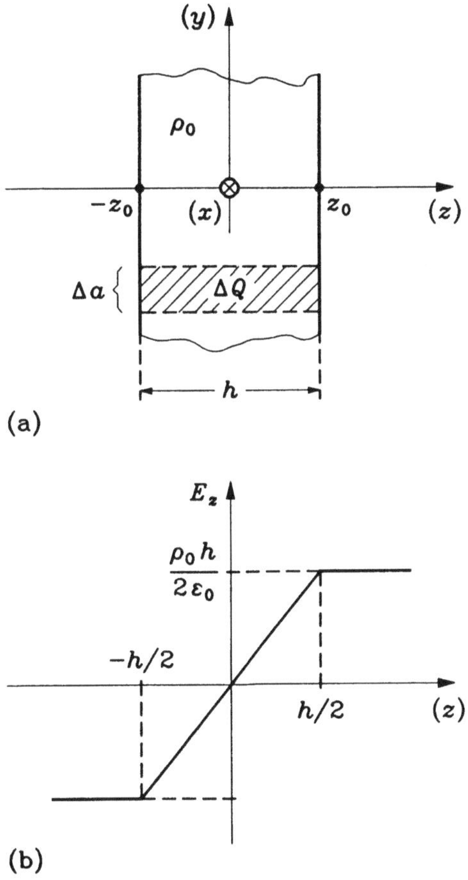

Bild 3.24

Die Integrationskonstanten k_1 und k_3 müssen die Beziehung

$$k_3 = -k_1$$

erfüllen, denn eine 180°-Drehung der Ladungsverteilung um die y-Achse führt die Ladungsverteilung und somit auch das zugehörige Feld in sich über. Da sich auf den Grenzflächen $z = \pm z_0$ keine Flächenladungen befinden sollen, ist E_z als Normalkomponente wegen Gl.

(3.65) dort stetig:

$$k_1 = -\frac{\rho_0}{\varepsilon_0} z_0 + k_2 \ ,$$

$$\frac{\rho_0}{\varepsilon_0} z_0 + k_2 = k_3 \ .$$

Löst man die drei letzten Gleichungen nach den drei Konstanten auf und berücksichtigt man $z_0 = h/2$ (s. Bild 3.24a), dann erhält man schließlich

$$\boldsymbol{E} = \frac{\rho_0 h}{2\varepsilon_0} \cdot \begin{cases} -\boldsymbol{e}_z \ , & z < -\frac{h}{2} \ , \\ \frac{2z}{h} \boldsymbol{e}_z \ , & |z| < \frac{h}{2} \ , \\ \boldsymbol{e}_z \ , & z > \frac{h}{2} \ . \end{cases}$$

Dieses Ergebnis ist in Bild 3.24b dargestellt.

Zusatz: Der in Bild 3.24a (repräsentativ herausgegriffene) durch Schraffur angedeutete z-parallele Zylinder mit der Höhe h und der Grundfläche Δa enthält die Ladung $\Delta Q = \rho_0 h \Delta a$. Bei einer "Kompression" $h \to 0$ mit fester Ladung ΔQ und fester Grundfläche Δa geht ρ_0 gegen unendlich, und es entsteht in der Ebene $z = 0$ eine flächenhafte Ladungsverteilung der gleichförmigen Dichte $\sigma_0 = \rho_0 h$. Das zugehörige Feld ist durch

$$\boldsymbol{E} = \pm \frac{\sigma_0}{2\varepsilon_0} \boldsymbol{e}_z \ , \quad z \gtrless 0 \tag{3.70}$$

gegeben (s. Bild 3.25), wie mit $h \to 0$ und $\sigma_0 = \rho_0 h = \text{const}$ aus dem letzten Ergebnis herzuleiten ist.

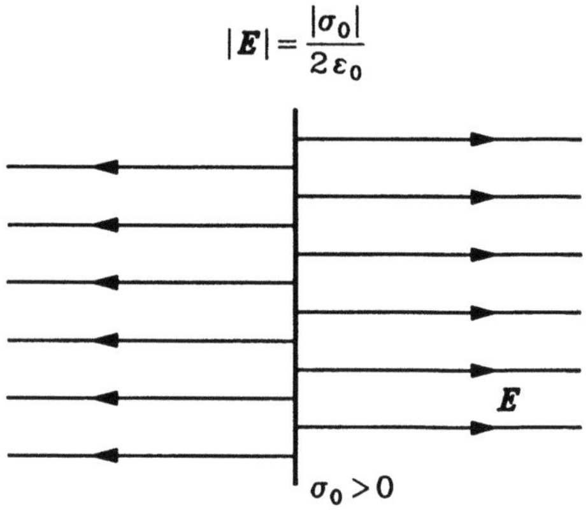

Bild 3.25

Verfolgt man diesen Übergang zur Flächenladung anhand des Bildes 3.24b, dann sieht man, wie es in diesem Fall zur Unstetigkeit der Normalkomponente von $\boldsymbol{E}$ gemäß Gl. (3.65) kommt.

b) Das zur Anordnung nach Bild 3.18 (Beispiel 3.6.1b) gehörige Magnetfeld soll jetzt erneut berechnet werden, und zwar im wesentlichen an Hand lokaler Beziehungen (Differentialgleichungen und Grenzbedingungen).

Als Ansatz kann der von Beispiel 3.6.1b übernommen werden, nämlich

$$\boldsymbol{B} = B_\alpha(\rho)\boldsymbol{e}_\alpha .$$

Anders jedoch als dort mit dem integralen Durchflutungsgesetz soll hier mit dessen differentieller Form (3.27) gerechnet werden, die unter den vorliegenden zeitunabhängigen Bedingungen ($\partial\boldsymbol{E}/\partial t = \boldsymbol{0}$) aus Gl. (3.28) folgt:

$$\operatorname{rot}\boldsymbol{B} = \mu_0 \boldsymbol{J} .$$

Die linke Seite dieser Beziehung geht mittels Gl. (1.58a) über in

$$\operatorname{rot}[B_\alpha(\rho)\boldsymbol{e}_\alpha] = \frac{1}{\rho}\frac{\mathrm{d}}{\mathrm{d}\rho}(\rho B_\alpha)\boldsymbol{e}_z ,$$

während die räumliche Stromdichte gemäß

$$\boldsymbol{J} = \begin{cases} \boldsymbol{0} , & \rho < R_1 , \\ J_0\,\boldsymbol{e}_z , & R_1 < \rho < R_2 , \\ \boldsymbol{0} , & R_2 < \rho \end{cases}$$

verteilt ist (die Flächenstromdichte wird später berücksichtigt). Bereichsweise ergeben sich also die Differentialgleichungen

$$\frac{\mathrm{d}}{\mathrm{d}\rho}(\rho B_\alpha) = \begin{cases} 0 , & \rho < R_1 , \\ \mu_0 J_0\,\rho , & R_1 < \rho < R_2 , \\ 0 , & R_2 < \rho . \end{cases}$$

Da J_0 eine Konstante ist, folgt

$$\rho B_\alpha = \begin{cases} k_1 , & \rho < R_1 , \\ \dfrac{\mu_0 J_0}{2}\rho^2 + k_2 , & R_1 < \rho < R_2 , \\ k_3 , & R_2 < \rho \end{cases}$$

mit den Integrationskonstanten k_1, k_2 und k_3.

Zur Bestimmung von k_1 wird (abweichend vom sonstigen Vorgehen in diesem Beispiel) die integrale Form (3.25) des Durchflutungsgesetzes herangezogen. Bei Anwendung auf einen Kreis um die z-Achse mit dem Radius $\rho < R_1$ ergibt sich

$$B_\alpha\, 2\pi\rho = 2\pi k_1 = 0 .$$

Dabei wurde zuerst $\oint \boldsymbol{B}\cdot\mathrm{d}\boldsymbol{r}$ ausgewertet, dann $\rho B_\alpha = k_1$ verwendet und zuletzt noch berücksichtigt, daß die vom Kreis umfaßte Stromstärke gleich null ist, solange $\rho < R_1$ gilt. Also folgt $k_1 = 0$ und damit das Zwischenergebnis

$$B_\alpha = \begin{cases} 0 & , \quad \rho < R_1 \ , \\ \dfrac{\mu_0 J_0}{2}\rho + \dfrac{k_2}{\rho} & , \quad R_1 < \rho < R_2 \ , \\ \dfrac{k_3}{\rho} & , \quad R_2 < \rho \ . \end{cases}$$

Die Konstanten k_2 und k_3 werden durch Anwendung der Grenzbedingung (3.68) auf die Flächen $\rho = R_1$ (mit $\boldsymbol{K} = \boldsymbol{0}$) und $\rho = R_2$ (mit $\boldsymbol{K} = K_0 \boldsymbol{e}_z$) bestimmt. Setzt man in beiden Fällen $\boldsymbol{n} = \boldsymbol{e}_\rho$, dann folgt

$$\boldsymbol{e}_\rho \times (B_\alpha^+ - B_\alpha^-)\boldsymbol{e}_\alpha = (B_\alpha^+ - B_\alpha^-)\boldsymbol{e}_z = \begin{cases} \boldsymbol{0} & , \ \rho = R_1 \ , \\ \mu_0 K_0 \boldsymbol{e}_z & , \ \rho = R_2 \ . \end{cases}$$

Nun gilt

$$B_\alpha^+(R_1) = \frac{\mu_0 J_0}{2} R_1 + \frac{k_2}{R_1} \ , \qquad B_\alpha^-(R_1) = 0$$

und

$$B_\alpha^+(R_2) = \frac{k_3}{R_2} \ , \qquad B_\alpha^-(R_2) = \frac{\mu_0 J_0}{2} R_2 + \frac{k_2}{R_2} \ ,$$

so daß schließlich die Bedingungen

$$\frac{\mu_0 J_0}{2} R_1 + \frac{k_2}{R_1} = 0 \ ,$$

$$\frac{k_3}{R_2} - \left(\frac{\mu_0 J_0}{2} R_2 + \frac{k_2}{R_2}\right) = \mu_0 K_0$$

erfüllt werden müssen. Die Berechnung von k_2, k_3 und des Endergebnisses für B_α bleibt dem Leser überlassen. Dieses Endergebnis muß mit dem in Beispiel 3.6.1b angegebenen übereinstimmen.

c) Im vorausgegangenen Beispiel war der Rechenaufwand größer als im Abschnitt 3.6.1b, wo die Integralform des Durchflutungsgesetzes angewendet wurde, weshalb man die Grenzbedingungen nicht benötigte. Das jetzige Beispiel soll zeigen, daß es auch Fälle wie etwa die Anordnung nach Bild 3.21 gibt, in denen man einfacher mit den einschlägigen Differentialgleichungen und Grenzbedingungen ans Ziel kommt.

Übernimmt man aus Abschnitt 3.6.1c den Ansatz

$$\boldsymbol{B} = B_x(z)\boldsymbol{e}_x + B_z(z)\boldsymbol{e}_z \ ,$$

dann folgt wegen $\operatorname{div} \boldsymbol{B}\,|_{z \neq 0} = 0$ und $\operatorname{rot} \boldsymbol{B}\,|_{z \neq 0} = \boldsymbol{0}$

$$\left.\frac{dB_z}{dz}\right|_{z \neq 0} = 0 \quad , \quad \left.\frac{dB_x}{dz}\right|_{z \neq 0} = 0 \ .$$

Beide $\boldsymbol{B}$-Komponenten sind also in den Halbräumen $z \gtrless 0$ jeweils konstant:

$$B_z = \begin{cases} k_1 \ , \ z > 0 \ , \\ -k_1 \ , \ z < 0 \ , \end{cases}$$

$$B_x = \begin{cases} k_2 \ , \ z > 0 \ , \\ -k_2 \ , \ z < 0 \ . \end{cases}$$

Dabei wurde schon berücksichtigt, daß nach einer 180°-Drehung des ebenen Flächenstroms um die y-Achse auch das von diesem erzeugte Magnetfeld genau so aussehen muß wie zuvor.

Als Normalkomponente zur Fläche $z = 0$ muß B_z dort stetig sein, was nur mit $k_1 = 0$ und folglich $B_z = 0$ zu erfüllen ist.

Als Tangentialkomponente muß $B_x \, \boldsymbol{e}_x$ für $z = 0$ die Grenzbedingung (3.68), d.h. hier

$$\boldsymbol{e}_z \times [k_2 - (-k_2)] \, \boldsymbol{e}_x = \mu_0 \, K_0 \, \boldsymbol{e}_y$$

erfüllen. Es folgt $k_2 = \mu_0 \, K_0/2$ und somit das gleiche Resultat wie in Gl. (3.45).

4 Elektrostatik

Wenn alle in den Maxwellschen Gleichungen auftretenden Größen zeitunabhängig sind, spricht man allgemein vom statischen Fall. Die Gln. (3.1) bis (3.4) gehen dann über in

$$\operatorname{div} \boldsymbol{E} = \frac{\rho}{\varepsilon_0} , \tag{4.1}$$

$$\operatorname{rot} \boldsymbol{E} = \boldsymbol{0} \tag{4.2}$$

einerseits und

$$\operatorname{div} \boldsymbol{B} = 0 , \qquad \operatorname{rot} \boldsymbol{B} = \mu_0 \boldsymbol{J}$$

andererseits.

Wie man sieht, besteht zwischen statischen elektrischen und statischen magnetischen Feldern kein unmittelbarer Zusammenhang, so daß sie getrennt behandelt werden können.

Die Gln. (4.1), (4.2) sind die Grundgleichungen der Elektrostatik, während das andere Gleichungspaar der Magnetostatik (Kapitel 6) zugrunde liegt.

Jede in der Gegenwart zeitunabhängige $(\rho, \boldsymbol{J})$-Verteilung wurde irgendwann früher "eingeschaltet". Dabei entstand eine "elektromagnetische Störung", welche sich *auch jetzt noch* in einiger Entfernung mit Lichtgeschwindigkeit nach allen räumlichen Richtungen ausbreitet. Nur in einer *endlichen* Umgebung der jetzt zeitunabhängigen $(\rho, \boldsymbol{J})$-Verteilung können daher auch $\boldsymbol{E}$ und $\boldsymbol{B}$ zeitunabhängig sein. Wartet man aber "genügend lange", dann ist diese Umgebung, in der statische Verhältnisse vorliegen, so groß, daß man sie für alle praktischen Zwecke als unendlich ausgedehnt ansehen kann. In diesem Sinne bedeutet "statisch", daß $\partial \boldsymbol{E}/\partial t = \boldsymbol{0}$ bzw. $\partial \boldsymbol{B}/\partial t = \boldsymbol{0}$ im *ganzen* Raum gilt.

Im Kapitel 8 wird die Ladungsdichte der Gl. (4.1) gemäß $\rho = \rho_f + \rho_{pol}$ in zwei Summanden zerlegt, die Dichte ρ_f der "freien" Ladungen und die Dichte ρ_{pol} derjenigen Ladungen, die durch Polarisation dielektrischer Körper entstanden sind. Diese Ladungen gehören dem dielektrischen Material an, und ihre Verteilung hängt von dessen speziellen Eigenschaften ab. Auch die Verteilung der freien Ladungen, etwa von Influenzladungen auf Metallkörpern, unterliegt oft materialspezifischen Bedingungen. Fragt man jedoch nicht danach, wie eine Ladungsverteilung entstanden ist, sondern nur danach, welches $\boldsymbol{E}$-Feld sie jeweils erzeugt, dann gibt es keinen Unterschied zwischen freien Ladungen und Polarisationsladungen, dann spielen Materialeigenschaften keine Rolle. Ein mikroskopischer Ladungsträger erzeugt nämlich sein Feld völlig unabhängig davon, zu welcher Sorte von Ladungen er gerade gehört.

Das vorliegende Kapitel behandelt die folgende Fragestellung: Gegeben sei eine irgendwie entstandene (zeitunabhängige) Ladungsverteilung; gesucht wird das zugehörige statische $\boldsymbol{E}$-Feld. Dabei treten, wie gerade erläutert, dielektrische Materialeigenschaften nicht explizit in

Erscheinung, denn ρ in Gl. (4.1) ist *einschließlich* des Summanden ρ_{pol} gemeint. Außerdem wird in diesem Kapitel die Energie elektrostatischer Felder berechnet.

4.1 Elektrostatisches Potential

Da die Gl. (4.2) im ganzen (einfach zusammenhängenden) Raum gelten soll, ist jedes statische elektrische Feld ein Gradientenfeld (vgl. Abschnitt 1.9.2b), und es existiert ein skalares Potential φ, so daß

$$\boldsymbol{E} = -\operatorname{grad}\varphi \tag{4.3}$$

gilt. Man nennt φ elektrostatisches Potential oder, wenn keine Mißverständnisse möglich sind, kurz Potential.

Ist die elektrische Feldstärke bekannt, dann kann das Potential im Punkt P entweder gemäß Gl. (1.46) aus dem *wegunabhängigen* Linienintegral

$$\varphi(P) = -\int_{P_0}^{P} \boldsymbol{E} \cdot \mathrm{d}\boldsymbol{r} \tag{4.4}$$

berechnet werden, wobei P_0 Bezugspunkt des Potentials heißt, oder aus Gl. (4.3) (vgl. Beispiel 1.9.3c).

Da der Gradient des Potentials und nicht dieses selbst die meßbare Größe ist, spielt die Wahl des Bezugspunktes P_0 physikalisch keine Rolle. Dementsprechend kann beim Lösen der Differentialgleichung (4.3) die Integrationskonstante beliebig gewählt werden.

Wie üblich wurde bei den vorausgehenden grundsätzlichen Überlegungen an Hand der differentiellen Maxwell-Gleichungen argumentiert. Bei vielen Aufgabenstellungen kann die erforderliche Differenzierbarkeit aber nur bereichsweise vorausgesetzt werden. Für die Grenzflächen zwischen diesen Bereichen müssen dann wieder geeignete Grenzbedingungen formuliert werden, die das Potential dort zu erfüllen hat. Diese lauten

$$\boldsymbol{n} \cdot (\nabla^+ \varphi - \nabla^- \varphi) = -\frac{\sigma}{\varepsilon_0} \quad , \tag{4.5}$$

$$\varphi^+ = \varphi^- \quad . \tag{4.6}$$

Dabei wurde die kürzere Schreibweise $\nabla^{\pm}\varphi$ der sinngemäßeren Schreibweise $(\nabla\varphi)^{\pm}$ vorgezogen. Die Bedingung (4.5) folgt unmittelbar aus den Gln. (3.65) und (4.3), während die Bedingung (4.6) eine Konsequenz der Gl. (4.4) ist. Danach ist nämlich das Potential eine *stetige* Funktion der oberen Integrationsgrenze P, selbst wenn die Normalkomponente von $\nabla\varphi$ an einer Grenzfläche unstetig sein sollte. (Von "Doppelschichten" und "Kontaktpotentialen" wird hier und im folgenden abgesehen; andernfalls muß Gl. (4.6) modifiziert werden.)

4.1.1 Beispiele

a) Als erstes einfaches, jedoch sehr wichtiges Beispiel soll das Potential einer im Ursprung ruhenden Punktladung q an Hand der Gl. (4.3) ermittelt werden (s. Bild 4.1). Die einfache Rechnung mittels Gl. (1.56b) zeigt, daß

$$-\operatorname{grad}\left(\frac{q}{4\pi\varepsilon_0 r}+k\right)=\frac{q}{4\pi\varepsilon_0 r^2}\,\boldsymbol{e}_r$$

gilt, wobei k eine beliebige Konstante ist. Da sich rechts die elektrische Feldstärke der Punktladung gemäß Gl. (2.27) ergibt, ist

$$\varphi(r)=\frac{q}{4\pi\varepsilon_0}\left(\frac{1}{r}-\frac{1}{r_0}\right) \tag{4.7a}$$

ein Potential zu diesem Feld. Hier wurde $k=-q/(4\pi\varepsilon_0 r_0)$ gesetzt, so daß $\varphi(r_0)=0$ wird. Meist rechnet man mit $r_0\to\infty$:

$$\varphi(r)=\frac{q}{4\pi\varepsilon_0 r}\ . \tag{4.7b}$$

Dieses auf die Fernkugel bezogene, d.h. dort gegen null gehende Potential ist gemeint, wenn von dem Punktladungspotential schlechthin gesprochen wird.

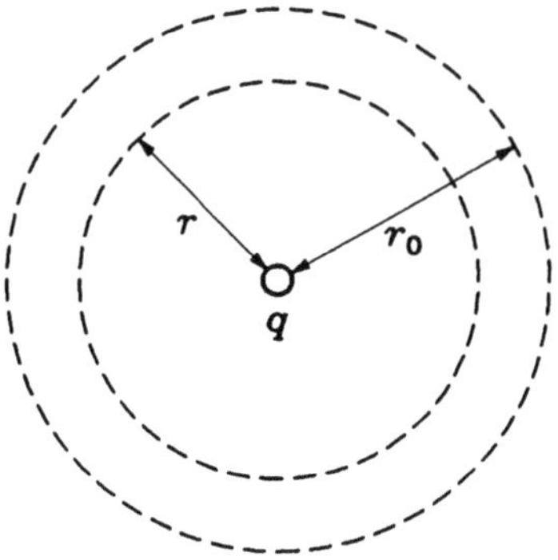

Bild 4.1

b) Die z-Achse sei von $-\infty$ bis $+\infty$ gleichförmig mit Linienladung der Dichte τ belegt (s. Bild 4.2). Zum Potential dieser Anordnung im Aufpunkt P trägt das Ladungselement $\tau\,\mathrm{d}z'$ gemäß Gl. (4.7a) mit

$$\mathrm{d}\varphi(P)=\frac{\tau\,\mathrm{d}z'}{4\pi\varepsilon_0}\left(\frac{1}{r'}-\frac{1}{r_0'}\right)$$

bei. Der gesamte Beitrag des endlichen Stücks Linienladung zwischen $-l$ und l ist also gegeben durch

$$\begin{aligned}\Delta\varphi(P)&=\frac{\tau}{4\pi\varepsilon_0}\int_{-l}^{l}\left(\frac{1}{\sqrt{\rho^2+z'^2}}-\frac{1}{\sqrt{\rho_0^2+z'^2}}\right)\mathrm{d}z'\\&=\frac{\tau}{4\pi\varepsilon_0}\ln\left[\frac{(l+\sqrt{\rho^2+l^2})(-l+\sqrt{\rho_0^2+l^2})}{(-l+\sqrt{\rho^2+l^2})(l+\sqrt{\rho_0^2+l^2})}\right]\\&=\frac{\tau}{2\pi\varepsilon_0}\ln\left[\frac{\rho_0(l+\sqrt{\rho^2+l^2})}{\rho(l+\sqrt{\rho_0^2+l^2})}\right]\ .\end{aligned}$$

Dabei wurde zuletzt die Beziehung

$$(\sqrt{\rho^2+l^2}+l)(\sqrt{\rho^2+l^2}-l)=\rho^2$$

benutzt (die auch mit ρ_0 an Stelle von ρ gilt) und der Exponent 2 als Faktor 2 vor den ln gezogen. Durch den Grenzübergang $l \to \infty$ ergibt sich schließlich das Potential der unendlich langen, geraden und gleichförmigen Linienladung:

$$\varphi(\rho)=\frac{\tau}{2\pi\varepsilon_0}\ln\frac{\rho_0}{\rho} \quad . \tag{4.8}$$

Ersichtlich muß hier der Bezugspunkt im Endlichen liegen, was vorab schon durch den Ansatz nach Gl. (4.7a) berücksichtigt wurde.

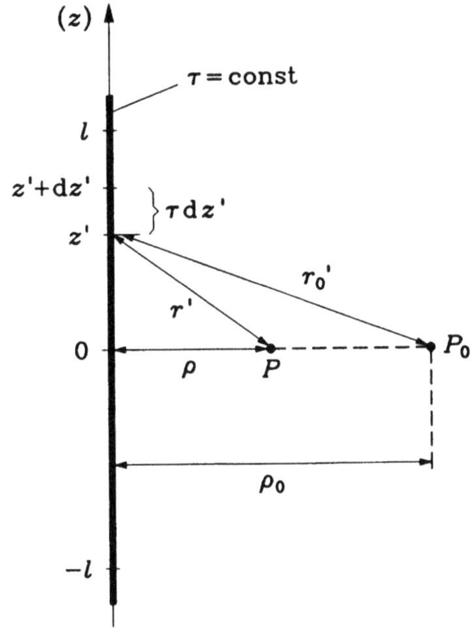

Bild 4.2

Die zugehörige elektrische Feldstärke folgt aus Gl. (4.8) an Hand der Gl. (4.3) mittels Gl. (1.56a):

$$\boldsymbol{E}=\frac{\tau}{2\pi\varepsilon_0\rho}\boldsymbol{e}_\rho \quad . \tag{4.9}$$

Das stimmt mit Gl. (2.9) überein, wenn man dort $\boldsymbol{E}=\boldsymbol{F}_q/q$ setzt.

4.1.2 Elektrische Spannung und Verschiebungsarbeit

Das im elektrostatischen Fall *wegunabhängige* Integral

$$U_{12} = \int_{P_1}^{P_2} \boldsymbol{E} \cdot \mathrm{d}\boldsymbol{r} = \int_{P_1}^{P_0} \boldsymbol{E} \cdot \mathrm{d}\boldsymbol{r} + \int_{P_0}^{P_2} \boldsymbol{E} \cdot \mathrm{d}\boldsymbol{r} = \varphi(P_1) - \varphi(P_2) \tag{4.10}$$

wird elektrische Spannung zwischen den Punkten P_1 und P_2 genannt. Sie hängt als Potentialdifferenz nicht vom Bezugspunkt P_0 ab.

Zwischen zwei Punkten gibt es immer zwei Spannungen, die gleichen Betrag aber verschiedenes Vorzeichen haben. Welche der beiden Möglichkeiten jeweils gemeint ist, kann wie in Gl. (4.10) durch einen Doppelindex gemäß der Reihenfolge der Integrationsgrenzen angegeben werden. In Zeichnungen benutzt man hierfür einen Zähl- oder Bezugspfeil, der vom Anfangs- zum Endpunkt des Integrationswegs zeigt (s. Bild 5.2). Diese Orientierung des Integrationsweges wird Bezugs- oder Zählrichtung genannt.

Man beachte, daß der Begriff der Spannung zwischen zwei Punkten seinen eindeutigen Sinn verliert, wenn das Linienintegral der elektrischen Feldstärke zwischen diesen Punkten bei nicht verschwindendem $\partial \boldsymbol{B}/\partial t$ wegabhängig ist.

Der Name "Spannung" ist unglücklich gewählt, denn die Potentialdifferenz zwischen P_1 und P_2 hat nichts zu tun mit mechanischen Spannungen zwischen diesen Punkten.

Elektrische Spannung und Verschiebungsarbeit im elektrostatischen Feld haben den im folgenden untersuchten Zusammenhang.

Bewegt sich eine Punktladung q vom Punkt P_1 zum Punkt P_2, so wird an ihr von der elektrischen Kraft die Arbeit

$$A_{el} = q \int_{P_1}^{P_2} \boldsymbol{E} \cdot \mathrm{d}\boldsymbol{r} = q\, U_{12}$$

geleistet. Geschieht diese Bewegung unter Kontrolle einer äußeren Kraft $\boldsymbol{F}_a$ in quasistatischer Weise, d.h. mit zu vernachlässigender Beschleunigung der Punktladung, dann heben sich die an ihr angreifenden Kräfte in jedem Augenblick auf. Es gilt also

$$\boldsymbol{F}_a + q\boldsymbol{E} = \boldsymbol{0} \ .$$

Daraus folgt für die von $\boldsymbol{F}_a$ geleistete Arbeit

$$A_a = -q\, U_{12} = q[\varphi(P_2) - \varphi(P_1)] \ . \tag{4.11}$$

Man beachte in diesem Zusammenhang folgende Redeweise: $\mathrm{d}A := \boldsymbol{F} \cdot \mathrm{d}\boldsymbol{r}$ heißt "die von der Kraft $\boldsymbol{F}$ während der Verschiebung $\mathrm{d}\boldsymbol{r}$ verrichtete (geleistete) Arbeit", und zwar auch dann, wenn das Skalarprodukt negativ ist! Positiver (negativer) Wert von $\mathrm{d}A$ bedeutet: Das System, von dem die betrachtete Kraft $\boldsymbol{F}$ ausgeht, gibt (nimmt) Energie vom Betrag $|\mathrm{d}A|$ ab (auf); das System, auf welches die betrachtete Kraft $\boldsymbol{F}$ einwirkt, nimmt (gibt) Energie vom Betrag $|\mathrm{d}A|$ auf (ab).

4.2 Elektrischer Dipol

Zwei Punktladungen q und $-q$ im festen Abstand l voneinander werden als statischer elektrischer Dipol bezeichnet. Ist $\boldsymbol{l}$ der von $-q$ nach q zeigende Vektor vom Betrag l (s. Bild 4.3a), so definiert

$$\boldsymbol{p} = q\,\boldsymbol{l} \tag{4.12}$$

das elektrische Dipolmoment $\boldsymbol{p}$. Es zeigt stets von der negativen zur positiven Ladung. Gibt man nämlich der Ladung q an der Spitze von $\boldsymbol{l}$ einen negativen Wert, so ist $\boldsymbol{p}$ nach Gl. (4.12) gegensinnig parallel zu $\boldsymbol{l}$.

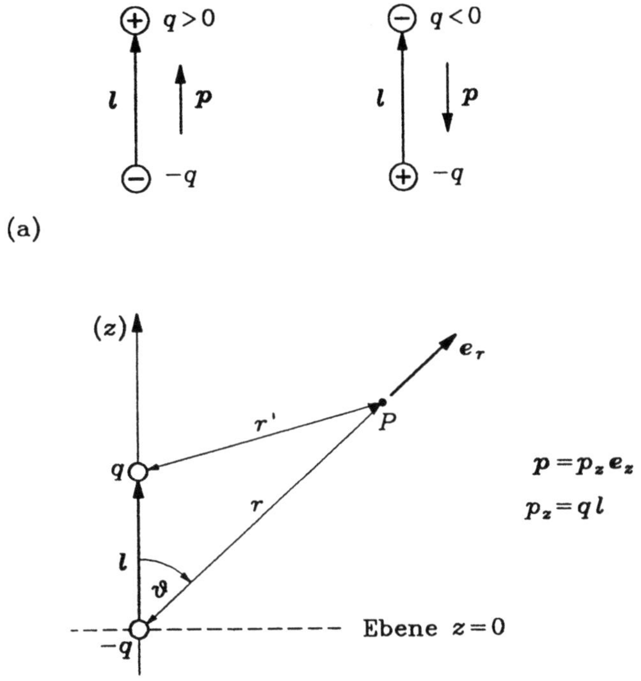

Bild 4.3

Das Potential, das der Dipol von Bild 4.3b im Aufpunkt P hervorruft, ergibt sich durch Superposition von zwei Punktladungspotentialen zu

$$\varphi(P) = \frac{1}{4\pi\varepsilon_0}\left(\frac{q}{r'} - \frac{q}{r}\right) = \frac{q}{4\pi\varepsilon_0}\,\frac{r-r'}{r\,r'} \quad .$$

Besonders interessiert hier der Fall, daß die Länge l des Dipols sehr klein ist im Vergleich zu seinem Abstand r vom Aufpunkt P. Unter dieser Voraussetzung gilt nach Bild 4.3b näherungsweise

$$r - r' = l\cos\vartheta \quad , \qquad r'r = r^2 \quad ,$$

so daß mit $ql = p_z$ und $\boldsymbol{p} = p_z\boldsymbol{e}_z$

$$\varphi(P) = \frac{q\,l\cos\vartheta}{4\pi\varepsilon_0 r^2} = \frac{\boldsymbol{p}\cdot\boldsymbol{e}_r}{4\pi\varepsilon_0 r^2} \tag{4.13}$$

folgt. Diese Näherung kann ohne Änderung des Dipolmomentes beliebig verbessert werden.

Man läßt dazu die beiden Punktladungen näher zusammenrücken und erhöht gleichzeitig ihren Betrag derart, daß $|q|l$ konstant bleibt. Bei dem durch

$$l \to 0 \;, \qquad \boldsymbol{p} = q\,\boldsymbol{l} = \mathbf{const} \tag{4.14}$$

definierten Grenzfall spricht man von einem Punktdipol. Für ihn gilt die Gl. (4.13) exakt.

Verglichen mit dem Potential einer Punktladung geht dasjenige eines Punktdipols mit wachsender Entfernung (bei fester Richtung) schneller, d.h. mit $1/r^2$ statt mit $1/r$, gegen null.

Aus dem Potential des Punktdipols kann jetzt mit Gl. (4.3) die zugehörige elektrische Feldstärke berechnet werden: In Kugelkoordinaten gilt nach Gl. (1.56b) allgemein

$$\operatorname{grad}\varphi = \frac{\partial\varphi}{\partial r}\,\boldsymbol{e}_r + \frac{1}{r\sin\vartheta}\,\frac{\partial\varphi}{\partial\alpha}\,\boldsymbol{e}_\alpha + \frac{1}{r}\,\frac{\partial\varphi}{\partial\vartheta}\,\boldsymbol{e}_\vartheta \;;$$

aus Gl. (4.13) in der Form

$$\varphi = \frac{p_z\cos\vartheta}{4\pi\varepsilon_0 r^2}$$

folgt hier

$$\frac{\partial\varphi}{\partial r} = -\frac{2p_z\cos\vartheta}{4\pi\varepsilon_0 r^3} \;, \qquad \frac{\partial\varphi}{\partial\alpha} = 0 \;, \qquad \frac{1}{r}\,\frac{\partial\varphi}{\partial\vartheta} = -\frac{p_z\sin\vartheta}{4\pi\varepsilon_0 r^3} \;;$$

man erhält also

$$\boldsymbol{E} = \frac{p_z}{4\pi\varepsilon_0 r^3}\,(2\cos\vartheta\,\boldsymbol{e}_r + \sin\vartheta\,\boldsymbol{e}_\vartheta) \;. \tag{4.15}$$

Das Bild 4.4, welches man sich rotationssymmetrisch bezüglich der Dipolachse ergänzt denke, zeigt Feldlinien und die Schnittlinien einiger Äquipotentialflächen (gestrichelt) mit der Zeichenebene. Diese Feldlinien werden folgendermaßen berechnet.

Der richtungsbestimmende vektorielle Faktor in Gl. (4.15) ist $(2\cos\vartheta\,\boldsymbol{e}_r + \sin\vartheta\,\boldsymbol{e}_\vartheta)$. Parallel dazu müssen alle Kurvenelemente $\mathrm{d}\boldsymbol{r}$ der gesuchten Feldlinien sein, wie das für beliebige Vektorfelder $\boldsymbol{F}(\boldsymbol{r})$ durch Gl. (1.1) ausgedrückt wird. Nach Gl. (1.53b) gilt in Kugelkoordinaten $\mathrm{d}\boldsymbol{r} = \mathrm{d}r\,\boldsymbol{e}_r + r\,\mathrm{d}\vartheta\,\boldsymbol{e}_\vartheta$, wobei $\mathrm{d}\alpha = 0$ gesetzt wurde, denn im vorliegenden Fall hat das Vektorfeld keine α-Komponente. Also verlaufen die Feldlinien in den Halbebenen $\alpha = \mathrm{const}$. Dort müssen sie die Bedingung (1.1), d.h. hier

$$(2\cos\vartheta\,\boldsymbol{e}_r + \sin\vartheta\,\boldsymbol{e}_\vartheta) \times (\mathrm{d}r\,\boldsymbol{e}_r + r\,\mathrm{d}\vartheta\,\boldsymbol{e}_\vartheta) = (2r\cos\vartheta\,\mathrm{d}\vartheta - \sin\vartheta\,\mathrm{d}r)\,\boldsymbol{e}_\alpha = \boldsymbol{0} \;,$$

also die Differentialgleichung

$$2r\cos\vartheta\,\mathrm{d}\vartheta = \sin\vartheta\,\mathrm{d}r$$

erfüllen. Nach der Substitution $\cos\vartheta\,\mathrm{d}\vartheta = \mathrm{d}(\sin\vartheta)$ kann sie auf die Form

$$\frac{\mathrm{d}r}{r} = 2\,\frac{\mathrm{d}(\sin\vartheta)}{\sin\vartheta}$$

gebracht werden, bei der die Variablen getrennt sind. Durch Integration erhält man zunächst

$$\ln r = \ln(\sin^2\vartheta) + \ln k \quad ,$$

wobei $\ln k$ die Integrationskonstante in geeigneter Schreibweise ist und r sowie k vorübergehend als dimensionslos angesehen werden. Wendet man auf beiden Seiten dieser Beziehung die Exponentialfunktion an, dann ergibt sich

$$r = k \sin^2\vartheta \quad .$$

Diese Gleichung beschreibt (in jeder Halbebene α = const) die Schar der Feldlinien mit dem Scharparameter k. Sie sind eiförmig mit der Spitze beim Dipol (s. Bild 4.4). Eine einzelne Linie, z.B. die durch den Punkt $(r_0, \vartheta_0, \alpha_0)$, erhält man so: Mit $k = r_0/\sin^2\vartheta_0$ berechnet man aus der letzten Gleichung die zu einer Reihe von ϑ-Werten gehörigen r-Werte und markiert diese Feldlinienpunkte in der Halbebene $\alpha = \alpha_0$.

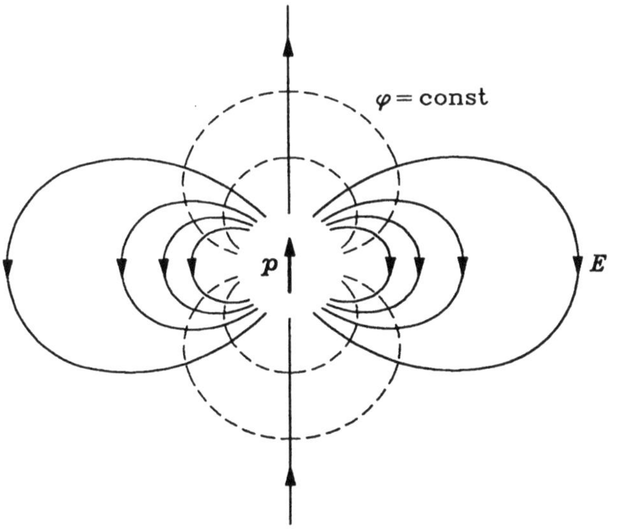

Bild 4.4

4.2.1 Kraft und Drehmoment auf elektrische Dipole im äußeren Feld

Die elektrischen Kräfte, die zwischen den Ladungen eines Dipols wirken, werden hier nicht betrachtet. Sie seien durch eine starre Verbindung kompensiert. In einem äußeren elektrischen Feld wirkt auf einen punktförmigen Dipol mit dem Moment $\boldsymbol{p} = q\,\Delta\boldsymbol{r}$ (s. Bild 4.5) als Ganzes die Kraft

$$\boldsymbol{F} = q\,[\boldsymbol{E}(\boldsymbol{r} + \Delta\boldsymbol{r}) - \boldsymbol{E}(\boldsymbol{r})] \quad . \tag{4.16}$$

Dreht man wie im Bild 4.5 das kartesische Koordinatenkreuz einfachheitshalber so, daß die x-Achse und die Dipolachse parallel sind ($\Delta\boldsymbol{r} = \Delta x\,\boldsymbol{e}_x$), dann gilt

$$\boldsymbol{F} = q\,[\boldsymbol{E}(x + \Delta x, y, z) - \boldsymbol{E}(x, y, z)]$$

und für hinreichend kleine $|\Delta x|$ näherungsweise

$$\boldsymbol{F} = q\left[\boldsymbol{E}(\boldsymbol{r}) + \left.\frac{\partial \boldsymbol{E}}{\partial x}\right|_{\boldsymbol{r}} \Delta x - \boldsymbol{E}(\boldsymbol{r})\right] = p_x \frac{\partial \boldsymbol{E}}{\partial x} \quad .$$

Dabei wurde zuletzt $p_x = q\,\Delta x$ für die x-Komponente von $\boldsymbol{p}$ gesetzt. Hat das Dipolmoment auch Komponenten in y- und z-Richtung, dann kommen die analog zu begründenden Summanden $p_y(\partial \boldsymbol{E}/\partial y)$ bzw. $p_z(\partial \boldsymbol{E}/\partial z)$ hinzu. Also gilt wegen Gl. (1.36g) koordinatenfrei

$$\boldsymbol{F} = (\boldsymbol{p} \cdot \nabla)\boldsymbol{E} \quad . \tag{4.17}$$

Diese Näherung wird bei dem zur Definition (4.14) analogen Grenzübergang ($\Delta \boldsymbol{r} \to \boldsymbol{0}$, $\boldsymbol{p} = q\,\Delta \boldsymbol{r} = \mathbf{const}$) immer besser. Für den Punktdipol gilt Gl. (4.17) also exakt.

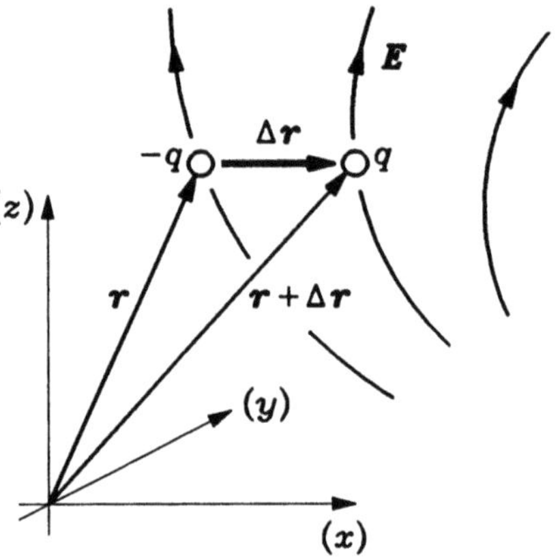

Bild 4.5

Die soeben berechnete Kraft auf einen Dipol kommt ersichtlich daher, daß die beiden entgegengesetzt gleichen Dipolladungen an verschiedenen Orten im Feld plaziert sind und daher Kräfte erfahren, die im allgemeinen nicht entgegengesetzt gleich sind. Die resultierende Kraft auf den Dipol ist dann von null verschieden. Nur in homogenen elektrischen Feldern ist diese Kraft unter allen Umständen gleich null. Beim Übergang zum Punktdipol ($\Delta \boldsymbol{r} \to \boldsymbol{0}$, $\boldsymbol{p} = q\,\Delta \boldsymbol{r} = \mathbf{const}$) wird die Differenz zwischen $\boldsymbol{E}(\boldsymbol{r} + \Delta \boldsymbol{r})$ und $\boldsymbol{E}(\boldsymbol{r})$ zwar immer geringer, sie muß aber nach Gl. (4.16) multipliziert werden mit einem immer größeren $|q|$, so daß der Grenzwert für $\boldsymbol{F}$ von null verschieden sein kann.

Jeder Dipol erfährt im elektrischen Feld auch ein Drehmoment. Mit den Bezeichnungen von Bild 4.5 ist das auf den Ursprung bezogene Drehmoment $\boldsymbol{T}$ gegeben durch

$$\begin{aligned}
\boldsymbol{T} &= q\,[(\boldsymbol{r} + \Delta \boldsymbol{r}) \times \boldsymbol{E}(\boldsymbol{r} + \Delta \boldsymbol{r}) - \boldsymbol{r} \times \boldsymbol{E}(\boldsymbol{r})] \\
&= q\,\boldsymbol{r} \times [\boldsymbol{E}(\boldsymbol{r} + \Delta \boldsymbol{r}) - \boldsymbol{E}(\boldsymbol{r})] + q\,\Delta \boldsymbol{r} \times \boldsymbol{E}(\boldsymbol{r} + \Delta \boldsymbol{r}) \\
&= \boldsymbol{r} \times \boldsymbol{F} + \boldsymbol{p} \times \boldsymbol{E}(\boldsymbol{r} + \Delta \boldsymbol{r}) \quad .
\end{aligned}$$

Dabei ist $\boldsymbol{F}$ die Gesamtkraft nach Gl. (4.16). Geht man wieder zum Punktdipol über, dann folgt mit Gl. (4.17)

$$T = r \times (p \cdot \nabla) E + p \times E \quad . \tag{4.18}$$

Für reale Dipole gilt diese Beziehung umso besser, je kleiner ihre räumliche Ausdehnung ist.

Ist ein Punktdipol an der Stelle $\boldsymbol{r}$ fixiert und dort frei (aber gedämpft) drehbar, dann geht er in die durch $\boldsymbol{p} \uparrow\uparrow \boldsymbol{E}(\boldsymbol{r})$ definierte stabile Ruhelage über. Hierfür (und für die instabile Gleichgewichtslage $\boldsymbol{p} \uparrow\downarrow \boldsymbol{E}$) ist der zweite Summand des Drehmoments nach Gl. (4.18) nämlich gleich null.

Bislang wurde kein Gebrauch davon gemacht, daß das $\boldsymbol{E}$-Feld im statischen Fall konservativ ist (rot $\boldsymbol{E} = \boldsymbol{0}$). Benutzt man diese Eigenschaft, dann können Dipolkräfte, wie Aufgabe 4.4 zeigen soll, auch anders als durch Gl. (4.17) dargestellt werden.

4.2.2 Beispiel

Ein elektrischer Dipol ist gemäß Bild 4.6 im Feld $\boldsymbol{E}^{(1)}$ der Punktladung q_1 fixiert. Der Vektor $\boldsymbol{r}_0$ trifft $\boldsymbol{l}$ senkrecht und genau in der Mitte. Die Einzelkräfte $\boldsymbol{F}_+$, $\boldsymbol{F}_-$ auf die Dipolladungen haben ersichtlich eine Resultierende parallel zu $\boldsymbol{l}$. Nach zweimaliger Anwendung des Coulomb-Gesetzes erhält man

$$\boldsymbol{F}_+ + \boldsymbol{F}_- = \frac{q_1 q}{4\pi\varepsilon_0}\left[\frac{(\boldsymbol{r}_0 + \boldsymbol{l}/2) - (\boldsymbol{r}_0 - \boldsymbol{l}/2)}{\sqrt{r_0^2 + l^2/4}^{\,3}}\right]$$

$$= \frac{q_1}{4\pi\varepsilon_0}\,\frac{\boldsymbol{p}}{\sqrt{r_0^2 + l^2/4}^{\,3}}$$

oder nach Übergang zum Punktdipol an der Stelle $\boldsymbol{r}_0$

$$\boldsymbol{F} = \lim_{\substack{l \to 0 \\ p \text{ fest}}} (\boldsymbol{F}_+ + \boldsymbol{F}_-) = \frac{q_1 \boldsymbol{p}}{4\pi\varepsilon_0 r_0^3} \quad .$$

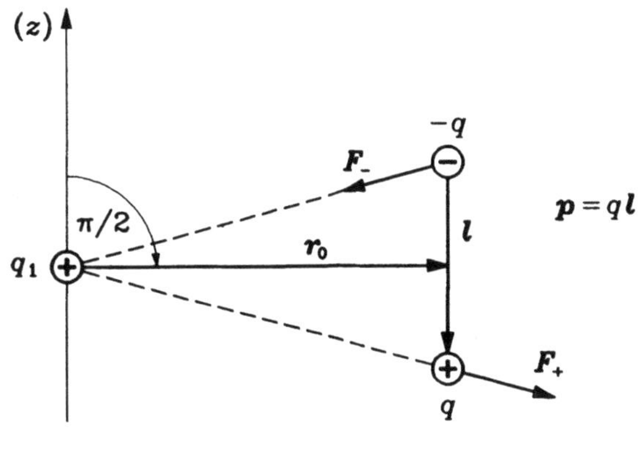

Bild 4.6

Diese Kraft kann auch mittels Gl. (4.17) berechnet werden. Wählt man zu diesem Zweck die z-Achse wie in Bild 4.6, dann gilt hier in Kugelkoordinaten

$$\boldsymbol{p} = p_\vartheta\, \boldsymbol{e}_\vartheta(\boldsymbol{r}_0), \qquad p_r = p_\alpha = 0,$$

und für den Punktdipol folgt mit den Gln. (4.17), (1.60b) und (1.52c)

$$\boldsymbol{F} = \left[\frac{1}{r} p_\vartheta \left(\frac{\partial \boldsymbol{E}^{(1)}}{\partial \vartheta}\right)\right]_{r_0} = \frac{p_\vartheta}{r_0} \frac{q_1}{4\pi\varepsilon_0 r_0^2} \left(\frac{\partial \boldsymbol{e}_r}{\partial \vartheta}\right)_{r_0} = \frac{q_1 p_\vartheta}{4\pi\varepsilon_0 r_0^3} \boldsymbol{e}_\vartheta(\boldsymbol{r}_0) = \frac{q_1 \boldsymbol{p}}{4\pi\varepsilon_0 r_0^3}$$

wie zuvor.

Könnte der Dipol dem Drehmoment $\boldsymbol{p} \times \boldsymbol{E}^{(1)}(\boldsymbol{r}_0)$ folgen, dann würde er sich feldparallel einstellen und in dieser Lage eine Kraft erfahren, die einen anderen Betrag und eine andere Richtung hat als die soeben berechnete (vgl. Aufgabe 4.4a).

4.2.3 Liniendipol

Zwei parallele unendlich lange Geraden, die mit Linienladungsdichten τ bzw. $-\tau$ gleichförmig belegt sind, bilden einen Liniendipol. Bild 4.7 zeigt nur die Durchstoßpunkte der Linienladungen durch die Zeichenebene, die zugleich xy-Ebene eines kartesischen Koordinatensystems ist, dessen z-Achse parallel zu den geladenen Linien verläuft. Die Lage des in der xy-Ebene variablen Punktes P kann wahlweise beschrieben werden durch Zylinderkoordinaten (ρ_1, α_1) oder (ρ_2, α_2), die sich ersichtlich auf die mit τ bzw. $-\tau$ belegte z-parallele Gerade beziehen. Von den zugehörigen Einheitsvektoren sind im Bild 4.7 nur $\boldsymbol{e}_{\rho 1}$ und $\boldsymbol{e}_{\alpha 1}$ dargestellt.

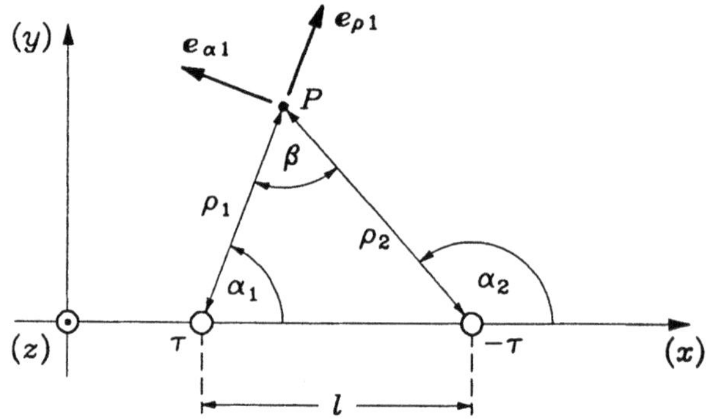

Bild 4.7

Die Superposition zweier Felder nach Gl. (4.9) liefert das hier vorliegende Feld

$$\boldsymbol{E} = \frac{\tau}{2\pi\varepsilon_0}\left(\frac{1}{\rho_1}\boldsymbol{e}_{\rho 1} - \frac{1}{\rho_2}\boldsymbol{e}_{\rho 2}\right). \tag{4.19}$$

Es hat keine z-Komponente und hängt nicht von z ab, ist also, wie man (nicht ganz zutreffend) sagt, "zweidimensional" oder "eben". Man kann sich daher bei der folgenden Feldlinienberechnung auf die xy-Ebene beschränken. Dort gilt für ein allgemeines Kurvenelement (mit $\mathrm{d}z = 0$)

$$\mathrm{d}\boldsymbol{r} = \mathrm{d}\rho_1 \boldsymbol{e}_{\rho 1} + \rho_1 \mathrm{d}\alpha_1 \boldsymbol{e}_{\alpha 1} = \mathrm{d}\rho_2 \boldsymbol{e}_{\rho 2} + \rho_2 \mathrm{d}\alpha_2 \boldsymbol{e}_{\alpha 2},$$

wobei man wahlweise die eine oder die andere Darstellung nehmen kann. Nützt man das aus, dann wird die Feldlinienberechnung mittels Gl. (1.1) ganz einfach:

$$\boldsymbol{E}\times \mathrm{d}\boldsymbol{r} = \frac{\tau}{2\pi\varepsilon_0}\left[\frac{\boldsymbol{e}_{\rho 1}}{\rho_1}\times(\mathrm{d}\rho_1\boldsymbol{e}_{\rho 1}+\rho_1\mathrm{d}\alpha_1\boldsymbol{e}_{\alpha 1}) - \frac{\boldsymbol{e}_{\rho 2}}{\rho_2}\times(\mathrm{d}\rho_2\boldsymbol{e}_{\rho 2}+\rho_2\mathrm{d}\alpha_2\boldsymbol{e}_{\alpha 2})\right]$$

$$= \frac{\tau}{2\pi\varepsilon_0}(\mathrm{d}\alpha_1 - \mathrm{d}\alpha_2)\boldsymbol{e}_z = \boldsymbol{0} \; .$$

Letzteres ist gleichbedeutend zu $\mathrm{d}(\alpha_1 - \alpha_2) = 0$ bzw. $\alpha_2 - \alpha_1 = \mathrm{const.}$ Der Punkt P durchläuft also genau dann eine Feldlinie, wenn dabei der Winkel $\alpha_2 - \alpha_1 = \beta$ (s. Bild 4.7) konstant bleibt. Nach einem bekannten geometrischen Satz sind somit alle Feldlinien Kreisbögen (gelegentlich auch Faßkreise genannt) über den beiden Linienladungen (Bild 4.8).

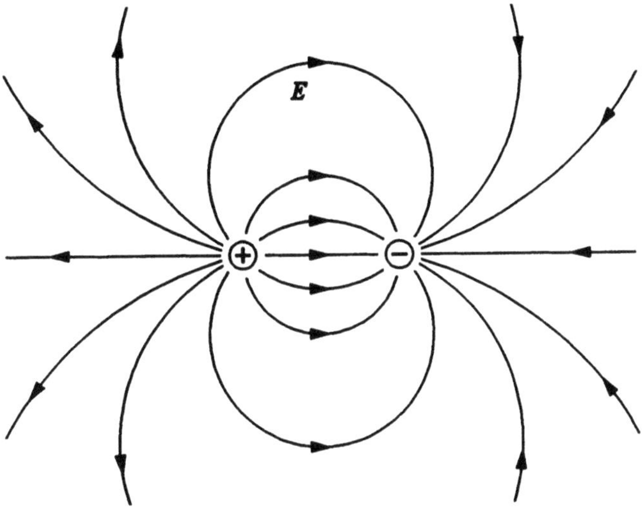

Bild 4.8

Die Berechnung der Potentiallinien (Schnittkurven der Äquipotentialflächen mit der xy-Ebene) erfolgt in Aufgabe 4.2.

4.3 Multipolentwicklung des Potentials

Gegeben seien N Punktladungen q_ν an den Stellen $\boldsymbol{r}_\nu$ ($\nu = 1, \ldots, N$). Dann ist

$$\varphi(\boldsymbol{r}) = \frac{1}{4\pi\varepsilon_0}\sum_{\nu=1}^{N}\frac{q_\nu}{|\boldsymbol{r}-\boldsymbol{r}_\nu|} \tag{4.20}$$

das Potentialfeld dieser Ladungsanordnung. Durch Entwicklung von

$$\frac{1}{|\boldsymbol{r}-\boldsymbol{r}_\nu|} = \frac{1}{r}\left(1 + \frac{r_\nu^2}{r^2} - \frac{2\boldsymbol{e}_r\cdot\boldsymbol{r}_\nu}{r}\right)^{-\frac{1}{2}}$$

($\boldsymbol{e}_r = \boldsymbol{r}/r$) in eine binomische Reihe erhält man

$$\frac{1}{|\boldsymbol{r}-\boldsymbol{r}_\nu|} = \frac{1}{r}\left[1 - \frac{1}{2}\left(\frac{r_\nu^2}{r^2} - \frac{2\boldsymbol{e}_r\cdot\boldsymbol{r}_\nu}{r}\right) + \frac{3}{8}\left(\frac{r_\nu^2}{r^2} - \frac{2\boldsymbol{e}_r\cdot\boldsymbol{r}_\nu}{r}\right)^2 \mp \cdots\right]$$

und nach Zusammenfassung gleicher Potenzen von $1/r$

$$\frac{1}{|\boldsymbol{r}-\boldsymbol{r}_\nu|} = \frac{1}{r} + \frac{\boldsymbol{e}_r\cdot\boldsymbol{r}_\nu}{r^2} + \frac{3(\boldsymbol{e}_r\cdot\boldsymbol{r}_\nu)^2 - r_\nu^2}{2r^3} + \cdots \quad . \tag{4.21}$$

Setzt man dies in die Ausgangsgleichung (4.20) ein, dann folgt

$$\varphi(\boldsymbol{r}) = \frac{1}{4\pi\varepsilon_0}\left[\frac{\sum\limits_{\nu=1}^{N} q_\nu}{r} + \frac{\boldsymbol{e}_r\cdot\sum\limits_{\nu=1}^{N} q_\nu\boldsymbol{r}_\nu}{r^2} + \frac{\sum\limits_{\nu=1}^{N} q_\nu\left[3(\boldsymbol{e}_r\cdot\boldsymbol{r}_\nu)^2 - r_\nu^2\right]}{2r^3} + \cdots\right]. \tag{4.22}$$

Diese Reihe konvergiert für $r > \max r_\nu$, also außerhalb einer Kugel um den Ursprung, von der die gesamte Ladungsanordnung eingeschlossen wird.

Betrachtet man also eine beliebige, jedoch im Endlichen liegende Punktladungsanordnung aus größerer Entfernung, so ist ihr Potential in erster Näherung gleich demjenigen einer Punktladung im Nullpunkt mit dem Wert der Gesamtladung

$$Q = \sum_{\nu=1}^{N} q_\nu \quad . \tag{4.23}$$

In zweiter Näherung kommt dazu das Potential eines ebenfalls im Nullpunkt plazierten Punktdipols mit dem Dipolmoment

$$\boldsymbol{p} = \sum_{\nu=1}^{N} q_\nu\boldsymbol{r}_\nu \quad , \tag{4.24}$$

wie ein Vergleich des zweiten Gliedes der Reihenentwicklung mit Gl. (4.13) ergibt.

Das dritte Glied der Reihenentwicklung entspricht, wie sich zeigen läßt, dem Potential eines sogenannten Punktquadrupols.

Entsprechend lassen sich "höhere Multipole" einführen, deren Potentiale den weiteren in Gl. (4.22) nicht explizit angeschriebenen Gliedern entsprechen. Je nach gewünschter Genauigkeit kann dann eine räumlich begrenzte Ladungsanordnung durch endlich viele Punktmultipole im Nullpunkt ersetzt werden (eine Punktladung wird in diesem Zusammenhang als Monopol bezeichnet).

Das durch Gl. (4.24) definierte Dipolmoment einer Punktladungsverteilung ist im allgemeinen von der Ursprungswahl abhängig. Der Leser überzeuge sich davon, daß dies dann nicht der Fall ist, wenn die Gesamtladung nach Gl. (4.23) verschwindet. Das wichtigste Beispiel hierfür ist der elektrische Dipol. Sein Dipolmoment wurde durch die Gl. (4.12) definiert, die sich hier als Spezialfall der Gl. (4.24) erweist.

4.4 Poissonsche Differentialgleichung

Kombiniert man die Gln. (4.3) und (4.1), dann ergibt sich (wegen Gl. (1.20))

$$\nabla^2\varphi = -\frac{\rho}{\varepsilon_0} \quad , \tag{4.25}$$

die (skalare) Poisson-Gleichung der Elektrostatik (vgl. Abschnitt 1.10.1). Sie ist zusammen mit $\boldsymbol{E} = -\nabla\varphi$ gleichwertig zum System (4.1), (4.2). Dort sind drei skalare Funktionen (die Komponenten von $\boldsymbol{E}$) gesucht. Hier wird nur eine skalare Funktion (das Potential φ) gesucht. Allerdings ist die Poisson-Gleichung eine partielle Differentialgleichung zweiter Ordnung (das System (4.1), (4.2) ist nur von erster Ordnung). Der rechnerische Vorteil, nur eine Funktion bestimmen zu müssen, wird dadurch gelegentlich wieder aufgehoben.

4.4.1 Beispiel

Betrachtet wird die homogen geladene Kugel nach Bild 3.16, wobei aber jetzt $\sigma_0 = 0$ sein soll.

Wegen der Kugelsymmetrie kann angenommen werden, daß das Potential nur von r abhängt, so daß die linke Seite der Gl. (4.25) in Kugelkoordinaten die Form

$$\nabla^2\varphi(r) = \frac{1}{r}\,\frac{\mathrm{d}^2}{\mathrm{d}r^2}[r\,\varphi(r)] \qquad (r \neq 0)$$

hat. Dabei wurde die Gl. (1.59c) benutzt. Die rechte Seite der Gl. (4.25) nimmt innerhalb der Kugel den konstanten Wert $-\rho_0/\varepsilon_0$ an und springt bei $r = R$ unstetig auf den Wert null außerhalb der Kugel. Dementsprechend muß also bereichsweise

$$\frac{\mathrm{d}^2}{\mathrm{d}r^2}(r\varphi) = \begin{cases} -\dfrac{\rho_0}{\varepsilon_0}r \ , & r < R \ , \\ 0 \ , & R < r \ , \end{cases}$$

gelöst werden. Mit vier Integrationskonstanten A, B, C und D folgt ersichtlich

$$r\varphi = \begin{cases} -\dfrac{\rho_0}{6\,\varepsilon_0}r^3 + A\,r + B \ , & r < R \ , \\ C\,r + D \ , & R < r \ , \end{cases}$$

bzw.

$$\varphi = \begin{cases} -\dfrac{\rho_0}{6\,\varepsilon_0}r^2 + A + \dfrac{B}{r} \ , & r < R \ , \\ C + \dfrac{D}{r} \ , & R < r \ . \end{cases}$$

Da φ auf die Fernkugel bezogen sein soll, für $r \to \infty$ also verschwinden muß, ist $C = 0$ zu setzen. Für sehr kleine Werte von r, also dicht beim Kugelmittelpunkt dominiert der Term B/r. Obwohl das Rechnen in Kugelkoordinaten $r \neq 0$ voraussetzt, muß die erhaltene Lösung für das Potential die Poisson-Gleichung im gesamten Innenraum der Kugel, insbesondere im Ursprung erfüllen. Da aber differenzierbare Funktionen keine Singularitäten aufweisen, muß $B = 0$ sein.

Die noch offenen Konstanten A und D werden jetzt durch Anwendung der Grenzbedingungen (4.5) und (4.6) bezüglich der Kugeloberfläche ($r = R$) ermittelt. Dabei wird

$\boldsymbol{n} = \boldsymbol{e}_r$ gewählt. Dann gilt im einzelnen

$$\boldsymbol{e}_r \cdot \nabla^+ \varphi = -\frac{D}{R^2} \;, \qquad \boldsymbol{e}_r \cdot \nabla^- \varphi = -\frac{\rho_0}{3\,\varepsilon_0} R \;,$$

$$\varphi^+ = \frac{D}{R} \;, \qquad \varphi^- = A - \frac{\rho_0}{6\,\varepsilon_0} R^2 \;.$$

Die Bedingung (4.5) verlangt die Gleichheit der ersten beiden Ausdrücke, denn hier soll $\sigma = \sigma_0 = 0$ sein:

$$D = \frac{\rho_0}{3\,\varepsilon_0} R^3 = \frac{Q_0}{4\,\pi\,\varepsilon_0} \;,$$

wenn man auf die Gesamtladung $Q_0 = \rho_0 4\,\pi R^3/3$ umrechnet. Mit der Bedingung (4.6) folgt schließlich

$$A = \frac{\rho_0}{2\,\varepsilon_0} R^2 \;.$$

Das Endresultat lautet also

$$\varphi = \begin{cases} \dfrac{\rho_0}{6\,\varepsilon_0}(3R^2 - r^2) \;, & r < R \;, \qquad (4.26a) \\[2ex] \dfrac{\rho_0 R^3}{3\,\varepsilon_0 r} = \dfrac{Q_0}{4\,\pi\,\varepsilon_0 r} \;, & R < r \;. \qquad (4.26b) \end{cases}$$

Bildet man hiervon $-\nabla\varphi$, dann ergibt sich das $\boldsymbol{E}$-Feld aus Beispiel 3.6.1a für $\sigma_0 = 0$.

4.4.2 Lösung für eine im Endlichen liegende Ladungsverteilung

Das zu einer (zeitunabhängigen) Raumladungsverteilung $\rho(\boldsymbol{r}')$ (s. Bild 4.9) gehörende Potentialfeld $\varphi(\boldsymbol{r})$ läßt sich (wenigstens prinzipiell) durch Überlagerung differentieller Punktladungsbeiträge

$$\mathrm{d}\,\varphi(\boldsymbol{r}) = \frac{\rho(\boldsymbol{r}')\,\mathrm{d}V'}{4\,\pi\,\varepsilon_0\,|\boldsymbol{r} - \boldsymbol{r}'|}$$

berechnen:

$$\varphi(\boldsymbol{r}) = \frac{1}{4\,\pi\,\varepsilon_0} \iiint \frac{\rho(\boldsymbol{r}')}{|\boldsymbol{r} - \boldsymbol{r}'|}\,\mathrm{d}V' \;. \qquad (4.27)$$

Das gilt auch für Aufpunkte $\boldsymbol{r}$ innerhalb der ρ-Verteilung. Bei der räumlichen Integration durchläuft zwar die Integrationsvariable $\boldsymbol{r}'$ dann auch den Aufpunkt $\boldsymbol{r}$, so daß dort der Integrand unendlich wird. Es kann aber gezeigt werden, daß das in diesem Fall uneigentliche Integral konvergiert und das so berechnete Potential genügend oft differenzierbar ist, wenn die Funktion $\rho(\boldsymbol{r}')$ "hinreichend anständig ist". Was das genau heißt, kann der interessierte Leser bei O.D. Kellogg (Stichwort "Hölder condition") nachlesen.

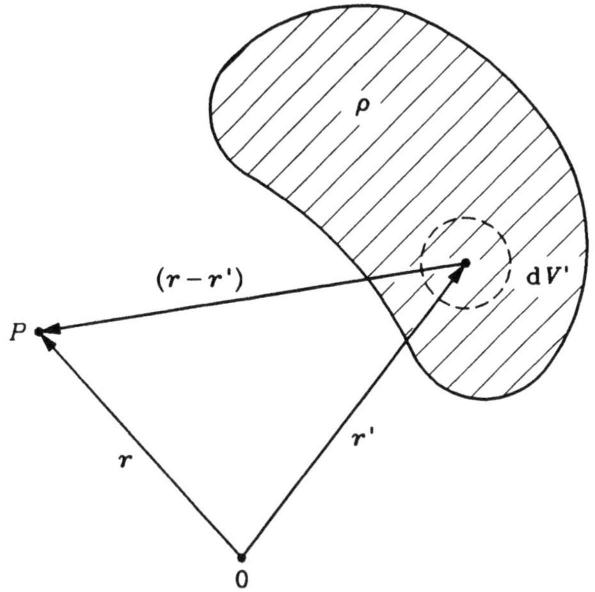

Bild 4.9

Das Integral in Gl. (4.27) wird erst recht uneigentlich, wenn die Ladungsdichte in einem unendlichen Bereich ungleich null ist. Über die Konvergenz des Integrals muß dann von Fall zu Fall entschieden werden. Daher wird hier vorausgesetzt, daß die Raumladungsdichte außerhalb einer genügend großen Kugel um den Ursprung identisch verschwindet. Dann gibt es bezüglich der Konvergenz keine Probleme.

Physikalisch besteht kaum ein Zweifel daran, daß die nach Gl. (4.27) berechnete Potentialfunktion die Poisson-Gleichung (4.25) löst. Trotzdem soll das auch formal gezeigt werden. Dazu wendet man auf beide Seiten der Gl. (4.27) den Laplace-Operator an und benutzt die Gl. (1.73a):

$$\begin{aligned} \nabla^2 \varphi(\boldsymbol{r}) &= \frac{1}{4\pi\varepsilon_0} \iiint \rho(\boldsymbol{r}')\nabla^2 \frac{1}{|\boldsymbol{r}-\boldsymbol{r}'|}\,\mathrm{d}V' \\ &= \frac{-1}{\varepsilon_0} \iiint \rho(\boldsymbol{r}')\,\delta(|\boldsymbol{r}-\boldsymbol{r}'|)\,\mathrm{d}V' \\ &= -\frac{\rho(\boldsymbol{r})}{\varepsilon_0} \quad . \end{aligned}$$

Da der ungestrichene Laplace-Operator nur auf die ungestrichene Variable $\boldsymbol{r}$ wirkt, durfte er unter das Integral und dort an der von $\boldsymbol{r}'$ abhängigen Ladungsdichte vorbeigezogen werden. Mit der "Ausblendeigenschaft" der δ-Funktion ergibt sich, wie zu zeigen war, die Poisson-Gleichung.

Natürlich stellt die Potentialfunktion nach Gl. (4.27) nur eine partikuläre Lösung der Poissonschen Differentialgleichung dar, denn jede Lösung φ_h der zugehörigen homogenen Differentialgleichung

$$\nabla^2 \varphi = 0 \quad , \tag{4.28}$$

der sogenannten Laplace-Gleichung, ergibt in der Kombination

$$\varphi(\boldsymbol{r}) = \frac{1}{4\pi\varepsilon_0} \iiint \frac{\rho(\boldsymbol{r}')}{|\boldsymbol{r}-\boldsymbol{r}'|} \, \mathrm{d}V' + \varphi_h(\boldsymbol{r}) \tag{4.29}$$

wieder eine Lösung der Poisson-Gleichung, da diese linear ist.

Vor der Diskussion des "homogenen" Lösungsanteils φ_h wird aus der Hilfsfunktion $\varphi(\boldsymbol{r})$ die meßbare Größe $\boldsymbol{E}(\boldsymbol{r})$ berechnet:

$$\begin{aligned} \boldsymbol{E}(\boldsymbol{r}) &= -\nabla\varphi(\boldsymbol{r}) \\ &= -\frac{1}{4\pi\varepsilon_0} \iiint \rho(\boldsymbol{r}') \nabla \frac{1}{|\boldsymbol{r}-\boldsymbol{r}'|} \, \mathrm{d}V' - \nabla\varphi_h(\boldsymbol{r}) \\ &= \frac{1}{4\pi\varepsilon_0} \iiint \rho(\boldsymbol{r}') \frac{(\boldsymbol{r}-\boldsymbol{r}')}{|\boldsymbol{r}-\boldsymbol{r}'|^3} \, \mathrm{d}V' - \nabla\varphi_h(\boldsymbol{r}) \ . \end{aligned} \tag{4.30}$$

Dabei wurde mit dem ungestrichenen Nablaoperator so verfahren wie oben mit dem ungestrichenen Laplace-Operator und Gl. (1.69a) angewendet.

Der erste Summand rechts vom letzten Gleichheitszeichen ist leicht zu verstehen als Überlagerung der von den Ladungselementen $\rho(\boldsymbol{r}')\mathrm{d}V'$ erzeugten differentiellen Coulomb-Felder. Damit ist aber das von der Ladungsverteilung hervorgerufene Gesamtfeld bereits gegeben, denn Coulomb-Felder sind die einzigen in der Umgebung von (ruhenden) Punktladungen feststellbaren $\boldsymbol{E}$-Felder. Da außer den bisher betrachteten keine anderen Ladungen vorhanden sein sollen, muß also unter dieser Voraussetzung $\nabla\varphi_h = \mathbf{0}$, d.h. $\varphi_h =$ const gelten. Von den beliebig vielen Lösungen der Laplace-Gleichung ist hier somit aus physikalischen Gründen nur $\varphi_h =$ const zugelassen, wobei noch willkürlich const = 0 gesetzt werden soll. Dann ist das Potential nach Gl. (4.29) mit $\varphi_h = 0$ auf die Fernkugel bezogen, denn für $r \to \infty$ strebt das Integral mindestens wie $1/r$ gegen null. Das folgt physikalisch aus der Überlegung, daß jede endliche Ladungsverteilung aus genügend großer Entfernung wie eine Punktladung (eventuell vom Wert null) aussieht. Formal beweist man das durch eine Multipolentwicklung des Integrals nach Vorbild des Abschnitts 4.3.

Zusammenfassend kann man jetzt sagen:

$$\varphi(\boldsymbol{r}) = \frac{1}{4\pi\varepsilon_0} \iiint \frac{\rho(\boldsymbol{r}')}{|\boldsymbol{r}-\boldsymbol{r}'|} \, \mathrm{d}V' \tag{4.31}$$

ist die einzige physikalisch interessante Lösung der Poisson-Gleichung (4.25), falls bei der Integration *alle* vorhandenen Ladungen (die im Endlichen liegen sollen) erfaßt werden und das Potential auf die Fernkugel bezogen wird. Die elektrische Feldstärke ist gegeben durch

$$\begin{aligned} \boldsymbol{E}(\boldsymbol{r}) &= -\frac{1}{4\pi\varepsilon_0} \nabla \iiint \frac{\rho(\boldsymbol{r}')}{|\boldsymbol{r}-\boldsymbol{r}'|} \, \mathrm{d}V' \\ &= \frac{1}{4\pi\varepsilon_0} \iiint \rho(\boldsymbol{r}') \frac{(\boldsymbol{r}-\boldsymbol{r}')}{|\boldsymbol{r}-\boldsymbol{r}'|^3} \, \mathrm{d}V' \ . \end{aligned} \tag{4.32}$$

Das ist die physikalisch interessierende Lösung der elektrostatischen Grundgleichungen (3.1), (3.2) bei vollständig gegebener Raumladungsdichte im ganzen Raum.

4.4.3 Eindeutigkeit der Lösung bei allgemeinen Potentialproblemen

Aufgabenstellungen, bei denen, wie im letzten Abschnitt angenommen, die Ladungsverteilung vollständig vorgegeben ist, sind vergleichsweise selten. Bei vielen Potentialproblemen sitzen alle oder ein Teil der felderzeugenden Ladungen am Rand des Lösungsgebietes, und zwar in unbekannter Verteilung, wie z.B. die Influenzladungen auf Metallkörpern in einem äußeren elektrischen Feld. Zu einer vollständigen Aufgabenstellung gehört dann die Formulierung von Randbedingungen für das Potential, so daß trotz zumindest teilweiser Unkenntnis der Ladungsverteilung nur ein einziges Potential (eventuell bis auf eine additive Konstante) als Lösung des Problems in Frage kommt. Solche Randbedingungen werden jetzt formal hergeleitet, obwohl sie erst im nächsten Kapitel physikalisch interpretiert werden.

In einem Gebiet G mit der Randfläche S sei eine Raumladungsdichte ρ vorgegeben, und φ_1, φ_2 seien Lösungen der Poisson-Gleichung in G. Dann ist dort

$$\tilde{\varphi} := \varphi_1 - \varphi_2$$

eine Lösung der Laplace-Gleichung:

$$\nabla^2 \tilde{\varphi} = \nabla^2 \varphi_1 - \nabla^2 \varphi_2 = -\frac{1}{\varepsilon_0}(\rho - \rho) = 0 \ . \tag{4.33}$$

Mit $U = \tilde{\varphi}$ folgt aus Gl. (1.26) (Spezialfall des ersten Greenschen Satzes)

$$\iiint_G \left[\tilde{\varphi}\,\nabla^2 \tilde{\varphi} + (\nabla \tilde{\varphi})^2\right] \mathrm{d}V = \oint\!\!\!\oint_S (\tilde{\varphi}\,\nabla \tilde{\varphi}) \cdot \mathrm{d}\boldsymbol{a}$$

und hieraus wegen Gl. (4.33)

$$\iiint_G (\nabla \tilde{\varphi})^2\, \mathrm{d}V = \oint\!\!\!\oint_S (\tilde{\varphi}\,\nabla \tilde{\varphi}) \cdot \mathrm{d}\boldsymbol{a} \ .$$

Angenommen, es gilt

$$\oint\!\!\!\oint_S (\tilde{\varphi}\,\nabla \tilde{\varphi}) \cdot \mathrm{d}\boldsymbol{a} = 0 \ , \tag{4.34}$$

dann würde aus

$$\iiint_G (\nabla \tilde{\varphi})^2\, \mathrm{d}V = 0 \ ,$$

da der Integrand nicht negativ werden kann,

$$\nabla \tilde{\varphi} \equiv \mathbf{0}$$

bzw.

$$\varphi_1 - \varphi_2 = \text{const} \qquad (\text{überall in } G)$$

folgen. Es wäre dann das Potential bis auf eine Konstante, die bei der Berechnung der elektrischen Feldstärke keine Rolle spielt, eindeutig bestimmt.

Jeder der folgenden vier Punkte beinhaltet eine hinreichende Bedingung dafür, daß Gl. (4.34) erfüllt ist.

(a) (Dirichletsche Randbedingung). Das Potential ist auf der Randfläche S vorgeschrieben. Dann muß dort $\varphi_1 \equiv \varphi_2$ bzw. $\tilde{\varphi} \equiv 0$ gelten, und Gl. (4.34) ist erfüllt.

(b) (Neumannsche Randbedingung). Die Normalkomponente des Potentialgradienten ist auf S vorgeschrieben. Dann muß dort $\nabla\varphi_1 \cdot \boldsymbol{n}\,\mathrm{d}a = \nabla\varphi_2 \cdot \boldsymbol{n}\,\mathrm{d}a$ bzw. $\nabla\tilde{\varphi} \cdot \boldsymbol{n}\,\mathrm{d}a = 0$ gelten, und Gl. (4.34) ist erfüllt.

(c) Das Potential soll einen beliebigen, aber konstanten Wert auf S haben. Gleichzeitig soll das über S erstreckte Hüllenintegral des Potentialgradienten einen vorgeschriebenen Wert besitzen. Dann muß auf der Randfläche sowohl $\tilde{\varphi} \equiv \varphi_1 - \varphi_2 = \text{const}$ als auch $\oint\!\!\oint_S \nabla\tilde{\varphi} \cdot \mathrm{d}\boldsymbol{a} = \oint\!\!\oint_S (\nabla\varphi_1 - \nabla\varphi_2) \cdot \mathrm{d}\boldsymbol{a} = 0$ gelten, und Gl. (4.34) ist erfüllt.

(d) Die Fläche S in Gl. (4.34) sei jetzt die Fernkugel. Das Potential soll dort mindestens wie $1/r$ abnehmen. Folglich nimmt $\boldsymbol{n} \cdot \nabla\varphi$ dort mindestens wie $1/r^2$ ab. Da auch $\tilde{\varphi}$ diese Forderungen erfüllt, falls φ_1 und φ_2 das tun, und der Inhalt der Kugeloberfläche nur wie r^2 zunimmt, geht die linke Seite der Gl. (4.34) mindestens wie $1/r$ gegen null, wenn sich S der Fernkugel nähert.

Damit ist jetzt folgendes Ergebnis gefunden: *Eine Lösung der Poisson-Gleichung, welche eine der vier genannten Randbedingungen erfüllt, ist bis auf eine additive Konstante eindeutig.* Im Falle der Randbedingungen a und d ist diese Konstante gleich null, weil die Randwerte des Potentials festgelegt sind.

Besteht die Randfläche S aus mehreren Teilflächen, dann kann auf jeder von ihnen gesondert irgendeine der Randbedingungen a bis c verlangt werden. Gehört die Fernkugel dazu, dann wird man dort die Bedingung d stellen.

Die Überlegungen in diesem Abschnitt haben zweifache Bedeutung. Sie zeigen einerseits, durch welche Größen ein elektrostatisches Problem der betrachteten Art eindeutig spezifiziert ist, und daß deshalb durch die Vorgabe weiterer Daten das Problem überbestimmt, d.h. im allgemeinen unlösbar wird. Andererseits kann man sich auf die Eindeutigkeit berufen, wenn man auf irgendeine Weise, und sei es durch Probieren, eine Lösung gefunden hat. Hierzu folgt ein einfaches Beispiel.

4.4.4 Beispiel

Eine Hüllfläche S umschließe einen ladungsfreien Bereich G. Das Potential soll auf S den konstanten Wert φ_0 annehmen. Es ist also die Laplace-Gleichung

$$\nabla^2 \varphi = 0 \qquad (\text{in } G)$$

zu lösen, so daß

$$\varphi = \varphi_0 \qquad (\text{überall auf } S)$$

gilt. Nimmt man versuchsweise an, daß auch

$$\varphi = \text{const} = \varphi_0 \qquad (\text{überall in } G)$$

gilt, dann erhält man eine Lösung der Laplace-Gleichung, die zudem die geforderte Dirichletsche Randbedingung erfüllt. Es ist damit die einzige Lösung.

Diese Situation wird realisiert durch einen ladungsfreien Hohlraum innerhalb eines stromlosen (und ruhenden) Metallkörpers (vgl. Abschnitt 5.5). Da dann die Grenze Hohlraum - Metall eine Äquipotentialfläche ist, herrscht im ganzen Hohlraum, wie soeben gezeigt, das gleiche konstante Potential. Folglich ist dort die elektrische Feldstärke überall gleich null (Faraday-Käfig). Man beachte: Ladungen auf der äußeren Oberfläche des Metallkörpers oder im Außenraum beeinflussen zwar den Wert der Konstante φ_0, nicht jedoch die Aussage $\boldsymbol{E} \equiv \boldsymbol{0}$ im ladungsfreien Hohlraum.

4.5 Zwei Verfahren zur Lösung der Laplace-Gleichung

Die Lösung der Poisson-Gleichung unter bestimmten Randbedingungen kann immer zurückgeführt werden auf die Lösung der Laplace-Gleichung unter entsprechend modifizierten Randbedingungen. Das soll im Anschluß gezeigt werden, bevor dann zwei Lösungsverfahren der Laplace-Gleichung besprochen werden. Dabei wird, um die mathematische Allgemeinheit der Verfahren hervorzuheben (wobei physikalische Dimensionen keine Rolle spielen), nicht mit dem elektrostatischen Potential gerechnet, sondern mit einer dimensionslosen Funktion $U(\boldsymbol{r})$, die das folgende allgemeine Poisson-Dirichletsche Problem lösen soll:

$$\nabla^2 U(\boldsymbol{r}) = f(\boldsymbol{r}) \qquad (\boldsymbol{r} \text{ in } G) \ , \tag{4.35a}$$

$$U(\boldsymbol{r}) = U_S(\boldsymbol{r}) \qquad (\boldsymbol{r} \text{ auf } S) \ . \tag{4.35b}$$

Dabei sind die ebenfalls dimensionslosen Funktionen $f(\boldsymbol{r})$ und $U_S(\boldsymbol{r})$ im Bereich G bzw. auf dessen Randfläche S vorgegeben.

Da, wie aus Abschnitt 4.4.2 zu entnehmen,

$$U_p(\boldsymbol{r}) = -\frac{1}{4\pi} \iiint_G \frac{f(\boldsymbol{r}')}{|\boldsymbol{r} - \boldsymbol{r}'|} \, \mathrm{d}V' \tag{4.36}$$

eine partikuläre Lösung der Gl. (4.35a) ist, muß noch die Lösung $U_h(\boldsymbol{r})$ der zugehörigen homogenen Gleichung so gefunden werden, daß $U = U_p + U_h$ die Randbedingung (4.35b) erfüllt. Es ist also letztlich die Laplace-Gleichung

$$\nabla^2 U_h(\boldsymbol{r}) = 0 \qquad (\boldsymbol{r} \text{ in } G) \tag{4.37a}$$

unter der Dirichletschen Randbedingung

$$U_h(\boldsymbol{r}) = U_S(\boldsymbol{r}) - U_p(\boldsymbol{r}) \qquad (\boldsymbol{r} \text{ auf } S) \tag{4.37b}$$

zu lösen.

4.5.1 Separation der Variablen bei kartesischen Koordinaten

Einen allgemeinen Weg zur Lösung des Systems (4.37a,b) in einem beliebig vorgegebenen Bereich G gibt es nicht. Wenn aber die Randfläche von G oder deren Teile mit Koordinatenflächen eines im allgemeinen krummlinigen Koordinatensystems (das sind Flächen, auf denen eine Koordinate konstant ist) zusammenfallen, ist es in vielen wichtigen Fällen (s. Moon/Spencer) möglich, durch sogenannte Separation der Variablen die Laplace-Gleichung zu lösen. Zu den Koordinatensystemen, die hierfür geeignet sind, zählen kartesische, zylindrische und sphärische (s. etwa K. Simonyi oder Wunsch/Schulz). Am Beispiel kartesischer Koordinaten soll jetzt gezeigt werden, wie die genannte Variablentrennung erreicht wird und welche Lösungen der Laplace-Gleichung sich als Folge daraus ergeben.

Die Laplace-Gleichung in kartesischen Koordinaten lautet gemäß Gl. (1.19)

$$\frac{\partial^2 U}{\partial x^2} + \frac{\partial^2 U}{\partial y^2} + \frac{\partial^2 U}{\partial z^2} = 0 \ . \tag{4.38}$$

Von allen Lösungen dieser Gleichung interessieren hier diejenigen, die sich als Produkt dreier nur von jeweils einer Koordinate abhängigen Funktionen darstellen lassen, da sich damit die erwünschte Separation der Variablen erreichen läßt. Man macht also den folgenden Produktansatz:

$$U(x,y,z) = U_1(x)U_2(y)U_3(z) \ . \tag{4.39}$$

Nach Einsetzen in Gl. (4.38) und Division durch dieses Produkt erhält man

$$\frac{1}{U_1}\frac{\mathrm{d}^2 U_1}{\mathrm{d}x^2} + \frac{1}{U_2}\frac{\mathrm{d}^2 U_2}{\mathrm{d}y^2} + \frac{1}{U_3}\frac{\mathrm{d}^2 U_3}{\mathrm{d}z^2} = 0 \ . \tag{4.40}$$

Differenziert man jetzt auf beiden Seiten nach x, so folgt

$$\frac{\mathrm{d}}{\mathrm{d}x}\left(\frac{1}{U_1}\frac{\mathrm{d}^2 U_1}{\mathrm{d}x^2}\right) = 0$$

und hieraus

$$\frac{\mathrm{d}^2 U_1}{\mathrm{d}x^2} + k_1^2 U_1 = 0 \ . \tag{4.41a}$$

Dabei ist k_1 eine reelle oder imaginäre Integrationskonstante. In analoger Weise findet man

$$\frac{\mathrm{d}^2 U_2}{\mathrm{d}y^2} + k_2^2 U_2 = 0 \tag{4.41b}$$

und

$$\frac{\mathrm{d}^2 U_3}{\mathrm{d}z^2} + k_3^2 U_3 = 0 \ . \tag{4.41c}$$

Damit ist die partielle Differentialgleichung (4.38) in drei gewöhnliche Differentialgleichungen separiert, die jeweils nur von einer Koordinate abhängen. Die Konstanten k_1, k_2 und k_3 heißen Separationskonstanten. Sie unterliegen wegen Gl. (4.40) der Bedingung

$$k_1^2 + k_2^2 + k_3^2 = 0 \ . \tag{4.42}$$

Die Lösungen der drei Differentialgleichungen (4.41a-c) lauten

$$U_1(x) = A_1 \sin k_1 x + B_1 \cos k_1 x \ , \tag{4.43a}$$

$$U_2(y) = A_2 \sin k_2 y + B_2 \cos k_2 y \quad , \tag{4.43b}$$

$$U_3(z) = A_3 \sin k_3 z + B_3 \cos k_3 z \quad . \tag{4.43c}$$

Hierbei sind die A_i und B_i weitere Konstanten.

Löst man Gl. (4.42) beispielsweise nach k_3 auf und setzt das Ergebnis in Gl. (4.43c) ein, dann erhält man

$$U_3(z) = A_3' \sinh\left(z\sqrt{k_1^2 + k_2^2}\right) + B_3 \cosh\left(z\sqrt{k_1^2 + k_2^2}\right) \tag{4.43c'}$$

mit $A_3' := \mathrm{j}\, A_3$, denn es gilt allgemein

$$\sin \mathrm{j}a = \mathrm{j} \sinh a \quad , \qquad \cos \mathrm{j}a = \cosh a$$

für komplexes, insbesondere auch reelles a. Setzt man mit beliebig gewählten Konstanten die durch die Gln. (4.43a-c) gegebenen Funktionen in den Ansatz (4.39) ein, dann erhält man eine Lösung der Laplace-Gleichung. Lassen sich nun durch geeignete Linearkombination solcher Lösungen (die Laplace-Gleichung ist linear) die Randbedingungen eines gegebenen Problems erfüllen, dann hat man damit die (eindeutige!) Lösung dieses Problems gefunden. Hierzu folgt ein Beispiel.

4.5.2 Beispiel

Bild 4.10 zeigt einen Quader, in dessen Innerem diejenige Lösung U der Laplace-Gleichung gesucht ist, die auf dem schraffierten Teil der Begrenzungsfläche den konstanten Wert $U_0 \neq 0$ annimmt und auf den übrigen Teilen der Randfläche verschwindet. Alle Teilstücke der Randfläche fallen mit Koordinatenflächen des zu Grunde liegenden kartesischen Koordinatensystems zusammen. Zur Lösung des Problems wird deshalb die Separation der Variablen in kartesischen Koordinaten herangezogen, wie sie im vorausgegangenen Abschnitt durchgeführt wurde. Dort wurden partikuläre Lösungen der Laplace-Gleichung gefunden, aus denen hier durch geeignete Konstantenwahl die gesuchte Lösung aufgebaut wird.

Setzt man

$$A_1 = A_2 = A_3' = 1 \quad ,$$

$$B_1 = B_2 = B_3 = 0$$

und

$$k_1 = \frac{m\,\pi}{x_0} \qquad (m = 1, 2, \dots)$$

bzw.

$$k_2 = \frac{n\,\pi}{y_0} \qquad (n = 1, 2, \dots)$$

in die Gln. (4.43a,b,c') ein, so erfüllt

$$U_{m,n} = \sin\left(\frac{m\,\pi}{x_0}x\right) \sin\left(\frac{n\,\pi}{y_0}y\right) \sinh\left(z\sqrt{\left(\frac{m\,\pi}{x_0}\right)^2 + \left(\frac{n\,\pi}{y_0}\right)^2}\right)$$

die Randbedingungen auf den Flächen $x = 0, y = 0, z = 0, x = x_0$ und $y = y_0$.

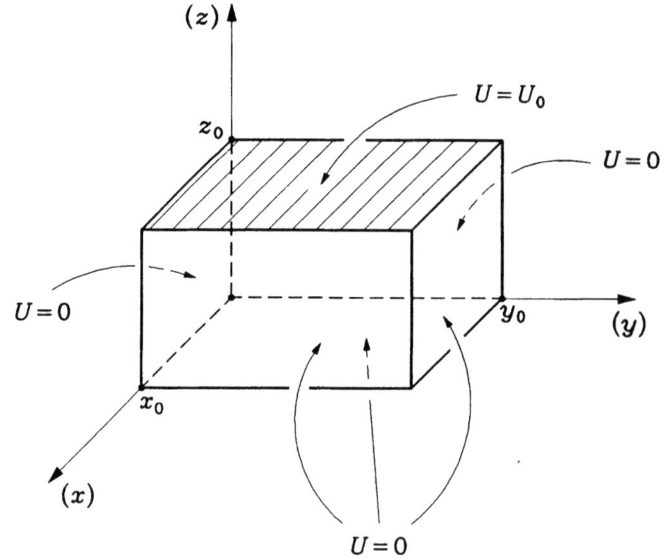

Bild 4.10

Wenn man nun die endgültige Lösung als Doppelreihe

$$U = \sum_{m=1}^{\infty} \sum_{n=1}^{\infty} C_{m,n} \, U_{m,n}$$

mit den Konstanten $C_{m,n}$ ansetzt, so befriedigt auch sie die Randbedingungen auf den gerade aufgezählten Flächen. Die $C_{m,n}$ sind so zu bestimmen, daß auf der einzigen noch nicht berücksichtigten Fläche $z = z_0$ die Bedingung

$$U_0 = \sum_{m=1}^{\infty} \sum_{n=1}^{\infty} C_{m,n} \sin\left(\frac{m\pi}{x_0} x\right) \sin\left(\frac{n\pi}{y_0} y\right) \sinh\left(z_0 \sqrt{\left(\frac{m\pi}{x_0}\right)^2 + \left(\frac{n\pi}{y_0}\right)^2}\right)$$

bzw.

$$1 = \sum_{m=1}^{\infty} \sum_{n=1}^{\infty} \frac{C_{m,n} \sinh\left(z_0 \sqrt{\left(\frac{m\pi}{x_0}\right)^2 + \left(\frac{n\pi}{y_0}\right)^2}\right)}{U_0} \sin\left(\frac{m\pi}{x_0} x\right) \sin\left(\frac{n\pi}{y_0} y\right)$$

erfüllt wird. Hierzu benutzt man die Tatsache, daß die im Bild 4.11 dargestellten periodischen Funktionen $g_1(x)$ bzw. $g_2(y)$ die folgenden Fourierreihen besitzen:

$$\left.\begin{aligned} g_1(x) &= \frac{4}{\pi} \sum_{\mu=1}^{\infty} \frac{1}{\mu} \sin\left(\frac{\mu\pi}{x_0} x\right) \quad , \\ g_2(y) &= \frac{4}{\pi} \sum_{\nu=1}^{\infty} \frac{1}{\nu} \sin\left(\frac{\nu\pi}{y_0} y\right) \quad . \end{aligned}\right\} \quad (\mu, \nu \text{ ungerade})$$

Es gilt also

$$g_1(x)\,g_2(y) = \sum_{\mu=1}^{\infty}\sum_{\nu=1}^{\infty} \frac{16}{\pi^2\,\mu\,\nu}\,\sin\!\left(\frac{\mu\,\pi}{x_0}x\right)\sin\!\left(\frac{\nu\,\pi}{y_0}y\right) \ .$$

Ferner gilt

$$g_1(x)\,g_2(y) = 1$$

für alle Punkte $(x\,,y)$ mit

$$0 < x < x_0 \quad \text{und} \quad 0 < y < y_0 \ .$$

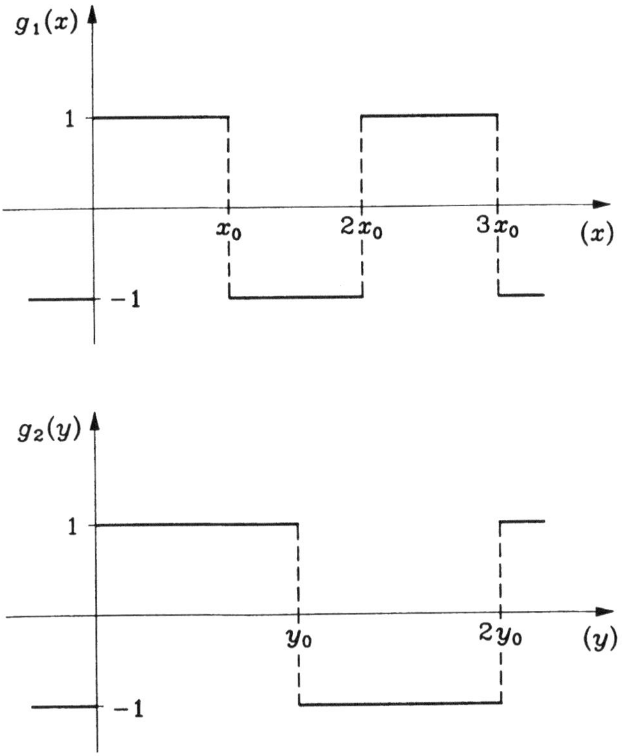

Bild 4.11

Da diese Voraussetzung im betrachteten Beispiel erfüllt ist, folgt schließlich durch Koeffizientenvergleich

$$C_{m,n} = \begin{cases} \dfrac{16\,U_0}{\pi^2\,m\,n\,\sinh\!\left(z_0\sqrt{\left(\dfrac{m\,\pi}{x_0}\right)^2 + \left(\dfrac{n\,\pi}{y_0}\right)^2}\right)} & , \quad \text{falls } m \text{ und } n \text{ ungerade}, \\[2ex] 0 & , \quad \text{andernfalls}. \end{cases}$$

Mit diesen Werten für die Konstanten $C_{m,n}$ sind alle Randbedingungen erfüllt und die (einzige!) Lösung gefunden.

4.5.3 Methode der finiten Differenzen, Relaxationsverfahren

Läßt sich ein elektrostatisches Randwertproblem nicht analytisch lösen, dann müssen numerische Methoden herangezogen werden (ein Überblick und weitere Literaturangaben finden sich bei Ch. Hafner). Einfach ist die Methode der finiten Differenzen, die in diesem Abschnitt an Hand des zweidimensionalen Falles erläutert werden soll, aber auch auf dreidimensionale Probleme angewendet werden kann. Die zweidimensionale Laplace-Gleichung lautet

$$\frac{\partial^2 U}{\partial x^2} + \frac{\partial^2 U}{\partial y^2} = 0 \ . \tag{4.44}$$

Entwickelt man $U(x,y)$ in eine Taylor-Reihe und bricht diese nach den Gliedern zweiter Ordnung ab, so erhält man

$$U(x+\Delta x, y+\Delta y) = U(x,y) + \frac{\partial U}{\partial x}\Delta x + \frac{\partial U}{\partial y}\Delta y + \frac{1}{2}\frac{\partial^2 U}{\partial x^2}\Delta x^2 + \frac{1}{2}\frac{\partial^2 U}{\partial y^2}\Delta y^2 + \frac{\partial^2 U}{\partial x\,\partial y}\Delta x\,\Delta y \ . \tag{4.45}$$

Es seien nun wie im Bild 4.12a fünf Punkte herausgegriffen. Dann ergibt die Anwendung der Gl. (4.45) auf die Punkte 1, 2, 3 und 4

$$U_1 = U_0 + \frac{\partial U}{\partial x}h + \frac{1}{2}\frac{\partial^2 U}{\partial x^2}h^2 \ ,$$

$$U_2 = U_0 + \frac{\partial U}{\partial y}h + \frac{1}{2}\frac{\partial^2 U}{\partial y^2}h^2 \ ,$$

$$U_3 = U_0 - \frac{\partial U}{\partial x}h + \frac{1}{2}\frac{\partial^2 U}{\partial x^2}h^2 \ ,$$

$$U_4 = U_0 - \frac{\partial U}{\partial y}h + \frac{1}{2}\frac{\partial^2 U}{\partial y^2}h^2 \ .$$

Dabei sind die $U_\nu (\nu = 0,1,2,3,4)$ die Werte von $U(x,y)$ in den entsprechenden Punkten. Durch Addition der obigen Gleichungen folgt

$$U_1 + U_2 + U_3 + U_4 = 4U_0 + \left(\frac{\partial^2 U}{\partial x^2} + \frac{\partial^2 U}{\partial y^2}\right)h^2$$

und wegen Gl. (4.44) schließlich

$$U_0 = \frac{1}{4}(U_1 + U_2 + U_3 + U_4) \ . \tag{4.46}$$

Das Potential im Punkt 0 ist also näherungsweise gleich dem Mittelwert der Potentiale in den Nachbarpunkten 1, 2, 3 und 4.

Das weitere Vorgehen wird an einem einfachen Beispiel erläutert.

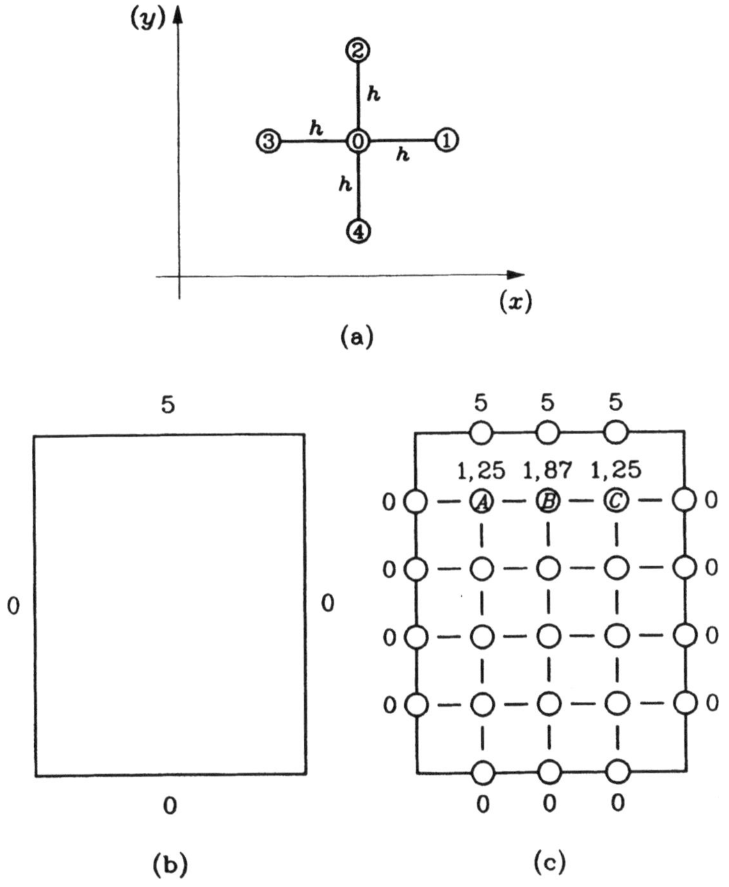

Bild 4.12

Gesucht sei eine Näherungslösung der zweidimensionalen Laplace-Gleichung innerhalb eines Rechteckbereiches mit den im Bild 4.12b angegebenen Randwerten. Dieser Bereich wird, wie im Bild 4.12c gezeigt, mit einem quadratischen Netz überdeckt, und die Randpunkte erhalten die den vorgegebenen Randbedingungen entsprechenden Werte. Nun könnte man auf jeden inneren Knotenpunkt die Gl. (4.46) anwenden. Das ergäbe ein lineares Gleichungssystem für die unbekannten U-Werte dieser Knoten. Da man es im allgemeinen mit sehr vielen Unbekannten zu tun hat, ist es im Hinblick auf den Rechenaufwand günstiger, wenn man das Gleichungssystem nicht direkt auflöst, sondern ein Iterationsverfahren anwendet, und zwar das sogenannte Relaxationsverfahren. Es wird im folgenden auf das betrachtete Beispiel angewendet.

Jedem inneren Knotenpunkt des Netzes von Bild 4.12c wird ein beliebiger Anfangswert, hier der Wert null, zugeordnet. Sodann wird auf Knoten A die Gl. (4.46) angewendet und der "verbesserte" Wert

$$U_A = \frac{1}{4}(5 + 0 + 0 + 0) = 1{,}25$$

berechnet. Durch diesen Wert wird der vorhergehende, in diesem speziellen Fall die Null, ersetzt. Da der Knoten C symmetrisch zu A liegt, erhält auch er diesen Wert zugeordnet. Im nächsten Schritt wird Gl. (4.46) auf den Knoten B angewendet und ein neuer Wert ermittelt unter Verwendung der vorher verbesserten Werte der Nachbarknoten:

$$U_B = \frac{1}{4}(5 + 1{,}25 + 0 + 1{,}25) = 1{,}87 \quad .$$

Nach diesem Schema durchläuft man das ganze Netz mehrmals und zwar solange, bis die gewünschte Genauigkeit erzielt ist. Das Verfahren konvergiert stets, wie auch die Anfangswerte gewählt sind.

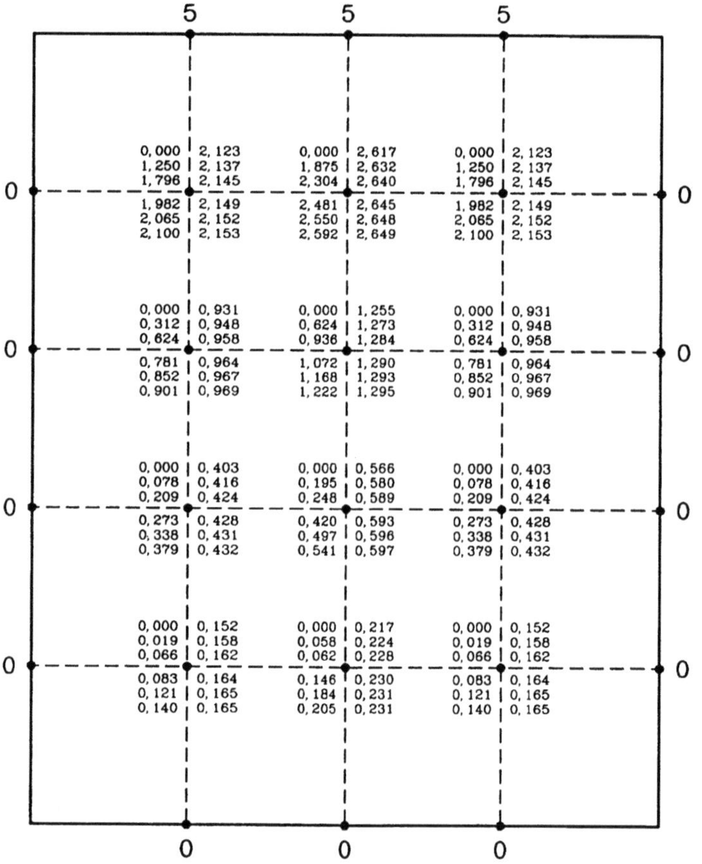

Bild 4.13

Im Bild 4.13 sind bei jedem Knoten die Werte angegeben, die bei elfmaligem Durchlaufen des Netzes errechnet wurden. Das Verfahren wurde abgebrochen, als sich die letzte Stelle nur noch um höchstens zwei Einheiten änderte. Die so gewonnene Näherung müßte durch

Verringerung der Maschenweite noch wesentlich verbessert werden, bevor man wie im Bild 4.14 Linien gleicher Werte von U darstellen kann.

Auf das vorliegende Problem kann natürlich auch die Separationsmethode aus Abschnitt 4.5.1 angewendet werden.

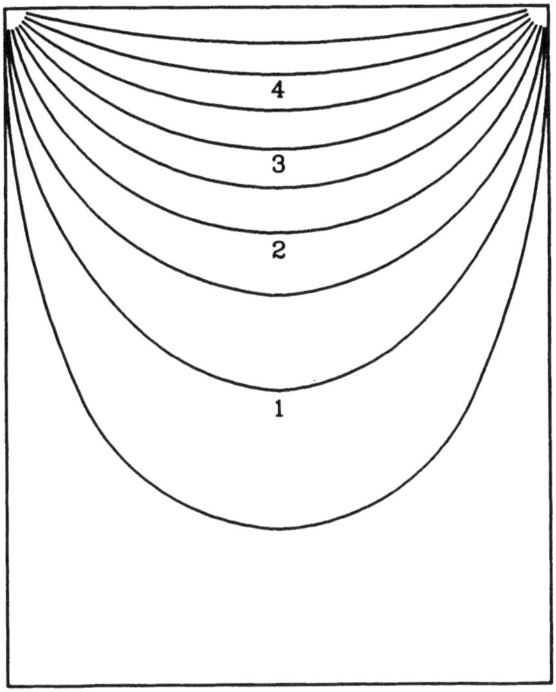

Bild 4.14

Im allgemeinen ist der Rand des interessierenden Bereiches nicht so gestaltet, daß seine Schnittpunkte mit dem quadratischen Netz auch Knotenpunkte dieses Netzes sind. Dann darf auf die randnächsten inneren Knoten nicht Gl. (4.46) angewendet werden, sondern es muß eine modifizierte Gleichung herangezogen werden, die der Tatsache Rechnung trägt, daß die Abstände zu den vier Nachbarknoten jetzt nicht mehr gleich sind.

4.6 Energie des E-Feldes

Das elektromagnetische Feld kann Energie speichern und übertragen. Der mit dem elektrischen Feld verknüpfte Anteil dieser Energie wird in den folgenden Abschnitten besprochen. Die Untersuchung des magnetischen Anteils erfolgt an späterer Stelle (Kapitel 7).

4.6.1 Energie einer statischen Ladungsanordnung

An den Orten P_1, P_2 und P_3 seien drei Punktladungen q_1, q_2 und q_3 im sonst leeren Raum fixiert. Diese Anordnung kann man sich folgendermaßen entstanden denken: Die Ladungen werden aus dem Unendlichen, wo keine Wechselwirkung zwischen ihnen bestehen soll, nacheinander in der durch die Indizes gegebenen Reihenfolge an ihre jetzigen Plätze gebracht, und zwar in quasistatischer Weise (vgl. Abschnitt 4.1.2). Für den ersten Schritt muß dabei keine Arbeit geleistet werden, was man durch

$$A_{a,1} = q_1\, 0$$

ausdrücken kann. Die zweite Ladung jedoch wird im elektrostatischen Feld der ersten aus dem Unendlichen an die Stelle P_2 verschoben. Hierbei muß von einer äußeren Kraft eine Arbeit $A_{a,2}$ geleistet werden. Für sie gilt nach Gl. (4.11)

$$A_{a,2} = q_2[\varphi^{(1)}(P_2) - \varphi^{(1)}(\infty)] = q_2\, \varphi^{(1)}(P_2) \quad ,$$

wenn man den Bezugspunkt für das von der Ladung q_1 erzeugte Potential $\varphi^{(1)}$ auf die Fernkugel legt. Addiert man das von der zweiten Ladung erzeugte und ebenfalls auf die Fernkugel bezogene Potential $\varphi^{(2)}$ zu $\varphi^{(1)}$, dann ergibt sich dasjenige Potentialfeld, in welchem die Ladung q_3 aus dem Unendlichen an die Stelle P_3 verschoben wird. Hierzu ist folglich die Arbeit

$$A_{a,3} = q_3 \left[\varphi^{(1)}(P_3) + \varphi^{(2)}(P_3)\right]$$

zu leisten. Zum Aufbau der betrachteten Ladungsanordnung wird also die Gesamtarbeit

$$\begin{aligned} A_a &= A_{a,1} + A_{a,2} + A_{a,3} \\ &= q_1\, 0 + q_2\, \varphi^{(1)}(P_2) + q_3\, [\varphi^{(1)}(P_3) + \varphi^{(2)}(P_3)] \end{aligned}$$

verrichtet. Sie muß unabhängig von der Reihenfolge sein, in welcher die einzelnen Ladungen aus dem Unendlichen herangebracht werden. Kehrt man etwa die oben gewählte Reihenfolge um , dann erhält man demzufolge

$$A_a = q_3\, 0 + q_2\, \varphi^{(3)}(P_2) + q_1\, [\varphi^{(3)}(P_1) + \varphi^{(2)}(P_1)] \quad ,$$

wobei $\varphi^{(3)}$ das von der nun zuerst herangebrachten Ladung q_3 erzeugte Potential bezüglich der Fernkugel ist. Durch Addition der beiden gewonnenen Ausdrücke für A_a ergibt sich

$$\begin{aligned} 2A_a = {} & q_1\, [\varphi^{(2)}(P_1) + \varphi^{(3)}(P_1)] + q_2\, [\varphi^{(1)}(P_2) + \varphi^{(3)}(P_2)] \\ & + q_3\, [\varphi^{(1)}(P_3) + \varphi^{(2)}(P_3)] \quad . \end{aligned}$$

In jeder der eckigen Klammern steht das Potential, das jeweils die beiden *anderen* Ladungen am Ort derjenigen Punktladung erzeugen, die vor der Klammer steht. Bezeichnet man diese drei Potentialwerte mit φ_1, φ_2 und φ_3, dann erhält man die einfache Beziehung

$$A_a = \frac{1}{2} \left[q_1\, \varphi_1 + q_2\, \varphi_2 + q_3\, \varphi_3\right] \quad .$$

Sie läßt sich, auf den Fall von N Punktladungen verallgemeinern: Es ist dann

$$A_a = \frac{1}{2} \sum_{\nu=1}^{N} q_\nu\, \varphi_\nu \quad . \tag{4.47}$$

Dabei bedeutet, um es noch einmal zu betonen, φ_ν das Potential am Ort der Punktladung q_ν, das dort von allen anderen Punktladungen hervorgerufen wird.

Bei Ladungen, die nicht punktförmig, sondern räumlich oder flächenhaft verteilt sind, ersetze man in Gl. (4.47) die Punktladungen q_ν durch Ladungselemente $\rho \mathrm{d}V$ bzw. $\sigma \mathrm{d}a$ und das Summenzeichen durch ein Integral. Man erhält so

$$A_a = \frac{1}{2} \iiint_G \varphi \rho \, \mathrm{d}V \tag{4.48}$$

für eine Raumladung und

$$A_a = \frac{1}{2} \iint_S \varphi \sigma \, \mathrm{d}a \tag{4.49}$$

für eine Flächenladung. Die Integration ist in beiden Fällen über alle von Ladungen besetzten räumlichen bzw. flächenhaften Bereiche zu erstrecken. Im Gegensatz zu Gl. (4.47) bedeutet φ hier das Potential, das von der *gesamten* Ladungsanordnung erzeugt wird, denn der Potentialbeitrag, den jedes Ladungselement an seinem Ort selbst hervorruft, ist wie dieses selbst vernachlässigbar klein.

Dies sind also die von äußeren Kräften zu verrichtenden Arbeiten beim Aufbau der jeweiligen Ladungsanordnung aus infinitesimalen Ladungselementen, die nach und nach von der Fernkugel geholt werden. Von diesen infinitesimalen Ladungselementen wird angenommen, daß zu ihrer "Herstellung" keine Energie gebraucht wird. Dann aber ist die Arbeit der äußeren Kräfte gleich der gesamten Energie W des Systems "Ladungsverteilung":

$$W = A_a \ . \tag{4.50}$$

Dabei werden jetzt ausdrücklich keine Punktladungen mehr betrachtet, da zu deren "Herstellung" eine unendlich große Arbeit geleistet werden muß (vgl. nächstes Beispiel), die in Gl. (4.47) nicht enthalten ist, deren linke Seite daher auch nicht gleich *der* Energie des Punktladungssystems gesetzt werden kann.

Sind sowohl räumlich als auch flächenhaft verteilte Ladungen vorhanden, dann kann man die Gln. (4.48), (4.49) und (4.50) zusammenfassen zu

$$W = \frac{1}{2} \left[\iiint_G \varphi \rho \, \mathrm{d}V + \iint_S \varphi \sigma \, \mathrm{d}a \right] , \tag{4.51}$$

wobei φ das von sämtlichen vorhandenen Ladungen erzeugte (auf die Fernkugel bezogene) Potential ist.

4.6.2 Beispiel

Als Anwendungsbeispiel für die Gl. (4.48) wird jetzt die Energie einer homogen geladenen Kugel vom Radius R berechnet. Da außerhalb der Kugel die Ladungsdichte gleich null ist, erstreckt sich das auszuwertende Integral nur über das Kugelvolumen, wo die Ladungsdichte voraussetzungsgemäß einen konstanten Wert ρ_0 hat:

$$W = \frac{\rho_0}{2} \iiint_{\text{Kugel}} \varphi \, \mathrm{d}V \ .$$

Mit dem durch Gl. (4.26a) gegebenen Potential für das Innere der Kugel und dem Ausdruck $\mathrm{d}V = 4\pi r^2\,\mathrm{d}r$ für das Volumenelement (Kugelschale der Dicke $\mathrm{d}r$) wird hieraus

$$W = \frac{4\pi\rho_0^2}{12\,\varepsilon_0}\int_0^R (3R^2 - r^2)r^2\,\mathrm{d}r \quad .$$

Die Integration liefert schließlich das Ergebnis

$$W = \frac{4\pi\rho_0^2 R^5}{15\,\varepsilon_0} \quad ,$$

welches mittels der Gesamtladung $Q_0 = \rho_0 4\pi R^3/3$ auch in der Form

$$W = \frac{3}{5}\,\frac{Q_0^2}{4\pi\varepsilon_0 R}$$

ausgedrückt werden kann.

Hält man hier die Gesamtladung konstant und läßt den Radius gegen null gehen, dann ergibt sich, daß zum "Aufbau" einer Punktladung unendlich viel Energie benötigt würde. Es wurde schon gesagt, daß diese unendliche "Selbstenergie" von Punktladungen in Gl. (4.47) nicht enthalten ist, da man bei der Herleitung dieser Gleichung von fertigen Punktladungen ausging.

4.6.3 Räumliche Energiedichte des E-Feldes

Fragt man, wo die Energie einer Ladungsanordnung lokalisiert ist, dann wird durch Gl. (4.51) die folgende Antwort nahegelegt: Die Energie befindet sich dort, wo Ladungen sind, denn nur an solchen Stellen haben die Integranden der beiden fraglichen Integrale von null verschiedene Werte. Andererseits weiß man jedoch, daß mittels elektromagnetischer Wellen Energie auch durch den ladungsfreien Raum übertragen werden kann. Angesichts dieses im Rahmen der Elektrostatik nicht diskutierbaren Tatbestandes erscheint die oben gegebene Antwort als unbefriedigend. Sie soll deshalb im folgenden durch eine andere ersetzt werden, die auch bei dynamischer Betrachtungsweise sinnvoll bleibt. Sie lautet, wie weiter unten begründet wird: *In jedem Volumenelement* $\mathrm{d}V$ *ist die Energie*

$$\mathrm{d}W = \frac{\varepsilon_0}{2}\boldsymbol{E}^2\,\mathrm{d}V \tag{4.52}$$

enthalten, wobei $\boldsymbol{E}$ *die elektrische Feldstärke am Ort des Volumenelementes ist.* Damit wird das elektrische Feld selbst als Energiespeicher aufgefaßt und jedem Punkt dieses Feldes die räumliche Energiedichte

$$w_E = \frac{\mathrm{d}W}{\mathrm{d}V} = \frac{\varepsilon_0}{2}\boldsymbol{E}^2 \tag{4.53}$$

zugeschrieben.

Begründen läßt sich die Gl. (4.53) durch Umformung der in Gl. (4.51) auftretenden Integrale, was hier aber nur für $\sigma = 0$ durchgeführt werden soll. Die Ausgangsgleichung lautet dann

$$W = \frac{1}{2} \iiint_G \varphi \rho \, \mathrm{d}V \ .$$

Sie kann mit Hilfe der Poisson-Gleichung

$$\nabla^2 \varphi = -\frac{\rho}{\varepsilon_0}$$

umgeformt werden in

$$W = -\frac{\varepsilon_0}{2} \iiint_G \varphi \nabla^2 \varphi \, \mathrm{d}V \ ,$$

woraus nach Anwendung des ersten Greenschen Satzes im Spezialfall der Gl. (1.26)

$$W = -\frac{\varepsilon_0}{2} \left[\oiint_S \varphi \nabla \varphi \cdot \mathrm{d}\boldsymbol{a} - \iiint_G (\nabla \varphi)^2 \, \mathrm{d}V \right]$$

$$= -\frac{\varepsilon_0}{2} \left[\oiint_S \varphi \nabla \varphi \cdot \boldsymbol{n} \, \mathrm{d}a - \iiint_G \boldsymbol{E}^2 \, \mathrm{d}V \right] \qquad (4.54)$$

folgt. Dabei darf G ein beliebiger räumlicher Bereich sein, der nur die Bedingung erfüllen muß, daß seine Oberfläche S die Ladungsverteilung vollständig einschließt. Insbesondere darf G den gesamten Raum und S die Fernkugel bedeuten. In diesem Fall verschwindet aber das Oberflächenintegral. Denn einerseits geht in großer Entfernung von der Ladungsverteilung das Potential mindestens wie $1/r$ und folglich $\boldsymbol{n} \cdot \nabla\varphi$ mindestens wie $1/r^2$ gegen null, andererseits wächst der Inhalt der Kugeloberfläche nur proportional zu r^2 an, so daß bei Annäherung an die Fernkugel das Oberflächenintegral in Gl. (4.54) mindestens wie $1/r$ abnimmt. Also folgt für die im ganzen Raum enthaltene Energie des elektrischen Feldes

$$W = \frac{\varepsilon_0}{2} \iiint_{\text{Raum}} \boldsymbol{E}^2 \, \mathrm{d}V \ . \qquad (4.55)$$

Aus dieser Gleichung liest man eine räumliche Energiedichte gemäß Gl. (4.53) ab.

4.6.4 Beispiel

Mit Gl. (4.55) wird jetzt das Resultat des Beispiels 4.6.2 reproduziert, wobei das elektrische Feld dem Beispiel 3.6.1a zu entnehmen ist, wenn man dort $\sigma_0 = 0$ setzt. Für das Volumenelement kann wieder (s. Seite 154 oben) $\mathrm{d}V = 4\pi r^2 \mathrm{d}r$ geschrieben werden:

$$W = \frac{\varepsilon_0}{2} \left(\frac{\rho_0}{3\varepsilon_0} \right)^2 \left[\int_0^R r^2 \, 4\pi r^2 \mathrm{d}r + \int_R^\infty \frac{R^6}{r^4} 4\pi r^2 \mathrm{d}r \right]$$

$$= \frac{\varepsilon_0}{2} \left(\frac{\rho_0}{3\varepsilon_0} \right)^2 4\pi \left[\frac{R^5}{5} + R^5 \right]$$

$$= \frac{4\pi \rho_0^2 R^5}{15\varepsilon_0} \ .$$

5 Metallische Leiter

Hinsichtlich der Maxwell-Gleichungen (3.1) bis (3.4) spielt es keine Rolle, wie die dort einzusetzenden Ladungs- und Stromverteilungen realisiert werden, wenn sie nur jeweils der Kontinuitätsgleichung genügen. Sie wurden bislang als irgendwie vorgegeben betrachtet ohne Rücksicht darauf, daß Ladungen und Ströme an mikroskopische Träger gebunden sind, welche eigenen materialspezifischen Gesetzen unterliegen. Probleme mit realen Körpern in elektromagnetischen Feldern lassen sich aber erst dann theoretisch behandeln, wenn bekannt ist, wie die geladenen atomaren Bausteine dieser Körper auf das Feld reagieren. Dabei interessiert für makroskopische Zwecke nur das kollektive Verhalten der mikroskopischen Ladungsträger. Es wird durch die sogenannten Materialgleichungen beschrieben. Als erste wird im folgenden das Ohmsche Gesetz in seiner feldtheoretischen Form eingeführt.

5.1 Ohmsches Gesetz

Bekanntlich ist ein Bruchteil der in einem Stück Metall enthaltenen Elektronen nicht an feste Plätze gebunden. Man bezeichnet sie als Leitungselektronen und ihre Dichte (Anzahl pro Volumen) mit n. Unter dem Einfluß eines elektrischen Feldes überlagert sich ihrer thermischen Bewegung, die völlig regellos verläuft, eine geordnete kollektive Bewegung in der dem Feld entgegengesetzten Richtung. Das heißt, daß jedes Leitungselektron eine mittlere Geschwindigkeit $\boldsymbol{u}_D$ (Driftgeschwindigkeit) besitzt, die für alle Leitungselektronen aus einem makroskopischen Volumenelement gleich ist. Da jedes Elektron die Ladung $-e$ trägt, fließt also ein elektrischer Strom der Dichte

$$\boldsymbol{J} = -e\,n\,\boldsymbol{u}_D \quad . \tag{5.1}$$

Die Driftgeschwindigkeit ist zeitlich konstant, wenn die elektrische Feldstärke (und die Temperatur) zeitlich konstant ist. Dies ist überraschend, da man bei konstanter Kraft eine beständige Geschwindigkeitszunahme erwarten würde. Eine erschöpfende Erklärung dieses Tatbestandes überschreitet den Rahmen dieser Darstellung, denn die Bewegung von Elektronen in einem festen Körper wird durch die Quantenmechanik beschrieben. Qualitativ kann man jedoch sagen, daß die Elektronen der elektrischen Kraft nicht ungehindert folgen können, sondern von den thermischen Bewegungen der Metallatome stark behindert oder, wie man sagt, gestreut werden. Diese dauernden Streuprozesse sind der Grund dafür, daß sich eine zeitlich konstante Driftgeschwindigkeit einstellt. Man kann sich dies an einem schräg gestellten Brett veranschaulichen, das dicht mit herausstehenden Nägeln besetzt ist. Eine Kugel, welche diese schiefe Ebene hinabrollt, bewegt sich nicht geradlinig und gleichförmig beschleunigt, sondern wird ständig von den Nägeln in eine andere Richtung abgelenkt (gestreut), so daß sie im Mittel nur mit zeitlich konstanter Rate an Höhe verliert.

Damit ist noch nichts ausgesagt über den genauen Zusammenhang zwischen Driftgeschwindigkeit und elektrischer Feldstärke. Auch hier soll eine grobe Analogie zur Veranschaulichung genügen. Hinsichtlich der Driftgeschwindigkeit, d.h. nach Herausmittelung der thermischen Bewegung, verhält sich ein Elektron wie eine kleine Kugel, die sich in einem reibenden Medium bewegt. Dabei ist, wenn man die Trägheit vernachlässigt, die Geschwindigkeit in jedem Augenblick *proportional* der antreibenden Kraft und dieser gleich gerichtet. Ist also $\boldsymbol{F}$ die ein Leitungselektron antreibende Kraft, so kann für die Driftgeschwindigkeit

$$\boldsymbol{u}_D = \frac{b}{e}\boldsymbol{F} \tag{5.2}$$

angesetzt werden. Die materialspezifische Konstante b heißt Beweglichkeit der Leitungselektronen und ist positiv, da $\boldsymbol{u}_D$ und $\boldsymbol{F}$ gleichgerichtet sind.

Die auf die Leitungselektronen wirkende Kraft rührt nicht allein vom elektrischen Feld her, sondern besitzt auch einen magnetischen Anteil, der von der Driftbewegung der Ladungsträger in einem eventuellen Magnetfeld herrührt. Man muß also

$$\boldsymbol{F} = -e\,(\boldsymbol{E} + \boldsymbol{u}_D \times \boldsymbol{B}) \tag{5.3}$$

setzen. Solange aber zum selbsterzeugten magnetischen Feld kein äußeres Feld hinzukommt, wirkt sich bei festen metallischen Leitern der magnetische Anteil von $\boldsymbol{F}$ nicht aus, so daß dann $\boldsymbol{u}_D \times \boldsymbol{B}$ in der Gl. (5.3) nicht berücksichtigt werden muß. Setzt man also $\boldsymbol{F} = -e\,\boldsymbol{E}$ in Gl. (5.2) ein und benutzt Gl. (5.1), dann erhält man die Beziehung

$$\boldsymbol{J} = e\,n\,b\,\boldsymbol{E} \quad .$$

Dies ist das Ohmsche Gesetz, welches mit der Abkürzung

$$\kappa = e\,n\,b \tag{5.4}$$

in

$$\boldsymbol{J} = \kappa \boldsymbol{E} \tag{5.5}$$

übergeht. Die (temperaturabhängige) Materialgröße κ heißt elektrische Leitfähigkeit. Das Ohmsche Gesetz gilt nicht nur für statische, sondern auch für zeitveränderliche Felder bis fast in den Frequenzenbereich sichtbaren Lichtes. Typische Werte von κ bei Zimmertemperatur sind:

	κ in $\Omega^{-1} m^{-1}$
Hg	$1{,}04 \cdot 10^6$,
Pb	$4{,}8 \cdot 10^6$,
Fe	$10{,}2 \cdot 10^6$,
Al	$37 \cdot 10^6$,
Cu	$59 \cdot 10^6$,
Ag	$62{,}5 \cdot 10^6$,
K	$14{,}3 \cdot 10^6$.

Bei der Herleitung der Gl. (5.5) wurden magnetische Anteile der "stromtreibenden" Kraft $\boldsymbol{F}$ vernachlässigt. Liegt ein *äußeres* Magnetfeld vor, so muß unter Umständen der Term $\boldsymbol{u}_D \times \boldsymbol{B}$ berücksichtigt werden, was zum sogenannten Hall-Effekt führt (s. Abschnitt 5.2).

Davon kann man jedoch bei gewöhnlichen Metallen trotz äußeren Magnetfeldes in der Regel absehen.

Ein weiterer magnetischer Anteil der "stromtreibenden" Kraft entsteht, falls sich der Metallkörper als Ganzes in einem Magnetfeld *bewegt*. Auf die mitbewegten Leitungselektronen eines herausgegriffenen Volumenelements wirkt dann die Lorentz-Kraft

$$\boldsymbol{F} = -e\,(\boldsymbol{E} + \boldsymbol{u}\times\boldsymbol{B})\ ,$$

wenn $\boldsymbol{u}$ die Geschwindigkeit des betrachteten Volumenelements relativ zum Laborsystem ist und die Driftgeschwindigkeit der Elektronen bezüglich des Metallkörpers vernachlässigt wird. Setzt man diese Kraft in Gl. (5.2) ein und berücksichtigt die Gln. (5.1) sowie (5.4), dann erhält man

$$\boldsymbol{J} = \kappa(\boldsymbol{E} + \boldsymbol{u}\times\boldsymbol{B})\ . \tag{5.6}$$

Dies ist das Ohmsche Gesetz in der für bewegte Leiter bei Anwesenheit eines äußeren Magnetfeldes gültigen Form. Man beachte, daß die Größen $\boldsymbol{J}$, $\boldsymbol{E}$, $\boldsymbol{u}$ und $\boldsymbol{B}$ alle auf das gleiche Inertialsystem bezogen sind.

Das Ohmsche Gesetz für bewegte Leiter kann auch im Rahmen der speziellen Relativitätstheorie begründet werden. Dabei zeigt sich, daß die Gl. (5.6) eine Näherung für kleine Leitergeschwindigkeiten ($\boldsymbol{u}^2 \ll c_0^2$) ist. Im Rest dieses Kapitels werden nur ruhende Leiter betrachtet.

5.2 Hall-Effekt

Bei der Begründung des Ohmschen Gesetzes im letzten Abschnitt wurde das vom elektrischen Strom selbst hervorgerufene magnetische Feld vernachlässigt. Ist jedoch ein *zusätzliches* (genügend starkes) magnetisches Feld vorhanden, dann muß unter Umständen dessen ablenkende Wirkung auf die driftenden Elektronen berücksichtigt werden. Aus den Gln. (5.2) und (5.3) folgt in diesem Fall die Bedingung

$$\boldsymbol{u}_D = -b\,(\boldsymbol{E} + \boldsymbol{u}_D\times\boldsymbol{B})$$

für die Driftgeschwindigkeit der Leitungselektronen. Diese Beziehung kann mit Hilfe der Gln. (5.1) und (5.4) in die Form

$$\boldsymbol{J} = \kappa\boldsymbol{E} - b\,(\boldsymbol{J}\times\boldsymbol{B}) \tag{5.7}$$

gebracht werden, die das gewöhnliche Ohmsche Gesetz (5.5) in ersichtlicher Weise verallgemeinert. Multipliziert man hier auf beiden Seiten skalar mit der Stromdichte, dann ergibt sich

$$\boldsymbol{J}^2 = \kappa\,\boldsymbol{E}\cdot\boldsymbol{J}\ , \tag{5.8}$$

woraus folgt, daß $\boldsymbol{J}$ gleich null ist, wenn dies für $\boldsymbol{E}$ gilt. Ein magnetisches Feld allein ruft also in ruhenden Leitern keinen elektrischen Strom hervor.

Die Anwesenheit eines äußeren magnetischen Feldes hat jedoch zur Folge, daß im allgemeinen die Stromdichte nicht parallel zur elektrischen Feldstärke ist. Auf Grund der Gl. (5.7) kann man diese nämlich in einen zur Stromdichte parallelen Anteil

$$\boldsymbol{E}_{\parallel} = \frac{1}{\kappa}\boldsymbol{J} \tag{5.9a}$$

und einen dazu senkrechten Anteil

$$\boldsymbol{E}_\perp = \frac{b}{\kappa}(\boldsymbol{J} \times \boldsymbol{B}) = -(\boldsymbol{u}_D \times \boldsymbol{B}) \tag{5.9b}$$

zerlegen. Solange also $\boldsymbol{J}$ und $\boldsymbol{B}$ nicht parallel sind, ist $\boldsymbol{E}_\perp$ von null verschieden und steht senkrecht auch auf $\boldsymbol{B}$. *Das Auftreten dieser senkrechten Komponente wird Hall-Effekt genannt*, $\boldsymbol{E}_\perp$ heißt Hall-Feld und der Winkel zwischen $\boldsymbol{E}$ und $\boldsymbol{J}$ Hall-Winkel.

Die Konstante

$$R_H := -\frac{b}{\kappa} = \frac{1}{-e\,n} \tag{5.10}$$

wird Hall-Koeffizient genannt. Durch Messung von R_H kann demnach die Dichte der Leitungselektronen in einem Metall bestimmt werden. Hierzu dient die im folgenden beschriebene Anordnung.

Bild 5.1a zeigt den Ausschnitt eines langgestreckten metallischen Leiters von rechteckigem Querschnitt, der von einem Strom der Dichte $\boldsymbol{J} = J_x\,\boldsymbol{e}_x$ durchflossen wird, während gleichzeitig ein äußeres Magnetfeld $\boldsymbol{B} = B_z\,\boldsymbol{e}_z$ anliegt. Beide Vektorfelder sollen im betrachteten Bereich homogen und zeitlich konstant sein, dann folgt aus den Gln. (5.9b) und (5.10) ein ebenfalls homogenes Hall-Feld

$$\boldsymbol{E}_\perp = R_H\,B_z\,J_x\,\boldsymbol{e}_y \quad . \tag{5.11a}$$

Es wird im Bild 5.1a für $B_z > 0$ und $J_x > 0$ veranschaulicht. Für den Hall-Winkel β_H gilt bei dieser Anordnung gemäß den Gln. (5.9a) und (5.11a)

$$\tan\beta_H = \frac{|\boldsymbol{E}_\perp|}{|\boldsymbol{E}_\parallel|} = \frac{|R_H\,B_z\,J_x|\,\kappa}{|J_x|} = b\,|B_z| \; . \tag{5.11b}$$

Das Hall-Feld wird hier von Flächenladungen erzeugt, die sich anfänglich am Rand des metallischen Leiters infolge der auf die driftenden Elektronen wirkenden magnetischen Kraft $-e\,(\boldsymbol{u}_D \times \boldsymbol{B})$ angesammelt haben. Im stationären Endzustand wird diese magnetische Kraft kompensiert von der elektrischen Kraft $-e\,\boldsymbol{E}_\perp$, die das Hall-Feld ausübt, so daß keine weiteren Ladungsträger zum Rand hin abgelenkt werden. Es gilt dann in der Summe $-e\,(\boldsymbol{E}_\perp + \boldsymbol{u}_D \times \boldsymbol{B}) = \boldsymbol{0}$, wodurch die formal gewonnene Gl. (5.9b) für den betrachteten Fall physikalisch interpretiert wird.

Zwischen zwei Punkten P_1 und P_2, die am Rand des Leiters in y-Richtung einander gegenüberliegen (vgl. Bild 5.1a), tritt infolge des Hall-Feldes (5.11a) die Spannung

$$U_H = \int_{P_1}^{P_2} \boldsymbol{E}_\perp \cdot \boldsymbol{e}_y\,\mathrm{d}y = R_H\,B_z\,J_x\,l \tag{5.12}$$

auf. Durch Messung dieser Spannung kann der Hall-Koeffizient R_H bestimmt werden. Dabei findet man, daß R_H im Gegensatz zu Gl. (5.10) bei manchen Metallen positiv ist. Das bedeutet, daß die bisher zu Grunde gelegten Vorstellungen über den Leitungsmechanismus auf diese Metalle nicht ohne Modifikation anwendbar sind. Hierauf und auf verwandte Erscheinungen bei Halbleitern (p-Leitung) sei nur hingewiesen. Bei reinen n-Halbleitern kann der Hall-Effekt so wie hier behandelt werden.

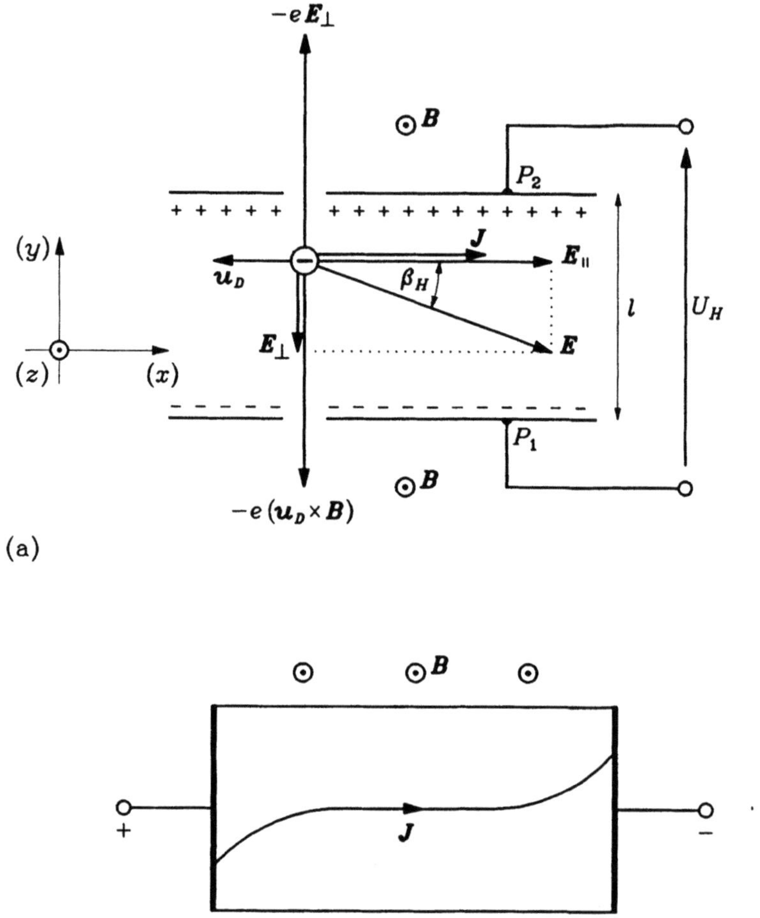

Bild 5.1 (b)

Der folgende grobe Vergleich zeigt, daß für technische Anwendungen des Hall-Effektes nicht gewöhnliche Metalle, sondern bestimmte Halbleiter in Frage kommen:

$$\text{Cu}: \quad R_H = -5{,}3\cdot 10^{-11} \;, \quad b = 3{,}0\cdot 10^{-3} \;;$$

$$\text{InAs}: \quad R_H = -1{,}0\cdot 10^{-4} \;, \quad b = 2{,}4 \;.$$

Dabei sind R_H in m^3/As und b in m^2/Vs angegeben. Die Werte gelten bei Zimmertemperatur.

Die zur einfachen Berechnung der Hall-Spannung nach Gl. (5.12) notwendige Homogenität des Strömungsfeldes ist nur in größerer Entfernung von beiden stromzuführenden Elektroden näherungsweise gegeben. Die genaue Berechnung des $\boldsymbol{J}$-Feldes, zu finden im Buch von Kuhrt/Lippmann, zeigt eine deutliche Krümmung der $\boldsymbol{J}$-Linien im Elektrodenbereich, wie es in Bild 5.1b angedeutet ist (vgl. auch Aufgabe 5.1b).

5.3 Joulesche Wärme

In einem Volumenelement dV seien bewegliche Elektronen (Konzentration n) mit der Ladungsdichte $-e\,n$ und der mittleren Geschwindigkeit $\boldsymbol{u}_D$ (Driftgeschwindigkeit) vorhanden, während gleichzeitig ein elektromagnetisches Feld herrscht. Dann leistet die Lorentz-Kraft im Zeitintervall dt die Verschiebungsarbeit

$$\mathrm{d}A = -e\,n\,\mathrm{d}V(\boldsymbol{E} + \boldsymbol{u}_D \times \boldsymbol{B}) \cdot \boldsymbol{u}_D\,\mathrm{d}t = -e\,n\,\boldsymbol{u}_D \cdot \boldsymbol{E}\,\mathrm{d}V\mathrm{d}t = \boldsymbol{J} \cdot \boldsymbol{E}\,\mathrm{d}V\mathrm{d}t\,.$$

Die räumliche Leistungsdichte p (Leistung pro Volumen) ist also gegeben durch

$$p = \boldsymbol{J} \cdot \boldsymbol{E}\quad, \tag{5.13}$$

und zwar unabhängig davon, welcher Zusammenhang zwischen $\boldsymbol{J}$ und $\boldsymbol{E}$ besteht. Handelt es sich speziell um einen ohmschen Leiter, dann folgt (auch bei Berücksichtigung des Hall-Effektes) aus den Gln. (5.8) und (5.13)

$$p = \frac{1}{\kappa}\boldsymbol{J}^2\quad. \tag{5.14}$$

Das ist zunächst die auf die Leitungselektronen übertragene Leistungsdichte. Sie wird aber von diesen durch Stöße an die schwingenden Metallatome weitergegeben und tritt so als "Joulesche Wärme" in Erscheinung.

5.4 Allgemeines Problem stationärer Stromverteilungen

Die unter statischen Bedingungen (vgl. Einleitung zu Kapitel 4) fließenden Ströme werden als stationär bezeichnet. Sie sind also zeitlich konstant und im vektoranalytischen Sinn quellenfrei:

$$\operatorname{div}\boldsymbol{J} = 0\quad. \tag{5.15}$$

Das folgt aus der Kontinuitätsgleichung (2.23) wegen der angenommenen generellen Zeitunabhängigkeit aller Größen. Quellenfreie Stromverteilungen werden oft "geschlossen" genannt.

Da Ströme in Leitern von thermischen Energieverlusten begleitet sind, können zeitunabhängige Verhältnisse nur aufrecht erhalten werden, wenn ständig Energie nachgeliefert wird. Die entsprechenden Vorrichtungen (Batterien, Generatoren usw.) werden im folgenden als gegeben vorausgesetzt. Meist wird hier angenommen, daß "eingeprägte Stromquellen" (im Sinne der Netzwerktheorie) vorliegen, die nach ihrer Definition eine von den äußeren Bedingungen unabhängige und nach Belieben vorgebbare Stromstärke liefern. Sie werden symbolisiert durch zwei überlappende Ringe gemäß Bild 5.2 und realisiert durch eine geeignete elektronische Regelung.

Vorausgesetzt wird das gewöhnliche Ohmsche Gesetz (ruhende Leiter; vernachlässigbarer Hall-Effekt)

$$\boldsymbol{J} = \kappa\boldsymbol{E}\quad.$$

Unter den vorliegenden stationären Bedingungen kann man hierfür auch

$$\boldsymbol{J} = -\kappa\,\operatorname{grad}\varphi \tag{5.16}$$

schreiben, weil das elektrische Feld dann konservativ ist. Von der Leitfähigkeit κ wird vorausgesetzt, daß sie bereichsweise konstant ist, so daß in jedem derartigen Bereich

$$\operatorname{div} \boldsymbol{J} = -\kappa \nabla^2 \varphi$$

gilt. Hieraus folgt, da stationäre Ströme gemäß Gl.(5.15) quellenfrei sind,

$$\nabla^2 \varphi = 0 \tag{5.17}$$

in den Bereichen konstanter Leitfähigkeit.

Dort ist also die Laplace-Gleichung zu lösen, und zwar unter Rand- sowie Grenzbedingungen, die jetzt formuliert, teilweise aber erst im Abschnitt 5.4.1 begründet werden.

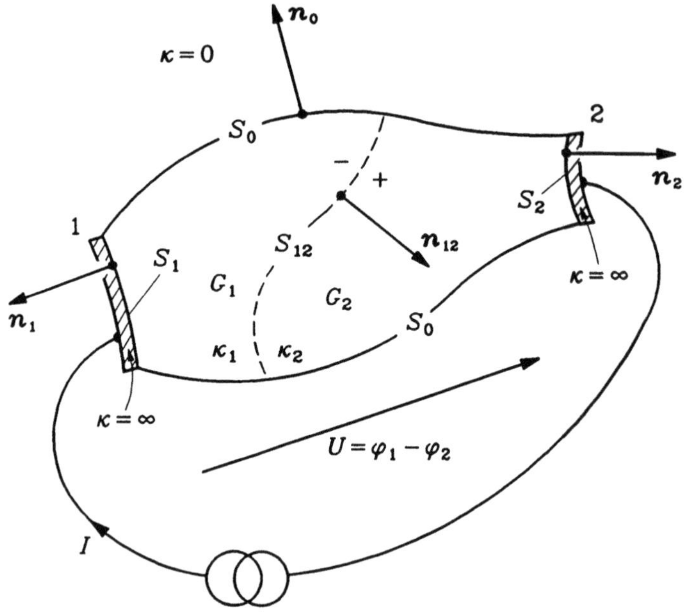

Bild 5.2

Bei der Anordnung von Bild 5.2 wird angenommen, daß zwei Bereiche G_1 und G_2 mit jeweils konstanter Leitfähigkeit κ_1 bzw. κ_2 an einer Grenzfläche S_{12} zusammenstoßen und durch die Elektroden 1 bzw. 2 mit einer eingeprägten Stromquelle verbunden sind. Die Leitfähigkeit des Elektrodenmaterials sei sehr groß gegenüber κ_1 und κ_2 (im Bild 5.2 durch $\kappa = \infty$ ausgedrückt), so daß auf den Flächen S_1 und S_2 das Potential praktisch konstant ist, was im nächsten Abschnitt noch gezeigt wird. Die an den Elektroden zu erfüllenden Randbedingungen sind also

$$\varphi = \text{const} \quad (\text{auf } S_1 \text{ bzw. } S_2) \ , \tag{5.18a}$$

und

$$\iint_{S_1} \nabla \varphi \cdot \boldsymbol{n}_1 \, \mathrm{d}a_1 = \frac{I}{\kappa_1} \tag{5.18b}$$

oder alternativ

$$\iint\limits_{S_2} \nabla\varphi \cdot \boldsymbol{n}_2 \, \mathrm{d}a_2 = -\frac{I}{\kappa_2} \,, \tag{5.18c}$$

denn die Gln. (5.18b,c) bedingen sich wegen der Ladungserhaltung gegenseitig. Die Gln. (5.18b,c) folgen aus Gl. (5.16) und den Orientierungen von $\boldsymbol{n}_1$ bzw. $\boldsymbol{n}_2$ relativ zum Zählpfeil von I. Mit $\nabla\varphi$ sind dabei die Grenzwerte des Gradienten bei Annäherung von der jeweils negativen Seite der Flächen S_1 und S_2 gemeint. Man beachte, daß durch die Bedingung (5.18a) keine bestimmten Werte des Potentials auf S_1 bzw. S_2 vorgegeben werden.

Die weiteren Rand- und Grenzbedingungen beinhalten vor allem die Stetigkeit der Normalkomponente von $\boldsymbol{J}$ an Grenzflächen. Diese Eigenschaft stationärer Ströme wird ebenfalls erst im nächsten Abschnitt, und zwar als Gl. (5.22) formuliert. Sie führt zusammen mit Gl. (5.16) auf die Bedingungen

$$\boldsymbol{n}_{12} \cdot (\kappa_1 \nabla^- \varphi - \kappa_2 \nabla^+ \varphi) = 0 \quad (\text{überall auf } S_{12}) \;, \tag{5.19}$$

$$\boldsymbol{n}_0 \cdot \nabla\varphi = 0 \quad (\text{überall auf } S_0) \;. \tag{5.20}$$

Bezüglich der letzten Bedingung muß noch gesagt werden, daß auf der positiven Seite von S_0 ein Isolator ($\kappa = 0$) angrenzen soll, in welchem die Stromdichte, also insbesondere deren Normalkomponente gleich null ist. Das bedeutet für die negative Seite von S_0, auf welche sich Gl. (5.20) bezieht, daß dort aus Stetigkeitsgründen ebenfalls die Normalkomponente der Stromdichte verschwinden muß und mit ihr wegen des Ohmschen Gesetzes diejenige des Potentialgradienten.

Berücksichtigt man noch, daß wegen Gl. (4.6)

$$\varphi^+ = \varphi^- \quad (\text{überall auf } S_{12}) \tag{5.21}$$

sein soll (Potentialsprünge infolge von Kontaktspannungen können bei überall gleicher Temperatur unberücksichtigt bleiben), dann ist das betrachtete Strömungsproblem durch die Bedingungen (5.18a) bis (5.21) eindeutig spezifiziert. Dies wird im Abschnitt 5.4.2 bewiesen.

An Stelle eines eingeprägten Stromes hätte man auch die Spannung zwischen den Elektroden 1 und 2 vorgeben können. Dann entfallen die Gln. (5.18b,c) und werden durch

$$\varphi_1 - \varphi_2 = U$$

mit vorgegebenem Wert U ersetzt. Auch so wäre die Stromverteilung eindeutig festgelegt.

Die Bedingung (5.20) ist eine spezielle Neumannsche Randbedingung, wie sie allgemein als Fall b im Abschnitt 4.4.3 formuliert wurde, und die Randbedingungen (5.18a-c) erinnern an den dortigen Typ c. Dennoch gibt es einen wichtigen Unterschied zum Abschnitt 4.4.3. Hier müssen zusätzlich die Grenzbedingungen (5.19), (5.21) berücksichtigt werden, da die Materialeigenschaft κ nicht im ganzen Lösungsgebiet die gleiche ist.

5.4.1 Grenzflächen zwischen Bereichen verschiedener Leitfähigkeit

Von Ladungsträgern, die auf eine Grenzfläche zwischen Bereichen verschiedener Leitfähigkeit zufließen, wird angenommen, daß sie sich entweder dort ansammeln oder auf der anderen Seite weiterfließen. Diejenigen, die sich ansammeln, bilden eine zeitveränderliche Flächenladung, die anderen wieder eine räumliche Stromdichte. Da sie insbesondere nicht in die Grenzfläche einschwenken und dort als Flächenstrom weiterfließen sollen (er müßte in die Strombilanz einbezogen werden), gilt allgemein die Grenzbedingung (3.69) und hier wegen der generellen Zeitunabhängigkeit speziell

$$\operatorname{Div} \boldsymbol{J} = \boldsymbol{n} \cdot (\boldsymbol{J}^+ - \boldsymbol{J}^-) = 0 \ . \tag{5.22}$$

Die Normalkomponente stationärer Stromdichten ist an Grenzflächen also stetig.

Anders verhalten sich die Tangentialkomponenten. Sie sind durch das Ohmsche Gesetz mit den Tangentialkomponenten der elektrischen Feldstärke verknüpft. Da letztere stetig sind (s. Gl. (3.64) einschließlich Kommentar), folgt

$$\boldsymbol{t} \cdot \left[\frac{1}{\kappa^+}\boldsymbol{J}^+ - \frac{1}{\kappa^-}\boldsymbol{J}^-\right] = 0 \tag{5.23}$$

für alle Tangentialvektoren $\boldsymbol{t}$ der Grenzfläche. *Die Tangentialkomponenten von* $\boldsymbol{J}$ *sind also unstetig*, wenn die Leitfähigkeiten κ^+ und κ^- auf der positiven bzw. negativen Seite der Grenzfläche verschieden sind. Der in Bild 5.3a dargestellte Tangentialvektor $\boldsymbol{t}$ wurde so gewählt, daß er zusammen mit $\boldsymbol{n}$ diejenige Ebene aufspannt, in welcher die Stromlinien (Feldlinien des Stromdichtefeldes) verlaufen, wenn man sich auf eine genügend kleine Umgebung des Punktes P beschränkt. Schreibt man die Gln. (5.22) und (5.23) in der Form

$$J_n^+ = J_n^- \ , \qquad \frac{J_t^+}{J_t^-} = \frac{\kappa^+}{\kappa^-} \ ,$$

dann kann aus Bild 5.3a die Beziehung

$$\tan\beta^+ = \frac{\kappa^+}{\kappa^-} \tan\beta^- \tag{5.24}$$

abgelesen werden. Sie heißt Brechungsgesetz der Stromlinien. Im Bild 5.3a wurde $\kappa^- > \kappa^+$ angenommen, so daß dort $\beta^- > \beta^+$ ist. Gilt insbesondere $\kappa^- \gg \kappa^+$, dann wird $\beta^+ \approx 0$ praktisch im ganzen Variabilitätsbereich von β^-, wie aus Bild 5.3b hervorgeht, wo die Funktion $\beta^+ = \arctan[(\kappa^+/\kappa^-)\tan\beta^-]$ für $\kappa^-/\kappa^+ = 1$, 10, 100 und 1000 dargestellt ist. Das bedeutet, daß die Stromlinien nahezu senkrecht auf dem vergleichsweise sehr viel schlechteren Leiter stehen. Es ist dann üblich, von idealen Leitern mit unendlicher Leitfähigkeit zu sprechen. Die vorausgehende Diskussion hat gezeigt, daß die Stromlinien auf der Oberfläche idealer Leiter senkrecht stehen. Darüber hinaus ist in ihrem Inneren die elektrische Feldstärke gleich null. Das erkennt man, wenn man im Ohmschen Gesetz zu unendlicher Leitfähigkeit übergeht und voraussetzt, daß die Stromdichte auf endliche Werte begrenzt ist. Ideale Leiter sind also auch bei Stromfluß Bereiche konstanten Potentials.

Aus Gl. (5.22) und dem Ohmschen Gesetz folgt

$$\boldsymbol{n} \cdot (\kappa^+ \boldsymbol{E}^+ - \kappa^- \boldsymbol{E}^-) = 0$$

für die Normalkomponente der elektrischen Feldstärke. Diese ist an Grenzflächen zwischen Materialien verschiedener Leitfähigkeit also unstetig. Das bedeutet aber nach Gl. (3.65), daß an solchen Grenzen Flächenladungen vorhanden sind. In der Anordnung von Bild 5.2 muß man sich also auf den Flächen S_0, S_1, S_2 sowie S_{12} Ladungen vorstellen. Sie haben sich nach dem Anschließen der Quelle dort angesammelt und erzeugen dasjenige elektrische Feld, welches seinerseits Ursache der Stromdichte ist. Würde man die genaue Verteilung dieser Ladungen kennen, dann könnte man (wenigstens im Prinzip) die elektrische Feldstärke und damit die Stromdichte in jedem Punkt ausrechnen. Da ersteres nicht der Fall ist, muß man die Laplace-Gleichung lösen unter den angegebenen Rand- und Grenzbedingungen.

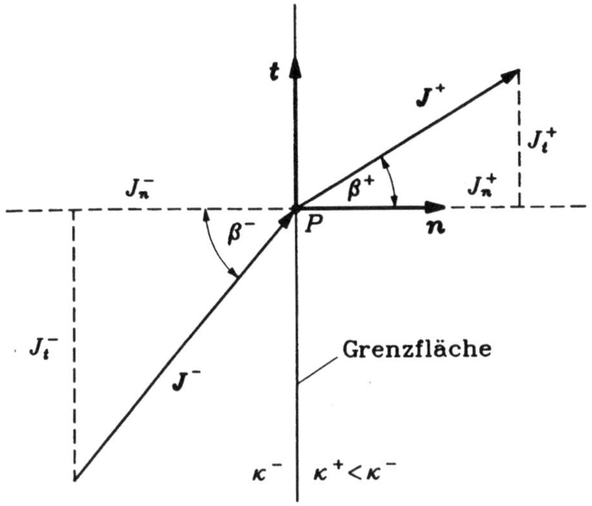

(a)

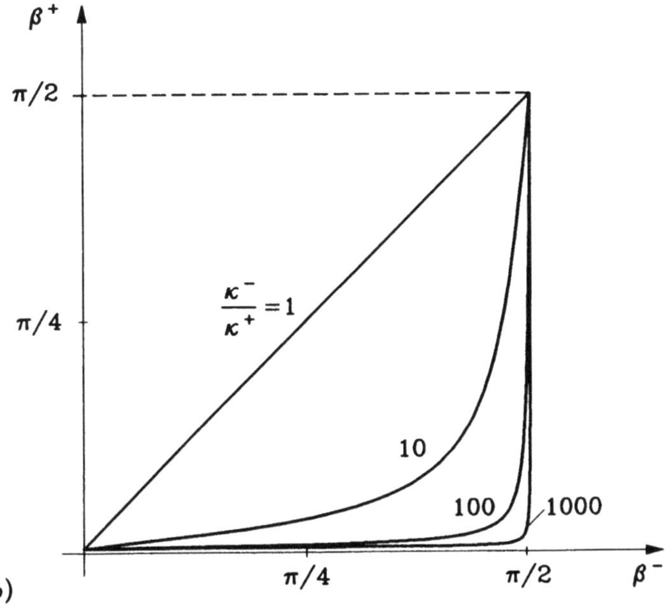

Bild 5.3 (b)

Man beachte, daß Ladungen nur dort sitzen, wo κ örtlich nicht konstant ist. Dagegen ist jeder Homogenitätsbereich von κ ladungsfrei, denn dort gilt die Laplace-Gleichung, d.h. die Poisson-Gleichung mit $\rho = 0$. "Ladungsfrei" heißt natürlich nicht, daß gar keine Ladungen da sind, sondern nur, daß in einem Volumenelement die Summe aller Elektronen- und Protonenladungen gleich null ist. Insbesondere sollen hier ja freie Elektronen strömen.

5.4.2 Eindeutigkeit

Zur Vereinfachung des folgenden Eindeutigkeitsbeweises wird bei der Anordnung nach Bild 5.2 angenommen, daß der Übergang zwischen den Bereichen verschiedener Leitfähigkeit nicht abrupt, sondern kontinuierlich erfolgt. Genauer gesagt, soll jetzt die Leitfähigkeit κ eine Funktion des Ortes sein mit den benötigten Differenzierbarkeitseigenschaften. Dann muß nicht die Laplace-Gleichung gelöst werden, sondern

$$\kappa\,\nabla^2\varphi + (\operatorname{grad}\kappa)\cdot(\operatorname{grad}\varphi) = 0 \tag{5.25}$$

bei vorgegebenem $\kappa(\boldsymbol{r})$. Das folgt mittels $\operatorname{div}\boldsymbol{J} = 0$ aus den Gln. (5.16) und (1.36b).

Am Rand des Lösungsgebietes muß

$$\boldsymbol{n}_0 \cdot \nabla\varphi = 0 \qquad (\text{überall auf } S_0)\ , \tag{5.26}$$

$$\varphi = \text{const} \qquad (\text{auf } S_1 \text{ bzw. } S_2)\ , \tag{5.27a}$$

$$\iint\limits_{S_1} \kappa\,\nabla\varphi\cdot\boldsymbol{n}_1\,\mathrm{d}a_1 = I \tag{5.27b}$$

oder alternativ

$$\iint\limits_{S_2} \kappa\,\nabla\varphi\cdot\boldsymbol{n}_2\,\mathrm{d}a_2 = -I\ , \tag{5.27c}$$

gelten. Das entspricht den Bedingungen (5.20) und (5.18a-c), wobei von der im allgemeinen ortsabhängigen Leitfähigkeit κ die innenseitigen Grenzwerte an den Elektroden S_1 bzw. S_2 zu nehmen sind.

Definiert man $U_1 = \kappa\varphi$ sowie $U_2 = \varphi$ und setzt das in die Gl. (1.23) (erster Greenscher Satz) ein, so ergibt sich

$$\begin{aligned}\oiint\limits_{S_0\cup S_1\cup S_2} \kappa\varphi\nabla\varphi\cdot\mathrm{d}\boldsymbol{a} &= \iiint\limits_G [\kappa\varphi\nabla^2\varphi + \nabla(\kappa\varphi)\cdot\nabla\varphi]\,\mathrm{d}V \\ &= \iiint\limits_G \kappa(\nabla\varphi)^2\,\mathrm{d}V\ ,\end{aligned} \tag{5.28}$$

wobei noch $\nabla(\varphi\kappa) = \varphi\nabla\kappa + \kappa\nabla\varphi$ und die Gl. (5.25) benutzt wurden (G bezeichnet den leitfähigen Bereich). Das Hüllenintegral läßt sich wie folgt auswerten:

$$\begin{aligned}\oiint\limits_{S_0\cup S_1\cup S_2} \kappa\varphi\nabla\varphi\cdot\mathrm{d}\boldsymbol{a} &= \iint\limits_{S_0} \kappa\varphi\nabla\varphi\cdot\boldsymbol{n}_0\,\mathrm{d}a_0 + \varphi_1\iint\limits_{S_1}\kappa\nabla\varphi\cdot\boldsymbol{n}_1\,\mathrm{d}a_1 \\ &\quad + \varphi_2\iint\limits_{S_2}\kappa\nabla\varphi\cdot\boldsymbol{n}_2\,\mathrm{d}a_2 \\ &= \varphi_1 I - \varphi_2 I\ .\end{aligned} \tag{5.29}$$

Dabei wurden bei der ersten Gleichheit die Bedingung (5.27a) und bei der zweiten die Bedingungen (5.26) sowie (5.27b,c) benutzt. Damit geht Gl. (5.28) schließlich über in

$$\iiint_G \kappa(\nabla\varphi)^2 \, dV = (\varphi_1 - \varphi_2)I \ . \tag{5.30}$$

Nun seien φ' und φ'' Lösungen der Gl. (5.25), welche außerdem die Bedingungen (5.26) und (5.27a-c) erfüllen. Dann genügt die Differenzfunktion $\tilde{\varphi} = \varphi' - \varphi''$ ebenfalls der Gl. (5.25) und den Bedingungen (5.26), (5.27a). Da der Wert von I fest vorgegeben ist, genügt $\tilde{\varphi}$ den Bedingungen (5.27b,c) in der Form

$$\iint_{S_1} \kappa \nabla\tilde{\varphi} \cdot \boldsymbol{n}_1 \, da_1 = \iint_{S_1} \kappa \nabla\varphi' \cdot \boldsymbol{n}_1 \, da_1 - \iint_{S_1} \kappa \nabla\varphi'' \cdot \boldsymbol{n}_1 \, da_1 = I - I$$

$$= 0 \tag{5.31a}$$

und (analog)

$$\iint_{S_2} \kappa \nabla\tilde{\varphi} \cdot \boldsymbol{n}_2 \, da_2 = 0 \ . \tag{5.31b}$$

Also kann man auch für $\tilde{\varphi}$ die Gl. (5.30) beweisen, wobei deren rechte Seite wegen der Beziehungen (5.31a,b) gleich null ist:

$$\iiint_G \kappa(\nabla\tilde{\varphi})^2 \, dV = 0 \ . \tag{5.32}$$

Da der Integrand nicht negativ und $\kappa > 0$ ist, muß also

$$\nabla\tilde{\varphi} = \mathbf{0}$$

gelten. Die Potentiale φ' und φ'' können sich demnach nur um eine additive Konstante unterscheiden, was bedeutet, daß es für die elektrische Feldstärke und damit auch für die Stromdichte höchstens *eine* Lösung des Systems (5.25), (5.26), (5.27a-c) gibt.

Gibt man nicht die Stromstärke I, sondern die Spannung U zwischen den Elektrodenflächen S_1 und S_2 vor, dann kann der Eindeutigkeitsbeweis in grundsätzlich gleicher Weise geführt werden. Es sind nur die Bedingungen (5.27b,c) durch die Forderung

$$\varphi_1 - \varphi_2 = U$$

zu ersetzen, so daß für die Differenz $\tilde{\varphi} = \varphi' - \varphi''$ zweier Lösungen gilt:

$$\tilde{\varphi}_1 - \tilde{\varphi}_2 = (\varphi_1' - \varphi_1'') - (\varphi_2' - \varphi_2'') = (\varphi_1' - \varphi_2') - (\varphi_1'' - \varphi_2'') = U - U = 0 \, .$$

Auch hiermit wird die rechte Seite der Gl. (5.30) gleich null, wenn man dort $\tilde{\varphi}$ einsetzt, so daß wieder die Gl. (5.32) folgt.

Kehrt man zur ursprünglichen Annahme sprungartiger Inhomogenitäten von κ gemäß Bild 5.2 zurück, dann ändert sich nichts am Ergebnis des Eindeutigkeitsbeweises. Er ist nur formal etwas komplizierter, weil neben den Randbedingungen auch noch die Grenzbedingungen (5.19) und (5.21) berücksichtigt werden müssen.

5.4.3 Ohmscher Widerstand

Ändert man bei der Anordnung von Bild 5.2 die Stromstärke von I auf den Wert kI mit beliebiger Konstante k, dann geht die elektrische Feldstärke überall von $\boldsymbol{E}$ in $k\boldsymbol{E}$ über;

denn das Feld $k\,\boldsymbol{E} = -k\,\nabla\varphi$ erfüllt das Gleichungssystem (5.17) bis (5.21), wenn man in den Gln. (5.18b,c) I durch $k\,I$ ersetzt und annimmt, daß $\boldsymbol{E} = -\nabla\varphi$ das ursprüngliche System löst. Auf Grund der im letzten Abschnitt bewiesenen Eindeutigkeit ist dann $k\,\boldsymbol{E}$ *das* zur Stromstärke $k\,I$ gehörige elektrische Feld.

Aus diesen Überlegungen folgt, daß mit $\boldsymbol{E}$ auch die Spannung

$$U = \varphi_1 - \varphi_2 = \int_{(1)}^{(2)} \boldsymbol{E} \cdot \mathrm{d}\boldsymbol{r}$$

zwischen den Elektroden S_1 und S_2 proportional zur Stromstärke I ist:

$$U = R\,I\ . \tag{5.33}$$

Die Proportionalitätskonstante R heißt ohmscher Widerstand der Anordnung. Bei den Zählrichtungen für Strom und Spannung nach Bild 5.2 ist R positiv, wie ein Blick auf Gl. (5.30) zeigt (sie gilt auch bei unstetiger κ-Verteilung). Deren linke Seite ist positiv, weshalb I und $\varphi_1 - \varphi_2 = U$ stets gleiches Signum haben müssen. Da R immer positiv sein soll, muß $U = -R\,I$ geschrieben werden, wenn entweder die Bezugsrichtung für U oder die für I umgekehrt wird.

Die Gl. (5.33) stellt die netzwerktheoretische Form des Ohmschen Gesetzes (für ruhende Leiter) dar.

Innerhalb des leitfähigen Bereichs nach Bild 5.2 wird die Gesamtleistung

$$P = \iiint \frac{1}{\kappa}\boldsymbol{J}^2\,\mathrm{d}V = \iiint \kappa\,(\nabla\varphi)^2\,\mathrm{d}V = U\,I = R\,I^2 \tag{5.34}$$

in "Joulesche Wärme" überführt. Das folgt mit den Gln. (5.14), (5.16), (5.30) und (5.33). Dabei spielt es keine Rolle, wie κ verteilt ist.

5.4.4 Beispiele

a) Bild 5.4 zeigt einen homogen leitfähigen Körper mit zylindrischer Gestalt. Sein Querschnitt hat den Flächeninhalt a und kann beliebig geformt sein. Über die Elektroden 1 und 2 (ideale Leiter), die senkrecht zur Mantelfläche (z-Richtung) sind, wird Strom zugeführt. Ein geladener Körper in der Nachbarschaft repräsentiert eine eventuelle "elektrisch störende" Umwelt.

Kann man hier so ohne weiteres sagen, daß die Stromdichte im ganzen κ-Bereich homogen und folglich durch

$$\boldsymbol{J} = \frac{I}{a}\,\boldsymbol{e}_z$$

gegeben ist? Dann behauptet man nämlich auch, daß $\boldsymbol{E} = \boldsymbol{J}/\kappa$ dort homogen ist, und weiter, daß die felderzeugenden Ladungen, die am Rand und in der Umgebung des κ-Bereiches sitzen, innerhalb dieses Bereiches ein solches homogenes $\boldsymbol{E}$-Feld erzeugen. Diese Ladungsverteilung ist nicht nur unbekannt, sondern sieht je nach den äußeren Umständen (geladene Körper, unterschiedliche Lage der Stromzuführungen usw.) ganz anders aus. Trotzdem soll im κ-Bereich *immer* das gleiche exakt homogene

$$E = \frac{I}{\kappa a} e_z$$

vorliegen?

Es ist tatsächlich so, läßt sich aber, wie jetzt klar sein sollte, nur formal beweisen: Mit einer beliebigen Konstante k ist

$$\varphi(z) = -\frac{I}{\kappa a} z + k$$

ersichtlich die vermutete Lösung des hier vorliegenden Potentialproblems. Der Nachweis, daß damit alle die Eindeutigkeit garantierenden Bedingungen (5.17) bis (5.20) (ohne die hier entfallenden Grenzbedingungen (5.19), (5.21)) erfüllt sind, ist elementar und kann dem Leser überlassen werden. Damit ist der homogene Ansatz für $\boldsymbol{J}$ gerechtfertigt. Es gibt keine andere Möglichkeit.

Aus der Potentialdifferenz

$$\varphi(z_1) - \varphi(z_2) = \frac{I}{\kappa a}(z_2 - z_1) = \frac{I}{\kappa a} l$$

folgt die bekannte Formel

$$R = \frac{l}{\kappa a} \tag{5.35}$$

für den ohmschen Widerstand eines homogenen zylindrischen Leiters, bei dem die Elektroden wie in Bild 5.4 die Stirnflächen vollständig bedecken.

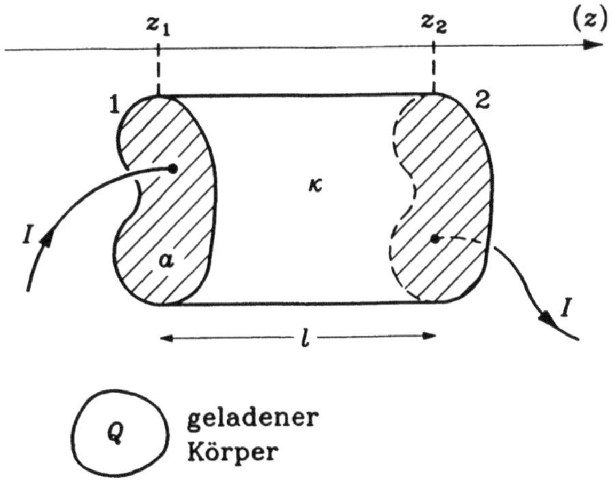

Bild 5.4

Die Unempfindlichkeit des Strömungsfeldes im Leiter gegen äußere elektrische Felder kann dadurch erklärt werden, daß diese Felder Ladungen auf der Leiteroberfläche hervorrufen (Influenz), und zwar so, daß das elektrische Feld der Influenzladungen im Leiterinneren das äußere Feld exakt kompensiert.

b) Jetzt soll der ohmsche Widerstand eines kreisförmig gebogenen Leiters mit quadratischem Querschnitt und homogener Leitfähigkeit κ bestimmt werden. Die Anordnung ist in Bild 5.5 dargestellt, dem auch die im folgenden verwendeten Bezeichnungen zu entnehmen sind (die allgemeinen Zylinderkoordinaten ρ und α denke man sich sinngemäß dazu).

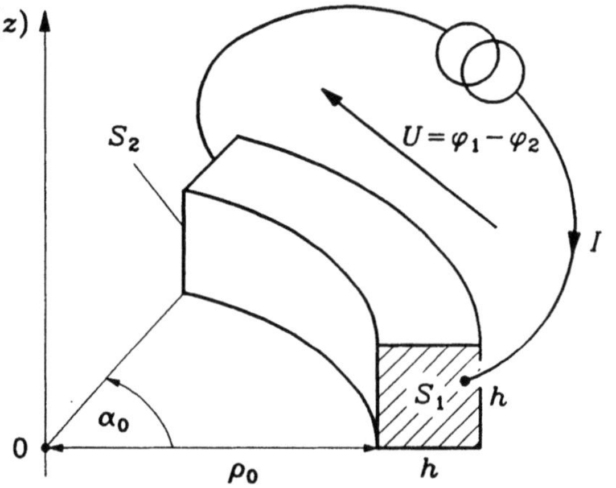

Bild 5.5

Bevor der Widerstand berechnet werden kann, muß das Strömungsfeld innerhalb des Leiters bekannt sein. Man hat also das Gleichungssystem (5.17) bis (5.21) zu lösen, wobei die Bedingungen (5.19) und (5.21) hier entfallen, da homogene Leitfähigkeit vorausgesetzt wurde. Die Gl. (5.17) (Laplace-Gleichung) besagt, daß das gesuchte Strömungsfeld wirbel- und quellenfrei zu sein hat. Ferner müssen die Stromlinien wegen Bedingung (5.18a) senkrecht zu den Elektrodenflächen S_1 und S_2 sowie wegen Gl. (5.20) an der restlichen Leiteroberfläche tangential zu dieser verlaufen. Nun denke man sich den Leiter entfernt und längs der z-Achse einen zeitlich konstanten Linienstrom fließen. Das von ihm erzeugte Ampere-Feld erfüllt innerhalb des zuvor vom Leiter besetzten Bereiches alle genannten Bedingungen: Es ist dort wirbel- und quellenfrei und seine Feldlinien haben den vorgeschriebenen Verlauf. Daher liegt es nahe, entsprechend der Gl. (3.11b) für die Stromdichte innerhalb des Leiters den Ansatz

$$\boldsymbol{J} = \frac{k}{\rho}\boldsymbol{e}_\alpha \tag{5.36}$$

zu machen. Wenn es gelingt, die Konstante k so zu bestimmen, daß auch noch die bisher nicht beachteten Randbedingungen (5.18b,c) erfüllt werden (mit $\kappa_1 = \kappa_2 = \kappa$), dann ist auf Grund der Eindeutigkeitsaussage von Abschnitt 5.4.2 *das* Strömungsfeld der betrachteten Anordnung gefunden. Es genügt, eine der beiden noch verbleibenden Randbedingungen, etwa

$$\iint_{S_1} \boldsymbol{J}\cdot\boldsymbol{e}_\alpha \, \mathrm{d}a_1 = I$$

zu erfüllen, denn die andere ist dann automatisch auch erfüllt. Es muß also

$$\iint_{S_1} \frac{k}{\rho}\, \mathrm{d}a_1 = I$$

gelten. Denkt man sich S_1 aus z-parallelen Streifen der Länge h und Breite $\mathrm{d}\rho$ zusammengesetzt, so kann man

$$\mathrm{d}a_1 = h\,\mathrm{d}\rho$$

schreiben. Die vorletzte Gleichung geht damit über in

$$k\,h \int_{\rho_0}^{\rho_0+h} \frac{\mathrm{d}\rho}{\rho} = I \quad ,$$

woraus

$$k = \frac{I}{h \ln\left(\frac{\rho_0 + h}{\rho_0}\right)}$$

folgt. Das gesuchte Strömungsfeld hat also die Darstellung

$$\boldsymbol{J} = \frac{I}{h \ln\left(1 + \frac{h}{\rho_0}\right)} \frac{1}{\rho} \boldsymbol{e}_\alpha \quad .$$

Integriert man die zugehörige elektrische Feldstärke längs einer Stromlinie ($\mathrm{d}\boldsymbol{r} = \rho\,\mathrm{d}\alpha\,\boldsymbol{e}_\alpha$) mit dem Radius ρ von der Elektrodenfläche S_1 bis zur zweiten Elektrode S_2, so erhält man

$$U = \int_{(1)}^{(2)} \frac{1}{\kappa} \boldsymbol{J} \cdot \boldsymbol{e}_\alpha\, \rho\,\mathrm{d}\alpha = \frac{I}{\kappa h \ln\left(1 + \frac{h}{\rho_0}\right)} \int_0^{\alpha_0} \mathrm{d}\alpha$$

und schließlich den Wert

$$R = \frac{\alpha_0}{\kappa h \ln\left(1 + \frac{h}{\rho_0}\right)}$$

für den gesuchten ohmschen Widerstand.

5.5 Stromlose ruhende Metallkörper

Ist bei der Anordnung nach Bild 5.2 die Stromquelle schon längere Zeit abgeschaltet, dann kann man davon ausgehen, daß überall im Inneren des leitfähigen Gebietes $\boldsymbol{J} = \boldsymbol{0}$ gilt. Dann folgt wegen des Ohmschen Gesetzes (für ruhende Leiter) auch

$$\boldsymbol{E} = \boldsymbol{0} \quad \text{in stromlosen ruhenden Leitern.} \tag{5.37}$$

Dieser Zustand stellt sich nicht unmittelbar nach dem Abschalten der Stromquelle ein, denn die auf den Flächen S_1, S_2, S_0 und S_{12} sitzenden Ladungen müssen erst abfließen oder sich so umverteilen, daß die Bedingung (5.37) erfüllt ist.

Zur Erläuterung der Bedingung (5.37) wird in Bild 5.6a eine Metallkugel betrachtet, in deren Nachbarschaft sich eine Punktladung befindet. Auch wenn die Metallkugel, wie angenommen wird, die Gesamtladung null hat, ist ihre Oberfläche ungleichförmig mit Ladung belegt, die folgendermaßen entstanden ist. Das elektrische Feld $\boldsymbol{E}^{(q)}$ der Punktladung setzt innerhalb der Metallkugel Leitungselektronen in Bewegung. Einige sammeln sich an bestimmten Stellen der Oberfläche an, was dort zu einer negativen Flächenladung führt. An anderen Stellen bleiben unkompensierte positive Ladungen (ionisierte Atome des Metallgitters) zurück und bilden eine positive Flächenladung. Die durch Influenz, wie man sagt, entstandene Flächenladung der Dichte σ erzeugt ihrerseits ein elektrisches Feld $\boldsymbol{E}^{(\sigma)}$, das sich überall im Raum dem Punktladungsfeld $\boldsymbol{E}^{(q)}$ zum Gesamtfeld $\boldsymbol{E} = \boldsymbol{E}^{(q)} + \boldsymbol{E}^{(\sigma)}$ überlagert. Speziell innerhalb des metallischen Bereiches gilt im statischen Endzustand die Gl. (5.37), d.h.

$$\boldsymbol{E}^{(q)} + \boldsymbol{E}^{(\sigma)} = \boldsymbol{0} \ . \tag{5.38}$$

Für eine positive Punktladung ist $\boldsymbol{E}^{(\sigma)} = -\boldsymbol{E}^{(q)}$ in Bild 5.6b dargestellt. Außerhalb der Metallkugel ist $\boldsymbol{E}^{(\sigma)}$ zunächst unbekannt. Erst wenn dieser Anteil der Gesamtfeldstärke im Außenraum bestimmt ist (Aufgabe 5.3), kann auch die genaue Verteilung der Influenzladung angegeben werden.

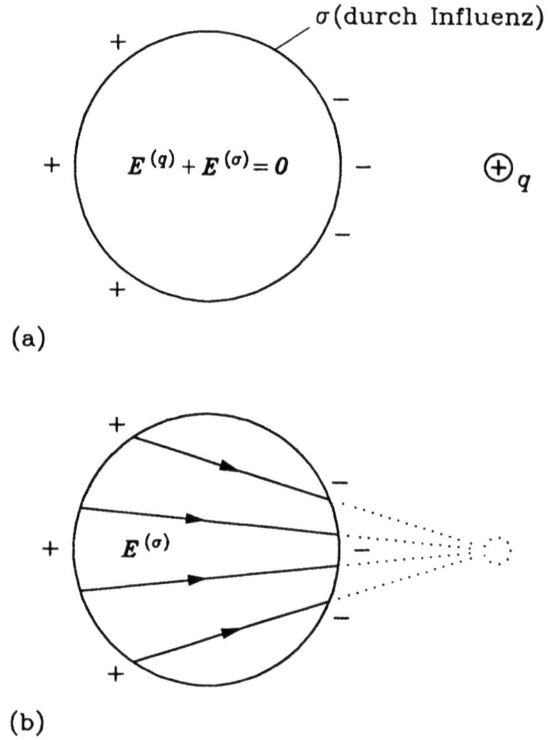

Bild 5.6

Der Rest des Kapitels beruht wesentlich auf der Bedingung (5.37), die besagt, daß stromlose (ruhende) Metallkörper und insbesondere ihre Oberflächen Orte konstanten Potentials sind. Einfachheitshalber sollen sich die Metallkörper im Vakuum befinden.

5.5.1 Grenzbedingung an Metalloberflächen

Im Raum *außerhalb* eines Metallkörpers (s. Bild 5.7a) hängt die elektrische Feldstärke davon ab, welche weiteren geladenen Körper vorhanden sind. Sie beeinflussen die Verteilung der Flächenladung auf der Oberfläche S (Influenz), und diese wiederum erzeugt einen Teil der gesamten Feldstärke. Ein wesentliches Resultat dieses Zusammenspiels wird immer durch Gl. (5.37) angegeben, so daß an Metall-Vakuum-Grenzen (s. Bild 5.7) stets $\boldsymbol{E}^- = \mathbf{0}$ gilt, wenn der Normalenvektor $\boldsymbol{n}$ ins Vakuum zeigt. Damit gehen die allgemeinen Grenzbedingungen (3.65), (3.66) über in die an Metalloberflächen gültige Form

$$\boldsymbol{n} \cdot \boldsymbol{E}^+(P) = \frac{\sigma(P)}{\varepsilon_0} , \tag{5.39}$$

$$\boldsymbol{n} \times \boldsymbol{E}^+(P) = \mathbf{0} .$$

Das läßt sich äquivalent zusammenfassen zu

$$\boldsymbol{E}^+(P) = \frac{\sigma(P)}{\varepsilon_0} \boldsymbol{n}(P) . \tag{5.40}$$

Auf der äußeren Seite einer Metalloberfläche steht die elektrische Feldstärke also senkrecht und hat den durch Gl. (5.40) angegebenen Wert. Sie wird von *allen* jeweils vorhandenen Ladungen erzeugt, und zwar so, daß sie (bis auf den Faktor $\boldsymbol{n}(P)/\varepsilon_0$) mit der lokalen Flächenladungsdichte übereinstimmt.

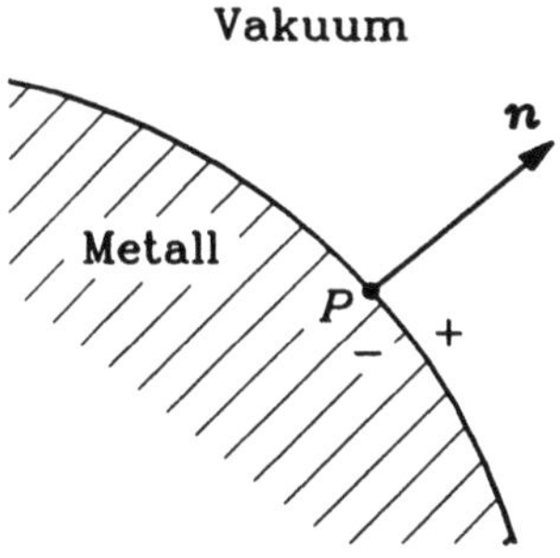

Bild 5.7

Man beachte außerdem, daß hier keine idealen Leiter (vgl. Abschnitt 5.4.1) vorausgesetzt sind, sondern ruhende reale Leiter (dann gilt das gewöhnliche Ohmsche Gesetz (5.5)), die keinen Strom führen.

5.5.2 Beispiele

a) Eine Punktladung q ist in der aus Bild 5.8 ersichtlichen Position im Vakuum vor einem metallischen Halbraum ($z \leqq 0$) fixiert. Gesucht ist das elektrische Feld im rechten Halbraum ($z > 0$).

Mit q' in Bild 5.8 wird zunächst nur der feste Punkt bei $z = -h$ bezeichnet, von dem aus der Abstand r' zum variablen Punkt P gemessen wird (erst weiter unten ergibt sich die zusätzliche Bedeutung einer fiktiven Punktladung). Die Lösung des Problems geht aus von der Zerlegung

$$\boldsymbol{E} = \boldsymbol{E}^{(q)} + \boldsymbol{E}^{(\sigma)}$$

in den von q erzeugten bekannten Anteil

$$\boldsymbol{E}^{(q)} = \frac{q}{4\pi\varepsilon_0 \bar{r}^2}\,\bar{\boldsymbol{e}} \qquad \text{(im ganzen Raum)}$$

und den noch unbekannten Beitrag $\boldsymbol{E}^{(\sigma)}$ der Influenzladungen, die über die xy-Ebene verteilt sind. Weil diese Zerlegung auch innerhalb des metallischen Halbraums gilt, wo $\boldsymbol{E} = \boldsymbol{0}$ ist, folgt

$$\boldsymbol{E}^{(\sigma)} = -\frac{q}{4\pi\varepsilon_0 \bar{r}^2}\,\bar{\boldsymbol{e}} \qquad (\text{für } z < 0)\,.$$

Da ferner die Influenzladungen auf einer *Ebene* verteilt sind, ist das von ihnen im rechten Halbraum erzeugte Feld spiegelsymmetrisch zu demjenigen im linken Halbraum (s. Bild 5.9):

$$\boldsymbol{E}^{(\sigma)} = -\frac{q}{4\pi\varepsilon_0 r'^2}\,\boldsymbol{e}' \qquad (\text{für } z > 0)\,.$$

Damit ist das Problem gelöst.

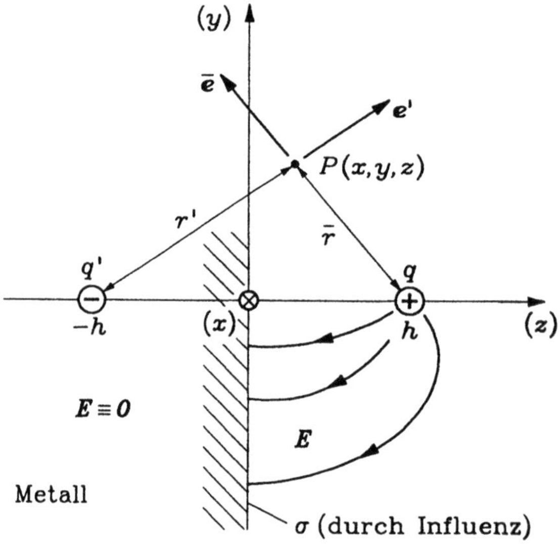

Bild 5.8

Die Influenzladungen rufen also eine Feldverteilung hervor, die im rechten Halbraum so aussieht, *als ob* sie von einer Punktladung $-q$ am Ort q' herkäme. In diesem Sinne spricht man jetzt kürzer von einer *fiktiven* oder *virtuellen* Punktladung $q' = -q$. Da sie spiegelbildlich zum Ort der realen Punktladung q liegt, nennt man sie auch *Spiegelladung*.

Zur Veranschaulichung des Resultats zeigt Bild 5.8 einige Linien des elektrischen Feldes, das im rechten Halbraum das gleiche ist wie das zweier Punktladungen q und $-q$. Es entsteht aus der Überlagerung des von q erzeugten Coulomb-Feldes $\boldsymbol{E}^{(q)}$ mit dem soeben bestimmten Feld $\boldsymbol{E}^{(\sigma)}$ der Influenzladungen, wie es in Bild 5.9 skizziert ist.

Im rechten Halbraum gilt also

$$\boldsymbol{E} = \frac{q}{4\pi\varepsilon_0}\left(\frac{\bar{\boldsymbol{e}}}{\bar{r}^2} - \frac{\boldsymbol{e}'}{r'^2}\right) = \frac{q}{4\pi\varepsilon_0}\left(\frac{\bar{r}\bar{\boldsymbol{e}}}{\bar{r}^3} - \frac{r'\boldsymbol{e}'}{r'^3}\right).$$

Der Vektor $\bar{r}\bar{\boldsymbol{e}}$ mit dem Anfangspunkt bei q und dem Endpunkt P (s. Bild 5.8) ist die Summe von $-h\,\boldsymbol{e}_z$ und $x\,\boldsymbol{e}_x + y\,\boldsymbol{e}_y + z\,\boldsymbol{e}_z$, d.h.

$$\bar{r}\bar{\boldsymbol{e}} = x\,\boldsymbol{e}_y + y\,\boldsymbol{e}_y + (z-h)\boldsymbol{e}_z\,, \qquad \bar{r} = \sqrt{x^2+y^2+(z-h)^2}\;.$$

Analog erhält man

$$r'\boldsymbol{e}' = x\,\boldsymbol{e}_x + y\,\boldsymbol{e}_y + (z+h)\boldsymbol{e}_z\,, \qquad r' = \sqrt{x^2+y^2+(z+h)^2}\;.$$

Somit ist insbesondere die z-Komponente von $\boldsymbol{E}$ gegeben durch

$$E_z = \frac{q}{4\pi\varepsilon_0}\left[\frac{(z-h)}{\sqrt{x^2+y^2+(z-h)^2}^{\,3}} - \frac{(z+h)}{\sqrt{x^2+y^2+(z+h)^2}^{\,3}}\right],$$

woraus man schließlich an Hand der Gl. (5.39) die Verteilung der Influenzladungen errechnen kann:

$$\sigma = \varepsilon_0\,E_z^{+} = \varepsilon_0 \lim_{z\to 0} E_z = \frac{-q}{2\pi}\,\frac{h}{\sqrt{x^2+y^2+h^2}^{\,3}}\;. \tag{5.41}$$

Das Maximum von $|\,\sigma\,|$ liegt erwartungsgemäß bei $x = y = 0$. Die gesamte Influenzladung auf der Ebene $z = 0$ hat den Wert $-q$, wie in Aufgabe 5.2 nachgerechnet werden soll.

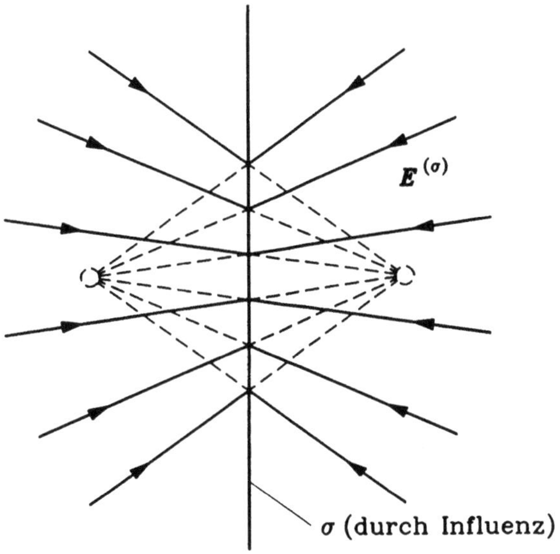

Bild 5.9

Der linke Halbraum muß übrigens nicht vollständig metallerfüllt sein. Eine dünne Metallfolie in der xy-Ebene beispielsweise führt hinsichtlich des rechten Halbraumes auf die gleichen Randbedingungen wie zuvor, so daß sich auch an der Lösung des Problems dort nichts ändert.

b) Eine insgesamt ungeladene Metallkugel mit Radius R (s. Bild 5.10) steht unter dem influenzierenden Einfluß eines homogenen elektrischen Feldes

$$\boldsymbol{E}_0 = E_0 \boldsymbol{e}_z = -\operatorname{grad}(-E_0 z) .$$

Von diesem wird einfachheitshalber angenommen, daß es den ganzen Raum bis zur Fernkugel erfüllt. Es ist ersichtlich aus dem Potential

$$\varphi_0 = -E_0 z = -E_0 r \cos\vartheta$$

ableitbar.

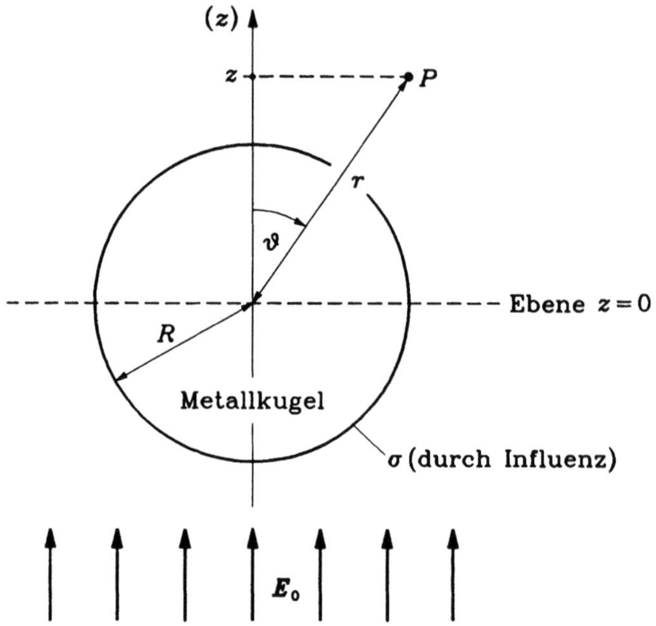

Bild 5.10

Von den unbekannt verteilten Influenzladungen läßt sich nur soviel sagen, daß bei positivem E_0 die obere Halbkugel positiv, die untere negativ geladen ist. In großer Entfernung von der Kugel erzeugen die Influenzladungen also ein Dipolfeld, das nach Gl. (4.13) aus dem Potential

$$\varphi^{(\sigma)} = \frac{p_z}{4\pi\varepsilon_0} \frac{\cos\vartheta}{r^2}$$

ableitbar ist (der Wert von p_z ist noch unbekannt). Gilt das etwa auch bis in beliebige Nähe der Metallkugel? Angenommen, es ist so, dann muß das Gesamtpotential

$$\varphi = \left(\frac{p_z}{4\pi\varepsilon_0 r^2} - E_0 r \right) \cos\vartheta \qquad (r \geqq R)$$

auf der Kugeloberfläche einen konstanten Wert annehmen. Also muß

$$\varphi(R, \vartheta) = \left(\frac{p_z}{4\pi\varepsilon_0 R^2} - E_0 R \right) \cos\vartheta$$

unabhängig von ϑ sein. Das ist mit

$$p_z = 4\pi\varepsilon_0 E_0 R^3 \tag{5.42}$$

einfach zu erfüllen, weil dann der eingeklammerte Ausdruck gleich null wird.

Das Potential

$$\varphi = E_0 \left(\frac{R^3}{r^2} - r \right) \cos\vartheta \qquad (r \geqq R)$$

erfüllt also eine wesentliche Randbedingung, nämlich auf der Metalloberfläche konstant zu sein. Es führt auch zur vorausgesetzten Gesamtladung null der Kugel, wie eine Berechnung der influenzierten Flächenladungsdichte an Hand der Gl. (5.39) mit $\boldsymbol{n} = \boldsymbol{e}_r$ sofort zeigt:

$$\sigma = -\varepsilon_0 \left.\frac{\partial\varphi}{\partial r}\right|_R = \varepsilon_0 E_0 \left.\left(2\frac{R^3}{r^3} + 1 \right)\right|_R \cos\vartheta = 3\varepsilon_0 E_0 \cos\vartheta \,. \tag{5.43}$$

Die gesamte Ladung auf der oberen Halbkugel ($0 \leqq \vartheta \leqq \pi/2$) ist also entgegengesetzt gleich zur gesamten Ladung auf der unteren Halbkugel ($\pi/2 \leqq \vartheta \leqq \pi$).

Somit erfüllt das gefundene Potential eine Randbedingung des Typs c aus Abschnitt 4.4.3. Die Eindeutigkeit der Lösung ist jedoch erst dann garantiert, wenn noch auf der Fernkugel die Randbedingung d von Abschnitt 4.4.3 erfüllt wird. Dieser Bedingung gehorcht hier aber nur der Summand $\varphi^{(\sigma)}$ des Gesamtpotentials

$$\varphi = \varphi^{(\sigma)} - E_0 z \,.$$

Eine eventuelle zweite Lösung $\hat{\varphi}$ des vorliegenden Problems müßte ebenfalls die Form

$$\hat{\varphi} = \hat{\varphi}^{(\sigma)} - E_0 z \,.$$

haben, wobei $\hat{\varphi}^{(\sigma)}$ die fragliche Randbedingung d erfüllen soll. In der Differenz $\tilde{\varphi} = \varphi - \hat{\varphi} = \varphi^{(\sigma)} - \hat{\varphi}^{(\sigma)}$ tritt der zunächst störende Term $E_0 z$ nun nicht mehr auf, und die Eindeutigkeit der Lösung kann wie unter Punkt d begründet werden.

Die Influenzladung gemäß Gl. (5.43) erzeugt also außerhalb der Kugeloberfläche ein elektrisches Dipolfeld, wie es im rechten Teil von Bild 5.11 angedeutet ist. Innerhalb der Kugel erzeugt diese Ladungsverteilung ein homogenes Feld $\boldsymbol{E}^{(\sigma)} = -\boldsymbol{E}_0$, denn die beiden Felder $\boldsymbol{E}_0$ und $\boldsymbol{E}^{(\sigma)}$ müssen sich im Metallinneren gerade kompensieren. Das Gesamtfeld $\boldsymbol{E}_0 + \boldsymbol{E}^{(\sigma)}$ ist im linken Teil von Bild 5.11 dargestellt. Es weist auf dem Äquator der Kugel ($\vartheta = \pi/2$) eine Besonderheit auf. Dort verlaufen die Feldlinien nicht orthogonal zur Metalloberfläche, sondern schließen mit dieser den Winkel 45° ein. Trotzdem ist hier längs des Kugeläquators die Bedingung (5.40)erfüllt, weil einerseits $\sigma(\pi/2) = 0$ und andererseits $\boldsymbol{E}^+(R, \pi/2) = \boldsymbol{0}$ gilt. Ersteres folgt aus Gl. (5.43), letzteres aus

$$\boldsymbol{E}^+\left(R, \frac{\pi}{2}\right) = E_0 \boldsymbol{e}_z + \frac{p_z}{4\pi\varepsilon_0 R^3} \left[2\cos\left(\frac{\pi}{2}\right) \boldsymbol{e}_r + \sin\left(\frac{\pi}{2}\right) \boldsymbol{e}_\vartheta \left(\frac{\pi}{2}\right) \right]$$

$$= E_0 \boldsymbol{e}_z + E_0(-\boldsymbol{e}_z) = \boldsymbol{0} \,.$$

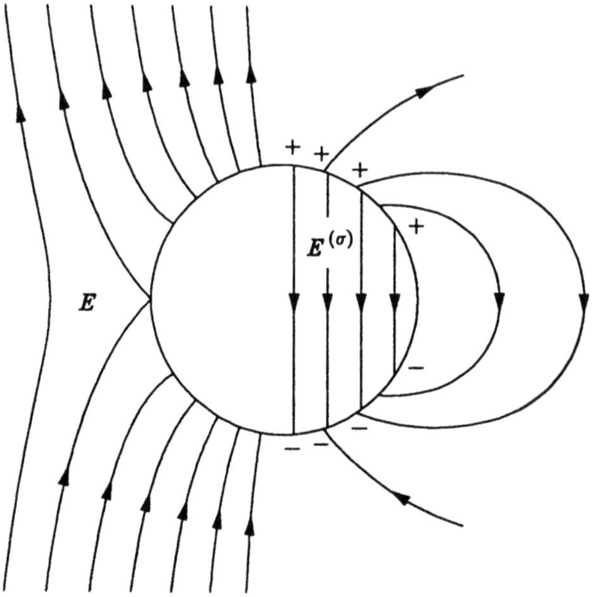

Bild 5.11

Dabei wird zunächst das Dipolfeld der Influenzladungen mittels Gl. (4.15) in der Ebene $z = 0$ (d.h. $\vartheta = \pi/2$) für $r = R$ dargestellt und zum anliegenden Feld $\boldsymbol{E}_0$ addiert. Der Rest folgt dann mit Gl. (5.42), $\cos(\pi/2) = 0$, $\sin(\pi/2) = 1$ und $\boldsymbol{e}_\vartheta(\pi/2) = -\boldsymbol{e}_z$.

5.6 Mehrleitersysteme

Mehrere geladene Metallkörper, die voneinander isoliert sind, sich aber gegenseitig durch Influenz beeinflussen, bilden ein sogenanntes Mehrleitersystem. Bekanntestes Beispiel hierfür ist das als Kondensator bekannte System aus zwei metallischen Körpern.

Die folgenden Untersuchungen werden durchgeführt am Beispiel des im Bild 5.12 dargestellten Leitersystems aus drei Körpern im leeren Raum, die von einer Metallwand mit der inneren Oberfläche S_0 vollkommen umschlossen werden. Diese soll leitend mit der Fernkugel S_∞ verbunden sein ("geerdet", wie man auch sagt; vgl. Beispiel 5.6.3), so daß sie immer das Potential $\varphi_0 = 0$ der Fernkugel hat. Die Potentiale $\varphi_1, \varphi_2, \varphi_3$ der anderen Leiter werden beliebig vorgegeben. Das kann mit Hilfe von Spannungsquellen geschehen, die man vorübergehend zwischen S_0 und die Körper schaltet. Dabei fließt solange Ladung auf die Körper, bis der Betrag ihrer Potentiale gleich ist dem Betrag der von den Quellen gelieferten Spannungen (das Vorzeichen der Potentiale hängt von der Polarität der Quellen ab).

Durch jedes Tripel $(\varphi_1, \varphi_2, \varphi_3)$ von Leiterpotentialen wird zusammen mit der festen Vereinbarung $\varphi_0 = 0$ eine Dirichletsche Randwertaufgabe gestellt (vgl. Abschnitt 4.4.3). Die *eindeutige* Lösung φ erfüllt im ladungsfreien Raum zwischen den Metallkörpern die Laplace-Gleichung und nimmt auf deren Oberflächen die vorgeschriebenen Potentialwerte an. Aus der Potentialfunktion kann gemäß $\boldsymbol{E} = -\nabla\varphi$ die elektrische Feldstärke berechnet werden und mit der Gl. (3.41b) schließlich die auf den Oberflächen S_ν $(\nu = 1,2,3)$ befindlichen Gesamtladungen

$$Q_\nu = -\varepsilon_0 \oint\!\!\!\oint_{S_\nu} \nabla\varphi \cdot \mathrm{d}\boldsymbol{a}_\nu \qquad (\nu = 1,2,3) \tag{5.44}$$

der drei Körper (hier und weiter unten ist stets der positivseitige Grenzwert des Gradienten gemeint). Nach Vorgabe der Potentiale φ_1, φ_2 und φ_3 sind also die Ladungen Q_1, Q_2 und Q_3 der drei Metallkörper *eindeutig* bestimmt.

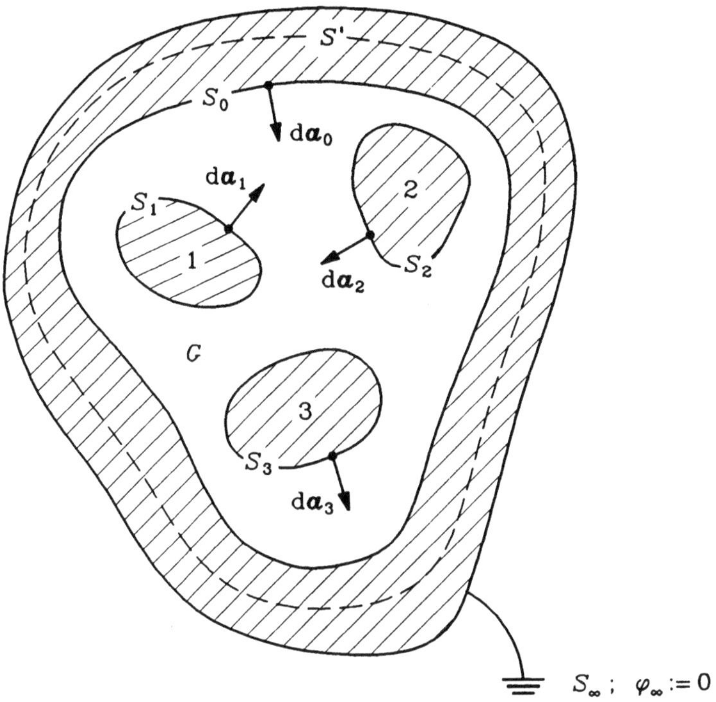

Bild 5.12

Für die Ladung Q_0 auf der umhüllenden Fläche S_0 muß

$$Q_0 + Q_1 + Q_2 + Q_3 = 0 \tag{5.45}$$

gelten, weil das bezüglich der Hüllfläche S' (s. Bild 5.12) gebildete Integral der elektrischen Feldstärke gleich null ist. Die Fläche S' verläuft nämlich ganz im feldfreien Metall, und die von ihr eingeschlossene Ladung ist gleich $Q_0 + Q_1 + Q_2 + Q_3$.

An Stelle der Leiterpotentiale kann man auch die Ladungen Q_ν ($\nu = 1,2,3$) der drei Körper vorgeben. Dann ist ein Potentialproblem mit "gemischten" Randbedingungen zu lösen. Zur Dirichletschen Randbedingung $\varphi_0 = 0$ auf S_0 treten die durch Gl. (5.44) ausgedrückten Randbedingungen auf den Flächen S_1, S_2 und S_3. Sie sind von dem Typ, der im Abschnitt 4.4.3, Buchstabe c beschrieben ist. Mit derartigen Randbedingungen allein können sich zwei Lösungen des Potentialproblems noch um einen konstanten Wert unterscheiden. Da jedoch auf S_0 nicht die (wegen Gl. (5.45) bereits festgelegte) Ladung, sondern der Wert des Potentials vorgegeben ist, verschwindet diese Konstante dort und damit überall. Nach

Vorgabe der Ladungen Q_1, Q_2 und Q_3 sind also die Potentiale φ_1, φ_2 und φ_3 der drei Metallkörper *eindeutig* bestimmt.

Insgesamt ist jetzt gezeigt, ***daß zwischen den Potentialen der drei Leiter und ihren Ladungen eine eineindeutige Zuordnung besteht.***

5.6.1 Potential- und Kapazitätskoeffizienten

Zu jedem Tripel $(\varphi_1, \varphi_2, \varphi_3)$ von Leiterpotentialen des betrachteten Dreileitersystems (s. Bild 5.12) gehört nach dem zuletzt Gesagten genau ein Tripel (Q_1, Q_2, Q_3) von Ladungen der drei Leiter. Im folgenden wird gezeigt, daß die gegenseitige Zuordnung dieser Größen unter der Voraussetzung $\varphi_0 = 0$ durch die linearen Gleichungssysteme

$$\varphi_\nu = \sum_{\mu=1}^{3} p_{\nu\mu} Q_\mu \qquad (\nu = 1,2,3) \tag{5.46}$$

oder

$$Q_\nu = \sum_{\mu=1}^{3} c_{\nu\mu} \varphi_\mu \qquad (\nu = 1,2,3) \tag{5.47}$$

dargestellt werden kann, die in ausgeschriebener Form

$$\varphi_1 = p_{11} Q_1 + p_{12} Q_2 + p_{13} Q_3 \ , \tag{5.46a}$$

$$\varphi_2 = p_{21} Q_1 + p_{22} Q_2 + p_{23} Q_3 \ , \tag{5.46b}$$

$$\varphi_3 = p_{31} Q_1 + p_{32} Q_2 + p_{33} Q_3 \tag{5.46c}$$

bzw.

$$Q_1 = c_{11} \varphi_1 + c_{12} \varphi_2 + c_{13} \varphi_3 \ , \tag{5.47a}$$

$$Q_2 = c_{21} \varphi_1 + c_{22} \varphi_2 + c_{23} \varphi_3 \ , \tag{5.47b}$$

$$Q_3 = c_{31} \varphi_1 + c_{32} \varphi_2 + c_{33} \varphi_3 \tag{5.47c}$$

lauten. Die Konstanten $p_{\nu\mu}$ und $c_{\nu\mu}$ heißen Potential- bzw. Kapazitätskoeffizienten des Leitersystems. Sie hängen nur von der Geometrie der Anordnung ab, d.h. von der Gestalt und relativen Lage der drei Körper und der umhüllenden Metallwand.

Zum Beweis benutzt man drei Funktionen $U^{(1)}(\boldsymbol{r})$, $U^{(2)}(\boldsymbol{r})$ und $U^{(3)}(\boldsymbol{r})$ im Bereich G (s. Bild 5.12). Sie sind die eindeutigen Lösungen dreier Randwertprobleme, die sich nur auf die Geometrie der betrachteten Anordnung beziehen. Es soll nämlich $U^{(\mu)}(\boldsymbol{r})$ die Laplace-Gleichung

$$\nabla^2 U^{(\mu)} = 0 \qquad (\mu = 1,2,3) \tag{5.48a}$$

in G erfüllen und auf den Flächen S_ν $(\nu = 0,1,2,3)$ den Wert eins für $\nu = \mu$ bzw. den Wert null für $\nu \neq \mu$ haben. Diese Randbedingungen können mit Hilfe des Kronecker-Symbols in der Form

$$U_\nu^{(\mu)} = \delta_{\nu\mu} \qquad \begin{cases} (\mu = 1,2,3) \\ (\nu = 0,1,2,3) \end{cases} \tag{5.48b}$$

ausgedrückt werden, wobei $U_\nu^{(\mu)}$ den Wert der Funktion $U^{(\mu)}(\boldsymbol{r})$ auf der Fläche S_ν bezeichnet. Beispielsweise ist $U^{(2)}(\boldsymbol{r})$ die Lösung der Laplace-Gleichung in G, die auf der Fläche S_2 den Wert $U_2^{(2)} = 1$ hat und auf den Flächen S_0, S_1 und S_3 die Werte $U_0^{(2)} = U_1^{(2)} = U_3^{(2)} = 0$ besitzt.

Mit Hilfe der drei Funktionen $U^{(\mu)}(\boldsymbol{r})$ kann nun die zu einem beliebigen Tripel $(\varphi_1, \varphi_2, \varphi_3)$ von Leiterpotentialen bei geerdeter Metallumhüllung gehörige Potentialfunktion φ dargestellt werden. Es gilt nämlich, wie anschließend gezeigt wird,

$$\varphi = \varphi_1\, U^{(1)}(\boldsymbol{r}) + \varphi_2\, U^{(2)}(\boldsymbol{r}) + \varphi_3\, U^{(3)}(\boldsymbol{r}) = \sum_{\mu=1}^{3} \varphi_\mu\, U^{(\mu)}(\boldsymbol{r})\,. \tag{5.49}$$

Einerseits ist dieser Ausdruck in G eine Lösung der Laplace-Gleichung, da letztere linear ist und von den Funktionen $U^{(\mu)}(\boldsymbol{r})$ erfüllt wird. Andererseits nimmt er die durch die Leiterpotentiale φ_μ $(\mu = 1,2,3)$ und die Bedingung $\varphi_0 = 0$ vorgeschriebenen Randwerte an, was aus Gl. (5.48b) folgt. Also wird durch Gl. (5.49) die (einzige) zu den Leiterpotentialen φ_1, φ_2 und φ_3 gehörige Potentialfunktion dargestellt. Setzt man diese Potentialfunktion in Gl. (5.44) ein, dann erhält man nach Vertauschung von Summation und Integration die Ladungen der drei Leiter

$$Q_\nu = -\,\varepsilon_0 \sum_{\mu=1}^{3} \varphi_\mu \left[\oiint_{S_\nu} \nabla U^{(\mu)} \cdot \mathrm{d}\boldsymbol{a}_\nu\right] \qquad (\nu = 1,2,3)$$

bzw. in ausgeschriebener Form

$$Q_1 = -\left[\varepsilon_0 \oiint_{S_1} \nabla U^{(1)} \cdot \mathrm{d}\boldsymbol{a}_1\right]\varphi_1 - \left[\varepsilon_0 \oiint_{S_1} \nabla U^{(2)} \cdot \mathrm{d}\boldsymbol{a}_1\right]\varphi_2 - \left[\varepsilon_0 \oiint_{S_1} \nabla U^{(3)} \cdot \mathrm{d}\boldsymbol{a}_1\right]\varphi_3\,,$$

$$Q_2 = -\left[\varepsilon_0 \oiint_{S_2} \nabla U^{(1)} \cdot \mathrm{d}\boldsymbol{a}_2\right]\varphi_1 - \left[\varepsilon_0 \oiint_{S_2} \nabla U^{(2)} \cdot \mathrm{d}\boldsymbol{a}_2\right]\varphi_2 - \left[\varepsilon_0 \oiint_{S_2} \nabla U^{(3)} \cdot \mathrm{d}\boldsymbol{a}_2\right]\varphi_3\,,$$

$$Q_3 = -\left[\varepsilon_0 \oiint_{S_3} \nabla U^{(1)} \cdot \mathrm{d}\boldsymbol{a}_3\right]\varphi_1 - \left[\varepsilon_0 \oiint_{S_3} \nabla U^{(2)} \cdot \mathrm{d}\boldsymbol{a}_3\right]\varphi_2 - \left[\varepsilon_0 \oiint_{S_3} \nabla U^{(3)} \cdot \mathrm{d}\boldsymbol{a}_3\right]\varphi_3\,.$$

Die eingeklammerten Größen sind Konstanten, die nur von der Geometrie des Leitersystems abhängen. Setzt man

$$c_{\nu\mu} = -\,\varepsilon_0 \oiint_{S_\nu} \nabla U^{(\mu)} \cdot \mathrm{d}\boldsymbol{a}_\nu\,, \tag{5.50}$$

dann ergibt sich das Gleichungssystem (5.47a-c), dessen Bestehen zu zeigen war. Da es eine eineindeutige Zuordnung zwischen den Ladungen und Potentialen ausdrückt, ist es invertierbar, und man gelangt so auch zum Gleichungssystem (5.46a-c).

Man beachte, daß in das Randwertproblem (5.48a,b) Gestalt und Lage *aller* jeweils vorhandenen Leiter eingehen, so daß die $c_{\nu\mu}$ und $p_{\nu\mu}$ immer zum *ganzen* Leitersystem gehören. Insbesondere ist etwa c_{11} keine Eigenschaft, die dem Leiter 1 schlechthin zukommt.

Wegen der umschließenden Metallwand ist das innerhalb von S_0 herrschende elektrische Feld unabhängig von den äußeren elektrostatischen Bedingungen. Dafür sorgen Influenzladungen auf der äußeren Oberfläche der Metallhülle, die jedes von außen angelegte Feld "abschirmen", d.h. durch ihr "Gegenfeld" metallseitig kompensieren. Mit der elektrischen Feldstärke sind auch alle Potentialdifferenzen im Bereich G unveränderlich. Hat also die jetzt nicht geerdete Metallhülle auf Grund äußerer Umstände ein Potential $\varphi_0 \neq 0$, dann gehen die zuvor fernkugelbezogenen Leiterpotentiale über in die Potentialdifferenzen $U_{\nu 0} := \varphi_\nu - \varphi_0$, und die Gln. (5.46a-c), (5.47a-c) gelten weiter in der Form

$$U_{10} = p_{11}\,Q_1 + p_{12}\,Q_2 + p_{13}\,Q_3 \quad , \tag{5.51a}$$

$$U_{20} = p_{21}\,Q_1 + p_{22}\,Q_2 + p_{23}\,Q_3 \quad , \tag{5.51b}$$

$$U_{30} = p_{31}\,Q_1 + p_{32}\,Q_2 + p_{33}\,Q_3 \quad ; \tag{5.51c}$$

$$Q_1 = c_{11}\,U_{10} + c_{12}\,U_{20} + c_{13}\,U_{30} \quad , \tag{5.52a}$$

$$Q_2 = c_{21}\,U_{10} + c_{22}\,U_{20} + c_{23}\,U_{30} \quad , \tag{5.52b}$$

$$Q_3 = c_{31}\,U_{10} + c_{32}\,U_{20} + c_{33}\,U_{30} \quad . \tag{5.52c}$$

An den allein von der Geometrie bestimmten Potential- bzw. Kapazitätskoeffizienten ändert sich nichts. Deshalb ist es keine Einschränkung der Allgemeinheit, wenn bei den folgenden Untersuchungen ihrer Eigenschaften wieder $\varphi_0 = 0$ vorausgesetzt wird.

Abschließend sei noch bemerkt, daß die umhüllende Fläche S_0 auch die Fernkugel sein kann.

5.6.2 Reziprozität

Die Matrizen der Potential- und Kapazitätskoeffizienten sind symmetrisch, d.h. es gilt

$$p_{\nu\mu} = p_{\mu\nu} \tag{5.53}$$

und

$$c_{\nu\mu} = c_{\mu\nu} \quad . \tag{5.54}$$

Dies braucht nur für die Matrix der Kapazitätskoeffizienten gezeigt zu werden, da die Inverse einer symmetrischen Matrix, in diesem Fall also die Matrix der Potentialkoeffizienten, ebenfalls symmetrisch ist.

Zum Beweis geht man aus von der durch Gl. (5.50) gegebenen Darstellung der Kapazitätskoeffizienten:

$$c_{\nu\mu} = -\,\varepsilon_0 \oiint\limits_{S_\nu} \nabla U^{(\mu)} \cdot \mathrm{d}\boldsymbol{a}_\nu \quad .$$

Da die Funktion $U^{(\nu)}(\boldsymbol{r})$ auf der Fläche S_ν wegen Gl. (5.48b) den Wert eins hat, gilt auch

$$c_{\nu\mu} = -\,\varepsilon_0 \oiint\limits_{S_\nu} U^{(\nu)}\,\nabla U^{(\mu)} \cdot \mathrm{d}\boldsymbol{a}_\nu \quad .$$

Auf allen anderen Flächen verschwindet die Funktion $U^{(\nu)}(\boldsymbol{r})$, so daß die Integration über S_ν durch die Integration über $S := S_0 \cup S_1 \cup S_2 \cup S_3$ ersetzt werden kann:

$$c_{\nu\mu} = -\,\varepsilon_0 \oiint\limits_{S} U^{(\nu)}\,\nabla U^{(\mu)} \cdot \mathrm{d}\boldsymbol{a} \quad .$$

Hieraus erhält man durch Anwendung des ersten Greenschen Satzes und der Gl. (5.48a)

$$c_{\nu\mu} = \varepsilon_0 \iiint\limits_G \left[\nabla U^{(\nu)} \cdot \nabla U^{(\mu)} + U^{(\nu)} \nabla^2 U^{(\mu)}\right] \mathrm{d}V =$$

$$= \varepsilon_0 \iiint\limits_G \left[\nabla U^{(\nu)} \cdot \nabla U^{(\mu)}\right] \mathrm{d}V \ . \tag{5.55}$$

Dabei ist zu beachten, daß die Flächenelemente $\mathrm{d}\boldsymbol{a}_\nu$ ($\nu = 0,1,2,3$) in den Bereich G hineinzeigen, weshalb bei der Anwendung des Greenschen Satzes ein Minuszeichen zu berücksichtigen ist. Die behauptete Symmetrieeigenschaft der Kapazitätskoeffizienten ist aus Gl. (5.55) unmittelbar abzulesen.

Was bedeutet dies physikalisch? Gibt man beispielsweise in einem ersten Experiment auf den Leiter 2 die Ladung $Q_2^{(1)} = Q$, während die anderen Leiter ungeladen sind, dann besitzt der Leiter 1 nach Gl. (5.46a) das Potential $\varphi_1^{(1)} = p_{12}\, Q$. Wird in einem zweiten Experiment der Leiter 1 mit der gleichen Ladung $Q_1^{(2)} = Q$ versehen und bleiben die anderen Leiter ungeladen, dann ist nach Gl. (5.46b) das Potential des Leiters 2 gleich $\varphi_2^{(2)} = p_{21}\, Q$. Wegen der Symmetrieeigenschaft $p_{12} = p_{21}$ gilt $\varphi_1^{(1)} = \varphi_2^{(2)}$, d.h. der Leiter 2 nimmt im zweiten Experiment das gleiche Potential an, das der Leiter 1 im ersten Experiment besaß.

Diesen Tatbestand kann man unpräzise als Vertauschbarkeit von Ursache und Wirkung umschreiben. Man findet sie auch bei anderen physikalischen Situationen. Dabei wird allgemein von Reziprozität gesprochen.

5.6.3 Beispiel

Das in Bild 5.13 dargestellte Zweileitersystem im Vakuum besteht aus einer geladenen Metallkugel M_1 (Radius R_1, Ladung Q_1) und einem Metallkörperchen M_2 (Ladung Q_2) beliebiger Gestalt, dessen Abmessungen vernachlässigbar klein gegen R_1 und h sind. Also ist die Ladung Q_2 praktisch punktförmig, so daß durch sinngemäße Anwendung des Resultats der Aufgabe 5.3c das Potential φ_1 der Kugel 1 ermittelt werden kann:

$$\varphi_1 = \frac{1}{4\pi\varepsilon_0}\left(\frac{Q_1}{R_1} + \frac{Q_2}{R_1 + h}\right) .$$

Daraus liest man zwei Potentialkoeffizienten dieses Zweileitersystems ab:

$$p_{11} = \frac{1}{4\pi\varepsilon_0 R_1} \ , \quad p_{12} = \frac{1}{4\pi\varepsilon_0 (R_1 + h)} \ .$$

Wegen der zuvor bewiesenen Reziprozitätseigenschaft dieser Koeffizienten, ist auch der Koeffizient $p_{21} = p_{12}$ gegeben, so daß für das Potential φ_2 des Metallkörperchens

$$\varphi_2 = \frac{1}{4\pi\varepsilon_0}\left(\frac{Q_1}{R_1 + h} + 4\pi\varepsilon_0\, p_{22}\, Q_2\right)$$

geschrieben werden kann. Nur der Koeffizient p_{22} ist unbekannt, und er läßt sich auch nicht elementar bestimmen.

Macht man jetzt die zusätzliche Annahme $h \ll R_1$, dann folgt

$$\varphi_1 = \frac{1}{4\pi\varepsilon_0}\,\frac{Q_1+Q_2}{R_1}\ , \qquad \varphi_2-\varphi_1 = \left(p_{22}-\frac{1}{4\pi\varepsilon_0 R_1}\right)Q_2\ .$$

In diesen Beziehungen steckt eine einfache Theorie des "Erdens", wenn man M_1 mit der Erdkugel und M_2 mit einem geladenen Metallkörper über dem Erdboden identifiziert. Die Ladung Q_2 nimmt auf Grund der letzten Beziehung den Wert null an, sobald man durch eine leitende Verbindung zum Erdboden die Gleichheit der Potentiale φ_1 und φ_2 erzwingt. Ein Metallkörper wird also durch "Erden" vollständig entladen (falls er weit genug von anderen geladenen Körper entfernt ist; dritte Körper wurden hier nicht berücksichtigt).

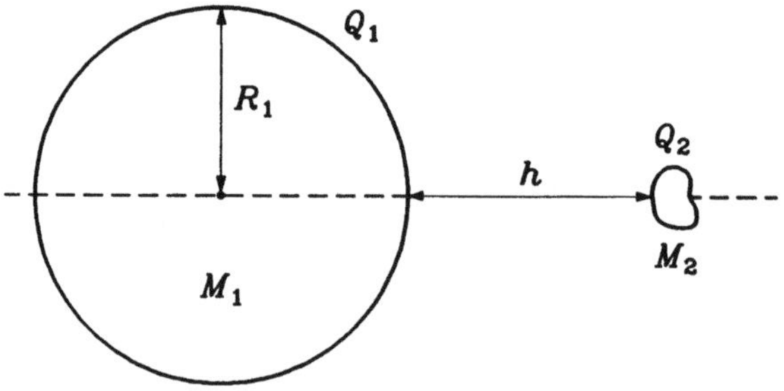

Bild 5.13

Die vorletzte Beziehung sagt aus, daß das Potential φ_1 der Erde sich nicht ändert, wenn man Ladung zwischen ihr und dem Metallkörper hin- und hertransportiert, denn dabei bleibt $Q_1 + Q_2$ konstant. Darüber hinaus darf man für labormäßige Überlegungen $Q_1 + Q_2 = 0$ setzen, so daß das Erdpotential gleich dem Fernkugelpotential null wird.

"Erden" bedeutet wörtlich die Herstellung einer leitenden Verbindung zum Erdboden. Da dieser aber praktisch das unveränderliche Fernkugelpotential hat, bedeutet "Erden" bei vielen theoretischen Überlegungen die (praktisch unmögliche) Herstellung einer leitenden Verbindung zur Fernkugel.

5.6.4 Weitere Eigenschaften der Kapazitätskoeffizienten

Neben der zuletzt bewiesenen Symmetrie haben die Kapazitätskoeffizienten noch die folgenden für spätere Überlegungen wichtigen Eigenschaften:

$$c_{\nu\nu} > 0\ , \tag{5.56a}$$

$$c_{\nu\mu} < 0\ , \qquad \text{falls } \nu \neq \mu\ , \tag{5.56b}$$

$$\sum_{\nu} c_{\nu\mu} > 0\ . \tag{5.56c}$$

Die Beziehung (5.56a) kann aus Gl. (5.55) abgeleitet werden, denn diese besagt für $\mu = \nu$, daß

$$c_{\nu\nu} = \varepsilon_0 \iiint_G \left(\nabla U^{(\nu)}\right)^2 \mathrm{d}V \geqq 0$$

gilt. Der Integrand kann nicht überall in G verschwinden, da sonst $U^{(\nu)}(\boldsymbol{r})$ eine konstante Funktion wäre. Das aber stünde im Widerspruch dazu, daß $U^{(\nu)}(\boldsymbol{r})$ auf der Fläche S_ν den

Wert eins und auf den anderen Flächen den Wert null annimmt. Also ist das fragliche Integral und damit $c_{\nu\nu}$ positiv, d.h. es gilt die echte Ungleichung.

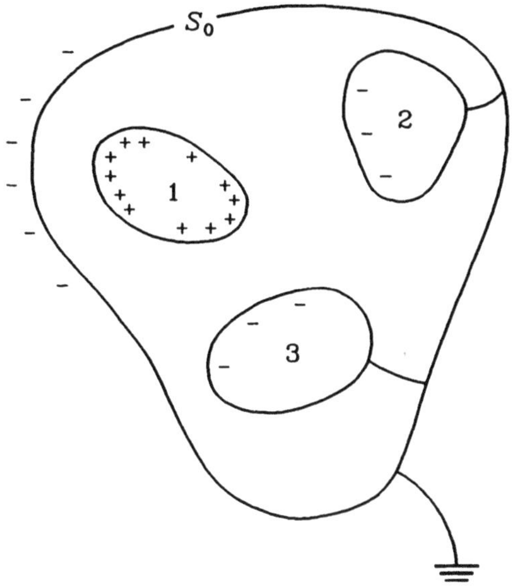

Bild 5.14

Die restlichen Ungleichungen werden jetzt unter Verzicht auf eine formale Begründung durch physikalische Argumente plausibel gemacht. Das Bild 5.14 ist eine hierzu geeignete Darstellung des betrachteten Leitersystems, wobei angenommen wird, daß die Leiter 2 und 3 leitend mit der Fläche S_0 verbunden sind, also stets das Potential null haben. Dadurch reduziert sich das Gleichungssystem (5.47a-c) auf

$$Q_1 = c_{11}\,\varphi_1 \quad , \tag{5.57a}$$

$$Q_2 = c_{21}\,\varphi_1 \quad , \tag{5.57b}$$

$$Q_3 = c_{31}\,\varphi_1 \quad . \tag{5.57c}$$

Zusätzlich wird angenommen, daß der Leiter 1 die Ladung

$$Q_1 > 0$$

trägt. Deren influenzierende Wirkung hat Ladungen *entgegengesetzten* Vorzeichens auf den Leitern 2 und 3 sowie auf der Wand S_0 hervorgerufen. Diese sind von der umhüllenden Metallwand durch die leitenden Verbindungen auf das Leitersystem geflossen. Es gilt also

$$Q_2 < 0 \ , \quad Q_3 < 0 \ , \quad Q_0 < 0 \ .$$

Nun ist bereits bewiesen, daß c_{11} positiv ist. Daraus folgt mit Gl. (5.57a), daß auch φ_1 positiv ist. Es können also die Ladungen Q_2 und Q_3 nur dann negativ sein, wenn in den Gln. (5.57b,c) $c_{21} < 0$ und $c_{31} < 0$ gilt. Das sind aber zwei der Beziehungen (5.56b).

Durch Addition der Gln. (5.57a-c) und Verwendung der Gl. (5.45) erhält man

$$-Q_0 = (c_{11} + c_{21} + c_{31})\varphi_1 \quad .$$

Da sowohl $-Q_0$ als auch φ_1 positiv sind, folgt hieraus, daß $(c_{11} + c_{21} + c_{31}) > 0$ gilt. Das ist aber die Beziehung (5.56c) für $\mu = 1$.

Von den leitenden Verbindungen zwischen den Körpern 2 bzw. 3 und der Wand S_0 wurde übrigens stillschweigend angenommen, daß ihr Einfluß auf die Kapazitätskoeffizienten vernachlässigt werden darf. Die Ungleichungen (5.56b,c) für die anderen Werte von ν und μ lassen sich entsprechend physikalisch erklären.

5.6.5 Energie eines Mehrleitersystems

Die im Leitersystem von Bild 5.12 gespeicherte elektrische Energie W erhält man aus ihrer räumlichen Dichte nach Gl. (4.53), wenn man diese über das Gebiet G zwischen den Leitern integriert:

$$W = \frac{\varepsilon_0}{2} \iiint_G \boldsymbol{E}^2 \, \mathrm{d}V \, . \tag{5.58}$$

Berücksichtigt man $\boldsymbol{E} = -\nabla\varphi$ und $\nabla^2\varphi \equiv 0$ (letzteres weil G raumladungsfrei ist), dann kann mittels Gl. (1.26) folgendermaßen umgeformt werden:

$$W = \frac{\varepsilon_0}{2} \iiint_G [(\nabla\varphi)^2 + \varphi\nabla^2\varphi] \, \mathrm{d}V = \frac{\varepsilon_0}{2} \oiint_S (\varphi\nabla\varphi) \cdot \mathrm{d}\boldsymbol{a}$$

$$= -\frac{\varepsilon_0}{2} \oiint_S \varphi \boldsymbol{E} \cdot \mathrm{d}\boldsymbol{a} \, .$$

Dabei bedeutet $S := S_0 \cup S_1 \cup S_2 \cup S_3$ den Rand von G, und zwar vom Greenschen Satz her mit einer Orientierung, die derjenigen von Bild 5.12 entgegengesetzt ist. Berücksichtigt man das sowie die Tatsache, daß auf jeder der vier Teilflächen das dort konstante Potential vor das jeweilige Teilintegral gezogen werden kann, dann erhält man mit Gl. (3.41b)

$$W = \frac{1}{2} [\varphi_1 Q_1 + \varphi_2 Q_2 + \varphi_3 Q_3 - \varphi_0 (Q_1 + Q_2 + Q_3)]$$

$$= \frac{1}{2} [Q_1(\varphi_1 - \varphi_0) + Q_2(\varphi_2 - \varphi_0) + Q_3(\varphi_3 - \varphi_0)]$$

$$= \frac{1}{2} (Q_1 U_{10} + Q_2 U_{20} + Q_3 U_{30}) \, . \tag{5.59}$$

Von $\varphi_0 = 0$ wird hier kein Gebrauch gemacht. Die Verallgemeinerung für mehr als drei Leiter liegt auf der Hand.

Der Ausdruck nach Gl. (5.59) kann mittels der Gln. (5.51a-c) oder (5.52a-c) umgeformt werden:

$$W = \frac{1}{2} (p_{11} Q_1^2 + p_{22} Q_2^2 + p_{33} Q_3^2) + p_{12} Q_1 Q_2 + p_{13} Q_1 Q_3 + p_{23} Q_2 Q_3 \, , \tag{5.60a}$$

$$W = \frac{1}{2} (c_{11} U_{10}^2 + c_{22} U_{20}^2 + c_{33} U_{30}^2) + c_{12} U_{10} U_{20} + c_{13} U_{10} U_{30} + c_{23} U_{20} U_{30} \, . \tag{5.60b}$$

Nach Gl. (5.58) ist W nicht negativ, d.h. die quadratischen Formen der Gln. (5.60a,b) sind positiv semidefinit, und die Determinanten der zugehörigen Koeffizientenmatrizen sind daher positiv oder gleich null. Da diese Koeffizientenmatrizen einen umkehrbar eindeutigen Zusammenhang zwischen den Leiterladungen und Leiterpotentialen vermitteln (vgl. Abschnitt 5.6, letzter Satz), sind sie invertierbar und haben daher von null verschiedene Determinanten. Also sind die Koeffizientenmatrizen positiv definit und haben positive Determinanten.

Folgerung: Insbesondere gilt bei einem Zweileitersystem

$$\det \begin{bmatrix} c_{11} & c_{12} \\ c_{12} & c_{22} \end{bmatrix} = (c_{11}\, c_{22} - c_{12}^2) > 0 \; . \tag{5.61}$$

Durch Inversion der Matrix der Kapazitätskoeffizienten bekommt man die zugehörigen Potentialkoeffizienten:

$$p_{11} = \frac{c_{22}}{c_{11}\, c_{22} - c_{12}^2} \; , \quad p_{22} = \frac{c_{11}}{c_{11}\, c_{22} - c_{12}^2} \; , \quad p_{12} = p_{21} = \frac{-c_{12}}{c_{11}\, c_{22} - c_{12}^2} \; .$$

Mit den Bedingungen (5.56a-c) und (5.61) ersieht man, daß die vier Potentialkoeffizienten die Eigenschaften

$$p_{11} > 0 \, , \quad p_{22} > 0 \, , \quad p_{12} = p_{21} > 0 \, , \tag{5.62a}$$

$$p_{11} > p_{12} \, , \quad p_{22} > p_{12} \tag{5.62b}$$

haben. Aus den letzten beiden Ungleichungen folgt weiter

$$p_{11} + p_{22} - 2p_{12} > 0 \; . \tag{5.62c}$$

5.6.6 Kondensatoren

Die Bilder 5.15a und b zeigen die beiden Möglichkeiten, nach denen sich zwei Metallkörper gegenüberstehen können. Man spricht hier von Kondensatoren. Im Fall von Bild 5.15a tragen die einander zugekehrten Oberflächen grundsätzlich entgegengesetzt gleiche Ladungen, wie aus der Gl. (5.45) für das gerade betrachtete Einleitersystem folgt (der umhüllende Metallkörper zählt nicht mit). Für das Zweileitersystem von Bild 5.15b wird im folgenden *vorausgesetzt*, daß die Ladungen entgegengesetzt gleich sind. Bezeichnet man mit φ_Q und φ_{-Q} die Potentiale der Flächen mit den Ladungen Q bzw. $-Q$, dann ist

$$U := \varphi_Q - \varphi_{-Q}$$

die zwischen den beiden Flächen herrschende Spannung, und es gilt, wie noch gezeigt wird,

$$Q = C\, U \tag{5.63}$$

mit positiver Proportionalitätskonstante C, der sogenannten Kapazität des Kondensators. Sie hängt nur von der Geometrie jener zwei Flächen ab.

Das folgt für das Einleitersystem von Bild 5.15a aus der auf einen Leiter spezialisierten Gl. (5.52a), wenn man dort $Q_1 = Q$ und $U_{10} = U$ setzt. Der Vergleich mit Gl. (5.63) zeigt dann, daß

$$C = c_{11} \tag{5.64}$$

gilt. Nach Ungleichung (5.56a) ist c_{11} positiv. Die Kapazität ist hier unabhängig von äußeren Einflüssen, d.h. von Körpern, die außerhalb der umhüllenden Metallwand eventuell noch vorhanden sind, denn nach Abschnitt 5.6.1 wird c_{11} allein von den inneren geometrischen Verhältnissen bestimmt. Die im Bild 5.15a dargestellte Durchführung eines Verbindungsdrahtes zum inneren Leiter bedeutet natürlich eine Störung dieser idealen Bedingungen, die jedoch vernachlässigbar gering gehalten werden kann.

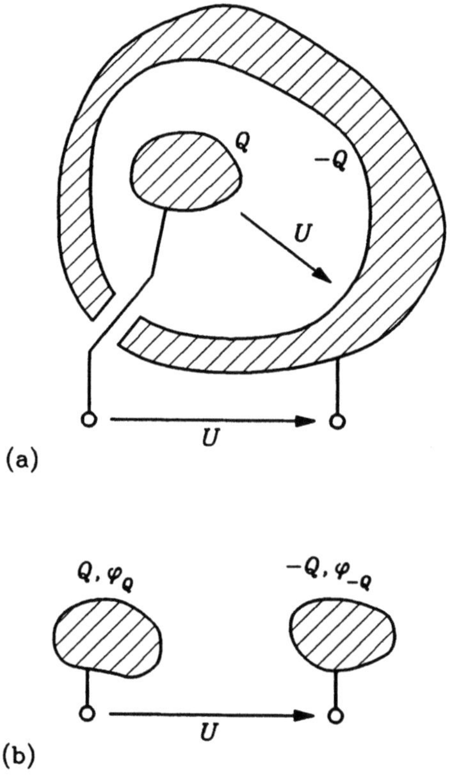

Bild 5.15

Zum Nachweis der Gl. (5.63) für den Kondensatortyp von Bild 5.15b und zur Untersuchung der Störung durch einen weiteren Metallkörper wird von dem Dreileitersystem in Bild 5.16 ausgegangen. Aus den Gln. (5.46a,b) folgt mit $Q_1 = -Q_2 = Q$, $Q_3 = Q'$ und $U = \varphi_1 - \varphi_2$

$$U = (p_{11} + p_{22} - 2p_{12})\,Q + (p_{13} - p_{23})\,Q' \;.$$

Die Spannung ist bei Anwesenheit des dritten Leiters also nur dann proportional zu Q, wenn

$Q' = 0$ gilt. Selbst in diesem Fall hängen die $p_{\nu\mu}$ im Faktor $(p_{11} + p_{22} - 2p_{12})$ noch von Gestalt und Lage des dritten Leiters ab. Erst wenn dieser entfernt wird, ist

$$C = \frac{1}{p_{11} + p_{22} - 2p_{12}} \tag{5.65}$$

die nur von der Geometrie der Leiter 1 und 2 bestimmte Kapazität des Kondensators. Sie ist positiv, wie aus Ungleichung (5.62c) folgt.

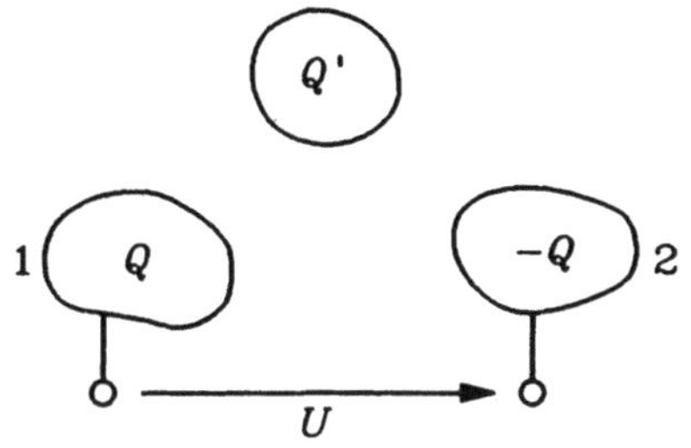

Bild 5.16

Wendet man Gl. (5.59) auf das Einleitersystem von Bild 5.15a an, dann ergibt sich

$$W = \frac{1}{2} Q U \tag{5.66a}$$

für die in diesem Kondensator gespeicherte Energie des elektrischen Feldes. Wendet man Gl. (5.59) auf das Zweileitersystem von Bild 5.15b an, wobei φ_0 jetzt das Fernkugelpotential null bedeutet, dann ergibt sich

$$W = \frac{1}{2} [Q \varphi_Q + (-Q) \varphi_{-Q}] = \frac{1}{2} Q U \ ,$$

also der gleiche Ausdruck wie zuvor. Dies kann mit Gl. (5.63) noch umgeformt werden:

$$W = \frac{1}{2} C U^2 \ , \tag{5.66b}$$

$$W = \frac{1}{2} \frac{Q^2}{C} \ . \tag{5.66c}$$

5.6.7 Beispiele

a) Ein bekanntes Beispiel ist der Plattenkondensator. Er besteht aus zwei parallelen Metallplatten gleichen Flächeninhalts, deren Abstand sehr klein ist gegenüber ihrem kleinsten Durchmesser. Dadurch wird erreicht, daß sich die Veränderungen des Feldes infolge der Anwesenheit anderer Körper auf Bereiche in der Nähe der Plattenränder beschränken, während das Feld weiter innen zwischen den Platten nahezu ungestört homogen bleibt. Dies soll durch Bild 5.17a veranschaulicht werden.

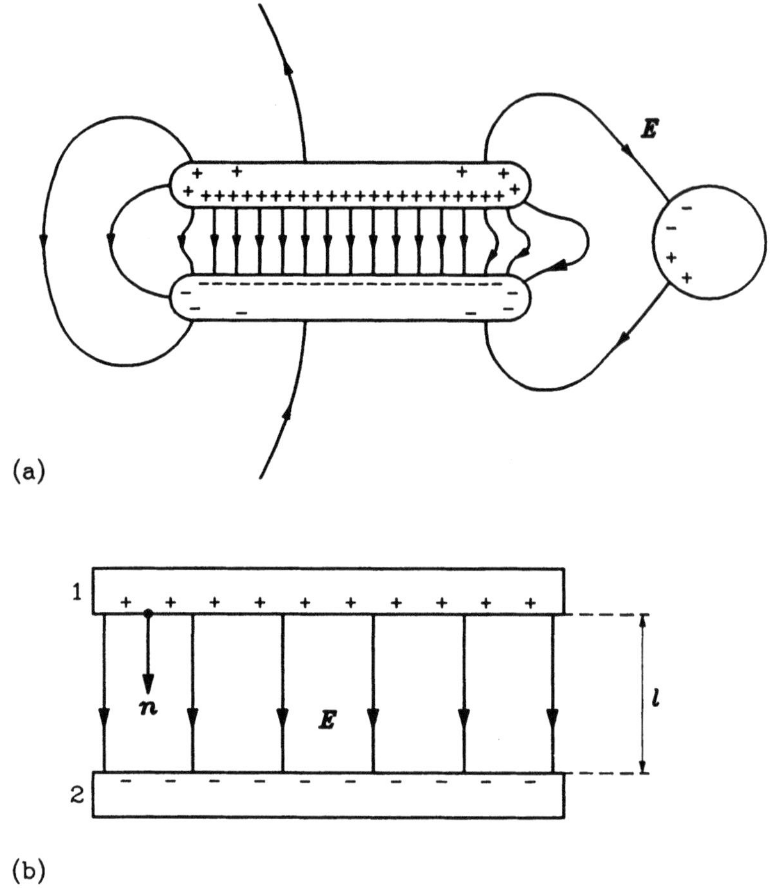

Bild 5.17

Zur näherungsweisen Berechnung der Kapazität eines Plattenkondensators geht man von der vereinfachenden Annahme aus, daß das Feld zwischen den Platten bis zum Rand homogen ist und außerhalb verschwindet (s. Bild 5.17b). Dann sitzt die gesamte Ladung einer Platte als Flächenladung auf dem der anderen Platte zugewendeten Teil ihrer Oberfläche. Das folgt aus Gl. (5.39) und der angenommenen Feldfreiheit im Außenraum. Mit den Bezeichnungen von Bild 5.17b und der Gl. (5.39) erhält man für die Flächenladungsdichte der Platte 1

$$\sigma = \varepsilon_0 \, \boldsymbol{E} \cdot \boldsymbol{n} \quad .$$

Integriert man die elektrische Feldstärke längs einer Feldlinie von der Platte 1 zur Platte 2, so ergibt sich für die Spannung

$$U = \int_{(1)}^{(2)} \boldsymbol{E} \cdot \boldsymbol{n} \, \mathrm{d}s = \frac{\sigma}{\varepsilon_0} l = \frac{Q}{\varepsilon_0 \, a} l \quad ,$$

wobei Q die Ladung und a der Flächeninhalt von Platte 1 ist. Hieraus folgt die bekannte Formel

$$C = \varepsilon_0 \frac{a}{l} \tag{5.67}$$

für die Kapazität eines Plattenkondensators im leeren Raum.

b) Bei dem Einleitersystem eines Kugelkondensators (s. Bild 5.18) sind Kapazität C und Kapazitätskoeffizient c_{11} nach Gl. (5.64) einander gleich. Für letzteren gilt nach Gl. (5.50)

$$c_{11} = -\varepsilon_0 \oint\!\!\oint_{S_1} \nabla U^{(1)} \cdot \mathrm{d}\boldsymbol{a}_1 \quad ,$$

wobei $U^{(1)}$ die Lösung des folgenden Randwertproblems ist:

$$\nabla^2 U^{(1)} = 0 \quad , \qquad r_1 < r < r_0 \quad ,$$

$$U^{(1)} = \begin{cases} 1 \, , & r = r_1 \quad , \\ 0 \, , & r = r_0 \quad . \end{cases}$$

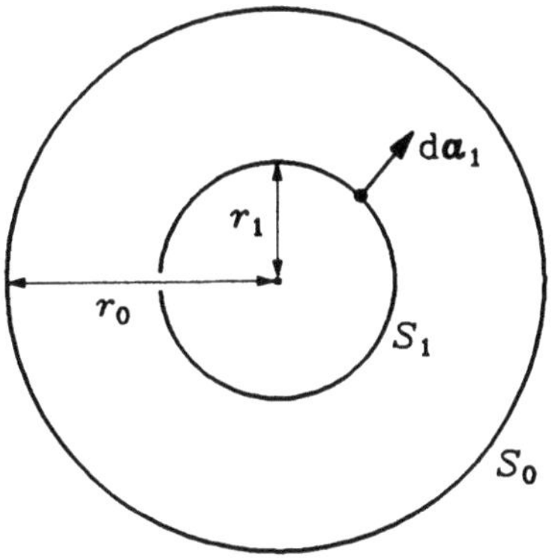

Bild 5.18

Wegen der Kugelsymmetrie hängt $U^{(1)}$ nur von r ab, so daß die Laplace-Gleichung in Kugelkoordinaten die einfache Form

$$\frac{\mathrm{d}}{\mathrm{d}r} \left(r^2 \, \frac{\mathrm{d}U^{(1)}}{\mathrm{d}r} \right) = 0$$

annimmt, wobei ein Faktor r^{-2} gekürzt wurde. Die Integrationskonstanten A, B der allgemeinen Lösung

$$U^{(1)} = \frac{A}{r} + B$$

müssen so bestimmt werden, daß die Randbedingungen

$$\frac{A}{r_1} + B = 1 \quad , \qquad \frac{A}{r_0} + B = 0$$

erfüllt sind, woraus insbesondere

$$A = \frac{r_0 \, r_1}{r_0 - r_1}$$

und somit

$$-\nabla U^{(1)} = \frac{r_0 \, r_1}{r_0 - r_1} \frac{1}{r^2} \boldsymbol{e}_r$$

folgt. Wegen $\mathrm{d}\boldsymbol{a}_1 = \mathrm{d}a_1 \, \boldsymbol{e}_r$ erhält man schließlich

$$C = c_{11} = \varepsilon_0 \frac{r_0 \, r_1}{r_0 - r_1} \frac{1}{r_1^2} \oiint_{S_1} \mathrm{d}a_1$$

$$= 4 \pi \varepsilon_0 \frac{r_0 \, r_1}{r_0 - r_1} \tag{5.68}$$

für die Kapazität eines Kugelkondensators. (Das zuletzt auszuwertende Integral ist ersichtlich gleich der Oberfläche $4\pi r_1^2$ der inneren Kugel.)

Man hätte auch hier wie im letzten Beispiel die Ladung vorgeben und die zugehörige Spannung ausrechnen können. Das ist der einfachere und kürzere Weg. Hier sollte vor allem die Theorie von Abschnitt 5.6.1 illustriert werden.

5.6.8 Teilkapazitäten eines Mehrleitersystems

Es wird wieder das Dreileitersystem von Bild 5.12 betrachtet, wobei die umhüllende Metallwand nicht geerdet zu sein braucht. Mit Hilfe der Kapazitätskoeffizienten dieses Systems werden (zunächst ohne Begründung) die folgenden neuen Größen definiert:

$$C_{\nu\nu} := \sum_{\mu} c_{\nu\mu} \ , \tag{5.69a}$$

$$C_{\nu\mu} := -c_{\nu\mu} \ , \qquad \text{falls } \nu \neq \mu \ . \tag{5.69b}$$

Sie heißen Teilkapazitäten des Mehrleitersystems und sind positiv sowie in ν und μ symmetrisch, was aus den Beziehungen (5.54) und (5.56b,c) folgt.

Die Gln. (5.69a,b) können leicht nach den Kapazitätskoeffizienten aufgelöst werden. Setzt man die so erhaltenen Ausdrücke in die Gln. (5.52a-c) ein, dann gehen diese über in

$$Q_1 = C_{11} U_{10} + C_{12} U_{12} + C_{13} U_{13} \ , \tag{5.70a}$$

$$Q_2 = C_{21} U_{21} + C_{22} U_{20} + C_{23} U_{23} \ , \tag{5.70b}$$

$$Q_3 = C_{31} U_{31} + C_{32} U_{32} + C_{33} U_{30} \ , \tag{5.70c}$$

wobei $U_{\nu\mu} = \varphi_\nu - \varphi_\mu$ $(\nu = 1,2,3;\ \mu = 0,1,2,3)$ die Spannungen zwischen den Leitern bzw. zwischen diesen und der umhüllenden Metallwand sind.

Jetzt kann das bisherige Vorgehen begründet werden. Dazu betrachtet man die in Bild 5.19 dargestellte Zusammenschaltung von Kondensatoren, deren Kapazitäten gleich den Teilkapazitäten des Dreileitersystems sind. Die Knotenpunkte 1,2 und 3 sollen dabei den

Leitern 1,2 bzw. 3 entsprechen, der Knotenpunkt 0 der umhüllenden Metallwand. Die Ladung Q_1 des Leiters 1 kann dann aufgefaßt werden als die Summe der Ladungen auf denjenigen Kondensatorflächen, die mit dem Knoten 1 verbunden sind (s. Bild 5.19). Bezeichnet man letztere Ladungen mit $Q^{(1)}$, $Q^{(2)}$ bzw. $Q^{(3)}$, dann gilt also

$$Q_1 = Q^{(1)} + Q^{(2)} + Q^{(3)} \quad ,$$

woraus durch Anwendung der Gl. (5.63) auf die entsprechenden Kondensatoren

$$Q_1 = C_{11}\, U_{10} + C_{12}\, U_{12} + C_{13}\, U_{13}$$

folgt. Das aber ist die Gl. (5.70a). Auch die Gln. (5.70b,c) können in gleicher Weise interpretiert werden, wobei man die Beziehungen $C_{\nu\mu} = C_{\mu\nu}$ und $U_{\nu\mu} = -U_{\mu\nu}$ zu beachten hat. Die Teilkapazitäten haben also die sehr anschauliche Bedeutung von Kapazitäten einer Kondensatorersatzschaltung für das Mehrleitersystem.

Auf Grund dieser anschaulichen Bedeutung werden die $C_{\nu\mu}$ für $\nu \neq \mu$ auch gegen- oder wechselseitige Kapazitäten der betreffenden Leiter genannt. Die $C_{\nu\nu}$ heißen dann Eigenkapazitäten oder Kapazitäten gegen "Erde" bzw. "Unendlich", wenn der umhüllende Metallkörper geerdet ist bzw. mit der Fernkugel zusammenfällt.

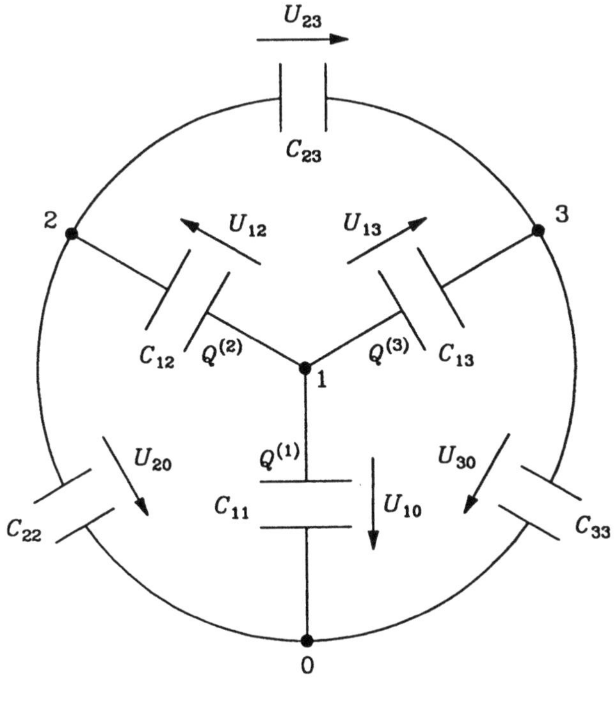

Bild 5.19

6 Magnetostatik

Wie in der Einleitung zum 4. Kapitel bereits gesagt, lauten die Grundgleichungen der Magnetostatik

$$\operatorname{div} \boldsymbol{B} = 0\,, \tag{6.1}$$

$$\operatorname{rot} \boldsymbol{B} = \mu_0 \boldsymbol{J}\,. \tag{6.2}$$

Eine unmittelbare Konsequenz ist $\operatorname{div} \boldsymbol{J} = 0$ wegen Gl. (1.40). Die Ursache des magnetostatischen Feldes sind also stationäre, d.h. quellenfreie (auch mit "geschlossen" umschriebene) und zeitunabhängige Ströme. Dabei muß es sich nicht unbedingt um die im vorausgegangenen Kapitel besprochenen Leitungsströme handeln, die dem Ohmschen Gesetz gehorchen. Insbesondere sind hier die im Abschnitt 9.3 definierten Magnetisierungsströme eingeschlossen, die den Beitrag magnetisierter Materie zum $\boldsymbol{B}$-Feld verursachen. Im folgenden betrachte man $\boldsymbol{J}$ als vorgegeben, ohne nach der Realisierung zu fragen.

6.1 Vektorpotential

Im Gegensatz zum elektrostatischen Feld ist das magnetostatische Feld wegen Gl. (6.2) nicht überall wirbelfrei. Das bedeutet, daß in Bereichen, in denen die Stromdichte von null verschieden ist, kein skalares Potential existiert, aus dem die magnetische Induktion als Gradient ableitbar wäre. Ein allgemeiner Lösungsansatz für die magnetostatischen Grundgleichungen muß also anders aussehen als die Gl. (4.3), bei der die Wirbelfreiheit aller elektrostatischen Felder ausgenutzt wurde. Nun hat die magnetische Induktion demgegenüber die Eigenschaft, in allen Fällen quellenfrei zu sein, so daß es naheliegend erscheint, hier von dieser Tatsache auszugehen und

$$\boldsymbol{B} = \operatorname{rot} \boldsymbol{A} \tag{6.3a}$$

anzusetzen. Hiermit ist nämlich wegen $\operatorname{div}\operatorname{rot} \cdots = 0$ die Gl. (6.1) vorab erfüllt. Eine derartige Vektorfunktion $\boldsymbol{A}(\boldsymbol{r})$ wird magnetisches Vektorpotential oder (wie im Rest dieses Kapitels) kurz Vektorpotential genannt. Es handelt sich um ein vektorielles Hilfsfeld auf dem Weg zur Auflösung des Gleichungspaares (6.1) und (6.2) ohne unmittelbare physikalische Bedeutung.

Wegen des Satzes von Stokes ist Gl. (6.3a) äquivalent zu

$$\oint_K \boldsymbol{A} \cdot \mathrm{d}\boldsymbol{r} = \Phi \,, \tag{6.3b}$$

wenn Φ der (rechtshändig) von K umfaßte magnetische Fluß nach Gl. (3.32) ist.

Nach Abschnitt 1.10 sind (abgesehen von Randbedingungen) die wesentlichen Bestimmungsstücke eines Vektorfeldes seine Quellen und Wirbel. Durch die Gln. (6.3a,b) werden aber nur die Wirbel von $\boldsymbol{A}(\boldsymbol{r})$ festgelegt, so daß man noch eine Aussage über die Divergenz des Vektorpotentials benötigt. Hierbei kann nach dem Gesichtspunkt der Zweckmäßigkeit verfahren werden, da aus den magnetostatischen Grundgleichungen dazu keine zwingenden Vorschriften ableitbar sind. Man setzt

$$\operatorname{div} \boldsymbol{A} = 0 \,, \tag{6.4}$$

weil sich hierdurch, wie der übernächste Abschnitt zeigen wird, für das Vektorpotential eine Differentialgleichung ergibt, die formal der bereits untersuchten Poisson-Gleichung ähnlich ist.

6.1.1 Beispiel

Das $\boldsymbol{B}$-Feld eines auf der z-Achse fließenden Gleichstroms (Ampère-Feld; s. Bild 6.1) ist gemäß Gl. (3.11b) gegeben durch

$$\boldsymbol{B} = \frac{\mu_0 \, i}{2\pi\rho} \, \boldsymbol{e}_\alpha \,.$$

Jedes Vektorpotential hierzu muß die Eigenschaft haben, daß seine Rotation nur eine α-Komponente hat, die nur von ρ abhängt. Ein Blick auf die Gln. (1.58a) und (1.57a) zeigt, daß der Ansatz

$$\boldsymbol{A} = A_z(\rho) \, \boldsymbol{e}_z$$

erfolgversprechend ist. Es gilt dann nämlich

$$\operatorname{rot} \boldsymbol{A} = - \frac{\mathrm{d}A_z}{\mathrm{d}\rho} \, \boldsymbol{e}_\alpha \,,$$

und darüber hinaus ist auch noch die Gl. (6.4) erfüllt, denn A_z soll ja nicht von z abhängen. Es muß also die gewöhnliche Differentialgleichung

$$\frac{\mathrm{d}A_z}{\mathrm{d}\rho} = - \frac{\mu_0 \, i}{2\pi\rho}$$

gelöst werden. Man erhält

$$A_z(\rho) = - \frac{\mu_0 \, i}{2\pi} \ln \frac{\rho}{\rho_0}$$

mit einem beliebigen durch entsprechende Wahl der Integrationskonstante vorgebbarem ρ_0 (s. Bild 6.1).

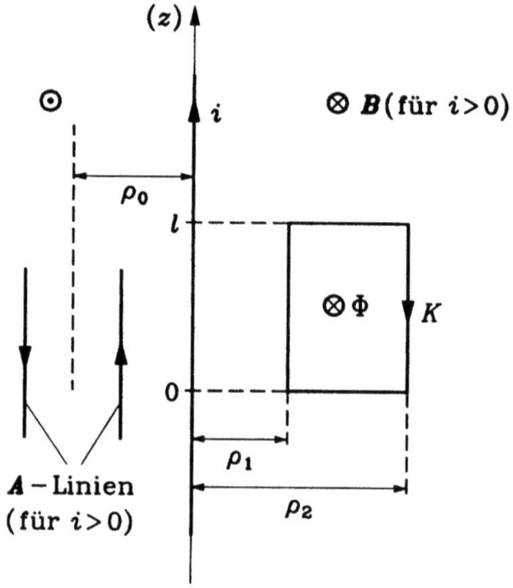

Bild 6.1

Jetzt läßt sich mittels Gl. (6.3b) der magnetische Fluß berechnen, den die rechteckige Kurve K von Bild 6.1 umfaßt:

$$\Phi = \int_0^l A_z(\rho_1)\,\boldsymbol{e}_z \cdot \boldsymbol{e}_z\,\mathrm{d}z' + 0 + \int_l^0 A_z(\rho_2)\,\boldsymbol{e}_z \cdot \boldsymbol{e}_z\,\mathrm{d}z' + 0$$

$$= -\frac{\mu_0 i}{2\pi}\left[\ln\frac{\rho_1}{\rho_0} - \ln\frac{\rho_2}{\rho_0}\right] l = \frac{\mu_0 i}{2\pi}\, l \ln\frac{\rho_2}{\rho_1}$$

in Übereinstimmung mit Gl. (3.35).

6.2 Differentialgleichung für das Vektorpotential

Die Differentialgleichung, der das elektrostatische Potential gehorcht, d.h. die Poisson-Gleichung (4.25), entsteht durch Einsetzen der Gl. (4.3) in die Gl. (4.1). Entsprechend setzt man hier die Gl. (6.3a) in die Gl. (6.2) ein und erhält dann

$$\operatorname{rot}\operatorname{rot}\boldsymbol{A} = \mu_0 \boldsymbol{J}\,. \tag{6.5}$$

Mit Gl. (1.36e) folgt zunächst

$$\nabla^2 \boldsymbol{A} - \operatorname{grad}\operatorname{div}\boldsymbol{A} = -\mu_0 \boldsymbol{J}\,. \tag{6.6}$$

Jede Lösung $\boldsymbol{A}$ dieser Differentialgleichung führt zu einer Lösung des Gleichungspaares (6.1), (6.2), wenn man dort $\boldsymbol{B} = \operatorname{rot}\boldsymbol{A}$ einsetzt:

$$\operatorname{div}(\operatorname{rot}\boldsymbol{A}) = 0\;,$$

$$\operatorname{rot}(\operatorname{rot}\boldsymbol{A}) = \operatorname{grad}\operatorname{div}\boldsymbol{A} - \nabla^2\boldsymbol{A} = \mu_0 \boldsymbol{J} \ ;$$

letzteres weil $\boldsymbol{A}$ Lösung der Gl. (6.6) sein soll.

Mit der Bedingung (6.4) vereinfacht sich Gl. (6.6) zu

$$\nabla^2\boldsymbol{A} = -\mu_0 \boldsymbol{J} \ . \tag{6.7}$$

Partielle Differentialgleichungen dieser Form nennt man allgemein Poisson-Gleichungen (vgl. Abschnitt 1.10.1). Nach Gl. (1.50c) ist die vektorielle Poisson-Gleichung (6.7) äquivalent zu den drei skalaren Poisson-Gleichungen

$$\nabla^2 A_x = -\mu_0 J_x \ , \tag{6.8a}$$

$$\nabla^2 A_y = -\mu_0 J_y \ , \tag{6.8b}$$

$$\nabla^2 A_z = -\mu_0 J_z \ . \tag{6.8c}$$

Jede Lösung $\boldsymbol{A}$ der Gl. (6.7), die auch noch $\operatorname{div}\boldsymbol{A} = 0$ erfüllt, ist Lösung der Gl. (6.6), und führt daher, wie gezeigt, zu einer Lösung des Gleichungspaares (6.1), (6.2).

6.2.1 Lösung für eine im Endlichen liegende Stromverteilung

Betrachtet wird eine stationäre Stromverteilung der Dichte $\boldsymbol{J}$, die außerhalb eines endlichen Bereiches verschwindet. Dann können Lösungen der skalaren Poisson-Gleichungen (6.8a-c) durch sinngemäße Übertragung der Gl. (4.31) sofort angegeben werden:

$$A_x(\boldsymbol{r}) = \frac{\mu_0}{4\pi} \iiint \frac{J_x(\boldsymbol{r}')}{|\boldsymbol{r} - \boldsymbol{r}'|}\, \mathrm{d}V' \ , \tag{6.9a}$$

$$A_y(\boldsymbol{r}) = \frac{\mu_0}{4\pi} \iiint \frac{J_y(\boldsymbol{r}')}{|\boldsymbol{r} - \boldsymbol{r}'|}\, \mathrm{d}V' \ , \tag{6.9b}$$

$$A_z(\boldsymbol{r}) = \frac{\mu_0}{4\pi} \iiint \frac{J_z(\boldsymbol{r}')}{|\boldsymbol{r} - \boldsymbol{r}'|}\, \mathrm{d}V' \ . \tag{6.9c}$$

Diese Gleichungen können zu der einen Vektorgleichung

$$\boldsymbol{A}(\boldsymbol{r}) = \frac{\mu_0}{4\pi} \iiint \frac{\boldsymbol{J}(\boldsymbol{r}')}{|\boldsymbol{r} - \boldsymbol{r}'|}\, \mathrm{d}V' \tag{6.10}$$

zusammengefaßt werden. Die Integration soll die ganze Stromverteilung erfassen.

Dieses Vektorpotential hat die Divergenz null, wie jetzt bewiesen wird. Dazu wendet man die (ungestrichene) Divergenz auf beide Seiten der Gl. (6.10) an, und zieht sie auf der rechten Seite unter das Integral. Dort rechnet man mit den Gln. (1.36b), (1.69b) folgendermaßen weiter:

$$\operatorname{div} \frac{\boldsymbol{J}(\boldsymbol{r}')}{|\boldsymbol{r} - \boldsymbol{r}'|} = \boldsymbol{J}(\boldsymbol{r}') \cdot \nabla \frac{1}{|\boldsymbol{r} - \boldsymbol{r}'|} = -\boldsymbol{J}(\boldsymbol{r}') \cdot \nabla' \frac{1}{|\boldsymbol{r} - \boldsymbol{r}'|}$$

$$= \frac{\operatorname{div}' \boldsymbol{J}(\boldsymbol{r}')}{|\boldsymbol{r} - \boldsymbol{r}'|} - \operatorname{div}' \frac{\boldsymbol{J}(\boldsymbol{r}')}{|\boldsymbol{r} - \boldsymbol{r}'|} \ .$$

Die Gl. (1.36b) wurde zuerst für die ungestrichene und zuletzt für die gestrichene Divergenz benutzt. Wendet man noch den Satz von Gauß an, so hat man

$$\operatorname{div} \boldsymbol{A}(\boldsymbol{r}) = \frac{\mu_0}{4\pi} \left[\iiint \frac{\operatorname{div}' \boldsymbol{J}(\boldsymbol{r}')}{|\boldsymbol{r}-\boldsymbol{r}'|} \, \mathrm{d}V' - \oiint \frac{\boldsymbol{J}(\boldsymbol{r}')}{|\boldsymbol{r}-\boldsymbol{r}'|} \cdot \mathrm{d}\boldsymbol{a}' \right]. \tag{6.11}$$

Da das Integrationsgebiet die ganze im Endlichen liegende Stromverteilung umfaßt, kann (eventuell durch Erweiterung des Gebiets) erreicht werden, daß der Rand dieses Gebiets im stromfreien Bereich liegt. Also verschwindet das Hüllenintegral in Gl. (6.11) (s. Aufgabe 1.2b). Da die Stromverteilung quellenfrei ist, verschwindet auch das Volumenintegral. Somit hat das Vektorpotential nach Gl. (6.10) die Divergenz null und führt daher, wie am Ende des letzten Abschnitts schon ausgeführt wurde, zu einer Lösung der Gln. (6.1), (6.2).

Das Vektorpotential gemäß Gl. (6.10) kann für flächenhafte und linienhafte Ströme umgeschrieben werden:

$$\boldsymbol{A}(\boldsymbol{r}) = \frac{\mu_0}{4\pi} \iint \frac{\boldsymbol{K}(\boldsymbol{r}')}{|\boldsymbol{r}-\boldsymbol{r}'|} \, \mathrm{d}a' , \tag{6.12a}$$

$$\boldsymbol{A}(\boldsymbol{r}) = \frac{\mu_0 i}{4\pi} \int \frac{\mathrm{d}\boldsymbol{r}'}{|\boldsymbol{r}-\boldsymbol{r}'|} . \tag{6.12b}$$

Dabei wurden die Substitutionen

$$\boldsymbol{J}(\boldsymbol{r}')\mathrm{d}V' = \begin{cases} \boldsymbol{K}(\boldsymbol{r}')\mathrm{d}a', & (6.13\text{a}) \\ i \, \mathrm{d}\boldsymbol{r}' & (6.13\text{b}) \end{cases}$$

benutzt. Es handelt sich hier um verschiedene Darstellungen von Stromelementen $\mathrm{d}Q\,\boldsymbol{u}'$, wo $\boldsymbol{u}'$ die Geschwindigkeit des fließenden Ladungselements $\mathrm{d}Q$ ist. Für letzteres kann $\mathrm{d}Q = \rho\,\mathrm{d}V'$ oder $\mathrm{d}Q = \sigma\,\mathrm{d}a'$ geschrieben werden, so daß wegen $\rho\boldsymbol{u}' = \boldsymbol{J}$ bzw. $\sigma\boldsymbol{u}' = \boldsymbol{K}$ zunächst die Gl. (6.13a) folgt, und mittels Gl. (3.9b) auch noch die Gl. (6.13b).

Aus dem Vektorpotential gemäß Gl. (6.10) erhält man schließlich die magnetische Induktion

$$\boldsymbol{B}(\boldsymbol{r}) = \operatorname{rot} \boldsymbol{A}(\boldsymbol{r}) = \frac{\mu_0}{4\pi} \iiint \operatorname{rot} \frac{\boldsymbol{J}(\boldsymbol{r}')}{|\boldsymbol{r}-\boldsymbol{r}'|} \, \mathrm{d}V' .$$

Mit Hilfe der aus Gl. (1.36d) ableitbaren Beziehung

$$\operatorname{rot} \frac{\boldsymbol{J}(\boldsymbol{r}')}{|\boldsymbol{r}-\boldsymbol{r}'|} = \left(\operatorname{grad} \frac{1}{|\boldsymbol{r}-\boldsymbol{r}'|} \right) \times \boldsymbol{J}(\boldsymbol{r}')$$

und der Gl. (1.69a) folgt hieraus schließlich

$$\boldsymbol{B}(\boldsymbol{r}) = \frac{\mu_0}{4\pi} \iiint \frac{\boldsymbol{J}(\boldsymbol{r}') \times (\boldsymbol{r}-\boldsymbol{r}')}{|\boldsymbol{r}-\boldsymbol{r}'|^3} \, \mathrm{d}V'. \tag{6.14}$$

Diese Formel stellt offenbar das Gesetz von Biot-Savart für eine räumliche Stromverteilung dar. Die auf den Fall linearer Ströme zugeschnittene Form (3.10b) des Biot-Savartschen Gesetzes kann nämlich aus Gl. (6.14) durch die Substitution (6.13b) gewonnen werden.

Das Vektorpotential gemäß Gl. (6.10) ist natürlich nur eine partikuläre Lösung der Differentialgleichung (6.7). Dementsprechend stellt das magnetische Feld nach Gl. (6.14) auch nur eine partikuläre Lösung der Gln. (6.1), (6.2) dar. Weitere additive Lösungsanteile ergeben sich formal als Lösungen $\boldsymbol{B}_h$ des homogenen Gleichungspaares (6.1), (6.2), wobei insbesondere die rechte Seite der Gl. (6.2) im *ganzen* Raum gleich null zu setzen ist. Solche "homogenen Lösungen" $\boldsymbol{B}_h$ existieren zwar in beliebiger Anzahl, sind aber physikalisch ohne Bedeutung, da sie (im ganzen Raum!) mit keiner Stromverteilung verknüpft sind und somit nirgends eine Ursache haben. Also stellt das Biot-Savartsche Gesetz (6.14) die von einer stationären $\boldsymbol{J}$-Verteilung erzeugte magnetische Induktion schlechthin dar. Das entspricht auch allen experimentellen Erfahrungen. Dementsprechend ist beim statischen Vektorpotential auch nur die partikuläre Lösung (6.10) der Gl. (6.7) von Interesse einschließlich der modifizierten Darstellungen (6.12a,b).

Die frühere Begründung der Biot-Savart-Formel im Abschnitt 3.2.1 war eine Plausibilitätsbetrachtung, in die Näherungen eingingen. Jetzt wurde das Biot-Savart-Gesetz als exakte Lösung der magnetostatischen Grundgleichungen gewonnen. Das bedeutet übrigens nicht, daß die Biot-Savart-Formel nur in der Magnetostatik exakt gilt (vgl. Abschnitt 6.5, letzter Absatz und Beispiel 11.5.1, Folgerung).

Es ist nützlich, sich an Hand des Bildes 6.2 die differentiellen Beiträge zu den Integralen der Gln. (6.10) und (6.14) zu veranschaulichen.

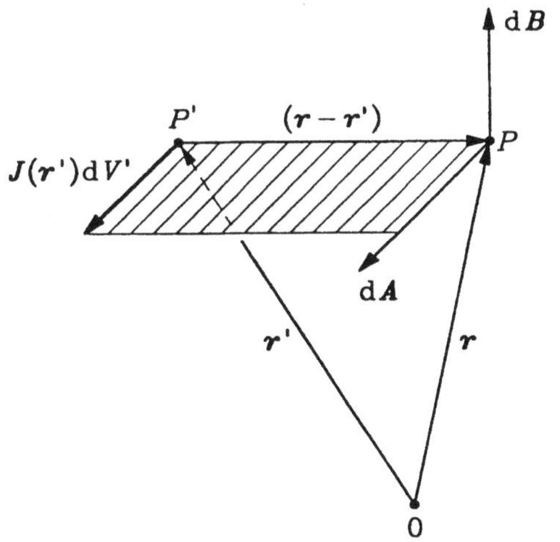

Bild 6.2

Der Vektor

$$\mathrm{d}\boldsymbol{A}(\boldsymbol{r}) = \frac{\mu_0}{4\pi}\,\frac{\boldsymbol{J}(\boldsymbol{r}')}{|\boldsymbol{r}-\boldsymbol{r}'|}\,\mathrm{d}V'$$

ist parallel zum Stromelement $\boldsymbol{J}(\boldsymbol{r}')\,\mathrm{d}V'$, während

$$\mathrm{d}\boldsymbol{B}(\boldsymbol{r}) = \frac{\mu_0}{4\pi}\,\frac{\boldsymbol{J}(\boldsymbol{r}')\times(\boldsymbol{r}-\boldsymbol{r}')}{|\boldsymbol{r}-\boldsymbol{r}'|^3}\,\mathrm{d}V'$$

senkrecht auf dem von $\boldsymbol{J}(\boldsymbol{r}')\,\mathrm{d}V'$ und $(\boldsymbol{r}-\boldsymbol{r}')$ aufgespannten Parallelogramm steht. Bei flächenhafter oder linienhafter Stromverteilung wird $\boldsymbol{J}(\boldsymbol{r}')\,\mathrm{d}V'$ gemäß den Gl. (6.13a,b) durch $\boldsymbol{K}(\boldsymbol{r}')\,\mathrm{d}a'$ bzw. $i\,\mathrm{d}\boldsymbol{r}'$ ersetzt.

6.3 Magnetischer Dipol

Wenn auch keine magnetischen Ladungen (Einzelpole) existieren, so gibt es doch Anordnungen, die man als magnetische Dipole bezeichnet. Es sind dies ebene geschlossene Linienströme, deren magnetisches Feld in genügend großem Abstand hinsichtlich des Feldlinienverlaufs dem elektrischen Dipolfeld gleicht. Das wird im folgenden untersucht.

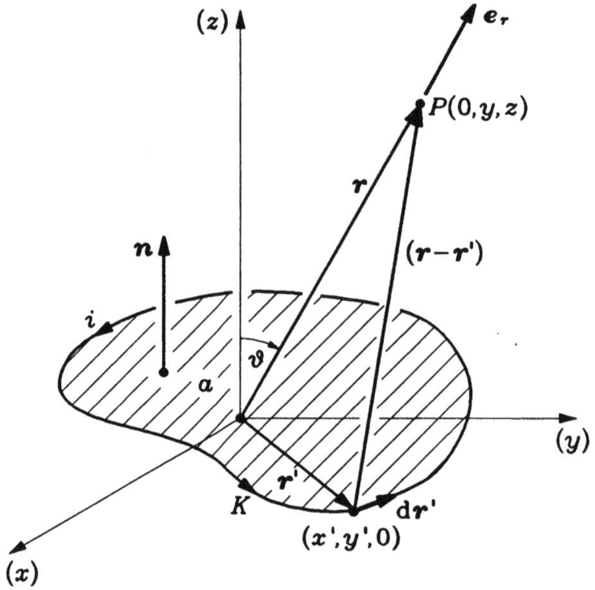

Bild 6.3

Bild 6.3 zeigt eine derartige Stromschleife in der xy-Ebene eines kartesischen Koordinatensystems, das so gedreht ist, daß der Aufpunkt P in der yz-Ebene liegt. Für das Vektorpotential in diesem Punkt gilt nach Gl. (6.12b)

$$\boldsymbol{A}(\boldsymbol{r}) = \frac{\mu_0 i}{4\pi} \oint_K \frac{\mathrm{d}\boldsymbol{r}'}{|\boldsymbol{r} - \boldsymbol{r}'|} \; .$$

Die Reihenentwicklung des Integranden lautet bekanntlich (s. Gl. (4.21))

$$\frac{1}{|\boldsymbol{r} - \boldsymbol{r}'|} = \frac{1}{r} + \frac{\boldsymbol{e}_r \cdot \boldsymbol{r}'}{r^2} + \cdots \; ,$$

so daß das Vektorpotential für großes r durch

$$\boldsymbol{A}(\boldsymbol{r}) = \frac{\mu_0 i}{4\pi} \left[\frac{1}{r} \oint_K \mathrm{d}\boldsymbol{r}' + \frac{1}{r^3} \oint_K (\boldsymbol{r} \cdot \boldsymbol{r}')\, \mathrm{d}\boldsymbol{r}' \right] \tag{6.15}$$

angenähert werden kann. Dabei wurde $\boldsymbol{e}_r = \boldsymbol{r}/r$ benutzt.

Es müssen also die (stets längs der Stromschleife K gemeinten) Ringintegrale

$$\oint \mathrm{d}\boldsymbol{r}' = \oint (\mathrm{d}x'\boldsymbol{e}_x + \mathrm{d}y'\boldsymbol{e}_y) \ , \tag{6.16a}$$

$$\oint (\boldsymbol{r}\cdot\boldsymbol{r}')\,\mathrm{d}\boldsymbol{r}' = \oint (y\,y')\,\mathrm{d}\boldsymbol{r}' = y \oint (y'\mathrm{d}x'\boldsymbol{e}_x + y'\mathrm{d}y'\boldsymbol{e}_y) \tag{6.16b}$$

ausgewertet werden. Hier und später wird bei Bedarf auf

$$\boldsymbol{r} = y\,\boldsymbol{e}_y + z\,\boldsymbol{e}_z \ ,$$

$$\boldsymbol{r}' = x'\boldsymbol{e}_x + y'\boldsymbol{e}_y \ , \qquad \mathrm{d}\boldsymbol{r}' = \mathrm{d}x'\boldsymbol{e}_x + \mathrm{d}y'\boldsymbol{e}_y$$

zurückgegriffen (s. Bild 6.3).

Wegen

$$\mathrm{d}x' = \boldsymbol{e}_x\cdot\mathrm{d}\boldsymbol{r}' = (\mathrm{grad}'x')\cdot\mathrm{d}\boldsymbol{r}' \ , \qquad \mathrm{d}y' = \boldsymbol{e}_y\cdot\mathrm{d}\boldsymbol{r}' = (\mathrm{grad}'y')\cdot\mathrm{d}\boldsymbol{r}'$$

und der Zirkulationsfreiheit aller Gradientenfelder gilt

$$\oint \mathrm{d}x' = \oint \mathrm{d}y' = 0 \ .$$

Setzt man das in Gl. (6.16a) ein, dann folgt

$$\oint \mathrm{d}\boldsymbol{r}' = \boldsymbol{0} \ . \tag{6.17a}$$

Die beiden Integrale der Gl. (6.16b) werden jetzt mit Hilfe des Satzes von Stokes ausgerechnet, wobei die von K in der xy-Ebene berandete Fläche (im Bild 6.3 schraffiert hervorgehoben) mit dem Inhalt a und dem Normalenvektor $\boldsymbol{n} = \boldsymbol{e}_z$ benutzt wird:

$$\oint y'\mathrm{d}x' = \oint y'\boldsymbol{e}_x\cdot\mathrm{d}\boldsymbol{r}' = \iint \mathrm{rot}'(y'\boldsymbol{e}_x)\cdot\boldsymbol{e}_z\,\mathrm{d}a'$$

$$= \iint (-\boldsymbol{e}_z)\cdot\boldsymbol{e}_z\,\mathrm{d}a' = -\iint \mathrm{d}a' = -a \ ,$$

$$\oint y'\mathrm{d}y' = \oint y'\boldsymbol{e}_y\cdot\mathrm{d}\boldsymbol{r}' = \iint \mathrm{rot}'(y'\boldsymbol{e}_y)\cdot\boldsymbol{e}_z\,\mathrm{d}a'$$

$$= \iint \boldsymbol{0}\cdot\boldsymbol{e}_z\,\mathrm{d}a' = 0 \ .$$

Setzt man beide Resultate in Gl. (6.16b) ein, dann folgt

$$\oint (\boldsymbol{r}\cdot\boldsymbol{r}')\,\mathrm{d}\boldsymbol{r}' = -y\,a\,\boldsymbol{e}_x \ . \tag{6.17b}$$

Da in die Herleitung dieses Ergebnisses die genaue Gestalt der Stromschleife nicht eingeht, solange sie nur eben ist, bedeutet die spezielle Ausrichtung des verwendeten kartesischen Koordinatensystems nach dem Aufpunkt P keine Einschränkung der Allgemeinheit. Dementsprechend muß die Beziehung (6.17b) noch so formuliert werden, daß sie auch für solche weit entfernten Aufpunkte gilt, die nicht in der yz-Ebene liegen. Dies kann mit Hilfe von Kugelkoordinaten geschehen, wenn man $y = r\sin\vartheta$ und die für den speziellen Aufpunkt P gültige Gleichung $-\boldsymbol{e}_x = \boldsymbol{e}_\alpha$ beachtet. Damit geht die Gl. (6.17b) über in

$$\oint (\boldsymbol{r} \cdot \boldsymbol{r}')\, \mathrm{d}\boldsymbol{r}' = r\, a \sin\vartheta\, \boldsymbol{e}_\alpha \ . \tag{6.18}$$

Setzt man die Beziehungen (6.17a) und (6.18) in Gl. (6.15) ein, so gewinnt man für das Vektorpotential in großem Abstand von der Stromschleife den Ausdruck

$$\boldsymbol{A}(\boldsymbol{r}) = \frac{\mu_0\, i\, a}{4\pi} \, \frac{\sin\vartheta}{r^2} \, \boldsymbol{e}_\alpha \ . \tag{6.19}$$

Die Feldlinien von $\boldsymbol{A}$ sind also für großes r Kreise um die z-Achse.

Jetzt kann durch Berechnung der Rotation des Vektorpotentials in Kugelkoordinaten die zugehörige magnetische Induktion bestimmt werden:

$$\boldsymbol{B}(\boldsymbol{r}) = \frac{\mu_0\, i\, a}{4\pi r^3} \, (2\cos\vartheta\, \boldsymbol{e}_r + \sin\vartheta\, \boldsymbol{e}_\vartheta) \ . \tag{6.20}$$

Vergleicht man dieses Feld mit dem durch Gl. (4.15) gegebenen Feld eines elektrischen Dipols, so erkennt man deren geometrische Gleichheit. Diese Tatsache berechtigt dazu, daß man "kleine" ebene Stromschleifen magnetische Dipole nennt.

Zur Kennzeichnung magnetischer Dipole definiert man mit

$$\boldsymbol{m} = i\, a\, \boldsymbol{n} \tag{6.21}$$

das magnetische Dipolmoment $\boldsymbol{m}$. Dabei ist $\boldsymbol{n}$ der Normalenvektor zur Ebene, in welcher der geschlossene Strom i fließt, und a der Inhalt der in dieser Ebene vom Strom eingeschlossenen Fläche. Der Zählpfeil von i und die Richtung von $\boldsymbol{n}$ sollen eine Rechtsschraube bilden (vgl. Bild 6.3). Die Definition (6.21) ist sinnvoll, da gemäß Gl. (6.19) das Vektorpotential und entsprechend gemäß Gl. (6.20) das magnetische Feld nur vom Produkt ia und von der räumlichen Orientierung der Stromschleife abhängen. Bild 6.4 zeigt die Richtung von $\boldsymbol{m}$ und einige Feldlinien für positives i. Für $i < 0$ wären alle Pfeile in Bild 6.4 umzudrehen bis auf den Zählpfeil der Stromstärke. Insbesondere müßte auch der $\boldsymbol{m}$-Pfeil seine Richtung ändern, denn in Gl. (6.21) ist $\boldsymbol{n}$ vom Betriebszustand unabhängig und nach der vorausgehenden Vereinbarung rechtshändig zur (festen) Bezugsrichtung von i.

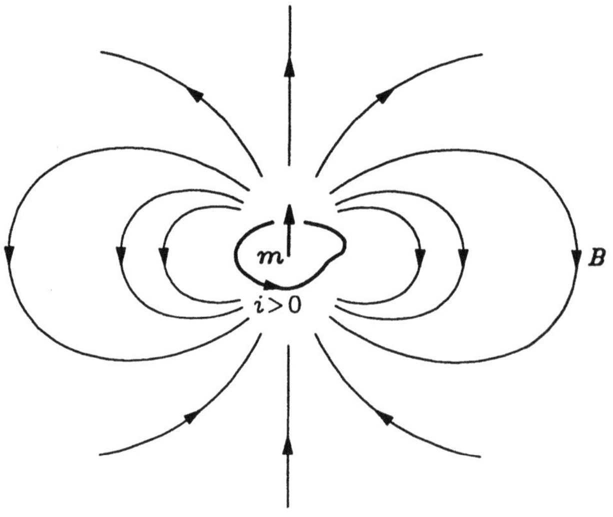

Bild 6.4

Wie beim elektrischen Dipol geht man auch beim magnetischen zum Punktdipol über, definiert als Grenzfall

$$a \to 0 \ , \quad \boldsymbol{m} = i\, a\, \boldsymbol{n} = \text{const} \ . \tag{6.22}$$

Für magnetische Punktdipole gelten die Gln. (6.19) und (6.20) exakt, wenn man dort $i\,a = \text{const} = m_z$ substituiert:

$$\boldsymbol{A}(\boldsymbol{r}) = \frac{\mu_0 m_z}{4\pi} \, \frac{\sin\vartheta}{r^2}\, \boldsymbol{e}_\alpha \ , \tag{6.23}$$

$$\boldsymbol{B}(\boldsymbol{r}) = \frac{\mu_0 m_z}{4\pi r^3} \,(\, 2\cos\vartheta\, \boldsymbol{e}_r + \sin\vartheta\, \boldsymbol{e}_\vartheta) \ . \tag{6.24}$$

Nach Gl. (4.13) kann das Potential eines elektrischen Dipols als Skalarprodukt geschrieben werden. Demgegenüber kann die rechte Seite der Gl. (6.23) in ein Vektorprodukt umgeformt werden. Mit $\boldsymbol{m} = m_z\, \boldsymbol{e}_z$ und $\sin\vartheta\, \boldsymbol{e}_\alpha = \boldsymbol{e}_z \times \boldsymbol{e}_r$ folgt nämlich

$$\boldsymbol{A}(\boldsymbol{r}) = \frac{\mu_0 (\boldsymbol{m} \times \boldsymbol{e}_r)}{4\pi r^2} \ . \tag{6.25}$$

In Gl. (6.15) sind nur die ersten zwei Glieder einer unbegrenzt fortsetzbaren Multipolentwicklung des Vektorpotentials berücksichtigt (vgl. Abschnitt 4.3). Der dritte Summand würde ein magnetisches Quadrupolfeld beschreiben usw. Typisch für die Entwicklung (6.15) ist, daß wegen Gl. (6.17a) der Monopolterm immer gleich null ist. Darin kommt die Quellenfreiheit des $\boldsymbol{B}$-Feldes zum Ausdruck.

6.3.1 Kraft auf magnetische Dipole im äußeren Feld

Die magnetischen Kräfte, die zwischen den einzelnen Stromelementen $i\,\mathrm{d}\boldsymbol{r}'$ der (ebenen) Schleife von Bild 6.5 wirken, werden hier nicht betrachtet, da die Stromschleife genügend starr sein soll.

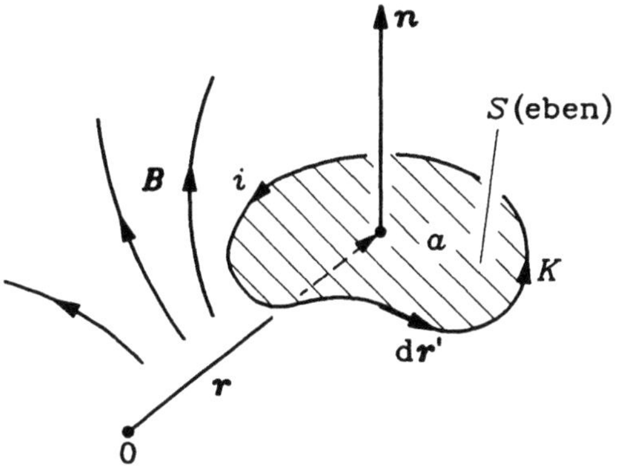

Bild 6.5

Faßt man nach Gl. (3.9b) Stromelemente auf als Ladungselemente $\mathrm{d}Q$, die sich mit der Geschwindigkeit $\boldsymbol{u}'$ bewegen, so folgt

$$\mathrm{d}\boldsymbol{F} = \mathrm{d}Q\,(\boldsymbol{u}' \times \boldsymbol{B}) = i\,\mathrm{d}\boldsymbol{r}' \times \boldsymbol{B} \tag{6.26}$$

für die magnetische Kraft auf ein linienhaftes Stromelement. Hier ist, wie gesagt, mit $\boldsymbol{B}$ nur ein äußeres Magnetfeld gemeint. Da i längs der Schleife überall den gleichen Wert hat, ist also die magnetische Gesamtkraft auf diese Schleife gegeben durch

$$\boldsymbol{F} = i \oint_K (\mathrm{d}\boldsymbol{r}' \times \boldsymbol{B}) \,. \tag{6.27}$$

Die z-Komponente $F_z = \boldsymbol{e}_z \cdot \boldsymbol{F}$ dieser Kraft läßt sich folgendermaßen umformen:

$$\begin{aligned} F_z &= i \oint_K \boldsymbol{e}_z \cdot (\mathrm{d}\boldsymbol{r}' \times \boldsymbol{B}) = i \oint_K (\boldsymbol{B} \times \boldsymbol{e}_z) \cdot \mathrm{d}\boldsymbol{r}' \\ &= i \iint_S \left[\operatorname{rot}(\boldsymbol{B} \times \boldsymbol{e}_z) \right] \cdot \boldsymbol{n}\,\mathrm{d}a' \\ &= i \iint_S \left[(\boldsymbol{e}_z \cdot \nabla)\boldsymbol{B} - (\boldsymbol{B} \cdot \nabla)\,\boldsymbol{e}_z + \boldsymbol{B}\,\operatorname{div}\boldsymbol{e}_z - \boldsymbol{e}_z\,\operatorname{div}\boldsymbol{B} \right] \cdot \boldsymbol{n}\,\mathrm{d}a' \,. \end{aligned}$$

Zuerst wurde $\boldsymbol{e}_z$ als Konstante unter das Integral gezogen und das Spatprodukt umgeformt. Danach wurden der Satz von Stokes und Gl. (1.36k) angewendet. Die zwei letzten der in eckigen Klammern stehenden Summanden sind gleich null. Das gilt auch für $(\boldsymbol{B} \cdot \nabla)\boldsymbol{e}_z$, denn jede Art von Ableitung (hier die Richtungsableitung) einer Konstante ist null. Für den ersten Summanden ergibt sich mit Gl. (1.36g) $(\boldsymbol{e}_z \cdot \nabla)\boldsymbol{B} = \partial \boldsymbol{B}/\partial z$, so daß jetzt das Zwischenergebnis

$$F_z = i \iint_S \frac{\partial \boldsymbol{B}}{\partial z} \cdot \boldsymbol{n}\,\mathrm{d}a' = i \iint_S \frac{\partial(\boldsymbol{n} \cdot \boldsymbol{B})}{\partial z}\,\mathrm{d}a'$$

vorliegt. Da die Fläche S eben sein soll, ist $\boldsymbol{n}$ eine Konstante und durfte unter die partielle Ableitung gezogen werden.

Nach dem Mittelwertsatz der Integralrechnung existiert irgendwo auf S ein Punkt $\boldsymbol{r}_M$ derart, daß

$$F_z = i \left. \frac{\partial(\boldsymbol{n} \cdot \boldsymbol{B})}{\partial z} \right|_{\boldsymbol{r}_M} a$$

geschrieben werden kann, wobei a der Flächeninhalt von S ist. Also gilt mit Gl. (6.21) auch

$$F_z = \left. \frac{\partial(\boldsymbol{m} \cdot \boldsymbol{B})}{\partial z} \right|_{\boldsymbol{r}_M} .$$

Geht man jetzt gemäß Gl. (6.22) zum magnetischen Punktdipol an der Stelle $\boldsymbol{r}$ über (s. Bild 6.5), dann strebt $\boldsymbol{r}_M$ gegen $\boldsymbol{r}$, so daß für einen Punktdipol die Unkenntnis über $\boldsymbol{r}_M$ verschwindet:

$$F_z = \frac{\partial}{\partial z}(\boldsymbol{m} \cdot \boldsymbol{B}) \,.$$

Analoges kann für die Komponenten F_x und F_y abgeleitet werden:

$$F_x = \frac{\partial}{\partial x}(\boldsymbol{m} \cdot \boldsymbol{B}) , \quad F_y = \frac{\partial}{\partial y}(\boldsymbol{m} \cdot \boldsymbol{B}) .$$

Rechts von den Gleichheitszeichen stehen die kartesischen Komponenten des Gradienten $\nabla(\boldsymbol{m} \cdot \boldsymbol{B})$, so daß schließlich vektoriell

$$\boldsymbol{F} = \nabla(\boldsymbol{m} \cdot \boldsymbol{B}) \tag{6.28}$$

gilt. Bei der Auswertung dieser Formel ist zu beachten, daß $\boldsymbol{m}$ eine Konstante ist und der Gradient der Ortsfunktion $\boldsymbol{m} \cdot \boldsymbol{B}(\boldsymbol{r})$ an der Stelle des Dipols zu nehmen ist.

Die Darstellung (6.28) der Kraft auf magnetische Punktdipole gilt allgemein, da hinsichtlich des $\boldsymbol{B}$-Feldes keine besonderen Voraussetzungen gemacht wurden. Speziell in statischen Magnetfeldern und dort in stromfreien Bereichen (dann gilt $\operatorname{rot}\boldsymbol{B} = \boldsymbol{0}$) kann folgendermaßen umgeformt werden. Zunächst gilt wegen Gl. (1.36i) und $\boldsymbol{m} = \text{const}$ noch allgemein

$$\boldsymbol{F} = (\boldsymbol{m} \cdot \nabla)\boldsymbol{B} + \boldsymbol{m} \times \operatorname{rot}\boldsymbol{B} . \tag{6.29}$$

Da jetzt $\operatorname{rot}\boldsymbol{B} = \boldsymbol{0}$ sein soll, gilt unter dieser Voraussetzung also auch

$$\boldsymbol{F} = (\boldsymbol{m} \cdot \nabla)\boldsymbol{B} . \tag{6.30}$$

Dieser Ausdruck ist formgleich mit der allgemeinen Darstellung elektrischer Dipolkräfte nach Gl. (4.17). Die unterschiedliche Form der Gln. (6.28) und (4.17) kommt von der unterschiedlichen physikalischen Struktur magnetischer Dipole (kleinflächige Stromschleifen) und elektrischer Dipole (eng benachbarte entgegengesetzt gleiche Punktladungen).

Drehmomente auf magnetische Dipole werden in Aufgabe 6.1 behandelt.

6.3.2 Feldparallel liegende magnetische Dipole

Bild 6.6 zeigt einen magnetischen Dipol mit dem Moment $\boldsymbol{m}$ an der Stelle P_0, wo er parallel zum dortigen Feldvektor $\boldsymbol{B}(P_0)$ ausgerichtet ist. In einem Nachbarpunkt P hat $\boldsymbol{B}$ irgendeine andere Richtung, und β mißt den dortigen Winkel zwischen der Richtung von $\boldsymbol{m}$ und $\boldsymbol{B}(P)$.

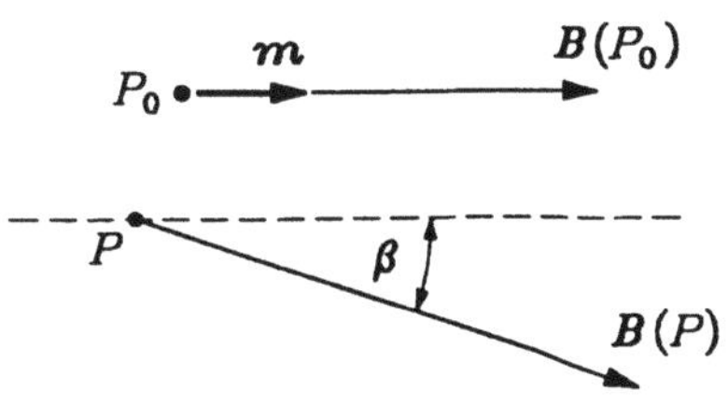

Bild 6.6

Es gilt also

$$\boldsymbol{m} \cdot \boldsymbol{B} = |\boldsymbol{m}|\,|\boldsymbol{B}|\cos\beta ,$$

wobei $|\boldsymbol{m}|$ konstant ist, während $|\boldsymbol{B}|$ und β vom variablen Punkt P abhängen. Mit Gl.

(6.28) folgt dann

$$\begin{aligned} \boldsymbol{F} &= |\boldsymbol{m}|\,\nabla(|\boldsymbol{B}|\cos\beta)\Big|_{P_0} \\ &= |\boldsymbol{m}|\,(\cos\beta\,\nabla|\boldsymbol{B}| + |\boldsymbol{B}|\,\nabla\cos\beta)\Big|_{P_0} \\ &= |\boldsymbol{m}|\,(\cos\beta\,\nabla|\boldsymbol{B}| - |\boldsymbol{B}|\sin\beta\,\nabla\beta)\Big|_{P_0} \end{aligned}$$

Speziell in P_0 ist β gleich null oder gleich π (letzteres für $\boldsymbol{m} \uparrow\downarrow \boldsymbol{B}(P_0)$), so daß schließlich

$$\boldsymbol{F} = \pm|\boldsymbol{m}|\,(\nabla|\boldsymbol{B}|)\Big|_{P_0} \tag{6.31}$$

folgt. Das Minuszeichen gilt, wenn $\boldsymbol{m}$ und $\boldsymbol{B}(P_0)$ gegensinnig parallel sind. Die Kraft auf feldparallel liegende magnetische Dipole zeigt also in die Richtung maximaler Zunahme (bzw. Abnahme) des Feldbetrages.

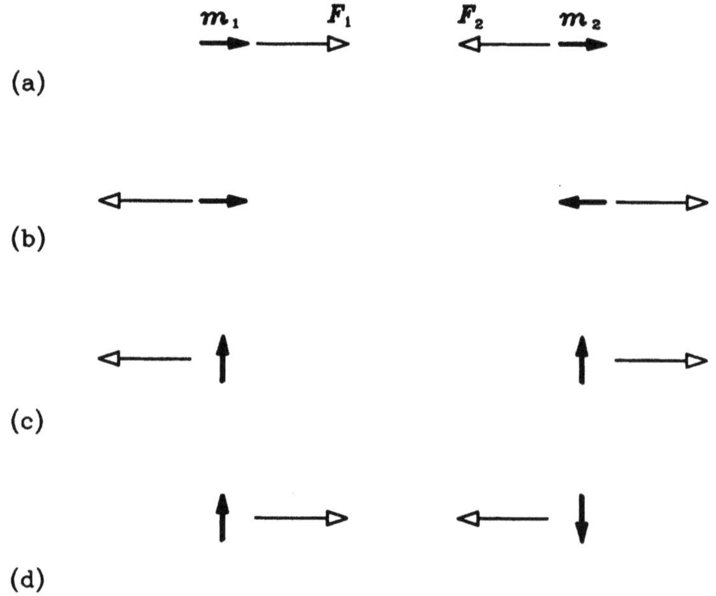

Bild 6.7

Zur Anwendung dieses Resultats werden zwei magnetische Punktdipole betrachtet, die nacheinander gemäß den Bildern 6.7a-d angeordnet werden. Sie sind dann so ausgerichtet, daß sie parallel zum Feld des jeweils anderen Dipols sind, und zwar gleichsinnig in den Teilbildern 6.7a,d, gegensinnig in den Teilbildern b,c. Das erkennt man, wenn man sich die jeweiligen Dipolfelder entsprechend dem Bild 6.4 hinzudenkt. In allen Fällen ändert sich der Betrag des vom jeweils anderen Dipol erzeugten Feldes am stärksten, wenn man sich diesem auf direktem Weg nähert. Nach Gl. (6.31) liegt also gegenseitige Anziehung in den Fällen a und d vor, gegenseitige Abstoßung in den Fällen b und c.

6.4 Induktivitätskoeffizienten

In den folgenden Abschnitten wird das "magnetostatische Mehrkörperproblem" behandelt. Den sich gegenseitig influenzierenden metallischen Körpern im Fall der Elektrostatik entsprechen dabei mehrere Stromschleifen (s. Bild 6.10), die sowohl vom eigenen magnetischen Feld durchsetzt werden als auch von den magnetischen Feldern, die von den anderen Strömen erzeugt werden. Die Ströme sollen in sehr dünnen Drähten fließen, so daß der ablenkende Einfluß des magnetischen Feldes auf die Ladungsträger nicht wirksam werden kann. Das hat einen wesentlichen Unterschied gegenüber dem elektrostatischen Mehrleiterproblem zur Folge. Dort ist nämlich die Verteilung der felderzeugenden Ladungen nicht von Anfang an bekannt, während hier durch die Voraussetzung dünner Drähte dafür gesorgt ist, daß die Verteilung der felderzeugenden Ströme vorgegeben ist. Man braucht deshalb nicht erst ein Randwertproblem zu betrachten, sondern kann das herrschende magnetische Feld mit Hilfe des Gesetzes von Biot-Savart sofort angeben (wenigstens im Prinzip). Einfachheitshalber sollen sich die Stromschleifen im Vakuum befinden.

Das im folgenden entwickelte statische Konzept der Induktivitätskoeffizienten erlangt seine eigentliche Bedeutung erst unter dynamischen Bedingungen, wenn sich die Ströme und die von ihnen erzeugten bzw. umfaßten magnetischen Flüsse zeitlich ändern. Geschieht dies hinreichend "langsam", dann kann nämlich einerseits das magnetische Feld mit guter Näherung nach dem Biot-Savartschen Gesetz berechnet werden, andererseits aber treten induzierte elektrische Felder auf (vgl. Abschnitt 6.5.1). Dadurch entsteht eine unter statischen Verhältnissen nicht vorhandene induktive Wechselwirkung zwischen den fließenden Strömen, und diese wird mit Hilfe der Induktivitätskoeffizienten (daher der Name) beschrieben.

6.4.1 Selbstinduktivität

Bild 6.8 zeigt eine Stromschleife, welche die Fläche S berandet, und zwar so, daß die Flächennormale und die K-Orientierung eine Rechtsschraube bilden. Die K-Orientierung und die Zählrichtung der Schleifenstromstärke i stimmen überein.

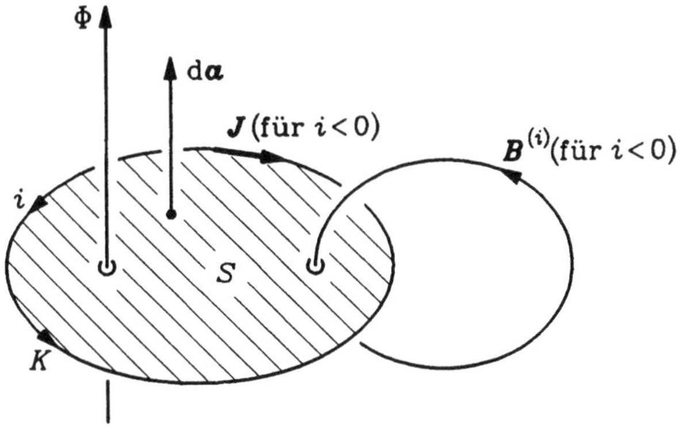

Bild 6.8

Die Fläche S wird von einem $\boldsymbol{B}$-Feld durchsetzt, das im allgemeinen gemäß

$$\boldsymbol{B} = \boldsymbol{B}^{(i)} + \boldsymbol{B}_{fremd}$$

vom Schleifenstrom einerseits und von eventuellen weiteren Strömen andererseits herrührt. Dementsprechend gilt für den von K rechtshändig umfaßten magnetischen Fluß (vgl. Abschnitt 3.4.1, erster und zweiter Absatz)

$$\begin{aligned}\Phi &= \iint_S \boldsymbol{B}^{(i)} \cdot \mathrm{d}\boldsymbol{a} + \iint_S \boldsymbol{B}_{fremd} \cdot \mathrm{d}\boldsymbol{a} \\ &= \Phi^{(i)} + \Phi_{fremd} \ .\end{aligned}$$

Das vom Schleifenstrom erzeugte $\boldsymbol{B}^{(i)}$ ist nach dem Gesetz von Biot-Savart überall und insbesondere in allen Punkten von S proportional zu i, so daß letzteres auch für $\Phi^{(i)}$ gilt:

$$\Phi^{(i)} = L\, i \ . \tag{6.32}$$

Die Konstante L heißt Selbstinduktivität der Schleife und ist bei den gewählten Bezugsrichtungen positiv, wie folgende Überlegung zeigt. Angenommen die Stromstärke i ist negativ, dann hat die Stromdichte $\boldsymbol{J}$ im Schleifendraht die in Bild 6.8 angegebene Richtung. Sie erzeugt das Feld $\boldsymbol{B}^{(i)}$, von dem eine repräsentative Feldlinie dargestellt ist. Ersichtlich sind die Skalarprodukte $\boldsymbol{B}^{(i)} \cdot \mathrm{d}\boldsymbol{a}$ überall auf S negativ. Also hat auch

$$\Phi^{(i)} = \iint_S \boldsymbol{B}^{(i)} \cdot \mathrm{d}\boldsymbol{a}$$

einen negativen Wert. Geht man dagegen von positiver Stromstärke i aus, dann haben $\boldsymbol{J}$ und folglich $\boldsymbol{B}^{(i)}$ gerade die andere Richtung, so daß $\Phi^{(i)}$ positiv wird. Also zeigen beide Situationen, daß L positiv ist.

Diese Ausführungen sollen auch daran erinnern, daß die Zählrichtungen für i und Φ keinen konkreten Betriebszustand darstellen. Dieser wird in Bild 6.8 durch $\boldsymbol{J}$ und $\boldsymbol{B}^{(i)}$ angezeigt. Betriebszustände ändern sich, während Zählpfeilsysteme wie Koordinatensysteme zu Beginn einer Untersuchung gewählt und dann fest beibehalten werden. Man verwechsle auch nicht den Zählpfeil für Φ (jederzeit durch einen Normalenvektor $\boldsymbol{n}$ bzw. ein Element $\mathrm{d}\boldsymbol{a} = \mathrm{d}a\, \boldsymbol{n}$ der Kontrollfläche ersetzbar) mit einem Vektorpfeil für $\boldsymbol{B}$.

Auf eine grundsätzliche Schwierigkeit hinsichtlich der Gl. (6.32) muß hier aufmerksam gemacht werden. Einerseits muß man den Strom i als linienförmig voraussetzen, um die Kurve K und damit den umfaßten Fluß Φ genau festzulegen. Andererseits führt diese Voraussetzung, wörtlich genommen, hier zu dem unsinnigen Resultat, daß Φ und damit L unendlich sind, weil der Betrag der magnetischen Induktion in unmittelbarer Nähe eines Linienstromes über alle Grenzen wächst. Man muß sich also vorstellen, daß der Strom i über eine kleine aber von null verschiedene Querschnittsfläche verteilt ist. Deren Abmessungen müssen so gewählt werden, daß trotz des Spielraumes, der für die Kurve K jetzt existiert, der umfaßte magnetische Fluß und damit auch die Selbstinduktivität in guter Näherung definierte Größen bleiben (vgl. Beispiel 7.3.4).

6.4.2 Beispiel

Es soll die Selbstinduktivität einer torusförmigen Spule von rechteckigem Querschnitt bestimmt werden, die aus N sehr dicht gewickelten Drahtwindungen besteht. Zwei Schnitte durch diese Spule sind im Bild 6.9 dargestellt.

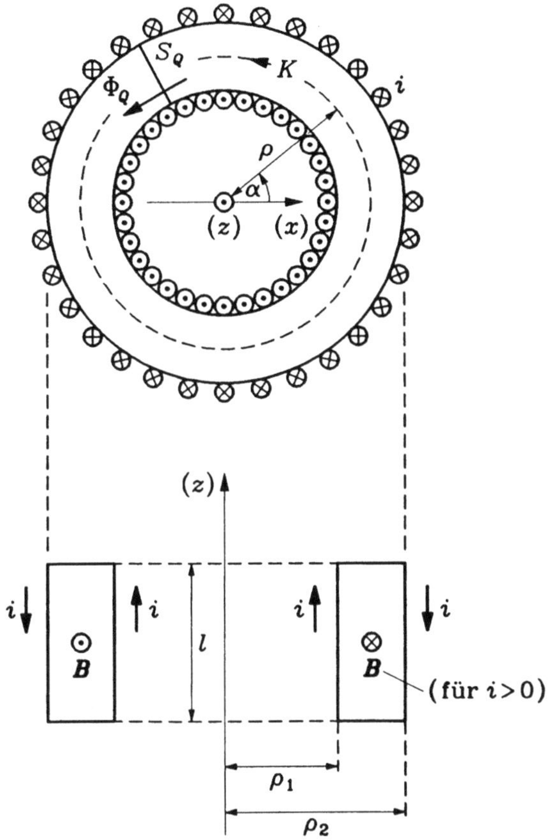

Bild 6.9

Wegen der vorausgesetzten engen Wicklung darf angenommen werden, daß jedes Stromelement entweder nur eine z-Komponente oder nur eine ρ-Komponente besitzt. Nach Bild 6.2 ist der Beitrag eines Stromelementes zum Vektorpotential parallel zum Stromelement. Demnach rufen die z-parallelen Stromelemente im ganzen Raum eine z-Komponente des Vektorpotentials hervor. Die Beiträge aller ρ-parallelen Stromelemente addieren sich hier aus Symmetriegründen in jedem Aufpunkt zu einer ρ-Komponente des Vektorpotentials.

Man kann also

$$\boldsymbol{A} = A_\rho(\rho, z)\,\boldsymbol{e}_\rho + A_z(\rho, z)\,\boldsymbol{e}_z$$

ansetzen. Dabei wurde berücksichtigt, daß die Komponenten des Vektorpotentials ebenfalls aus Symmetriegründen nicht von α abhängen können. Berechnet man jetzt rot$\boldsymbol{A}$ in Zylinderkoordinaten, dann folgt, daß die magnetische Induktion im ganzen Raum nur eine α-Komponente besitzt:

$$\boldsymbol{B} = B_\alpha(\rho, z)\, \boldsymbol{e}_\alpha \ .$$

Zur Berechnung von B_α verwendet man am einfachsten das Durchflutungsgesetz

$$\oint_K \boldsymbol{B} \cdot \mathrm{d}\boldsymbol{r} = \mu_0 I$$

und wählt als Integrationswege Kreise vom Radius ρ um die z-Achse. Dann folgt in bekannter Weise (vgl. Beispiel 3.6.1b)

$$B_\alpha = \frac{\mu_0 I}{2\pi\rho} \ ,$$

und es bleibt nur noch die Bestimmung des jeweils insgesamt umfaßten Stromes I. Bei allen Kreisen, die außerhalb der Spule verlaufen, gilt $I = 0$. Kreise dagegen, die innerhalb der Spule liegen und in α-Richtung orientiert sind, umfassen N-mal den Strom i im Rechtsschraubensinn (vgl. die Kurve K in Bild 6.9). In diesem Fall gilt also $I = Ni$. Damit erhält man schließlich

$$\boldsymbol{B} = \begin{cases} \boldsymbol{0} & \text{außerhalb der Spule,} \\ \dfrac{\mu_0 N i}{2\pi\rho}\, \boldsymbol{e}_\alpha & \text{innerhalb der Spule.} \end{cases}$$

Das magnetische Feld innerhalb der Spule ist demnach das gleiche, das dort ein auf der z-Achse fließender Strom der Stärke Ni hervorrufen würde.

Es sei S_Q eine Querschnittsfläche der Spule. Dann ergibt sich der magnetische Fluß Φ_Q durch S_Q in Richtung von $\boldsymbol{e}_\alpha$ (vgl. Bild 6.9) aus Gl. (3.35) oder Beispiel 6.1.1 zu

$$\Phi_Q = \frac{\mu_0 N i}{2\pi}\, l \ln \frac{\rho_2}{\rho_1} \ . \tag{6.33a}$$

Dies ist der von *einer* Stromwindung im Rechtsschraubensinn umfaßte magnetische Fluß, so daß

$$\Phi = N\, \Phi_Q$$

der insgesamt von der i-Schleife umfaßte magnetische Fluß ist. Setzt man dies in die Definitionsgleichung (6.32) der Selbstinduktivität ein, so folgt

$$L = \frac{\mu_0 N^2}{2\pi}\, l \ln \frac{\rho_2}{\rho_1} \tag{6.33b}$$

für die betrachtete Spule.

Man beachte, daß hier *eine* Schleife mit N Windungen vorliegt und daß in die Gl. (6.32) der Schleifenfluß (nicht der Windungsfluß) eingeht (vgl. auch Beispiel 6.4.4c, erster Absatz).

6.4.3 Wechselseitige Induktivitäten

Sind mehrere Stromschleifen einander benachbart, so wird jede einzelne von ihnen nicht nur vom selbsterzeugten magnetischen Feld durchsetzt, sondern auch von den magnetischen Feldern der anderen Stromschleifen. Um letzteres geht es im folgenden.

Das Bild 6.10 zeigt als leicht zu verallgemeinerndes Beispiel drei Stromschleifen mit den Strömen i_1, i_2 und i_3, die jeweils die Gesamtflüsse Φ_1, Φ_2 bzw. Φ_3 umfassen. Die Zählpfeile der i_ν und Φ_ν sind einander im *Rechtsschraubensinn* zugeordnet. Das wird im folgenden immer unterstellt.

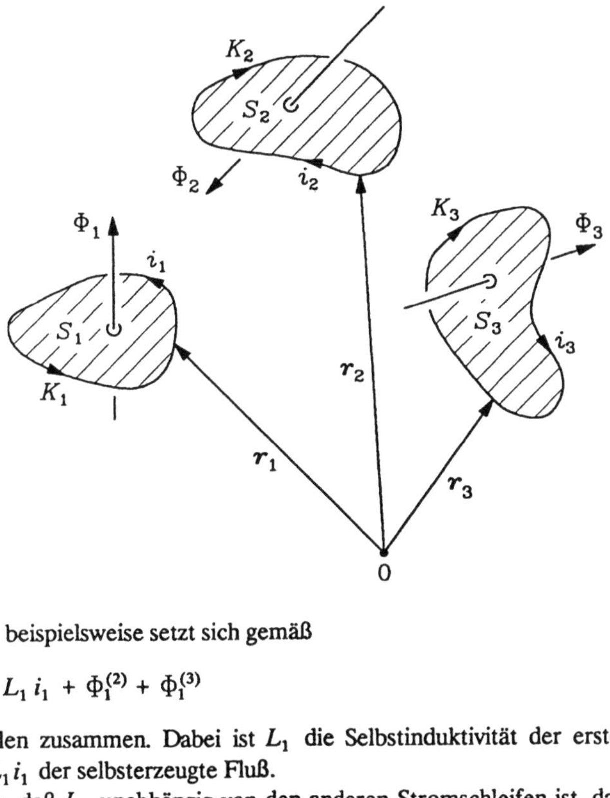

Bild 6.10

Der Fluß Φ_1 beispielsweise setzt sich gemäß

$$\Phi_1 = L_1 i_1 + \Phi_1^{(2)} + \Phi_1^{(3)} \tag{6.34}$$

aus drei Anteilen zusammen. Dabei ist L_1 die Selbstinduktivität der ersten Schleife und entsprechend $L_1 i_1$ der selbsterzeugte Fluß.

Man beachte, daß L_1 unabhängig von den anderen Stromschleifen ist, da i_1 durch deren magnetisches Feld nicht beeinflußt wird (vgl. die diesbezüglichen Bemerkungen im Abschnitt 6.4). Die Größen $\Phi_1^{(2)}$ und $\Phi_1^{(3)}$ sind diejenigen von K_1 umfaßten Teilflüsse, die von den Schleifen 2 bzw. 3 herrühren. Sie werden definiert durch

$$\Phi_1^{(\mu)} = \iint_{S_1} \boldsymbol{B}^{(\mu)} \cdot \mathrm{d}\boldsymbol{a}_1 \qquad (\mu = 2, 3) , \tag{6.35}$$

wobei $\boldsymbol{B}^{(\mu)}$ die vom Strom i_μ erzeugte magnetische Induktion ist und die Richtung von $\mathrm{d}\boldsymbol{a}_1$ durch den Zählpfeil von Φ_1 gegeben wird. Das zu $\boldsymbol{B}^{(\mu)}$ gehörige Vektorpotential sei $\boldsymbol{A}^{(\mu)}$.

Dann kann Gl. (6.35) mittels Gl. (6.3b) in die Beziehung

$$\Phi_1^{(\mu)} = \oint_{K_1} \boldsymbol{A}^{(\mu)}(\boldsymbol{r}_1) \cdot \mathrm{d}\boldsymbol{r}_1 \qquad (\mu = 2, 3)$$

umgeformt werden, womit dann aus Gl. (6.34)

$$\Phi_1 = L_1 i_1 + \oint_{K_1} \boldsymbol{A}^{(2)}(\boldsymbol{r}_1) \cdot \mathrm{d}\boldsymbol{r}_1 + \oint_{K_1} \boldsymbol{A}^{(3)}(\boldsymbol{r}_1) \cdot \mathrm{d}\boldsymbol{r}_1$$

folgt. Das Vektorpotential des Stromes i_2 bzw. i_3 ist nach Gl. (6.12b) durch

$$\boldsymbol{A}^{(\mu)}(\boldsymbol{r}) = \frac{\mu_0 i_\mu}{4\pi} \oint_{K_\mu} \frac{\mathrm{d}\boldsymbol{r}_\mu}{|\boldsymbol{r} - \boldsymbol{r}_\mu|} \qquad (\mu = 2, 3)$$

gegeben. Setzt man dies in die vorausgehende Gleichung ein, dann erhält man schließlich

$$\Phi_1 = L_1 i_1 + \frac{\mu_0 i_2}{4\pi} \oint_{K_1} \oint_{K_2} \frac{\mathrm{d}\boldsymbol{r}_2 \cdot \mathrm{d}\boldsymbol{r}_1}{|\boldsymbol{r}_1 - \boldsymbol{r}_2|} + \frac{\mu_0 i_3}{4\pi} \oint_{K_1} \oint_{K_3} \frac{\mathrm{d}\boldsymbol{r}_3 \cdot \mathrm{d}\boldsymbol{r}_1}{|\boldsymbol{r}_1 - \boldsymbol{r}_3|} .$$

Die zweifachen Linienintegrale hängen dem Betrage nach nur von der Form und der relativen Lage der Stromschleifen ab. Ihre Vorzeichen werden bestimmt durch die willkürliche Wahl der Stromzählrichtungen.

Analoge Gleichungen lassen sich auch für die magnetischen Flüsse Φ_2 und Φ_3 herleiten, so daß man insgesamt das folgende lineare Gleichungssystem bekommt:

$$\Phi_1 = L_1 i_1 + M_{12} i_2 + M_{13} i_3 , \qquad (6.36a)$$

$$\Phi_2 = M_{21} i_1 + L_2 i_2 + M_{23} i_3 , \qquad (6.36b)$$

$$\Phi_3 = M_{31} i_1 + M_{32} i_2 + L_3 i_3 . \qquad (6.36c)$$

Dabei wurde zur Abkürzung

$$M_{\nu\mu} = \frac{\mu_0}{4\pi} \oint_{K_\nu} \oint_{K_\mu} \frac{\mathrm{d}\boldsymbol{r}_\mu \cdot \mathrm{d}\boldsymbol{r}_\nu}{|\boldsymbol{r}_\nu - \boldsymbol{r}_\mu|} \qquad (\nu \neq \mu) \qquad (6.37)$$

gesetzt. Diese Konstanten werden wechselseitige Induktivitäten oder Gegeninduktivitäten genannt. Zusammen mit den Selbstinduktivitäten L_ν spricht man auch von den Induktivitätskoeffizienten. Die Gl. (6.37) heißt Neumannsche Formel.

Die Vorzeichen der Gegeninduktivitäten $M_{\nu\mu}$ hängen von der Orientierung der Stromschleifen ν und μ ab (vorgegeben durch die Bezugsrichtungen der jeweiligen Schleifenströme). Man beachte ferner, daß die $M_{\nu\mu}$ ausschließlich durch diese beiden Stromschleifen bestimmt werden. Hierin unterscheiden sie sich von den wechselseitigen Kapazitäten (s. Abschnitt 5.6.8), deren Werte vom gesamten Leitersystem abhängen.

Die direkte Berechnung der wechselseitigen Induktivitäten nach Gl. (6.37) ist im allgemeinen zu schwierig. In manchen Fällen (vgl. das folgende Beispiel) ist es viel einfacher, die linke Seite der Gleichung

$$\Phi_\nu^{(\mu)} = M_{\nu\mu} i_\mu \qquad (6.38)$$

bei gegebenem i_μ zu bestimmen und daraus dann den Koeffizienten $M_{\nu\mu}$. Dabei ist $\Phi_\nu^{(\mu)}$ der von der ν-ten Stromschleife umfaßte Teilfluß, dessen Ursache der Strom i_μ ist. Er wird wie für $\nu = 1$ in Gl. (6.35) allgemein definiert durch

$$\Phi_\nu^{(\mu)} = \iint\limits_{S_\nu} \boldsymbol{B}^{(\mu)} \cdot \mathrm{d}\boldsymbol{a}_\nu \ , \tag{6.39}$$

wobei $\boldsymbol{B}^{(\mu)}$ die vom Strom i_μ erzeugte magnetische Induktion ist und $\Phi_\nu^{(\mu)}$ in die gleiche Richtung gezählt wird, wie der Gesamtfluß Φ_ν.

Die Matrix der Induktivitätskoeffizienten ist symmetrisch, denn aus Gl. (6.37) folgt unmittelbar

$$M_{\nu\mu} = M_{\mu\nu} \ . \tag{6.40}$$

Es liegt also auch in diesem Fall Reziprozität vor (vgl. Abschnitt 5.6.2). Gleiche Ströme $i_\nu = i_\mu$ in zwei Stromschleifen rufen demnach gleiche Teilflüsse $\Phi_\nu^{(\mu)} = \Phi_\mu^{(\nu)}$ durch die jeweils andere Schleife hervor. Das folgt aus den Gln. (6.38) und (6.40). Aufgrund dieser Reziprozität kann man von *der* Gegeninduktivität $M_{\nu\mu} = M_{\mu\nu}$ zweier Stromschleifen sprechen.

6.4.4 Beispiele

a) Das Bild 6.11 zeigt die Spule aus Beispiel 6.4.2, die hier vom Schleifenstrom i_2 einmal umfaßt wird. Gesucht ist die Gegeninduktivität $M_{12} = M_{21}$ dieser Anordnung.

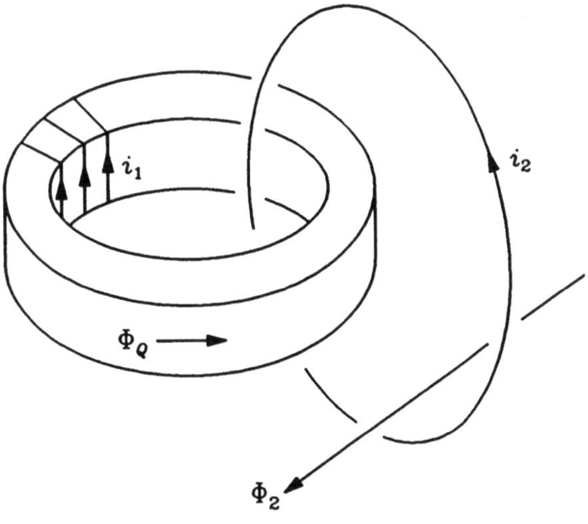

Bild 6.11

Ihre Berechnung nach Gl. (6.37) ist elementar nicht möglich. Das gleiche wäre der Fall, wollte man mittels Gl. (6.39) den von i_2 herrührenden Teilfluß $\Phi_1^{(2)}$ durch die N Windungen der Spule bestimmen. Stattdessen kann man aber dank der Symmetrieeigenschaft $M_{12} = M_{21}$ auch nach dem Teilfluß $\Phi_2^{(1)}$ fragen, der von i_1 hervorgerufen und von i_2 umfaßt wird. Für ihn gilt, wie aus Bild 6.11 ersichtlich,

$$\Phi_2^{(1)} = -\Phi_Q \ ,$$

wobei Φ_Q der bereits in Beispiel 6.4.2 bestimmte magnetische Fluß durch eine beliebige Querschnittsfläche der Spule ist. Das Minuszeichen tritt auf, weil erstens ein Beitrag zu $\Phi_2^{(1)}$ nur von einer Querschnittsfläche der Spule kommt und zweitens diesbezüglich die Zählrichtungen von Φ_Q und $\Phi_2^{(1)}$ verschieden sind. Letztere muß (wie die des Gesamtflusses Φ_2) rechtshändig zu i_2 sein.

Aufgrund der Gl. (6.38) folgt jetzt

$$M_{21} = \frac{-\Phi_Q}{i_1} = -\frac{\mu_0 N}{2\pi} l \ln \frac{\rho_2}{\rho_1} , \tag{6.41}$$

wenn man in Gl. (6.33a) i durch i_1 ersetzt. Ändert man die Zählrichtung von i_1 oder i_2 und zwangsläufig die von Φ_1 bzw. Φ_2, dann wird M_{21} positiv. Das Vorzeichenproblem ist Thema des nächsten Beispiels.

b) Das Dreischleifensystem von Bild 6.12 hat drei Gegeninduktivitäten $M_{12} = M_{21}$, $M_{13} = M_{31}$ und $M_{23} = M_{32}$. Das Vorzeichen von M_{12} und M_{13} kann hier ganz einfach bestimmt werden. Nimmt man beispielsweise $i_1 > 0$ an, dann hat $\boldsymbol{B}^{(1)}$ ungefähr den angedeuteten Verlauf (s. Bild 6.12; gestrichelte Feldlinien). Es durchsetzt die Schleife 2 in Richtung des Φ_2-Pfeiles. Also ist $\Phi_2^{(1)}$ positiv und somit auch $M_{12} = \Phi_2^{(1)}/i_1$. Andererseits durchsetzt $\boldsymbol{B}^{(1)}$ die Schleife 3 entgegen der Zählrichtung für Φ_3. Also ist $\Phi_3^{(1)}$ negativ und somit auch $M_{13} = \Phi_3^{(1)}/i_1$. Würde man die Zählrichtung des Schleifenstromes i_3 umkehren, dann müßte man auch die Bezugsrichtung des Schleifenflusses Φ_3 entsprechend ändern, da beide vereinbarungsgemäß immer rechtshändig zueinander sein sollen. In diesem Fall wäre M_{13} positiv (bei unveränderten Bezugsrichtungen der Schleife 1).

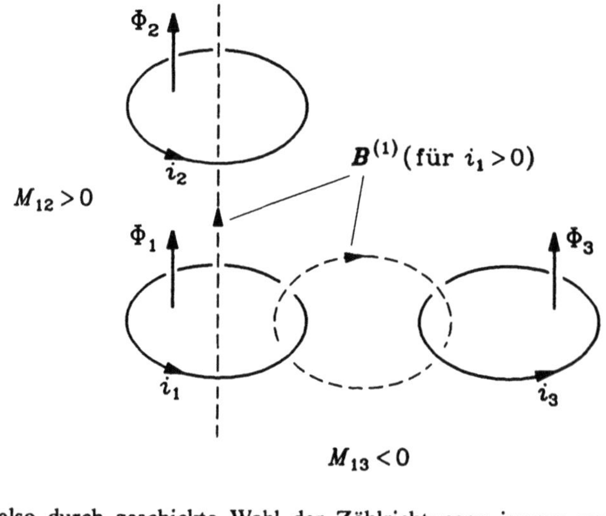

Bild 6.12

Kann man also durch geschickte Wahl der Zählrichtungen immer erreichen, daß alle Gegeninduktivitäten positiv sind? In Zweischleifensystemen ist das stets möglich, bei mehr als zwei Schleifen jedoch nicht immer, wie das Dreischleifensystem von Bild 6.13 zeigt. Mit den eingetragenen Zählrichtungen sind alle drei Gegeninduktivitäten negativ, denn alle drei Schleifen liegen hier so zueinander, wie die Schleifen 1 und 3 von Bild 6.12. Ändert man nur bei einer Schleife die Bezugsrichtungen, dann ändern sich bei *zwei* Gegeninduktivitäten die Vorzeichen, so daß man hier nie zu drei positiven Gegeninduktivitäten kommen kann.

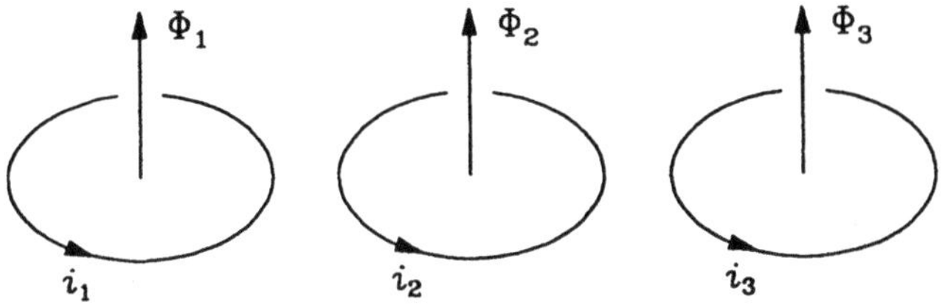

Bild 6.13

c) Bild 6.14 zeigt zwei (eng gewickelte) Spulen in beliebiger Lage mit den Selbstinduktivitäten L_1 und L_2 sowie der Gegeninduktivität M. Dabei wird diese Anordnung näherungsweise als Zweischleifensystem betrachtet; "näherungsweise" deshalb, weil zwischen den Klemmen A und B bzw. C und D jeweils ein Schleifenstück fehlt. Das fällt aber um so weniger ins Gewicht, je größer die Windungszahlen N_1 bzw. N_2 der Spulen sind. Mit Φ_1 und Φ_2 sind jeweils die Schleifenflüsse und *nicht* die Querschnittsflüsse gemeint (vgl. Beispiel 6.4.2).

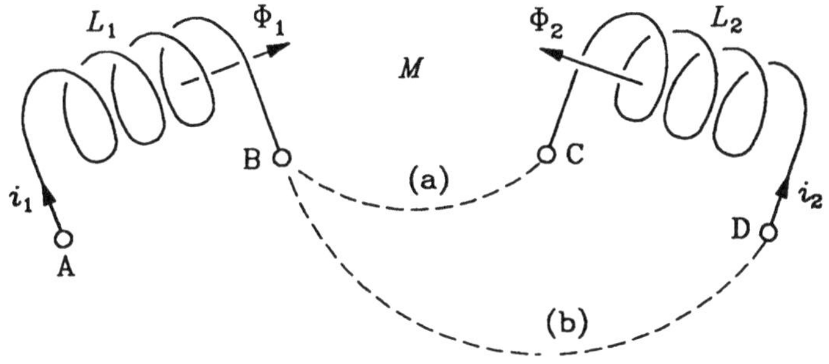

Bild 6.14

Jetzt werde die Klemme B mit der Klemme C verbunden (Fall a in Bild 6.14), wobei der Verbindungsdraht induktiv keine Rolle spielen soll. Durch diese Zusammenschaltung entsteht *eine* Schleife (in dem oben erläuterten näherungsweisen Sinn) mit der Selbstinduktivität L_a. Diese ergibt sich definitionsgemäß aus

$$L_a = \frac{\Phi_a}{i_a} .$$

Als Schleifenstrom i_a kann i_1 oder i_2 genommen werden. Im ersten Fall gilt

$$i_a := i_1 = -i_2 .$$

Das hat zur Konsequenz, daß sich der von i_a *rechtshändig* umfaßte Gesamtfluß gemäß

$$\Phi_a = \Phi_1 - \Phi_2$$

zusammensetzt, denn die Zählrichtung von Φ_2 (s. Bild 6.14) ist linkshändig zur Zählrichtung von $i_a = i_1$, da sie rechtshändig zur Zählrichtung von $i_2 = -i_1$ ist.

Aus

$$\Phi_1 = L_1 i_1 + M i_2 \ ,$$

$$\Phi_2 = M i_1 + L_2 i_2 \ ,$$

folgt also

$$\Phi_a = \Phi_1 - \Phi_2 = (L_1 + L_2 - 2M)\, i_a$$

und somit

$$L_a = L_1 + L_2 - 2M \ . \tag{6.42a}$$

Verbindet man jetzt Klemme A mit Klemme D (Fall b in Bild 6.14), dann liefert die entsprechend modifizierte Rechnung ($i_b := i_1 = i_2$, $\Phi_b = \Phi_1 + \Phi_2$)

$$L_b = L_1 + L_2 + 2M \ . \tag{6.42b}$$

Es gibt noch zwei andere Möglichkeiten, die beiden Spulen zu *einer* Induktivität zusammenzuschalten. Immer gilt die Regel: Die Selbstinduktivitäten werden addiert, und vor dem Term $2M$ steht genau dann ein Minuszeichen, wenn nach dem Zusammenschalten $i_1 = -i_2$ ist. Man beachte: M selbst kann dabei positiv oder negativ sein.

6.5 Quasistatische Elektrodynamik

Es wird jetzt *angenommen*, daß die statische Berechnung des elektrischen und magnetischen Feldes nach Gl. (4.32) bzw. Gl. (6.14) (einschließlich der jeweiligen Potentialdarstellungen) auch dann noch gültig ist, wenn ρ und $\boldsymbol{J}$ zeitabhängig sind:

$$\boldsymbol{E}_C(\boldsymbol{r},t) = \frac{1}{4\pi\varepsilon_0} \iiint \rho(\boldsymbol{r}',t)\, \frac{(\boldsymbol{r}-\boldsymbol{r}')}{|\boldsymbol{r}-\boldsymbol{r}'|^3}\, \mathrm{d}V' \tag{6.43a}$$

$$= -\nabla\varphi_s(\boldsymbol{r},t) \tag{6.43b}$$

mit

$$\varphi_s(\boldsymbol{r},t) = \frac{1}{4\pi\varepsilon_0} \iiint \frac{\rho(\boldsymbol{r}',t)}{|\boldsymbol{r}-\boldsymbol{r}'|}\, \mathrm{d}V' \ ; \tag{6.43c}$$

$$\boldsymbol{B}_{BS}(\boldsymbol{r},t) = \frac{\mu_0}{4\pi} \iiint \boldsymbol{J}(\boldsymbol{r}',t) \times \frac{(\boldsymbol{r}-\boldsymbol{r}')}{|\boldsymbol{r}-\boldsymbol{r}'|^3}\, \mathrm{d}V' \tag{6.44a}$$

$$= \operatorname{rot} \boldsymbol{A}_s(\boldsymbol{r},t) \tag{6.44b}$$

mit

$$\boldsymbol{A}_s(\boldsymbol{r},t) = \frac{\mu_0}{4\pi} \iiint \frac{\boldsymbol{J}(\boldsymbol{r}',t)}{|\boldsymbol{r}-\boldsymbol{r}'|}\, \mathrm{d}V' \ . \tag{6.44c}$$

Die Indizes "*C*" und "*BS*" weisen auf die Berechnung nach dem Coulomb- bzw. Biot-Savart-Gesetz hin. Der Index "*s*" bedeutet "statisch berechnet".

Da "div" und "rot" nicht auf *t* wirken, folgt aus den Gln. (6.43b,c) zunächst unmittelbar

$$\operatorname{rot} \boldsymbol{E}_C(\boldsymbol{r}, t) = \boldsymbol{0} \tag{6.45}$$

und dann weiter

$$\begin{aligned} \operatorname{div} \boldsymbol{E}_C(\boldsymbol{r}, t) &= -\frac{1}{4\pi\varepsilon_0} \nabla^2 \iiint \frac{\rho(\boldsymbol{r}', t)}{|\boldsymbol{r}-\boldsymbol{r}'|} \, \mathrm{d}V' \\ &= \frac{1}{\varepsilon_0} \rho(\boldsymbol{r}, t) \, . \end{aligned} \tag{6.46}$$

Letzteres wurde in Abschnitt 4.4.2 bewiesen. Aus Gl. (6.44b) folgt unmittelbar

$$\operatorname{div} \boldsymbol{B}_{BS}(\boldsymbol{r}, t) = 0 \tag{6.47}$$

und weiter wegen Gl. (1.36e)

$$\operatorname{rot} \boldsymbol{B}_{BS} = \nabla \operatorname{div} \boldsymbol{A}_s - \nabla^2 \boldsymbol{A}_s \, . \tag{6.48}$$

Das Vektorpotential $\boldsymbol{A}_s$ nach Gl. (6.44c) ist zu jeder Zeit *t* dasselbe wie das nach Gl. (6.10) und daher ("∇^2" wirkt nicht auf *t*) Lösung der vektoriellen Poisson-Gleichung (6.7):

$$\nabla^2 \boldsymbol{A}_s(\boldsymbol{r}, t) = -\mu_0 \boldsymbol{J}(\boldsymbol{r}, t) \, . \tag{6.49}$$

Außerdem gilt für $\boldsymbol{A}_s$ zu jeder Zeit auch die Gl. (6.11):

$$\operatorname{div} \boldsymbol{A}_s(\boldsymbol{r}, t) = \frac{\mu_0}{4\pi} \iiint \frac{\operatorname{div}' \boldsymbol{J}(\boldsymbol{r}', t)}{|\boldsymbol{r}-\boldsymbol{r}'|} \, \mathrm{d}V' \, ,$$

wobei das Hüllenintegral aus dem anschließend an Gl. (6.11) dargelegten Grund gleich null gesetzt wurde. Jetzt, bei zeitabhängiger $(\boldsymbol{J}, \rho)$-Verteilung, muß in das Volumenintegral $\operatorname{div}' \boldsymbol{J}(\boldsymbol{r}', t) = -\dot{\rho}(\boldsymbol{r}', t)$ eingesetzt werden, so daß

$$\begin{aligned} \operatorname{div} \boldsymbol{A}_s(\boldsymbol{r}, t) &= -\frac{\mu_0}{4\pi} \frac{\partial}{\partial t} \iiint \frac{\rho(\boldsymbol{r}', t)}{|\boldsymbol{r}-\boldsymbol{r}'|} \, \mathrm{d}V' \\ &= -\mu_0 \varepsilon_0 \dot{\varphi}_s(\boldsymbol{r}, t) \end{aligned} \tag{6.50}$$

folgt, wobei noch Gl. (6.43c) benutzt wurde. Mit den Gln. (6.49), (6.50) erhält man aus Gl. (6.48) zunächst

$$\operatorname{rot} \boldsymbol{B}_{BS} = -\mu_0 \varepsilon_0 \nabla \dot{\varphi}_s + \mu_0 \boldsymbol{J}$$

und mittels Gl. (6.43b) schließlich

$$\operatorname{rot} \boldsymbol{B}_{BS} = \mu_0 [\boldsymbol{J}(\boldsymbol{r}, t) + \varepsilon_0 \dot{\boldsymbol{E}}_C(\boldsymbol{r}, t)] \, . \tag{6.51}$$

Die Felder $\boldsymbol{E}_C, \boldsymbol{B}_{BS}$ befriedigen also die Maxwell-Gleichungen (3.1), (3.3) und (3.4). Nur dem Induktionsgesetz (3.2) gehorchen sie im allgemeinen nicht, und sind daher natürlich auch nicht die Lösung dieses Gleichungssystems im allgemein dynamischen Fall.

Eine spezielle nicht statische Situation gibt es jedoch, in der die Felder $\boldsymbol{E}_C$, $\boldsymbol{B}_{BS}$ sogar exakte Lösungen der vier Maxwell-Gleichungen sind. Wenn nämlich die Stromverteilung zeitlich konstant, aber nicht geschlossen ist ($\partial \boldsymbol{J}/\partial t \equiv \boldsymbol{0}$, $\operatorname{div}\boldsymbol{J} = -\dot{\rho} \not\equiv 0$), folgt aus Gl. (6.44a) unmittelbar $\partial \boldsymbol{B}_{BS}/\partial t \equiv \boldsymbol{0}$, und somit ist jetzt auch das Induktionsgesetz in Gestalt der Gl. (6.45) erfüllt. Eine derartige Situation läßt sich (wenigstens kurzzeitig) dadurch realisieren, daß man einen Kondensator mit konstanter Stromstärke auflädt. Dem Bild 3.9 liegt übrigens auch die Annahme zeitlich konstanter Stromdichte zu Grunde. Die dort dargestellten Felder $\boldsymbol{B}$ und $\partial \boldsymbol{E}/\partial t$ berechnet man also mit dem Biot-Savart- bzw. Coulomb-Gesetz.

6.5.1 Quasistationäre Näherung

Die zuletzt untersuchten, durch

$$\dot{\boldsymbol{J}} \equiv \boldsymbol{0}, \qquad \operatorname{div}\boldsymbol{J} = -\dot{\rho} \not\equiv 0 \tag{6.52}$$

gekennzeichneten $(\boldsymbol{J}, \rho)$-Verteilungen sollen "fast statisch" heißen. Der einzige wesentliche Unterschied zur reinen Statik (dann ist auch $\dot{\rho} \equiv 0$) liegt darin, daß statt mit dem Durchflutungsgesetz (3.27) mit der vollständigen vierten Maxwell-Gleichung in Gestalt der Gl. (6.51) gerechnet werden muß. Unter der Bedingung (6.52) sind die Felder $\boldsymbol{E}_C$ und $\boldsymbol{B}_{BS}$, wie gezeigt, *exakte* Lösungen der Maxwell-Gleichungen, wobei allerdings noch keine Induktionserscheinungen auftreten.

Jetzt sollen zeitveränderliche Stromverteilungen betrachtet werden. Dann ist $\partial \boldsymbol{B}/\partial t \not\equiv \boldsymbol{0}$, und die Felder $\boldsymbol{E}_C$, $\boldsymbol{B}_{BS}$, die jetzt insbesondere das Induktionsgesetz nicht erfüllen, sind zu ersetzen durch die Lösung des vollständigen Systems der Maxwell-Gleichungen.

Dabei ist es zweckmäßig, zwischen "langsam zeitveränderlichen" und "schnell veränderlichen" Stromverteilungen zu unterscheiden. Im ersten Fall (er wird im nächsten Kapitel genauer charakterisiert) kommt man nämlich mit der folgenden "quasistatischen" oder "quasistationären" Näherung aus. Sie beruht auf der Überlegung, daß bei hinreichend langsamen Änderungen der Stromverteilung die Felder $\boldsymbol{E}_C$, $\boldsymbol{B}_{BS}$ nicht ganz falsch sein können bis auf ihren Mangel hinsichtlich des Induktionsgesetzes. Dieser läßt sich beseitigen, wenn man mit der korrigierten elektrischen Feldstärke

$$\boldsymbol{E}(\boldsymbol{r},t) = \boldsymbol{E}_C(\boldsymbol{r},t) - \frac{\mu_0}{4\pi} \iiint \frac{\dot{\boldsymbol{J}}(\boldsymbol{r}',t)}{|\boldsymbol{r}-\boldsymbol{r}'|}\, \mathrm{d}V' \tag{6.53}$$

rechnet. Wegen der Gln. (6.45), (6.44c) und (6.44b) gilt jetzt nämlich

$$\operatorname{rot}\boldsymbol{E} = -\dot{\boldsymbol{B}}_{BS} . \tag{6.54}$$

Der Korrekturterm

$$\boldsymbol{E}_{ind}(\boldsymbol{r},t) := -\frac{\mu_0}{4\pi} \iiint \frac{\dot{\boldsymbol{J}}(\boldsymbol{r}',t)}{|\boldsymbol{r}-\boldsymbol{r}'|}\, \mathrm{d}V' = -\dot{\boldsymbol{A}}_s(\boldsymbol{r},t) \tag{6.55}$$

wird "induzierte elektrische Feldstärke" genannt (vgl. Abschnitt 6.6, letzter Absatz). Das magnetische Feld wird nicht korrigiert.

Zusammenfassung: Die quasistationären Felder sind gegeben durch

$$\boldsymbol{E} = \boldsymbol{E}_C + \boldsymbol{E}_{ind}\,, \quad \boldsymbol{B} = \boldsymbol{B}_{BS} \tag{6.56a,b}$$

mit den Definitionen (6.43a), (6.55) bzw. (6.44a). Diese Felder sind ableitbar aus den Potentialen der Gln. (6.43c) und (6.44c):

$$\boldsymbol{E}_C = -\nabla\varphi_s\,, \quad \boldsymbol{E}_{ind} = -\dot{\boldsymbol{A}}_s\,, \quad \boldsymbol{B} = \operatorname{rot}\boldsymbol{A}_s\,. \tag{6.57a-c}$$

Es gelten die Differentialgleichungen

$$\operatorname{div}\boldsymbol{E}_C = \frac{\rho}{\varepsilon_0}\,, \quad \operatorname{rot}\boldsymbol{E} = -\dot{\boldsymbol{B}}\,, \tag{6.58a,b}$$

$$\operatorname{div}\boldsymbol{B} = 0\,, \quad \operatorname{rot}\boldsymbol{B} = \mu_0(\boldsymbol{J} + \varepsilon_0\dot{\boldsymbol{E}}_C)\,. \tag{6.59a,b}$$

Man beachte, daß in die Gln. (6.58a) und (6.59b) nur $\boldsymbol{E}_C$ eingeht. Insbesondere wird also der induzierte Anteil der Verschiebungsstromdichte vernachlässigt, *nicht jedoch* (wie oft üblich) auch deren coulombscher Anteil. Er ist unerlässlich zur Herleitung der Kontinuitätsgleichung, die selbstverständlich auch unter quasistationären Bedingungen gelten muß:

$$0 = \operatorname{div}\operatorname{rot}\frac{\boldsymbol{B}}{\mu_0} = \operatorname{div}\boldsymbol{J} + \varepsilon_0\operatorname{div}\dot{\boldsymbol{E}}_C = \operatorname{div}\boldsymbol{J} + \dot{\rho}\,.$$

Die Potentiale gehorchen der Gl. (6.50), die formgleich mit der Lorentz-Bedingung ist (vgl. Abschnitt 11.3, letzter Absatz). Dementsprechend ist $\boldsymbol{E}_{ind}$ im allgemeinen nicht quellenfrei:

$$\operatorname{div}\boldsymbol{E}_{ind} = -\operatorname{div}\dot{\boldsymbol{A}}_s = \varepsilon_0\mu_0\,\ddot{\varphi}_s\,. \tag{6.60}$$

6.6 Mathematische Ergänzung (Satz von Helmholtz)

Die folgenden Ausführungen knüpfen an das erste Kapitel an und führen dieses in Gestalt des Satzes von Helmholtz zu einem Abschluß, der formal mit der Gl. (6.14) erreicht war, ohne daß dort darauf hingewiesen wurde.

Setzt man im Gleichungspaar (1.47a,b) zunächst $\boldsymbol{w} \equiv \boldsymbol{0}$ bei nicht verschwindendem u und danach $u \equiv 0$ bei nicht verschwindendem $\boldsymbol{w}$, so entstehen der Form nach die Gleichungspaare (4.1), (4.2) bzw. (6.1), (6.2). Diese haben die in den Abschnitten 4.4.2 und 6.2.1 erarbeiteten Lösungen (4.32) bzw. (6.14). Daraus erhält man nach entsprechender Umformulierung und Addition den Ausdruck

$$\boldsymbol{F}(\boldsymbol{r}) = \frac{1}{4\pi}\iiint\frac{u(\boldsymbol{r}')(\boldsymbol{r}-\boldsymbol{r}')}{|\boldsymbol{r}-\boldsymbol{r}'|^3}\,\mathrm{d}V' + \frac{1}{4\pi}\iiint\frac{\boldsymbol{w}(\boldsymbol{r}')\times(\boldsymbol{r}-\boldsymbol{r}')}{|\boldsymbol{r}-\boldsymbol{r}'|^3}\,\mathrm{d}V' \tag{6.61}$$

als Lösung des Gleichungspaares (1.47a,b). Es ist die einzige Lösung, falls an Stelle der im Endlichen zu erfüllenden Randbedingung (1.47c) verlangt wird, daß $|\boldsymbol{F}|$ für $|\boldsymbol{r}| \to \infty$ "hinreichend stark" abnimmt. Letzteres wird in den folgenden Darlegungen unterstellt, die sich einfachheitshalber auf Felder im ganzen unendlichen Raum beziehen.

Die Darstellung (6.61) eines Vektorfeldes durch seine Quellenverteilung u und Wirbelverteilung $\boldsymbol{w}$ wird Satz von Helmholtz genannt oder Hauptsatz der Vektoranalysis.

Man beachte, daß in Gl. (6.61) der erste Summand,

$$\boldsymbol{F}_1(\boldsymbol{r}) = \frac{1}{4\pi} \iiint \frac{u(\boldsymbol{r}')(\boldsymbol{r}-\boldsymbol{r}')}{|\boldsymbol{r}-\boldsymbol{r}'|^3}\, \mathrm{d}V'$$

$$= -\frac{1}{4\pi} \nabla \iiint \frac{u(\boldsymbol{r}')}{|\boldsymbol{r}-\boldsymbol{r}'|}\, \mathrm{d}V' , \tag{6.62a}$$

wirbelfrei (rot $\nabla \cdots \equiv \boldsymbol{0}$) und der zweite Summand,

$$\boldsymbol{F}_2(\boldsymbol{r}) = \frac{1}{4\pi} \iiint \frac{\boldsymbol{w}(\boldsymbol{r}') \times (\boldsymbol{r}-\boldsymbol{r}')}{|\boldsymbol{r}-\boldsymbol{r}'|^3}\, \mathrm{d}V'$$

$$= \frac{1}{4\pi} \operatorname{rot} \iiint \frac{\boldsymbol{w}(\boldsymbol{r}')}{|\boldsymbol{r}-\boldsymbol{r}'|}\, \mathrm{d}V' , \tag{6.62b}$$

quellenfrei (div rot $\cdots \equiv 0$) ist. Der Übergang zur jeweils zweiten Gleichheit in den Beziehungen (6.62a,b) geht ebenfalls aus den Abschnitten 4.4.2 bzw. 6.2.1 hervor.

Anmerkung: Der rein vektoranalytische, sich nur auf die Ortskoordinaten beziehende Satz von Helmholtz kann auch auf das Gleichungspaar (3.1), (3.2) angewendet werden, und zwar zu jedem beliebigen Zeitpunkt t. Man erhält dann

$$\boldsymbol{E}(\boldsymbol{r},t) = \frac{1}{4\pi\varepsilon_0} \iiint \frac{\rho(\boldsymbol{r}',t)(\boldsymbol{r}-\boldsymbol{r}')}{|\boldsymbol{r}-\boldsymbol{r}'|^3}\, \mathrm{d}V'$$

$$- \frac{1}{4\pi} \iiint \frac{\dot{\boldsymbol{B}}(\boldsymbol{r}',t) \times (\boldsymbol{r}-\boldsymbol{r}')}{|\boldsymbol{r}-\boldsymbol{r}'|^3}\, \mathrm{d}V' . \tag{6.63}$$

Entsprechend folgt

$$\boldsymbol{B}(\boldsymbol{r},t) = \frac{\mu_0}{4\pi} \iiint \frac{[\boldsymbol{J}(\boldsymbol{r}',t) + \varepsilon_0 \dot{\boldsymbol{E}}(\boldsymbol{r}',t)] \times (\boldsymbol{r}-\boldsymbol{r}')}{|\boldsymbol{r}-\boldsymbol{r}'|^3}\, \mathrm{d}V' \tag{6.64}$$

durch Anwendung des Satzes von Helmholtz auf das Gleichungspaar (4.3), (4.4).

Die Integrale in den Gln. (6.63), (6.64) sind *momentan* auszuwerten, das heißt, daß im Aufpunkt $\boldsymbol{r}$ zur Beobachtungszeit t Beiträge summiert werden, die zur *gleichen* Zeit t an *entfernten* Integrationspunkten $\boldsymbol{r}'$ zu nehmen sind. Da aber *unverzögerte* Wirkungen in die Ferne physikalisch nicht in Frage kommen, sind beide Gleichungen rein mathematisch zu verstehen. Sie sind insbesondere keine Lösungen der Maxwell-Gleichungen im Sinne von Kapitel 11, aber sie erläutern in expliziter Form das, was im Abschnitt 3.5 (dritter Absatz) die vektoranalytische Interpretation der Maxwell-Gleichungen genannt wurde.

Der zweite Summand auf der rechten Seite von Gl. (6.63) wird gelegentlich "induzierte elektrische Feldstärke" genannt. Da er sich bei den retardierten Lösungen (11.49a,b) der Maxwell-Gleichungen aber nicht wiederfindet, wurde im vorausgehenden Abschnitt die Definition (6.55) bevorzugt, weil diese auch bei Berücksichtigung der Retardierung beibehalten werden kann.

7 Induzierte quasistationäre Ströme

Dieses Kapitel knüpft zunächst an die Abschnitte 6.4.1 und 6.4.3 an. Dort wurden geschlossene linienhafte Gleichströme und deren statisches Magnetfeld im Vakuum betrachtet. Der Fluß dieses Feldes durch jede der Stromschleifen ergab sich als Linearkombination aller Stromstärken gemäß den Gln. (6.36a-c).

Jetzt soll angenommen werden, daß diese Stromstärken *zeitabhängig* sind. Dann gilt dies auch für die magnetischen Flüsse, und es erscheint naheliegend, das Gleichungssystem (6.36a-c) durch formale Einführung des Zeitparameters der neuen Situation anzupassen:

$$\Phi_1(t) = L_1\, i_1(t) + M_{12}\, i_2(t) + M_{13}\, i_3(t)\,, \tag{7.1a}$$

$$\Phi_2(t) = M_{21}\, i_1(t) + L_2\, i_2(t) + M_{23}\, i_3(t)\,, \tag{7.1b}$$

$$\Phi_3(t) = M_{31}\, i_1(t) + M_{32}\, i_2(t) + L_3\, i_3(t)\,. \tag{7.1c}$$

Diese Gleichungen können jedoch *nicht streng* gültig sein. Sie besagen nämlich, daß die Flüsse $\Phi_\nu(t)$ in jedem Zeitpunkt t durch die Stromstärken $i_\nu(t)$ zum *gleichen* Zeitpunkt bestimmt sind. Das widerspricht aber der Tatsache, daß sich alle elektromagnetischen Zustandsänderungen nur mit Lichtgeschwindigkeit von einem Punkt des Raumes zu einem anderen fortpflanzen. Änderungen der Stromstärke in einer Schleife können daher nicht gleichzeitig eine korrespondierende Flußänderung durch entfernte Stromschleifen bewirken.

Trotzdem erwartet man, daß die Gln. (7.1a-c) wenigstens *näherungsweise* gelten, wenn die zeitlichen Änderungen der Stromstärken hinreichend langsam erfolgen. Die Bedingung, unter der dies zutrifft, wird im folgenden präzisiert.

Zunächst wird angenommen, daß die Stromstärken $i_\nu(t)$ harmonische Zeitfunktionen sind mit der Kreisfrequenz ω. Diese zeitveränderlichen Ströme erzeugen eine elektromagnetische Welle, die sich im Raum mit Lichtgeschwindigkeit c_0 ausbreitet und dementsprechend eine Wellenlänge $\lambda = c_0 2\pi/\omega$ hat. Ist nun l_{max} ein Maß für die maximale räumliche Ausdehnung des Stromschleifensystems, und gilt

$$l_{max} \ll \lambda\,, \tag{7.2}$$

dann stellen die Gln. (7.1a-c) eine gute Näherung dar. Das bleibt auch richtig, wenn die Stromstärken zwar keine rein harmonischen Zeitfunktionen sind, aber die Wellenlängen der auftretenden signifikanten Spektralanteile groß genug sind. Die Bedingung (7.2) besagt, daß man innerhalb des Schleifensystems mit unendlicher Wellenlänge, also bei festem ω mit unendlicher Lichtgeschwindigkeit rechnet. Insbesondere ist das Magnetfeld in jedem Augenblick aus der statischen Form des Vektorpotentials ableitbar, wenn man die momentanen Stromstärken einsetzt. Die Bedingung (7.2) präzisiert somit, wann die quasistationäre Näherung (s. Abschnitt 6.5.1) anwendbar ist. Die statische Form des Vektorpotentials ist hier wesentlich, weil die Berechnung der Induktivitätskoeffizienten (vgl. Herleitung der Neumann-Formel) darauf beruht.

Des weiteren ist zu bedenken, daß der Übergang von den Gln. (6.36a-c) zu den Gln. (7.1a-c) nur sinnvoll ist, wenn die Stromstärken jeder Schleife in jedem Augenblick einen eindeutigen Wert haben, der nicht davon abhängt, an welcher Stelle der Schleife er genommen wird. Es sollen also längs der Drähte keine Strom- Ladungswellen laufen (vgl. Beispiel 2.3.1a). Auch dies ist bei quasistationären Strömen praktisch erfüllt.

Die Gln. (7.1a-c) bilden den Ausgangspunkt für die theoretische Behandlung der Induktionserscheinungen zwischen Stromschleifen (Spulen) im Fall quasistationärer Ströme. Hierzu werden die genannten Gleichungen durch zeitliches Differenzieren und nachfolgende Anwendung des Induktionsgesetzes (3.42b) in die Form

$$-\oint_{K_1} \boldsymbol{E} \cdot \mathrm{d}\boldsymbol{r}_1 = L_1 \frac{\mathrm{d}i_1}{\mathrm{d}t} + M_{12} \frac{\mathrm{d}i_2}{\mathrm{d}t} + M_{13} \frac{\mathrm{d}i_3}{\mathrm{d}t}\,, \tag{7.3a}$$

$$-\oint_{K_2} \boldsymbol{E} \cdot \mathrm{d}\boldsymbol{r}_2 = M_{21} \frac{\mathrm{d}i_1}{\mathrm{d}t} + L_2 \frac{\mathrm{d}i_2}{\mathrm{d}t} + M_{23} \frac{\mathrm{d}i_3}{\mathrm{d}t}\,, \tag{7.3b}$$

$$-\oint_{K_3} \boldsymbol{E} \cdot \mathrm{d}\boldsymbol{r}_3 = M_{31} \frac{\mathrm{d}i_1}{\mathrm{d}t} + M_{32} \frac{\mathrm{d}i_2}{\mathrm{d}t} + L_3 \frac{\mathrm{d}i_3}{\mathrm{d}t} \tag{7.3c}$$

gebracht. Dabei wird vorausgesetzt, daß die Leiterschleifen starr und in Ruhe sind. Nur dann sind erstens alle Induktionskoeffizienten zeitunabhängig und rühren zweitens die zeitlichen Flußänderungen allein von $\partial \boldsymbol{B}/\partial t$ her, so daß die Gl. (3.42b) angewendet werden kann. Diese Voraussetzungen werden erst in Abschnitt 7.5 geändert.

Das elektrische Feld in den Ringintegralen hat im Sinne der quasistatischen Näherung gemäß Gl. (6.53) zwei Ursachen: Ladungen wie in der Elektrostatik und jetzt zusätzlich zeitveränderliche Stromverteilungen, die das induzierte elektrische Feld erzeugen. Der von Ladungen erzeugte Summand $\boldsymbol{E}_C$ ist wirbelfrei, so daß nur der zweite Summand $\boldsymbol{E}_{ind}$ zu den Ringintegralen einen in der Summe von null verschiedenen Beitrag liefert. Das führt zu wechselseitiger Beeinflussung der Ströme (Gegeninduktion) einschließlich einer Rückwirkung der Ströme auf sich selbst (Selbstinduktion).

Für anschauliche Überlegungen ist es nützlich, zu wissen, in welchem Sinn die induzierten elektrischen Felder verwirbelt sind. Dazu rekapituliere man den letzten Absatz von Abschnitt 3.4.3 (s. auch Aufgabe 7.2). Um das dort Gesagte anwenden zu können, braucht man die Richtung von $\partial \boldsymbol{B}/\partial t$. Diese ist anschaulich gegeben durch die Richtung, in welche sich die Spitze des $\boldsymbol{B}$-Vektors im betrachteten Augenblick bewegt ("Geschwindigkeit" von $\boldsymbol{B}$). Kehrt er z.B. gerade seine Richtung um, dann ist $\partial \boldsymbol{B}/\partial t$ antiparallel zu $\boldsymbol{B}$. Ändert $\boldsymbol{B}$ bei konstantem Betrag nur die Richtung, dann ist $\partial \boldsymbol{B}/\partial t$ senkrecht zu $\boldsymbol{B}$.

Es sei nochmals betont, daß hier $\partial \boldsymbol{J}/\partial t$ als Ursache von $\boldsymbol{E}_{ind}$ gemäß Gl. (6.55) angesehen wird und nicht $\partial \boldsymbol{B}/\partial t$. Vielmehr ist $\partial \boldsymbol{J}/\partial t$ nach dem Gesetz von Biot-Savart (man muß es nur nach der Zeit ableiten) *auch* die Ursache von $\partial \boldsymbol{B}/\partial t$. Die Felder $\boldsymbol{E}_{ind}$ und $\boldsymbol{B}$ werden auf diese Weise untrennbar miteinander verknüpft, und zwar so, daß sie immer und überall dem Induktionsgesetz genügen. An dieser Deutung wird sich auch bei schnell veränderlichen Stromverteilungen nichts ändern, wenn die Gln. (6.44a) und (6.55) in dieser quasistationären Form nicht mehr gelten.

In diesem Kapitel werden nur Ströme betrachtet, die dem Ohmschen Gesetz gehorchen, also "freie" Ströme im Sinne des Abschnitts 9.4.

7.1 Induzierte Schleifenströme

Die Ringintegrale in den Gln. (7.3a-c) haben die Dimension einer Spannung und werden üblicherweise Umlaufspannungen genannt. Dabei handelt es sich aber *nicht* um Spannungen im Sinne des Abschnitts 4.1.2, die ja erst dann definierbar sind, wenn *alle* Umlaufspannungen gleich null sind. "Spannung" (immer zwischen zwei verschiedenen Raumpunkten gemeint) und "Umlaufspannung" sind also komplementäre Begriffe.

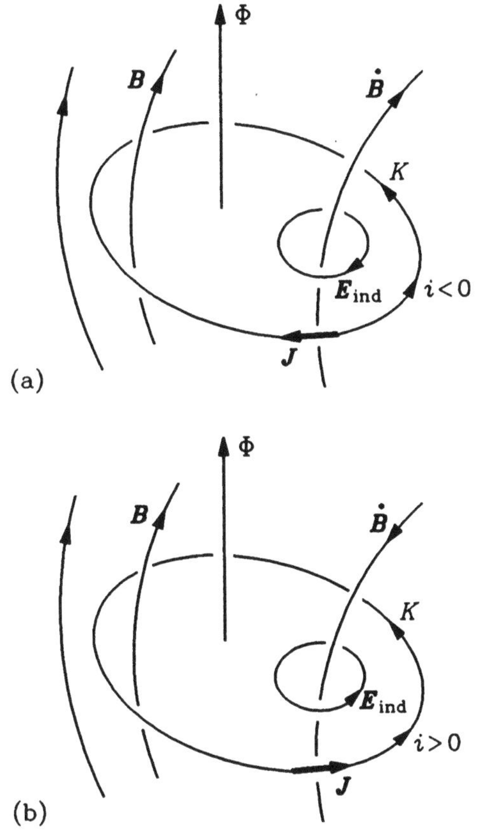

Bild 7.1

Betrachtet wird die in den Bildern 7.1a,b dargestellte Stromschleife in Anwesenheit eines langsam zeitveränderlichen $\boldsymbol{B}$-Feldes. Dieses Feld setzt sich im allgemeinen aus dem vom Schleifenstrom selbsterzeugten *und* einem fremderzeugten Anteil zusammen. Daher ist die Richtung von $\boldsymbol{B}$ in den Bildern 7.1a,b nicht aus der jeweiligen Richtung von $\boldsymbol{J}$ zu erschließen. Je nachdem, ob nun dieses Gesamt-$\boldsymbol{B}$ im nächsten Zeitintervall stärker oder schwächer wird, ergibt sich $\partial \boldsymbol{B} / \partial t$ so wie im Bild 7.1a bzw. 7.1b. Das zu $\partial \boldsymbol{B} / \partial t$ gehörige induzierte elektrische Feld $\boldsymbol{E}_{ind}$ hat dann jeweils die dargestellte Richtung. Dabei sollen die eingezeichneten $\boldsymbol{E}_{ind}$-Linien nur anzeigen, in welchem Sinn das elektrische Feld jeweils verwirbelt ist (der genaue Verlauf der elektrischen Feldlinien kann ohne weitere Angaben nicht ermittelt werden). Daraus ergibt sich, wie gleich näher erläutert wird, die jeweilige Richtung der induzierten Stromdichte $\boldsymbol{J}$ in der Schleife.

Auf die Ladungsträger im Draht wirkt primär das induzierte elektrische Feld und setzt sie in Bewegung. Erfolgt diese Bewegung zunächst noch nicht in Richtung der Drahtachse, dann führt sie zur Ansammlung von Ladungen auf der Drahtoberfläche, was solange andauert, bis das von ihnen erzeugte elektrische Feld $\boldsymbol{E}_C$ einen weiteren Ladungstransport zur Oberfläche verhindert. Insgesamt ist dann die Stromdichte überall im Draht parallel zur Oberfläche. Dieser Zustand stellt sich in so kurzer Zeit ein, daß man sie gegenüber den zeitlich langsamen Änderungen der Stromstärke vernachlässigen kann. Die Stromdichte ist also bei einem dünnen Draht parallel zum jeweiligen Kurvenelement $\mathrm{d}\boldsymbol{r}$, so daß

$$\boldsymbol{J} = \frac{i}{a}\frac{\mathrm{d}\boldsymbol{r}}{\mathrm{d}s} \tag{7.4}$$

geschrieben werden kann. Dabei ist a der Flächeninhalt des Drahtquerschnittes beim herausgegriffenen Kurvenelement $\mathrm{d}\boldsymbol{r}$, und $\mathrm{d}s$ ist gleich $|\mathrm{d}\boldsymbol{r}|$. Die Richtung von $\mathrm{d}\boldsymbol{r}$ muß mit der Zählrichtung für i übereinstimmen.

Innerhalb des (ruhenden) Drahtes gilt das (gewöhnliche) Ohmsche Gesetz

$$\boldsymbol{E} = \frac{1}{\kappa}\boldsymbol{J} .$$

Integriert man beide Seiten dieser Gleichung längs der Stromschleife, so erhält man unter Berücksichtigung der Beziehung (7.4)

$$\oint_K \boldsymbol{E}\cdot\mathrm{d}\boldsymbol{r} = i\oint_K \frac{\mathrm{d}s}{\kappa a} .$$

Das rechts stehende Integral stellt den ohmschen Widerstand

$$\mathring{R} = \oint_K \frac{\mathrm{d}s}{\kappa a} \tag{7.5}$$

der Drahtschleife dar, den man mißt, wenn man sie an einer beliebigen Stelle aufschneidet. Er resultiert aus der "Reihenschaltung" der Widerstände $\mathrm{d}s/\kappa a$ der infinitesimalen Drahtabschnitte. Die Umlaufspannung und die Stromstärke in einer (ruhenden) Leiterschleife sind also wie folgt miteinander verknüpft:

$$\oint_K \boldsymbol{E}\cdot\mathrm{d}\boldsymbol{r} = \mathring{R}i . \tag{7.6}$$

In das Ohmsche Gesetz geht zwar die gesamte elektrische Feldstärke $\boldsymbol{E} = \boldsymbol{E}_C + \boldsymbol{E}_{ind}$ ein, doch trägt der wirbelfreie Summand $\boldsymbol{E}_C$, wie schon gesagt, zur Umlaufspannung in Gl. (7.6) nichts bei (er sorgt lediglich dafür, daß $\boldsymbol{E}$ und somit $\boldsymbol{J}$ parallel zur Drahtachse sind). Also kann man in einfachen Fällen das Vorzeichen der Umlaufspannung bezüglich K und damit der Stromstärke aus der Richtung von $\boldsymbol{E}_{ind}$ relativ zum Zählpfeil für i ablesen (er definiert die Orientierung von K). So ist beispielsweise in Bild 7.1a die induzierte Stromstärke negativ, in Bild 7.1b dagegen positiv. Die induzierte Stromdichte hat somit jeweils pauschal die gleiche Richtung wie die induzierte elektrische Feldstärke.

Mit Hilfe des Induktionsgesetzes (3.42b) entsteht aus Gl. (7.6) die Beziehung

$$\mathring{R}\, i = -\, \dot{\Phi}^{(\dot{B})} \,. \tag{7.7}$$

Falls sich die Leiterschleife bewegt, was erst im Abschnitt 7.5.2 zugelassen wird, geht diese Gleichung in die Faradaysche Flußregel (7.46) über und gilt dann für zeitliche Flußänderungen schlechthin.

Die Berechnung des Schleifenwiderstandes nach Gl. (7.5) setzt voraus, daß die Stromdichte praktisch homogen über den Drahtquerschnitt verteilt ist. Das trifft genau genommen nur dann zu, wenn der sogenannte Skin-Effekt vernachlässigt werden kann. Er bewirkt bei zeitharmonischen Strömen, daß die Amplitude der Stromdichte in den Bereichen nahe der Oberfläche größer ist als zur Drahtachse hin. Das hat zur Folge, daß der "effektive" Widerstand des Drahtes größer ist als der nach Gl. (7.5) berechnete (s. etwa K. Simonyi oder Wunsch/Schulz). Bei guten Leitern muß der Skin-Effekt bereits im Fall relativ niedriger Frequenzen berücksichtigt werden. Er kann jedoch um so eher vernachlässigt werden, je dünner der Draht ist. Die wesentlichen Gesichtspunkte des Skin-Effektes ergeben sich aus Aufgabe 7.4 an Hand einer die Rechnung stark vereinfachenden Anordnung.

7.2 Selbstinduktion und wechselseitige Induktion bei zwei Stromschleifen

Die Bilder 7.2a-c zeigen zwei Stromschleifen, die einfachheitshalber kreisförmig sind und eine gemeinsame senkrechte Achse besitzen. Die Zählrichtungen der Ströme i_1 und i_2 sind bezüglich dieser Achse gegensinnig gewählt. Das hat zur Folge, daß die Gegeninduktivität $M_{12} = M_{21}$ negativ ist (vgl. Beispiel 6.4.4b).

Die Stromstärke i_1 kann durch eine eingeprägte Stromquelle als beliebige Zeitfunktion vorgegeben werden. Sie ist also unabhängig von induzierten Umlaufspannungen.

In die Stromschleife 2 sind keine Quellen eingeschaltet, so daß die Gl. (7.6) angewendet werden kann:

$$\oint_K \boldsymbol{E} \cdot \mathrm{d}\boldsymbol{r}_2 = \mathring{R}_2\, i_2 \,.$$

Hieraus folgt mit der auf den Fall zweier Schleifen reduzierten Gl. (7.3b) die Differentialgleichung

$$\frac{\mathrm{d}i_2}{\mathrm{d}t} + \frac{\mathring{R}_2}{L_2}\, i_2 = -\frac{M_{21}}{L_2}\frac{\mathrm{d}i_1}{\mathrm{d}t} \,. \tag{7.8}$$

Die Stromquelle in der Schleife 1 sei nun so eingestellt, daß i_1 den im Bild 7.3a dargestellten Verlauf hat. Speziell hierfür gilt

$$-\frac{M_{21}}{L_2}\frac{\mathrm{d}i_1}{\mathrm{d}t} = \begin{cases} \text{const} = k > 0\,, & 0 < t < T\,, \\ 0\,, & T < t\,. \end{cases}$$

Die Lösung der Differentialgleichung (7.8) im Zeitintervall $0 < t < T$ ist dann bekanntlich

$$i_2 = i_{2\infty}\,(1 - \mathrm{e}^{-t/\tau}) \qquad (0 < t < T)$$

mit der Zeitkonstante $\tau = L_2/\mathring{R}_2$ und dem "Endwert" $i_{2\infty} = k\tau > 0$, wobei als Anfangsbedingung $i_2(0) = 0$ angenommen wurde. Wählt man $T \gg \tau$, dann kann praktisch $i_2(T) = i_{2\infty}$ gesetzt werden, und die Lösung von Gl. (7.8) für Zeiten $t > T$ lautet

$$i_2 = i_{2\infty}\, \mathrm{e}^{-(t-T)/\tau} \qquad (T < t)\ .$$

Der Gesamtverlauf von i_2 ist im Bild 7.3b dargestellt.

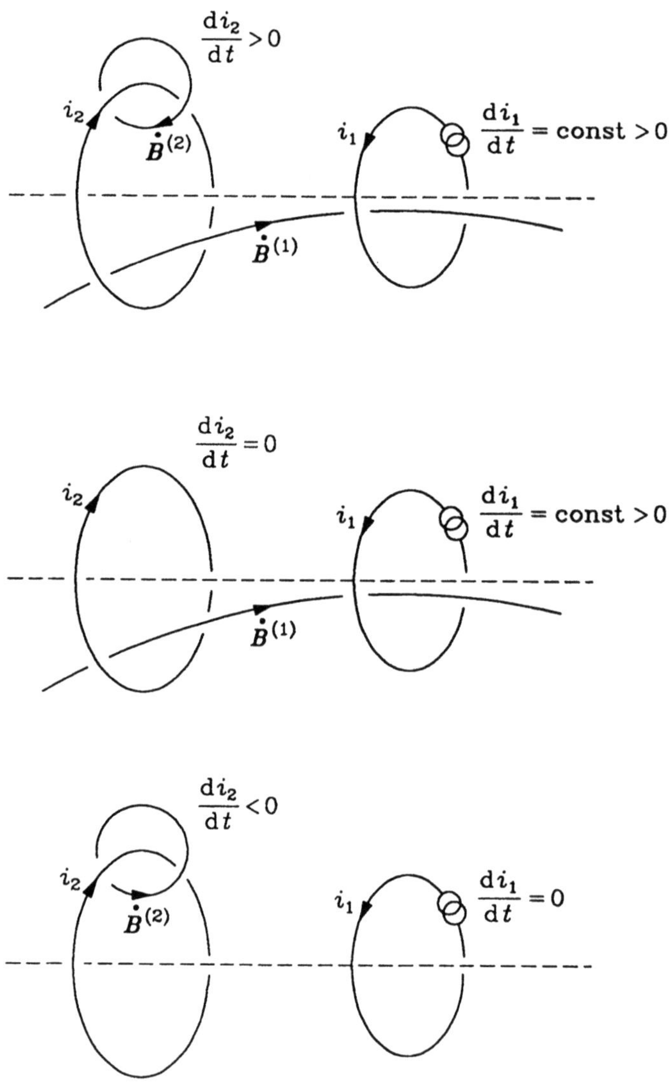

Bild 7.2 (c)

In der Zeit von $t = 0$ bis etwa $t = \tau$ wird die induzierte Stromstärke i_2 sowohl durch wechselseitige Induktion als auch durch Selbstinduktion bestimmt. Dies wird in Bild 7.2a durch je eine Feldlinie von $\partial \boldsymbol{B}^{(1)}/\partial t$ bzw. $\partial \boldsymbol{B}^{(2)}/\partial t$ zum Ausdruck gebracht. Das vom anwachsenden Strom i_1 hervorgerufene $\partial \boldsymbol{B}^{(1)}/\partial t$ ist begleitet von einem induzierten elektrischen Feld $\boldsymbol{E}_{ind}^{(1)}$ (nicht dargestellt), das die Zunahme des Schleifenstroms i_2 bewirkt. Durch diesen wird gleichzeitig ein $\partial \boldsymbol{B}^{(2)}/\partial t$ und das zugehörige $\boldsymbol{E}_{ind}^{(2)}$ erzeugt. Dieses selbstinduzierte Feld wirkt dem Feld $\boldsymbol{E}_{ind}^{(1)}$ entgegen, ist aber schwächer. Insgesamt resultiert das exponentielle Ansteigen der Stromstärke i_2 (s. Bild 7.3b). Man beachte, daß ohne Selbstinduktion dieser Anstieg sprungartig erfolgen würde.

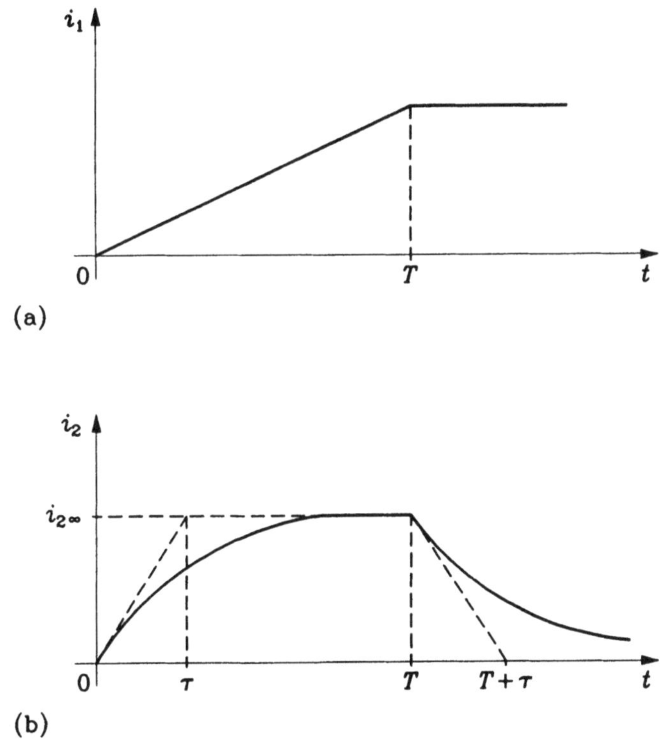

Bild 7.3

Für Zeiten zwischen τ und T ist praktisch i_2 konstant und damit $\partial \boldsymbol{B}^{(2)}/\partial t = \boldsymbol{0}$. Diesem Zeitabschnitt entspricht das Bild 7.2b. Die Stromstärke i_2 wird ausschließlich von $\boldsymbol{E}_{ind}^{(1)}$ bestimmt, d.h. nur durch wechselseitige Induktion.

Vom Zeitpunkt T an ist $\mathrm{d}i_1/\mathrm{d}t = 0$, und damit verschwindet auch $\partial \boldsymbol{B}^{(1)}/\partial t$. Die Stromstärke i_2 klingt jedoch nur allmählich ab, da jetzt wieder die Selbstinduktion wirksam wird. Das vom abnehmenden Strom i_2 hervorgerufene $\partial \boldsymbol{B}^{(2)}/\partial t$ ist nämlich so gerichtet (s. Bild 7.2c), daß das zugehörige selbstinduzierte $\boldsymbol{E}_{ind}^{(2)}$ den Strom i_2 nicht schlagartig auf null abfallen läßt.

7.3 Energie des B-Feldes

Das magnetische Feld wird von elektrischen Strömen erzeugt. Beim Einschalten dieser Ströme treten induzierte elektrische Felder auf, gegen deren Kraft auf die strömenden Ladungsträger von den Stromquellen Arbeit geleistet werden muß. Die dafür den Quellen entnommene Energie wird, so stellt man sich vor, im magnetischen Feld gespeichert. Dies wird in den folgenden Abschnitten bei quasistationären Strömen genauer untersucht, um Formeln für die magnetische Feldenergie von Stromschleifen sowie einen allgemeinen Ausdruck für die lokale magnetische Energiedichte zu gewinnen.

7.3.1 Bei einer Stromschleife

Bild 7.4 zeigt eine Drahtschleife mit eingeprägter Stromquelle, die im betrachteten Augenblick eine positive und zunehmende Stromstärke i hervorruft. Aus beiden Voraussetzungen folgt, daß der Betrag von i wächst und damit auch der Betrag der vom Strom erzeugten magnetischen Induktion. Gleichzeitig wird gemäß der (entsprechend reduzierten) Gl. (7.3a) die Umlaufspannung

$$\oint_K \boldsymbol{E} \cdot \mathrm{d}\boldsymbol{r} = -L\,\frac{\mathrm{d}i}{\mathrm{d}t} \tag{7.9}$$

induziert. Sie ist negativ, solange $\mathrm{d}i/\mathrm{d}t > 0$ gilt. Da zudem $i > 0$ ist, erfolgt die Bewegung der Ladungsträger *gegen* die Kraft, die das induzierte elektrische Feld auf sie ausübt.

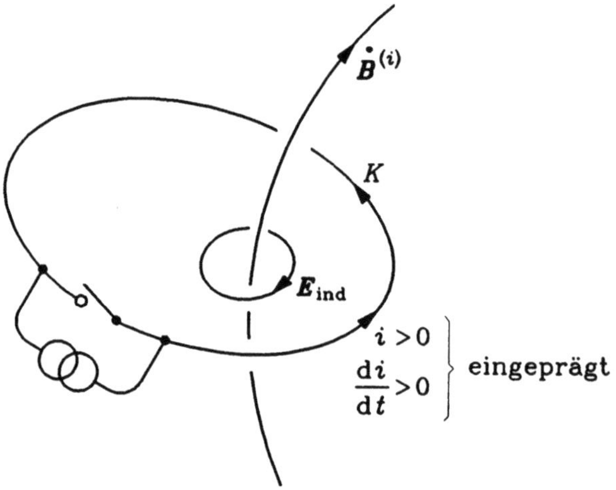

Bild 7.4

Aus diesen Überlegungen folgt, daß *zur Erhöhung des Betrages der magnetischen Induktion Energie benötigt wird.* Sie wird von der Stromquelle geliefert, und man nimmt an, daß sie im magnetischen Feld gespeichert wird. Von dort erhält man sie zurück, wenn der Betrag der Stromstärke abnimmt und folglich das magnetische Feld schwächer wird. Dieser Vorgang wird im folgenden benutzt, um die magnetische Feldenergie mit der Stromstärke in der

Schleife zu verknüpfen.

Man denke sich also zu einem bestimmten Zeitpunkt die Stromquelle im Bild 7.4 kurzgeschlossen und dann entfernt, so daß die Stromschleife sich selbst überlassen bleibt und folglich i exponentiell mit der Zeitkonstante $\tau = L/\mathring{R}$ abklingt (vgl. den vorausgegangenen Abschnitt).

Es läßt sich jetzt eine einfache Leistungsbilanz aufstellen. Einerseits nimmt die magnetische Feldenergie W zeitlich ab, andererseits produziert der im Draht fließende Strom Joulesche Wärme gemäß Gl. (5.14) mit einer Gesamtleistung

$$P = \iiint\limits_{\mathrm{Draht}} \frac{1}{\kappa} \boldsymbol{J}^2 \mathrm{d}V .$$

Da keine andere Energiequelle vorhanden ist, muß

$$P = -\frac{\mathrm{d}W}{\mathrm{d}t} \tag{7.10}$$

gelten. Zur Auswertung dieser Beziehung wird das Volumenintegral mit Hilfe der Gln. (7.4), (7.5) und (7.6) umgeformt:

$$\begin{aligned} P &= i^2 \iiint\limits_{\mathrm{Draht}} \frac{\mathrm{d}V}{\kappa a^2} = i^2 \oint\limits_{K} \frac{\mathrm{d}s}{\kappa a} = i^2 \mathring{R} \\ &= i \oint\limits_{K} \boldsymbol{E} \cdot \mathrm{d}\boldsymbol{r} . \end{aligned} \tag{7.11}$$

Dabei wurde für das Volumenelement $\mathrm{d}V = a\,\mathrm{d}s$ gesetzt. Faßt man nun die Gln. (7.9), (7.10) und (7.11) zusammen, so erhält man

$$\frac{\mathrm{d}W}{\mathrm{d}t} = i\,L\,\frac{\mathrm{d}i}{\mathrm{d}t}$$

bzw.

$$\mathrm{d}W = \frac{1}{2} L\,\mathrm{d}(i^2) .$$

Hieraus folgt schließlich durch Integration

$$W = \frac{1}{2} L\,i^2 \tag{7.12}$$

für die im magnetischen Feld einer Stromschleife gespeicherte Energie. Bei der Integration wurde naheliegenderweise angenommen, daß $W = 0$ für $i = 0$ gilt.

7.3.2 Bei mehreren Stromschleifen

Wird ein magnetisches Feld von mehreren quasistationären Schleifenströmen erzeugt, so ist die gesamte Feldenergie *nicht* einfach die Summe von Ausdrücken der Form (7.12). Beim Einschalten der Ströme muß nämlich in jeder Stromschleife nicht nur gegen die selbstinduzierte elektrische Feldkraft Arbeit geleistet werden, was zu Beiträgen gemäß Gl. (7.12) führt, sondern auch gegen diejenigen elektrischen Kräfte, die durch das Anwachsen der Ströme in den anderen Schleifen induziert werden. Um auch für diesen Fall einen Zusammenhang zwischen der magnetischen Feldenergie und den in den Schleifen fließenden Strömen abzuleiten, geht man gleichermaßen vor wie im letzten Abschnitt.

Man denkt sich zunächst eingeprägte Stromquellen in die Schleifen geschaltet, die dann alle zum gleichen Zeitpunkt weggeschaltet werden, so daß in den Schleifen nur noch die induzierten Umlaufspannungen strombestimmend sind. Für diese gelten die Gln. (7.3a-c), falls man das Dreischleifensystem von Bild 6.10 betrachtet. Setzt man aus Gründen einfacher Schreibweise

$$L_\nu = L_{\nu\nu}\,, \quad M_{\nu\mu} = L_{\nu\mu}\,, \tag{7.13}$$

dann kann das Gleichungssystem (7.3a-c) in der Form

$$\oint_{K_\nu} \boldsymbol{E}\cdot \mathrm{d}\boldsymbol{r}_\nu = -\sum_{\mu=1}^{3} L_{\nu\mu}\frac{\mathrm{d}i_\mu}{\mathrm{d}t} \qquad (\nu = 1,2,3) \tag{7.14}$$

ausgedrückt werden.

Die von diesen Umlaufspannungen verursachten Ströme i_ν führen in jeder Drahtschleife eine nach Gl. (7.11) zu berechnende Leistung in Joulesche Wärme über, insgesamt also die Leistung

$$P = \sum_{\nu=1}^{3} i_\nu \oint_{K_\nu} \boldsymbol{E}\cdot \mathrm{d}\boldsymbol{r}_\nu = -\sum_{\nu=1}^{3}\sum_{\mu=1}^{3} L_{\nu\mu}\, i_\nu \frac{\mathrm{d}i_\mu}{\mathrm{d}t}\,.$$

Dieser Ausdruck läßt sich unter Ausnutzung der Symmetrieeigenschaft $L_{\nu\mu} = L_{\mu\nu}$ umformen in

$$P = -\frac{1}{2}\sum_{\nu=1}^{3}\sum_{\mu=1}^{3} L_{\nu\mu}\frac{\mathrm{d}(i_\nu i_\mu)}{\mathrm{d}t}\,. \tag{7.15}$$

Da außer dem magnetischen Feld keine andere Energiequelle vorhanden ist, kann wieder die Leistungsbilanz

$$P = -\frac{\mathrm{d}W}{\mathrm{d}t}$$

aufgestellt werden, und es folgt

$$\mathrm{d}W = \frac{1}{2}\sum_{\nu=1}^{3}\sum_{\mu=1}^{3} L_{\nu\mu}\mathrm{d}(i_\nu i_\mu)$$

oder nach Integration

$$W = \frac{1}{2}\sum_{\nu=1}^{3}\sum_{\mu=1}^{3} L_{\nu\mu}\, i_\nu\, i_\mu\,. \tag{7.16a}$$

Dabei wurde angenommen, daß die magnetische Feldenergie gleich null ist, wenn keine Ströme fließen, also auch kein magnetisches Feld vorhanden ist. Diese Gleichung lautet in ausgeschriebener Form und mit den früheren Bezeichnungen für die Induktivitätskoeffizienten (s. Gl. (7.13))

$$W = \frac{1}{2}(L_1 i_1^2 + L_2 i_2^2 + L_3 i_3^2) + M_{12}\, i_1 i_2 + M_{13}\, i_1 i_3 + M_{23}\, i_2 i_3\,. \tag{7.16b}$$

Die ersten und letzten drei Summanden stellen diejenigen Anteile der magnetischen Feldenergie dar, die den Quellen beim Einschalten der Ströme entnommen wurden, um Arbeit gegen die selbstinduzierten bzw. wechselseitig induzierten elektrischen Feldkräfte zu leisten.

7.3.3 Räumliche Energiedichte des B-Feldes

Wie bei der elektrischen Feldenergie stellt man sich vor, daß in jedem Volumenelement eines magnetischen Feldes ein bestimmter zum Volumeninhalt dV proportionaler Bruchteil dW der Feldenergie enthalten ist. Um diesen zu bestimmen, wird zunächst eine langgestreckte stromdurchflossene Spule betrachtet mit N dicht gewickelten Windungen. Dort ist die magnetische Induktion näherungsweise im Innern homogen und außen gleich null. Dieses idealisierte Feld ist in Bild 7.5 dargestellt (wobei man sich l im Vergleich zum Spulenradius viel größer denken muß).

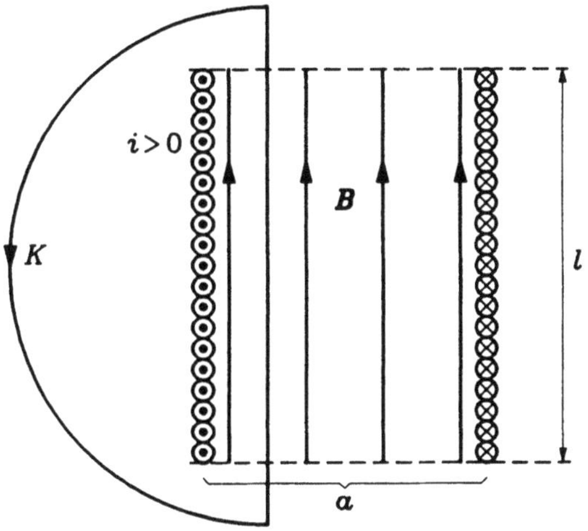

Bild 7.5

Wendet man das Durchflutungsgesetz auf die eingetragene Kurve K an, so erhält man

$$|\boldsymbol{B}|\, l = \mu_0 N\, |i|\,. \tag{7.17a}$$

Hieraus folgt für den Betrag des magnetischen Flusses Φ_Q durch eine Querschnittsfläche mit dem Inhalt a

$$|\Phi_Q| = |\boldsymbol{B}|\, a = \frac{\mu_0 N\, a\, |i|}{l}\,,$$

so daß

$$L = \frac{N\,|\Phi_Q|}{|i|} = \frac{\mu_0 N^2 a}{l} \tag{7.17b}$$

die Selbstinduktivität der Spule ist.

Für die gesamte im Feld der Spule gespeicherte Energie ergibt sich jetzt an Hand der Gln. (7.12) und (7.17a,b)

$$W = \frac{1}{2} L\, i^2 = \frac{1}{2}\,\frac{\mu_0 N^2 a}{l}\,|\boldsymbol{B}|^2\,\frac{l^2}{\mu_0^2 N^2} = \frac{1}{2\mu_0}\,\boldsymbol{B}^2 V\,,$$

wobei $V = al$ der Volumeninhalt des Bereiches ist, in welchem man sich die magnetische Feldenergie W verteilt denkt.

Bei einem homogenen Feld kann angenommen werden, daß in Volumenelementen gleichen Inhalts $\mathrm{d}V$ jeweils die gleiche Energie $\mathrm{d}W$ enthalten ist. Deshalb folgt aus der letzten Beziehung zunächst nur für das Spulenfeld

$$\mathrm{d}W = \frac{1}{2\mu_0} \boldsymbol{B}^2 \mathrm{d}V \ .$$

Das entspricht einer räumlichen Energiedichte von

$$w_B = \frac{1}{2\mu_0} \boldsymbol{B}^2 \ . \tag{7.18}$$

In diesen Ausdruck gehen keine Größen ein, die auf die spezielle Situation bezogen sind. Es liegt deshalb die Annahme nahe, daß die Gl. (7.18) auch für nicht homogene magnetische Felder gilt. Um dies zu untermauern wird jetzt, ausgehend von Gl. (7.18), der Ausdruck (7.16b) für die magnetische Feldenergie eines Dreischleifensystems hergeleitet:

$$W = \frac{1}{2\mu_0} \iiint\limits_{Raum} \boldsymbol{B}^2 \, \mathrm{d}V \tag{7.19}$$

$$= \frac{1}{2\mu_0} \iiint\limits_{Raum} (\boldsymbol{B} \cdot \mathrm{rot}\boldsymbol{A}) \, \mathrm{d}V$$

$$= \frac{1}{2\mu_0} \iiint\limits_{Raum} \left[(\boldsymbol{A} \cdot \mathrm{rot}\boldsymbol{B}) + \mathrm{div}(\boldsymbol{A} \times \boldsymbol{B}) \right] \mathrm{d}V$$

$$= \frac{1}{2} \iiint\limits_{Raum} (\boldsymbol{A} \cdot \boldsymbol{J}) \, \mathrm{d}V + \frac{1}{2\mu_0} \oiint\limits_{S_\infty} (\boldsymbol{A} \times \boldsymbol{B}) \cdot \mathrm{d}\boldsymbol{a}$$

$$= \frac{1}{2} \iiint\limits_{Raum} (\boldsymbol{A} \cdot \boldsymbol{J}) \, \mathrm{d}V \ . \tag{7.20}$$

Dabei wurde unter anderem die Gl. (1.36c) benutzt. Das Hüllenintegral über die Fernkugel verschwindet, weil $\boldsymbol{B}$ und $\boldsymbol{A}$ dort mindestens wie $1/r^3$ bzw. $1/r^2$ (Dipolfeld) gegen null gehen, während der Inhalt einer Kugeloberfläche nur wie r^2 zunimmt.

Bei dem Dreischleifensystem des Bildes 6.10 ist die Stromdichte von Gl. (7.20) nur innerhalb der Schleifendrähte von null verschieden, so daß nach der üblichen Substitution $\boldsymbol{J} \, \mathrm{d}V = i \, \mathrm{d}\boldsymbol{r}$ folgt:

$$W = \frac{1}{2} \left[i_1 \oint\limits_{K_1} \boldsymbol{A} \cdot \mathrm{d}\boldsymbol{r}_1 + i_2 \oint\limits_{K_2} \boldsymbol{A} \cdot \mathrm{d}\boldsymbol{r}_2 + i_3 \oint\limits_{K_3} \boldsymbol{A} \cdot \mathrm{d}\boldsymbol{r}_3 \right]$$

$$= \frac{1}{2} \left(i_1 \, \Phi_1 + i_2 \, \Phi_2 + i_3 \, \Phi_3 \right) \ . \tag{7.21}$$

Dies geht mittels der Gln. (6.36a-c) und (6.40) schließlich über in den Ausdruck (7.16b), der also aus Gl. (7.18) herleitbar ist, wenn man deren Gültigkeit auch für inhomogene $\boldsymbol{B}$-Felder annimmt. Umgekehrt kann man auch von Gl. (7.21) ausgehen und rückwärts auf Gl. (7.19) schließen. Die Gl. (7.18) gilt für beliebig zeitveränderliche $\boldsymbol{B}$-Felder (s. Kapitel 10).

7.3.4 Beispiel

Sobald bei nicht linienhaften, aber geschlossenen Stromverteilungen eine "Querschnittsstromstärke" I definierbar ist, eröffnet Gl. (7.12) die Möglichkeit, auch derartigen Stromverteilungen eine Selbstinduktivität L zuzuordnen, definiert durch $L = 2W/I^2$. Dabei ist die magnetische Feldenergie W durch Gl. (7.19) gegeben.

Zur Demonstration wird die gleichstromdurchflossene Koaxialleitung nach Bild 7.6 betrachtet. Die räumliche Stromdichte im inneren Leiter (Radius ρ_1) ist homogen. Der äußere Leiter (Radius ρ_2) habe eine gegen ρ_2 vernachlässigbare Dicke. Von der als unendlich lang angenommenen Leitung wird jetzt die magnetische Feldenergie eines endlichen Abschnitts der Länge l berechnet.

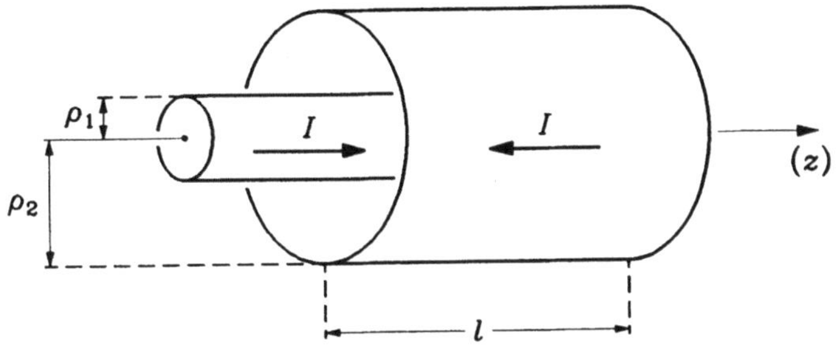

Bild 7.6

Nach Aufgabe 6.2b liegt hier folgendes magnetische Feld vor:

$$\boldsymbol{B} = \begin{cases} \dfrac{\mu_0 I}{2\pi} \dfrac{\rho}{\rho_1^2} \boldsymbol{e}_\alpha \,, & 0 \leqq \rho < \rho_1 \,, \\ \dfrac{\mu_0 I}{2\pi} \dfrac{1}{\rho} \boldsymbol{e}_\alpha \,, & \rho_1 \leqq \rho < \rho_2 \,, \\ \boldsymbol{0} \,, & \rho_2 < \rho \,. \end{cases}$$

Durch Auswertung der Gl. (7.19) mit dem Volumenelement gemäß Gl. (1.54a) erhält man

$$W = \frac{1}{2\mu_0} \left(\frac{\mu_0 I}{2\pi} \right)^2 \left(\int_0^{\rho_1} \frac{\rho^2}{\rho_1^4} \rho \, \mathrm{d}\rho + \int_{\rho_1}^{\rho_2} \frac{1}{\rho^2} \rho \, \mathrm{d}\rho \right) 2\pi l$$

$$= \frac{I^2}{2} \frac{\mu_0}{2\pi} \left(\frac{1}{4} + \ln \frac{\rho_2}{\rho_1} \right) l \,.$$

Also hat ein Stück Koaxialleitung der Länge l die Induktivität

$$L = \frac{2W}{I^2} = \frac{\mu_0}{2\pi} \left(\frac{1}{4} + \ln \frac{\rho_2}{\rho_1} \right) l \qquad (7.22a)$$

bzw. den sogenannten Induktivitätsbelag

$$\bar{L} = \frac{\mu_0}{2\pi}\left(\frac{1}{4} + \ln\frac{\rho_2}{\rho_1}\right) \tag{7.22b}$$

mit der Dimension Induktivität pro Länge. Üblicherweise heißt der Summand

$$\bar{L}_i = \frac{\mu_0}{8\pi} \tag{7.23}$$

innerer Induktivitätsbelag, der Summand

$$\bar{L}_a = \frac{\mu_0}{2\pi}\ln\frac{\rho_2}{\rho_1} \tag{7.24}$$

äußerer Induktivitätsbelag.

Zur Berechnung beider Größen wurde Gleichstrombetrieb vorausgesetzt und die Leitung als unendlich lang angenommen. Fließen quasistationäre Wechselströme, dann darf die Gesamtlänge des Kabels nicht als beliebig groß angenommen werden, sondern sie muß im Sinne der Bedingung (7.2) klein gegen die Wellenlänge sein. Dann gilt Gl. (7.24) in guter Näherung weiterhin. Die Gl. (7.23) setzt homogene Stromdichte im Innenleiter voraus und verliert daher um so mehr ihre Anwendbarkeit, je stärker der Skineffekt ist (vgl. Aufgabe 7.4). Sie muß dann durch eine frequenzabhängige Beziehung ersetzt werden (s. Ramo/Whinnery/Van Duzer).

Die äußere Selbstinduktivität erhält man übrigens auch dadurch, daß man bezüglich einer zwischen die Leiter eingespannten Rechtecksfläche (Seitenlängen l und $\rho_2 - \rho_1$) den "äußeren" magnetischen Fluß berechnet. Er ist durch Gl. (3.35) gegeben oder aus Beispiel 6.1.1 zu entnehmen.

7.4 Strom-Spannungs-Beziehung bei Spule und Transformator

In den zwei folgenden Abschnitten werden die in der Netzwerktheorie benutzten Beziehungen zwischen Klemmenstrom und Klemmenspannung bei den induktiven Schaltelementen (vgl. R. Unbehauen) feldtheoretisch begründet. Dabei muß geklärt werden, unter welchen Voraussetzungen trotz der Wirbelhaftigkeit der induzierten elektrischen Felder von einer praktisch eindeutigen Klemmenspannung gesprochen werden kann.

7.4.1 Bei Spulen

Bild 7.7 zeigt eine Drahtschleife, die teilweise zu einer torusförmigen Spule aufgewickelt ist, wobei nur wenige Windungen dargestellt sind. Der hell gezeichnete Abschnitt der Schleife (Spule bis zu den Klemmen 1 und 2) sei ein idealer Leiter, so daß in seinem Inneren die elektrische Feldstärke stets gleich null ist (vgl. Abschnitt 5.4.1). In den verbleibenden dunkel gezeichneten Schleifenabschnitt ist eine Stromquelle geschaltet, die einen quasistationären Strom einprägt.

Die eng geführten Drahtabschnitte werden von gegensinnigen Strömen durchflossen, so daß ihr Beitrag zum magnetischen Feld vernachlässigbar ist. Dieses wird vielmehr durch die beiden Teilschleifen hervorgerufen, die sich an beiden Enden der eng geführten Drähte anschließen. Das ist einerseits die Spule und andererseits der die Stromquelle enthaltende "äußere Stromkreis". Beide Teilschleifen haben eine Selbstinduktivität L' (äußerer Stromkreis) bzw. L_{Sp} (Spule) und die Gegeninduktivität M. Für die magnetischen Flüsse Φ' bzw. Φ_{Sp} durch die Teilschleifen (s. Bild 7.7) gilt also

$$\Phi' = (L' + M)\, i \ , \tag{7.25a}$$

$$\Phi_{Sp} = (M + L_{Sp})\, i \ . \tag{7.25b}$$

Dies folgt aus den Gln. (7.1a,b), wenn man dort $i_1 = i_2 = i$ sowie $i_3 = 0$ setzt. Zur Vermeidung von Mißverständnissen beachte man, daß Φ_{Sp} der von den N Windungen der Spule umfaßte Fluß ist und nicht der Fluß durch eine Querschnittsfläche.

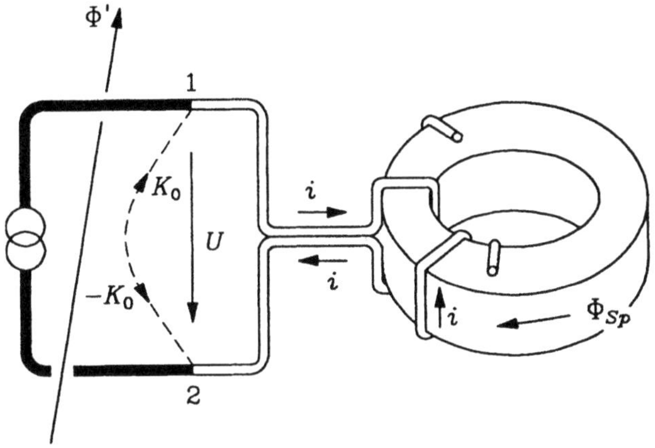

Bild 7.7

Der Fluß

$$\Phi = \Phi' + \Phi_{Sp}$$

durch die Gesamtschleife ergibt sich aus den Gln. (7.25a,b) zu

$$\Phi = (L_{Sp} + L' + 2M)\, i \ . \tag{7.26}$$

Es wird also die Umlaufspannung

$$\oint_{Schleife} \boldsymbol{E} \cdot \mathrm{d}\boldsymbol{r} = -\,(L_{Sp} + L' + 2M)\,\frac{\mathrm{d}i}{\mathrm{d}t} \tag{7.27}$$

induziert. Dabei muß in Zählrichtung von i integriert werden.

Die in dem Schaltkreis von Bild 7.7 induzierte Umlaufspannung hängt also nicht nur von der Selbstinduktivität der Spule ab, sondern auch von der unvermeidlichen Selbstinduktivität des äußeren Stromkreises und von der wechselseitigen Induktivität der Teilschleifen.

Die Gegeninduktivität M ist bekanntlich ein Maß dafür, wie das von der jeweils anderen Teilschleife erzeugte magnetische Feld zu den Flüssen Φ' bzw. Φ_{Sp} beiträgt. Dank der Reziprozitätseigenschaft der wechselseitigen Induktion braucht man sich hier nur zu überlegen, welcher Anteil des Spulenfeldes die Teilschleife mit der Stromquelle durchsetzt. Nimmt man nun an, daß die N Windungen der Spule sehr dicht gewickelt sind, dann liegen hinsichtlich der Spule die im Beispiel 6.4.2 betrachteten Verhältnisse vor, an denen sich auch bei quasistationären Strömen praktisch nichts ändert. Insbesondere ist die vom Spulenstrom erzeugte magnetische Induktion außerhalb der Spule gleich null, woraus aber hier $M = 0$ folgt oder bei weniger idealen Verhältnissen wenigstens

$$|M| \ll L_{Sp} \, . \tag{7.28}$$

Sorgt man weiterhin durch hohe Windungszahl der Spule dafür, daß auch

$$L' \ll L_{Sp} \tag{7.29}$$

wird, dann kann man in Gl. (7.27) sowohl L' als auch $2M$ gegen L_{Sp} vernachlässigen und erhält

$$\oint_{Schleife} \boldsymbol{E} \cdot \mathrm{d}\boldsymbol{r} = - L_{Sp} \frac{\mathrm{d}i}{\mathrm{d}t} \, . \tag{7.30}$$

Da die elektrische Feldstärke bei zeitveränderlichem magnetischem Feld nicht zirkulationsfrei ist, hängen ihre Linienintegrale zwischen zwei festen Punkten im allgemeinen vom gewählten Integrationsweg ab. Trotzdem läßt sich die Umlaufspannung in Gl. (7.30) unter bestimmten Einschränkungen durch nahezu wegunabhängige Linienintegrale der elektrischen Feldstärke von Klemme 1 zur Klemme 2 der Spule ausdrücken. Den Wert dieser Integrale kann man dann als *die* Klemmenspannung definieren.

Um dies zu untersuchen, wird das Ringintegral der elektrischen Feldstärke längs einer geschlossenen Kurve gebildet, die *innerhalb* des ideal leitenden Drahtes von Klemme 1 durch die Spule zur Klemme 2 und *außen* längs des Kurvenstückes K_0 von 2 nach 1 zurück verläuft (s. Bild 7.7). Es muß hierfür gelten

$$\underset{id.\ Leiter}{\int_{(1)}^{(2)}} \boldsymbol{E} \cdot \mathrm{d}\boldsymbol{r} + \underset{längs\ K_0}{\int_{(2)}^{(1)}} \boldsymbol{E} \cdot \mathrm{d}\boldsymbol{r} = - (\dot{\Phi}'' + \dot{\Phi}_{Sp}) = - (M'' + L_{Sp}) \frac{\mathrm{d}i}{\mathrm{d}t} \, . \tag{7.31}$$

Dabei ist $\Phi'' = M''i$ derjenige Fluß, der zusätzlich zu Φ_{Sp} umfaßt wird, und zwar von K_0 und den an die Klemmen anschließenden ideal leitenden Drahtstücken bis zum Beginn der engen Führung. Er ist natürlich auch proportional zu i.

Da im Inneren eines idealen (ruhenden) Leiters die elektrische Feldstärke gleich null ist, folgt aus Gl. (7.31)

$$\underset{längs\ K_0}{\int_{(2)}^{(1)}} \boldsymbol{E} \cdot \mathrm{d}\boldsymbol{r} = - (M'' + L_{Sp}) \frac{\mathrm{d}i}{\mathrm{d}t} \, . \tag{7.32}$$

Der Fluß Φ'' und damit M'' hängt von der Wahl des Kurvenstückes K_0 ab, während L_{Sp} unabhängig davon ist. Verwendet man nur solche Kurvenstücke K_0, für die

$$|M''| \ll L_{Sp} \tag{7.33}$$

gilt, dann ist das Linienintegral der elektrischen Feldstärke in Gl. (7.32) praktisch *wegunabhängig*. Unter dieser einschränkenden Bedingung kann also von *der* Klemmenspannung

$$U = \int\limits_{\substack{(1)\\ \text{längs } -K_0}}^{(2)} \boldsymbol{E} \cdot \mathrm{d}\boldsymbol{r} = - \int\limits_{\substack{(2)\\ \text{längs } K_0}}^{(1)} \boldsymbol{E} \cdot \mathrm{d}\boldsymbol{r} \tag{7.34}$$

gesprochen werden. Der Zählpfeil für U ist von Klemme 1 zur Klemme 2 gerichtet (s. Bild 7.7). Das hat, wie sich gleich zeigen wird, zur Folge, daß im Endresultat das vom Induktionsgesetz herrührende Minuszeichen verschwindet. Aus den Gln. (7.32), (7.33) und (7.34) folgt nämlich

$$U = L_{Sp} \frac{\mathrm{d}i}{\mathrm{d}t} \,. \tag{7.35}$$

Das ist der gesuchte Zusammenhang zwischen Stromstärke und Klemmenspannung bei einer Spule.

Zur wegunabhängigen Berechnung der Klemmenspannung U nach Gl. (7.34) muß, wie nochmals betont sei, die Bedingung (7.33) eingehalten werden. Es gibt nämlich auch Kurvenstücke K_0, welche diese Bedingung verletzen und somit unzulässig sind. Wenn K_0 beispielsweise spiralig in vielen Windungen verläuft, kann $|M''|$ als Maß für den zusätzlichen Fluß Φ'' beliebig groß werden.

Entsprechendes ist bei der Messung der induzierten Klemmenspannung zu beachten: Es müssen die Verbindungsdrähte zwischen Instrument und Klemmen so verlaufen, daß sie im Sinne der Bedingung (7.33) eine zulässige Kurve bilden.

Bei anders gestalteten Spulen als der hier betrachteten können ähnliche Überlegungen angestellt werden, um die Gl. (7.35) zu begründen. Daher wird künftig stillschweigend unterstellt, daß bei den betrachteten Spulen Klemmenspannungen definiert sind.

Physikalische Interpretation: Bild 7.8 zeigt nochmals die bislang untersuchte Anordnung ohne den äußeren Stromkreis mit der Quelle. Dieser spielt ja unter den Bedingungen (7.28), (7.29) keine Rolle mehr und kann z.B. durch ein ganzes Netzwerk ersetzt werden. Dann ist die betrachtete Spule ein Bauelement unter anderen, und ihr Zusammenspiel mit diesen wird durch die Formel (7.35) beschrieben. Zusätzlich ist in das Bild 7.8 eine z-Achse derart eingetragen, daß aus Beispiel 6.4.2 unmittelbar

$$\dot{\boldsymbol{B}} = \frac{\mu_0 N}{2\pi\rho} \frac{\mathrm{d}i}{\mathrm{d}t} \boldsymbol{e}_\alpha \qquad \text{(innerhalb der Spule)}$$

folgt. Die Richtung von $\partial \boldsymbol{B}/\partial t$ wird also ausschließlich vom Vorzeichen der Ableitung $\mathrm{d}i/\mathrm{d}t$ bestimmt (das Vorzeichen von i selbst spielt diesbezüglich keine Rolle).

Für die folgenden physikalischen Überlegungen wird angenommen, daß $\mathrm{d}i/\mathrm{d}t$ gerade positiv ist. Dann haben $\partial \boldsymbol{B}/\partial t$ und $\boldsymbol{E}_{ind}$ die in Bild 7.8 dargestellten Richtungen. Das induzierte elektrische Feld wirkt auf die beweglichen Ladungsträger im Draht und "treibt" auf Grund seiner momentanen Richtung Elektronen zur Klemme 2, so daß unkompensierte positive Ladungen bei Klemme 1 vorliegen. Diese Ladungen erzeugen das im Bild 7.8 angedeutete Feld $\boldsymbol{E}_C$, und dessen Wegintegral von 1 nach 2 wiederum wird als Klemmenspannung U gemessen (der von $\boldsymbol{E}_{ind}$ herrührende Beitrag soll ja gerade vernachlässigbar sein). Sie ist im betrachteten Augenblick ersichtlich positiv. Das besagt für $(\mathrm{d}i/\mathrm{d}t) > 0$ auch die Gl. (7.35).

Natürlich sitzen Ladungen nicht nur im Klemmenbereich, sondern überall auf der Drahtoberfläche. Sie sind dort so verteilt, daß sich das von ihnen erzeugte Feld $\boldsymbol{E}_C$ und das induzierte Feld $\boldsymbol{E}_{ind}$ im Inneren des idealen Leiters, wo $\boldsymbol{E} = \boldsymbol{E}_C + \boldsymbol{E}_{ind} = \boldsymbol{0}$ gelten muß, ständig kompensieren. Da sich $\boldsymbol{E}_{ind}$ zeitlich ändert, müssen sich also auch die Oberflächenladungen ständig umverteilen. Das geschieht einerseits praktisch momentan im Vergleich zu den zeitlich langsamen Änderungen der Stromstärke i, andererseits ohne nennenswerten Beitrag zu dieser Stromstärke. Erst bei höheren Frequenzen macht sich die zeitliche Änderung dieser Oberflächenladungen im Auftreten sogenannter Streukapazitäten bemerkbar.

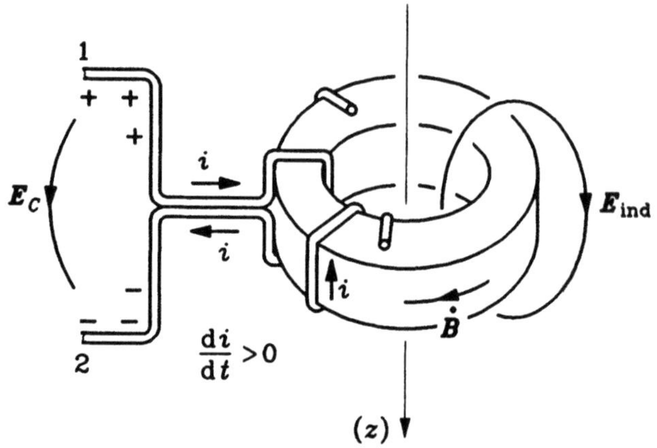

Bild 7.8

7.4.2 Bei Transformatoren

Bild 7.9 zeigt schematisch einen allgemeinen (Luft-) Transformator aus zwei (ideal leitfähigen) Spulen mit den Selbstinduktivitäten L_1 und L_2 sowie der Gegeninduktivität M.

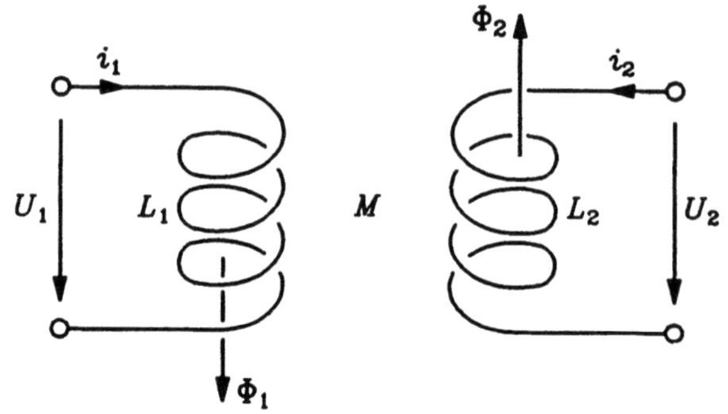

Bild 7.9

Für die Spulenflüsse gilt also

$$\Phi_1 = L_1 i_1 + M i_2 \ ,$$

$$\Phi_2 = M i_1 + L_2 i_2 \ .$$

Wäre M gleich null oder wenigstens vernachlässigbar, dann würde für jede Spule einzeln die Gl. (7.35) gelten, bei der nur die selbsterzeugte Flußänderung berücksichtigt wird. Nimmt man jetzt auch fremderzeugte Flußänderungen als gleichberechtigt hinzu, dann folgt für das betrachtete Zweispulensystem

$$U_1 = \dot{\Phi}_1 = L_1 \frac{di_1}{dt} + M \frac{di_2}{dt} , \qquad (7.36a)$$

$$U_2 = \dot{\Phi}_2 = M \frac{di_1}{dt} + L_2 \frac{di_2}{dt} . \qquad (7.36b)$$

Die Koeffizienten dieses Systems gehorchen einer wichtigen Ungleichung, die aus der Darstellung (7.16b) für die magnetische Feldenergie abgeleitet werden kann. Danach gilt hier nämlich

$$2W = L_1 i_1^2 + L_2 i_2^2 + 2M\, i_1 i_2$$

oder in Matrixform

$$2W = [i_1 \;\; i_2] \begin{bmatrix} L_1 & M \\ M & L_2 \end{bmatrix} \begin{bmatrix} i_1 \\ i_2 \end{bmatrix} .$$

Wegen Gl. (7.19) ist W nicht negativ, so daß die Matrix der Induktivitätskoeffizienten positiv semidefinit ist. Sie hat deshalb eine nicht negative Determinante; es gilt also

$$L_1 L_2 \geqq M^2 . \qquad (7.37)$$

Im Fall

$$L_1 L_2 = M^2 \qquad (7.38)$$

spricht man von fester Kopplung (vgl. Aufgabe 6.3). In diesem Fall können die Gln. (7.36a,b) in die Form

$$U_1 = \sqrt{L_1}\left(\sqrt{L_1}\, \frac{di_1}{dt} + \sqrt{L_2}\, \frac{di_2}{dt}\right) , \qquad (7.39a)$$

$$U_2 = \sqrt{L_2}\left(\sqrt{L_1}\, \frac{di_1}{dt} + \sqrt{L_2}\, \frac{di_2}{dt}\right) \qquad (7.39b)$$

gebracht werden (es wurde $M > 0$ angenommen), woraus

$$U_1 = \sqrt{\frac{L_1}{L_2}}\, U_2 \qquad (7.40)$$

folgt. Bei fester Kopplung sind die Spannungen also einander proportional. Der Faktor $\sqrt{L_1/L_2}$ heißt Übersetzungsverhältnis.

Viel ausführlicher und vor allem einschließlich hochpermeablen Kernmaterials wird der Transformator bei R. Unbehauen behandelt.

7.5 Induktion in bewegten Leitern

Im folgenden werden Anwendungen des Ohmschen Gesetzes für bewegte Leiter (5.6) besprochen. Der Leser sollte daher die zwei letzten Absätze des Abschnitts 5.1 rekapitulieren.

7.5.1 Beispiele

a) Ein Metallstab bewegt sich translatorisch mit der Geschwindigkeit $\boldsymbol{u}$ senkrecht zu einem zeitlich konstanten und homogenen $\boldsymbol{B}$-Feld (Bild 7.10).

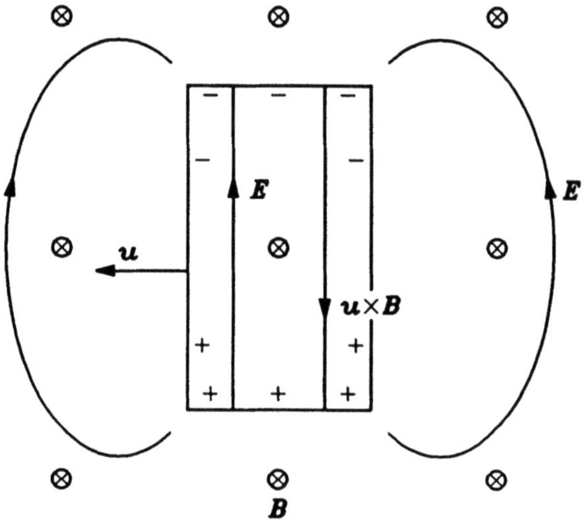

Bild 7.10

Dabei wirkt das angelegte Magnetfeld auf die mikroskopischen Ladungsträger des bewegten Metallstabes, insbesondere auf die Leitungselektronen mit der magnetischen Kraft

$$\boldsymbol{F}_{mag} = (-e)\boldsymbol{u} \times \boldsymbol{B} \ .$$

Das führt anfangs zu einer Ladungsverschiebung und damit zur Aufladung der Staboberfläche. Die Oberflächenladung erzeugt ein elektrisches Feld $\boldsymbol{E}$, das auf die Leitungselektronen mit der elektrischen Kraft

$$\boldsymbol{F}_{el} = (-e)\boldsymbol{E}$$

wirkt. Im stromlosen Endzustand gilt $\boldsymbol{F}_{el} + \boldsymbol{F}_{mag} = \boldsymbol{0}$, d.h.

$$\boldsymbol{E} = -\boldsymbol{u} \times \boldsymbol{B} \qquad \text{(im Stab)}.$$

Das folgt auch aus dem Ohmschen Gesetz für bewegte Leiter, nämlich

$$\boldsymbol{J} = \kappa(\boldsymbol{E} + \boldsymbol{u} \times \boldsymbol{B}) \ ,$$

wenn man dort $\boldsymbol{J} = \boldsymbol{0}$ setzt. Innerhalb bewegter Metalle herrschen also auch bei Stromlosigkeit elektrische Felder, falls $\boldsymbol{u} \times \boldsymbol{B}$ ungleich null ist.

b) Zwei Metallstäbe (Bild 7.11) mit den ohmschen Widerständen R_1 und R_2 gleiten mit konstanten Geschwindigkeiten $\boldsymbol{u}_1 = u_{1x}\boldsymbol{e}_x$ ($u_{1x} = \dot{x}_1$) bzw. $\boldsymbol{u}_2 = u_{2x}\boldsymbol{e}_x$ ($u_{2x} = \dot{x}_2$) unter ständiger Kontaktgabe auf Schienen, die praktisch widerstandslos sind und in zwei leerlaufenden Klemmenpaaren enden. Im Bereich der Anordnung herrscht ein homogenes sowie zeitlich konstantes Magnetfeld $\boldsymbol{B} = B_y\boldsymbol{e}_y$. Es fließt jetzt, wie gleich vorgerechnet wird, ein bewegungsinduzierter Strom, dessen Stärke i so klein sein soll, daß das von ihm erzeugte Magnetfeld vernachlässigbar ist.

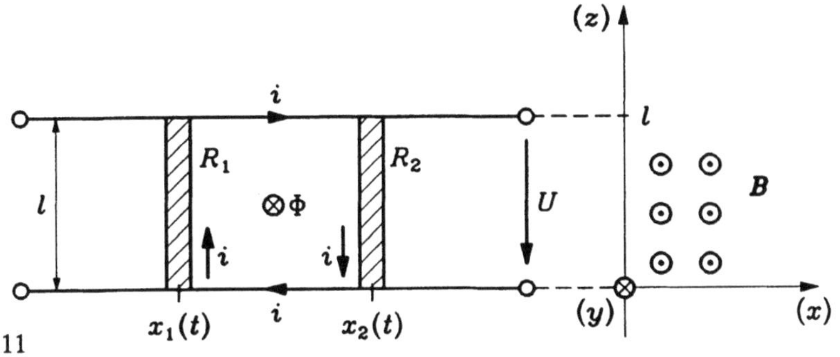

Bild 7.11

Mit den Leitfähigkeiten κ_1, κ_2 und den Inhalten a_1, a_2 der Querschnittsflächen der beiden bewegten Stäbe sind deren ohmsche Widerstände nach Gl. (5.35) durch

$$R_1 = \frac{l}{\kappa_1 a_1}\ , \qquad R_2 = \frac{l}{\kappa_2 a_2}$$

ausdrückbar. Daher kann für die Stromdichten innerhalb der Stäbe

$$\boldsymbol{J}_1 = \frac{i}{a_1}\boldsymbol{e}_z = \kappa_1 \frac{R_1 i}{l}\boldsymbol{e}_z\ , \qquad \boldsymbol{J}_2 = \frac{i}{a_2}(-\boldsymbol{e}_z) = -\kappa_2 \frac{R_2 i}{l}\boldsymbol{e}_z$$

geschrieben werden.

Mit Hilfe des Ohmschen Gesetzes für bewegte Leiter in der Form

$$\boldsymbol{E} = \frac{\boldsymbol{J}}{\kappa} - \boldsymbol{u}\times\boldsymbol{B}$$

ergibt sich für die elektrischen Feldstärken innerhalb der bewegten Leiterstäbe

$$\boldsymbol{E}_1 = \frac{\boldsymbol{J}_1}{\kappa_1} - u_{1x}\boldsymbol{e}_x \times B_y \boldsymbol{e}_y = \left(\frac{R_1 i}{l} - u_{1x}B_y\right)\boldsymbol{e}_z\ , \tag{7.41a}$$

$$\boldsymbol{E}_2 = \frac{\boldsymbol{J}_2}{\kappa_2} - u_{2x}\boldsymbol{e}_x \times B_y \boldsymbol{e}_y = \left(-\frac{R_2 i}{l} - u_{2x}B_y\right)\boldsymbol{e}_z\ . \tag{7.41b}$$

Das elektrische Feld wird von Ladungen auf den Leiteroberflächen erzeugt (vgl. letztes Beispiel) und ist wirbelfrei ($\partial \boldsymbol{B}/\partial t = \boldsymbol{0}$). Daher muß

$$\oint \boldsymbol{E}\cdot \mathrm{d}\boldsymbol{r} = 0$$

für alle geschlossenen Kurven gelten. Also folgt insbesondere

$$\int_0^l \boldsymbol{E}_1\cdot\boldsymbol{e}_z \mathrm{d}z + \int_{x_1}^{x_2} \boldsymbol{0}\cdot\boldsymbol{e}_x \mathrm{d}x + \int_l^0 \boldsymbol{E}_2\cdot\boldsymbol{e}_z \mathrm{d}z + \int_{x_2}^{x_1} \boldsymbol{0}\cdot\boldsymbol{e}_x \mathrm{d}x = 0\ ;$$

denn innerhalb der ideal leitfähigen und ruhenden Schienen gilt $\boldsymbol{E} = \mathbf{0}$. Mit den zuvor erhaltenen Ausdrücken für $\boldsymbol{E}_1, \boldsymbol{E}_2$ können die zwei verbleibenden Integrale ausgewertet werden:

$$\left(\frac{R_1 i}{l} - u_{1x} B_y\right) l - \left(\frac{R_2 i}{l} + u_{2x} B_y\right)(-l) = 0 \ .$$

Somit wird hier ein Strom der Stärke

$$i = \frac{(u_{1x} - u_{2x}) B_y l}{R_1 + R_2} \tag{7.42}$$

induziert. Das Beispiel 7.5.3a zeigt einen einfacheren Weg zu diesem Resultat, der dafür aber weniger physikalische Einsicht bietet.

Die Spannung U zwischen den beiden Schienen mit der in Bild 7.11 festgelegten Zählrichtung kann entweder mit Gl. (7.41a) oder mit Gl. (7.41b) berechnet werden:

$$U = \int_l^0 \boldsymbol{E}_1 \cdot \boldsymbol{e}_z \, \mathrm{d}z = \left(\frac{R_1 i}{l} - u_{1x} B_y\right)(-l) = -R_1 i + u_{1x} B_y l \ ;$$

$$U = \int_l^0 \boldsymbol{E}_2 \cdot \boldsymbol{e}_z \, \mathrm{d}z = -\left(\frac{R_2 i}{l} + u_{2x} B_y\right)(-l) = R_2 i + u_{2x} B_y l \ .$$

Daraus liest man ein Ersatznetzwerk gemäß Bild 7.12 ab. Jeder bewegte Leiterstab ist also äquivalent zu einem Ohmwiderstand in Reihe mit einer eingeprägten Spannungsquelle. Der ohmsche Ersatzwiderstand muß in Ruhe gedacht werden, damit die netzwerktheoretische Form $U = R(\pm i)$ des gewöhnlichen Ohmschen Gesetzes gilt (vgl. Abschnitt 5.4.3).

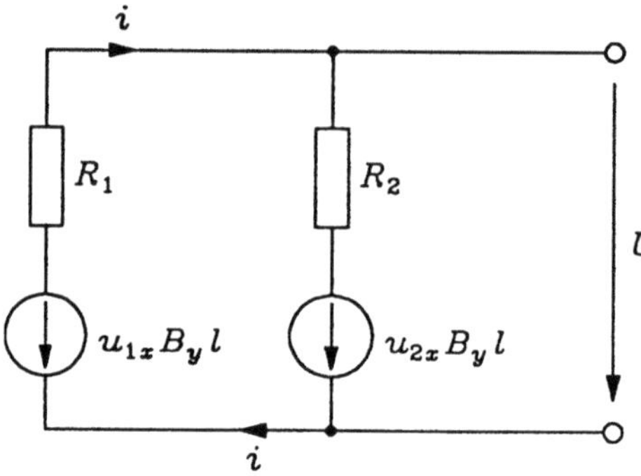

Bild 7.12

Die bewegten Leiterstäbe sind stromdurchflossen und erfahren daher im anliegenden $\boldsymbol{B}$-Feld magnetische Kräfte. Integriert man die differentiellen magnetischen Kräfte nach Gl. (6.26) längs der beiden Stäbe, und zwar jeweils in Zählrichtung von i, dann erhält man

$$\boldsymbol{F}_1 = i\, l\, \boldsymbol{e}_z \times B_y \boldsymbol{e}_y = -i\, l\, B_y \boldsymbol{e}_x \ , \qquad \boldsymbol{F}_2 = -i\, l\, \boldsymbol{e}_z \times B_y \boldsymbol{e}_y = i\, l\, B_y \boldsymbol{e}_x \ .$$

Diese magnetischen Kräfte müssen von äußeren Kräften $\boldsymbol{F}_{a1} = -\boldsymbol{F}_1$, $\boldsymbol{F}_{a2} = -\boldsymbol{F}_2$ kompensiert werden, um die Leitergeschwindigkeiten $\boldsymbol{u}_1 = u_{1x}\,\boldsymbol{e}_x$, $\boldsymbol{u}_2 = u_{2x}\,\boldsymbol{e}_x$ konstant zu halten. Die mechanischen Leistungen dieser äußeren Kräfte sind somit

$$P_1 = -\boldsymbol{F}_1 \cdot \boldsymbol{u}_1 = i\,l\,B_y\,u_{1x} \ , \qquad P_2 = -\boldsymbol{F}_2 \cdot \boldsymbol{u}_2 = -i\,l\,B_y\,u_{2x} \ .$$

Daraus folgt die mechanische Gesamtleistung

$$P_{mech} = i\,(u_{1x} - u_{2x})\,B_y\,l \ .$$

Andererseits ist nach Gl. (5.34) die elektrische Verlustleistung hier gegeben durch

$$P_{el} = (R_1 + R_2)\,i^2 \ .$$

Mit Gl. (7.42) folgt schließlich, daß beide Leistungen (wie es sein sollte) gleich sind.

Denkt man sich z.B. den Stab 2 in Ruhe, dann spielt der bewegte Stab 1 die Rolle eines Generators (mit Innenwiderstand R_1), der den Verbraucher R_2 mit elektrischer Energie versorgt.

7.5.2 Bewegte Leiterschleifen

Der Abschnitt 7.1 steht unter den Voraussetzungen, daß die betrachteten Leiterschleifen starr sind und ruhen. Beide Voraussetzungen sollen jetzt entfallen. Die im Bild 7.13 dargestellte dünne Leiterschleife bewegt sich also, wobei im allgemeinen verschiedene Teile der Schleife verschiedene Geschwindigkeiten $\boldsymbol{u}$ haben. Die Stromdichte $\boldsymbol{J}$ im Leiterinneren gehorcht dem Ohmschen Gesetz für bewegte Leiter, das hier in der Form

$$\boldsymbol{E} + \boldsymbol{u} \times \boldsymbol{B} = \frac{\boldsymbol{J}}{\kappa} \qquad (7.43)$$

benutzt wird. Anders als in den Beispielen 7.5.1 soll das $\boldsymbol{B}$-Feld von jetzt an auch langsam zeitveränderlich sein dürfen und einen vom Schleifenstrom selbsterzeugten Anteil enthalten.

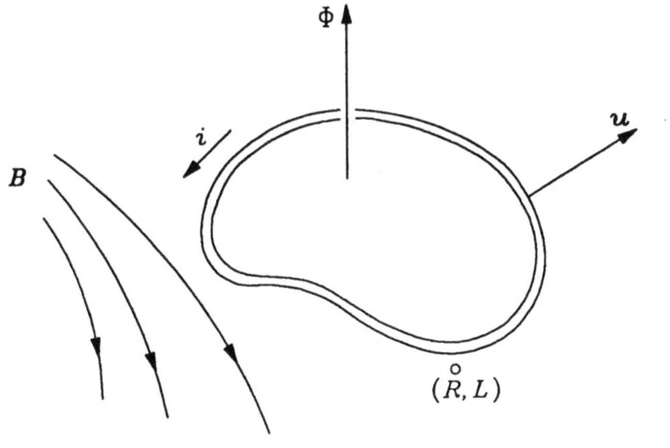

Bild 7.13

Integriert man beide Seiten der Gl. (7.43) längs der Schleife, und zwar in Zählrichtung von i (s. Bild 7.13), so erhält man mit Hilfe der Beziehungen (7.4), (7.5)

$$\oint (\boldsymbol{E} + \boldsymbol{u} \times \boldsymbol{B}) \cdot \mathrm{d}\boldsymbol{r} = \mathring{R} i \ . \tag{7.44}$$

Zur Umlaufspannung tritt jetzt, anders als bei Gl. (7.6), die nur für ruhende Schleifen gilt, der Term $\oint (\boldsymbol{u} \times \boldsymbol{B}) \cdot \mathrm{d}\boldsymbol{r}$.

Die linke Seite der Gl. (7.44) kann mit dem Induktionsgesetz (3.40) und den Beziehungen (3.34a,b), (3.33) umgeformt werden:

$$\oint (\boldsymbol{E} + \boldsymbol{u} \times \boldsymbol{B}) \cdot \mathrm{d}\boldsymbol{r} = -\dot{\Phi}^{(\dot{B})} - \dot{\Phi}^{(u)} = -\dot{\Phi} \ , \tag{7.45}$$

so daß die Gl. (7.44) schließlich übergeht in

$$\mathring{R} i = -\dot{\Phi} \tag{7.46}$$

mit

$$\dot{\Phi} = \dot{\Phi}^{(\dot{B})} + \dot{\Phi}^{(u)} \ .$$

Diese Verallgemeinerung der Gl. (7.7) für den Fall bewegter Leiterschleifen soll hier Faradaysche Flußregel heißen. Danach braucht man bei der Berechnung induzierter Schleifenströme nicht zwischen $(\mathrm{d}\Phi/\mathrm{d}t)^{(\dot{B})}$ und $(\mathrm{d}\Phi/\mathrm{d}t)^{(u)}$ zu unterscheiden, sondern man muß nur die Flußänderung schlechthin bestimmen (vgl. Abschnitt 3.4.1, letzter Absatz).

Im Bild 7.13 ist neben dem ohmschen Schleifenwiderstand $\mathring{R}$ auch die Selbstinduktivität L der Schleife angezeigt. Das soll daran erinnern, daß gegebenenfalls der selbsterzeugte Schleifenfluß gemäß

$$\Phi = L i + \Phi_{fremd}$$

zu berücksichtigen ist. Ändert die Schleife ihre Form, dann ist L zeitabhängig, und es gilt allgemein

$$\dot{\Phi} = L \frac{\mathrm{d}i}{\mathrm{d}t} + i \frac{\mathrm{d}L}{\mathrm{d}t} + \dot{\Phi}_{fremd} \ . \tag{7.47}$$

7.5.3 Beispiele

a) Die induzierte Stromstärke der Anordnung nach Bild 7.11 kann mit der Faradayschen Flußregel sehr einfach berechnet werden, wenn die Selbstinduktion vernachlässigbar ist. Dann interessiert nur der Fremdfluß

$$\Phi = B_y (x_2 - x_1) l$$

und seine zeitliche Änderung (vgl. auch Beispiel 3.4.2a)

$$\dot{\Phi} = B_y (u_{2x} - u_{1x}) l \ .$$

Mit $\mathring{R} = R_1 + R_2$ folgt aus Gl. (7.46) also

$$i = \frac{(u_{1x} - u_{2x})B_y l}{R_1 + R_2}$$

genau wie nach Gl. (7.42).

b) Bild 7.14 zeigt einen um die z-Achse drehbaren Leiterring. In seiner Umgebung ist ein Magnetfeld $\boldsymbol{B}_0(t)$ angelegt, das dauernd homogen ist und gemäß

$$\boldsymbol{B}_0(t) = B_0(\cos\omega t\, \boldsymbol{e}_x + \sin\omega t\, \boldsymbol{e}_y)$$

von der Zeit abhängt. Der dargestellte repräsentative Feldvektor $\boldsymbol{B}_0(t)$ dreht sich also mit der Winkelgeschwindigkeit ω und konstantem Betrag B_0 in der xy-Ebene. Man spricht daher von einem Drehfeld.

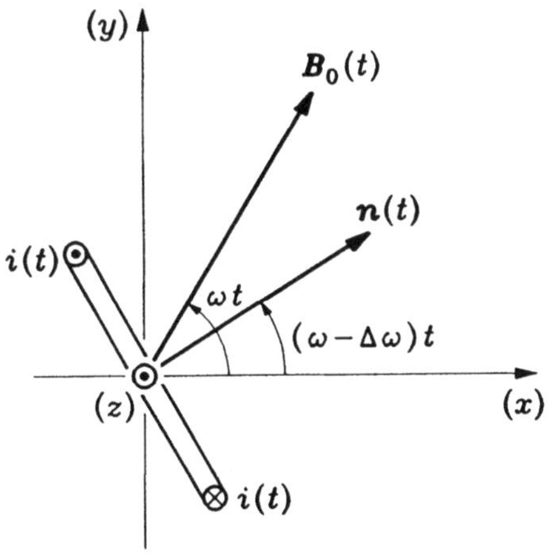

Bild 7.14

Der Leiterring ist so angebracht, daß sein Mittelpunkt im Ursprung des Koordinatensystems liegt und seine Flächennormale $\boldsymbol{n}(t)$ senkrecht zur z-Achse ist. Ein äußerer Mechanismus sorgt dafür, daß sich der Leiterring rechtshändig um die z-Achse dreht, und zwar mit der festen Kreisfrequenz $\omega - \Delta\omega$ ($0 \leqq \Delta\omega \leqq \omega$), die also um $\Delta\omega$ (Schlupf genannt) kleiner ist als die Kreisfrequenz des Drehfeldes. Der Ring hat den ohmschen Schleifenwiderstand R und die Selbstinduktivität L.

Zur Bestimmung der im Ring induzierten Stromstärke i wird die Faradaysche Flußregel (7.46) benutzt, wobei die Bezugsrichtung des Schleifenflusses in Bild 7.14 durch die Flächennormale $\boldsymbol{n}$ angegeben wird. Letztere ist rechtshändig zur Zählrichtung von i. Der Fremdanteil des Schleifenflusses

$$\Phi = L\, i + \Phi_{fremd}$$

ist wegen der vorausgesetzten Homogenität von $\boldsymbol{B}_0$ durch

$$\Phi_{fremd} = \boldsymbol{B}_0 \cdot \boldsymbol{n}\, a = |\boldsymbol{B}_0|\, |\boldsymbol{n}|\, a \cos(\Delta\omega t) = B_0 a \cos(\Delta\omega t)$$

gegeben mit $\Delta\omega t$ als dem Winkel zwischen $\boldsymbol{B}_0$ und $\boldsymbol{n}$ sowie dem Flächeninhalt a der in den Leiterring eingespannten Kreisscheibe. Aus der Faradayschen Flußregel

$$\mathring{R} i = -\frac{\mathrm{d}}{\mathrm{d}t}\,[L\,i + B_0 a \cos(\Delta\omega\, t)]$$

folgt die hier von der induzierten Stromstärke zu befolgende Differentialgleichung

$$L\,\frac{\mathrm{d}i}{\mathrm{d}t} + \mathring{R} i = B_0 a\ \Delta\omega \sin(\Delta\omega\, t)\ .$$

Im eingeschwungenen Zustand, der jetzt betrachtet wird, ist die induzierte Stromstärke also zeitharmonisch mit der Kreisfrequenz $\Delta\omega$. Es gilt dann, wie leicht nachzurechnen ist,

$$i = \frac{B_0 a\ \Delta\omega}{\mathring{R}^2 + (L\ \Delta\omega)^2}\,[\mathring{R}\sin(\Delta\omega\, t) - L\ \Delta\omega \cos(\Delta\omega\, t)]\ . \tag{7.48}$$

Ohne Schlupf ($\Delta\omega = 0$) folgt unmittelbar $i = 0$. Würde sich der Leiterring also synchron zu $\boldsymbol{B}_0(t)$ drehen, würde in ihm kein Strom induziert.

Nach Gl. (6.21) hat der Leiterring ein magnetisches Moment $\boldsymbol{m} = i\, a\, \boldsymbol{n}$ und erfährt daher im homogenen Magnetfeld $\boldsymbol{B}_0$ nach Aufgabe 6.1 ein Drehmoment

$$\boldsymbol{T} = i\, a\, \boldsymbol{n} \times \boldsymbol{B}_0 = i\, a\ |\boldsymbol{n}|\ |\boldsymbol{B}_0| \sin(\Delta\omega\, t)\boldsymbol{e}_z = i\, a\, B_0 \sin(\Delta\omega\, t)\boldsymbol{e}_z\ .$$

Mit i nach Gl. (7.48) erhält man zuletzt

$$\boldsymbol{T} = \frac{(B_0 a)^2\ \Delta\omega}{\mathring{R}^2 + (L\ \Delta\omega)^2}\left[\mathring{R}\sin^2(\Delta\omega\, t) - \frac{L\ \Delta\omega}{2}\sin(2\,\Delta\omega\, t)\right]\boldsymbol{e}_z\ . \tag{7.49}$$

Dieses vom Drehfeld $\boldsymbol{B}_0(t)$ ausgeübte zeitlich schwankende Drehmoment muß der äußere Mechanismus mit Hilfe einer geeigneten Regelung dauernd kompensieren, damit sich der Ring konstant dreht. Der zeitliche Mittelwert

$$\langle \boldsymbol{T} \rangle = \frac{(B_0 a)^2\ \Delta\omega}{\mathring{R}^2 + (L\ \Delta\omega)^2}\left(\frac{\mathring{R}}{2}\right)\boldsymbol{e}_z$$

dieses Drehmoments (bezüglich der Periode $2\pi/\Delta\omega$) ist gleichsinnig parallel zu $\boldsymbol{e}_z$. Es wirkt also so, als ob das Drehfeld den Leiterring hinter sich herzieht.

Würde man jenen äußeren Mechanismus entfernen, dann wäre der Gleichlauf des Leiterrings nicht mehr gegeben und die Rechnung viel komplizierter. Nach wie vor aber würde der Ring im zeitlichen Mittel dem Drehfeld nachlaufen. Dabei muß immer ein von null verschiedener mittlerer Schlupf vorhanden sein, denn andernfalls, d.h. bei synchronem Umlauf des Ringes mit dem Drehfeld, verschwände die induzierte Stromstärke nach Gl. (7.48) und damit auch das Drehmoment.

In diesem Beispiel wurde also auf elementare Weise das asynchrone Verhalten von Induktionsmotoren untersucht.

7.5.4 Anmerkungen

a) Von induzierten elektrischen Feldern verursachte oder bewegungsinduzierte Ströme heissen Wirbelströme. Bei diesem Wort denkt man meistens nicht an die Schleifenströme dieses Kapitels, sondern an induzierte Ströme in ausgedehnten Leitern. Die Berechnung von solchen Wirbelstromverteilungen gehört zu den weniger elementaren Aufgaben.

Die mit Wirbelströmen verbundenen "ohmschen Verluste" (etwa in leitfähigen Spulenkernen) sind in der Regel unerwünscht (Ausnahmen: z.B. das induktive Erwärmen und die Wirbelstrombremse). Wie man diese Verluste unterdrücken kann, soll unter vereinfachenden Annahmen die Aufgabe 7.5 zeigen.

b) In der einschlägigen Literatur wird das Thema Bewegungsinduktion sehr oft in fragwürdiger Weise behandelt (s. Kröger/Unbehauen). Das Induktionsgesetz für bewegte geschlossene Kurven wird in der Form

$$\oint \boldsymbol{E} \cdot \mathrm{d}\boldsymbol{r} = -\iint \dot{\boldsymbol{B}} \cdot \mathrm{d}\boldsymbol{a} + \oint (\boldsymbol{u} \times \boldsymbol{B}) \cdot \mathrm{d}\boldsymbol{r} \tag{7.50}$$

angegeben. Korrekt dagegen sind die Gln. (3.42a) oder (3.42b). Außerdem wird bei bewegten Leitern (oft nur implizit) mit dem gewöhnlichen Ohmschen Gesetz

$$\boldsymbol{J} = \kappa \boldsymbol{E}$$

gerechnet. Korrekt dagegen ist das Ohmsche Gesetz für bewegte Leiter nach Gl. (5.6). Setzt man die falsche Materialgleichung in die falsche Feldgleichung ein, dann kompensieren sich beide Fehler, und es resultiert mit Hilfe der Beziehungen (3.33), (7.4), (7.5) die Faradaysche Flußregel (7.46).

Beide Fehler sind eigentlich ganz leicht zu erkennen. Beispielsweise in der Situation von Bild 3.14 gilt sowohl $\boldsymbol{E} \equiv \boldsymbol{0}$ als auch $\partial \boldsymbol{B}/\partial t \equiv \boldsymbol{0}$, da der Permanentmagnet ungeladen ist und ruht. An beiden physikalischen Tatbeständen ändert die Bewegung der geschlossenen Kurve nichts, da diese sich ausdrücklich rein mathematisch versteht (vgl. Abschnitt 3.4). Diese Kurve bewegt sich in Richtung schwächeren Magnetfeldes, so daß der letzte Term in Gl. (7.50) von null verschieden ist. Da die beiden anderen Terme aber (wegen $\boldsymbol{E} \equiv \boldsymbol{0}$ und $\partial \boldsymbol{B}/\partial t \equiv \boldsymbol{0}$) identisch verschwinden, ist klar, daß die Form (7.50) des Induktionsgesetzes widersprüchlich ist.

Wendet man $\boldsymbol{J} = \kappa \boldsymbol{E}$ (fälschlicherweise) auch auf Leiter an, die sich in einem Magnetfeld bewegen, dann erhält man in der Situation von Bild 7.10 wegen $\boldsymbol{J} = \boldsymbol{0}$ auch $\boldsymbol{E} = \boldsymbol{0}$ innerhalb des bewegten Metallstabes. Woher aber soll dann diejenige Kraft auf die Leitungselektronen kommen, die der magnetischen Kraft die Waage hält? Mit $\boldsymbol{J} = \kappa(\boldsymbol{E} + \boldsymbol{u} \times \boldsymbol{B})$ gibt es da keine Probleme.

c) Die viel zitierte Lenzsche Regel bedarf hier eigentlich keiner besonderen Erwähnung, da sie in der Faradayschen Flußregel (7.46) enthalten ist, wonach (bei rechtshändiger Zuordnung der Zählrichtungen für i und Φ) die Vorzeichen der induzierten Stromstärke und der zeitlichen Flußänderung entgegengesetzt gleich sind. Dabei ist zu beachten, daß die zeitliche Flußänderung gemäß Gl. (7.47) im allgemeinen auch einen selbstinduzierten Anteil hat. Nur wenn dieser vernachlässigbar und $(\mathrm{d}\Phi/\mathrm{d}t)_{fremd}$ vorgegeben ist, kann schnell auf das Vorzeichen von i geschlossen werden. Andernfalls muß ohnehin die Differentialgleichung für i gelöst werden, wie etwa im letzten Beispiel.

8 Elektrisch polarisierbare Stoffe

Bringt man einen metallischen Körper in ein elektrostatisches Feld, dann werden auf seiner Oberfläche bekanntlich Ladungen influenziert, die ihrerseits ein elektrisches Feld erzeugen, welches sich dem ursprünglichen überlagert. Dabei ist speziell im Inneren des Metallkörpers die Gesamtfeldstärke gleich null, falls er stromlos und in Ruhe ist.

Etwas anders verhält es sich bei einem Nichtleiter (Isolator), den man einem elektrischen Feld aussetzt. Zwar erscheinen auch an seiner Oberfläche Ladungen. Das von ihnen hervorgerufene Feld ist jedoch nicht so stark, daß es das ursprüngliche Feld im Inneren des Körpers kompensiert. Der Grund hierfür ist, daß im Gegensatz zu Metallen bei Nichtleitern keine frei beweglichen Elektronen existieren, sondern alle Ladungsträger an Bereiche von etwa Molekülgröße gebunden sind. Ein elektrisches Feld vermag sie deshalb nur innerhalb solcher Bereiche zu verschieben. Diese Begrenzung der Verschiebbarkeit der Ladungsträger hat zur Folge, daß äußere elektrische Felder von Nichtleitern nur unvollkommen abgeschirmt werden und so das Innere zu durchsetzen vermögen. Daher wird ein Nichtleiter als Dielektrikum bezeichnet (griechisch "dia" bedeutet "durch, hindurch").

Im ganzen Kapitel werden ruhende Körper vorausgesetzt, da andernfalls wie bei bewegten Leitern der Term $\boldsymbol{u} \times \boldsymbol{B}$ berücksichtigt werden müßte (s. Gl. (9.57)).

8.1 Elektrische Polarisation

Ein elektrisches Feld, dem eine dielektrische Substanz ausgesetzt wird, wirkt auf deren einzelne Moleküle. Dabei werden die positiven Atomkerne und die sie umgebenden negativen Elektronenhüllen um eine kleine Strecke in entgegengesetzter Richtung verschoben, so daß lauter molekulare Dipole entstehen. Diesen Vorgang nennt man Polarisation des Dielektrikums.

Greift man in einem polarisierten Dielektrikum ein *makroskopisches* Volumenelement $\mathrm{d}V$ heraus und summiert die Dipolmomente aller darin enthaltenen mikroskopischen Dipole, dann erhält man das Dipolmoment $\mathrm{d}\boldsymbol{p}$ des makroskopischen Volumenelements. Die spezifische Größe

$$\boldsymbol{P} = \frac{\mathrm{d}\boldsymbol{p}}{\mathrm{d}V} \tag{8.1}$$

wird als Vektor der elektrischen Polarisation bezeichnet. Er charakterisiert als Funktion des Ortes und der Zeit den Polarisationszustand des Dielektrikums.

Nimmt man an, daß beim Vorgang der Polarisation alle N im Volumenelement $\mathrm{d}V$ enthaltenen Elektronen um die sehr kleine Strecke $\boldsymbol{l}$ gegen die einfachheitshalber als fest betrachteten Atomkerne verschoben wurden, dann gilt gemäß Gl. (4.12)

$$d\boldsymbol{p} = dQ\,\boldsymbol{l}\ , \qquad dQ = N\,(-e)\ . \tag{8.2}$$

Da nur makroskopische Größen interessieren, denkt man sich die Elektronen zu einer kontinuierlichen Raumladung der Dichte

$$\rho_0 = \frac{dQ}{dV} \tag{8.3}$$

verschmiert. Der Index "0" soll hier daran erinnern, daß es sich um die Ladungsdichte der Elektronen im unpolarisierten Dielektrikum handelt. Die Elektronendichte im polarisierten Zustand hat wegen der erfolgten Ladungsverschiebung im allgemeinen einen anderen Wert. Aus den Gln. (8.1) bis (8.3) folgt schließlich die Beziehung

$$\boldsymbol{P} = \rho_0\,\boldsymbol{l}\ . \tag{8.4}$$

Sie drückt deutlich aus, daß die Polarisation der Dielektrika durch *kleinräumige* Ladungsverschiebungen $\boldsymbol{l}$ zustande kommt.

In Leitern, wo großräumige Ladungsverschiebungen stattfinden können, wird diesem Tatbestand besser durch die Leitfähigkeit κ Rechnung getragen und das dementsprechende Fehlen molekularer elektrischer Dipole durch $\boldsymbol{P} = \boldsymbol{0}$ zum Ausdruck gebracht. Umgekehrt wird in Nichtleitern $\kappa = 0$ gesetzt. Diese strikte Unterscheidung zwischen Leitern und Nichtleitern ist natürlich eine Idealisierung. Es gibt bekanntlich keinen absoluten Isolator, und jedes Metall hat neben den Leitungselektronen noch fest gebundene Elektronen, die zu einer Polarisation führen können.

Es gibt dielektrische Substanzen wie z.B. Wasser, deren Moleküle auch ohne äußeres Feld ein permanentes elektrisches Dipolmoment besitzen. Sie sind infolge thermischer Bewegung regellos ausgerichtet, so daß das Dipolmoment eines makroskopischen Volumenelementes dV gleich null ist. Erst ein äußeres Feld richtet die mikroskopischen Dipole teilweise aus, was in der Summe zu einem makroskopischen Dipolmoment $d\boldsymbol{p}$, d.h. zu einer Polarisation gemäß Gl. (8.1) führt. Diesen Mechanismus bezeichnet man als Orientierungspolarisation. Im folgenden wird zwar nur die zuerst beschriebene Art der Polarisation durch Ladungsverschiebung betrachtet; die so gewonnenen Formeln sind aber trotzdem auch auf Substanzen anwendbar, die durch Ausrichtung dipolarer Moleküle oder weiterer, hier nicht erwähnter Mechanismen polarisierbar sind.

8.2 Polarisationsladungen

Im vorausgehenden Abschnitt wurde die Ladungsdichte ρ_0 der Elektronen im unpolarisierten Dielektrikum eingeführt. Sie ist entgegengesetzt gleich der Ladungsdichte der Atomkerne, so daß sich überall im Körper die Gesamtladungsdichte null ergibt. Beim Polarisationsvorgang werden die Elektronen relativ zu den Kernen verschoben. Das kann zur Folge haben, daß sich die negativen und positiven Ladungsdichten nicht mehr überall kompensieren und so eine von null verschiedene Ladungsdichte resultiert. Sie wird auf Grund dieser Entstehungsweise mit ρ_{pol} bezeichnet.

Die bisherigen Betrachtungen bezogen sich auf das Innere des Nichtleiters. An seiner Oberfläche entsteht infolge der Ladungsverschiebung eine dünne Haut unkompensierter negativer oder positiver Ladung, die durch eine Flächenladungsdichte σ_{pol} beschrieben werden kann.

Zwischen dem Polarisationsvektor $\boldsymbol{P}$ und den Polarisationsladungsdichten ρ_{pol} bzw. σ_{pol} besteht je eine mathematische Beziehung, die im folgenden abgeleitet wird.

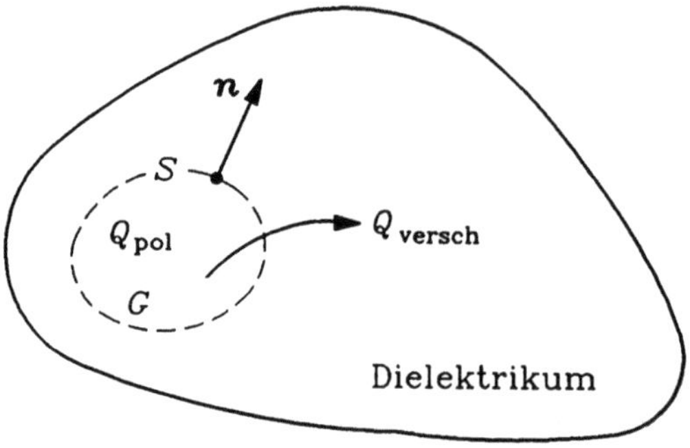

Bild 8.1

Grenzt man im Inneren eines Dielektrikums willkürlich einen Bereich G mit der Hüllfläche S ab (s. Bild 8.1), so wird bei der Polarisation eine bestimmte Ladung Q_{versch} im Sinne der Gl. (2.10a) durch die Fläche S in Richtung des äußeren Normalenvektors $\boldsymbol{n}$ verschoben. Da vor der Ladungsverschiebung das Innere des Dielektrikums an jeder Stelle elektrisch neutral war, wird nachher von S die Ladung

$$Q_{pol} = -Q_{versch} \tag{8.5}$$

eingeschlossen. Nimmt man wieder einfachheitshalber an, daß die Atomkerne fest bleiben und die Elektronen verschoben werden, dann tritt durch jedes Flächenelement von S (s. Bild 8.2) die Ladung

$$\mathrm{d}Q_{versch} = \rho_0\, \boldsymbol{l} \cdot \boldsymbol{n}\, \mathrm{d}a = \boldsymbol{P} \cdot \boldsymbol{n}\, \mathrm{d}a \tag{8.6}$$

nach außen, wobei Gl. (8.4) benutzt wurde. Hieraus folgt mit Gl. (8.5)

$$Q_{pol} = -\oint\!\!\!\oint_S \boldsymbol{P} \cdot \mathrm{d}\boldsymbol{a} \ . \tag{8.7}$$

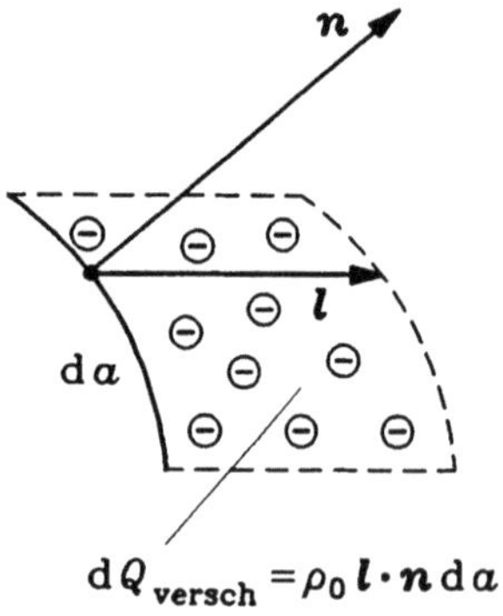

Bild 8.2

Für die gesamte in G enthaltene Polarisationsladung Q_{pol} gilt außerdem

$$Q_{pol} = \iiint_G \rho_{pol} \, \mathrm{d}V ,$$

so daß man mit Gl. (8.7) und dem Satz von Gauß

$$\iiint_G \rho_{pol} \, \mathrm{d}V = - \iiint_G \operatorname{div} \boldsymbol{P} \, \mathrm{d}V$$

erhält. Da G innerhalb des Nichtleiters beliebig gewählt werden kann, muß also

$$\operatorname{div} \boldsymbol{P} = - \rho_{pol} \tag{8.8}$$

gelten.

Diese wichtige Gleichung wird durch Bild 8.3 veranschaulicht: Wie die Richtung von $\boldsymbol{l}$ zeigt, haben einige Elektronen das umrandete Gebiet verlassen, so daß jetzt die als ortsfest angenommenen Kernladungen überwiegen und folglich ρ_{pol} positiv ist. Da ρ_0 negativ ist, sind nach Gl. (8.4) die Vektoren $\boldsymbol{l}$ und $\boldsymbol{P}$ antiparallel. Also zeigt $\boldsymbol{P}$ in das betrachtete Gebiet hinein, was gerade der Aussage von Gl. (8.8) entspricht, nach der positive Polarisationsladungsdichten Senken von $\boldsymbol{P}$ sind.

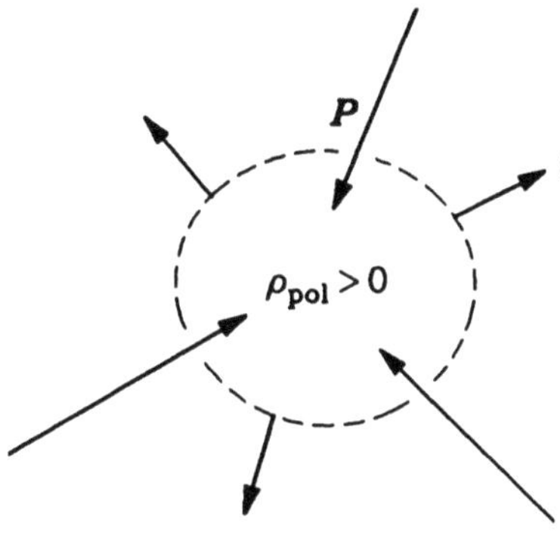

Bild 8.3

Die während der Polarisation zu einer ans Vakuum grenzenden Oberfläche des Dielektrikums verschobene Ladung bildet dort eine dünne Haut und wird zweckmäßigerweise als Flächenladung der Dichte σ_{pol} angesehen. Sie kann aus Gl. (8.6) berechnet werden, wenn man $\boldsymbol{n}$ als äußere Flächennormale des Körpers interpretiert. Es folgt dann

$$\sigma_{pol} = \frac{\mathrm{d}Q_{versch}}{\mathrm{d}a} = \boldsymbol{P} \cdot \boldsymbol{n} . \tag{8.9}$$

Dabei ist $\boldsymbol{P}$ unmittelbar unterhalb des entsprechenden Oberflächenelementes zu nehmen.

Diese Gleichung macht, nur in anderer Form, die gleiche physikalische Aussage wie Gl. (8.8), daß nämlich positive Polarisationsladungen die Senken des Vektorfeldes $\boldsymbol{P}$ sind. Man kann dies dem Bild 8.4 entnehmen, wo das Skalarprodukt $\boldsymbol{P} \cdot \boldsymbol{n}$ und damit σ_{pol} als positiv angenommen wurde.

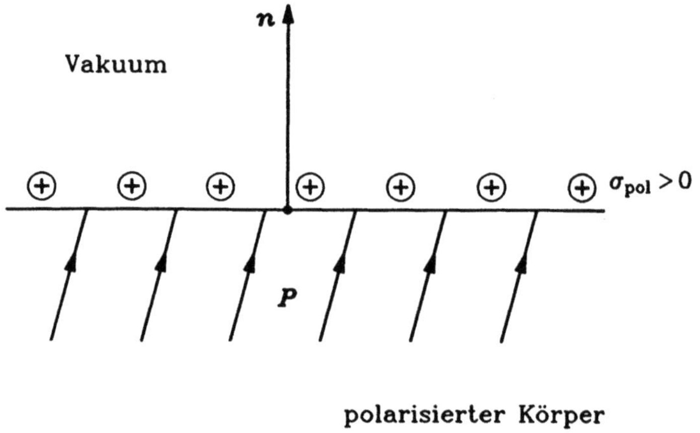

Bild 8.4

Haben zwei polarisierte Dielektrika eine gemeinsame Grenzfläche S mit der Normalen $\boldsymbol{n}$, dann setzt sich die dort befindliche Flächenladungsdichte σ_{pol} gemäß

$$\sigma_{pol} = \sigma_{pol}^{+} + \sigma_{pol}^{-} \tag{8.10}$$

aus zwei Anteilen zusammen. Dabei sind σ_{pol}^{+} und σ_{pol}^{-} die durch Ladungsverschiebung zur Fläche S von der positiven bzw. negativen Seite her entstandenen Flächenladungsdichten. Dies wird durch Bild 8.5 veranschaulicht. Mit den dort eingetragenen Bezeichnungen gilt auf Grund von Gl. (8.9)

$$\sigma_{pol}^{+} = \boldsymbol{P}^{+} \cdot (-\boldsymbol{n}) \ , \qquad \sigma_{pol}^{-} = \boldsymbol{P}^{-} \cdot \boldsymbol{n} \ .$$

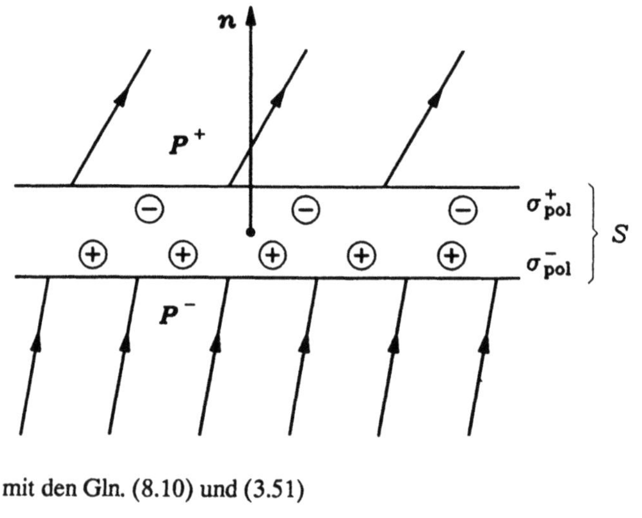

Bild 8.5

Hieraus folgt mit den Gln. (8.10) und (3.51)

$$\mathrm{Div}\boldsymbol{P} = \boldsymbol{n} \cdot (\boldsymbol{P}^+ - \boldsymbol{P}^-) = -\sigma_{pol} \ . \tag{8.11}$$

Diese Grenzbedingung für den Polarisationsvektor hätte man auch aus Gl. (8.7) mit den Methoden des Abschnitts 3.7.1 ableiten können. Sie ist, wie ihre Herleitung gezeigt hat, eine Verallgemeinerung der Gl. (8.9), in welche sie übergeht, wenn $\boldsymbol{P}^+ = \boldsymbol{0}$ gilt, d.h., wenn auf der positiven Seite von S das Vakuum oder ein metallischer Leiter (vgl. Abschnitt 8.1, vorletzter Absatz) angrenzt.

Die gesamte Polarisationsladung eines Dielektrikums ist immer gleich null. Das ist anschaulich klar, weil während der Polarisation Ladungen, die dem Dielektrikum angehören nur verschoben und nicht vom polarisierten Körper abgetrennt werden. Das folgt auch formal aus Gl. (8.7), wenn man die Hülle S so wählt, daß sie im Vakuum verläuft und das Dielektrikum vollständig einschließt. Im Vakuum aber ist $\boldsymbol{P} = \boldsymbol{0}$. Man beachte, daß bisher keine speziellen Annahmen über den Zusammenhang zwischen Polarisation und elektrischer Feldstärke gemacht wurden.

Die Gln. (8.8) und (8.11) wurden hier an Hand einfacher Vorstellungen über den Polarisationsvorgang entwickelt. Diese Modellvorstellungen sind als Merk- und Anwendungshilfe dieser Gleichungen sehr nützlich, sollen aber nicht allzu wörtlich genommen werden, vor allem dann nicht, wenn festkörperphysikalische Einzelheiten (z.B. Polarisationsmechanismen) untersucht werden. Es geht hier um *makroskopische* Beziehungen vor einem nur pauschal gesehenen atomistischen Hintergrund.

8.2.1 Beispiele

a) Bild 8.6 zeigt eine Kugel (Radius R) im Vakuum, die homogen in z-Richtung polarisiert ist ($\boldsymbol{P}_0 = P_0 \boldsymbol{e}_z$), wobei die Ursache der Polarisation hier noch nicht interessiert. Da das $\boldsymbol{P}_0$-Feld homogen ist, verschwindet seine gewöhnliche Divergenz, so daß wegen Gl. (8.8) hier keine räumlich verteilten Polarisationsladungen vorliegen. Sie sitzen alle auf der Kugeloberfläche, und ihre genaue Verteilung dort errechnet sich mit Gl. (8.11). Wählt man $\boldsymbol{n} = \boldsymbol{e}_r$ (s. Bild 8.6), dann folgt wegen $\boldsymbol{P}^+ = \boldsymbol{0}$ und $\boldsymbol{P}^- = \boldsymbol{P}_0 = P_0 \boldsymbol{e}_z$ aus dieser Gleichung

$$\sigma_{pol} = P_0 \, \boldsymbol{e}_z \cdot \boldsymbol{e}_r = P_0 \cos\vartheta \ . \tag{8.12}$$

Die geometrische Verteilung der Polarisationsladungen (s. Bild 8.6) ist hier also genau die gleiche wie die der Influenzladungen im Beispiel 5.5.2b. Deren Verteilung ist nach Gl. (5.43) durch

$$\sigma = 3\,\varepsilon_0 E_0 \cos\vartheta$$

gegeben, und sie erzeugen das in Bild 5.11 veranschaulichte Feld

$$\boldsymbol{E}^{(\sigma)} = \begin{cases} -E_0 \, \boldsymbol{e}_z \ , & r < R \ , \\ E_0 R^3 \dfrac{1}{r^3} (2\cos\vartheta \, \boldsymbol{e}_r + \sin\vartheta \, \boldsymbol{e}_\vartheta) \ , & r > R \ . \end{cases}$$

Die zweite Zeile resultiert, wenn man Gl. (5.42) mit Gl. (4.15) kombiniert.

Für $P_0 = 3\,\varepsilon_0 E_0$ sind beide Ladungsverteilungen und mit ihnen auch die zugehörigen Felder gleich. Also kann man $\boldsymbol{E}^{(\sigma)}$ einfach umschreiben auf das hier von den Polarisationsladungen erzeugte Feld

$$
\boldsymbol{E}^{(pol)} = \begin{cases} -\dfrac{P_0}{3\,\varepsilon_0}\boldsymbol{e}_z\ , & r < R\ , \qquad (8.13a) \\[2ex] \dfrac{P_0\,R^3}{3\,\varepsilon_0}\ \dfrac{1}{r^3}\,(\,2\cos\vartheta\,\boldsymbol{e}_r + \sin\vartheta\,\boldsymbol{e}_\vartheta\,)\ , & r > R\ . \qquad (8.13b) \end{cases}
$$

Dieses Feld (s.Bild 8.6) ist insbesondere innerhalb der polarisierten Kugel homogen und der Polarisation entgegengerichtet. Es wird daher oft auch depolarisierendes oder entelektrisierendes Feld genannt.

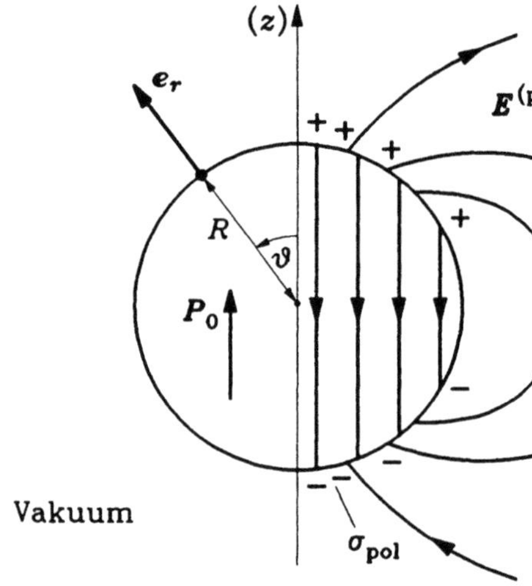

Bild 8.6

Die homogen polarisierte Kugel ist der einfache Sonderfall des homogen polarisierten Ellipsoids. Für alle allgemein dreiachsigen Ellipsoide läßt sich zeigen (s. Becker/Sauter, Stichwort Entelektrisierung), daß sie bei homogener Polarisation, deren Richtung bezüglich der Hauptachsen beliebig sein darf, ein ebenfalls homogenes depolarisierendes Feld haben. Bei dielektrischen Körpern anderer Gestalt muß davon ausgegangen werden, daß bei homogener Polarisation das von Polarisationsladungen erzeugte elektrische Feld nicht nur außerhalb, sondern auch innerhalb inhomogen ist (vgl. nächstes Beispiel).

b) Bild 8.7 zeigt den Schnitt durch einen homogen polarisierten Isolator von kreiszylindrischer Gestalt (Radius R, Länge h). Auch hier treten nur an der Oberfläche Polarisationsladungen auf, und zwar ausschließlich auf den Stirnflächen ($\boldsymbol{P}_0$ ist tangential zur Mantelfläche), wo sie gleichförmig verteilt sind und nach Gl. (8.9) den Betrag $|\,\sigma_{pol}\,| = |\,\boldsymbol{P}_0\,|$ haben.

Das von diesen Polarisationsladungen erzeugte elektrische Feld $\boldsymbol{E}^{(pol)}$ hat den angedeuteten Verlauf (s. Bild 8.7). Es ist insbesondere im Inneren des Zylinders nicht homogen, und seine Feldlinien verlaufen ohne Knick durch die Mantelfläche. Dort sitzen nämlich keine Ladungen, so daß neben der ohnehin stetigen Tangentialkomponente hier auch die Normalkomponente der elektrischen Feldstärke stetig ist.

Wählt man $R \gg h$, dann wird das Feld $\boldsymbol{E}^{(pol)}$ im Inneren der so entstehenden weit ausgedehnten Scheibe praktisch homogen. Nur am Scheibenrand ist es nach wie vor inhomogen. Im Grenzfall $R \to \infty$ erhält man $\boldsymbol{E}^{(pol)}$ durch vorzeichenrichtige Überlagerung zweier Teilfelder gemäß Gl. (3.70), wenn man dort mit den hier vorliegenden flächenhaften Polarisationsladungen rechnet ($|\sigma_{pol}| = |\boldsymbol{P}_0|$; s.o.). Es folgt dann für die unendlich ausgedehnte Scheibe

$$\boldsymbol{E}^{(pol)} = \begin{cases} \boldsymbol{0} \;, & \text{außerhalb für} \quad R \to \infty \;, \qquad (8.14a) \\ -\dfrac{\boldsymbol{P}_0}{\varepsilon_0} \;, & \text{innerhalb für} \quad R \to \infty \;. \qquad (8.14b) \end{cases}$$

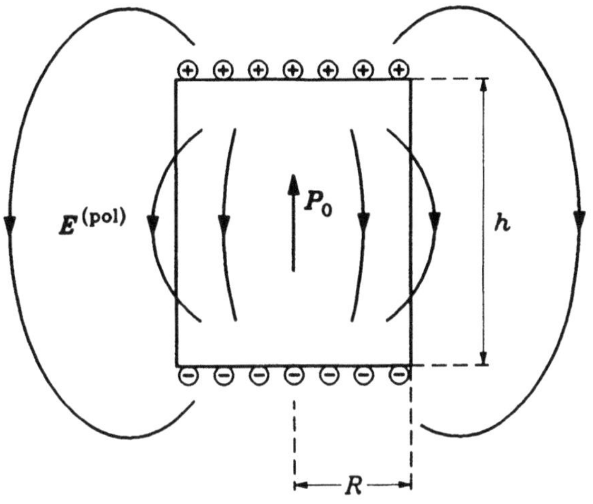

Bild 8.7

8.3 Polarisationsstrom

Die Ladungsbewegung während des Polarisationsvorganges stellt einen elektrischen Strom dar. Er wird Polarisationsstrom genannt und durch eine räumliche Stromdichte $\boldsymbol{J}_{pol}$ beschrieben. Geht man wieder von der Vorstellung aus, daß die ungestörte Ladungsdichte ρ_0 der Elektronen um die Strecke $\boldsymbol{l}(t)$ relativ zu den Kernen verschoben wird, dann gilt

$$\boldsymbol{J}_{pol} = \rho_0 \frac{\mathrm{d}\boldsymbol{l}}{\mathrm{d}t} \;.$$

Hieraus erhält man mit Gl. (8.4) die Beziehung

$$\boldsymbol{J}_{pol} = \dot{\boldsymbol{P}} \;. \qquad (8.15)$$

Der Polarisationsstrom erfüllt für sich allein eine Kontinuitätsgleichung, denn aus den Gln. (8.8) und (8.15) folgt

$$\operatorname{div} \boldsymbol{J}_{pol} + \dot{\rho}_{pol} = 0 \;. \qquad (8.16)$$

8.4 Freie Ladungen und elektrische Verschiebungsdichte

Hinsichtlich der Maxwell-Gleichung (3.1) spielt es keine Rolle, wie die dort einzusetzende Ladungsverteilung realisiert wird. Also gilt auch in Nichtleitern, wo in der Regel $\rho = \rho_{pol}$ ist, die Grundgleichung

$$\varepsilon_0 \operatorname{div} \boldsymbol{E} = \rho \ .$$

Bezeichnet man mit ρ_f *jede* Ladungsdichte, die *nicht* durch Polarisation zustande kommt, dann kann man stets

$$\rho = \rho_{pol} + \rho_f \tag{8.17}$$

und dementsprechend

$$\varepsilon_0 \operatorname{div} \boldsymbol{E} = \rho_{pol} + \rho_f \tag{8.18a}$$

schreiben. Man nennt ρ_f die Dichte der *freien* Ladungen im Gegensatz zu den *gebundenen* Polarisationsladungen. Leitungselektronen und Influenzladungen auf Metalloberflächen sind wichtige Beispiele für freie Ladungen. Auch die durch "Reiben" auf einem Dielektrikum hervorgerufenen Ladungen zählen zu den freien Ladungen. Letzteres ist ein Beispiel dafür, daß freie Ladungen, so wie sie oben definiert wurden, nicht unbedingt frei beweglich zu sein brauchen. Sie dürfen eben nur nicht durch Polarisation entstanden sein. Übrigens ist auch der positive Anteil der Influenzladungen nicht frei beweglich. Die ionisierten Störstellen in der Raumladungszone von *pn*-Übergängen sind ein weiteres Beispiel für freie Ladungen, die unbeweglich sind. Mit Hilfe der Beziehung (8.8) kann nun die Gl. (8.18a) umgeformt werden in

$$\operatorname{div}(\varepsilon_0 \boldsymbol{E} + \boldsymbol{P}) = \rho_f \ . \tag{8.18b}$$

Hinsichtlich der Maxwell-Gleichung (3.4) spielt es ebenfalls keine Rolle, wie die dort einzusetzende Stromverteilung realisiert wird. Also gilt auch in Nichtleitern, wo in der Regel $\boldsymbol{J} = \boldsymbol{J}_{pol}$ ist, die Grundgleichung

$$\frac{1}{\mu_0} \operatorname{rot} \boldsymbol{B} = \boldsymbol{J} + \varepsilon_0 \dot{\boldsymbol{E}} \ .$$

Fließen in einem (z.B. schwach leitfähigen) Dielektrikum auch Ströme, die keine Polarisationsströme sind, dann kann $\boldsymbol{J}$ gemäß

$$\boldsymbol{J} = \tilde{\boldsymbol{J}} + \boldsymbol{J}_{pol}$$

zerlegt ($\tilde{\boldsymbol{J}}$ wird im Abschnitt 9.4 weiter zerlegt) und dementspechend

$$\frac{1}{\mu_0} \operatorname{rot} \boldsymbol{B} = \tilde{\boldsymbol{J}} + \boldsymbol{J}_{pol} + \varepsilon_0 \dot{\boldsymbol{E}} \tag{8.19a}$$

geschrieben werden. Mit Gl. (8.15) folgt dann

$$\frac{1}{\mu_0} \operatorname{rot} \boldsymbol{B} = \tilde{\boldsymbol{J}} + \frac{\partial}{\partial t} (\varepsilon_0 \boldsymbol{E} + \boldsymbol{P}) \ . \tag{8.19b}$$

Wieder tritt wie in Gl. (8.18b) die Kombination $\varepsilon_0 \boldsymbol{E} + \boldsymbol{P}$ auf. Man faßt sie als neues Vektorfeld auf, definiert durch

$$\boldsymbol{D} := \varepsilon_0 \boldsymbol{E} + \boldsymbol{P} \ . \tag{8.20}$$

Damit gehen die Grundgleichungen (8.18b), (8.19b) über in die Form

$$\operatorname{div} \boldsymbol{D} = \rho_f \ , \tag{8.21}$$

$$\frac{1}{\mu_0} \operatorname{rot} \boldsymbol{B} = \tilde{\boldsymbol{J}} + \dot{\boldsymbol{D}} \ , \tag{8.22}$$

in der die Polarisation sowie die zugehörigen Ladungen und Ströme nicht mehr explizit auftreten. Wenn diese Größen, wie bei den meisten praktischen Anwendungen, nicht interessieren, dann bringt die Einführung des $\boldsymbol{D}$-Feldes erhebliche rechnerische Vorteile.

Der offizielle Name für $\boldsymbol{D}$ ist elektrische Verschiebungsdichte, obwohl nur der Summand $\boldsymbol{P}$ eine Ladungsverschiebung beschreibt. Dieser Name geht zurück auf Maxwell, der von "displacement" sprach und Vorstellungen damit verband, die heute überholt sind. Konsequenterweise ist dann $\partial \boldsymbol{D}/\partial t$ die Verschiebungsstromdichte schlechthin und $\varepsilon_0\, \partial \boldsymbol{E}/\partial t$ nur ihr "Vakuumanteil". In älteren Büchern wird $\boldsymbol{D}$ auch elektrische Erregung genannt auf Grund etwas dunkler Vorstellungen. In diesem Buch wird meist neutral vom $\boldsymbol{D}$-Feld gesprochen und dieses als rechnerisches Hilfsfeld angesehen ohne eigene physikalische Bedeutung. Mit dem Terminus "elektrisches Feld" ist hier immer $\boldsymbol{E}$ gemeint.

Nach Gl. (8.21) fallen die Quellen von $\boldsymbol{D}$ mit den freien Ladungen zusammen. Das läßt sich in bekannter Weise auch integral formulieren:

$$\oiint_S \boldsymbol{D} \cdot \mathrm{d}\boldsymbol{a} = Q_f \ , \tag{8.23}$$

wobei Q_f die gesamte von der Hülle S eingeschlossene freie Ladung ist.

Das $\boldsymbol{D}$-Feld hat im allgemeinen auch Wirbel. Aus der Definitionsgleichung (8.20) folgt nämlich mit Hilfe des Induktionsgesetzes (3.42b)

$$\oint \boldsymbol{D} \cdot \mathrm{d}\boldsymbol{r} = -\varepsilon_0\, \dot{\Phi}^{(\boldsymbol{B})} + \oint \boldsymbol{P} \cdot \mathrm{d}\boldsymbol{r} \ . \tag{8.24}$$

Selbst im statischen Fall also hat das $\boldsymbol{D}$-Feld Wirbel, und zwar die gleichen wie $\boldsymbol{P}$ (s. nächstes Beispiel), und ist daher global kein Gradientenfeld.

Auch Flächenladungsdichten werden analog zur Gl. (8.17) gemäß

$$\sigma = \sigma_{pol} + \sigma_f$$

zerlegt. Setzt man das in Gl. (3.65) ein, so erhält man zunächst

$$\varepsilon_0 \operatorname{Div} \boldsymbol{E} = \sigma_{pol} + \sigma_f \tag{8.25}$$

und mit Gl. (8.11) sowie der Definition (8.20) schließlich

$$\operatorname{Div} \boldsymbol{D} = \boldsymbol{n} \cdot (\boldsymbol{D}^+ - \boldsymbol{D}^-) = \sigma_f \tag{8.26}$$

als eine der beiden Grenzbedingungen für $\boldsymbol{D}$. Die andere folgt wegen Gl. (3.66) unmittelbar aus der Definition (8.20):

$$\operatorname{Rot} \boldsymbol{D} = \operatorname{Rot} \boldsymbol{P} = \boldsymbol{n} \times (\boldsymbol{P}^+ - \boldsymbol{P}^-) \ . \tag{8.27}$$

Im Inneren eines stromlosen (und ruhenden) Metallkörpers gilt bekanntlich $\boldsymbol{E} = \boldsymbol{0}$. Da dort außerdem $\boldsymbol{P} = \boldsymbol{0}$ ist (vgl. Abschnitt 8.1, vorletzter Absatz), folgt aus der Definition (8.20) sofort auch $\boldsymbol{D} = \boldsymbol{0}$ innerhalb des Metalls. Die Grenzbedingung (8.26) gilt dann in der speziellen Form

$$\boldsymbol{n} \cdot \boldsymbol{D}^+ = \sigma_f \tag{8.28}$$

für Grenzflächen Metall-Dielektrikum (einschließlich Vakuum; s. Bild 5.7), falls $\boldsymbol{n}$ vom Metall wegzeigt.

8.4.1 Beispiel

Zur homogen polarisierten Kugel von Beispiel 8.2.1a gehört ein $\boldsymbol{D}$-Feld, das im folgenden mit $\boldsymbol{D}^{(pol)}$ bezeichnet wird. Es ist nach Gl. (8.20) definiert durch

$$\boldsymbol{D}^{(pol)} = \varepsilon_0 \boldsymbol{E}^{(pol)} + \boldsymbol{P} \quad ,$$

wobei $\boldsymbol{P} = P_0 \boldsymbol{e}_z$ innerhalb und $\boldsymbol{P} = \boldsymbol{0}$ außerhalb der Kugel gilt. Mit den Gln. (8.13a,b) ergibt sich also

$$\boldsymbol{D}^{(pol)} = \begin{cases} \dfrac{2}{3} P_0 \boldsymbol{e}_z \; , & r < R \; , \quad (8.29a) \\[2ex] \dfrac{P_0 R^3}{3} \dfrac{1}{r^3} (2\cos\vartheta\, \boldsymbol{e}_r + \sin\vartheta\, \boldsymbol{e}_\vartheta) \; , & r > R \; . \quad (8.29b) \end{cases}$$

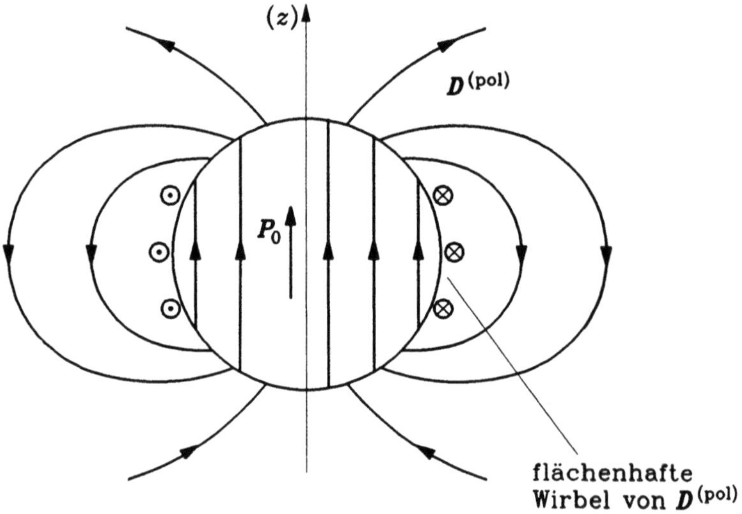

Bild 8.8

Außerhalb der Kugel kann demnach der Feldlinienverlauf von Bild 8.6 ungeändert in das Bild 8.8 übertragen werden. Innerhalb der Kugel ist $\boldsymbol{D}^{(pol)}$ zwar homogen wie $\boldsymbol{E}^{(pol)}$, zeigt aber in dieselbe Richtung wie $\boldsymbol{P}_0$. In diesem Feld gibt es ersichtlich (s. Bild 8.8) Zirkulationsintegrale $\oint \boldsymbol{D}^{(pol)} \cdot \mathrm{d}\boldsymbol{r} \neq 0$. Die genaue Verteilung der hier flächenhaften Wirbel des

$\boldsymbol{D}^{(pol)}$-Feldes ist mit Gl. (8.27) und den Bezeichnungen von Bild 8.6 einfach zu berechnen:

$$\operatorname{Rot}\boldsymbol{D}^{(pol)}\,|_R = \boldsymbol{e}_r \times (\boldsymbol{0} - P_0\boldsymbol{e}_z) = P_0 \sin\vartheta\, \boldsymbol{e}_\alpha \;. \tag{8.30}$$

Das Maximum dieser Wirbelverteilung liegt also beim Äquator der Kugel (s. Bild 8.8).

Da hier keine freien Ladungen auf der Kugeloberfläche sitzen, sollte $\boldsymbol{D}^{(pol)}$ auch keine flächenhaften Quellen haben, d.h. es sollte

$$\operatorname{Div}\boldsymbol{D}^{(pol)}\,|_R = 0$$

gelten. Das ist mit den Gln. (8.29a,b) leicht zu verifizieren:

$$\begin{aligned}\operatorname{Div}\boldsymbol{D}^{(pol)}\,|_R &= \boldsymbol{e}_r \cdot \left[\frac{P_0}{3}(2\cos\vartheta\,\boldsymbol{e}_r + \sin\vartheta\,\boldsymbol{e}_\vartheta) - \frac{2}{3}P_0\,\boldsymbol{e}_z\right] \\ &= \frac{P_0}{3}2\cos\vartheta - \frac{2}{3}P_0\,\boldsymbol{e}_r\cdot\boldsymbol{e}_z = 0 \;.\end{aligned}$$

8.5 Elektrische Materialgrößen

Die Polarisation eines Dielektrikums kann mehrere Ursachen haben. Stichwortartig sei hier nur auf ferroelektrische und piezoelektrische Stoffe verwiesen, die auch ohne ein anliegendes elektrisches Feld polarisiert sein können. Prinzipiell kann also die in den Beispielen 8.2.1a,b vorausgesetzte Polarisation auch für sich bestehen.

Bei den alltäglichen Dielektrika jedoch sind anliegende elektrische Felder die primäre Ursache für eine Polarisation. Dabei treten Polarisationsladungen auf und erzeugen ihrerseits ein elektrisches Feld $\boldsymbol{E}^{(pol)}$. Dieses sekundäre Feld überlagert sich dem primären Feld zum Gesamtfeld $\boldsymbol{E}$. Dessen Zusammenhang mit der Polarisation wird erfahrungsgemäß in vielen praktisch wichtigen Fällen durch die Proportionalität

$$\boldsymbol{P} = \varepsilon_0\,\chi_e\,\boldsymbol{E} \qquad (\chi_e \geqq 0) \tag{8.31}$$

richtig widergegeben. Die materialspezifische Konstante χ_e heißt elektrische Suszeptibilität.

Was heißt hier "erfahrungsgemäß"? Natürlich ist es praktisch nicht möglich die Beziehung (8.31) vor Ort, d.h. innerhalb des dielektrischen Körpers experimentell zu überprüfen. Man kann vielmehr nur bestimmte Konsequenzen der Materialgleichung (8.31) einer experimentellen Prüfung unterziehen, soweit das von außerhalb des dielektrischen Körpers möglich ist. Dabei mißt man im Prinzip immer Auswirkungen des Feldes $\boldsymbol{E}^{(pol)}$, das die Polarisationsladungen auch außerhalb des polarisierten Körpers erzeugen. Darauf wird in den folgenden Beispielen nochmals eingegangen.

Meist rechnet man nicht mit $\boldsymbol{P}$, sondern mit $\boldsymbol{D}$ und dementsprechend nicht mit Gl. (8.31), sondern auf Grund der Gl. (8.20) äquivalent mit

$$\boldsymbol{D} = \varepsilon_0(1 + \chi_e)\boldsymbol{E} \;.$$

Hier führt man noch die Abkürzungen

$$\varepsilon_r = 1 + \chi_e \,, \qquad \varepsilon = \varepsilon_r\,\varepsilon_0 \tag{8.32}$$

ein, so daß sich zuletzt die Standardform der Materialgleichung,

$$\boldsymbol{D} = \varepsilon \boldsymbol{E} \ , \tag{8.33}$$

ergibt. Der Faktor ε heißt Permittivität (Dielektrizitätskonstante), und ε_r nennt man Permittivitätszahl (relative Permittivität, relative Dielektrizitätskonstante). Für den leeren Raum, wo $\boldsymbol{P} = \boldsymbol{0}$ ist, folgt aus Gl. (8.31) zunächst $\chi_e = 0$ und damit aus Gl. (8.32) $\varepsilon_r = 1$. Man beachte, *daß ε_r begrifflich nichts mit ε_0 zu tun hat.*

Die Gl. (8.33) gilt nur in isotropen Stoffen, deren (makroskopische) dielektrische Eigenschaften also nicht von der Richtung in ihnen abhängen. Hierzu gehören amorphe Substanzen und Kristalle mit kubischem Gitter. Bei anisotropen Stoffen wird der Skalar ε in Gl. (8.33) durch eine (3×3)-Matrix ersetzt. Im folgenden werden nur "gewöhnliche" Dielektrika betrachtet, die eine skalare Permittivität besitzen. Hierfür seien als Beispiele genannt:

Luft von 1 atm :	$\varepsilon_r = 1{,}0006$,
Gummi :	$\varepsilon_r = 2 \cdots 3{,}5$,
Gläser :	$\varepsilon_r = 6 \cdots 8$,
destilliertes Wasser von 0° C :	$\varepsilon_r = 88{,}0$,
destilliertes Wasser von 20° C :	$\varepsilon_r = 80{,}0$.

Dabei fällt der hohe Wert bei Wasser auf und seine starke Abhängigkeit von der Temperatur. Beides rührt daher, daß die Wassermoleküle permanente elektrische Dipole sind, die vom Feld teilweise ausgerichtet werden (Orientierungspolarisation). Je höher die Temperatur ist, desto stärker ist die thermische Bewegung der Moleküle, was dem richtenden Drehmoment des Feldes entgegenwirkt.

Zuletzt muß betont werden, daß bei hohen Frequenzen (was von Fall zu Fall etwas anderes bedeutet) wegen Trägheit und Dämpfung des Polarisationsvorgangs der Zusammenhang zwischen $\boldsymbol{E}$ und $\boldsymbol{P}$ bzw. $\boldsymbol{D}$ neu darzustellen ist.

Folgerung: In der Regel wird innerhalb dielektrischer Bereiche $\rho_f = 0$ angenommen. Dann gilt dort einerseits $\operatorname{div}\boldsymbol{D} = 0$ wegen Gl. (8.21) und andererseits $\varepsilon_0 \operatorname{div}\boldsymbol{E} = \rho_{pol}$ wegen Gl. (8.18a). Setzt man eine homogene ε-Verteilung voraus, dann kann ε als Konstante vor die Divergenz gezogen werden, so daß

$$0 = \operatorname{div}\boldsymbol{D} = \varepsilon \operatorname{div}\boldsymbol{E} = \varepsilon_r \, \rho_{pol}$$

folgt. Im Inneren homogener Dielektrika existieren also keine Polarisationsladungen, falls dort keine freien Ladungen sind, so daß dann alle Polarisationsladungen auf der Oberfläche sitzen.

8.5.1 Grenzflächen zwischen verschiedenen Dielektrika

Haben zwei dielektrische Bereiche mit verschiedenen Permittivitäten eine gemeinsame Grenzfläche (s. Bild 8.9), dann sind dort grundsätzlich die Bedingungen (3.65), (3.66), (8.26) und (8.27) zu erfüllen. In der Regel wird angenommen, daß man an solchen beidseitig dielektrischen Grenzflächen $\sigma_f = 0$ setzen kann. Dann gehen die genannten Bedingungen über in

$$\operatorname{Div} \boldsymbol{E} = \frac{1}{\varepsilon_0} \sigma_{pol} \qquad (\text{für } \sigma_f = 0) \; , \tag{8.34}$$

$$\operatorname{Rot} \boldsymbol{E} = \boldsymbol{0} \; , \tag{8.35}$$

$$\operatorname{Div} \boldsymbol{D} = 0 \qquad (\text{für } \sigma_f = 0) \; , \tag{8.36}$$

$$\operatorname{Rot} \boldsymbol{D} = \operatorname{Rot} \boldsymbol{P} \; . \tag{8.37}$$

Bei den meisten Aufgabenstellungen sind $\boldsymbol{P}$ und σ_{pol} nicht vorgegeben. Um diese Größen nicht explizit bestimmen zu müssen, wurde ja gerade das $\boldsymbol{D}$-Feld eingeführt. Daher wird man zur Lösung praktischer Feldprobleme hier nur die homogenen Bedingungen (8.35) und (8.36) heranziehen. Liegt die Lösung schließlich vor, dann kann man bei Bedarf nachträglich mittels Gl. (8.34) die σ_{pol}-Verteilung bestimmen. Die Bedingung (8.37) hat mehr grundsätzliche Bedeutung.

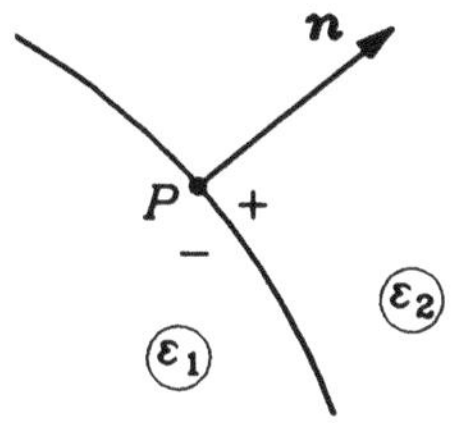

Bild 8.9

Konsequenterweise müßte jetzt gezeigt werden, daß die Bedingungen (8.35) und (8.36) zusammen mit eventuellen anderen Grenz- und Randbedingungen ausreichen, um die Feldprobleme so zu formulieren, daß sie höchstens *eine* Lösung haben. Ein solcher Beweis würde sich formal nur unwesentlich von dem in Abschnitt 5.4.2 geführten unterscheiden, wo es um bereichsweise verschiedene Leitfähigkeiten ging. Er soll daher weggelassen werden.

Die Bedingung (8.35) ist bekanntlich (s. Gl. (3.64) und die anschließende Bemerkung) äquivalent zu der Aussage, daß für alle Tangentialvektoren $\boldsymbol{t}$ der Grenzfläche

$$\boldsymbol{t} \cdot (\boldsymbol{E}^+ - \boldsymbol{E}^-) = 0$$

gilt. Dies und die Bedingung (8.36) kann auch in der Form

$$E_t^+ = E_t^- \; , \tag{8.38}$$

$$D_n^+ = D_n^- \qquad (\text{für } \sigma_f = 0) \tag{8.39}$$

oder

$$\frac{D_t^+}{\varepsilon_2} = \frac{D_t^-}{\varepsilon_1} \; , \tag{8.40}$$

$$\varepsilon_2 E_n^+ = \varepsilon_1 E_n^- \qquad (\text{für } \sigma_f = 0) \tag{8.41}$$

geschrieben werden. Hieraus leitet man wie im Abschnitt 5.4.1 ein Brechungsgesetz für die

Feldlinien von $\boldsymbol{D}$ oder $\boldsymbol{E}$ ab. Beide Felder sind wegen ihrer Proportionalität in den dielektrischen Bereichen geometrisch gleich.

8.5.2 Beispiele

a) Bild 8.10a zeigt den Schnitt durch einen Plattenkondensator von (einfachheitshalber) kreisrunder Gestalt (Radius R), wobei die z-Achse Rotationsachse sein soll. Er ist zum Teil bis zur Höhe l_1 mit einem homogenen Dielektrikum der Permittivität ε_1 erfüllt. Der Rest ist leer. Die Platten tragen freie Ladungen der Dichten σ_{f0} (obere Platte) und $-\sigma_{f0}$ (untere Platte). Gesucht ist das elektrische Feld im Kondensator. Dabei soll $R \gg (l_0 + l_1)$ angenommen werden, so daß im überwiegenden Teil des Kondensatorvolumens die Felder praktisch z-parallel und bereichsweise homogen sind. Mit E_0, E_1, D_0, D_1 und P_1 werden im folgenden die z-Komponenten der entsprechenden Feldvektoren im leeren bzw. dielektrischen Bereich bezeichnet.

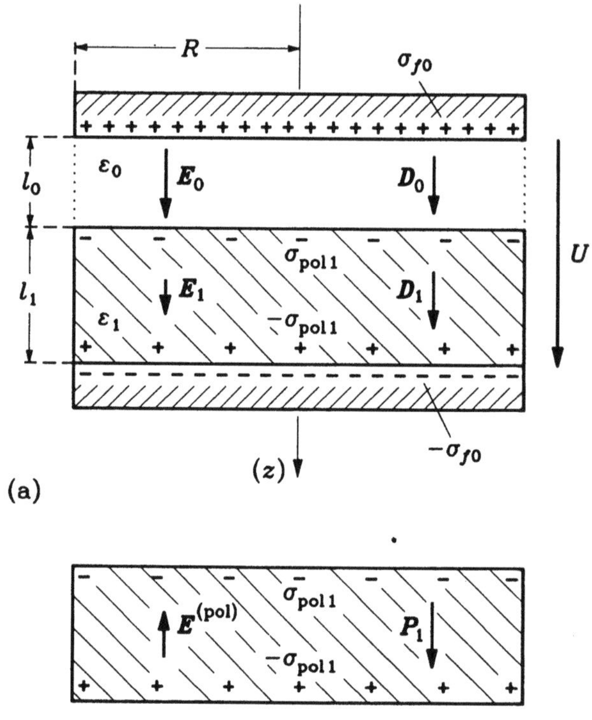

Bild 8.10 (b)

Die Berechnung des $\boldsymbol{E}$-Feldes kann mit Hilfe des $\boldsymbol{D}$-Feldes oder des $\boldsymbol{P}$-Feldes erfolgen. Beide Methoden sollen hier zum Vergleich vorgeführt werden.

Rechnet man mit $\boldsymbol{E}$ und $\boldsymbol{D}$, dann müssen an der $\varepsilon_0\,\varepsilon_1$-Grenzfläche die Bedingungen (8.38) und (8.39) erfüllt werden. Da aber hier die Feldlinien senkrecht zu dieser Fläche verlaufen, ist die Bedingung (8.38) in der Form $0 = 0$ vorab erfüllt. Wegen der Bedingung (8.39) gilt

$$D_0 = D_1 =: D \ , \tag{8.42}$$

so daß im ganzen Kondensator einheitlich mit dem soeben definierten D gerechnet werden kann.

Wendet man jetzt die Bedingung (8.28) auf die obere oder die untere jeweils kondensatorinnenseitige Plattenfläche an, dann muß $\boldsymbol{n} = \boldsymbol{e}_z$, $\sigma_f = \sigma_{f0}$ bzw. $\boldsymbol{n} = -\boldsymbol{e}_z$, $\sigma_f = -\sigma_{f0}$ eingesetzt werden. Mit $\boldsymbol{D}^+ = D\,\boldsymbol{e}_z$ in beiden Fällen folgt somit jedesmal

$$D = \sigma_{f0} \ .$$

Wegen $D = \varepsilon_0 E_0$ bzw. $D = \varepsilon_1 E_1$ ist das elektrische Feld bereichsweise durch

$$E_0 = \frac{\sigma_{f0}}{\varepsilon_0} \ ,$$

$$E_1 = \frac{\sigma_{f0}}{\varepsilon_1}$$

gegeben.

Das gleiche Resultat wird jetzt ohne Benutzung des $\boldsymbol{D}$-Feldes hergeleitet. Dazu wendet man die Bedingung (8.25) sinngemäß auf die obere und untere jeweils kondensatorinnenseitige Plattenfläche an, wobei $\boldsymbol{E} = \boldsymbol{0}$ im Inneren der Metallplatten zu berücksichtigen ist. Man erhält dann

$$E_0 = \frac{\sigma_{f0}}{\varepsilon_0} \ ,$$

$$E_1 = \frac{1}{\varepsilon_0}\,(\sigma_{f0} + \sigma_{pol\,1}) \ .$$

Das ist übrigens im Einklang mit der Bedingung (8.34), die an der $\varepsilon_0\,\varepsilon_1$-Grenzfläche erfüllt sein muß. An dieser Grenzfläche wird jetzt die Bedingung (8.11) angewendet, und zwar mit $\boldsymbol{n} = \boldsymbol{e}_z, \boldsymbol{P}^+ = P_1 \boldsymbol{e}_z, \boldsymbol{P}^- = \boldsymbol{0}$ sowie $\sigma_{pol} = \sigma_{pol\,1}$. Es folgt

$$P_1 = -\,\sigma_{pol\,1} \ .$$

Zuletzt muß noch die Materialgleichung

$$P_1 = (\varepsilon_1 - \varepsilon_0)\,E_1$$

berücksichtigt werden, die durch Einsetzen der Abkürzungen (8.32) in die Gl. (8.31) entsteht. Jetzt können aus den drei letzten Gleichungen $\sigma_{pol\,1}$ und P_1 eliminiert werden mit dem schon bekannten Ergebnis

$$E_1 = \frac{\sigma_{f0}}{\varepsilon_1} .$$

Der Vergleich beider Rechenwege zeigt, daß man mit $\boldsymbol{P}$ (hier wie in vielen anderen Fällen auch) umständlicher rechnet als mit $\boldsymbol{D}$.

Die letzten drei Gleichungen gestatten die Berechnung von $\sigma_{pol\,1}$. Das Ergebnis lautet

$$\sigma_{pol\,1} = -\left(1 - \frac{\varepsilon_0}{\varepsilon_1}\right)\sigma_{f0} .$$

Bei positiver freier Ladung auf der oberen Platte erscheinen also, wie man anschaulich erwartet, negative Polarisationsladungen auf der ihr gegenüberliegenden Oberfläche des Dielektrikums. Dessen andere Oberfläche trägt Polarisationsladungen entgegengesetzt gleicher Dichte, denn die Summe aller Polarisationsladungen eines Dielektrikums ist gleich null (vgl. Abschnitt 8.2, vorletzter Absatz). Für die Beträge der Flächenladungsdichten gilt

$$|\sigma_{pol\,1}| < |\sigma_{f0}| .$$

Bild 8.10b zeigt gesondert die mit den Polarisationsladungen allein zusammenhängenden Feldgrößen. Das ist einerseits die Polarisation

$$P_1 = -\sigma_{pol\,1} = \left(1 - \frac{\varepsilon_0}{\varepsilon_1}\right)\sigma_{f0}$$

und andererseits die von den flächenhaft verteilten Polarisationsladungen erzeugte elektrische Feldstärke

$$E^{(pol)} = \frac{-P_1}{\varepsilon_0} = -\left(\frac{1}{\varepsilon_0} - \frac{1}{\varepsilon_1}\right)\sigma_{f0} .$$

Die erste Gleichheit folgt durch sinngemäße Anwendung der Gl. (8.14b).

Die von den freien Ladungen einerseits und von den Polarisationsladungen andererseits hervorgerufenen Feldstärken E_0 bzw. $E^{(pol)}$ überlagern sich im Dielektrikum zur gesamten Feldstärke

$$E_1 = E_0 + E^{(pol)} = \frac{\sigma_{f0}}{\varepsilon_0} - \left(\frac{1}{\varepsilon_0} - \frac{1}{\varepsilon_1}\right)\sigma_{f0} = \frac{\sigma_{f0}}{\varepsilon_1} ,$$

wie sie jetzt zum dritten Mal berechnet wurde.

Am leeren Kondensator läge die (in z-Richtung gezählte) Spannung

$$U_0 = E_0(l_0 + l_1) = \frac{\sigma_{f0}}{\varepsilon_0}(l_0 + l_1) .$$

Mit dem Dielektrikum hat sie den Wert

$$U = E_0 l_0 + E_1 l_1 = \sigma_{f0}\left(\frac{l_0}{\varepsilon_0} + \frac{l_1}{\varepsilon_1}\right) . \tag{8.43}$$

Ersichtlich gilt $|U| < |U_0|$. Das ist auch anschaulich zu erwarten, da wegen $\boldsymbol{E}^{(pol)}$ die elektrische Feldstärke in dem durch das Dielektrikum besetzten Bereich schwächer ist als ohne das Dielektrikum.

Für $R \gg (l_0 + l_1)$ stimmen die gemessenen Werte von U gut mit den theoretischen nach Gl. (8.43) überein. Das ist eine der vielen empirischen Bestätigungen für die theoretischen Vorstellungen, die man sich über die Polarisation der Dielektrika macht. Man lese diesbezüglich nochmals den dritten Absatz von Abschnitt 8.5.

b) Das Bild 8.11 zeigt erneut einen kreisrunden Plattenkondensator (Radius R, Plattenabstand l), der teilweise mit einem kreiszylindrischen Dielektrikum (Radius $R_1 < R$) der Permittivität ε_1 ausgefüllt ist. Die obere Platte trägt die gesamte freie Ladung Q_f. Die freie Ladung der unteren Platte ist gleich $-Q_f$. Welches elektrische Feld herrscht zwischen den Platten, wobei $R \gg l$ angenommen werden soll?

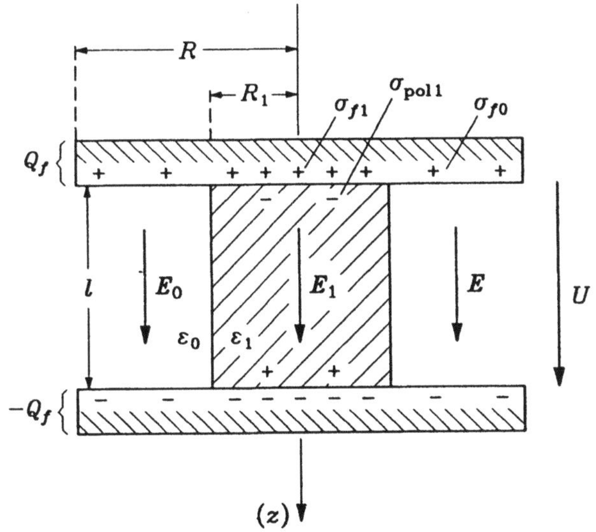

Bild 8.11

Unter dieser Voraussetzung kann vom inhomogenen Feldverlauf am Kondensatorrand abgesehen und im Inneren mit bereichsweise homogenen z-parallelen Feldern gerechnet werden. Die elektrische Verschiebungsdichte $\boldsymbol{D}$ ist somit tangential zur $\varepsilon_0\,\varepsilon_1$-Grenzfläche und erfüllt daher vorab die Bedingung (8.39) in der Form $0 = 0$. Wegen der Bedingung (8.38) gilt

$$E_0 = E_1 =: E \ , \tag{8.44}$$

so daß im ganzen Kondensator einheitlich das soeben definierte E vorliegt. Dabei wird, wie im letzten Beispiel, mit den z-Komponenten der jeweiligen Felder im leeren Teil (Index "0") bzw. dielektrischen Teil (Index "1") des Kondensators gerechnet.

Der Wert von E ergibt sich aus den folgenden Beziehungen, die sich der Leser selbst begründen möge:

$$D_0 = \varepsilon_0 E \ , \quad D_1 = \varepsilon_1 E \ ,$$

$$D_0 = \sigma_{f0} \ , \quad D_1 = \sigma_{f1} \ ,$$

$$Q_f = \pi[\sigma_{f0}(R^2 - R_1^2) + \sigma_{f1} R_1^2] .$$

Es folgt

$$E = \frac{Q_f}{\pi[\varepsilon_0(R^2 - R_1^2) + \varepsilon_1 R_1^2]} .$$

Dieses elektrische Feld ist, wie Gl. (8.44) besagt, im ganzen Kondensator homogen. Also ist der dielektrische Kreiszylinder wegen Gl. (8.31) homogen polarisiert. Die zugehörigen Polarisationsladungen erzeugen ein elektrisches Feld $\boldsymbol{E}^{(pol)}$, dessen Verlauf andeutungsweise aus Bild 8.7 hervorgeht. Es ist insbesondere nicht homogen. Ihm überlagert sich das von den freien Ladungen erzeugte Feld $\boldsymbol{E}^{(frei)}$. Da diese Ladungen nicht gleichförmig über die Kondensatorbelegungen verteilt sind ($\sigma_{f0} \neq \sigma_{f1}$ wegen $D_0 \neq D_1$), ist auch $\boldsymbol{E}^{(frei)}$ nicht homogen. Die Inhomogenitäten von $\boldsymbol{E}^{(pol)}$ und $\boldsymbol{E}^{(frei)}$ kompensieren sich bei der Überlagerung zum homogenen Gesamtfeld $\boldsymbol{E} = E\,\boldsymbol{e}_z$.

Genau genommen ist die Homogenität der gesamten elektrischen Feldstärke zunächst nur eine Annahme. Da man aber, von ihr ausgehend, alle die Eindeutigkeit garantierenden Bedingungen (der formale Beweis wurde nicht geführt; vgl. Abschnitt 8.5.1, zweiter Absatz) erfüllen kann, wird aus jener zunächst versuchsweisen Annahme eine gesicherte Aussage (streng allerdings nur für $R \to \infty$).

Auch hier können die theoretischen Vorstellungen über die dielektrischen Eigenschaften vieler Stoffe von "außen her" (vgl. Abschnitt 8.5, dritter Absatz) getestet werden durch Messung der zwischen den Kondensatorplatten herrschenden (in z-Richtung gezählten) Spannung

$$U = E\,l = \frac{Q_f\, l}{\pi[\varepsilon_0(R^2 - R_1^2) + \varepsilon_1 R_1^2]} . \tag{8.45}$$

c) Eine homogen dielektrische Kugel (Radius R, Permittivität ε) ist einem fest vorgegebenen homogenen elektrischen Feld $\boldsymbol{E}_0$ ausgesetzt (s. Bild 8.12). Die Polarisation innerhalb der Kugel stellt sich unter der Wirkung von $\boldsymbol{E}_0$ *und* der Rückwirkung des Feldes $\boldsymbol{E}^{(pol)}$ ein, das von den Polarisationsladungen erzeugt wird. Dieses Zusammenspiel kann man gedanklich in kleine Einzelschritte auflösen. Zuerst wirkt nur $\boldsymbol{E}_0$ und leitet den Polarisationsvorgang ein. Die erste noch schwache Polarisation ist daher homogen. Die zugehörigen Polarisationsladungen sind also nach Beispiel 8.2.1a so verteilt, daß sie innerhalb der Kugel ein ebenfalls homogenes Feld $\boldsymbol{E}_1^{(pol)}$ erzeugen. Im nächsten Schritt wird die Polarisation durch $\boldsymbol{E}_0 + \boldsymbol{E}_1^{(pol)}$ bestimmt. Da dieses Feld aber innerhalb der Kugel auch wieder homogen ist, ändert sich bei diesem zweiten Schritt nichts an der Homogenität der Polarisation und des danach vorliegenden Feldes $\boldsymbol{E}_2^{(pol)}$. Die gleichen Überlegungen gelten für jeden weiteren Schritt, so daß am Ende eine in z-Richtung homogen polarisierte Kugel vorliegt.

Im Endzustand muß die (homogene) Polarisation $\boldsymbol{P}_0$ der Kugel das Materialgesetz

$$\boldsymbol{P}_0 = (\varepsilon - \varepsilon_0)(\boldsymbol{E}_0 + \boldsymbol{E}^{(pol)})$$

erfüllen, das aus Gl. (8.31) hervorgeht, wenn man die Abkürzungen (8.32) einsetzt und berücksichtigt, daß mit $\boldsymbol{E}$ das Gesamtfeld gemeint ist. Nach Gl. (8.13a) gilt innerhalb der Kugel

$$\boldsymbol{E}^{(pol)} = -\frac{\boldsymbol{P}_0}{3\,\varepsilon_0} ,$$

so daß nach $\boldsymbol{P}_0 = P_0 \boldsymbol{e}_z$ aufgelöst werden kann:

$$P_0 \boldsymbol{e}_z = 3\,\varepsilon_0 \,\frac{\varepsilon - \varepsilon_0}{\varepsilon + 2\,\varepsilon_0}\, E_0 \boldsymbol{e}_z \,. \tag{8.46}$$

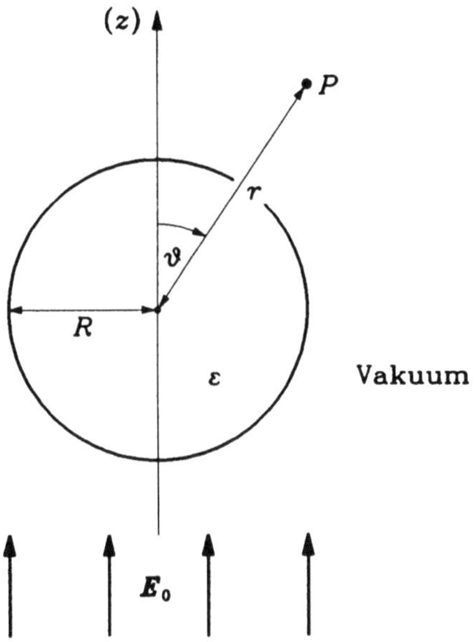

Bild 8.12

Setzt man das in die Gln. (8.13a,b) ein, dann ergibt sich

$$\boldsymbol{E}^{(pol)} = \begin{cases} -E_0 \dfrac{\varepsilon - \varepsilon_0}{\varepsilon + 2\,\varepsilon_0}\, \boldsymbol{e}_z \,, & r < R \,, \\[2ex] E_0 \dfrac{\varepsilon - \varepsilon_0}{\varepsilon + 2\,\varepsilon_0}\, R^3 \dfrac{1}{r^3} \,(2\cos\vartheta\, \boldsymbol{e}_r + \sin\vartheta\, \boldsymbol{e}_\vartheta) \,, & r > R \,. \end{cases}$$

Durch Überlagerung mit

$$\boldsymbol{E}_0 = E_0 \boldsymbol{e}_z = E_0 (\cos\vartheta\, \boldsymbol{e}_r - \sin\vartheta\, \boldsymbol{e}_\vartheta)$$

erhält man schließlich

$$\boldsymbol{E} = \begin{cases} E_0 \dfrac{3\,\varepsilon_0}{\varepsilon + 2\,\varepsilon_0} (\cos\vartheta\, \boldsymbol{e}_r - \sin\vartheta\, \boldsymbol{e}_\vartheta) \,, & r < R \,, \quad (8.47\text{a}) \\[2ex] E_0 \left[\left(2 \dfrac{\varepsilon - \varepsilon_0}{\varepsilon + 2\varepsilon_0} \dfrac{R^3}{r^3} + 1 \right) \cos\vartheta\, \boldsymbol{e}_r + \left(\dfrac{\varepsilon - \varepsilon_0}{\varepsilon + 2\varepsilon_0} \dfrac{R^3}{r^3} - 1 \right) \sin\vartheta\, \boldsymbol{e}_\vartheta \right] , & r > R \,. \quad (8.47\text{b}) \end{cases}$$

Zur Kontrolle bestätigt man, daß an der Kugeloberfläche, d.h. für $r = R$ die Tangentialkomponente von $\boldsymbol{E}$, hier also die ϑ-Komponente, stetig ist, wie es nach Gl. (8.38) sein muß. Es gilt nämlich

$$E_\vartheta^+ = E_0 \left(\frac{\varepsilon - \varepsilon_0}{\varepsilon + 2\,\varepsilon_0} - 1 \right) \sin\vartheta = -E_0 \frac{3\,\varepsilon_0}{\varepsilon + 2\,\varepsilon_0} \sin\vartheta \;,$$

$$E_\vartheta^- = -E_0 \frac{3\,\varepsilon_0}{\varepsilon + 2\,\varepsilon_0} \sin\vartheta \;,$$

wenn man die Außenseite der Kugeloberfläche zur Plus-Seite erklärt. Auch die Normalkomponente von $\boldsymbol{E}$, hier also die r-Komponente, verhält sich der Bedingung (8.41) entsprechend, wenn man $\varepsilon_1 = \varepsilon$ und $\varepsilon_2 = \varepsilon_0$ setzt. Es gilt nämlich

$$\varepsilon_0 E_r^+ = \varepsilon_0 E_0 \left(2 \frac{\varepsilon - \varepsilon_0}{\varepsilon + 2\,\varepsilon_0} + 1 \right) \cos\vartheta = \varepsilon_0 E_0 \frac{3\,\varepsilon}{\varepsilon + 2\,\varepsilon_0} \cos\vartheta \;,$$

$$\varepsilon E_r^- = \varepsilon E_0 \frac{3\,\varepsilon_0}{\varepsilon + 2\,\varepsilon_0} \cos\vartheta \;.$$

Der Feldverlauf ist in Bild 8.13 skizziert.

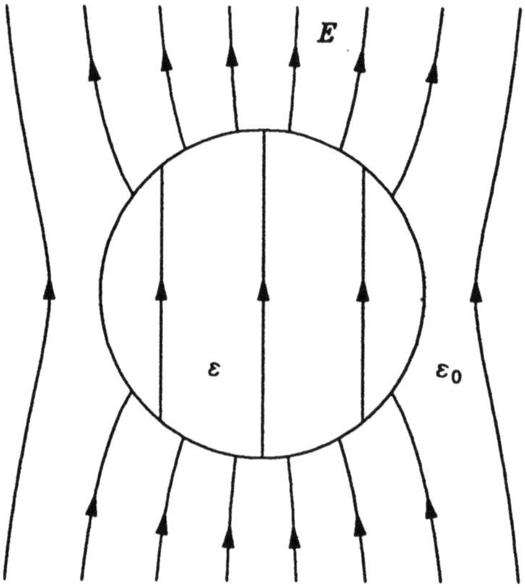

Bild 8.13

Dank der Vorarbeit in Beispiel 8.2.1a war es hier einfacher und anschaulicher mit $\boldsymbol{P}$ statt mit $\boldsymbol{D}$ zu rechnen.

8.5.3 Kapazität von Kondensatoren mit dielektrischen Stoffen

Bekanntlich erhält man die Kapazität C eines Kondensators, indem man zu gegebener Ladung Q die Spannung U ausrechnet (oder umgekehrt) und den Quotienten Q/U bildet. Solange der Raum zwischen den metallischen Belegungen leer ist, besteht kein Zweifel daran, daß mit Q freie Ladungen gemeint sind. Wie die Beispiele 8.5.2a,b jedoch gezeigt haben, können bei Anwesenheit dielektrischer Stoffe an einer oder an beiden Belegungen auch noch Polarisationsladungen auftreten. Es ist deshalb nicht überflüssig zu betonen, daß auch dann mit Q nur die freien Ladungen der betreffenden Belegung gemeint sind, also die Ladungen, die mit dem Ladestrom direkt zugeführt werden. Daher muß es genauer

$$C = \frac{Q_f}{U} \tag{8.48}$$

heißen.

Die Kondensatoren der Beispiele 8.5.2a,b haben also die Kapazitäten

$$C_a = \frac{\varepsilon_1 \varepsilon_0 \pi R^2}{\varepsilon_1 l_0 + \varepsilon_0 l_1}, \quad C_b = \frac{\pi [\varepsilon_0 (R^2 - R_1^2) + \varepsilon_1 R_1^2]}{l}, \tag{8.49a,b}$$

wie mit den Gln. (8.43) bzw. (8.45) folgt. Falls die Kondensatoren vollständig mit dem Dielektrikum erfüllt sind, erhält man in beiden Fällen

$$C = \frac{\varepsilon a}{l} = \frac{\varepsilon_r \varepsilon_0 a}{l} = \varepsilon_r C_0$$

wobei der Index "1" weggelassen und a für den Inhalt der Plattenflächen geschrieben wurde. C_0 ist nach Gl. (5.67) die Kapazität eines leeren Plattenkondensators.

Die Beziehung

$$C = \varepsilon_r C_0 \tag{8.50}$$

gilt auch für beliebig gebaute Kondensatoren, die *vollständig* mit einem *homogenen* Dielektrikum gefüllt sind.

Entsprechendes gilt für die im fünften Kapitel betrachteten Mehrleitersysteme: Die Werte der Kapazitätskoeffizienten und Teilkapazitäten erhöhen sich um ε_r, falls der *gesamte* Feldraum *homogen* mit einem Dielektrikum erfüllt wird und nur freie Ladungen in die Gln. (5.47) bzw. (5.70) eingehen.

9 Magnetisch polarisierbare Stoffe

Das makroskopisch beobachtbare magnetische Verhalten der Stoffe wird, ähnlich wie ihre dielektrischen Eigenschaften, auf das Zusammenwirken molekularer Dipole zurückgeführt. Wie im letzten Kapitel werden auch in diesem nur ruhende Materialien betrachtet (vgl. auch Abschnitt 9.7).

9.1 Ampèresche Kreisströme

Schon A.M. Ampère hat zur Erklärung magnetischer Eigenschaften der Materie angenommen, daß im molekularen Bereich Ströme zirkulieren. Noch heute spricht man daher von den "Ampèreschen Kreisströmen" und identifiziert sie mit Umlaufbewegung und Spin der Elektronen. Gemäß dem Bohrschen Atommodell bewegt sich jedes Atomelektron auf kreisförmiger Bahn um den als ruhend gedachten Atomkern (s. Bild 9.1a). Im zeitlichen Mittel entspricht dies einem konstanten Kreisstrom i, und dieser hat nach Gl. (6.21) ein magnetisches Dipolmoment $\boldsymbol{m}$ einschließlich des zugehörigen magnetischen Feldes. Zusätzlich besitzt jedes Elektron ein eigenes magnetisches Dipolmoment, dessen Betrag (so wie die Elektronenladung) unabhängig von äußeren Einflüssen ist. Dieses Dipolmoment ist Folge des Elektronen-Spins, einer quantenmechanischen Eigenschaft, die man grob als Eigenrotation des kugelförmig gedachten Elektrons beschreiben kann. Eine rotierende Kugel aus negativer Ladung stellt einen Kreisstrom um die Drehachse dar und besitzt folglich ein magnetisches Moment, dessen Richtung aus Bild 9.1b hervorgeht.

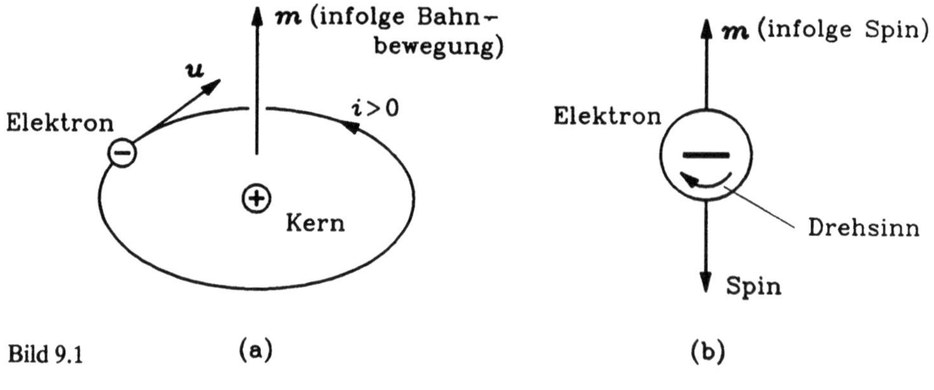

Bild 9.1

Umlaufbewegung und Spin der Elektronen sind die beiden Ursachen für das makroskopisch wirksame magnetische Moment von Atomen und Molekülen. Sie setzen sich nach quantenmechanischen Regeln zum jeweiligen Gesamtmoment zusammen.

9.1.1 Paramagnetismus

Atome oder Moleküle, bei denen sich die von der Umlaufbewegung und vom Spin der Elektronen herrührenden magnetischen Momente auch ohne äußeres Feld zu einem von null verschiedenen Gesamtdipolmoment des Atoms bzw. Moleküls addieren, heißen paramagnetisch. Substanzen aus derartigen Bausteinen sind als Ansammlungen von mikroskopischen Permanentmagneten zu betrachten, die infolge ihrer thermischen Bewegung regellos ausgerichtet sind, so daß sich ihre Wirkung nach außen im Mittel gegenseitig aufhebt. Legt man jedoch ein magnetisches Feld $\boldsymbol{B}_0$ an, so werden die molekularen Dipole annähernd in Richtung dieses Feldes gedreht, und zwar um so besser, je stärker das Feld und je schwächer die thermische Bewegung, d.h. je kleiner die Temperatur ist. Die von den teilweise ausgerichteten Dipolen ausgehenden mikroskopischen Felder überlagern sich jetzt zu einem von null verschiedenen makroskopischen Feld $\boldsymbol{B}^{(mag)}$.

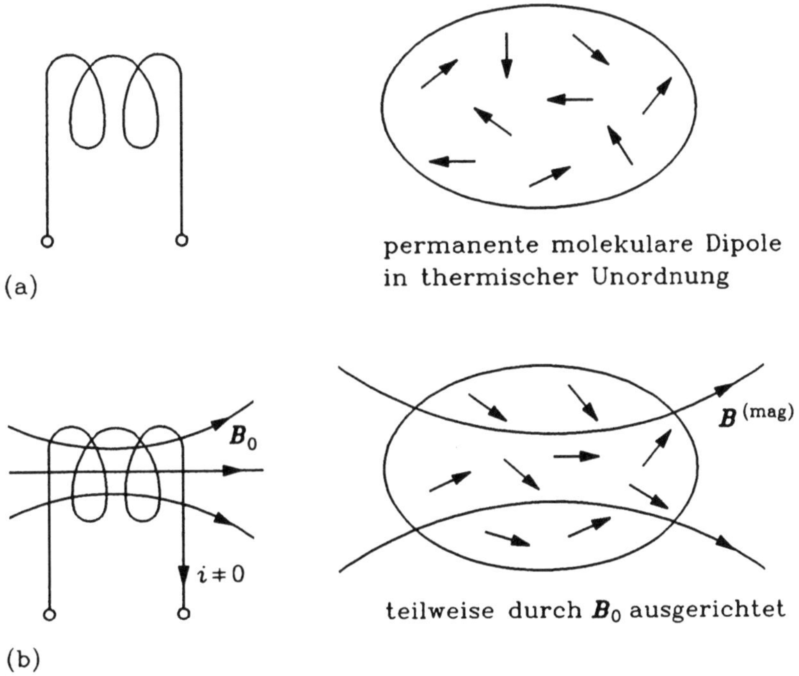

Bild 9.2

Schematisch ist das paramagnetische Verhalten in den Bildern 9.2a,b dargestellt. Experimentell erkennt man paramagnetische Stoffe daran, daß sie mit einer allgemein schwachen Kraft in diejenige Richtung eines angelegten magnetischen Feldes gezogen werden, in welche der Betrag des letzteren am stärksten zunimmt. Die Erklärung hierfür ergibt sich aus der im Bild 9.2b dargestellten Situation, die zeigt, daß sich bei Spule und paramagnetischer Probe *ungleichnamige* Pole gegenüberstehen, die sich anziehen (verbale Umschreibung für die Wechselwirkung zwischen Spulenstrom und den ausgerichteten molekularen Dipolen; vgl. auch Abschnitt 6.3.2).

Ein ähnliches Verhalten zeigen auch die später zu besprechenden ferromagnetischen Stoffe. Die dabei auftretenden Kräfte sind jedoch um Zehnerpotenzen größer.

Von den eingangs genannten beiden Ursachen des Paramagnetismus, nämlich Umlaufbewegung und Spin der Elektronen, ist die zweite, also der Elektronenspin, stark überwiegend. Der anschließend zu besprechende Diamagnetismus dagegen beruht allein auf der Umlaufbewegung von Elektronen.

9.1.2 Diamagnetismus

Sehr viele Atome und Moleküle besitzen kein permanentes magnetisches Moment. Bei ihnen addieren sich die von der Bahn- und Spin-Bewegung der Elektronen herrührenden magnetischen Momente zu null, wenn kein äußeres Feld vorhanden ist. Dies wird an Hand des Modellatoms von Bild 9.3a veranschaulicht, dessen beide Elektronen auf nahezu gleichen Bahnen mit entgegengesetzt gleichen Geschwindigkeiten und Spins umlaufen.

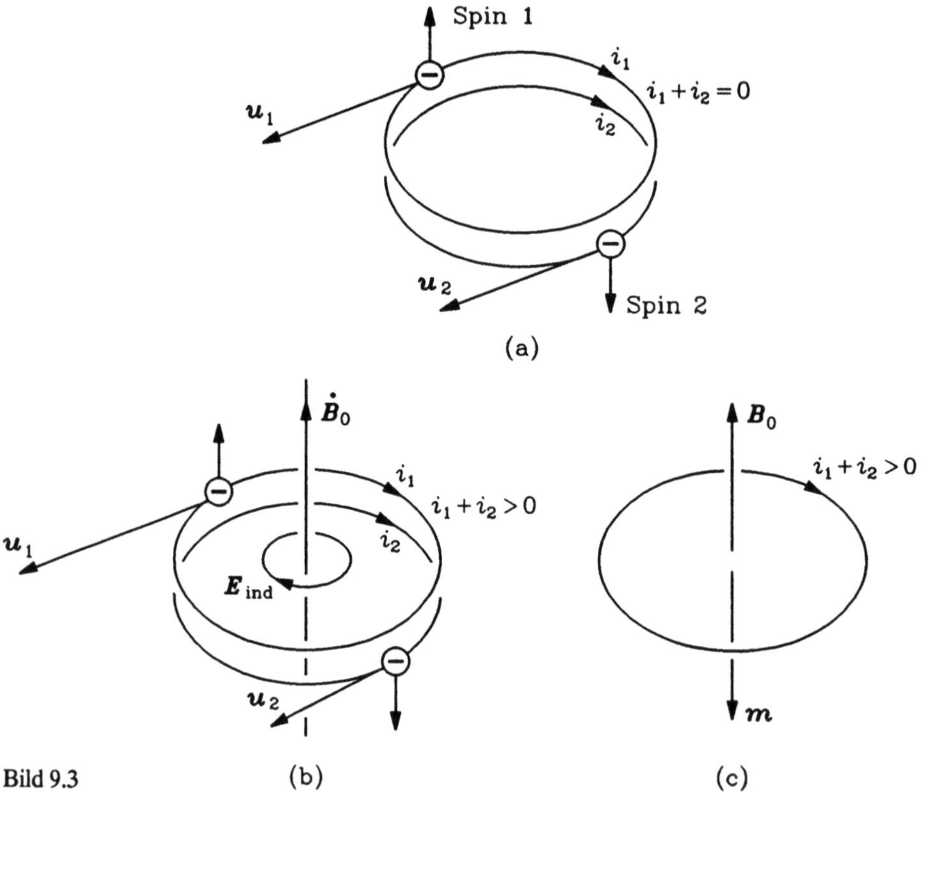

Bild 9.3

Nun werde parallel zur Umlaufachse ein magnetisches Feld $\boldsymbol{B}_0$ eingeschaltet. Während dieses Vorgangs herrscht, wie im Bild 9.3b dargestellt, ein induziertes elektrisches Feld $\boldsymbol{E}_{ind}$, welches beschleunigend auf Elektron 1 und bremsend auf Elektron 2 wirkt. Hat $\boldsymbol{B}_0$ einen zeitlich konstanten Wert erreicht, so heben sich die Kreisströme i_1 und i_2 nicht mehr auf, und das Modellatom besitzt gemäß Bild 9.3c ein magnetisches Moment $\boldsymbol{m}$, welches dem angelegten Feld $\boldsymbol{B}_0$ *entgegengerichtet* ist (von den Spins der beiden Elektronen wird angenommen, daß ihre Richtung unverändert bleibt). Schaltet man das äußere magnetische Feld wieder ab, dann verlaufen die beschriebenen Vorgänge in umgekehrter Richtung, bis schließlich das Atom kein magnetisches Moment mehr besitzt.

Stoffe, bei deren atomaren Bausteinen erst durch äußere magnetische Felder magnetische Momente induziert werden, nennt man diamagnetisch. Sie unterscheiden sich insbesondere dadurch von den paramagnetischen Substanzen, daß das von den induzierten magnetischen Dipolen erzeugte (makroskopisch gemittelte) Feld $\boldsymbol{B}^{(mag)}$ dem von außen angelegten Feld $\boldsymbol{B}_0$ entgegengerichtet ist. Dies ist in den Bildern 9.4a,b schematisch dargestellt.

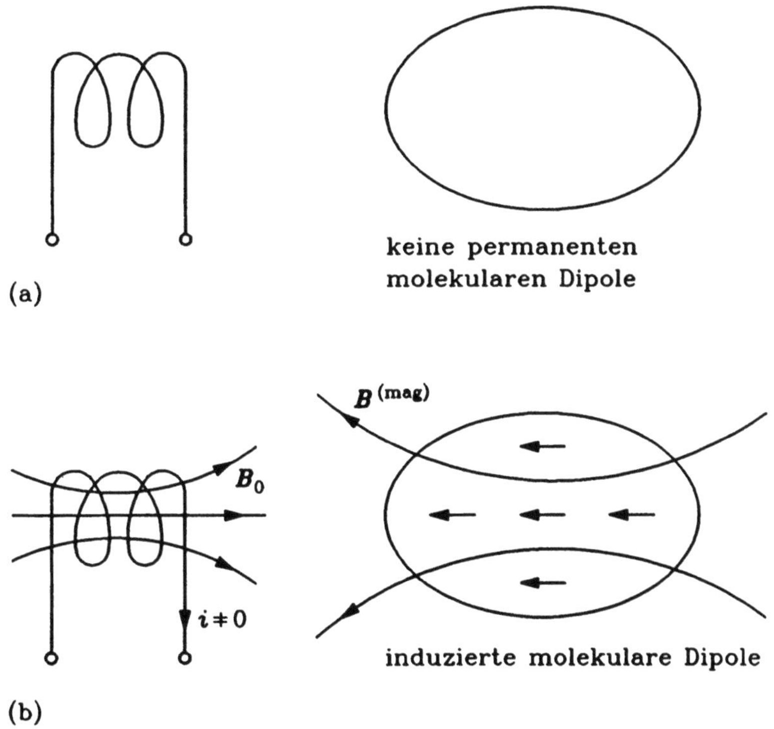

Bild 9.4

Auch paramagnetischen Molekülen wird durch den gleichen Mechanismus beim Einschalten eines äußeren magnetischen Feldes ein zusätzliches magnetisches Moment erteilt. Dieses ist jedoch schwächer als das bereits vorhandene.

Die vorausgegangenen groben Vorstellungen sollen nur plausibel machen, daß bei diamagnetischen Stoffen die induzierten magnetischen Momente dem angelegten Feld entgegengerichtet sind, was makroskopisch zu negativen Suszeptibilitäten führt (vgl. Abschnitt 9.5).

Fragen zu feineren Einzelheiten – etwa warum sich die beiden Elektronen nicht gegenseitig stören – sollen an das Modellatom gemäß Bild 9.3 gar nicht erst gestellt werden.

Experimentell erkennt man diamagnetische Stoffe daran, daß sie in diejenige Richtung eines angelegten magnetischen Feldes gezogen werden, in welche der Betrag des letzteren am stärksten abnimmt. Die Erklärung hierfür ergibt sich aus der im Bild 9.4b dargestellten Situation, die zeigt, daß sich bei Spule und diamagnetischer Probe *gleichnamige* Pole gegenüberstehen, die sich abstoßen (verbale Umschreibung für die Wechselwirkung zwischen Spulenstrom und den induzierten molekularen Dipolen; vgl. auch Abschnitt 6.3.2). Die auftretenden Kräfte sind oft noch schwächer als bei paramagnetischen Stoffen. Sie spielen technisch keine wesentliche Rolle verglichen mit ferromagnetischen Effekten.

9.1.3 Ferromagnetismus

Ferromagnetismus ist keine Eigenschaft einzelner Atome oder Moleküle, sondern ein kollektives Phänomen. Es resultiert aus einer nur quantenmechanisch verstehbaren Wechselwirkung zwischen Elektronenspins dicht gepackter Atome in Festkörpern. Jene Elektronenspins sind aus energetischen Gründen alle parallel ausgerichtet, und zwar in Bereichen, die etwa 10^{17} bis 10^{21} Atome enthalten. Diese Bereiche mit Volumeninhalten von $10^{-12}\,m^3$ bis $10^{-8}\,m^3$ werden Weißsche Bezirke genannt.

Bild 9.5a zeigt vier Weißsche Bezirke. Die Pfeile bedeuten die Dipolmomente, die sich als Summe der in jedem Weißschen Bezirk parallelen atomaren Dipolmomente ergeben. Die Trennflächen zweier Weißscher Bezirke heißen Blochwände.

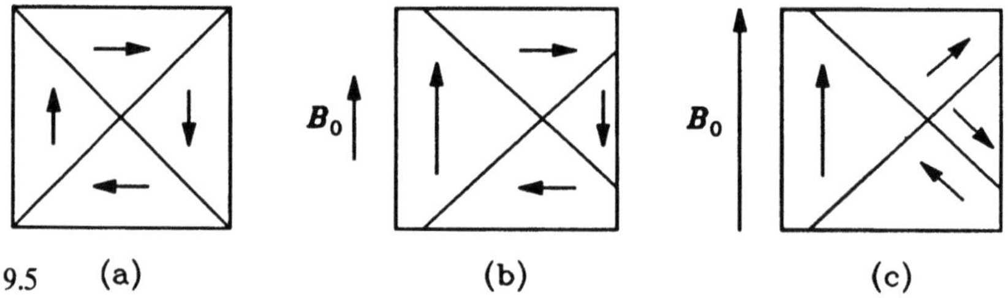

Bild 9.5

Legt man von außen ein magnetisches Feld $\boldsymbol{B}_0$ an, so verschieben sich die Blochwände derart, daß die Weißschen Bezirke mit günstiger Orientierung relativ zu $\boldsymbol{B}_0$ anwachsen auf Kosten der Bereiche mit ungünstiger Orientierung (s. Bild 9.5b). Dadurch resultiert im Mittel ein makroskopisches magnetisches Moment in Richtung von $\boldsymbol{B}_0$. Bei großem $|\boldsymbol{B}_0|$ werden zusätzlich die magnetischen Momente der Weißschen Bezirke mit ungünstiger Orientierung stärker in Feldrichtung gedreht (s. Bild 9.5c). Letzteres und die Wandverschiebungen sind von einem bestimmten Betrag des äußeren magnetischen Feldes an *irreversible* Vorgänge. Das heißt, daß nach Abschalten dieses Feldes ein makroskopisches magnetisches Moment verbleibt. Der ferromagnetische Körper ist dann zum Permanentmagneten geworden.

Für jede ferromagnetische Substanz gibt es eine bestimmte Temperatur, Curie-Temperatur genannt, bei deren Überschreiten der Ferromagnetismus in Paramagnetismus übergeht.

9.2 Magnetisierung (Magnetische Polarisation)

Als magnetisiert bezeichnet man eine Substanz dann, wenn ihre makroskopischen Volumenelemente $\mathrm{d}V$ ein von null verschiedenes magnetisches Dipolmoment $\mathrm{d}\boldsymbol{m}$ besitzen. Dieses ist jeweils die Summe der in $\mathrm{d}V$ enthaltenen mikroskopischen Dipolmomente, deren Entstehung mit oder ohne äußerem Feld in den vorausgehenden Abschnitten erläutert wurde. Die vektorielle Größe

$$\boldsymbol{M} = \frac{\mathrm{d}\boldsymbol{m}}{\mathrm{d}V} \tag{9.1}$$

heißt Magnetisierung. Sie charakterisiert als Funktion des Ortes und der Zeit den magnetischen Zustand eines Stoffes aus makroskopischer Sicht. (Gelegentlich wird mit der Größe $\mu_0 \boldsymbol{M}$ gerechnet, die magnetische Polarisation genannt wird.)

Bei ferromagnetischen Stoffen soll das makroskopische Volumenelement in Gl. (9.1) so groß sein, daß es noch sehr viele Weißsche Bezirke umfaßt. Eine andere für manche Zwecke sinnvolle Möglichkeit ist es, die Abmessungen von $\mathrm{d}V$ klein gegenüber einem Weißschen Bezirk, aber noch groß gegen den Atomabstand zu wählen. Hiervon wird im folgenden jedoch abgesehen.

9.3 Magnetisierungsströme

Die makroskopisch gemittelten atomaren Kreisströme, auf die man gemäß den Ausführungen vorausgegangener Abschnitte die Magnetisierung eines Körpers zurückführt, heißen Magnetisierungsströme. Sie werden durch eine Flächenstromdichte $\boldsymbol{K}_{mag}$ auf der Oberfläche und durch eine räumliche Stromdichte $\boldsymbol{J}_{mag}$ im Inneren des Körpers beschrieben. Der Zusammenhang dieser Dichten mit der Magnetisierung $\boldsymbol{M}$ wird in diesem Abschnitt hergeleitet.

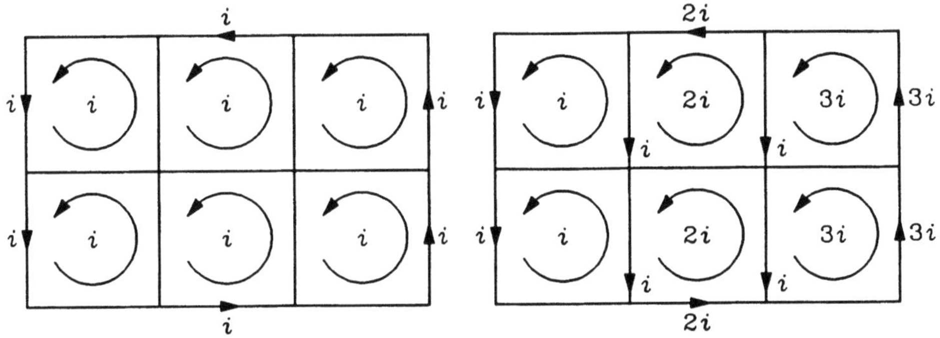

Bild 9.6 (a) (b)

Vor der formalen Ableitung der gesuchten Beziehungen wird ein einfaches Modell betrachtet. Im Bild 9.6a sind sechs atomare Kreisströme mit der gleichen Stärke i dargestellt, was einer homogenen Magnetisierung entspricht. Ihre Überlagerung ergibt einen "Oberflächenstrom" der Stärke i. Im Bild 9.6b haben horizontal benachbarte Kreisströme verschiedene Stärken, die einer von links nach rechts zunehmenden Magnetisierung entsprechen. Ihre Überlagerung ergibt neben einem örtlich variablen "Oberflächenstrom" auch "Volumenströme" der Stärke i.

Bild 9.7 stellt einen magnetisierten Körper im Vakuum dar mit dem Innenbereich G und der Oberfläche S. Die Magnetisierung kann entweder permanent oder durch ein äußeres Feld $\boldsymbol{B}_0$ verursacht sein. In beiden Fällen wird das von den Magnetisierungsströmen hervorgerufene (makroskopische) magnetische Feld mit $\boldsymbol{B}^{(mag)}$ und das zugehörige Vektorpotential mit $\boldsymbol{A}^{(mag)}$ bezeichnet.

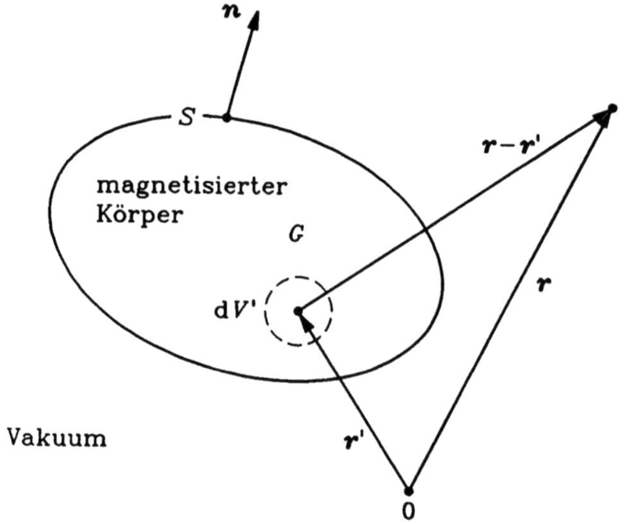

Bild 9.7

Ein herausgegriffenes Volumenelement $\mathrm{d}V'$ hat nach Gl. (9.1) das Dipolmoment

$$\mathrm{d}\boldsymbol{m} = \boldsymbol{M}\,\mathrm{d}V'$$

und liefert deshalb gemäß Gl. (6.25) den Beitrag

$$\mathrm{d}\boldsymbol{A}^{(mag)} = \frac{\mu_0}{4\pi}\,\frac{\boldsymbol{M}(\boldsymbol{r}')\times(\boldsymbol{r}-\boldsymbol{r}')}{|\boldsymbol{r}-\boldsymbol{r}'|^3}\,\mathrm{d}V'$$

zum Vektorpotential $\boldsymbol{A}^{(mag)}$ im Punkt $\boldsymbol{r}$. Es gilt also

$$\boldsymbol{A}^{(mag)}(\boldsymbol{r}) = \frac{\mu_0}{4\pi}\iiint_G \frac{\boldsymbol{M}(\boldsymbol{r}')\times(\boldsymbol{r}-\boldsymbol{r}')}{|\boldsymbol{r}-\boldsymbol{r}'|^3}\,\mathrm{d}V' . \tag{9.2}$$

Dies kann mit Hilfe der Beziehungen

$$\frac{\boldsymbol{r}-\boldsymbol{r}'}{|\boldsymbol{r}-\boldsymbol{r}'|^3} = \mathrm{grad}'\,\frac{1}{|\boldsymbol{r}-\boldsymbol{r}'|} ,$$

$$\mathrm{rot}'\,\frac{\boldsymbol{M}(\boldsymbol{r}')}{|\boldsymbol{r}-\boldsymbol{r}'|} = \frac{1}{|\boldsymbol{r}-\boldsymbol{r}'|}\,\mathrm{rot}'\boldsymbol{M}(\boldsymbol{r}') + \mathrm{grad}'\,\frac{1}{|\boldsymbol{r}-\boldsymbol{r}'|}\times\boldsymbol{M}(\boldsymbol{r}') ,$$

die aus den Gln. (1.69a,b) und (1.36d) folgen, in die Form

$$\boldsymbol{A}^{(mag)}(\boldsymbol{r}) = \frac{\mu_0}{4\pi}\left[\iiint_G \frac{\text{rot}'\boldsymbol{M}(\boldsymbol{r}')}{|\boldsymbol{r}-\boldsymbol{r}'|}\,\mathrm{d}V' - \iiint_G \text{rot}'\frac{\boldsymbol{M}(\boldsymbol{r}')}{|\boldsymbol{r}-\boldsymbol{r}'|}\,\mathrm{d}V'\right]$$

gebracht werden. Das Raumintegral nach dem Minuszeichen kann mit dem Satz von Gauß für die Rotation (1.41) in ein Oberflächenintegral verwandelt werden, so daß schließlich

$$\boldsymbol{A}^{(mag)}(\boldsymbol{r}) = \frac{\mu_0}{4\pi}\left[\iiint_G \frac{\text{rot}'\boldsymbol{M}(\boldsymbol{r}')}{|\boldsymbol{r}-\boldsymbol{r}'|}\,\mathrm{d}V' + \oiint_S \frac{\boldsymbol{M}(\boldsymbol{r}')\times\boldsymbol{n}}{|\boldsymbol{r}-\boldsymbol{r}'|}\,\mathrm{d}a'\right] \tag{9.3}$$

folgt.

Ein Vergleich dieses Ergebnisses mit den Gln. (6.10) und (6.12a) zeigt, daß die Integrale in Gl. (9.3) den Beiträgen einer räumlichen bzw. flächenhaften Stromverteilung zum Vektorpotential entsprechen. Es ist daher naheliegend, die Integranden als Magnetisierungsströme zu deuten, für deren Zusammenhang mit der Magnetisierung $\boldsymbol{M}$ also

$$\boldsymbol{J}_{mag} = \text{rot}\,\boldsymbol{M} \tag{9.4}$$

und

$$\boldsymbol{K}_{mag} = \boldsymbol{M}\times\boldsymbol{n} \tag{9.5}$$

folgt. Diese wichtigen Beziehungen sind das Analogon zu den Gln. (8.8) bzw. (8.9) für elektrisch polarisierte Körper.

Haben zwei magnetisierte Körper wie in Bild 9.8 eine gemeinsame Grenzfläche S mit dem zugehörigen Normalenvektor $\boldsymbol{n}$, so kann der dort fließende gesamte flächenhafte Magnetisierungsstrom $\boldsymbol{K}_{mag}$ gemäß

$$\boldsymbol{K}_{mag} = \boldsymbol{K}^+_{mag} + \boldsymbol{K}^-_{mag}$$

zerlegt werden, wobei nach Gl. (9.5)

$$\boldsymbol{K}^+_{mag} = \boldsymbol{M}^+\times(-\boldsymbol{n})\,, \qquad \boldsymbol{K}^-_{mag} = \boldsymbol{M}^-\times\boldsymbol{n}$$

gilt. Mit der Definition (3.62) ergibt sich also die Grenzbedingung

$$\text{Rot}\,\boldsymbol{M} = \boldsymbol{n}\times(\boldsymbol{M}^+ - \boldsymbol{M}^-) = \boldsymbol{K}_{mag}\,. \tag{9.6}$$

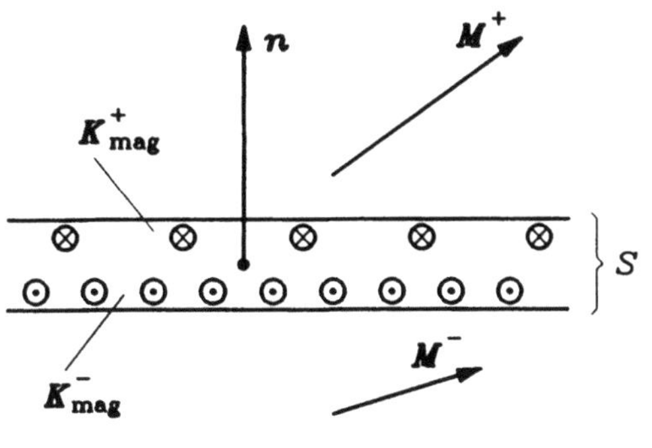

Bild 9.8

Die Gln. (9.4) und (9.6) gelten lokal, d.h. punktweise, und sie besagen in jeweils anderer mathematischer Form, daß die Wirbel der Magnetisierung gleich den Magnetisierungsströmen sind. Das globale Gegenstück zu diesen Gleichungen mit derselben Aussage lautet also

$$\oint_K \boldsymbol{M} \cdot \mathrm{d}\boldsymbol{r} = I_{mag} \ . \tag{9.7}$$

Dabei bedeutet I_{mag} die gesamte Stärke der Magnetisierungsströme durch eine von K berandete, ansonsten beliebige Kontrollfläche. Die Zählrichtung von I_{mag} und die Orientierung von K müssen natürlich rechtshändig zueinander sein.

Aus Gl. (9.4) folgt wegen $\operatorname{div}\operatorname{rot}\cdots \equiv 0$ unmittelbar

$$\operatorname{div} \boldsymbol{J}_{mag} = 0 \ , \tag{9.8a}$$

also die grundsätzliche Quellenfreiheit des räumlichen Magnetisierungsstromes. Dies ist anschaulich zu erwarten, da er sich aus geschlossenen atomaren Kreisströmen zusammensetzt. Aus dem gleichen Grund muß er dort, wo er von innen her auf die Oberfläche des magnetisierten Körpers trifft, vollständig, d.h. ohne Ladungsanhäufungen in den Magnetisierungsstrom der Oberfläche übergehen. Das gesamte System der Magnetisierungsströme ist somit quellenfrei. Das kann man global durch

$$\overset{\circ}{I}_{mag} = 0 \tag{9.8b}$$

ausdrücken, wenn man unter $\overset{\circ}{I}_{mag}$ den gesamten irgendwie verteilten Magnetisierungsstrom durch eine beliebige Hüllfläche versteht.

Die Beziehungen (9.4), (9.5) konnten hier nur an Hand des statischen Vektorpotentials begründet werden. Eine ähnliche Rechnung, wie die von Gl. (9.2) zur Gl. (9.3), kann aber auch mit den retardierten Potentialen durchgeführt werden. Wer sich im Anschluß an Kapitel 11 dafür interessiert, findet eine sehr übersichtliche Darstellung bei Born/Wolf im Abschnitt 2.2.1 (Polarisationsladungen, Polarisationsströme und Magnetisierungsströme werden, komplementär zur hiesigen Nomenklatur, dort "freie" Ladungen bzw. Ströme genannt).

9.3.1 Beispiele

a) Bild 9.9 zeigt einen kreiszylindrischen Permanentmagneten, von dessen Magnetisierung $\boldsymbol{M}_0 = M_0 \boldsymbol{e}_z$ angenommen wird, daß sie im ganzen Körper homogen ist.

Hier treten Magnetisierungsströme nur an der Oberfläche auf, da im Inneren wegen der Gl. (9.4) und der homogenen Magnetisierung

$$\boldsymbol{J}_{mag} = \operatorname{rot} \boldsymbol{M}_0 = \boldsymbol{0}$$

gilt.

Für die Magnetisierungsströme an der Oberfläche des Körpers ergibt sich durch Anwendung der Gl. (9.5)

$$\boldsymbol{K}_{mag} = \begin{cases} M_0\, \boldsymbol{e}_z \times \boldsymbol{e}_\rho = M_0\, \boldsymbol{e}_\alpha & \text{auf der Mantelfläche ,} \\ M_0\, \boldsymbol{e}_z \times (\pm \boldsymbol{e}_z) = \boldsymbol{0} & \text{auf den Stirnflächen.} \end{cases}$$

Dieser Strombelag ist praktisch der gleiche wie bei einer einlagig (und gleichmäßig eng) bewickelten Spule (ohne Kern), wenn sie die Gestalt des betrachteten Permanentmagneten hat. Dieser hat also das gleiche magnetische Feld wie die entsprechende Spule. Es wird mit $\boldsymbol{B}^{(mag)}$ bezeichnet und ist im Bild 9.9 angedeutet. Man beachte, daß es an den Stirnflächen, wo $\boldsymbol{K}_{mag} = \boldsymbol{0}$ ist, stetig (ohne Knick) verläuft, am flächenhaft verteilten Magnetisierungsstrom jedoch unstetig ist. Der dort auftretende Feldlinienknick entspricht der Grenzbedingung (3.68), die für Flächenströme jeder Art gilt. Sie fordert hier einen Sprung der Tangentialkomponenten von $\boldsymbol{B}^{(mag)}$.

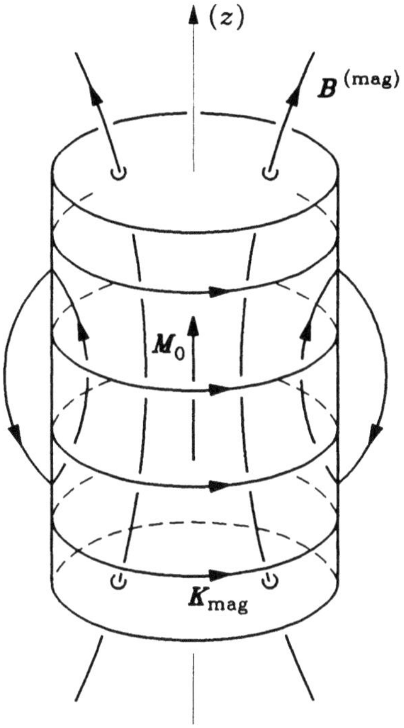

Bild 9.9

b) Eine Kugel (Radius R) im Vakuum ist homogen magnetisiert ($\boldsymbol{M}_0 = M_0 \boldsymbol{e}_z$, s. Bild 9.10). Die Ursache dafür (etwa eine permanente Magnetisierung) spielt hier keine Rolle. Das zugehörige Magnetfeld $\boldsymbol{B}^{(mag)}$ wird von den Magnetisierungsströmen erzeugt, deren Verteilung daher als erstes berechnet werden muß. Dabei liegen Kugelkoordinaten wie in Bild 8.12 zu Grunde.

Da hier die Magnetisierung innerhalb der Kugel eine Konstante ist, fließen dort wegen Gl. (9.4) keine räumlich verteilten Magnetisierungsströme. Deren auf die Kugeloberfläche beschränkte Verteilung errechnet sich aus Gl. (9.5) zu

$$\boldsymbol{K}_{mag} = M_0 \boldsymbol{e}_z \times \boldsymbol{e}_r = M_0 \sin\vartheta \, \boldsymbol{e}_\alpha \;.$$

Prinzipiell könnte man daraus per Gl. (6.12b) und anschließender Rotationsbildung, letztlich also mittels der Biot-Savart-Formel, das gesuchte Feld $\boldsymbol{B}^{(mag)}$ berechnen. Viel einfacher gelangt man jedoch zum Ziel, wenn man beachtet, daß die Wirbel von $\boldsymbol{B}^{(mag)}$ wegen Gl. (3.68) durch

$$\operatorname{Rot} \boldsymbol{B}^{(mag)} \big|_R = \mu_0 M_0 \sin\vartheta \, \boldsymbol{e}_\alpha \qquad (9.9)$$

gegeben sind. Das ist geometrisch die gleiche Wirbelverteilung wie diejenige des Feldes $\boldsymbol{D}^{(pol)}$ in Beispiel 8.4.1 gemäß Gl. (8.30). Dieses Feld hat, da keine freien Ladungen vorhanden sind, zudem im Raum keine Quellen. Letzteres aber ist eine allgemeine Eigenschaft jeden $\boldsymbol{B}$-Feldes, hier speziell von $\boldsymbol{B}^{(mag)}$. Die Felder $\boldsymbol{D}^{(pol)}$ und $\boldsymbol{B}^{(mag)}$ stimmen also bis auf die Faktoren P_0 und $\mu_0 M_0$ überein (bei "natürlichen" Randbedingungen auf der Fernkugel; vgl. Abschnitt 1.10). Mit der Entsprechung $P_0 \hat{=} \mu_0 M_0$ erhält man schließlich an Hand der Gln. (8.29a,b) das hier vorliegende Feld

$$\boldsymbol{B}^{(mag)} = \begin{cases} \frac{2}{3}\mu_0 M_0 \boldsymbol{e}_z, & r < R, \quad (9.10a) \\ \frac{\mu_0 M_0 R^3}{3} \frac{1}{r^3} (2\cos\vartheta\, \boldsymbol{e}_r + \sin\vartheta\, \boldsymbol{e}_\vartheta), & r > R. \quad (9.10b) \end{cases}$$

Es ist in Bild 9.10 dargestellt, welches bis auf Umbenennungen dem Bild 8.8 gleicht.

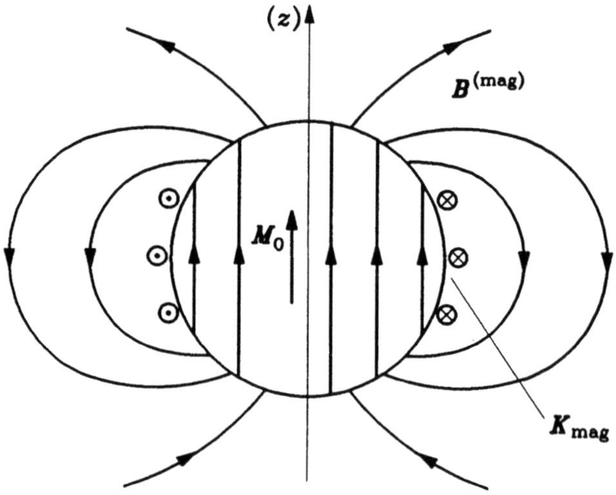

Bild 9.10

9.4 Freie Ströme und magnetische Feldstärke

Die Grundgleichung

$$\frac{1}{\mu_0} \operatorname{rot} \boldsymbol{B} = \boldsymbol{J} + \varepsilon_0 \dot{\boldsymbol{E}}$$

gilt unabhängig davon, auf welche Art der Strom mit der Dichte $\boldsymbol{J}$ realisiert wird. Es kann sich also bei $\boldsymbol{J}$ um die Stromdichte $\boldsymbol{J}_f$ der im Abschnitt 8.4 definierten freien Ladungen handeln, um die Polarisationsstromdichte $\boldsymbol{J}_{pol}$ oder schließlich um die zuletzt besprochene Magnetisierungsstromdichte $\boldsymbol{J}_{mag}$. Dementsprechend wird die Stromdichte $\boldsymbol{J}$ in drei Summanden zerlegt:

$$\boldsymbol{J} = \boldsymbol{J}_f + \boldsymbol{J}_{mag} + \boldsymbol{J}_{pol} . \tag{9.11}$$

Hiermit geht die ursprüngliche Form der vierten Maxwell-Gleichung über in

$$\frac{1}{\mu_0} \operatorname{rot} \boldsymbol{B} = \boldsymbol{J}_{mag} + \boldsymbol{J}_f + \boldsymbol{J}_{pol} + \varepsilon_0 \dot{\boldsymbol{E}} \; . \tag{9.12}$$

An Hand der Beziehungen (8.15) und (9.4) kann dies weiter umgeformt werden in

$$\operatorname{rot} \left(\frac{\boldsymbol{B}}{\mu_0} - \boldsymbol{M} \right) = \boldsymbol{J}_f + (\dot{\boldsymbol{P}} + \varepsilon_0 \dot{\boldsymbol{E}})$$

bzw.

$$\operatorname{rot} \left(\frac{\boldsymbol{B}}{\mu_0} - \boldsymbol{M} \right) = \boldsymbol{J}_f + \dot{\boldsymbol{D}} \; , \tag{9.13}$$

wenn man die Definitionsgleichung (8.20) der Verschiebungsdichte berücksichtigt. Man faßt die Kombination $(\boldsymbol{B}/\mu_0) - \boldsymbol{M}$ als neues Vektorfeld auf, definiert durch

$$\boldsymbol{H} := \frac{\boldsymbol{B}}{\mu_0} - \boldsymbol{M} \; . \tag{9.14}$$

Damit geht Gl. (9.13) schließlich über in die Form

$$\operatorname{rot} \boldsymbol{H} = \boldsymbol{J}_f + \dot{\boldsymbol{D}} \; , \tag{9.15}$$

in der die Magnetisierung bzw. die zugehörigen Ströme nicht mehr explizit auftreten. Das bringt wie die Einführung von $\boldsymbol{D}$ oft erhebliche rechnerische Vorteile.

Der aus den Gründerjahren der Elektrodynamik überkommene Name für $\boldsymbol{H}$ ist magnetische Feldstärke, obwohl nur vom Bestandteil $\boldsymbol{B}$ magnetische Kräfte ausgehen. In diesem Buch wird meist neutral vom $\boldsymbol{H}$-Feld gesprochen und dieses als rechnerisches Hilfsfeld angesehen ohne eigene physikalische Bedeutung. Mit dem Terminus "magnetisches Feld" bzw. "Magnetfeld" ist hier immer $\boldsymbol{B}$ gemeint.

Nach Gl. (9.15) fallen die Wirbel von $\boldsymbol{H}$ mit den freien Strömen und den Verschiebungsströmen zusammen. Das läßt sich in bekannter Weise auch integral formulieren:

$$\oint_K \boldsymbol{H} \cdot \mathrm{d}\boldsymbol{r} = I_f + \iint_S \dot{\boldsymbol{D}} \cdot \mathrm{d}\boldsymbol{a} \; , \tag{9.16a}$$

wobei I_f die gesamte freie Stromstärke bezüglich der Kontrollfläche S ist, die wiederum im rechtshändigen Sinn von K berandet wird. Unter statischen Bedingungen gilt

$$\oint_K \boldsymbol{H} \cdot \mathrm{d}\boldsymbol{r} = I_f \; . \tag{9.16b}$$

Diese Gleichung stellt das mit $\boldsymbol{H}$ formulierte Durchflutungsgesetz (3.25) dar. In der Literatur heißt I_f die Durchflutung (Symbol Θ).

Das $\boldsymbol{H}$-Feld hat im allgemeinen auch Quellen. Aus der Definitionsgleichung (9.14) folgt nämlich

$$\operatorname{div} \boldsymbol{H} = -\operatorname{div} \boldsymbol{M} \; , \tag{9.17a}$$

$$\oiint \boldsymbol{H} \cdot \mathrm{d}\boldsymbol{a} = -\oiint \boldsymbol{M} \cdot \mathrm{d}\boldsymbol{a} \; , \tag{9.17b}$$

da $\boldsymbol{B}$ quellenfrei ist. Die Quellen von $\boldsymbol{H}$ fallen also mit denen von $\boldsymbol{M}$ zusammen. Das $\boldsymbol{H}$-Feld kann daher nicht (wie das $\boldsymbol{B}$-Feld) global aus einem Vektorpotential abgeleitet werden.

Auch Flächenstromdichten werden analog zur Gl. (9.11) gemäß

$$\boldsymbol{K} = \boldsymbol{K}_{mag} + \boldsymbol{K}_f$$

zerlegt (flächenhafte Polarisationsströme werden hier nicht betrachtet). Setzt man das in Gl. (3.68) ein, so erhält man zunächst

$$\frac{1}{\mu_0} \operatorname{Rot} \boldsymbol{B} = \boldsymbol{K}_{mag} + \boldsymbol{K}_f \tag{9.18}$$

und mit Gl. (9.6) sowie der Definition (9.14) schließlich

$$\operatorname{Rot} \boldsymbol{H} = \boldsymbol{n} \times (\boldsymbol{H}^+ - \boldsymbol{H}^-) = \boldsymbol{K}_f \tag{9.19}$$

als eine der Grenzbedingungen für $\boldsymbol{H}$. Die andere folgt wegen Gl. (3.67) unmittelbar aus der Definition (9.14):

$$\operatorname{Div} \boldsymbol{H} = -\operatorname{Div} \boldsymbol{M} = -\boldsymbol{n} \cdot (\boldsymbol{M}^+ - \boldsymbol{M}^-) \,. \tag{9.20}$$

9.4.1 Beispiele

a) Die in Bild 6.9 des Beispiels 6.4.2 dargestellte Ringspule soll jetzt vollständig mit einem stofflich homogenen, magnetisierbaren Kern ausgefüllt sein (Bild 9.11). Die N (dicht und gleichmäßig gewickelten) Windungen der Spule sind von einem Gleichstrom i durchflossen, der nach Beispiel 6.4.2 das Feld

$$\boldsymbol{B}^{(i)} = \begin{cases} \boldsymbol{0}\,, & \text{außerhalb der Spule,} \\ \dfrac{\mu_0 N i}{2\pi\rho}\,\boldsymbol{e}_\alpha\,, & \text{innerhalb der Spule} \end{cases}$$

erzeugt.

Das magnetisierbare Kernmaterial kann para-, dia- oder ferromagnetisch sein. Ist letzteres der (vor allem interessierende) Fall, dann soll vor dem Einschalten des Spulenstromes keine permanente Magnetisierung vorliegen, es soll also anfänglich $\boldsymbol{M}_{Kern} = \boldsymbol{0}$ überall im Kern gelten. Bei dia- und paramagnetischen Substanzen ist das selbstverständlich. In allen Fällen ist dann $\boldsymbol{B}^{(i)}$ die primäre Ursache der jetzt ($i \neq 0$) vorliegenden Magnetisierung, für die man daher

$$\boldsymbol{M}_{Kern} = M_\alpha(\rho)\,\boldsymbol{e}_\alpha \tag{9.21}$$

ansetzen wird.

Solange $\boldsymbol{M}_{Kern}$ nicht vollständig bekannt ist, kann das von den Magnetisierungsströmen zusätzlich zu $\boldsymbol{B}^{(i)}$ erzeugte $\boldsymbol{B}^{(mag)}$ nicht bestimmt werden. Der Ansatz (9.21) reicht aber aus, um hier das $\boldsymbol{H}$-Feld anzugeben. Bei leerer Spule würde nur $\boldsymbol{B}^{(i)}$ herrschen und somit die magnetische Feldstärke

$$\boldsymbol{H} = \begin{cases} \boldsymbol{0}\,, & \text{außerhalb der Spule,} \qquad (9.22a) \\ \dfrac{N i}{2\pi\rho}\,\boldsymbol{e}_\alpha\,, & \text{innerhalb der Spule.} \qquad (9.22b) \end{cases}$$

Dazu kommt eventuell noch ein Summand $\boldsymbol{H}_{zus}$, der durch den magnetisierten Kern bedingt ist. Da der Spulenstrom i hier der einzige freie Strom ist, hat $\boldsymbol{H}_{zus}$ keine Wirbel. Ferner folgt mit dem Ansatz (9.21) einerseits

$$\operatorname{div}\left[M_\alpha(\rho)\,\boldsymbol{e}_\alpha\right] = \frac{1}{\rho}\,\frac{\partial M_\alpha(\rho)}{\partial \alpha} = 0$$

im Kerninneren und andererseits

$$\operatorname{Div}\boldsymbol{M}\;\big|_{KO} = \boldsymbol{n}\cdot(\boldsymbol{0} - \boldsymbol{M}_{Kern})\,\big|_{KO} = 0$$

an der Kernoberfläche (Abkürzung KO), wobei $\boldsymbol{n}$ die Einheitsvektoren $\pm\boldsymbol{e}_\rho$ und $\pm\boldsymbol{e}_z$ durchläuft. Somit hat $\boldsymbol{H}_{zus}$ hier auch keine Quellen, denn diese sind, wie Gl. (9.17b) global ausdrückt, bis auf das Vorzeichen identisch mit den Quellen von $\boldsymbol{M}$. Ein Vektorfeld aber, das im Endlichen weder Quellen noch Wirbel hat, ist (zumindest für die Alltagsphysik) überall gleich null. Also stellen die Gln. (9.22a,b) schon das Endresultat dar.

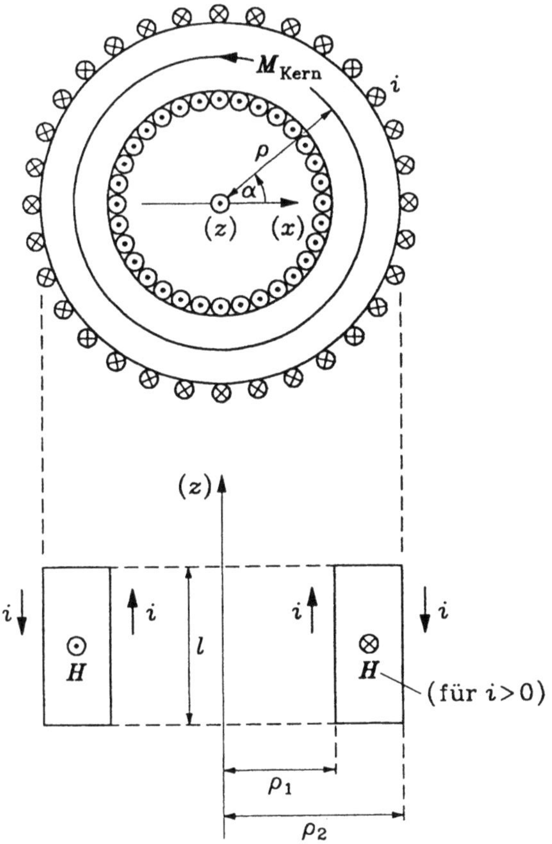

Bild 9.11:

Mit dem Ansatz (9.21) folgt insbesondere die Gl. (9.22a), so daß außerhalb der Spule mit $\boldsymbol{H}$ auch $\boldsymbol{B}$ verschwindet. Das wiederum ist einer experimentellen Überprüfung zugänglich, wodurch dann indirekt jener nur plausible Ansatz mehr oder weniger gut unterstützt wird.

Man beachte, daß hier das $\boldsymbol{H}$-Feld im Inneren der Spule verschwindet, wenn der freie Strom i abgeschaltet wird, und zwar auch dann, wenn bei ferromagnetischem Material eine permanente Magnetisierung verbleibt. Dies kann jedoch im allgemeinen nicht auf geometrisch andere Anordnungen übertragen werden, wie das folgende Beispiel zeigt, wo trotz fehlender freier Ströme das $\boldsymbol{H}$-Feld von null verschieden ist, weil es Quellen hat.

b) Es wird noch einmal der schon im Beispiel 9.3.1a behandelte homogen magnetisierte kreiszylindrische Permanentmagnet nach Bild 9.9 untersucht, und zwar jetzt hinsichtlich des $\boldsymbol{H}$-Feldes. Dieses hat (im Gegensatz zum letzten Beispiel) keine Wirbel, da keine freien Ströme fließen. Es hat aber (auch im Gegensatz zum letzten Beispiel) Quellen an beiden Stirnflächen. Mit Gl. (9.17a) folgt nämlich zunächst $\operatorname{div}\boldsymbol{H} = -\operatorname{div}\boldsymbol{M}_0 = 0$, also die Tatsache, daß $\boldsymbol{H}$ innerhalb des Magneten keine räumlich verteilten Quellen hat. Solche können also nur auf der Oberfläche sitzen, wo sie jetzt (bezugnehmend auf Bild 9.9) mittels Gl. (9.20) berechnet werden:

$$\operatorname{Div}\boldsymbol{H} = \begin{cases} -\boldsymbol{e}_\rho \cdot (\boldsymbol{0} - M_0\boldsymbol{e}_z) = 0 \,, & \text{Mantelfläche} \,, \\ -\boldsymbol{e}_z \cdot (\boldsymbol{0} - M_0\boldsymbol{e}_z) = M_0 \,, & \text{obere Stirnfläche} \,, \\ -(-\boldsymbol{e}_z) \cdot (\boldsymbol{0} - M_0\boldsymbol{e}_z) = -M_0 \,, & \text{untere Stirnfläche} \,. \end{cases}$$

Dieser Quellenbelag stimmt mit dem Ladungsbelag der Anordnung nach Bild 8.7 geometrisch überein. Das dort dargestellte elektrostatische Feld ist naturgemäß wirbelfrei, so wie hier das $\boldsymbol{H}$-Feld wegen fehlender freier Ströme. Also haben beide Felder den gleichen geometrischen Verlauf.

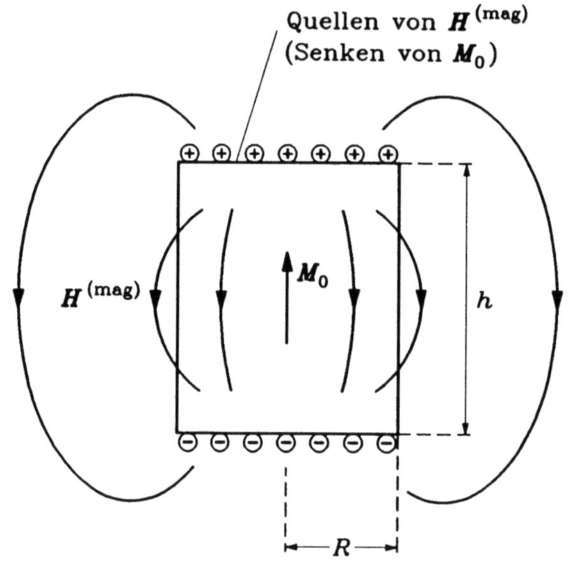

Bild 9.12

Bild 9.12 zeigt einige $\boldsymbol{H}^{(mag)}$-Linien, wobei die Bezeichnungsweise daran erinnern soll, daß das $\boldsymbol{H}$-Feld hier ausschließlich durch die Magnetisierung bedingt ist. Die Quellen von $\boldsymbol{H}^{(mag)}$ sind wie Ladungen dargestellt, was natürlich nur formal gemeint sein kann.

Läßt man hier, wie zuletzt auch in Beispiel 8.2.1b, den Radius R (s. Bild 9.12) bei festem h gegen unendlich streben, dann wird $\boldsymbol{H}^{(mag)}$ innerhalb der unendlichen Scheibe zuletzt homogen. Quantitativ erhält man durch sinngemäße Übersetzung der Gln. (8.14a,b)

$$\boldsymbol{H}^{(mag)} = \begin{cases} \boldsymbol{0}\ , & \text{außerhalb für } R \to \infty\ , \qquad (9.23a) \\ -\boldsymbol{M}_0\ , & \text{innerhalb für } R \to \infty\ . \qquad (9.23b) \end{cases}$$

Das bedeutet wegen Gl. (9.14), daß innerhalb der unendlich ausgedehnten und homogen (senkrecht zu den Oberflächen) magnetisierten Scheibe

$$\boldsymbol{B}^{(mag)} = \mu_0(\boldsymbol{H}^{(mag)} + \boldsymbol{M}_0) = \mu_0(-\boldsymbol{M}_0 + \boldsymbol{M}_0) = \boldsymbol{0}$$

gilt. Physikalisch ist das zu erwarten, da die Magnetisierungsströme zusammen mit der Mantelfläche (s. Bild 9.9) jetzt im Unendlichen liegen.

9.5 Magnetische Materialgrößen

In dia- und paramagnetischen Substanzen ist $\boldsymbol{M}$ proportional zu $\boldsymbol{B}$:

$$\boldsymbol{M} = k_m \boldsymbol{B}\ . \qquad (9.24a)$$

Die Konstante k_m hat in der Literatur keinen Namen, da dort traditionsgemäß

$$\boldsymbol{M} = \chi_m \boldsymbol{H} \qquad (9.24b)$$

angesetzt wird mit der magnetischen Suszeptibilität χ_m. Diese Beziehung ist wegen Gl. (9.14) äquivalent zu

$$\boldsymbol{B} = \mu_0(1 + \chi_m)\boldsymbol{H}\ .$$

Führt man jetzt noch die Abkürzungen

$$\mu_r = 1 + \chi_m\ , \qquad \mu = \mu_r \mu_0 \qquad (9.25)$$

ein, dann ergibt sich zuletzt die Standardform der Materialgleichung:

$$\boldsymbol{B} = \mu \boldsymbol{H}\ . \qquad (9.26)$$

Der Faktor μ heißt Permeabilität, und μ_r nennt man relative Permeabilität oder Permeabilitätszahl. Für den leeren Raum, wo $\boldsymbol{M} = \boldsymbol{0}$ ist, folgt aus Gl. (9.24b) zunächst $\chi_m = 0$ und damit aus Gl. (9.25) $\mu_r = 1$. Man beachte, *daß μ_r begrifflich nichts mit μ_0 zu tun hat.*

Es ist zu betonen, daß $\boldsymbol{B}$ in den Materialgleichungen (9.24a) bis (9.26) immer das Gesamtfeld darstellt, also *einschließlich* des von den Magnetisierungsströmen selbst erzeugten Anteils.

Das unterschiedliche Verhalten paramagnetischer und diamagnetischer Stoffe kommt im Vorzeichen der magnetischen Suszeptibilität zum Ausdruck. Es gilt nämlich

$$\chi_m \begin{cases} > 0 & \text{bei paramagnetischen Stoffen,} \\ < 0 & \text{bei diamagnetischen Stoffen.} \end{cases}$$

Hieraus folgt wegen Gl. (9.25)

$$\mu_r \begin{cases} > 1 & \text{bei paramagnetischen Stoffen,} \\ < 1 & \text{bei diamagnetischen Stoffen.} \end{cases}$$

Einige Beispiele für die Werte der magnetischen Suszeptibilität bei dia- und paramagnetischen Stoffen werden im folgenden angeführt:

$$\begin{array}{lll} \text{Sauerstoff von 1 atm}: & \chi_m = & 2{,}1 \cdot 10^{-6} \ , \\ \text{Stickstoff von 1 atm}: & \chi_m = & -0{,}5 \cdot 10^{-8} \ , \\ \text{Silber}: & \chi_m = & -2{,}6 \cdot 10^{-5} \ , \\ \text{Kupfer}: & \chi_m = & -0{,}98 \cdot 10^{-5} \ , \\ \text{Aluminium}: & \chi_m = & 2{,}3 \cdot 10^{-5} \ . \end{array}$$

Solche gegen 1 zu vernachlässigenden Werte ergeben sich auch bei den anderen dia- bzw. paramagnetischen Substanzen. Das heißt, daß man hier praktisch mit dem Vakuumwert $\mu_r = 1$ rechnen kann. Dementsprechend haben diese Materialien hinsichtlich ihrer magnetischen Eigenschaften keine große technische Bedeutung.

9.5.1 Grenzflächen zwischen verschieden permeablen Bereichen

Haben zwei Bereiche mit verschiedenen Permeabilitäten eine gemeinsame Grenzfläche (s. Bild 9.13), dann sind dort grundsätzlich die Bedingungen (3.67), (3.68), (9.19) und (9.20) zu erfüllen. Wird angenommen, daß man an der Grenzfläche $\boldsymbol{K}_f = \boldsymbol{0}$ setzen kann, dann gehen die genannten Bedingungen (in anderer Reihenfolge) über in

$$\mathrm{Div}\,\boldsymbol{H} = -\,\mathrm{Div}\,\boldsymbol{M} \ , \tag{9.27}$$

$$\mathrm{Rot}\,\boldsymbol{H} = \boldsymbol{0} \qquad (\text{für } \boldsymbol{K}_f = \boldsymbol{0}) \ , \tag{9.28}$$

$$\mathrm{Div}\,\boldsymbol{B} = 0 \ , \tag{9.29}$$

$$\mathrm{Rot}\,\boldsymbol{B} = \mu_0\,\boldsymbol{K}_{mag} \qquad (\text{für } \boldsymbol{K}_f = \boldsymbol{0}) \ . \tag{9.30}$$

Bei den meisten Aufgabenstellungen sind $\boldsymbol{M}$ und $\boldsymbol{K}_{mag}$ nicht vorgegeben. Um diese Größen nicht explizit bestimmen zu müssen, wurde ja gerade das $\boldsymbol{H}$-Feld eingeführt. Daher wird man zur Lösung praktischer Feldprobleme hier nur die homogenen Bedingungen (9.28) und (9.29) heranziehen. Liegt die Lösung schließlich vor, dann kann man bei Bedarf nachträglich mittels Gl. (9.30) die $\boldsymbol{K}_{mag}$-Verteilung bestimmen. Die Bedingung (9.27) hat mehr grundsätzliche Bedeutung.

Konsequenterweise müßte jetzt gezeigt werden, daß die Bedingungen (9.28) und (9.29) zusammen mit eventuellen anderen Grenz- und Randbedingungen ausreichen, um die Feldprobleme so zu formulieren, daß sie höchstens *eine* Lösung haben. Ein solcher Beweis wird aus den gleichen Gründen wie in Abschnitt 8.5.1 weggelassen.

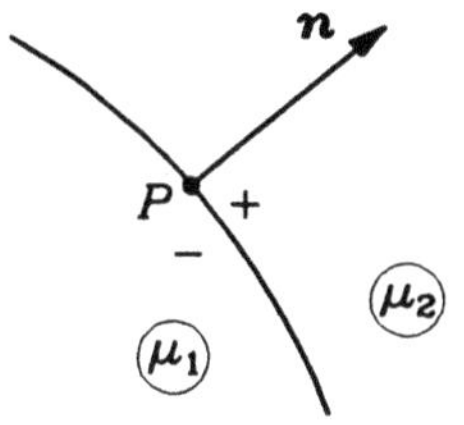

Bild 9.13

Die Bedingung (9.28) ist bekanntlich (s. Gl. (3.64) und die anschließende Bemerkung) äquivalent zu der Aussage, daß für alle Tangentialvektoren $\boldsymbol{t}$ der Grenzfläche

$$\boldsymbol{t} \cdot (\boldsymbol{H}^+ - \boldsymbol{H}^-) = 0$$

gilt. Dies und die Bedingung (9.29) kann auch in der Form

$$H_t^+ = H_t^- \qquad (\text{für } \boldsymbol{K}_f = \boldsymbol{0}) \ , \tag{9.31}$$

$$B_n^+ = B_n^- \tag{9.32}$$

oder

$$\frac{B_t^+}{\mu_2} = \frac{B_t^-}{\mu_1} \qquad (\text{für } \boldsymbol{K}_f = \boldsymbol{0}) \ , \tag{9.33}$$

$$\mu_2 H_n^+ = \mu_1 H_n^- \tag{9.34}$$

geschrieben werden. Hieraus leitet man wie im Abschnitt 5.4.1 ein Brechungsgesetz für die Feldlinien von $\boldsymbol{H}$ oder $\boldsymbol{B}$ ab. Beide Felder sind wegen ihrer Proportionalität in den permeablen Bereichen geometrisch gleich.

9.6 Ferromagnetische Materialien

Bei ferromagnetischen Materialien gilt die lineare Beziehung (9.26) höchstens näherungsweise für weichmagnetische Stoffe (vgl. Abschnitt 9.6.2, vorletzter Absatz). An ihre Stelle tritt ein komplizierter Zusammenhang zwischen $\boldsymbol{B}$ und $\boldsymbol{H}$, der *nichtlinear* und *mehrdeutig* ist (vgl. Bild 9.16a).

9.6.1 Grundsätzliches zur Meßmethode

Die makroskopische $\boldsymbol{B}$-$\boldsymbol{H}$-Beziehung bei ferromagnetischen Materialien kann nur an Hand der magnetischen Wirkung bestimmt werden, die das betreffende Material als Ganzes unter definierten experimentellen Bedingungen nach außen hin zeigt. Aus den so erhaltenen Meßdaten werden dann unter zusätzlichen Annahmen Rückschlüsse auf den (makroskopischen) magnetischen Zustand im Inneren gezogen. Dabei spielt die Probenform eine wesentliche Rolle. Theoretisch am einfachsten zu behandeln ist die im folgenden kurz beschriebene Meßmethode, die sich ringförmiger Proben bedient.

Die ferromagnetischen Ringproben werden eng und gleichmäßig mit einem Draht umwickelt, durch den man einen beliebig einstellbaren Strom i schicken kann (s. Bild 9.14). War die Probe, wie vorausgesetzt wird, anfänglich bei der Stromstärke $i = 0$ nicht magnetisiert, und ist sie aus homogenem sowie isotropem Material, so darf angenommen werden, daß bei einer Stromstärke $i \neq 0$ die durch den Strom verursachte Magnetisierung gemäß Gl. (9.21) verläuft. Unter dieser Bedingung kann aber, wie im Beispiel 9.4.1a gezeigt wurde, die magnetische Feldstärke sehr einfach berechnet werden (das Ergebnis dieses Beispiels gilt für beliebige Gestalt des Ringquerschnittes). Für eine Feldlinie mit dem Radius ρ_0 (s. Bild 9.14) erhält man also nach Gl. (9.22b)

$$H = \frac{N\,i}{2\pi\rho_0} \ . \tag{9.35}$$

Dabei ist N die Windungszahl und H die α-Komponente von $\boldsymbol{H}$. Macht man, wie von jetzt an vorausgesetzt wird, den Ringquerschnitt so dünn, daß alle hindurchtretenden Feldlinien praktisch den gleichen Radius ρ_0 haben, dann wird durch Gl. (9.35) die magnetische Feldstärke in der Probe angegeben.

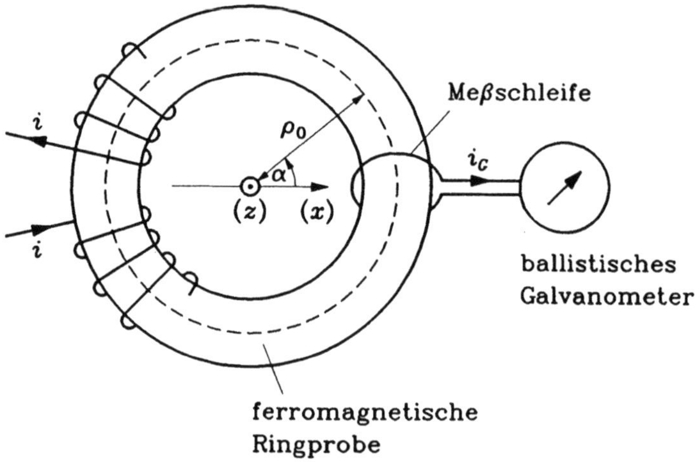

Bild 9.14

Da H durch die Stromstärke i vorgegeben ist, verbleibt als eigentliche Aufgabe die Bestimmung des $\boldsymbol{B}$-Feldes. Zu diesem Zweck legt man eine weitere Drahtschleife (Meßschleife) um den Probenquerschnitt (s. Bild 9.14) und schließt sie an ein ballistisches Galvanometer. Das ist ein Instrument, mit dem man Zeitintegrale der hindurchfließenden Stromstärke messen kann. Der angezeigte Wert ist, wie später noch gezeigt wird, unter bestimmten Versuchsbedingungen ein Maß für den magnetischen Fluß Φ_Q durch den Probenquerschnitt. Aus dem gemessenen Fluß läßt sich die magnetische Induktion innerhalb der Probe nach der Formel

$$B = \frac{\Phi_Q}{a} \tag{9.36}$$

berechnen. Dabei ist a der Flächeninhalt des Probenquerschnitts und B die α-Komponente der magnetischen Induktion (Φ_Q soll in α-Richtung gezählt werden). Andere Komponenten besitzt diese nicht, da $\boldsymbol{B} = \mu_0(\boldsymbol{H} + \boldsymbol{M})$ gilt, und sowohl bei $\boldsymbol{H}$ als auch bei $\boldsymbol{M}$ nur die α-Komponenten von null verschieden sind. Da letztere nicht von α abhängen, ist auch B unabhängig von α.

Die Gl. (9.36) liefert nur den über einen Querschnitt gemittelten Wert von B. Das fällt aber umso weniger ins Gewicht, je dünner der Querschnitt der Ringprobe gewählt wird.

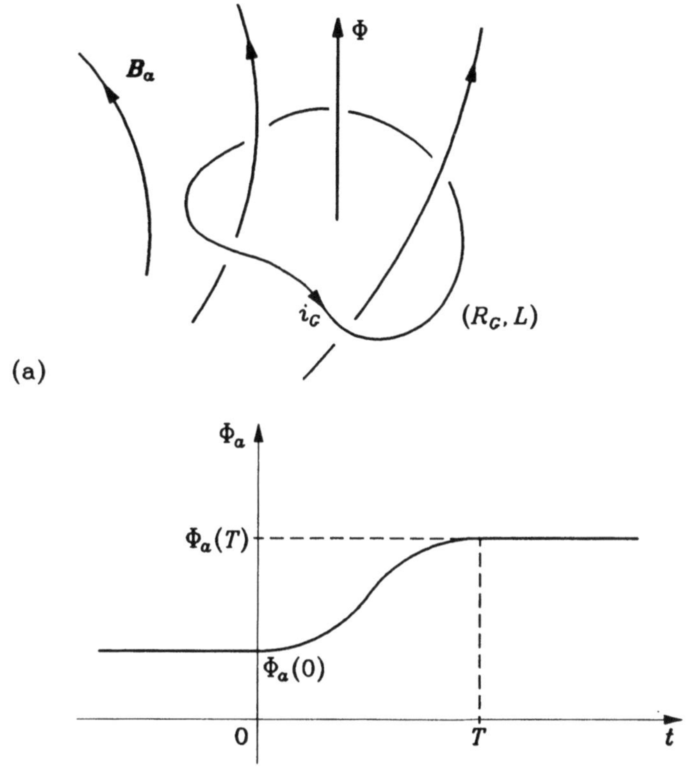

Bild 9.15 (b)

Es ist noch zu zeigen, wie das vom ballistischen Galvanometer (s. Bild 9.14) gemessene zeitliche Stromstärkeintegral mit dem magnetischen Fluß durch den Probenquerschnitt zusammenhängt. Hierzu wird die im Bild 9.15a dargestellte Drahtschleife betrachtet. Sie hat den Widerstand R_G sowie die Selbstinduktivität L und befindet sich in einem von außen angelegten zeitveränderlichen magnetischen Feld $\boldsymbol{B}_a$. Mit Φ wird der *gesamte* von der Stromschleife rechtshändig umfaßte magnetische Fluß bezeichnet. Für ihn gilt also

$$\Phi = L\, i_G + \Phi_a \ ,$$

wobei i_G die induzierte Stromstärke in der Schleife ist und Φ_a der in Richtung von Φ gezählte Teilfluß, der vom Feld $\boldsymbol{B}_a$ herrührt. Mit Gl. (7.7) folgt hieraus

$$\frac{\mathrm{d}\Phi_a}{\mathrm{d}t} = -R_G\, i_G - L\,\frac{\mathrm{d}i_G}{\mathrm{d}t}$$

und damit

$$\int_0^\infty \frac{\mathrm{d}\Phi_a}{\mathrm{d}t}\,\mathrm{d}t = -R_G \int_0^\infty i_G\,\mathrm{d}t - L\int_0^\infty \frac{\mathrm{d}i_G}{\mathrm{d}t}\,\mathrm{d}t\;. \tag{9.37}$$

Jetzt wird angenommen, daß Φ_a als Funktion der Zeit den in Bild 9.15b dargestellten Verlauf hat. Im Intervall $0 \leqq t \leqq T$ kann diese Funktion beliebig gewählt werden (wenn sie nur überall differenzierbar ist). Da Φ_a für Zeiten $t \leqq 0$ gleich $\Phi_a(0)$, also insbesondere konstant ist, wird während dieser Zeit kein Strom in der Schleife induziert, und es gilt $i_G(0) = 0$. Vom Zeitpunkt T an ist Φ_a wieder konstant, so daß die Stromstärke i_G für $t \geqq T$ exponentiell abklingt und für $t \to +\infty$ verschwindet.

Berücksichtigt man alle zuvor genannten Tatsachen, dann kann aus Gl. (9.37) die Beziehung

$$\Phi_a(T) - \Phi_a(0) = -R_G \int_0^\infty i_G\,\mathrm{d}t \tag{9.38}$$

abgeleitet werden.

Dieses Ergebnis wird auf die in Bild 9.14 dargestellte Anordnung angewendet, indem man dort die Meßschleife und das ballistische Galvanometer mit der Stromschleife im Bild 9.15a identifiziert. Der zu messende Fluß Φ_Q durch den Probenquerschnitt ergibt sich dann durch Addition von Flußdifferenzen gemäß Gl. (9.38), die bei jeder Änderung des Spulenstromes i vom ballistischen Galvanometer abgelesen werden.

9.6.2 Magnetisierungskurve

Mit der zuvor beschriebenen Anordnung kann bei einem ferromagnetischen Material die Magnetisierungskurve, d.h. der Zusammenhang zwischen den Größen H und B gemessen werden. Letztere sind durch die Gln. (9.35) und (9.36) gegeben.

Eine typische Magnetisierungskurve zeigt das Bild 9.16a. Man erhält sie, wenn man bei $H = 0$ mit nichtmagnetisiertem Material ($M = 0$) beginnt und mit Hilfe des Spulenstromes eine Reihe von H-Werten einstellt, die zunächst zunehmen bis $H_{\max}$, dann abnehmen bis $-H_{\max}$ und schließlich wieder bis $H_{\max}$ zunehmen. Dabei werden die im Bild 9.16a mit 1, 2 und 3 bezeichneten Abschnitte der Magnetisierungskurve durchlaufen. Der Abschnitt 1 wird als Neukurve (jungfräuliche Kurve) bezeichnet. Die Abschnitte 2 und 3 sind bezüglich des Nullpunktes symmetrisch zueinander und bilden eine sogenannte Hystereseschleife.

"Hysterese" oder auch "Hysteresis" ist aus dem Griechischen entlehnt und bedeutet "das Zurückbleiben". Gemeint ist das Verhalten der Magnetisierung M. Um dies genauer zu erklären, wird unter Benutzung des Zusammenhanges $M = (B/\mu_0) - H$ (s. Gl. (9.14)) die im Bild 9.16b dargestellte M-H-Kurve aus der B-H-Kurve von Bild 9.16a abgeleitet. Sie zeigt erstens, daß bei genügend hohen Feldstärken die Magnetisierung einen Sättigungswert M_S erreicht und zweitens, daß bei abnehmenden Werten von H die Magnetisierung größere

Werte hat als zuvor auf der Neukurve bei der gleichen Feldstärke. Der letztere Tatbestand wird durch die Redeweise vom "Zurückbleiben der Magnetisierung" umschrieben oder kurz mit Hysterese bezeichnet.

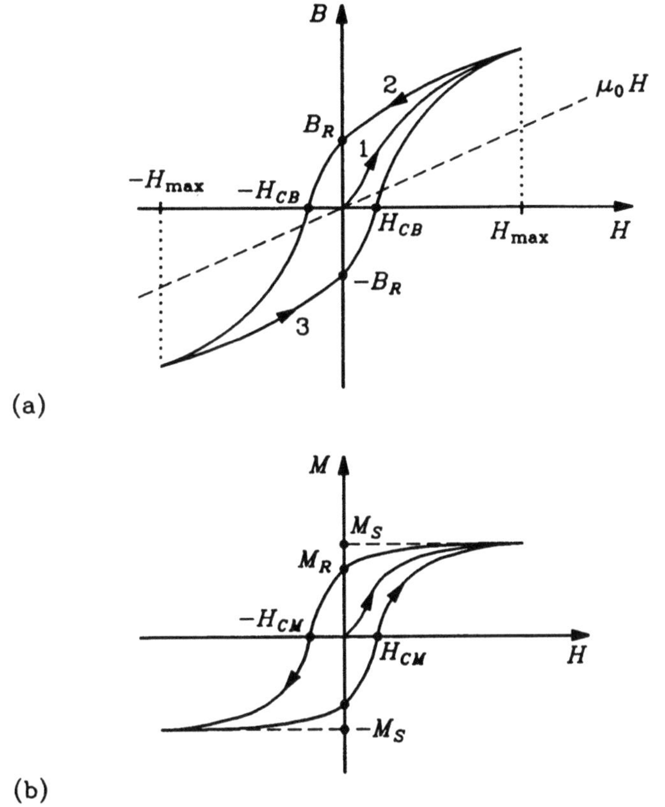

Bild 9.16

Die Sättigung tritt ein, wenn die magnetischen Momente aller Weißschen Bezirke in Feldrichtung gedreht sind, so daß eine weitere Zunahme der Magnetisierung nicht möglich ist. Zur Hysterese kommt es, weil die Magnetisierungsvorgänge im Bereich der Weißschen Bezirke zum Teil irreversibel sind.

Wie Bild 9.16a zeigt, erreicht B keine Sättigung, sondern verläuft schließlich parallel zur Geraden $\mu_0 H$. Dies tritt ein, wenn die Magnetisierung den Sättigungswert M_S bzw. $-M_S$ erreicht hat, denn dann gilt $B = \mu_0 (H \pm M_S)$ mit der (positiven) Konstante M_S.

Die in das Diagramm 9.16a eingetragenen Größen B_R und H_{CB} werden als Remanenz bzw. als Koerzitivfeldstärke der magnetischen Induktion bezeichnet. Ihre Bedeutung ist unmittelbar abzulesen. Man nennt ein ferromagnetisches Material hart, wenn die Koerzitivfeldstärke groß ist, weich dagegen, wenn sie klein ist. Auch bei der Hystereseschleife der Magnetisierung von Bild 9.16b spricht man von Remanenz M_R und Koerzitivfeldstärke H_{CM}, wobei zu beachten ist, daß $H_{CB} \neq H_{CM}$ ist.

Bislang wurde nur diejenige Hystereseschleife betrachtet, die erhalten wird, wenn man H_{max} so bemißt, daß die Sättigung erreicht wird. Wählt man dagegen für H_{max} kleinere Werte, so ergeben sich die im Bild 9.17 dargestellten Hystereseschleifen, die innerhalb der voll ausgesteuerten, d.h. die Sättigung erreichenden Hystereseschleife liegen. Diese kleineren Schleifen schließen sich allerdings erst, nachdem H mehrmals zwischen H_{max} und $-H_{max}$ variiert wurde. Ihre Spitzen liegen auf der sogenannten Kommutierungskurve, die sich nur wenig von der Neukurve unterscheidet.

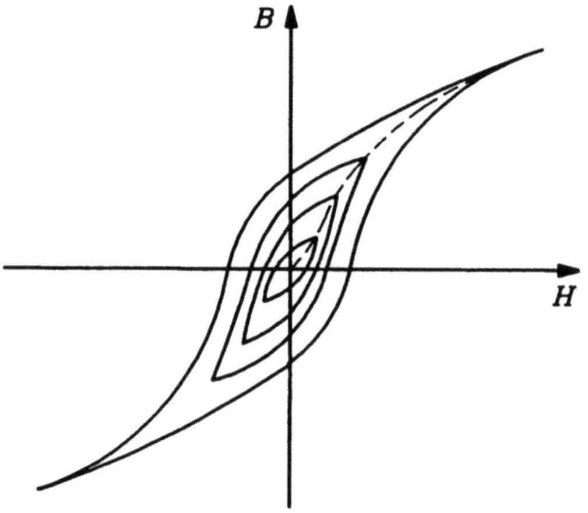

Bild 9.17

Läßt man H_{max} (zeitlich) langsam gegen null gehen, so ziehen sich die zugehörigen Hystereseschleifen auf den Nullpunkt zusammen. Auf diese Weise kann man ferromagnetisches Material abmagnetisieren, d.h. in den Zustand bringen, der dem Anfangspunkt der Neukurve entspricht. Eine andere Möglichkeit besteht darin, das Material über die Curie-Temperatur zu erhitzen und es anschließend in einem feldfreien Raum wieder abzukühlen.

Inzwischen ist deutlich geworden, daß die einfache Proportionalität $B = \mu H$ bei ferromagnetischen Materialien wegen der Nichtlinearität und Mehrdeutigkeit der Magnetisierungskurve nicht gelten kann. Wenn trotzdem von "Permeabilität" die Rede ist, dann meint man damit stets eine geeignet definierte Funktion etwa von H und nicht einen Proportionalitätsfaktor. Es werden, je nach Zweck, verschiedene Permeabilitäten eingeführt, so beispielsweise die differentielle Permeabilität μ_{diff} als Steigung $\mathrm{d}B/\mathrm{d}H$ in irgendeinem Punkt der Magnetisierungskurve. Die Steigung der Neukurve im Nullpunkt heißt Anfangspermeabilität μ_A.

Im Gegensatz zu den para- und diamagnetischen Stoffen, die sich hinsichtlich ihrer makroskopischen magnetischen Eigenschaften nur wenig vom leeren Raum unterscheiden (vgl. den Schluß von Abschnitt 9.5), zeigen die Ferromagnetika große magnetische Wirksamkeit. Dies kann man an den verhältnismäßig hohen Werten der relativen Anfangspermeabilität $\mu_{rA} = \mu_A / \mu_0$ ablesen, wofür einige Beispiele folgen:

Siliziumeisen :	$\mu_{rA} = 600 \cdots 1500$,
Kobalteisen (50 % Co) :	$\mu_{rA} = 200 \cdots 1000$,
Nickeleisen (50 % Ni) :	$\mu_{rA} = 100 \cdots 30000$.

Magnetisch wirksam und technisch wichtig sind neben den ferromagnetischen auch die ferrimagnetischen Stoffe (Ferrite) mit einer ähnlichen Magnetisierungskurve. Sie besitzen eine vergleichsweise niedrige Leitfähigkeit, was im Hinblick auf Wirbelstromverluste günstig ist.

Ist die Hystereseschleife von Bild 9.16a hinreichend schlank, das Material also "magnetisch weich", so kann man sie durch den im Bild 9.18 dargestellten Verlauf annähern. Er ist zwar nach wie vor nichtlinear, aber er ist eindeutig. In der Nähe des Nullpunktes liegt sogar eine praktisch feldunabhängige Proportionalität $B = \mu H$ vor. Formal gibt es dann keinen Unterschied zu den dia- und paramagnetischen Substanzen und es gelten daher die Gln. (9.24a) bis (9.26) sowie die Gln. (9.33), (9.34). Weiter weg vom Nullpunkt kann man

$$B = \mu(H)\,H \tag{9.39}$$

schreiben, wobei die Funktion $\mu(H) := B/H$ dem Kurvenverlauf von Bild 9.18 zu entnehmen ist.

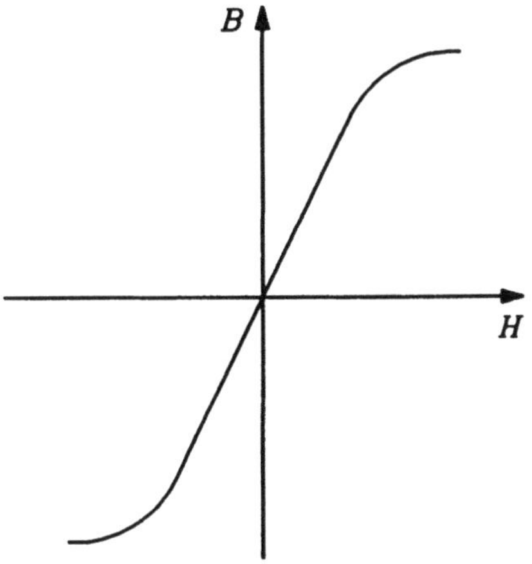

Bild 9.18

Die hier besprochenen magnetischen Materialeigenschaften gelten bei eventuell zeitveränderlichen Magnetfeldern solange, als die Magnetisierung dem Feld ohne Verzögerung folgen kann.

9.6.3 Beispiel

Die Ringspule von Bild 9.11 sei vollständig mit einem homogenen permeablen Stoff erfüllt, der durch die Kennlinie nach Bild 9.18 bzw. Gl. (9.39) charakterisiert ist. Es wird davon ausgegangen, daß eine Magnetisierung gemäß Gl. (9.21) vorliegt.

Unter dieser Voraussetzung gilt nach Gl. (9.22b)

$$H = \frac{N i}{2\pi\rho}$$

für die α-Komponente von $\boldsymbol{H}$ im Spuleninneren. Mit Gl. (9.39) folgt für die entsprechende $\boldsymbol{B}$-Komponente

$$B = \mu(H)\,\frac{N\,i}{2\pi\rho}\ .$$

Nimmt man jetzt an, daß μ unabhängig von H ist, dann hängt μ auch nicht über H von ρ ab, und es ist

$$\Phi_Q = \frac{\mu N i}{2\pi}\, l \,\ln\left(\frac{\rho_2}{\rho_1}\right)$$

der in α-Richtung gezählte Querschnittsfluß der Spule nach Bild 9.11. Er bzw. B kann somit in hochpermeablen Stoffen um Zehnerpotenzen größer sein als in der leeren Spule ($\mu = \mu_0$) bei gleichem Spulenstrom. Dieses starke Magnetfeld wird also fast ausschließlich von den Magnetisierungsströmen des Kernmaterials erzeugt.

9.6.4 Induktivität von Spulen mit hochpermeablen Stoffen

Eine dünne Drahtschleife ist gemäß Bild 9.19 in permeables Material eingebettet (falls letzteres leitfähig ist, muß der Draht isoliert sein). Die Permeabilität μ soll homogen und feldunabhängig sein. In der Schleife fließe ein freier Strom der (zeitlich konstanten) Stärke i_f.

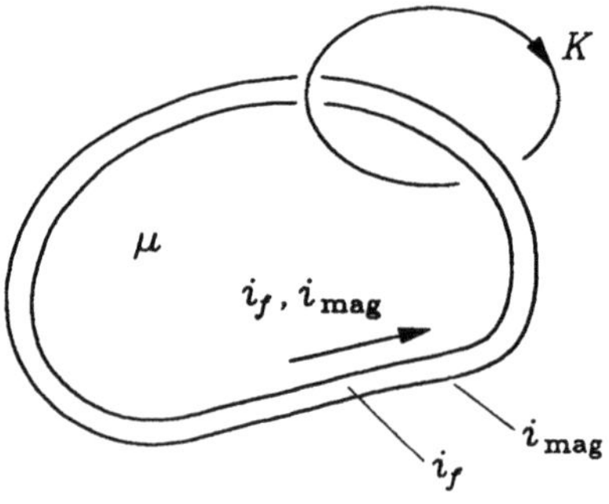

Bild 9.19

Bezüglich der geschlossenen Kurve K nach Bild 9.19 gilt nun

$$i_f = \oint_K \boldsymbol{H}\cdot \mathrm{d}\boldsymbol{r} = \frac{1}{\mu}\oint_K \boldsymbol{B}\cdot \mathrm{d}\boldsymbol{r} = \frac{\mu_0}{\mu}\,(i_f + i_{mag})\ , \tag{9.40}$$

denn zu den Wirbeln von $\boldsymbol{B}$ tragen auch eventuell vorhandene und noch unbekannt verteilte Magnetisierungsströme bei. Zieht man die Kurve K soweit zusammen, daß sie (gerade noch im permeablen Material verlaufend) den Draht eng umfaßt, dann ändert sich dabei nichts am Wert von i_{mag} in Gl. (9.40), denn i_f und μ sind fest vorgegeben. Also ist dieser Magnetisierungsstrom, wie durch die Bezeichnungsweise und das Bild 9.19 schon vorweggenommen, praktisch linienhaft verteilt. Er fließt dort, wo das permeable Material an den Draht grenzt und gehört zum äußeren μ-Material. Sollte nämlich der Draht selbst permeabel sein, dann spielt das nach außen hin keine Rolle (s. Aufgabe 9.2). Zum $\boldsymbol{B}$-Feld und damit zum Schleifenfluß trägt natürlich auch der linienhafte Magnetisierungsstrom bei. Es wird daher betont, daß der Schleifenfluß bei der Berechnung der Selbstinduktivität per definitionem durch die *freie* Stromstärke dividiert werden muß.

Da der Spulenstrom i des letzten Beispiels ein freier Strom ist, hat die Spule nach Bild 9.11 die Selbstinduktivität

$$L = \frac{N\,\Phi_Q}{i} = \frac{\mu N^2}{2\pi}\, l \ln\left(\frac{\rho_2}{\rho_1}\right) .$$

Vergleicht man das mit dem Wert nach Gl. (6.33b) für die gleiche, aber leere Spule, der hier mit L_0 bezeichnet wird, dann folgt

$$L = \mu_r L_0 \qquad (9.41)$$

in Analogie zur Gl. (8.50).

Entsprechendes gilt allgemein für Mehrschleifensysteme (s. Kapitel 6): Die Werte der Induktivitätskoeffizienten erhöhen sich um den Faktor μ_r, falls der *ganze* Feldraum mit einem *homogenen* hochpermeablen Stoff erfüllt wird, der durch eine (wenigstens näherungsweise) *feldunabhängige* Permeabilität beschreibbar ist. Die Ströme der Gln. (6.36a-c) bedeuten dabei *freie* Ströme. Diese linearen Gleichungen werden natürlich ungültig, sobald die Nichtlinearitäten des Materials merklich werden. Eine weitere Komplikation kommt bei dynamischem Betrieb hinzu, weil dann in metallischen Ferromagnetika räumlich verteilte Wirbelströme induziert werden.

9.6.5 Anmerkungen

a) Ströme in ohmschen Leitern sind freie Ströme. Also gilt Gl. (9.15) innerhalb ruhender Leiter auch in der Form

$$\operatorname{rot}\boldsymbol{H} = \kappa \boldsymbol{E} + \varepsilon_0 \dot{\boldsymbol{E}} ,$$

wobei $\boldsymbol{P} = \boldsymbol{0}$ (d.h. $\varepsilon = \varepsilon_0$) angenommen wurde. Bildet man hier beiderseits z.B. die x-Komponente, so erhält man

$$\boldsymbol{e}_x \cdot \operatorname{rot}\boldsymbol{H} = \kappa E_x + \varepsilon_0 \dot{E}_x .$$

Liegt ein zeitharmonischer Wechselstrom der Kreisfrequenz ω vor, dann läßt sich

$$E_x = \hat{E}_x \cos(\omega t + \beta_x)$$

schreiben, wobei $\hat{E}_x$ die Amplitude bedeutet und β_x den zugehörigen Phasenwinkel (beide Größen sind eventuell ortsabhängig). Damit folgt

$$\boldsymbol{e}_x \cdot \operatorname{rot}\boldsymbol{H} = \hat{E}_x \left[\kappa \cos(\omega t + \beta_x) - \varepsilon_0 \omega \sin(\omega t + \beta_x) \right] .$$

Nach Gl. (2.4) gilt nun

$$\varepsilon_0 \omega \approx \omega\, 10^{-11}\, \frac{\mathrm{s}}{\Omega\,\mathrm{m}} .$$

Vergleicht man dies beispielsweise mit der Leitfähigkeit von Eisen

$$\kappa_{FE} \approx 10^7 \, \frac{1}{\Omega \mathrm{m}} ,$$

dann sieht man, daß selbst bei den hohen Frequenzen im Bereich der Mikrowellen (z.B. $10^{10}\,\mathrm{s}^{-1}$) die Verschiebungsstromdichte amplitudenmäßig gegen die Leitungsstromdichte vernachlässigt werden kann. Das gilt natürlich nicht nur für die x-Komponenten, so daß man in (ruhenden) ohmschen Leitern auch unter dynamischen Bedingungen stets von

$$\mathrm{rot}\,\boldsymbol{H} = \kappa \boldsymbol{E} \tag{9.42}$$

ausgeht.

b) In weichmagnetischen Leitern gilt $\boldsymbol{B} = \mu \boldsymbol{H}$, so daß die Gl. (9.42) auch in der Form

$$\mathrm{rot}\,\boldsymbol{B} = \mu \kappa \boldsymbol{E} = \mu \boldsymbol{J}_f$$

geschrieben werden kann, falls μ homogen verteilt ist. Andererseits muß nach Gl. (9.12) auch

$$\mathrm{rot}\,\boldsymbol{B} = \mu_0 (\boldsymbol{J}_f + \boldsymbol{J}_{mag})$$

gelten, denn $\varepsilon_0 \, \partial \boldsymbol{E} / \partial t$ ist, wie gezeigt, vernachlässigbar, und polarisierbare Leiter werden hier nicht betrachtet. Die rechten Seiten dieser zwei Gleichungen können also gleichgesetzt werden, und es resultiert

$$\boldsymbol{J}_{mag} = (\mu_r - 1) \boldsymbol{J}_f , \tag{9.43a}$$

$$= (\mu_r - 1) \kappa \boldsymbol{E} . \tag{9.43b}$$

In homogen permeablen (und ruhenden) Leitern ist die räumliche Dichte des Magnetisierungsstromes also parallel und proportional zur elektrischen Feldstärke.

9.7 Zusammenfassung der Maxwell-Gleichungen mit D und H

Die Maxwellschen Gleichungen in der Form von Gl. (3.1) bis Gl. (3.4) gelten auch innerhalb polarisierbarer und magnetisierbarer Materie, wenn man ρ und $\boldsymbol{J}$ gemäß den Gl. (8.17) bzw. (9.11) auffaßt. Aus den Abschnitten 8.4 und 9.4 geht hervor, wie man nach Einführung der Hilfsfelder

$$\boldsymbol{D} = \varepsilon_0 \boldsymbol{E} + \boldsymbol{P} , \tag{9.44}$$

$$\boldsymbol{H} = \frac{1}{\mu_0} \boldsymbol{B} - \boldsymbol{M} \tag{9.45}$$

zum äquivalenten Gleichungssystem

$$\mathrm{div}\,\boldsymbol{D} = \rho_f , \tag{9.46}$$

$$\mathrm{rot}\,\boldsymbol{E} = -\dot{\boldsymbol{B}} , \tag{9.47}$$

$$\operatorname{div} \boldsymbol{B} = 0 \ , \tag{9.48}$$

$$\operatorname{rot} \boldsymbol{H} = \boldsymbol{J}_f + \dot{\boldsymbol{D}} \tag{9.49}$$

gelangt. Dies ist die traditionell übliche Schreibweise der Maxwell-Gleichungen, wobei oft der Index "f" nicht nur weggelassen wird, sondern es gar nicht erwähnt wird, daß nur der freie Anteil der jeweiligen Größe gemeint ist.

Konzeptionell klarer ist die Form von Gl. (3.1) bis Gl. (3.4) der Maxwell-Gleichungen, weil dort die auf Materieteilchen bezogenen Größen ρ und $\boldsymbol{J}$ getrennt sind von den auf den leeren Raum dazwischen bezogenen Größen $\boldsymbol{E}$ und $\boldsymbol{B}$ (gemeint sind jeweils makroskopische Mittelwerte). So gesehen sind $\boldsymbol{D}$ und $\boldsymbol{H}$ "Zwitter", zusammengesetzt aus einer Materiegröße und einer Vakuumgröße. Rechnerisch rationeller dagegen ist die obige Form der Maxwell-Gleichungen, weil in der Regel die Größen $\boldsymbol{P}$ und $\boldsymbol{M}$ mit den zugehörigen gebundenen Ladungen und Strömen nicht explizit interessieren.

Die entsprechenden Grenzbedingungen lauten

$$\operatorname{Div} \boldsymbol{D} = \sigma_f \ , \tag{9.50}$$

$$\operatorname{Rot} \boldsymbol{E} = \boldsymbol{0} \ , \tag{9.51}$$

$$\operatorname{Div} \boldsymbol{B} = 0 \ , \tag{9.52}$$

$$\operatorname{Rot} \boldsymbol{H} = \boldsymbol{K}_f \ . \tag{9.53}$$

Zu diesen allgemeinen Beziehungen kommen noch die speziellen Materialgleichungen, die im einfachsten Fall linearer und isotroper Stoffe (sowie ohne Berücksichtigung der Frequenzabhängigkeit)

$$\boldsymbol{J}_f = \kappa \left(\boldsymbol{E} + \boldsymbol{u} \times \boldsymbol{B} \right) \ , \tag{9.54}$$

$$\boldsymbol{D} = \varepsilon \boldsymbol{E} \ , \tag{9.55}$$

$$\boldsymbol{B} = \mu \boldsymbol{H} \tag{9.56}$$

lauten, wobei hier nur im Ohmschen Gesetz eine eventuelle genügend langsame ($u^2 \ll c_0^2$) Leiterbewegung berücksichtigt wurde. Die beiden anderen Beziehungen setzen ruhende Medien voraus, denn auch sie müssen, selbst bei kleinen Materiegeschwindigkeiten, modifiziert werden gemäß

$$\boldsymbol{D} = \varepsilon \left[\boldsymbol{E} + \left(1 - \frac{1}{\varepsilon_r \mu_r} \right) \boldsymbol{u} \times \boldsymbol{B} \right] \ , \tag{9.57}$$

$$\boldsymbol{B} = \mu \left[\boldsymbol{H} - \left(1 - \frac{1}{\varepsilon_r \mu_r} \right) \boldsymbol{u} \times \boldsymbol{D} \right] \ . \tag{9.58}$$

Diese Formeln gelten für $u^2 \ll c_0^2$. Sie werden hier nicht begründet (vgl. etwa Becker/Sauter oder Van Bladel).

10 Elektromagnetische Energiebilanz

Die Gln. (4.53) und (7.18) geben an, wieviel Energie pro Volumen im elektrischen bzw. magnetischen Feld gespeichert ist. Außerdem wird durch Gl. (5.13) die mit Strömen verknüpfte Leistung pro Volumen angegeben. Diese Größen reichen für eine vollständige elektromagnetische Energiebilanz jedoch nicht aus. In den folgenden Abschnitten wird deshalb untersucht, welche Arbeit beim Polarisieren und Magnetisieren der Materie geleistet werden muß, und wie die hierzu erforderliche Energie im elektromagnetischen Feld an den Ort der Arbeitsleistung transportiert wird. Dabei tritt die Größe "zugeführte räumliche Leistungsdichte" auf. Sie wird mit p bezeichnet und ist definiert durch

$$p = \frac{\mathrm{d}P}{\mathrm{d}V}$$ = Leistung $\mathrm{d}P$, die einem makroskopischen Volumenelement zugeführt wird, dividiert durch dessen infinitesimalen Rauminhalt $\mathrm{d}V$.

Die Kennzeichnung als räumlich wird bei der Leistungsdichte künftig weggelassen. Das Wort "zugeführt" ist eine Umschreibung der Bezugsrichtung (Zählrichtung) des Energiestromes im folgenden Sinn: p ist positiv, falls dem betrachteten Volumenelement Energie zufließt, negativ dagegen, falls aus diesem Volumenelement Energie abfließt. So ist beispielsweise nach Gl. (5.14) die Joulesche Leistungsdichte durch $p = \boldsymbol{J}^2/\kappa$ gegeben und somit nie negativ. Den Volumenelementen eines ohmschen Leiters fließt also (falls $\boldsymbol{J} \neq \boldsymbol{0}$) dauernd auf elektromagnetischem Weg Energie zu. Auch die Kennzeichnung als zugeführt bei der Leistungsdichte versteht sich im folgenden von selbst, falls sie einmal weggelassen wird.

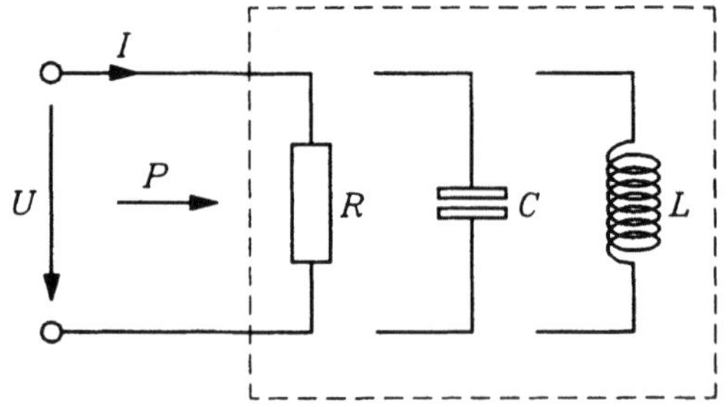

Bild 10.1

Ausgangspunkt der Überlegungen in den Abschnitten 10.1 und 10.2 sind Kondensator bzw. Spule bei zeitlich nur langsam veränderlichen Strömen. Die momentan zugeführte (s. o.) Gesamtleistung P ist dann vorzeichenrichtig durch

$$P = U I$$

gegeben, wenn die Zählrichtungen für U und I wie in Bild 10.1 gewählt werden. Das kann hinsichtlich der Vorzeichen an Hand eines ohmschen Widerstandes R (s. Bild 10.1) ganz einfach überprüft werden. Einerseits ist klar, daß diesem "Verbraucher" dauernd Energie von außen zufließt. Der zu ihm hin gezählte Energiestrom P (Energie pro Zeit) ist also positiv oder null. Andererseits ist P nach Gl. (5.34) durch die nichtnegative Größe $UI = RI^2$ gegeben, wenn U und I gemäß Bild 5.2 bzw. 10.1 gezählt werden. Das wurde im Abschnitt 5.4.3 erläutert.

10.1 Elektrische Leistungsdichte

Diejenige Leistungsdichte, die mit einer zeitlichen Änderung der elektrischen Feldgrößen $\boldsymbol{E}$, $\boldsymbol{P}$ oder $\boldsymbol{D}$ verbunden ist, heißt hier elektrische Leistungsdichte p_e. Sie wird an Hand eines einfachen Beispiels eingeführt.

Der im Bild 10.2 dargestellte Plattenkondensator ist vollständig mit einem homogenen Dielektrikum gefüllt. Er liegt an der zeitveränderlichen Spannung U und wird mit der Stromstärke I geladen, die sich nur so langsam ändern soll, daß jederzeit praktisch die statische Feldverteilung vorliegt. Es wird ihm also die Leistung UI zugeführt. Sie kann mit den Feldern $\boldsymbol{E}$ und $\boldsymbol{D}$ im Inneren des Dielektrikums wie folgt verknüpft werden.

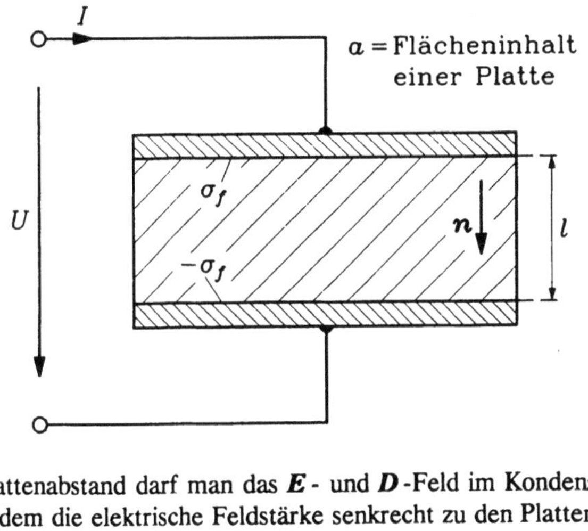

Bild 10.2

Bei kleinem Plattenabstand darf man das $\boldsymbol{E}$- und $\boldsymbol{D}$-Feld im Kondensator als homogen betrachten. Da zudem die elektrische Feldstärke senkrecht zu den Plattenflächen sein muß, kann sie durch

$$\boldsymbol{E} = E\,\boldsymbol{n} \tag{10.1}$$

mit örtlich konstantem E dargestellt werden. Für die Spannung gilt also

$$U = E\,l\ . \tag{10.2}$$

Falls das dielektrische Medium anisotrop ist, kann es vorkommen, daß Verschiebungsdichte und elektrische Feldstärke nicht parallel sind, so daß $\boldsymbol{D}$ auch Komponenten senkrecht zu $\boldsymbol{n}$ besitzt. Für das Weitere interessant ist jedoch nur die Normalkomponente

$$D_n = \boldsymbol{D} \cdot \boldsymbol{n} \ . \tag{10.3}$$

Sie hängt nach Gl. (8.28) mit der freien Flächenladungsdichte σ_f der oberen Platte in der Form

$$D_n = \sigma_f$$

zusammen. Da der Strom in den Zuleitungsdrähten nur von freien Ladungen getragen wird, gilt aus Kontinuitätsgründen

$$I = \frac{\mathrm{d}(\sigma_f\, a)}{\mathrm{d}t} = \frac{\mathrm{d}D_n}{\mathrm{d}t}\, a \ . \tag{10.4}$$

Aus den Gln. (10.2) und (10.4) folgt jetzt

$$U I = \left(E \, \frac{\mathrm{d}D_n}{\mathrm{d}t} \right) (l\, a) \ ,$$

was mit den Beziehungen (10.1) und (10.3) schließlich in die Form

$$U I = \left(\boldsymbol{E} \cdot \frac{\partial \boldsymbol{D}}{\partial t} \right) (l\, a) \tag{10.5}$$

gebracht werden kann.

Da la gleich dem Volumeninhalt des Kondensators ist und die Felder homogen sind, folgt aus Gl. (10.5) der Ausdruck

$$p_e = \boldsymbol{E} \cdot \frac{\partial \boldsymbol{D}}{\partial t} \tag{10.6}$$

für die elektrische Leistungsdichte, die *lokal* dem Dielektrikum zugeführt wird, wenn sich die elektrischen Feldgrößen ändern.

Die Beziehung (10.6) wurde an Hand der speziellen geometrischen Verhältnisse des Plattenkondensators abgeleitet unter der Annahme zeitlich langsam veränderlicher Felder. Trotz dieser einschränkenden Bedingungen bei der Herleitung gilt die Gl. (10.6) auch bei inhomogenen und zeitlich rasch veränderlichen Feldern (vgl. Abschnitt 10.3, letzter Absatz).

Der Ausdruck (10.6) wird anschaulicher, wenn man ihn mittels Gl. (8.20) in die Form

$$p_e = \frac{\varepsilon_0}{2} \, \frac{\partial (\boldsymbol{E}^2)}{\partial t} + \boldsymbol{E} \cdot \frac{\partial \boldsymbol{P}}{\partial t} \tag{10.7}$$

bringt, woraus mit den Gln. (4.53) und (8.15)

$$p_e = \dot{w}_E + \boldsymbol{E} \cdot \boldsymbol{J}_{pol} \tag{10.8}$$

folgt. Der erste Summand stellt die zeitliche Änderung der im $\boldsymbol{E}$-Feld gespeicherten Energiedichte dar, der zweite die dem Polarisationsstrom zugeführte Leistungsdichte. Letzteres ergibt sich durch Anwendung der Gl. (5.13) auf Polarisationsströme. Die Aussage der Gl. (10.8) lautet also: *Mit der einem Volumenelement im Dielektrikum zugeführten Leistung wird dort der Energieinhalt des* $\boldsymbol{E}$*-Feldes geändert und Polarisationsarbeit geleistet.*

10.1.1 Gespeicherte elektrische Energie im Fall linearer Dielektrika

Die Ergebnisse des letzten Abschnitts gelten für einen beliebigen Zusammenhang zwischen elektrischer Feldstärke und Verschiebungsdichte bzw. Polarisation, denn diesbezügliche Annahmen wurden nicht gemacht. Man beachte ferner, daß durch Gl. (5.13) und folglich auch durch den zweiten Summanden der Gl. (10.8) nicht vorweggenommen wird, was mit der dem Polarisationsstrom zugeführten Leistung weiterhin geschieht.

Entweder wird zugeflossene Energie so gespeichert, daß sie im elektromagnetischen Feld wieder vollständig zurückfließen kann (per Poynting-Vektor; vgl. Abschnitt 10.3), oder sie geht teilweise beim Polarisationsvorgang als Wärme verloren.

Integriert man p_e über ein Zeitintervall $t_1 \leqq t \leqq t_2$ sowie über ein räumliches Gebiet G, so bedeutet

$$\Delta A_e := \iiint_G \left(\int_{t_1}^{t_2} p_e \, \mathrm{d}t \right) \mathrm{d}V \tag{10.9}$$

die gesamte "elektrische Arbeit", die dem Gebiet G während des Zeitintervalls zwischen t_1 und t_2 zugeführt wird.

Die Zeitpunkte t_1 und t_2 seien jetzt so gewählt, daß für alle Punkte in G

$$\boldsymbol{E}(t_2) = \boldsymbol{E}(t_1) \tag{10.10}$$

und

$$\boldsymbol{P}(t_2) = \boldsymbol{P}(t_1) \tag{10.11}$$

gilt. Es wird also ein Kreisprozeß betrachtet, d.h. ein Vorgang, bei welchem die Feldvektoren, die den elektrischen Zustand dielektrischer Materie charakterisieren, am Ende wieder zu den Anfangswerten zurückkehren. Gilt dann

$$\Delta A_e = 0 \quad (\text{Kreisprozeß}) \,, \tag{10.12}$$

so hat das Gebiet G während des Kreisprozesses die zu manchen Zeiten aufgenommene Energie zu anderen Zeiten *vollständig* abgegeben. Es hat, wie man auch sagt, die aufgenommene Energie nur *gespeichert*.

Es gibt Dielektrika, die bei einem Kreisprozeß Wärme produzieren. Bei ihnen gilt also $\Delta A_e > 0$ unter den Bedingungen (10.10), (10.11). Es handelt sich dabei um eine zur magnetischen Hysterese analoge Erscheinung. Da sie aber dort größere praktische Bedeutung hat, wird sie erst im Zusammenhang mit den Hystereseverlusten bei ferromagnetischen Materialien besprochen. Hier dagegen soll jetzt gezeigt werden, daß bei dielektrischen Stoffen, welche der linearen Beziehung

$$\boldsymbol{D} = \varepsilon \boldsymbol{E} \tag{10.13}$$

gehorchen, die Gl. (10.12) erfüllt ist, wenn diese Dielektrika einem Kreisprozeß unterworfen werden, bei dem die Permittivität ε zeitlich eine Konstante sein soll. Diese Stoffe speichern also verlustfrei elektrische Energie.

Zum Beweis setzt man p_e nach Gl. (10.6) in die Gl. (10.9) ein und benutzt die Gl. (10.13) sowie die Bedingung (10.10). So erhält man

$$\Delta A_e = \iiint\limits_G \left(\int\limits_{t_1}^{t_2} \boldsymbol{E} \cdot \frac{\partial \boldsymbol{D}}{\partial t} \, \mathrm{d}t \right) \mathrm{d}V = \iiint\limits_G \frac{\varepsilon}{2} \left(\int\limits_{t_1}^{t_2} \frac{\partial \boldsymbol{E}^2}{\partial t} \, \mathrm{d}t \right) \mathrm{d}V$$

$$= \iiint\limits_G \frac{\varepsilon}{2} \, [\boldsymbol{E}^2(t_2) - \boldsymbol{E}^2(t_1)] \, \mathrm{d}V = 0 \; ,$$

was zu zeigen war.

Lineare (einfachheitshalber isotrope) Dielektrika speichern also elektrische Energie, und ihr Energieinhalt W_e (genauer der eines dielektrischen Gebietes G) wird folgendermaßen berechnet. Man setzt die zugeführte Arbeit ΔA_e gleich der Änderung ΔW_e und rechnet im Prinzip wie zuvor, allerdings nicht notwendig für einen Kreisprozeß:

$$\Delta W_e = W_e(t) - W_e(0) = \iiint\limits_G \frac{\varepsilon}{2} \, [\boldsymbol{E}^2(t) - \boldsymbol{E}^2(0)] \, \mathrm{d}V \; .$$

Nimmt man $\boldsymbol{E}(0) = \mathbf{0}$ überall in G an, und setzt naheliegenderweise $W_e(0) = 0$, dann stellt

$$W_e = \iiint\limits_G \left(\frac{\varepsilon}{2} \boldsymbol{E}^2 \right) \mathrm{d}V \tag{10.14}$$

die zu irgendeiner Zeit im dielektrischen Gebiet G gespeicherte elektrische Energie dar und

$$w_e = \frac{\varepsilon}{2} \boldsymbol{E}^2 \tag{10.15}$$

deren räumliche Dichte, für die wegen Gl. (10.13) auch

$$w_e = \frac{1}{2} \boldsymbol{E} \cdot \boldsymbol{D} \tag{10.16}$$

gilt. Obwohl hier ε nicht explizit in Erscheinung tritt, muß nach wie vor Gl. (10.13) als Voraussetzung beachtet werden.

Die Gl. (10.15) zeigt, daß die elektrische Energiedichte in einem Dielektrikum um das ε_r-fache *größer* ist als im Vakuum bei gleicher elektrischer Feldstärke. Die Erklärung hierfür liefert das Ergebnis des vorausgehenden Abschnittes, wonach nicht nur die Erhöhung der elektrischen Feldstärke, sondern auch die Erhöhung der Polarisation Energie kostet. *Diese Polarisationsenergie muß zum Energieinhalt des* $\boldsymbol{E}$ *-Feldes addiert werden, um die gesamte im Dielektrikum gespeicherte elektrische Energie zu erhalten.* Das liest man auch an der Darstellung

$$w_e = \frac{\varepsilon_0}{2} \boldsymbol{E}^2 + \frac{1}{2} \boldsymbol{E} \cdot \boldsymbol{P} \tag{10.17}$$

ab, die mittels Gl. (8.20) aus der Beziehung (10.16) folgt.

Der Energieinhalt leerer Kondensatoren wird durch die Gln. (5.66a-c) angegeben. Füllt man die Kondensatoren mit eventuell mehreren dielektrischen Stoffen, wobei jeder für sich der Beziehung (10.13) gehorcht, dann gelten, wie hier ohne Beweis mitgeteilt wird, jene Gleichungen weiter, wenn man unter Q nur freie Ladungen versteht sowie unter W die (hier mit W_e bezeichnete) im Raum zwischen den Belegungen gespeicherte Energie:

$$W_e = \frac{1}{2} Q_f U = \frac{1}{2} C\, U^2 = \frac{1}{2} \frac{Q_f^2}{C} . \tag{10.18}$$

10.2 Magnetische Leistungsdichte

Diejenige Leistungsdichte, die mit einer Änderung der magnetischen Feldgrößen $\boldsymbol{B}$, $\boldsymbol{M}$ oder $\boldsymbol{H}$ verbunden ist, heißt hier magnetische Leistungsdichte p_m. Sie wird an Hand eines einfachen Beispiels eingeführt.

Die im Bild 10.3 dargestellte Spule hat einen Kern aus homogenem und isotropem magnetisierbarem Material, das sie vollständig ausfüllt. Sie wird vom quasistationären Strom I durchflossen, während an ihren Klemmen die Spannung U liegt. Es wird ihr also die Leistung UI zugeführt. Diese kann mit den Feldern $\boldsymbol{B}$ und $\boldsymbol{H}$ im Inneren des Kerns wie folgt verknüpft werden.

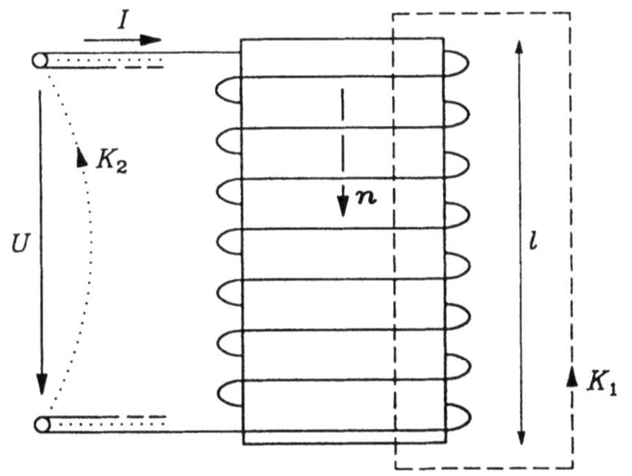

Bild 10.3

Es wird angenommen, daß die Spule langgestreckt ist, die Windungen gleichmäßig eng gewickelt sind und die Magnetisierung $\boldsymbol{M}$ parallel zu $\boldsymbol{n}$ liegt. Zudem soll der Kern schlecht leitfähig sein, so daß man Wirbelströme vernachlässigen kann, und somit der Spulenstrom praktisch der einzige freie Strom dieser Anordnung ist. Dann sind, falls man Feldverzerrungen an den beiden Spulenenden nicht berücksichtigt, die Felder $\boldsymbol{B}$ und $\boldsymbol{H}$ im Kern homogen sowie parallel zu $\boldsymbol{n}$. Außerhalb der Spule können sie für die hier verfolgten Zwecke vernachlässigt werden. Durch Anwendung des Durchflutungsgesetzes (9.16b) auf die geschlossene Kurve K_1 folgt unter den genannten Voraussetzungen

$$H\, l = N\, I \tag{10.19}$$

mit $H = \boldsymbol{H} \cdot \boldsymbol{n}$ und NI als der gesamten von K_1 rechtshändig umfaßten freien Stromstärke. Es sei K_2 eine weitere geschlossene Kurve (punktiert in Bild 10.3), die im Inneren des Drahtes von einer Klemme zur anderen in Richtung des Zählpfeiles von I verläuft und außen (entgegen der Zählrichtung von U) vervollständigt wird. Wendet man das Induktionsgesetz auf K_2 an, so ergibt sich hier

$$\oint_{K_2} \boldsymbol{E} \cdot \mathrm{d}\boldsymbol{r} = -N \frac{\mathrm{d}\Phi_Q}{\mathrm{d}t} , \tag{10.20}$$

wobei Φ_Q der in Richtung von $\boldsymbol{n}$ gezählte magnetische Fluß durch einen Kernquerschnitt ist. Die Leitfähigkeit des Drahtes sei so groß, daß die elektrische Feldstärke im Drahtinneren vernachlässigt werden darf. Dann gilt

$$\oint_{K_2} \boldsymbol{E} \cdot \mathrm{d}\boldsymbol{r} = -U , \tag{10.21}$$

da bei ideal leitfähigem Spulendraht nur das $\boldsymbol{E}$-Feld im Außenraum zwischen den Klemmen zum Ringintegral beiträgt. Das Minuszeichen in der letzten Gleichung ist eine Konsequenz der Vereinbarungen über die Zählrichtung von U und der Orientierung von K_2. Mit der Abkürzung $B = \boldsymbol{B} \cdot \boldsymbol{n}$ und der Beziehung $\Phi_Q = Ba$ folgt aus den Gln. (10.20) und (10.21)

$$U = N \frac{\mathrm{d}B}{\mathrm{d}t} a . \tag{10.22}$$

Die der Spule zugeführte Leistung kann jetzt mit Hilfe der Gln. (10.19) und (10.22) durch

$$U I = \left(H \frac{\mathrm{d}B}{\mathrm{d}t} \right) (l\, a) \tag{10.23}$$

ausgedrückt werden. Da la gleich dem Volumeninhalt der Spule ist und die Felder praktisch homogen sind, ergibt sich schließlich

$$p_m = H \frac{\mathrm{d}B}{\mathrm{d}t} \tag{10.24}$$

für die magnetische Leistungsdichte, die lokal dem Kernmaterial zugeführt wird. Wie im analogen Fall der elektrischen Leistungsdichte, kann die Formel (10.24) auch auf inhomogene und rasch veränderliche Felder angewendet werden (vgl. Abschnitt 10.3; letzter Absatz). Sind darüber hinaus auch noch $\boldsymbol{B}$ und $\boldsymbol{H}$ nicht parallel oder antiparallel, dann gilt die Gl. (10.24) in der zur Gl. (10.6) analogen Form

$$p_m = \boldsymbol{H} \cdot \frac{\partial \boldsymbol{B}}{\partial t} . \tag{10.25}$$

Dieser Ausdruck wird anschaulicher, wenn man ihn mit den Gln. (9.14), (7.18), (3.2), (1.36c) sowie (9.4) sukzessive umformt:

$$\begin{aligned} p_m &= \frac{1}{2\mu_0} \frac{\partial \boldsymbol{B}^2}{\partial t} - \boldsymbol{M} \cdot \frac{\partial \boldsymbol{B}}{\partial t} = \dot{w}_B + \boldsymbol{M} \cdot \operatorname{rot} \boldsymbol{E} \\ &= \dot{w}_B + \boldsymbol{E} \cdot \boldsymbol{J}_{mag} + \operatorname{div}(\boldsymbol{E} \times \boldsymbol{M}) . \end{aligned} \tag{10.26}$$

Der erste Summand stellt die zeitliche Änderung der Energiedichte des $\boldsymbol{B}$-Feldes dar. Der zweite Summand stellt die dem Magnetisierungsstrom zugeführte Leistungsdichte dar. Das ergibt sich durch sinngemäße Anwendung der Gl. (5.13), wobei noch nicht vorweggenommen wird, was mit dieser zugeführten Leistungsdichte weiterhin geschieht.

Der Term $\operatorname{div}(\boldsymbol{E}\times\boldsymbol{M})$ ist weniger einfach zu interpretieren. Im Vorgriff auf Abschnitt 10.3 sei gesagt, daß er ohne Verfälschung der Energiebilanz eliminiert werden kann. Zudem folgt mit Hilfe des Satzes von Gauß

$$\iiint \operatorname{div}(\boldsymbol{E}\times\boldsymbol{M})\,\mathrm{d}V = \oiint (\boldsymbol{E}\times\boldsymbol{M})\cdot\mathrm{d}\boldsymbol{a} = 0 \ ,$$

wenn man die Hüllfläche so wählt, daß sie vollständig im Vakuum außerhalb des magnetisierten Körpers verläuft, wo $\boldsymbol{M} = \boldsymbol{0}$ ist. Also gilt

$$\iiint \left(\boldsymbol{H}\cdot\frac{\partial \boldsymbol{B}}{\partial t}\right)\mathrm{d}V = \iiint (\dot{w}_B + \boldsymbol{E}\cdot\boldsymbol{J}_{mag})\,\mathrm{d}V \ , \tag{10.27}$$

wenn man wieder bei der Integration den ganzen Körper einschließt. In diesem Sinn kann man sagen: *Mit der einem magnetisierbaren Körper insgesamt zugeführten Leistung wird der Energieinhalt des* $\boldsymbol{B}$*-Feldes geändert und Magnetisierungsarbeit geleistet.*

Die Überlegungen dieses Abschnitts wurden ohne spezielle Annahmen hinsichtlich des materialbedingten Zusammenhangs zwischen $\boldsymbol{B}$ und $\boldsymbol{H}$ bzw. $\boldsymbol{M}$ durchgeführt. Sie sind in dieser Hinsicht also allgemeingültig.

10.2.1 Hystereseverlust

Analog zur Gl. (10.9) bedeutet

$$\Delta A_m := \iiint\limits_G \left[\int_{t_1}^{t_2} p_m \,\mathrm{d}t\right]\mathrm{d}V \tag{10.28}$$

die gesamte "magnetische Arbeit", die dem Gebiet G während des Zeitintervalls zwischen t_1 und t_2 zugeführt wird. Sie ist nach Gl. (10.25) gegeben durch

$$\Delta A_m = \iiint\limits_G \left[\int_{t_1}^{t_2} \boldsymbol{H}\cdot\frac{\partial \boldsymbol{B}}{\partial t}\,\mathrm{d}t\right]\mathrm{d}V \ . \tag{10.29}$$

Auch hier spricht man von einem Kreisprozeß, wenn für alle Punkte in G

$$\boldsymbol{B}(t_2) = \boldsymbol{B}(t_1) \tag{10.30}$$

und

$$\boldsymbol{M}(t_2) = \boldsymbol{M}(t_1) \tag{10.31}$$

gilt (wegen Gl. (9.14) folgt dann auch $\boldsymbol{H}(t_2) = \boldsymbol{H}(t_1)$). Ist in einem solchen Fall ΔA_m gleich null, so wird die aufgenommene Energie nur gespeichert (vgl. Abschnitt 10.1.1).

Im folgenden wird gezeigt, daß beim vollständigen Durchlaufen einer Hystereseschleife

$$\Delta A_m > 0 \qquad (\text{Hystereseschleife}) \tag{10.32}$$

gilt. Bei diesem Kreisprozeß wird also insgesamt Energie verbraucht. Man bezeichnet sie als Hystereseverlust. Die Verlustenergie erwärmt das ferromagnetische Material.

Da das in Gl. (10.29) auftretende Skalarprodukt für den hier verfolgten Zweck nebensächlich ist, wird angenommen, daß $\boldsymbol{B}$ und $\boldsymbol{H}$ zu einem zeitunabhängigen Einheitsvektor $\boldsymbol{e}$

kollinear sind. Mit $\boldsymbol{B} = B\boldsymbol{e}$ und $\boldsymbol{H} = H\boldsymbol{e}$ kann dann anstelle von Gl. (10.29)

$$\Delta A_m = \iiint_G \left[\int_{t_1}^{t_2} H \frac{\partial B}{\partial t} \, \mathrm{d}t \right] \mathrm{d}V \tag{10.33}$$

geschrieben werden.

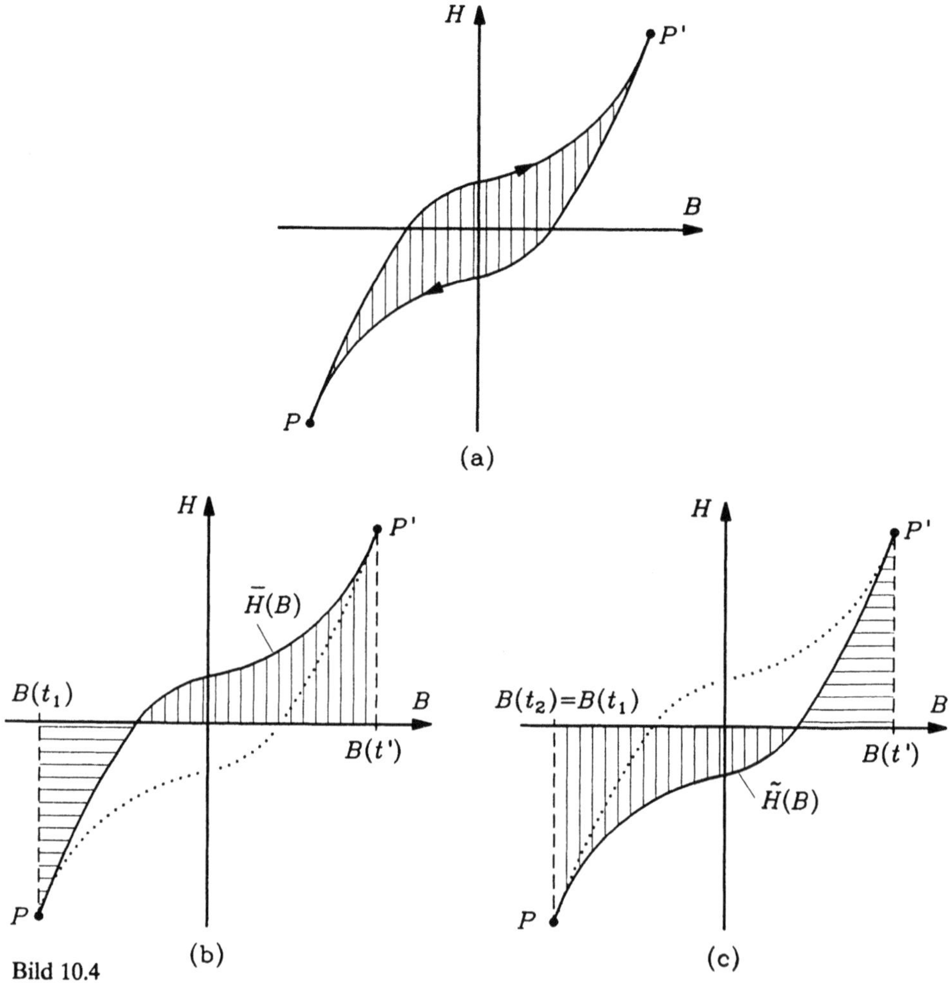

Bild 10.4

Zum Beweis der Ungleichung (10.32) wird die Hystereseschleife im Bild 10.4a betrachtet, bei der die Achsen gegenüber der gewohnten Darstellungsweise (s. Bild 9.16a) vertauscht wurden. Sie werde im Zeitintervall $t_1 \leqq t \leqq t_2$ einmal vollständig durchlaufen, wobei der Punkt P Anfang und Ende markiert. Der Punkt P' werde zur Zeit t' erreicht. Dann gilt

$$\int_{t_1}^{t_2} H \frac{\partial B}{\partial t} \,\mathrm{d}t = \int_{t_1}^{t'} H \frac{\partial B}{\partial t} \,\mathrm{d}t + \int_{t'}^{t_2} H \frac{\partial B}{\partial t} \,\mathrm{d}t \ . \tag{10.34}$$

Das erste der rechts stehenden Integrale ist längs des oberen Kurvenstücks der Hystereseschleife zu nehmen. Diese Kurve definiert eine eindeutige Funktion $H = \bar{H}(B)$ (s. Bild 10.4b). Für das zweite Integral muß der Integrand vom unteren Kurvenstück abgelesen werden, welches ebenfalls eine eindeutige Funktion $H = \tilde{H}(B)$ definiert (s. Bild 10.4c). Mit den Funktionen $\bar{H}$ und $\tilde{H}$ sowie den Gln. (10.33) und (10.34) folgt jetzt

$$\Delta A_m = \iiint_G \left[\int_{B(t_1)}^{B(t')} \bar{H} \,\mathrm{d}B + \int_{B(t')}^{B(t_2)} \tilde{H} \,\mathrm{d}B \right] \mathrm{d}V \ , \tag{10.35}$$

wobei $B(t_2) = B(t_1)$ gilt. Die beiden eingeklammerten Integrale werden durch die schraffierten Flächen in den Bildern 10.4b,c veranschaulicht. Die Flächen sind vorzeichenbehaftet, und zwar positiv diejenigen mit senkrechter und negativ die mit waagrechter Schraffur. Addiert man sie alle vorzeichenrichtig, so erhält man, wie Bild 10.4a zeigt, die von der Hysterese eingeschlossene Fläche, und zwar mit positivem Vorzeichen. Das bedeutet, daß die zu beweisende Ungleichung (10.32) richtig ist.

Darüber hinaus folgt, *daß der Hystereseverlust proportional zum Flächeninhalt des Bereiches ist, der von der Hystereseschleife eingeschlossen wird.* Das ist bei der Auswahl magnetischer Werkstoffe zu berücksichtigen. Der Hystereseverlust ist bei weichmagnetischen Materialien geringer als bei hartmagnetischen, da die Hystereseschleifen der ersteren "schlanker" sind als die der letzteren.

Unter den dielektrischen Stoffen gibt es solche mit einem hystereseartigen Zusammenhang zwischen $\boldsymbol{E}$ und $\boldsymbol{D}$, die sogenannten Ferroelektrika. Auch sie zeigen hysteresebedingte Verluste an elektrischer Energie, die nach der gleichen Methode zu berechnen sind, wie es hier am magnetischen Beispiel geschehen ist.

10.2.2 Gespeicherte Energie im Fall weichmagnetischer Stoffe

Bei weichmagnetischen Stoffen, deren Magnetisierungskurve näherungsweise ohne Hysterese gemäß Bild 9.18 verläuft, ist der Magnetisierungsvorgang praktisch reversibel. Das bedeutet, daß zugeflossene Energie verlustlos gespeichert wird. Wird diese Kennlinie nur in ihrem praktisch linearen Teil durchlaufen, so gilt

$$\boldsymbol{B} = \mu \boldsymbol{H} \ , \tag{10.36}$$

und man erhält entsprechend dem Vorbild des Abschnitts 10.1.1 die folgenden äquivalenten Ausdrücke für die gespeicherte magnetische Energiedichte:

$$w_m = \frac{\mu}{2} \boldsymbol{H}^2 = \frac{1}{2\mu} \boldsymbol{B}^2 = \frac{1}{2} \boldsymbol{B} \cdot \boldsymbol{H} \ . \tag{10.37}$$

Diese Beziehungen gelten natürlich auch in para- und diamagnetischen Substanzen.

Der Energieinhalt leerer Spulen wird durch die Gl. (7.12) angegeben oder durch die Gl. (7.21), wenn man dort $i_2 = i_3 = 0$ setzt. Füllt man Spulen mit eventuell mehreren permeablen Stoffen, wobei jeder für sich der Beziehung (10.36) gehorcht, dann gelten, wie hier ohne Beweis mitgeteilt wird, jene Gleichungen weiter, wenn man unter i nur freie Ströme versteht sowie unter W die hier mit W_m bezeichnete magnetisch gespeicherte Energie:

$$W_m = \frac{1}{2} i_f \Phi = \frac{1}{2} L i_f^2 = \frac{\Phi^2}{2L} . \tag{10.38}$$

Mit Φ ist der gesamte von i_f (rechtshändig) umfaßt Spulenfluß gemeint und nicht nur ein Querschnittsfluß.

10.2.3 Beispiel

Bild 10.5 zeigt eine kreiszylindrische Spule, in die ein Weicheisenkern nur teilweise hineingeschoben ist. Eine Energiebetrachtung soll jetzt zeigen, daß auf den Eisenkern eine Kraft $\boldsymbol{F}_E$ in positiver z-Richtung wirkt, wenn der Spulenstrom i eingeschaltet ist.

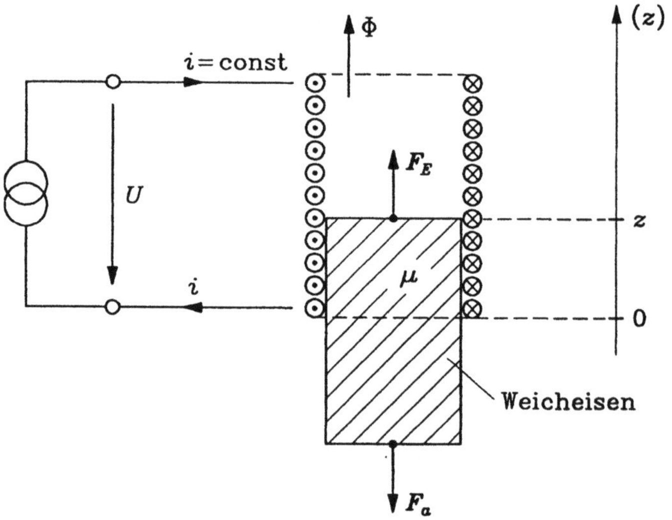

Bild 10.5

Die von der stromdurchflossenen Spule ausgeübte Kraft $\boldsymbol{F}_E$ sei durch eine äußere Kraft $\boldsymbol{F}_a = -\boldsymbol{F}_E$ kompensiert. Ohne wesentliche Störung dieses Gleichgewichtes werde der Eisenkern jetzt (reibungsfrei) um ein Stück $\mathrm{d}z > 0$ in die Spule hineingeschoben oder um $\mathrm{d}z < 0$ herausgezogen. Im ersten Fall wird die Selbstinduktivität L der Anordnung um $\mathrm{d}L > 0$ erhöht, im zweiten Fall um $\mathrm{d}L < 0$ erniedrigt. In jedem Fall gilt also

$$\frac{\mathrm{d}L}{\mathrm{d}z} > 0 .$$

Hält man die Stromstärke i konstant, dann hat die Änderung der Induktivität die Änderung

$$\mathrm{d}\Phi = \mathrm{d}(L\, i) = i\, \mathrm{d}L$$

des von i rechtshändig umfaßten (Gesamt-)Flusses zur Folge. Zugleich tritt an den Klemmen der ideal leitfähigen Spule ein Spannungsstoß

$$U\, \mathrm{d}t = \mathrm{d}\Phi = i\, \mathrm{d}L$$

auf. Dabei wird von der Stromquelle die elektrische Arbeit

$$\mathrm{d}A_{Quelle} = i\,U\,\mathrm{d}t = i^2\,\mathrm{d}L$$

abgegeben und der betrachteten Anordnung zugeführt.

Eine weitere zugeführte Arbeit kommt von der Verschiebungsarbeit $\mathrm{d}A_{mech} = \boldsymbol{F}_a \cdot \mathrm{d}\boldsymbol{r}$ der äußeren Kraft. Wegen $\boldsymbol{F}_a = -\boldsymbol{F}_E$ gilt

$$\mathrm{d}A_{mech} = -\boldsymbol{F}_E \cdot \mathrm{d}\boldsymbol{r} = -F_E\,\boldsymbol{e}_z \cdot \boldsymbol{e}_z\,\mathrm{d}z = -F_E\,\mathrm{d}z\ .$$

Den beiden zugeführten Arbeiten steht die Änderung der gespeicherten Energie nach Gl. (10.38) gegenüber ($i_f = i = \mathrm{const}$):

$$\mathrm{d}W_m = \frac{1}{2}\,i\,\mathrm{d}\Phi = \frac{1}{2}\,i^2\,\mathrm{d}L\ .$$

Aus der Energiebilanz

$$\mathrm{d}W_m = \mathrm{d}A_{Quelle} + \mathrm{d}A_{mech}\ ,$$

d.h. hier

$$\frac{1}{2}\,i^2\,\mathrm{d}L = i^2\,\mathrm{d}L - F_E\,\mathrm{d}z\ ,$$

folgt schließlich

$$F_E\,\mathrm{d}z = \frac{1}{2}\,i^2\,\mathrm{d}L$$

oder

$$F_E = \frac{1}{2}\,i^2\,\frac{\mathrm{d}L}{\mathrm{d}z}\ .$$

Wegen $\mathrm{d}L/\mathrm{d}z > 0$ (s.o.) ist also, wie behauptet, die z-Komponente der auf den Eisenkern ausgeübten Kraft positiv, und zwar für beide Vorzeichen von i.

Das Resultat ist qualitativ einfach zu verstehen: Die Magnetisierung des Eisenkernes zeigt pauschal in Richtung des vom Spulenstrom erzeugten Magnetfeldes. Etwa für $i > 0$ ist sie also gleichsinnig parallel zu $\boldsymbol{e}_z$. Folglich umkreisen die zugehörigen Magnetisierungsströme die z-Richtung rechtshändig und fließen somit gleichsinnig zum Spulenstrom. Also ziehen sich beide Stromverteilungen an.

Wäre das Kernmaterial diamagnetisch, dann hätten die Magnetisierung und damit auch die Magnetisierungsströme gerade die andere Richtung. Es läge also Abstoßung vor. An der formalen Rechnung würde sich nichts ändern; es wäre zuletzt nur $\mathrm{d}L/\mathrm{d}z < 0$ zu berücksichtigen.

Natürlich wirkt $\boldsymbol{F}_E$ auch dann, wenn keine tatsächliche Verschiebung vorgenommen wird. Man spricht daher oft von einer "virtuellen (gedachten) Verrückung". Es ist ein auch in anderen Fällen anwendbares theoretisches Hilfsmittel zwecks Erstellung einer Energiebilanz.

10.3 Elektromagnetische Energiestromdichte (Poynting-Vektor)

Einem Volumenelement, in welchem sich sowohl die elektrischen als auch die magnetischen Feldgrößen ändern, wird die Leistungsdichte $p_e + p_m$ zugeführt, wobei der elektrische und magnetische Anteil durch die Gl. (10.6) bzw. Gl. (10.25) gegeben ist. Dabei muß angenommen werden, daß keine freien Ströme fließen. Läßt man diese Voraussetzung jetzt fallen, so stellt der Ausdruck

$$p_{ges} = \boldsymbol{E} \cdot \boldsymbol{J}_f + \boldsymbol{E} \cdot \frac{\partial \boldsymbol{D}}{\partial t} + \boldsymbol{H} \cdot \frac{\partial \boldsymbol{B}}{\partial t} \tag{10.39}$$

die gesamte zugeführte Leistungsdichte dar, und zwar für den allgemeinsten Fall elektromagnetischen Energieumsatzes innerhalb eines Volumenelementes.

Da Energie nicht spontan entsteht, muß sie zu dem betrachteten Volumenelement hin transportiert werden. Es liegt also ein elektromagnetischer Energiestrom vor, der ebenso wie der Ladungsstrom durch eine räumliche Stromdichte $\boldsymbol{S}$ beschrieben wird. Sie ist so definiert, daß für ein beliebiges Flächenelement $\mathrm{d}\boldsymbol{a} = \boldsymbol{n}\,\mathrm{d}a$ folgendes gilt:

$\boldsymbol{S} \cdot \boldsymbol{n}\,\mathrm{d}a$ = elektromagnetische Energie, die während der Zeit $\mathrm{d}t$ durch das Flächenelement in Richtung von $\boldsymbol{n}$ transportiert wird, dividiert durch $\mathrm{d}t$. (10.40)

Die Worte "in Richtung von $\boldsymbol{n}$" bedeuten hier nur die Bezugsrichtung (Zählrichtung) für den Energiestrom. Ist das Skalarprodukt $\boldsymbol{S} \cdot \boldsymbol{n}$ negativ, dann fließt Energie der $\boldsymbol{n}$-Richtung entgegen.

Betrachtet wird ein beliebiger Bereich G im elektromagnetischen Feld, der im allgemeinen auch Materie enthält. Die diesem Bereich *zugeführte* Leistung muß gleich sein dem nach *innen* gezählten Energiestrom durch seine Oberfläche S. Dies wird mathematisch durch

$$\oiint_S \boldsymbol{S} \cdot \mathrm{d}\boldsymbol{a} = - \iiint_G p_{ges}\,\mathrm{d}V \tag{10.41}$$

zum Ausdruck gebracht. Das Minuszeichen tritt auf, weil die Flächennormale von S nach *außen* gerichtet sein soll. Wendet man auf die linke Seite dieser Gleichung den Satz von Gauß an und berücksichtigt, daß G beliebig gewählt wurde, so erhält man mit Gl. (10.39)

$$\operatorname{div} \boldsymbol{S} = -p_{ges} = -\boldsymbol{E} \cdot \boldsymbol{J}_f - \boldsymbol{E} \cdot \frac{\partial \boldsymbol{D}}{\partial t} - \boldsymbol{H} \cdot \frac{\partial \boldsymbol{B}}{\partial t} \,. \tag{10.42}$$

Dies kann mit Hilfe der Maxwellschen Gleichungen (9.49), (9.47) und der Vektoridentität (1.36c) umgeformt werden in

$$\begin{aligned} \operatorname{div} \boldsymbol{S} &= -\boldsymbol{E} \cdot \left(\boldsymbol{J}_f + \frac{\partial \boldsymbol{D}}{\partial t} \right) - \boldsymbol{H} \cdot \frac{\partial \boldsymbol{B}}{\partial t} = -\boldsymbol{E} \cdot \operatorname{rot} \boldsymbol{H} + \boldsymbol{H} \cdot \operatorname{rot} \boldsymbol{E} \\ &= \operatorname{div}(\boldsymbol{E} \times \boldsymbol{H}) \,, \end{aligned} \tag{10.43}$$

woraus schließlich

$$\operatorname{div} \boldsymbol{S} = \operatorname{div}(\boldsymbol{E} \times \boldsymbol{H}) \tag{10.44}$$

folgt.

Setzt man also

$$\boldsymbol{S} := \boldsymbol{E} \times \boldsymbol{H} \,, \tag{10.45}$$

so hat man $\boldsymbol{S}$ in einer Weise ausgedrückt, die es erlaubt, eine vollständige elektrodynamische Energiebilanz zu formulieren. Sie lautet ersichtlich

$$\operatorname{div}(\boldsymbol{E}\times\boldsymbol{H}) = -\left[\boldsymbol{E}\cdot\boldsymbol{J}_f + \boldsymbol{E}\cdot\frac{\partial\boldsymbol{D}}{\partial t} + \boldsymbol{H}\cdot\frac{\partial\boldsymbol{B}}{\partial t}\right]. \tag{10.46}$$

Mit den Gln. (10.13) und (10.36), falls sie auch im dynamischen Fall gelten, folgt hieraus für lineare und isotrope Medien

$$\operatorname{div}(\boldsymbol{E}\times\boldsymbol{H}) + \boldsymbol{E}\cdot\boldsymbol{J}_f = -\frac{\partial}{\partial t}\left(\frac{\varepsilon}{2}\boldsymbol{E}^2 + \frac{\mu}{2}\boldsymbol{H}^2\right). \tag{10.47}$$

Das ist, wenn keine freien Ströme fließen, die Kontinuitätsgleichung für die gespeicherte elektrische und magnetische Energie.

Die Wahl von $\boldsymbol{E}\times\boldsymbol{H}$ als elektromagnetische Energiestromdichte ist nicht zwingend, da durch Gl. (10.44) nur die Divergenz von $\boldsymbol{S}$ festgelegt wird. Man könnte also ebensogut $\boldsymbol{S} = \boldsymbol{E}\times\boldsymbol{H} + \boldsymbol{V}$ mit quellenfreiem, aber sonst beliebigem Vektorfeld $\boldsymbol{V}$ setzen. Aus Gründen der Einfachheit wird jedoch allgemein die von J.H. Poynting erstmals vorgeschlagene Form (10.45) für $\boldsymbol{S}$ verwendet. Deshalb wird $\boldsymbol{E}\times\boldsymbol{H}$ auch Poyntingscher Vektor der elektromagnetischen Energiestromdichte genannt.

Die Summanden $\boldsymbol{E}\cdot\partial\boldsymbol{D}/\partial t$ und $\boldsymbol{H}\cdot\partial\boldsymbol{B}/\partial t$ in Gl. (10.46) haben gemäß Gl. (10.8) bzw. Gl. (10.26) die Darstellungen

$$\boldsymbol{E}\cdot\frac{\partial\boldsymbol{D}}{\partial t} = \frac{\varepsilon_0}{2}\frac{\partial\boldsymbol{E}^2}{\partial t} + \boldsymbol{E}\cdot\boldsymbol{J}_{pol},$$

$$\boldsymbol{H}\cdot\frac{\partial\boldsymbol{B}}{\partial t} = \frac{1}{2\mu_0}\frac{\partial\boldsymbol{B}^2}{\partial t} + \boldsymbol{E}\cdot\boldsymbol{J}_{mag} + \operatorname{div}(\boldsymbol{E}\times\boldsymbol{M}).$$

Somit kann nach der Umformung

$$\boldsymbol{E}\times\boldsymbol{H} = \boldsymbol{E}\times\frac{\boldsymbol{B}}{\mu_0} - \boldsymbol{E}\times\boldsymbol{M}$$

des Poynting-Vektors mittels Gl. (9.14) die elektromagnetische Energiebilanz (10.46) auch folgendermaßen geschrieben werden:

$$\operatorname{div}\left(\boldsymbol{E}\times\frac{\boldsymbol{B}}{\mu_0}\right) - \operatorname{div}\left(\boldsymbol{E}\times\boldsymbol{M}\right) = -\boldsymbol{E}\cdot(\boldsymbol{J}_f + \boldsymbol{J}_{pol} + \boldsymbol{J}_{mag})$$
$$- \frac{\partial}{\partial t}\left(\frac{\varepsilon_0}{2}\boldsymbol{E}^2 + \frac{1}{2\mu_0}\boldsymbol{B}^2\right) - \operatorname{div}(\boldsymbol{E}\times\boldsymbol{M}).$$

Der Ausdruck $-\operatorname{div}(\boldsymbol{E}\times\boldsymbol{M})$ kann also beiderseits gestrichen werden. Mit den verbleibenden Termen ergibt sich schließlich

$$\operatorname{div}\left(\boldsymbol{E}\times\frac{\boldsymbol{B}}{\mu_0}\right) = -\boldsymbol{E}\cdot(\boldsymbol{J}_f + \boldsymbol{J}_{pol} + \boldsymbol{J}_{mag}) - \frac{\partial}{\partial t}\left(\frac{\varepsilon_0}{2}\boldsymbol{E}^2 + \frac{\boldsymbol{B}^2}{2\mu_0}\right), \tag{10.48}$$

und zwar *völlig äquivalent* zur Gl. (10.46). Also könnte man auch $\boldsymbol{S} = \boldsymbol{E}\times\boldsymbol{B}/\mu_0$ außerhalb *und* innerhalb von Materie als Energiestromdichte wählen. Die schon bei der Einführung von $\boldsymbol{D}$ und $\boldsymbol{H}$ erwähnten praktischen Gesichtspunkte sprechen jedoch für die Form (10.46) des Poyntingschen Theorems, wie man zum elektromagnetischen Energiesatz auch sagt.

Man beachte, daß die Gl. (10.46) rein vektoranalytisch aus den Maxwell-Gln. (9.47) und (9.49) ohne besondere Annahmen folgt. Die beiden letzten Terme der Gl. (10.46) konnten für langsam zeitveränderliche homogene Felder als elektrische bzw. magnetische Leistungsdichte gedeutet werden gemäß den Gln. (10.6) und (10.25). Diese Deutung wird jetzt endgültig auf den uneingeschränkt dynamischen und inhomogenen Fall übertragen, indem man die Gl. (10.46) als allgemeine elektromagnetische Energiebilanz interpretiert.

10.3.1 Beispiele

a) Im Inneren eines unendlich langen kreiszylindrischen Leiters vom Radius ρ_0 und der Leitfähigkeit κ (s. Bild 10.6) sei die homogene, stationäre und freie Stromdichte $\boldsymbol{J} = J_z\, \boldsymbol{e}_z$ gegeben.

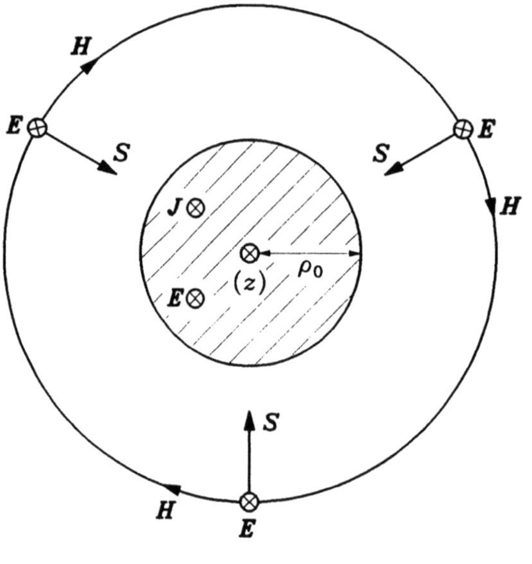

Bild 10.6

Für die magnetische Feldstärke gilt dann

$$\boldsymbol{H} = \begin{cases} \dfrac{J_z}{2}\,\rho\,\boldsymbol{e}_\alpha\ , & \text{falls } 0 \leqq \rho < \rho_0\ , \\[2ex] \dfrac{J_z \rho_0^2}{2}\,\dfrac{1}{\rho}\,\boldsymbol{e}_\alpha\ , & \text{falls } \rho_0 \leqq \rho\ . \end{cases}$$

Das folgt mit $\boldsymbol{H} = H_\alpha(\rho)\boldsymbol{e}_\alpha$ durch Anwendung des Durchflutungsgesetzes (9.16b) auf Kreise um die z-Achse mit dem jeweiligen Radius ρ.

Die elektrische Feldstärke im Inneren des Leiters ist durch das Ohmsche Gesetz $\boldsymbol{J} = \kappa \boldsymbol{E}$ gegeben. Dort herrscht also ein homogenes $\boldsymbol{E}$-Feld in z-Richtung. Im Außenraum muß $E_\alpha = 0$ sein, da sonst $\oint \boldsymbol{E} \cdot \mathrm{d}\boldsymbol{r} \neq 0$ wäre längs eines Kreises um die z-Achse. Nimmt man an, daß sich auf dem Leiter keine Oberflächenladung befindet, dann folgt aus Gründen der Quellenfreiheit auch $E_\rho = 0$. Es gilt im Außenraum also $\boldsymbol{E} = E_z(\rho)\boldsymbol{e}_z$. Berechnet man die

Rotation dieses Ausdrucks und setzt sie gleich null, so erhält man $\partial E_z / \partial \rho = 0$ bzw. $E_z = \text{const.}$ Das bedeutet, daß auch für $\rho > \rho_0$ ein homogenes $\boldsymbol{E}$-Feld in z-Richtung vorliegt. Da allgemein die Tangentialkomponenten der elektrischen Feldstärke stetig sind, folgt hier durch Anwendung dieser Bedingung auf die Leiteroberfläche

$$\boldsymbol{E} = \frac{J_z}{\kappa} \boldsymbol{e}_z \qquad \text{innerhalb } \textit{und} \text{ außerhalb des Leiters.}$$

Der Poynting-Vektor kann jetzt nach Gl. (10.45) berechnet werden. Man erhält

$$\boldsymbol{S} = \begin{cases} -\dfrac{J_z^2}{2\kappa} \rho \, \boldsymbol{e}_\rho , & \text{falls } 0 \leqq \rho \leqq \rho_0 , \\ -\dfrac{J_z^2 \rho_0^2}{2\kappa} \dfrac{1}{\rho} \boldsymbol{e}_\rho , & \text{falls } \rho_0 \leqq \rho . \end{cases}$$

Der Energiestrom ist also, wie auch das Bild 10.6 zeigt, zur Leiterachse hin gerichtet, und zwar unabhängig davon, welches Vorzeichen J_z hat. Im Leiterinneren "versickert" er allmählich, wobei die ankommende Energie in Joulesche Wärme umgewandelt wird mit einer Leistungsdichte $\boldsymbol{E} \cdot \boldsymbol{J} = J_z^2 / \kappa$. Man verifiziert nämlich leicht, daß

$$\operatorname{div} \boldsymbol{S} = \begin{cases} -\dfrac{J_z^2}{\kappa} , & \text{falls } 0 \leqq \rho < \rho_0 , \\ 0 , & \text{falls } \rho_0 < \rho , \end{cases}$$

gilt. Das ist die elektromagnetische Energiebilanz (10.46) für $\partial \boldsymbol{D} / \partial t = \boldsymbol{0}$ und $\partial \boldsymbol{B} / \partial t = \boldsymbol{0}$.

Wirkliche Drähte haben nur endliche Länge, sind im allgemeinen gebogen und tragen Oberflächenladungen. Auch dann gilt die hauptsächliche Aussage dieses Beispiels: Die in Joulesche Wärme überführte Energie wird vom elektromagnetischen Feld per Poynting-Vektor zum Ort ihres "Verbrauches" transportiert und nicht von den Leitungselektronen. (Letzteres wäre bei Wechselstrom ohnehin nur schwer verständlich.)

b) Hier soll an Hand des im Bild 2.23 dargestellten Ausbreitungsvorganges (wenigstens qualitativ) plausibel gemacht werden, daß beschleunigte Ladungen elektromagnetische Energie abstrahlen.

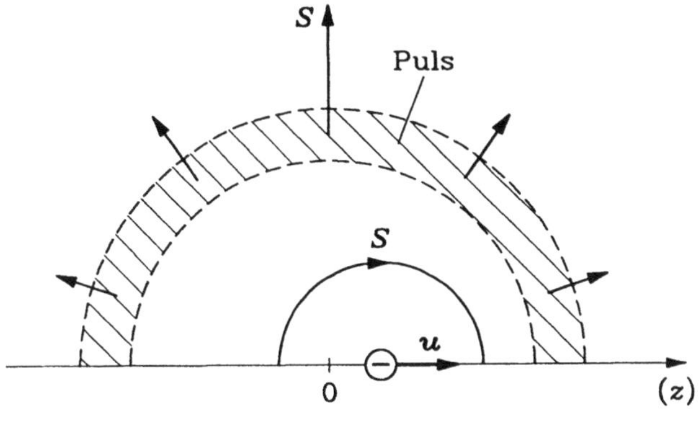

Bild 10.7

Die Richtung des zu Bild 2.23 gehörigen Poynting-Vektors läßt sich mit Gl. (10.45) einfach bestimmen und nach Bild 10.7 übertragen. Er hat im Bereich des von der Beschleunigungsphase herrührenden Pulses annähernd radiale Richtung, wie es der Vorstellung einer Energieabstrahlung entspricht. Im Feldbereich der gleichförmig bewegten Punktladung dagegen sind die $\boldsymbol{S}$ -Linien in jedem Augenblick Halbkreise um die Punktladung, was besagt, daß die Feldenergie nur von "hinten" nach "vorne" transportiert wird.

Jeder zeitveränderliche Strom in einer Sendeantenne ist nichts anderes als ein Kollektiv beschleunigter Elektronen, und die insgesamt vom Sender ausgehende elektromagnetische Welle ist die Überlagerung aller von diesen Elektronen ausgestrahlten Teilwellen.

c) Die Punktladung q_2 nach Bild 10.8a wird von einer äußeren Kraft $\boldsymbol{F}_a$ mit (kleiner) gleichförmiger Geschwindigkeit $\boldsymbol{u}_2$ zur gleichnamigen Punktladung q_1 hingeschoben, die an ihrem Platz festgehalten wird.

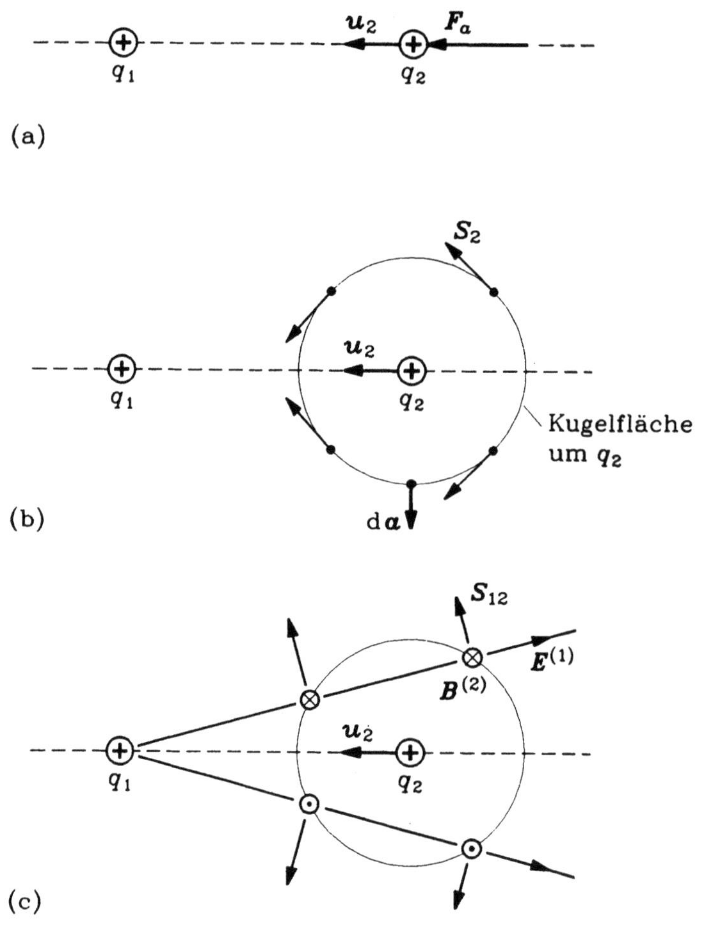

Bild 10.8

Die Arbeit der äußeren Kraft ist dabei positiv, so daß dem elektrischen Feld $\boldsymbol{E} = \boldsymbol{E}^{(1)} + \boldsymbol{E}^{(2)}$ der beiden Punktladungen Energie zufließt. Das geschieht natürlich via Poynting-Vektor

$$\boldsymbol{S} = \frac{1}{\mu_0} (\boldsymbol{E}^{(1)} + \boldsymbol{E}^{(2)}) \times \boldsymbol{B}^{(2)} ,$$

wobei $\boldsymbol{B}^{(2)}$ von der bewegten Ladung q_2 erzeugt wird.

Der Summand

$$\boldsymbol{S}_2 := \frac{1}{\mu_0} \boldsymbol{E}^{(2)} \times \boldsymbol{B}^{(2)}$$

interessiert hier nicht sonderlich, denn er beschreibt einen Energietransport nur von der Art, wie er in Bild 10.7 durch die halbkreisförmige $\boldsymbol{S}$-Linie dargestellt wird. Bezüglich der aus Bild 10.8b ersichtlichen Kugelfläche um q_2 gilt also

$$\oiint \boldsymbol{S}_2 \cdot \mathrm{d}\boldsymbol{a} = 0 .$$

Der Summand

$$\boldsymbol{S}_{12} := \frac{1}{\mu_0} \boldsymbol{E}^{(1)} \times \boldsymbol{B}^{(2)}$$

dagegen, den man sich gemäß Bild 10.8c veranschaulichen kann, liefert bezüglich derselben Kugelfläche ersichtlich einen positiven (nach außen gezählten) Energiestrom

$$\oiint \boldsymbol{S}_{12} \cdot \mathrm{d}\boldsymbol{a} > 0 .$$

Diese Energie wird im elektrischen Feld der beiden Punktladungen gespeichert. Von dort fließt sie zurück, wenn diese auseinandergezogen werden.

Anmerkung: Es muß betont werden, daß die Energie grundsätzlich im elektrischen Gesamtfeld $\boldsymbol{E} = \boldsymbol{E}^{(1)} + \boldsymbol{E}^{(2)}$ mit der Dichte

$$w_E = \frac{\varepsilon_0}{2} (\boldsymbol{E}^{(1)} + \boldsymbol{E}^{(2)})^2 = \frac{\varepsilon_0}{2} (\boldsymbol{E}^{(1)})^2 + \frac{\varepsilon_0}{2} (\boldsymbol{E}^{(2)})^2 + \varepsilon_0 \boldsymbol{E}^{(1)} \cdot \boldsymbol{E}^{(2)}$$

gespeichert wird. Sie hat immer einen Summanden, der mit beiden Teilfeldern verknüpft ist. Für die elektrische Feldenergie gilt also das Superpositionsprinzip nicht.

Entsprechendes ist auch bei der magnetischen Feldenergie und beim Poynting-Vektor zu beachten.

d) Ein kreisrunder Plattenkondensator (Radius R; s. Bild 10.9) wird, ausgehend vom ungeladenen Zustand, mit der Stromstärke I geladen, die so vorgegeben (eingeprägt) sein soll, daß sie positiv und im betrachteten Zeitraum konstant ist. Letzteres bedeutet, daß der "fast statische" Fall vorliegt, wie er durch Bedingung (6.52) definiert und unmittelbar zuvor sowie danach erläutert wird. Insbesondere gilt die Gl. (6.51), deren integrale Form hier auf einen Kreis vom Radius ρ angewendet werden soll, der zwischen den Kondensatorbelegungen rechtshändig um die z-Achse verläuft:

$$\oint_{\rho = \mathrm{const}} \boldsymbol{B} \cdot \boldsymbol{e}_\alpha \, \rho \, \mathrm{d}\alpha = \mu_0 \varepsilon_0 \iint_S \dot{\boldsymbol{E}} \cdot \boldsymbol{e}_z \, \mathrm{d}a .$$

Mit S ist die zugehörige Kreisfläche gemeint, die somit von keinem Ladungsstrom durchsetzt wird. Zur Auswertung dieser Gleichung macht man einerseits den naheliegenden Ansatz

$$\boldsymbol{B} = B_\alpha(\rho)\,\boldsymbol{e}_\alpha$$

und nimmt andererseits an, daß die Kreisscheibe S im Homogenitätsbereich der elektrischen Feldstärke

$$\boldsymbol{E} = E_z\,\boldsymbol{e}_z = \frac{\sigma}{\varepsilon_0}\,\boldsymbol{e}_z$$

liegt (vgl. Beispiel 5.6.7a). Damit folgt aus obiger Maxwell-Gleichung

$$B_\alpha(\rho)\,2\pi\rho = \mu_0\,\dot{\sigma}\,\pi\rho^2\;, \qquad B_\alpha = \frac{\mu_0\,\dot{\sigma}}{2}\,\rho\;.$$

Im Inneren des Plattenkondensators liegt also ein Poynting-Vektor

$$\boldsymbol{S} = \frac{1}{\mu_0}\,\boldsymbol{E}\times\boldsymbol{B} = \frac{1}{\mu_0}\,E_z\,\boldsymbol{e}_z\times B_\alpha\,\boldsymbol{e}_\alpha = -\,\frac{\sigma\,\dot{\sigma}}{2\,\varepsilon_0}\,\rho\,\boldsymbol{e}_\rho$$

vor, der (im betrachteten Betriebszustand; $\sigma > 0$, $\dot{\sigma} > 0$) zur z-Achse hinzeigt. Außerhalb des Kondensators kann man wenigstens qualitativ auf die im Bild 10.9 angedeuteten Feldverhältnisse schließen, so daß jetzt insgesamt veranschaulicht ist, auf welchem Weg ein

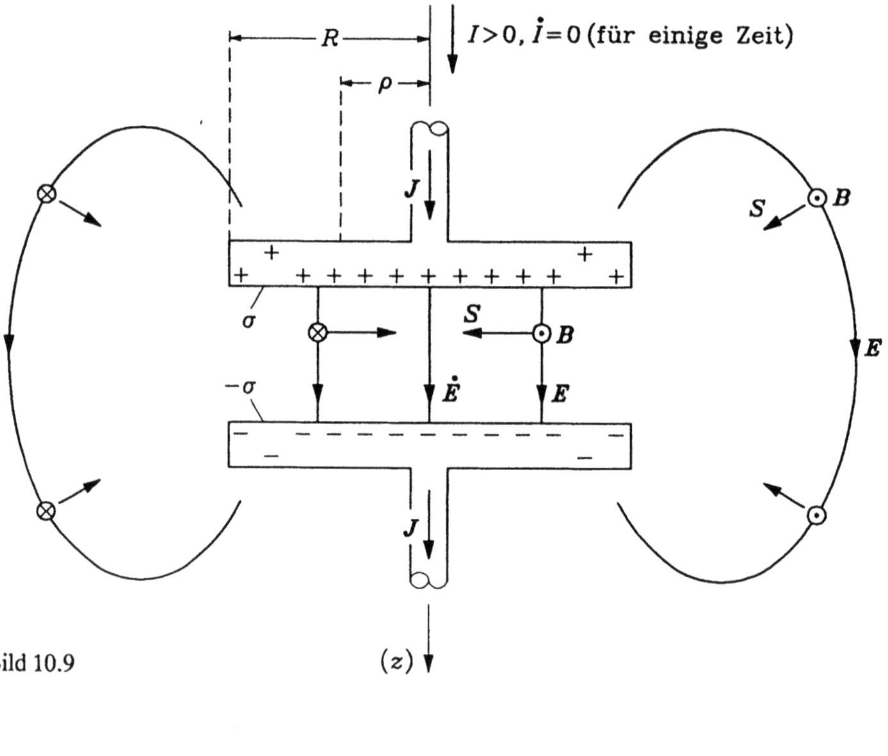

Bild 10.9

Kondensator mit Energie geladen wird.

Innerhalb des Kondensators kann die Energiebilanz (10.46) überprüft werden, die hier

$$\operatorname{div} \boldsymbol{S} = -\varepsilon_0 E_z \dot{E}_z - \frac{1}{\mu_0} B_\alpha \dot{B}_\alpha = -\frac{\sigma\dot{\sigma}}{\varepsilon_0} - \mu_0 \frac{\dot{\sigma}\ddot{\sigma}}{4} \rho^2 = -\frac{\sigma\dot{\sigma}}{\varepsilon_0}$$

lautet, denn es gilt $\ddot{\sigma} = 0$, da der Ladestrom konstant sein soll. Berechnet man noch

$$\operatorname{div} \boldsymbol{S} = -\frac{\sigma\dot{\sigma}}{2\varepsilon_0} \operatorname{div}(\rho \boldsymbol{e}_\rho) = -\frac{\sigma\dot{\sigma}}{\varepsilon_0} ,$$

dann hat man schließlich die elektromagnetische Energiebilanz im betrachteten Fall verifiziert.

Bei quasistationärem Wechselstrom ändert sich die Geometrie der Felder gegenüber Bild 10.9 nicht wesentlich. Nur ihre Richtung ändert sich periodisch, so daß je nach Phase Energie durch den umgebenden Raum in den Kondensator hinein- oder aus ihm herausfließt. Für diesen Energie*transport* ist das Magnetfeld als Faktor im Poynting-Vektor unerläßlich. Als Energie*speicher* jedoch kann man es beim quasistationär betriebenen Kondensator gegenüber dem elektrischen Feld vernachlässigen.

10.3.2 Anmerkungen

a) Am Ende von Abschnitt 2.5.1 wurde gesagt, daß das elektromagnetische Feld auch als Impulsträger angesehen werden kann. Das läßt sich zeigen, indem man die Lorentz-Kraft mittels der Maxwell-Gleichungen geeignet umformt (s. etwa J.D. Jackson oder D.J. Griffiths). Bezeichnet $\boldsymbol{g}$ die Impulsdichte (Impuls pro Volumen) des elektromagnetischen Feldes, dann gilt

$$\boldsymbol{g} = \varepsilon_0 \boldsymbol{E} \times \boldsymbol{B} = \frac{1}{c_0^2} \boldsymbol{S}$$

mit dem Poynting-Vektor $\boldsymbol{S} = (\boldsymbol{E} \times \boldsymbol{B})/\mu_0$.

b) Jede Energiebilanz bei materiellen Körpern ist unvollständig, wenn dabei die in Form von Wärme umgesetzte Energie nicht berücksichtigt wird. In diesem Sinne sind die Ausführungen dieses Kapitels zu ergänzen, wenn genauere thermodynamische Untersuchungen mit leitfähigen oder dielektrischen oder permeablen Stoffen beabsichtigt sind. Dabei geht es nicht nur um die "thermischen Verluste", sondern auch darum, daß die einschlägigen Eigenschaften dieser Stoffe von der Temperatur abhängen. Insbesondere müssen die Kreisprozesse der Abschnitte 10.1.1 und 10.2.1 isotherm ablaufen, damit sich während der Prozesse die Permittivität bzw. die Hystereseschleife nicht ändert.

11 Retardierte Lösungen der Maxwell-Gleichungen

Von Strom-Ladungs-Verteilungen, die sich zeitlich ändern, gehen "Störungen" des elektromagnetischen Feldes aus, die wellenartig auseinanderlaufen. Prinzipielles zu diesem Thema ist der Gegenstand dieses Kapitels.

11.1 Wellengleichungen

Es sei f eine Funktion des Arguments u. Schreibt man für letzteres $u = t - z/c$, wobei c eine positive Konstante ist, so stellt $f(t - z/c)$ einen raum-zeitlichen Vorgang dar, den man gemäß Bild 11.1 so beschreiben kann: Das zum festen Zeitpunkt t_1 vorliegende "Funktionsgebirge" $f(t_1 - z/c)$ verschiebt sich ohne Formänderung in z-Richtung mit der Geschwindigkeit c.

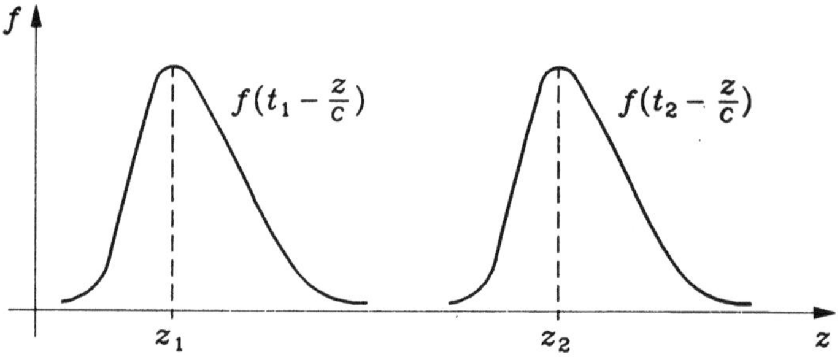

Bild 11.1

Letzteres erkennt man am besten an der Bewegung des Maximums von f. Liegt dieses zur Zeit t_1 bei z_1 und zur Zeit $t_2 > t_1$ bei z_2, so muß

$$t_1 - \frac{z_1}{c} = t_2 - \frac{z_2}{c}$$

gelten, damit sich jeweils das gleiche, zum Maximum gehörige Argument von f ergibt. Damit folgt also

$$\frac{z_2 - z_1}{t_2 - t_1} = c \quad .$$

Einen solchen, durch $f(t - z/c)$ beschriebenen Vorgang nennt man Welle. Analog hierzu stellt auch $g(t + z/c)$ eine Welle dar, allerdings eine solche, die mit der Geschwindigkeit c entgegen der z-Richtung läuft. Durch Überlagerung

$$w(z,t) = f\left(t - \frac{z}{c}\right) + g\left(t + \frac{z}{c}\right) \tag{11.1}$$

können beliebige Wellenformen (z.B. stehende Wellen) konstruiert werden.

Mit $u := t - z/c$ und $v := t + z/c$ folgt aus Gl. (11.1)

$$\frac{\partial w}{\partial z} = \frac{df}{du}\frac{\partial u}{\partial z} + \frac{dg}{dv}\frac{\partial v}{\partial z} = -\frac{1}{c}\frac{df}{du} + \frac{1}{c}\frac{dg}{dv}$$

und

$$\frac{\partial^2 w}{\partial z^2} = -\frac{1}{c}\frac{d^2 f}{du^2}\frac{\partial u}{\partial z} + \frac{1}{c}\frac{d^2 g}{dv^2}\frac{\partial v}{\partial z} = \frac{1}{c^2}\left(\frac{d^2 f}{du^2} + \frac{d^2 g}{dv^2}\right)$$

sowie

$$\frac{\partial^2 w}{\partial t^2} = \frac{d^2 f}{du^2} + \frac{d^2 g}{dv^2} .$$

Die Welle (11.1) gehorcht also der Differentialgleichung

$$\frac{\partial^2 w}{\partial z^2} - \frac{1}{c^2}\frac{\partial^2 w}{\partial t^2} = 0 , \tag{11.2}$$

der sogenannten Wellengleichung. Genauer handelt es sich hier um die räumlich eindimensionale und homogene Version für skalare (ungedämpfte) Wellen. Es läßt sich zeigen, daß Gl. (11.1) die allgemeine Lösung der Gl. (11.2) darstellt.

Die partielle Differentialgleichung (11.2) ist die einfachste einer Reihe von Wellengleichungen, die mit ihr verwandt sind:

$$\nabla^2 w - \frac{1}{c^2}\ddot{w} = 0 , \tag{11.3}$$

$$\nabla^2 \boldsymbol{w} - \frac{1}{c^2}\ddot{\boldsymbol{w}} = \boldsymbol{0} , \tag{11.4}$$

$$\nabla^2 \boldsymbol{w} - \frac{1}{c^2}\ddot{\boldsymbol{w}} = \boldsymbol{s} . \tag{11.5}$$

Die *homogenen* Differentialgleichungen (11.3) und (11.4) beziehen sich auf räumlich dreidimensionale skalare bzw. vektorielle Wellen. Der Operator ∇^2 versteht sich dabei wie in Gl. (1.19) bzw. Gl. (1.22). Die vektorielle Wellengleichung (11.5) schließlich ist *inhomogen*, wobei in das Vektorfeld $\boldsymbol{s}(\boldsymbol{r}, t)$ die einschlägigen Eigenschaften des jeweiligen "Senders" der Wellen eingehen.

11.2 Inhomogene Wellengleichungen für E und B

Nimmt man von beiden Seiten der Gln. (3.2) und (3.4) die Rotation, so folgt (mit $\varepsilon_0 \mu_0 = 1/c_0^2$)

$$\operatorname{rot}\operatorname{rot}\boldsymbol{E} = -\operatorname{rot}\dot{\boldsymbol{B}} = -\mu_0\,\dot{\boldsymbol{J}} - \frac{1}{c_0^2}\ddot{\boldsymbol{E}} \tag{11.6}$$

bzw.

$$\operatorname{rot}\operatorname{rot}\boldsymbol{B} = \mu_0 \operatorname{rot}\boldsymbol{J} + \frac{1}{c_0^2}\operatorname{rot}\dot{\boldsymbol{E}} = \mu_0 \operatorname{rot}\boldsymbol{J} - \frac{1}{c_0^2}\ddot{\boldsymbol{B}}\,. \tag{11.7}$$

Die jeweiligen linken Seiten können mittels der Formel (1.36e) und den Gln. (3.1) bzw. (3.3) in

$$\operatorname{rot}\operatorname{rot}\boldsymbol{E} = \operatorname{grad}(\operatorname{div}\boldsymbol{E}) - \nabla^2\boldsymbol{E} = \frac{1}{\varepsilon_0}\operatorname{grad}\rho - \nabla^2\boldsymbol{E} \tag{11.8}$$

bzw.

$$\operatorname{rot}\operatorname{rot}\boldsymbol{B} = \operatorname{grad}(\operatorname{div}\boldsymbol{B}) - \nabla^2\boldsymbol{B} = -\nabla^2\boldsymbol{B} \tag{11.9}$$

übergeführt werden. Nach Zusammenfassung der Gl. (11.6) mit Gl. (11.8) sowie der Gl. (11.7) mit Gl. (11.9) erhält man schließlich

$$\nabla^2\boldsymbol{E} - \frac{1}{c_0^2}\ddot{\boldsymbol{E}} = \frac{1}{\varepsilon_0}\operatorname{grad}\rho + \mu_0\,\dot{\boldsymbol{J}}\,, \tag{11.10}$$

$$\nabla^2\boldsymbol{B} - \frac{1}{c_0^2}\ddot{\boldsymbol{B}} = -\mu_0 \operatorname{rot}\boldsymbol{J}\,. \tag{11.11}$$

Das sind inhomogene vektorielle Wellengleichungen vom Typ (11.5) für $\boldsymbol{E}$ einerseits und $\boldsymbol{B}$ andererseits, deren linken Seiten man die Möglichkeit elektromagnetischer Wellen (anders als den Maxwell-Gleichungen selbst) schon auf den ersten Blick ansieht. "Sender" dieser Wellen sind gemäß den rechten Seiten der Gln. (11.10), (11.11) Strom-Ladungs-Verteilungen. Geschwindigkeitsparameter ist erwartungsgemäß die Lichtgeschwindigkeit c_0.

Da beide Inhomogenitätsterme $\boldsymbol{J}$ enthalten und zudem ρ durch die Kontinuitätsgleichung

$$\operatorname{div}\boldsymbol{J} = -\dot{\rho} \tag{11.12}$$

mit $\boldsymbol{J}$ zusammenhängt, sind $\boldsymbol{E}$ und $\boldsymbol{B}$ der Gln. (11.10), (11.11) nicht unabhängig voneinander, sondern vom "Sender" her miteinander verknüpft, und zwar so, daß die Maxwell-Gleichungen erfüllt sind (vgl. Abschnitt 11.4.4).

Angenommen, eine $(\boldsymbol{J},\rho)$-Verteilung ist als Funktion der Zeit und im Einklang mit Gl. (11.12) vorgegeben, dann braucht man "nur" das System (11.10), (11.11) zu lösen, um die zugehörige Feldverteilung in ihrer zeitlichen Entwicklung zu ermitteln. Das ist zwar möglich (s. Abschnitt 11.4.4), doch führt auch ein anderer Weg zum gleichen Ziel, der einen sofort sichtbaren Vorteil hat: Es werden nicht sechs skalare Funktionen (die Komponenten der Felder $\boldsymbol{E}$ und $\boldsymbol{B}$) bestimmt, sondern zunächst nur vier skalare Funktionen. Sie verteilen sich auf ein skalares Potential $\varphi(\boldsymbol{r},t)$ sowie ein dreikomponentiges Vektorpotential $\boldsymbol{A}(\boldsymbol{r},t)$ und gehorchen ebenfalls inhomogenen Wellengleichungen. Diese Hilfsfunktionen φ und $\boldsymbol{A}$ sind Verallgemeinerungen der im statischen Fall eingeführten Potentiale und werden im folgenden dynamische Potentiale genannt.

Man beachte, daß hier die Größen $\boldsymbol{J}$ und ρ grundsätzlich die jeweiligen Gesamtdichten bedeuten im Sinne der Gln. (9.11) bzw. (8.17). Eine Spezialisierung hinsichtlich bestimmter Materialeigenschaften liegt also nicht vor und wird auch erst am Schluß dieses Kapitels kurz besprochen.

11.3 Inhomogene Wellengleichungen für dynamische Potentiale

Ausgangspunkt sind wieder die Maxwell-Gleichungen (3.1) bis (3.4). Da das $\boldsymbol{B}$-Feld unter allen Umständen quellenfrei ist, gilt der Ansatz (6.3a), d.h.

$$\boldsymbol{B} = \operatorname{rot} \boldsymbol{A} \tag{11.13}$$

ohne Einschränkungen, wobei jetzt aber auch zeitliche Änderungen der Felder inbegriffen sind. Letzteres wirkt sich aus, wenn man Gl. (11.13) mit Gl. (3.2) kombiniert:

$$\operatorname{rot}(\boldsymbol{E} + \dot{\boldsymbol{A}}) = \boldsymbol{0} \,.$$

Also ist allgemein nicht $\boldsymbol{E}$ (wie im statischen Spezialfall), sondern das Vektorfeld $\boldsymbol{E} + \dot{\boldsymbol{A}}$ gemäß

$$\boldsymbol{E} + \dot{\boldsymbol{A}} = -\operatorname{grad} \varphi$$

aus einem skalaren Potential ableitbar. Somit gilt

$$\boldsymbol{E} = -\operatorname{grad} \varphi - \dot{\boldsymbol{A}} \,. \tag{11.14}$$

Hat man φ und $\boldsymbol{A}$ bestimmt, so können $\boldsymbol{E}$ und $\boldsymbol{B}$ an Hand der Gln. (11.14) bzw. (11.13) ermittelt werden.

Differentialgleichungen zur Bestimmung der dynamischen Potentiale ergeben sich dadurch, daß man die Ansätze (11.13) und (11.14) den noch nicht benutzten Maxwell-Gleichungen (3.4) und (3.1) unterwirft. Berücksichtigt man noch die Gl. (1.36e) sowie $\varepsilon_0 \mu_0 = 1/c_0^2$, dann folgt nach wenigen Zwischenschritten

$$\nabla^2 \boldsymbol{A} - \frac{1}{c_0^2} \ddot{\boldsymbol{A}} = \operatorname{grad}\left(\operatorname{div} \boldsymbol{A} + \frac{1}{c_0^2} \dot{\varphi}\right) - \mu_0 \boldsymbol{J} \,, \tag{11.15}$$

$$\nabla^2 \varphi = -\operatorname{div} \dot{\boldsymbol{A}} - \frac{1}{\varepsilon_0} \rho \,.$$

Addiert man auf beiden Seiten der letzten Gleichung noch den Term $-\ddot{\varphi}/c_0^2$, dann geht sie über in

$$\nabla^2 \varphi - \frac{1}{c_0^2} \ddot{\varphi} = -\frac{\partial}{\partial t}\left(\operatorname{div} \boldsymbol{A} + \frac{1}{c_0^2} \dot{\varphi}\right) - \frac{\rho}{\varepsilon_0} \,. \tag{11.16}$$

Jetzt steht in Gl. (11.16) derselbe eingeklammerte Ausdruck wie schon in Gl. (11.15). Angenommen, man darf ihn gleich null setzen, was gleichbedeutend mit der Forderung

$$\operatorname{div} \boldsymbol{A} = -\frac{1}{c_0^2} \dot{\varphi} \tag{11.17}$$

ist, dann würden die Gln. (11.15), (11.16) in die wesentlich einfachere entkoppelte Form

$$\nabla^2 \boldsymbol{A} - \frac{1}{c_0^2} \ddot{\boldsymbol{A}} = -\mu_0 \boldsymbol{J} \,, \tag{11.18}$$

$$\nabla^2 \varphi - \frac{1}{c_0^2}\ddot{\varphi} = -\frac{\rho}{\varepsilon_0} \tag{11.19}$$

übergehen.

Die Forderung (11.17) heißt Lorentz-Bedingung. Ihre Zulässigkeit wird oft damit begründet, daß durch Gl. (11.13) nur die Wirbel von $\boldsymbol{A}$ festgelegt wurden und somit die Quellen von $\boldsymbol{A}$ noch frei verfügbar sind. Das ist – anders als in Abschnitt 6.1 – jetzt aber nicht schlüssig, weil die Lorentz-Bedingung (11.17) zugleich auch das skalare Potential einschränkt. Hier soll die Lorentz-Bedingung nachträglich dadurch gerechtfertigt werden, daß die Gln. (11.18), (11.19) Lösungen ($\boldsymbol{A}$, φ) haben, welche die Bedingung (11.17) erfüllen.

11.4 Retardierte Potentiale

Von allen dynamischen Potentialen, die den Gln. (11.15), (11.16) gehorchen, interessieren jetzt nur solche, die der Lorentz-Bedingung (11.17) und somit den inhomogenen Wellengleichungen (11.18), (11.19) genügen. Deren Lösungen kann man umschreiben als "Wellen" ($\boldsymbol{A}$, φ) des "Senders" ($\boldsymbol{J}$, ρ) (gemeint sind immer Funktionen von Ort *und* Zeit). Diese Lösungen werden (zunächst ohne mathematischen Beweis) jetzt plausibel gemacht.

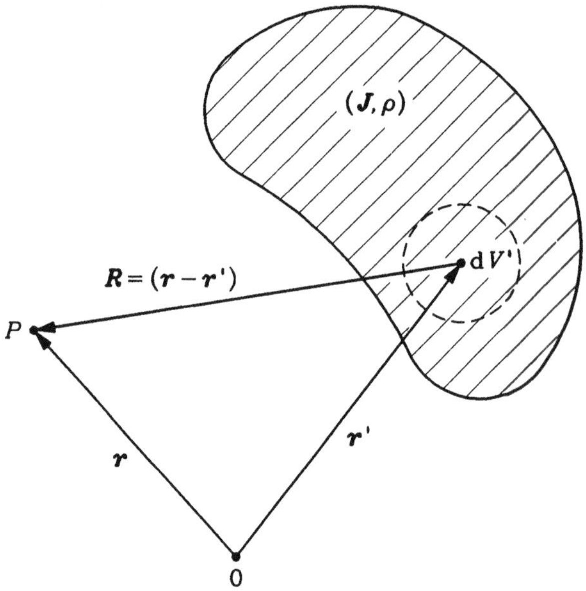

Bild 11.2

Die gesuchten Potentiale müssen im statischen Fall in die Lösungen (6.10) und (4.31) der Poisson-Gleichungen (6.7) bzw. (4.25) übergehen, da letztere die statischen Spezialfälle der inhomogenen Wellengleichungen (11.18), (11.19) sind. Außerdem ist zu berücksichtigen, daß die im Aufpunkt $\boldsymbol{r}$ zur Zeit t vorliegenden Potentiale $\boldsymbol{A}(\boldsymbol{r}, t)$, $\varphi(\boldsymbol{r}, t)$ Überlagerungen sind von Beiträgen, deren Ursprungsorte $\boldsymbol{r}'$ innerhalb der ($\boldsymbol{J}$, ρ)-Verteilung liegen (s. Bild 11.2), also in einiger Entfernung $|\boldsymbol{r} - \boldsymbol{r}'|$ von $\boldsymbol{r}$. Greift man das Volumenelement $\mathrm{d}V'$ heraus, so sollte der von dort kommende Beitrag zur Zeit

$$t^* = t - \frac{|\boldsymbol{r} - \boldsymbol{r}'|}{c_0} \tag{11.20}$$

"gesendet" worden sein, also um so viel früher, daß er, mit Lichtgeschwindigkeit c_0 laufend, gerade zur späteren Zeit t am Aufpunkt $\boldsymbol{r}$ "empfangen" wird.

Beide Überlegungen können dadurch berücksichtigt werden, daß man die Gln. (6.10) und (4.31) durch die Beziehung (11.20) ergänzt, also

$$\boldsymbol{A}(\boldsymbol{r}, t) = \frac{\mu_0}{4\pi} \iiint \frac{\boldsymbol{J}(\boldsymbol{r}', t^*)}{|\boldsymbol{r} - \boldsymbol{r}'|} \, \mathrm{d}V' , \tag{11.21}$$

$$\varphi(\boldsymbol{r}, t) = \frac{1}{4\pi\varepsilon_0} \iiint \frac{\rho(\boldsymbol{r}', t^*)}{|\boldsymbol{r} - \boldsymbol{r}'|} \, \mathrm{d}V' \tag{11.22}$$

ansetzt. Diese Ausdrücke heißen retardierte Potentiale, so benannt wegen des Auftretens der durch Gl. (11.20) definierten retardierten Zeit t^*. Natürlich bleibt zu zeigen, daß sie die folgenden Eigenschaften haben:

(a) Sie lösen die inhomogenen Wellengleichungen (11.18), (11.19).

(b) Sie genügen der Lorentzbedingung (11.17), falls $\boldsymbol{J}$ und ρ so vorgegeben werden, daß die Kontinuitätsgleichung erfüllt ist.

Die formalen Beweise hierfür werden in den nächsten beiden Abschnitten geführt.

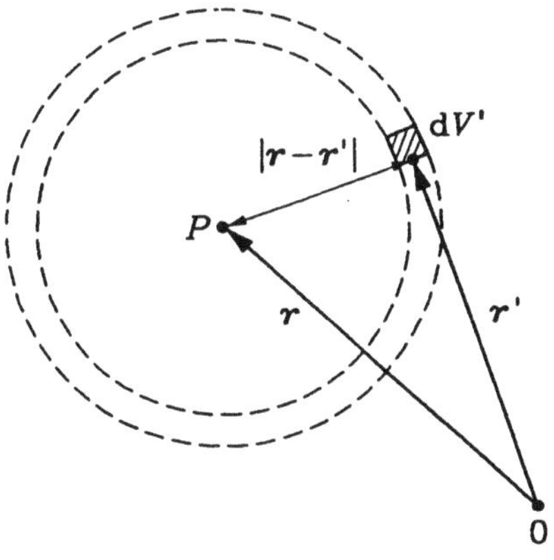

Bild 11.3

Bei der Auswertung der Volumenintegrale in den Gln. (11.21), (11.22) muß beachtet werden, daß die retardierte Zeit t^* gemäß Gl. (11.20) von der Integrationsvariablen $\boldsymbol{r}'$ abhängt. Das bedeutet im Hinblick auf Bild 11.3, daß alle Volumenelemente $\mathrm{d}V'$ einer Kugelschale mit Radius $|\boldsymbol{r} - \boldsymbol{r}'|$ um den Aufpunkt P *nicht* mit den *momentanen* t-Werten von $\boldsymbol{J}$ und ρ zu den Potentialen in $\boldsymbol{r}$ beitragen, sondern mit deren um $|\boldsymbol{r} - \boldsymbol{r}'|/c_0$ zurückliegenden t^*-Werten. Hier wird also im Grunde über einen vierdimensionalen Raum-Zeit-Bereich integriert. Dabei soll immer die gesamte $(\boldsymbol{J}, \rho)$-Verteilung erfaßt werden.

11.4.1 Zum Rechnen mit retardierten Funktionen

Der Zähler des Integranden in Gl. (11.22) hat die allgemeine Form

$$f(\boldsymbol{r}',t^*) = f\left[x',y',z',t - \frac{1}{c_0}\sqrt{(x-x')^2+(y-y')^2+(z-z')^2}\right]. \tag{11.23}$$

Das muß, wie gleich weiter ausgeführt wird, beim Differenzieren nach den gestrichenen und ungestrichenen Ortskoordinaten jeweils besonders berücksichtigt werden. Bei der Zeitkoordinate gibt es diesbezüglich keine Probleme, denn wegen $\partial t^*/\partial t = 1$ gilt

$$\frac{\partial f}{\partial t} = \frac{\partial f}{\partial t^*}\,\frac{\partial t^*}{\partial t} = \frac{\partial f}{\partial t^*}\,. \tag{11.24}$$

Zeitliche Ableitungen brauchen daher nicht näher gekennzeichnet zu werden, und man kann sie nach wie vor mittels $\dot{f}$ anzeigen.

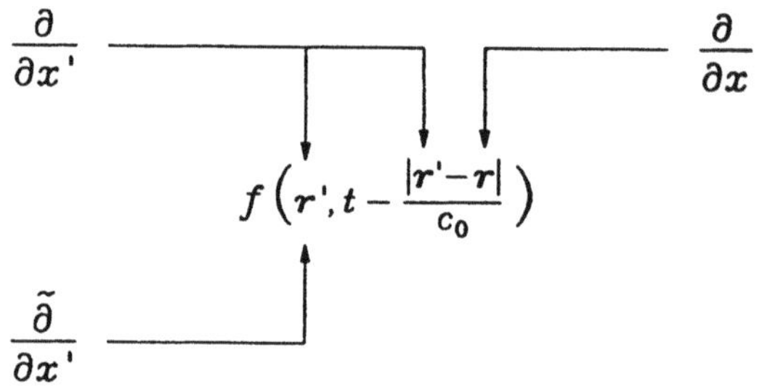

Bild 11.4

Für die totale Ableitung von $f = f(x',y',z',t^*)$ beispielsweise nach x' schreibt man bekanntlich

$$\frac{\mathrm{d}f}{\mathrm{d}x'} = \frac{\partial f}{\partial x'} + \dot{f}\,\frac{\partial t^*}{\partial x'}\,. \tag{11.25}$$

Da später wieder kompakt mit "grad", "div" sowie "rot" gerechnet werden soll, und bei diesen Operatoren keine entsprechende Kennzeichnung für "total" vorgesehen ist, wird hier die aus Bild 11.4 ersichtliche Symbolik vereinbart. Die Operation $\partial/\partial x'$ wirkt (im Sinne der totalen Ableitung) auch auf die retardierte Zeit, während $\tilde{\partial}/\partial x'$ das ausdrücklich nicht tut. Bei $\partial/\partial x$ gibt es ohnehin keine Zweifel. Mit dieser Symbolik schreibt sich Gl. (11.25) jetzt also in der Form

$$\frac{\partial f}{\partial x'} = \frac{\tilde{\partial} f}{\partial x'} + \dot{f}\,\frac{\partial t^*}{\partial x'}\,. \tag{11.26}$$

Hier gilt nun wegen Gl. (11.20)

$$\frac{\partial t^*}{\partial x'} = -\frac{1}{c_0}\,\frac{\partial}{\partial x'}\,|\boldsymbol{r}-\boldsymbol{r}'| = -\frac{1}{c_0}\,\frac{\partial R}{\partial x'}\,, \tag{11.27}$$

wenn man noch die Abkürzung (1.62) benutzt. Damit geht Gl. (11.26) über in

$$\frac{\partial f}{\partial x'} = \frac{\tilde{\partial} f}{\partial x'} - \frac{1}{c_0}\dot{f}\,\frac{\partial R}{\partial x'} \ . \tag{11.28}$$

Da die ungestrichenen Koordinaten nur in der retardierten Zeit vorkommen, gilt dementsprechend

$$\frac{\partial f}{\partial x} = -\frac{1}{c_0}\dot{f}\,\frac{\partial R}{\partial x} \ . \tag{11.29}$$

Beide Gleichungen lassen sich natürlich auch für die anderen kartesischen Koordinaten hinschreiben, so daß schließlich die Vektorgleichungen

$$\operatorname{grad}' f = \widetilde{\operatorname{grad}}' f - \frac{1}{c_0}\dot{f}\,\operatorname{grad}' R \ , \tag{11.30}$$

$$\operatorname{grad} f = -\frac{1}{c_0}\dot{f}\,\operatorname{grad} R \tag{11.31}$$

hergeleitet sind. Mit Gl. (1.70b), wonach

$$\operatorname{grad} R + \operatorname{grad}' R = \mathbf{0} \tag{11.32}$$

ist, folgt weiterhin

$$\operatorname{grad}' f + \operatorname{grad} f = \widetilde{\operatorname{grad}}' f \ . \tag{11.33}$$

Jetzt werden im Hinblick auf das Integral der Gl. (11.21) vektorielle retardierte Funktionen

$$\boldsymbol{g}(\boldsymbol{r}', t^*) = \begin{bmatrix} g_x(x', y', z', t - R/c_0) \\ g_y(x', y', z', t - R/c_0) \\ g_z(x', y', z', t - R/c_0) \end{bmatrix} \tag{11.34}$$

betrachtet, deren kartesische Komponenten wie zuvor f behandelt werden müssen. So erhält man dann zunächst

$$\begin{aligned} \operatorname{div}' \boldsymbol{g} &= \frac{\partial g_x}{\partial x'} + \frac{\partial g_y}{\partial y'} + \frac{\partial g_z}{\partial z'} \\ &= \left(\frac{\tilde{\partial} g_x}{\partial x'} + \frac{\tilde{\partial} g_y}{\partial y'} + \frac{\tilde{\partial} g_z}{\partial z'}\right) - \frac{1}{c_0}\left(\dot{g}_x \frac{\partial R}{\partial x'} + \dot{g}_y \frac{\partial R}{\partial y'} + \dot{g}_z \frac{\partial R}{\partial z'}\right) \\ &= \widetilde{\operatorname{div}}' \boldsymbol{g} - \frac{\operatorname{grad}' R}{c_0} \cdot \dot{\boldsymbol{g}} \ , \end{aligned} \tag{11.35}$$

$$\operatorname{div} \boldsymbol{g} = -\frac{\operatorname{grad} R}{c_0} \cdot \dot{\boldsymbol{g}} \tag{11.36}$$

und daraus mit Gl. (11.32)

$$\operatorname{div}' \boldsymbol{g} + \operatorname{div} \boldsymbol{g} = \widetilde{\operatorname{div}}' \boldsymbol{g} \ . \tag{11.37}$$

Auch für die Rotation läßt sich Entsprechendes beweisen. Für deren x-Komponente berechnet man

$$\boldsymbol{e}_x \cdot \mathrm{rot}'\boldsymbol{g} = \frac{\partial g_z}{\partial y'} - \frac{\partial g_y}{\partial z'} = \left(\frac{\tilde{\partial} g_z}{\partial y'} - \frac{\tilde{\partial} g_y}{\partial z'} \right) - \frac{1}{c_0} \left(\dot{g}_z \frac{\partial R}{\partial y'} - \dot{g}_y \frac{\partial R}{\partial z'} \right)$$

$$= \boldsymbol{e}_x \cdot \left[\widetilde{\mathrm{rot}}'\boldsymbol{g} - \frac{1}{c_0} (\mathrm{grad}' R) \times \dot{\boldsymbol{g}} \right] .$$

Analoges gilt auch für die anderen kartesischen Komponenten, so daß zunächst

$$\mathrm{rot}'\boldsymbol{g} = \widetilde{\mathrm{rot}}'\boldsymbol{g} - \frac{\mathrm{grad}' R}{c_0} \times \dot{\boldsymbol{g}} , \tag{11.38}$$

$$\mathrm{rot}\,\boldsymbol{g} = - \frac{\mathrm{grad}\, R}{c_0} \times \dot{\boldsymbol{g}} \tag{11.39}$$

folgt, und daraus mit Gl. (11.32)

$$\mathrm{rot}'\boldsymbol{g} + \mathrm{rot}\,\boldsymbol{g} = \widetilde{\mathrm{rot}}'\boldsymbol{g} . \tag{11.40}$$

Die Formel (1.36a) gilt natürlich auch, wenn man dort den ungestrichenen durch den gestrichenen Gradienten ersetzt. Mit $U_1 = 1/R$ und $U_2 = f$ gilt dann sowohl

$$\mathrm{grad}' \frac{f}{R} = \frac{1}{R} \mathrm{grad}' f + f \,\mathrm{grad}' \frac{1}{R}$$

als auch

$$\mathrm{grad} \frac{f}{R} = \frac{1}{R} \mathrm{grad} f + f \,\mathrm{grad} \frac{1}{R} .$$

Mit der Gl. (1.69b), die

$$\mathrm{grad}' \frac{1}{R} + \mathrm{grad} \frac{1}{R} = \mathbf{0} \tag{11.41}$$

besagt, erhält man somit

$$\mathrm{grad}' \frac{f}{R} + \mathrm{grad} \frac{f}{R} = \frac{1}{R} (\mathrm{grad}' f + \mathrm{grad} f) ,$$

woraus wegen Gl. (11.33) schließlich

$$\mathrm{grad}' \frac{f}{R} + \mathrm{grad} \frac{f}{R} = \frac{\widetilde{\mathrm{grad}}' f}{R} \tag{11.42}$$

folgt.

Ausgehend von den Gln. (1.36b) bzw. (1.36d) gelangt man nach dem gleichen Schema unter Verwendung der Gln. (11.37), (11.40) und (11.41) zu den Beziehungen

$$\mathrm{div}' \frac{\boldsymbol{g}}{R} + \mathrm{div} \frac{\boldsymbol{g}}{R} = \frac{\widetilde{\mathrm{div}}' \boldsymbol{g}}{R} , \tag{11.43}$$

$$\mathrm{rot}' \frac{\boldsymbol{g}}{R} + \mathrm{rot} \frac{\boldsymbol{g}}{R} = \frac{\widetilde{\mathrm{rot}}' \boldsymbol{g}}{R} . \tag{11.44}$$

Im Verlauf der folgenden Rechnungen wird bei Bedarf auf Formeln aus den Abschnitten 1.8.1 und 1.11.4 zurückgegriffen sowie auf Gl. (11.31):

$$\nabla^2 f = \operatorname{div}(\operatorname{grad} f) = -\frac{1}{c_0}\operatorname{div}(\dot{f}\operatorname{grad} R)$$

$$= -\frac{1}{c_0}\left[\dot{f}\,\nabla^2 R + (\operatorname{grad}\dot{f}\cdot\operatorname{grad} R)\right]$$

$$= -\frac{1}{c_0}\left[\dot{f}\,\nabla^2 R - \frac{1}{c_0}\ddot{f}\,(\operatorname{grad} R)^2\right]$$

$$= -\frac{1}{c_0}\left[\frac{2\dot{f}}{R} - \frac{\ddot{f}}{c_0}\right] = \frac{\ddot{f}}{c_0^2} - \frac{2\dot{f}}{c_0 R}\ ; \tag{11.45}$$

$$\operatorname{grad} f\cdot\operatorname{grad}\frac{1}{R} = -\frac{\dot{f}}{c_0}\operatorname{grad} R\cdot\operatorname{grad}\frac{1}{R} = \frac{\dot{f}}{c_0 R^2}\ ; \tag{11.46}$$

$$\nabla^2\frac{f}{R} = \operatorname{div}\left(\operatorname{grad}\frac{f}{R}\right) = \operatorname{div}\left(\frac{1}{R}\operatorname{grad} f + f\operatorname{grad}\frac{1}{R}\right)$$

$$= \frac{1}{R}\nabla^2 f + 2\left(\operatorname{grad} f\cdot\operatorname{grad}\frac{1}{R}\right) + f\,\nabla^2\frac{1}{R}$$

$$= \frac{\ddot{f}}{c_0^2 R} - 4\pi f\,\delta(R)\ . \tag{11.47}$$

Zuletzt wurden noch die Zwischenresultate (11.45), (11.46) benutzt.

11.4.2 Beweise

a) Hier wird nachgewiesen, daß die retardierten Potentiale die im Abschnitt 11.4 unter (a) formulierte Eigenschaft haben. Dabei kann man sich auf das skalare Potential beschränken, denn die kartesischen Komponenten der vektoriellen Gln. (11.21) und (11.18) sind formgleich zu den Gln. (11.22) bzw. (11.19).

Wendet man auf beiden Seiten der Gl. (11.22) den ungestrichenen Laplace-Operator an, den man auf der rechten Seite mit der Integration vertauschen darf, und benutzt die Gl. (11.47), dann erhält man

$$\nabla^2\varphi(\boldsymbol{r},t) = \frac{1}{4\pi\varepsilon_0}\iiint \nabla^2\frac{\rho(\boldsymbol{r}',t^*)}{|\boldsymbol{r}-\boldsymbol{r}'|}\,\mathrm{d}V'$$

$$= \frac{1}{4\pi\varepsilon_0}\iiint\frac{\ddot{\rho}(\boldsymbol{r}',t^*)}{c_0^2\,|\boldsymbol{r}-\boldsymbol{r}'|}\,\mathrm{d}V' - \frac{1}{\varepsilon_0}\iiint\rho(\boldsymbol{r}',t^*)\,\delta(|\boldsymbol{r}-\boldsymbol{r}'|)\,\mathrm{d}V'$$

$$= \frac{1}{c_0^2}\,\ddot{\varphi}(\boldsymbol{r},t) - \frac{1}{\varepsilon_0}\,\rho(\boldsymbol{r},t)\ .$$

Also erfüllt, wie behauptet, das skalare und damit auch das vektorielle (s.o.) retardierte Potential die zugehörige inhomogene Wellengleichung (11.18) bzw. (11.19).

b) Jetzt wird die im Abschnitt 11.4 unter (b) formulierte Eigenschaft der retardierten Potentiale bewiesen.

Dazu wendet man auf beide Seiten der Gl. (11.21) die ungestrichene Divergenz an, die man auf der rechten Seite mit der Integration vertauschen darf, und berücksichtigt die Gl. (11.43). So bekommt man

$$\operatorname{div}\boldsymbol{A}(\boldsymbol{r},t) = \frac{\mu_0}{4\pi}\iiint\left[\operatorname{div}\frac{\boldsymbol{J}(\boldsymbol{r}',t^*)}{|\boldsymbol{r}-\boldsymbol{r}'|}\right]\mathrm{d}V' \tag{11.48a}$$

$$= \frac{\mu_0}{4\pi}\iiint\left[\frac{\widetilde{\operatorname{div}}'\boldsymbol{J}(\boldsymbol{r}',t^*)}{|\boldsymbol{r}-\boldsymbol{r}'|} - \operatorname{div}'\frac{\boldsymbol{J}(\boldsymbol{r}',t^*)}{|\boldsymbol{r}-\boldsymbol{r}'|}\right]\mathrm{d}V' \tag{11.48b}$$

$$= -\frac{1}{4\pi\varepsilon_0 c_0^2}\iiint\frac{\dot{\rho}(\boldsymbol{r}',t^*)}{|\boldsymbol{r}-\boldsymbol{r}'|}\,\mathrm{d}V'$$

$$-\frac{\mu_0}{4\pi}\oiint_{S_\infty}\frac{\boldsymbol{J}(\boldsymbol{r}',t^*)}{|\boldsymbol{r}-\boldsymbol{r}'|}\cdot\mathrm{d}\boldsymbol{a}'. \tag{11.48c}$$

Zuletzt wurden die Kontinuitätsgleichung, der Satz von Gauß und $\varepsilon_0\mu_0 = 1/c_0^2$ verwendet. Für die Anwendbarkeit des Satzes von Gauß ist hier wichtig, daß div′ vereinbarungsgemäß (s. Bild 11.4) auch auf t^* wirkt, denn die retardierte Zeit ist von der Integration betroffen. Für die Anwendbarkeit der Kontinuitätsgleichung ist hier wichtig, daß $\widetilde{\operatorname{div}}'$ nicht auf t^* wirkt, denn im Rahmen der Kontinuitätsgleichung hat die Bildung der Divergenz nichts mit der Zeitvariablen zu tun.

Betrachtet man $(\boldsymbol{J},\rho)$-Verteilungen, die zu allen Zeiten nur im Endlichen von null verschieden sind, dann ist in Gl. (11.48c) das zweite, über die Fernkugel zu erstreckende Integral sicher gleich null. Man kann aber auch unendlich ausgedehnte Strom-Ladungs-Verteilungen annehmen, die zur endlichen Zeit t_0 eingeschaltet werden. Bei Annäherung an die Fernkugel ($|\boldsymbol{r}'|\to\infty$) liegt die retardierte Zeit $t^* = t - |\boldsymbol{r}-\boldsymbol{r}'|/c_0$ immer weiter in der Vergangenheit und schließlich auch noch vor dem Einschaltzeitpunkt t_0. Für alle $t^* < t_0$ aber gilt $\boldsymbol{J}(\boldsymbol{r}',t^*) = \boldsymbol{0}$, so daß auch in diesem Fall das zweite Integral in Gl. (11.48c) verschwindet.

Unter den genannten Voraussetzungen geht Gl. (11.48c) also über in

$$\operatorname{div}\boldsymbol{A}(\boldsymbol{r},t) = -\frac{1}{c_0^2}\frac{\partial}{\partial t}\left[\frac{1}{4\pi\varepsilon_0}\iiint\frac{\rho(\boldsymbol{r}',t^*)}{|\boldsymbol{r}-\boldsymbol{r}'|}\,\mathrm{d}V'\right] = -\frac{1}{c_0^2}\,\dot{\varphi}\,.$$

Das aber ist die Lorentz-Bedingung (11.17), der also die retardierten Potentiale gehorchen, falls ρ und $\boldsymbol{J}$ die Kontinuitätsgleichung erfüllen.

c) Angenommen, es liegt eine Lösung $(\boldsymbol{A},\varphi)$ der inhomogenen Wellengleichungen (11.18), (11.19) vor, die außerdem der Lorentz-Bedingung (11.17) genügt, dann befriedigt das aus den Ansätzen (11.13), (11.14) abgeleitete elektromagnetische Feld $(\boldsymbol{E},\boldsymbol{B})$ die Maxwell-Gleichungen. Das zeigen die folgenden Rechnungen:

$$\operatorname{div}\boldsymbol{E} = -\nabla^2\varphi - \operatorname{div}\dot{\boldsymbol{A}} \qquad (\text{mit Gl. }(11.14))$$

$$= -\nabla^2\varphi + \frac{1}{c_0^2}\ddot{\varphi} \qquad (\text{mit Gl. }(11.17))$$

$$= \frac{\rho}{\varepsilon_0} \qquad (\text{mit Gl. }(11.19));$$

$$\operatorname{rot}\boldsymbol{E} = -\operatorname{rot}\dot{\boldsymbol{A}} \qquad (\text{mit Gl. } (11.14))$$

$$= -\dot{\boldsymbol{B}} \qquad (\text{mit Gl. } (11.13));$$

$$\operatorname{div}\boldsymbol{B} = 0 \qquad (\text{mit Gl. } (11.13));$$

$$\operatorname{rot}\boldsymbol{B} = \operatorname{rot}\operatorname{rot}\boldsymbol{A} \qquad (\text{mit Gl. } (11.13))$$

$$= \operatorname{grad}(\operatorname{div}\boldsymbol{A}) - \nabla^2\boldsymbol{A}$$

$$= -\frac{1}{c_0^2}\operatorname{grad}\dot{\varphi} - \nabla^2\boldsymbol{A} \qquad (\text{mit Gl. } (11.17))$$

$$= \frac{1}{c_0^2}\dot{\boldsymbol{E}} + \frac{1}{c_0^2}\ddot{\boldsymbol{A}} - \nabla^2\boldsymbol{A} \qquad (\text{mit Gl. } (11.14))$$

$$= \mu_0(\boldsymbol{J} + \varepsilon_0\dot{\boldsymbol{E}}) \qquad (\text{mit Gl. } (11.18)).$$

11.4.3 Zusammenfassung und Interpretation

Es ist jetzt also folgendes bewiesen. Die retardierten Potentiale (11.21), (11.22) sind Lösungen der inhomogenen Wellengleichungen (11.18), (11.19), gehorchen der Lorentz-Bedingung (11.17), falls $\boldsymbol{J}$ und ρ die Kontinuitätsgleichung erfüllen, und führen schließlich über die Ansätze (11.14), (11.13) zu den retardierten Lösungen

$$\boldsymbol{E}(\boldsymbol{r},t) = -\frac{1}{4\pi\varepsilon_0}\operatorname{grad}\iiint\frac{\rho(\boldsymbol{r}',t^*)}{|\boldsymbol{r}-\boldsymbol{r}'|}\,\mathrm{d}V' - \frac{\mu_0}{4\pi}\iiint\frac{\dot{\boldsymbol{J}}(\boldsymbol{r}',t^*)}{|\boldsymbol{r}-\boldsymbol{r}'|}\,\mathrm{d}V', \qquad (11.49\text{a})$$

$$\boldsymbol{B}(\boldsymbol{r},t) = \frac{\mu_0}{4\pi}\operatorname{rot}\iiint\frac{\boldsymbol{J}(\boldsymbol{r}',t^*)}{|\boldsymbol{r}-\boldsymbol{r}'|}\,\mathrm{d}V' \qquad (11.49\text{b})$$

der Maxwell-Gleichungen.

Das alles läßt sich verbal so umschreiben: Elektromagnetische Felder werden von Strom- und Ladungselementen derart hervorgerufen, daß die Strecke zwischen Ursprungs- und Beobachtungsort mit Lichtgeschwindigkeit durchlaufen wird. Die felderzeugenden Ströme und Ladungen unterliegen der Kontinuitätsgleichung, wodurch $\boldsymbol{E}$ und $\boldsymbol{B}$ von Anfang an so miteinander verknüpft sind, daß sie immer und überall den Maxwell-Gleichungen gehorchen. Insbesondere erzeugen sie sich nicht gegenseitig, wie immer wieder unter Hinweis auf die Terme $\partial\boldsymbol{B}/\partial t$ und $\partial\boldsymbol{E}/\partial t$ in den Maxwell-Gleichungen gesagt wird (vgl. Abschnitt 3.5 und die Anmerkung in Abschnitt 6.6). Vielmehr bildet das elektromagnetische Feld eine räumlich-zeitliche Einheit, deren Bewegung keines internen Mechanismus bedarf. Bei der Bewegung von Körpern fragt man ja auch nicht nach inneren Gründen. Im einzelnen kann man sagen, daß $\boldsymbol{B}$-Felder ausschließlich von Strömen erzeugt werden, während $\boldsymbol{E}$-Felder sowohl von Ladungen als auch von zeitveränderlichen Stromverteilungen ausgehen. Dieser letztere Anteil wurde schon im Abschnitt 6.5.1 als der "induzierte" definiert.

Die Gln. (11.49a,b) haben vor allem grundsätzliche Bedeutung, wie inzwischen klar sein sollte. Unmittelbar auswerten kann man sie jedoch nur, wenn alle Ströme und Ladungen gegeben sind. Ist dies nicht oder nur teilweise der Fall, so muß man auf die einschlägigen Differentialgleichungen (Maxwell-Gleichungen, Wellengleichungen) zurückgreifen und diese unter problemspezifischen Rand- und Grenzbedingungen lösen. Dahinter "verbergen" sich die zunächst unbekannt verteilten Ströme und Ladungen. Man rekapituliere unter diesem Gesichtspunkt etwa das Beispiel 5.5.2a, wo die Influenzladungen erst bestimmt werden können, nachdem das durch die Äquipotentialfläche der Metallwand gestellte Randwertproblem gelöst ist.

Die retardierten Potentiale (11.21), (11.22) sind zunächst nur partikuläre Lösungen der inhomogenen Wellengleichungen (11.18), (11.19). Dementsprechend sind die Felder ($\boldsymbol{E}$, $\boldsymbol{B}$) der Gln. (11.49a,b) auch nur partikuläre Lösungen der Maxwell-Gleichungen. Solange aber bei den jeweiligen Integrationen *alle* Ströme und Ladungen im unendlichen Raum bis in fernste Vergangenheit erfaßt werden, kann man die Lösungen der homogenen Maxwell-Gleichungen (mit $\boldsymbol{J}$ und ρ *überall* und *immer* gleich null) als physikalisch uninteressant ausschließen. Denn wenigstens in der Alltagsphysik muß man Ströme fließen lassen und Ladungen ansammeln, wenn man elektromagnetische Felder haben will. Erst wenn Rand- und Grenzbedingungen im Endlichen zu erfüllen sind, ist das Auffinden von Lösungen der dann nur noch bereichs- und zeitweise homogenen Differentialgleichungen die Hauptaufgabe.

Eine ($\boldsymbol{J}$, ρ)-Verteilung soll bis zur Zeit $t = 0$ identisch verschwinden. Dann ist wegen der Kontinuitätsgleichung die Ladungsdichte gemäß

$$\rho(\boldsymbol{r},t) = -\int_0^t [\operatorname{div}\boldsymbol{J}(\boldsymbol{r},t')]\,\mathrm{d}t'$$

durch die Stromdichte bestimmt. Aus Ladungs- und Stromdichte aber ergibt sich an Hand der Gln. (11.49a,b) das elektromagnetische Feld. Dessen sechs skalare Komponenten sind also durch die drei skalaren Komponenten der Stromdichte vollständig determiniert.

Sind $\boldsymbol{J}$ und ρ hinreichend lange zeitlich konstant, so daß $\boldsymbol{J}(\boldsymbol{r}',t^*) = \boldsymbol{J}(\boldsymbol{r}',t) = \boldsymbol{J}(\boldsymbol{r}')$ bzw. $\rho(\boldsymbol{r}',t^*) = \rho(\boldsymbol{r}',t) = \rho(\boldsymbol{r}')$ gilt, dann liegen innerhalb eines sich ständig (mit Lichtgeschwindigkeit!) erweiternden Bereiches um die ($\boldsymbol{J}$, ρ)-Verteilung statische Verhältnisse vor (vgl. die Einleitung von Kapitel 4). Insbesondere ist dann der zweite Summand der Gl. (11.49a), das induzierte elektrische Feld, gleich null. Man kann daran noch eine interessante Überlegung knüpfen: Auch die statischen Felder werden "retardiert erzeugt", nur kommt das im statischen Formalismus nicht explizit zum Ausdruck, weil dort der Zeitparameter für die Rechnung keine Rolle spielt.

Zieht man in den Gln. (11.49a,b) die ungestrichenen Operatoren grad bzw. rot unter das Integral, so kann mittels der Gln. (1.36a) bzw. (1.36d), (11.31) bzw. (11.39) sowie der Formeln (1.64) und (1.65) nachgerechnet werden, daß auch die Darstellungen

$$\boldsymbol{E}(\boldsymbol{r},t) = \frac{1}{4\pi\varepsilon_0}\iiint\left[\rho + \frac{R}{c_0}\dot{\rho}\right]^* \frac{\boldsymbol{R}}{R^3}\,\mathrm{d}V' - \frac{\mu_0}{4\pi}\iiint[\dot{\boldsymbol{J}}]^*\,\frac{1}{R}\,\mathrm{d}V', \tag{11.50a}$$

$$\boldsymbol{B}(\boldsymbol{r},t) = \frac{\mu_0}{4\pi}\iiint\left[\boldsymbol{J} + \frac{R}{c_0}\dot{\boldsymbol{J}}\right]^* \times \frac{\boldsymbol{R}}{R^3}\,\mathrm{d}V' \tag{11.50b}$$

gelten, wobei die kompakte Schreibweise der Integranden verständlich sein sollte. Hier interessiert vor allem die Gl. (11.50b) als dynamische Verallgemeinerung der Formel von Biot-Savart.

11.4.4 Lösung der Maxwell-Gleichungen ohne Potentialansätze

Die inhomogenen Wellengleichungen (11.10), (11.11) sind eine direkte Konsequenz der Maxwell-Gleichungen. Sie haben jeweils die Form der Gl. (11.18), so daß ihre Lösungen der Form nach wie Gl.(11.21) aussehen müssen:

$$\boldsymbol{E}(\boldsymbol{r},t) = -\frac{1}{4\pi\varepsilon_0}\iiint \frac{\widetilde{\operatorname{grad}}'\rho(\boldsymbol{r}',t^*)}{|\boldsymbol{r}-\boldsymbol{r}'|}\,\mathrm{d}V' - \frac{\mu_0}{4\pi}\iiint \frac{\dot{\boldsymbol{J}}(\boldsymbol{r}',t^*)}{|\boldsymbol{r}-\boldsymbol{r}'|}\,\mathrm{d}V' , \tag{11.51a}$$

$$\boldsymbol{B}(\boldsymbol{r},t) = \frac{\mu_0}{4\pi}\iiint \frac{\widetilde{\operatorname{rot}}'\boldsymbol{J}(\boldsymbol{r}',t^*)}{|\boldsymbol{r}-\boldsymbol{r}'|}\,\mathrm{d}V' . \tag{11.51b}$$

Dabei sind die Operatoren $\widetilde{\operatorname{grad}}'$ und $\widetilde{\operatorname{rot}}'$ (s. Bild 11.4) einzusetzen, denn grad und rot in den Gln. (11.10), (11.11) wirken nicht auf die Zeitvariable. Diese Gleichungen gehen mit den Formeln (11.42), (11.44) über in

$$\boldsymbol{E}(\boldsymbol{r},t) = -\frac{1}{4\pi\varepsilon_0}\iiint \left[\operatorname{grad}\frac{\rho(\boldsymbol{r}',t^*)}{|\boldsymbol{r}-\boldsymbol{r}'|} + \operatorname{grad}'\frac{\rho(\boldsymbol{r}',t^*)}{|\boldsymbol{r}-\boldsymbol{r}'|}\right]\mathrm{d}V' - \frac{\mu_0}{4\pi}\iiint \frac{\dot{\boldsymbol{J}}(\boldsymbol{r}',t^*)}{|\boldsymbol{r}-\boldsymbol{r}'|}\,\mathrm{d}V' , \tag{11.52a}$$

$$\boldsymbol{B}(\boldsymbol{r},t) = \frac{\mu_0}{4\pi}\iiint \left[\operatorname{rot}\frac{\boldsymbol{J}(\boldsymbol{r}',t^*)}{|\boldsymbol{r}-\boldsymbol{r}'|} + \operatorname{rot}'\frac{\boldsymbol{J}(\boldsymbol{r}',t^*)}{|\boldsymbol{r}-\boldsymbol{r}'|}\right]\mathrm{d}V' . \tag{11.52b}$$

Wendet man hier die Gaußschen Sätze für den Gradienten (1.27) bzw. für die Rotation (1.41) bezüglich des unendlichen Raumes und der Fernkugel an, dann erhält man

$$\iiint \operatorname{grad}'\frac{[\rho]^*}{R}\,\mathrm{d}V' = \oint\!\!\!\oint_{S_\infty} \frac{[\rho]^*}{R}\,\mathrm{d}\boldsymbol{a}' = \boldsymbol{0} , \tag{11.52c}$$

$$\iiint \operatorname{rot}'\frac{[\boldsymbol{J}]^*}{R}\,\mathrm{d}V' = -\oint\!\!\!\oint_{S_\infty} \frac{[\boldsymbol{J}]^*}{R}\times\mathrm{d}\boldsymbol{a}' = \boldsymbol{0} . \tag{11.52d}$$

Bei $(\boldsymbol{J},\rho)$-Verteilungen, die zu allen Zeiten nur im Endlichen von null verschieden sind, verschwinden beide Fernkugelintegrale mit Sicherheit. Das ist aber auch der Fall bei Strom-Ladungs-Verteilungen, die sich räumlich unendlich ausdehnen, aber erst zu einem endlichen Zeitpunkt t_0 eingeschaltet werden. Denn bei Annäherung an die Fernkugel ($R \to \infty$) liegt die retardierte Zeit $t^* = t - R/c_0$ immer weiter in der Vergangenheit und schließlich auch noch vor dem Einschaltzeitpunkt t_0. Für alle $t^* < t_0$ aber gilt $[\boldsymbol{J}]^* = \boldsymbol{0}$ und $[\rho]^* = 0$, so daß auch in diesem Fall die beiden Fernkugelintegrale verschwinden (vgl. Abschnitt 11.4.2b, vorletzter Absatz).

Setzt man die Beziehungen (11.52c,d) in die Gln. (11.52a,b) ein und zieht schließlich die ungestrichenen Operatoren vor die jeweiligen Integrale, dann folgt

$$\boldsymbol{E}(\boldsymbol{r},t) = -\frac{1}{4\pi\varepsilon_0}\operatorname{grad}\iiint\frac{[\rho]^*}{R}\,\mathrm{d}V' - \frac{\mu_0}{4\pi}\iiint\frac{[\dot{\boldsymbol{J}}]^*}{R}\,\mathrm{d}V',$$

$$\boldsymbol{B}(\boldsymbol{r},t) = \frac{\mu_0}{4\pi}\operatorname{rot}\iiint\frac{[\boldsymbol{J}]^*}{R}\,\mathrm{d}V',$$

d.h.

$$\boldsymbol{E} = -\operatorname{grad}\varphi - \dot{\boldsymbol{A}},$$

$$\boldsymbol{B} = \operatorname{rot}\boldsymbol{A}$$

mit

$$\boldsymbol{A}(\boldsymbol{r},t) = \frac{\mu_0}{4\pi}\iiint\frac{[\boldsymbol{J}]^*}{R}\,\mathrm{d}V',$$

$$\varphi(\boldsymbol{r},t) = \frac{1}{4\pi\varepsilon_0}\iiint\frac{[\rho]^*}{R}\,\mathrm{d}V'.$$

Das sind ersichtlich die retardierten Potentiale. Sie ergeben sich bei diesem Vorgehen am Ende von selbst, ebenso die Lorentz-Bedingung, der diese Potentiale bekanntlich gehorchen, falls $\boldsymbol{J}$ und ρ die Kontinuitätsgleichung erfüllen (s. Abschnitt 11.4.2b). Dann sind aber auch, wie früher schon gezeigt, $\boldsymbol{E}$ und $\boldsymbol{B}$ Lösungen der Maxwell-Gleichungen (s. Abschnitt 11.4.2c).

Es führt also ein Weg von den Maxwell-Gleichungen über das System (11.10), (11.11) *und* (11.12) wieder zurück zu ersteren. Diese können daher durch die inhomogenen Wellengleichungen einschließlich der Kontinuitätsgleichung äquivalent ersetzt werden. Letztere garantiert, daß die Lösung $(\boldsymbol{E},\boldsymbol{B})$ der beiden inhomogenen Wellengleichungen jeweils zum gleichen elektromagnetischen Vorgang gehören.

Aus Gl. (11.51b) folgt übrigens unmittelbar das Resultat der Aufgabe 3.5b, denn die dortige $\boldsymbol{J}$-Verteilung hat dauernd die Form $\boldsymbol{J} = J_r(r,t)\,\boldsymbol{e}_r$ und somit verschwindende Rotation.

11.4.5 Anmerkungen

a) Ersetzt man in den Gln. (11.21), (11.22) die retardierte Zeit t^* durch die sogenannte avancierte (vordatierte) Zeit

$$\hat{t} := t + \frac{|\boldsymbol{r}-\boldsymbol{r}'|}{c_0},$$

dann entstehen die avancierten Potentiale, bei deren Berechnung nur die *zukünftige* $(\boldsymbol{J},\rho)$-Verteilung interessiert. Auch diese avancierten Potentiale erfüllen die Wellengleichungen (11.18), (11.19) sowie die Lorentz-Bedingung (11.17) und führen daher zu korrekten Lösungen der Maxwell-Gleichungen. Zum Beweis ersetze man in den Abschnitten 11.4.1 und 11.4.2a,b die Konstante c_0 einfach durch $-c_0$ (dann wird ab Gl. (11.23) mit avancierten Funktionen gerechnet), und beschränke sich bei der Diskussion des Fernkugelintegrals der Gl. (11.48c) einfachheitshalber auf endliche Strom-Ladungsverteilungen. Zu jeder retardierten Lösung gibt es also die entsprechende, *mathematisch völlig gleichberechtigte* avancierte

Lösung. Da letztere aber durch die zukünftige ($\boldsymbol{J}$, ρ)-Verteilung gegeben ist, und so etwas dem Kausalitätsprinzip widerspricht, ist es üblich, die avancierten Lösungen nicht weiter zu beachten. Es ist dennoch bemerkenswert, daß zu jeder physikalischen (d.h. retardierten) Lösung der Maxwell-Gleichungen eine unphysikalische (d.h. avancierte) Lösung existiert, die erst durch eine zusätzliche Bedingung (Kausalitätsprinzip) ausgeschlossen wird.

b) Ausgehend von den retardierten Potentialen φ_L, $\boldsymbol{A}_L$ (der Index "L" soll hier auf die Lorentz-Bedingung hinweisen) lassen sich durch die Definitionen

$$\boldsymbol{A} := \boldsymbol{A}_L + \operatorname{grad} \psi \ , \tag{11.53a}$$

$$\varphi := \varphi_L - \dot{\psi} \ , \tag{11.53b}$$

wobei ψ irgendeine Funktion ist, beliebig viele andere dynamische Potentiale konstruieren, und zwar zu dem gleichen elektromagnetischen Feld

$$\boldsymbol{E} = -\operatorname{grad} \varphi - \dot{\boldsymbol{A}} = -\operatorname{grad} \varphi_L + \operatorname{grad} \dot{\psi} - \dot{\boldsymbol{A}}_L - \operatorname{grad} \dot{\psi} = -\operatorname{grad} \varphi_L - \dot{\boldsymbol{A}}_L \ ,$$

$$\boldsymbol{B} = \operatorname{rot} \boldsymbol{A} = \operatorname{rot} \boldsymbol{A}_L + \operatorname{rot} \operatorname{grad} \psi = \operatorname{rot} \boldsymbol{A}_L \ ,$$

das auch von den retardierten Potentialen beschrieben wird. Das Gleichungssystem (11.53a,b) nennt man Eichtransformation und ψ Eichfunktion. Das elektromagnetische Feld ist, wie man diesbezüglich sagt, eichinvariant.

Wählt man z.B. die Eichfunktion als Lösung von

$$\nabla^2 \psi_C = -\operatorname{div} \boldsymbol{A}_L \ ,$$

dann erfüllt

$$\boldsymbol{A}_C = \boldsymbol{A}_L + \operatorname{grad} \psi_C$$

ersichtlich die Bedingung

$$\operatorname{div} \boldsymbol{A}_C = 0 \ ,$$

die Coulomb-Eichung heißt. Sie wird bei speziellen Aufgabenstellungen gelegentlich benutzt.

Im folgenden wird wieder ausschließlich mit den retardierten Potentialen gerechnet, die der Lorentz-Bedingung gehorchen, zu der man oft auch Lorentz-Eichung sagt. Der Abschnitt 11.4.4 hat gezeigt, daß sich die Lorentz-Eichung ganz von selbst aus den Maxwell-Gleichungen ergibt, in diesem Sinn also die "natürliche" Eichung darstellt.

11.4.6 Beispiele

a) Bild 11.5a stellt die Momentaufnahme einer ebenen, linear polarisierten elektromagnetischen Welle dar, die sich ohne Formänderung mit Lichtgeschwindigkeit in z-Richtung fortpflanzt. Die Welle heißt eben, weil $\boldsymbol{E}$ (ausgefüllte Pfeilspitzen) und $\boldsymbol{B}$ (nicht ausgefüllte Pfeilspitzen) unabhängig von x und y sind, sich also in den Ebenen z = const örtlich nicht ändern. Sie wird linear polarisiert genannt, weil sich die Spitzen der Feldvektoren an einem festen Ort zeitlich auf einer geraden Linie bewegen. Weitere Eigenschaften dieses Wellentyps sind erstens die paarweise Orthogonalität von $\boldsymbol{E}$, $\boldsymbol{B}$ sowie $\boldsymbol{e}_z$ und zweitens die Rechtshändigkeit des Tripels $\{\boldsymbol{E}, \boldsymbol{B}, \boldsymbol{e}_z\}$. Im folgenden wird gezeigt, daß derartige Wellen Lösungen der Maxwell-Gleichungen sind und erregt werden können durch einen unendlich ausgedehnten Flächenstrom, der mit örtlich konstanter Dichte $\boldsymbol{K} = K_y(t)\boldsymbol{e}_y$ in der xy-Ebene fließt und die aus Bild 11.5b ersichtliche Zeitabhängigkeit hat.

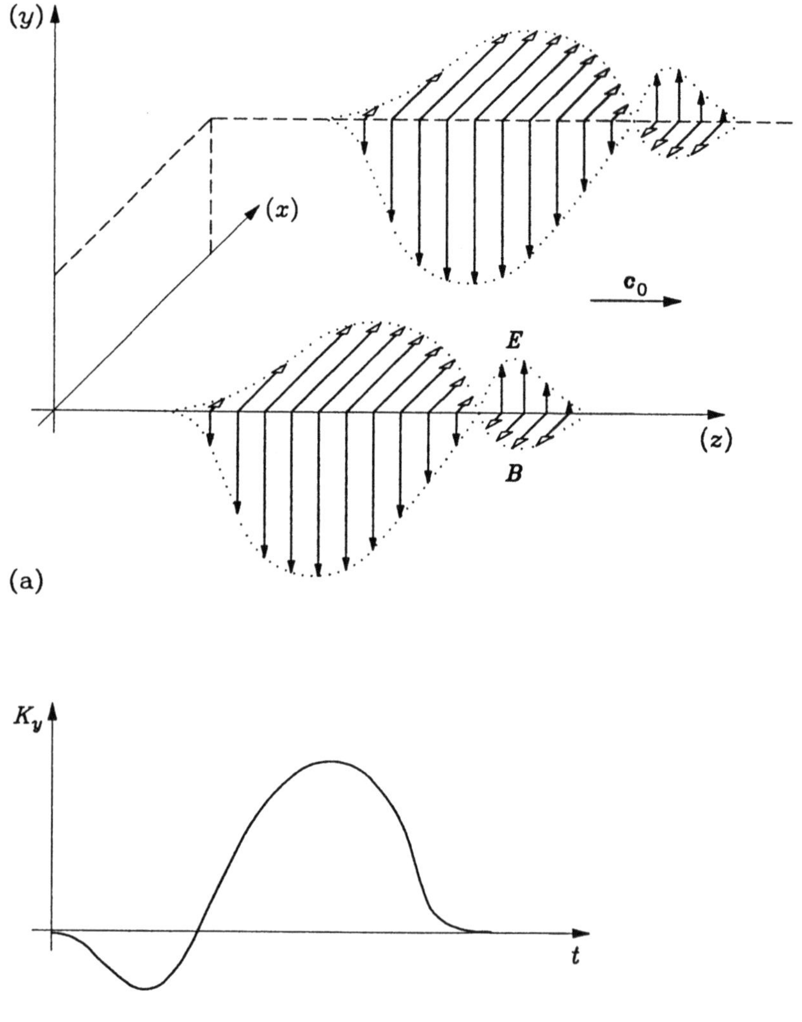

Bild 11.5 (b)

Es genügt zu zeigen, daß derartige Wellen mittels der retardierten Potentiale (11.21), (11.22) zu erhalten sind. Dann erfüllen sie, wie gezeigt, auch die Maxwell-Gleichungen.

Da hier dauernd keine unkompensierten Ladungen vorhanden sind, gilt $\varphi \equiv 0$. Da alle Stromelemente dauernd nur eine y-Komponente haben, besitzt das retardierte Vektorpotential auch nur eine solche. Zudem hängt A_y weder von x noch von y ab, da alle Aufpunkte diesbezüglich gleichberechtigt sind. Somit ergibt sich folgender Ansatz:

$$\boldsymbol{A} = A_y(z,t)\,\boldsymbol{e}_y \ .$$

Betrachtet man zunächst nur Punkte außerhalb des Flächenstroms, dann ist die rechte Seite der Gl. (11.18) gleich null, und es muß daher

$$\frac{\partial^2 A_y}{\partial z^2} - \frac{1}{c_0^2}\ddot{A}_y = 0 \qquad (\text{für } z \neq 0)$$

gelten. Das ist die eindimensionale homogene Wellengleichung (11.2) mit der allgemeinen Lösung (11.1). Da der Flächenstrom die Ursache der Welle ist, diese also von ihm ausgehen soll, kommt für $z > 0$ nur der (ohne Formänderung) nach rechts laufende und für $z < 0$ nur der (ohne Formänderung) nach links laufende Summand von Gl. (11.1) in Frage:

$$A_y(z,t) = \begin{cases} A_y\left(t - \dfrac{z}{c_0}\right), & z > 0 \ , \\[2ex] A_y\left(t + \dfrac{z}{c_0}\right), & z < 0 \ . \end{cases}$$

Nun gilt

$$\boldsymbol{B} = \operatorname{rot}\boldsymbol{A} \ ,$$

so daß für die von null verschiedenen Komponenten folgt:

$$B_x = -\frac{\partial A_y}{\partial z} = \begin{cases} \dfrac{1}{c_0}\dot{A}_y \ , & z > 0 \ , \\[2ex] -\dfrac{1}{c_0}\dot{A}_y \ , & z < 0 \ . \end{cases}$$

Andererseits gilt wegen $\varphi \equiv 0$

$$\boldsymbol{E} = -\dot{\boldsymbol{A}} = -\dot{A}_y\,\boldsymbol{e}_y \ ,$$

womit $\dot{A}_y$ jetzt eliminiert werden kann:

$$B_x(z,t) = \begin{cases} -\dfrac{1}{c_0}E_y\left(t - \dfrac{z}{c_0}\right), & z > 0 \ , \qquad (11.54a) \\[2ex] \dfrac{1}{c_0}E_y\left(t + \dfrac{z}{c_0}\right), & z < 0 \ . \qquad (11.54b) \end{cases}$$

Weil das elektrische Feld tangential zur Ebene $z = 0$ verläuft, muß dort aus Gründen der Stetigkeit zu allen Zeiten

$$E_y^+(t) = E_y^-(t)$$

gelten und wegen der Gln. (11.54a,b) dann auch

$$B_x^+(t) = -B_x^-(t) \ .$$

Das magnetische Feld unterliegt außerdem in der Ebene $z = 0$ der Grenzbedingung

$$B_x^+(t) - B_x^-(t) = \mu_0 K_y(t) \ ,$$

was zusammen mit der letzten Gleichung schließlich auf

$$B_x^+(t) = \frac{\mu_0}{2} K_y(t) \qquad (\text{für } z = 0^+) \tag{11.55}$$

führt, wobei von hier an (wie in Bild 11.5a) zunächst nur der rechte Halbraum ($z > 0$) betrachtet wird (s. u.).

Durch die Beziehung (11.55) wird die Welle (im rechten Halbraum) mit ihrer Ursache verknüpft. Da sich diese B_x-Welle ohne Formänderung mit Lichtgeschwindigkeit nach rechts fortpflanzt, hat B_x an einer Stelle $z > 0$ zur Zeit t den Wert, der bei $z = 0^+$ zur früheren Zeit $t - z/c_0$ vorlag:

$$B_x(z,t) = B_x^+\left(t - \frac{z}{c_0}\right) .$$

Mit den Gln.(11.55) und (11.54a) folgt also für den rechten Halbraum:

$$B_x(z,t) = \frac{\mu_0}{2} K_y\left(t - \frac{z}{c_0}\right) \qquad (\text{für } z > 0) , \tag{11.56a}$$

$$E_y(z,t) = -\frac{c_0\,\mu_0}{2} K_y\left(t - \frac{z}{c_0}\right) \qquad (\text{für } z \geqq 0) . \tag{11.56b}$$

Alle zu Beginn aufgestellten Behauptungen über die ebene, linear polarisierte elektromagnetische Welle sind jetzt bewiesen. Von der speziellen Vorgabe $K_y(t)$ gemäß Bild 11.5b wurde nur für Bild 11.5a Gebrauch gemacht. Sie kann daher nach Belieben geändert und in die Gln. (11.56a,b) eingesetzt werden (vgl. nächstes Beispiel).

Die entsprechende Rechnung für den linken Halbraum liefert

$$B_x(z,t) = -\frac{\mu_0}{2} K_y\left(t + \frac{z}{c_0}\right) \qquad (\text{für } z < 0) , \tag{11.56c}$$

$$E_y(z,t) = -\frac{c_0\,\mu_0}{2} K_y\left(t + \frac{z}{c_0}\right) \qquad (\text{für } z \leqq 0) . \tag{11.56d}$$

Unendlich ausgedehnte ebene Flächenströme der angenommenen Art sind unrealistisch. Dementsprechend sind auch exakt ebene Wellen eine Idealisierung, allerdings eine oft sehr brauchbare.

b) Denkt man sich den Flächenstrom $\boldsymbol{K} = K_y(t)\,\boldsymbol{e}_y$ des vorausgegangen Beispiels entsprechend Bild 11.6a vorgegeben und in die Gln. (11.56a-d) eingesetzt, dann folgt

$$B_x = \begin{cases} 0 , & |z| > c_0 t , \\ \dfrac{\mu_0}{2} K_0 , & 0 < z < c_0 t , \\ -\dfrac{\mu_0}{2} K_0 , & -c_0 t < z < 0 , \end{cases} \tag{11.57a-c}$$

$$E_y = \begin{cases} 0 \ , & |z| > c_0 t \ , \quad (11.57\text{d}) \\ -\dfrac{c_0 \mu_0}{2} K_0 \ , & -c_0 t < z < c_0 t \ . \quad (11.57\text{e}) \end{cases}$$

Diese elektromagnetische Welle ist in Bild 11.6b dargestellt. Zwischen den beiden Frontflächen $z = \pm c_0 t$ ist $\boldsymbol{B}$ bereichsweise und $\boldsymbol{E}$ völlig homogen. Dort sind beide Felder außerdem zeitunabhängig. Nur an den Frontflächen sind sie zeitveränderlich, denn in einem Punkt, der gerade von einer Frontfläche überlaufen wird, ändern sich $\boldsymbol{E}$ und $\boldsymbol{B}$ sprungartig. Dort haben $\partial \boldsymbol{E}/\partial t$ und $\partial \boldsymbol{B}/\partial t$ also die Form von δ-Impulsen, deren anschaulich einfach zu ermittelnden Richtungen in das Bild 11.6b eingetragen sind (]...[symbolisiert wie auf S. 115 eine zweidimensionale Verteilung). $\boldsymbol{E}$ ist jeweils linkshändig verwirbelt zu $\partial \boldsymbol{B}/\partial t$, während $\boldsymbol{B}$ jeweils rechtshändig verwirbelt ist zu $\partial \boldsymbol{E}/\partial t$ einerseits und $\boldsymbol{K}_0$ andererseits. Die physikalischen Ursachen von $\boldsymbol{B}$ und $\boldsymbol{E}$ sind aber nicht diese momentanen Verteilungen von $\boldsymbol{K}$, $\partial \boldsymbol{E}/\partial t$ und $\partial \boldsymbol{B}/\partial t$, sondern die retardierte Stromverteilung *und* ihre zeitliche Änderung. Letztere erfolgte beim Einschalten sprungartig, und die zugehörigen retardierten Beiträge aus immer größerer Entfernung addieren sich zum momentanen $\boldsymbol{E}$-Feld, das hier wegen fehlender unkompensierter Ladungen ausschließlich ein induziertes elektrisches Feld ist.

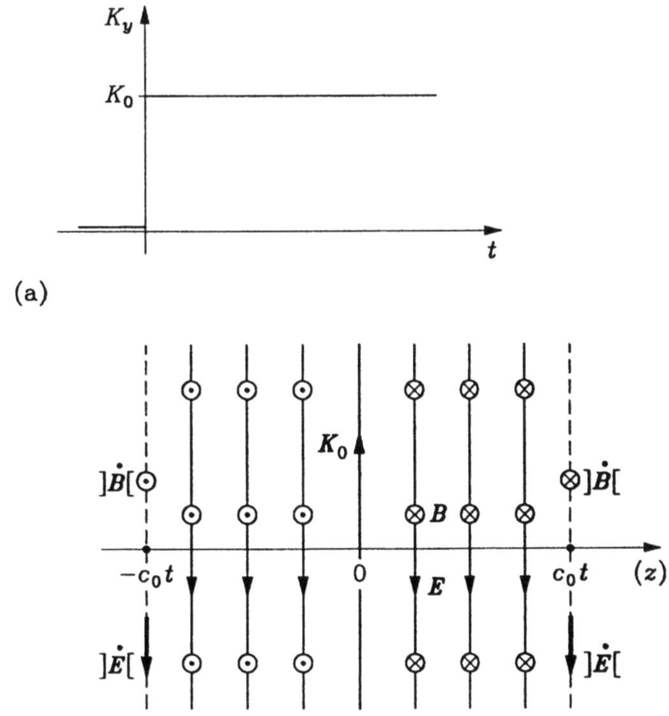

Bild 11.6 (b)

Beide Felder verlaufen hier tangential zu den Frontflächen, sind dort aber nicht stetig im scheinbaren Widerspruch zur Standardform (3.66), (3.68) der einschlägigen Grenzbedingungen. Diese lassen sich hier aber nicht anwenden, weil $\partial \boldsymbol{B}/\partial t$ und $\partial \boldsymbol{E}/\partial t$ in Form von δ-Impulsen flächenhaft konzentriert sind (vgl. Abschnitt 3.7.3, vorletzter Absatz).

Ein Rückblick auf die statische Rechnung des Beispiels 3.6.1c zeigt, daß dort das $\boldsymbol{B}$-Feld numerisch richtig geliefert wird, aber den Raum vollständig erfüllt. Hinsichtlich des induzierten elektrischen Feldes ist die statische Rechnung natürlich völlig unzureichend.

c) Auf der z-Achse (s. Bild 11.7a) fließt ein Linienstrom, der gemäß Bild 11.7b zur Zeit $t = 0$ eingeschaltet wird und danach die konstante Stärke i_0 hat.

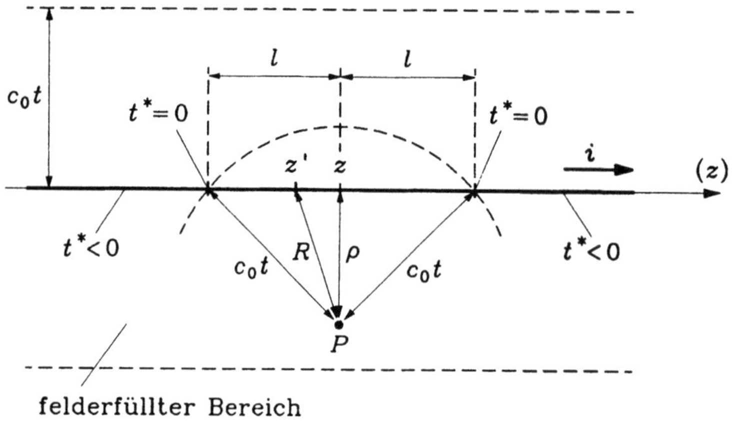

(a)

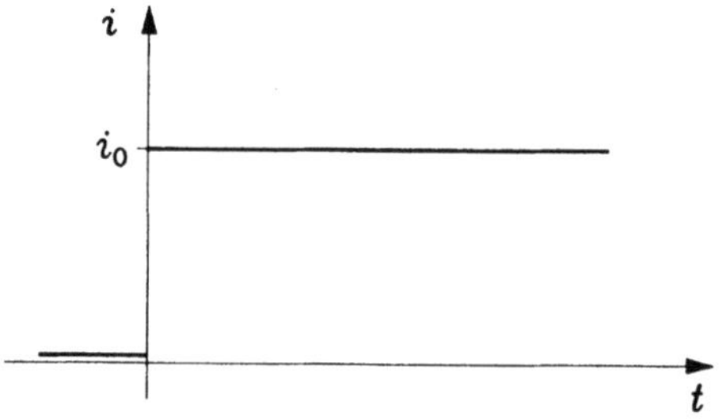

Bild 11.7 (b)

Das zugehörige elektromagnetische Feld erfüllt ab $t = 0$ einen Kreiszylinder mit wachsendem Radius $c_0 t$. Zum Feld im Aufpunkt P, der innerhalb dieses felderfüllten Bereiches liegen soll, können zur Zeit t nur solche Stromelemente beitragen, deren Abstand R von P nicht größer als $c_0 t$ ist, für deren retardierte Zeit also $t^* = (t - R/c_0) \geqq 0$ gilt. Für alle anderen z'-Werte gilt $R > c_0 t$, und die zugehörige retardierte Zeit ist negativ. Die retardiert zu nehmende Stromstärke hängt also gemäß

$$i(t^*) = i\left(t - \frac{R}{c_0}\right) = \begin{cases} 0\,, & R > c_0 t\,, \\ i_0\,, & R \leqq c_0 t \end{cases}$$

von R ab.

Da hier nur ein Strom fließt, ist das skalare retardierte Potential identisch gleich null und das retardierte Vektorpotential (11.21) lautet nach sinngemäßer Umformulierung

$$\boldsymbol{A}(P,t) = \frac{\mu_0}{4\pi} \int_{-\infty}^{+\infty} \frac{i(t^*)\,\mathrm{d}z'}{R}\, \boldsymbol{e}_z \tag{11.58}$$

mit

$$R = \sqrt{\rho^2 + (z-z')^2}\ .$$

Da für alle z'-Werte, die kleiner als $z-l$ oder größer als $z+l$ sind, die retardierte Stromstärke gleich null und andernfalls gleich i_0 ist, folgt

$$\boldsymbol{A}(P,t) = \frac{\mu_0\, i_0}{4\pi} \int_{z-l}^{z+l} \frac{\mathrm{d}z'}{\sqrt{\rho^2 + (z-z')^2}}\, \boldsymbol{e}_z\ .$$

Nach der Substitution $u = z' - z$ geht das schließlich über in

$$\boldsymbol{A}(P,t) = \frac{\mu_0\, i_0}{4\pi} \left(\int_{-l}^{0} \frac{\mathrm{d}u}{\sqrt{\rho^2+u^2}} + \int_{0}^{l} \frac{\mathrm{d}u}{\sqrt{\rho^2+u^2}} \right) \boldsymbol{e}_z$$

$$= \frac{\mu_0\, i_0}{2\pi} \int_{0}^{l} \frac{\mathrm{d}u}{\sqrt{\rho^2+u^2}}\, \boldsymbol{e}_z\ . \tag{11.59}$$

Dabei ist

$$l = \sqrt{(c_0 t)^2 - \rho^2}\ , \qquad \frac{\partial l}{\partial \rho} = -\frac{\rho}{l}\ , \qquad \frac{\partial l}{\partial t} = \frac{c_0^2\, t}{l}\ . \tag{11.60a-c}$$

Die partiellen Ableitungen dienen der anschließenden Berechnung von

$$\boldsymbol{B} = \operatorname{rot}\left[A_z(\rho,t)\,\boldsymbol{e}_z\right] = -\frac{\partial A_z}{\partial \rho}\, \boldsymbol{e}_\alpha$$

gemäß Gl. (11.13) und von

$$\boldsymbol{E} = -\dot{A}_z\, \boldsymbol{e}_z$$

gemäß Gl. (11.14), wobei statt der expliziten Bestimmung von A_z die folgende Regel benutzt wird:

$$\frac{\mathrm{d}}{\mathrm{d}x} \int_a^{b(x)} f(x,u)\,\mathrm{d}u = \int_a^{b(x)} \frac{\partial f}{\partial x}\,\mathrm{d}u + f(x,b)\,\frac{\mathrm{d}b}{\mathrm{d}x}\ . \tag{11.61}$$

Mit dieser und den vorherigen Beziehungen kann jetzt folgendermaßen gerechnet werden:

$$\frac{\partial A_z}{\partial \rho} = \frac{\mu_0\, i_0}{2\pi} \left[\int_0^l \frac{\partial}{\partial \rho} \frac{1}{\sqrt{\rho^2+u^2}}\,\mathrm{d}u + \frac{1}{\sqrt{\rho^2+l^2}}\, \frac{\partial l}{\partial \rho} \right] =$$

$$= \frac{\mu_0 i_0}{2\pi} \left[\int_0^l \frac{-\rho}{\sqrt{\rho^2+u^2}^3} \mathrm{d}u + \frac{-\rho}{l\sqrt{\rho^2+l^2}} \right]$$

$$= -\frac{\mu_0 i_0}{2\pi} \left[\frac{l}{\rho\sqrt{\rho^2+l^2}} + \frac{\rho}{l\sqrt{\rho^2+l^2}} \right]$$

$$= -\frac{\mu_0 i_0}{2\pi} \frac{1}{\sqrt{\rho^2+l^2}} \left[\frac{l^2+\rho^2}{\rho l} \right]$$

$$= -\frac{\mu_0 i_0}{2\pi} \frac{1}{\rho} \frac{c_0 t}{\sqrt{(c_0 t)^2 - \rho^2}}$$

$$= -\frac{\mu_0 i_0}{2\pi\rho} \frac{1}{\sqrt{1-(\rho/c_0 t)^2}} ;$$

$$\frac{\partial A_z}{\partial t} = \frac{\mu_0 i_0}{2\pi} \frac{1}{\sqrt{\rho^2+l^2}} \frac{\partial l}{\partial t}$$

$$= \frac{\mu_0 i_0}{2\pi} \frac{1}{c_0 t} \frac{c_0^2 t}{l}$$

$$= \frac{\mu_0 i_0}{2\pi} \frac{c_0}{\sqrt{(c_0 t)^2 - \rho^2}} .$$

Aus beiden Endresultaten ergeben sich die Felder

$$\boldsymbol{B}(P,t) = \frac{\mu_0 i_0}{2\pi\rho} \frac{1}{\sqrt{1-(\rho/c_0 t)^2}} \boldsymbol{e}_\alpha , \tag{11.62}$$

$$\boldsymbol{E}(P,t) = -\frac{\mu_0 i_0}{2\pi} \frac{c_0}{\sqrt{(c_0 t)^2 - \rho^2}} \boldsymbol{e}_z . \tag{11.63}$$

Ihre Richtung für $i_0 > 0$ ersieht man aus Bild 11.8a, ihre ρ-Abhängigkeit aus Bild 11.8b.

Beide Felder haben bei $\rho = c_0 t$ eine Singularität, die daher kommt, daß der Linienstrom sprungartig eingeschaltet wurde (sprungartiges Einschalten von *flächenhaften* Strömen dagegen hinterläßt bei den Feldern $\boldsymbol{E}$ und $\boldsymbol{B}$ selbst keine Singularitäten, wie das letzte Beispiel gezeigt hat). Schaltet man im vorliegenden Fall den Strom statt dessen rampenförmig ein, dann sind $\boldsymbol{E}$ und $\boldsymbol{B}$ auf der Frontfläche $\rho = c_0 t$ gleich null (vgl. Aufgabe 11.2).

Wartet man unendlich lange, dann ist hier, wie die Gl. (11.63) bzw. (11.62) erkennen lassen, das beim Einschalten induzierte elektrische Feld abgeklungen, und das magnetische Feld ist in das statische Ampère-Feld übergegangen.

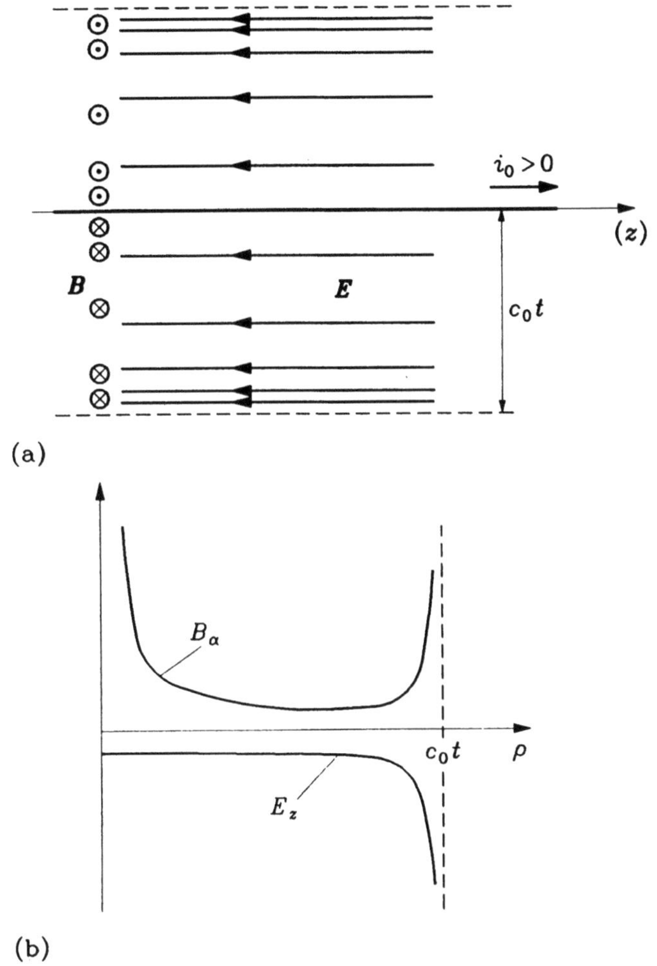

Bild 11.8

11.5 Zeitveränderlicher elektrischer Dipol (Hertzscher Dipol)

Bild 11.9 zeigt ein kurzes Stück Linienstrom der Länge l auf der z-Achse von $z = -l$ bis $z = 0$. Zwischen diesen Endpunkten sei die Stromstärke nur von der Zeit, nicht aber von z abhängig. Dann bilden sich an diesen Endpunkten aus Gründen der Ladungserhaltung zeitveränderliche Punktladungen, wobei am Endpunkt $z = 0$ die Beziehung $\dot{q}(t) = i(t)$ gilt. Für das Dipolmoment

$$p_z(t) = q(t)\, l \tag{11.64a}$$

folgt also

$$\dot{p}_z(t) = i(t)\, l \ . \tag{11.64b}$$

Bei hinreichend kleinem l stellt diese Anordnung somit ein isoliertes Stromelement dar. Zur Bestimmung des retardierten Vektorpotentials wird Gl. (11.21) zunächst sinngemäß für Linienströme auf der z-Achse formuliert:

$$\boldsymbol{A}(P,t) = \frac{\mu_0}{4\pi} \int_{-\infty}^{+\infty} \frac{i(z',t^*)\,\mathrm{d}z'}{R}\,\boldsymbol{e}_z \,. \tag{11.65}$$

Dabei wurde wieder R an Stelle von $|\boldsymbol{r}-\boldsymbol{r}'|$ geschrieben (s. Bild 11.9). Speziell hier ist die Stromstärke nur zwischen $z=-l$ und $z=0$ von null verschieden und hängt dort nach Voraussetzung nicht explizit von z ab. Also folgt

$$\boldsymbol{A}(P,t) = \frac{\mu_0}{4\pi} \int_{-l}^{0} \frac{i(t^*)\,\mathrm{d}z'}{R}\,\boldsymbol{e}_z \,. \tag{11.66a}$$

Nach dem Mittelwertsatz der Integralrechnung gibt es mittlere Größen R_m und $t_m^* = t - R_m/c_0$, so daß $\boldsymbol{A}(P,t)$ auch durch

$$\boldsymbol{A}(P,t) = \frac{\mu_0}{4\pi}\,\frac{i(t_m^*)\,l}{R_m}\,\boldsymbol{e}_z = \frac{\mu_0}{4\pi}\,\frac{\dot{p}_z(t_m^*)}{R_m}\,\boldsymbol{e}_z \tag{11.66b}$$

ausgedrückt werden kann, wobei zuletzt noch die Gl. (11.64b) verwendet wurde.

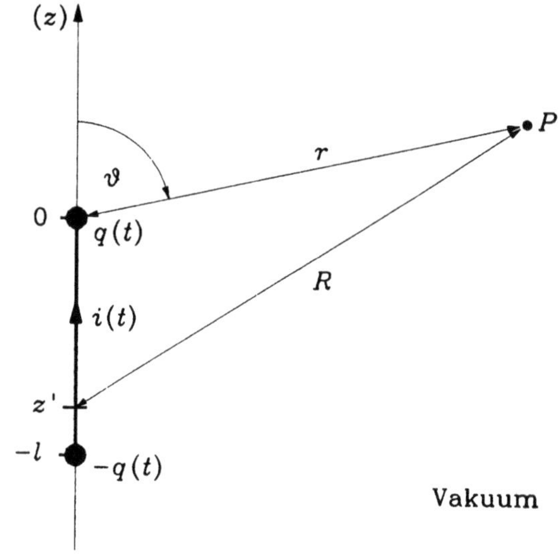

Bild 11.9

Geht man jetzt zum Punktdipol über (s. Bild 11.10), dann streben die mittleren Größen R_m und t_m^* schließlich gegen r bzw.

$$t_0^* = t - \frac{r}{c_0} \,. \tag{11.67}$$

Der Index "0" soll anzeigen, daß es sich jetzt nicht mehr um eine bei der Integration variable retardierte Zeit handelt, sondern nur noch um die eine retardierte Zeit, zu welcher der Dipol vom Aufpunkt P aus erscheint. Für den Punktdipol nach Bild 11.10 gilt also

$$\boldsymbol{A}(P,t) = \frac{\mu_0}{4\pi} \frac{\dot{p}_z(t_0^*)}{r} \boldsymbol{e}_z$$

$$= \frac{\mu_0}{4\pi} \frac{\dot{p}_z(t_0^*)}{r} (\cos\vartheta\, \boldsymbol{e}_r - \sin\vartheta\, \boldsymbol{e}_\vartheta) \,. \tag{11.68}$$

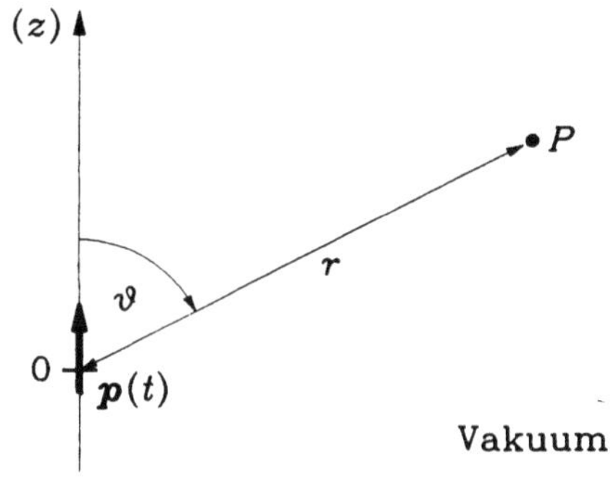

Bild 11.10

Wendet man hierauf die Gl. (11.13) an, so erhält man das $\boldsymbol{B}$-Feld des zeitveränderlichen Dipols. Die wichtigsten Rechenschritte sind:

$$\boldsymbol{B} = \operatorname{rot}(A_r\, \boldsymbol{e}_r + A_\vartheta\, \boldsymbol{e}_\vartheta) = \frac{1}{r}\left[\frac{\partial}{\partial r}(r A_\vartheta) - \frac{\partial A_r}{\partial \vartheta}\right]\boldsymbol{e}_\alpha \;;$$

$$\frac{\partial}{\partial r}(r A_\vartheta) = -\frac{\mu_0}{4\pi}\sin\vartheta \frac{\partial}{\partial r}\dot{p}_z(t_0^*) = \frac{\mu_0}{4\pi c_0}\ddot{p}_z(t_0^*)\sin\vartheta \,,$$

wobei wegen Gl. (11.67)

$$\frac{\partial t_0^*}{\partial r} = -\frac{1}{c_0} \tag{11.69}$$

zu beachten ist;

$$-\frac{\partial A_r}{\partial \vartheta} = \frac{\mu_0}{4\pi r}\dot{p}_z(t_0^*)\sin\vartheta \;;$$

es resultiert

$$\boldsymbol{B}(P,t) = \frac{\mu_0}{4\pi}\left[\frac{\dot{p}_z}{r^2} + \frac{\ddot{p}_z}{c_0 r}\right]^* \sin\vartheta\, \boldsymbol{e}_\alpha \,. \tag{11.70}$$

Der Klammerausdruck ist zur retardierten Zeit t_0^* zu nehmen. Das $\boldsymbol{B}$-Feld eines beliebig zeitveränderlichen Punktdipols (mit fester Achse und festem Ort) hat also nur eine α-Komponente; die $\boldsymbol{B}$-Linien sind Kreise um die Dipolachse.

Die Berechnung des retardierten skalaren Potentials φ (s. Abschnitt 11.5.3) mit nachfolgender Anwendung der Gl. (11.14) kann umgangen werden, wenn man zunächst $\partial \boldsymbol{E}/\partial t$ mittels der Gln. (3.4) und (11.70) bestimmt, wobei hier im Aufpunkt P kein Strom fließt ($\boldsymbol{J} = \boldsymbol{0}$):

$$\dot{\boldsymbol{E}} = \frac{1}{\varepsilon_0 \mu_0} \operatorname{rot} \boldsymbol{B} \ .$$

Die Auswertung der rechten Seite in Kugelkoordinaten unter Beachtung der Gl. (11.69) erfolgt nach dem Muster der vorhergehenden Rechnung. Das Resultat gibt $\partial \boldsymbol{E}/\partial t$ und ist daher einmal nach der Zeit zu integrieren. Als Anfangswert für $\boldsymbol{E}$ muß dabei $\boldsymbol{0}$ genommen werden, da vor dem Einschalten des Dipols kein von ihm verursachtes elektrisches Feld vorhanden ist (Kausalitätsforderung). Das gesuchte Dipol-$\boldsymbol{E}$ ergibt sich dann zu

$$E_r(P,t) = \frac{1}{4\pi\varepsilon_0} \left[\frac{p_z}{r^3} + \frac{\dot{p}_z}{c_0 r^2} \right]^* 2\cos\vartheta \ , \tag{11.71a}$$

$$E_\vartheta(P,t) = \frac{1}{4\pi\varepsilon_0} \left[\frac{p_z}{r^3} + \frac{\dot{p}_z}{c_0 r^2} + \frac{\ddot{p}_z}{c_0^2 r} \right]^* \sin\vartheta \ , \tag{11.71b}$$

$$E_\alpha(P,t) = 0 \ . \tag{11.71c}$$

Elektrisches und magnetisches Feld sind hier also immer und überall senkrecht zueinander.

Die Gln. (11.70) und (11.71a-c) sind gemeint, wenn vom elektromagnetischen Feld eines Hertzschen Dipols gesprochen wird. Bei punktförmigen Dipolen gelten sie exakt, bei Dipolen wie in Bild 11.9 sind sie eine gute Näherung für genügend weit entfernte Aufpunkte ($r \gg l$).

11.5.1 Beispiel

Ein Hertzscher Dipol (s. Bild 11.10) soll das durch Bild 11.11a veranschaulichte zeitveränderliche Moment $p_z(t)$ haben:

$$p_z(t) = \begin{cases} 0 \ , & t < 0 \ , \quad (11.72a) \\ k_0 t^2 \ , & 0 < t \ . \quad (11.72b) \end{cases}$$

Dabei ist k_0 eine Konstante. Zu allen hier betrachteten positiven Zeiten soll Gl. (11.72b) gelten. Die Frage, wie p_z in der weiteren Zukunft von t abhängt, interessiert daher nicht. Das ab $t = 0$ vom Dipol erzeugte elektromagnetische Feld erfüllt zur Zeit $t > 0$ das Innere einer Kugel mit dem Radius $c_0 t$ (s. Bild 11.11b), während der Raum außerhalb dieser Kugel noch feldfrei ist. Für alle Aufpunkte P innerhalb der $c_0 t$-Kugel gilt $r < c_0 t$ und folglich $t_0^* = (t - r/c_0) > 0$ für die zugehörigen retardierten Zeiten, so daß von P aus der Dipol im "geschichtlichen Rückblick" mit dem Dipolmoment $p_z(t_0^*) = k_0(t - r/c_0)^2$ "gesehen" wird, das sich aus Gl. (11.72b) ergibt, wenn man dort t durch t_0^* ersetzt. In jenen Aufpunkten werden jetzt die von null verschiedenen Komponenten des elektromagnetischen Feldes an Hand der Gln. (11.71a,b) und (11.70) berechnet. Dazu müssen vor allem die auftretenden retardierten Klammerausdrücke bestimmt werden. Mit

$$p_z(t_0^*) = k_0 \left(t - \frac{r}{c_0} \right)^2 \ , \quad \dot{p}_z(t_0^*) = 2k_0 \left(t - \frac{r}{c_0} \right) \ , \quad \ddot{p}_z(t_0^*) = 2k_0$$

erhält man nach elementaren Rechnungen

$$\left[\frac{p_z}{r^3} + \frac{\dot{p}_z}{c_0 r^2}\right]^* = \frac{k_0 t^2}{r^3} - \frac{k_0}{c_0^2 r} = \frac{p_z(t)}{r^3} - \frac{k_0}{c_0^2 r} ;$$

$$\left[\frac{p_z}{r^3} + \frac{\dot{p}_z}{c_0 r^2} + \frac{\ddot{p}_z}{c_0^2 r}\right]^* = \left[\frac{p_z}{r^3} + \frac{\dot{p}_z}{c_0 r^2}\right]^* + \frac{2k_0}{c_0^2 r} = \frac{p_z(t)}{r^3} + \frac{k_0}{c_0^2 r} ;$$

$$\left[\frac{\dot{p}_z}{r^2} + \frac{\ddot{p}_z}{c_0 r}\right]^* = \frac{2k_0 t}{r^2} = \frac{\dot{p}_z(t)}{r^2} .$$

Dabei wurde jeweils zuletzt die Gl. (11.72b) berücksichtigt.

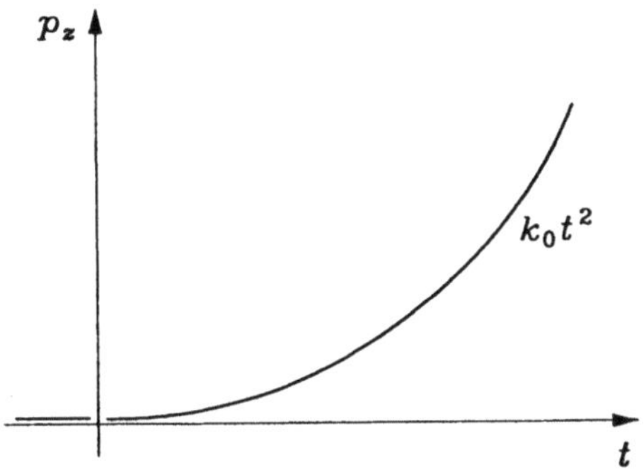

(a)

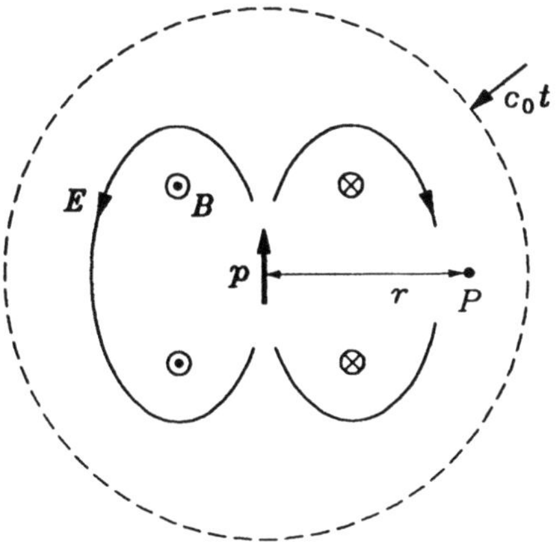

Bild 11.11 (b)

Also gilt für $t > 0$ und $r < c_0 t$:

$$E_r(P,t) = \frac{1}{4\pi\varepsilon_0}\left[\frac{p_z(t)}{r^3} - \frac{k_0}{c_0^2 r}\right] 2\cos\vartheta ,$$

$$E_\vartheta(P,t) = \frac{1}{4\pi\varepsilon_0}\left[\frac{p_z(t)}{r^3} + \frac{k_0}{c_0^2 r}\right]\sin\vartheta \;,$$

$$\boldsymbol{B}(P,t) = \frac{\mu_0}{4\pi}\,\frac{\dot{p}_z(t)}{r^2}\sin\vartheta\,\boldsymbol{e}_\alpha = \frac{\mu_0}{4\pi}\,\frac{\dot{p}_z(t)}{r^2}\,\boldsymbol{e}_z \times \boldsymbol{e}_r \;.$$

Das elektrische Feld in der $c_0 t$-Kugel hat zwei Summanden, von denen der zeitabhängige geometrisch identisch ist mit dem elektrischen Feld eines statischen Dipols, wobei sich dieser Feldanteil zur Zeit t aus dem gleichzeitigen Moment des entfernten Dipols berechnet. In diese Gleichungen darf natürlich nur das Dipolmoment nach Gl. (11.72b) eingesetzt werden.

Besonders interessant ist das Ergebnis für $\boldsymbol{B}$. Faßt man nämlich den zeitveränderlichen elektrischen Dipol im Sinne von Gl. (11.64b) als Stromelement auf und schreibt die letzte Gleichung in der Form

$$\boldsymbol{B}(\boldsymbol{r},t) = \frac{\mu_0}{4\pi}\,\frac{i(t)\,l\,\boldsymbol{e}_z \times \boldsymbol{r}}{r^3} \;,$$

dann erhält man offenbar das Biot-Savart-Gesetz für dieses Stromelement, dessen Stromstärke $i(t) = 2k_0 t/l$ linear von der Zeit abhängt und mit dem momentanen Wert einzusetzen ist. Nach den vorausgegangenen Umformungen ist hier die Retardierung nicht mehr explizit zu erkennen.

Folgerung: Das läßt sich wie folgt auf räumlich verschmierte Stromelemente, also auf Stromverteilungen verallgemeinern. Eine Stromdichte soll von $t = 0$ an die Form

$$\boldsymbol{J}(\boldsymbol{r},t) = \boldsymbol{J}_0(\boldsymbol{r}) + \boldsymbol{g}(\boldsymbol{r})\,t \;, \qquad t > 0 \;, \tag{11.73}$$

haben, wobei $\boldsymbol{J}_0$ und $\boldsymbol{g}$ nicht von der Zeit abhängen. Setzt man diese Stromdichte in die dynamische Verallgemeinerung (11.50b) der Biot-Savart-Formel ein, dann berechnet sich der dortige retardierte Klammerausdruck für positive retardierte Zeiten zu

$$\begin{aligned}\left[\boldsymbol{J} + \frac{R}{c_0}\dot{\boldsymbol{J}}\right]^* &= \boldsymbol{J}_0(\boldsymbol{r}') + \boldsymbol{g}(\boldsymbol{r}')\left(t - \frac{R}{c_0}\right) + \frac{R}{c_0}\,\boldsymbol{g}(\boldsymbol{r}')\\ &= \boldsymbol{J}_0(\boldsymbol{r}') + \boldsymbol{g}(\boldsymbol{r}')\,t\\ &= \boldsymbol{J}(\boldsymbol{r}',t) \;.\end{aligned}$$

Damit gilt dann

$$\boldsymbol{B}(\boldsymbol{r},t) = \frac{\mu_0}{4\pi}\iiint \boldsymbol{J}(\boldsymbol{r}',t) \times \frac{\boldsymbol{R}}{R^3}\,\mathrm{d}V' \;,$$

d.h. die statische Form (6.14) des Biot-Savart-Gesetzes mit dem momentanen Wert der Stromdichte. Weil diese in der vorausgesetzten Form (11.73) erst ab $t = 0$ vorliegt, muß man im Aufpunkt $\boldsymbol{r}$ solange warten, bis für alle Punkte $\boldsymbol{r}'$ der Stromverteilung (s. Bild 11.2) die retardierte Zeit $t^* = t - R/c_0$ positiv ist. Bei labormäßigen Entfernungen $R \approx 3\text{m}$ ist das nach kürzester Zeit $t > R/c_0 \approx 10^{-8}\,\text{s}$ der Fall.

Für Stromverteilungen der Form (11.73) gilt also (bei Labordistanzen praktisch sofort) die gewöhnliche Biot-Savart-Formel (6.14), und zwar mit dem zur Zeit t gültigen Wert der Stromdichte. Letztere darf Quellen haben, da die Gl. (11.50b) diesbezüglich nichts voraussetzt. Die Herleitung der Gl. (6.14) im Kapitel 6 sowie die erste Begründung des Biot-Savart-Gesetzes in Abschnitt 3.2.1 ging also von Bedingungen aus (zeitunabhängige und geschlossene Stromverteilungen), die eigentlich viel zu restriktiv sind.

11.5.2 Zeitharmonisches Dipolmoment

Ab $t = 0$ schwinge ein Hertzscher Dipol (Anordnung wie in Bild 11.10) mit der Kreisfrequenz ω und der Amplitude $\hat{p}_z$ sinusförmig:

$$p_z(t) = \hat{p}_z \sin \omega t \;, \qquad t > 0 \;. \tag{11.74}$$

Die Vorgeschichte des Dipolmoments spielt keine Rolle, wenn man sich auf Beobachtungspunkte P in genügender Nähe des Dipols beschränkt, d.h. auf solche Punkte, die innerhalb einer Kugel um den Dipol (Nullpunkt) liegen mit dem ständig zunehmenden Radius $c_0 t$. Von solchen Punkten aus "sieht" man das retardierte Dipolmoment

$$\begin{aligned} p_z(t_0^*) &= \hat{p}_z \sin(\omega t_0^*) \\ &= \hat{p}_z \sin(\omega t - k r) \end{aligned} \tag{11.75}$$

mit $t_0^* = t - r/c_0$ und der Wellenzahl

$$k = \frac{2\pi}{\lambda} = \frac{\omega}{c_0} \;. \tag{11.76}$$

Dabei ist λ die Wellenlänge, die mit ω und c_0 durch die Beziehung $\lambda\,\omega/2\pi = c_0$ verknüpft ist. Weiterhin folgt

$$\dot{p}_z(t_0^*) = \omega\,\hat{p}_z \cos(\omega t - k r) = k\,c_0\,\hat{p}_z \cos(\omega t_0^*) \;;$$

$$\ddot{p}_z(t_0^*) = -k^2 c_0^2\,\hat{p}_z \sin(\omega t_0^*) \;.$$

Setzt man dies in die Gln. (11.71a,b) und (11.70) ein, so erhält man für die nicht identisch verschwindenden Komponenten des elektromagnetischen Feldes

$$E_r(r,t) = \frac{\hat{p}_z}{4\pi\varepsilon_0 r^3}\left[\sin(\omega t_0^*) + k r \cos(\omega t_0^*)\right] 2\cos\vartheta \;, \tag{11.77a}$$

$$E_\vartheta(r,t) = \frac{\hat{p}_z}{4\pi\varepsilon_0 r^3}\Big[\sin(\omega t_0^*) + k r \cos(\omega t_0^*) - \\ - k^2 r^2 \sin(\omega t_0^*)\Big] \sin\vartheta \;, \tag{11.77b}$$

$$B_\alpha(r,t) = \frac{\hat{p}_z}{4\pi\varepsilon_0 c_0 r^3}\left[k r \cos(\omega t_0^*) - k^2 r^2 \sin(\omega t_0^*)\right] \sin\vartheta \;. \tag{11.77c}$$

Eine grobe Vorstellung vom Verlauf des elektromagnetischen Feldes einschließlich des Poynting-Vektors soll die Momentaufnahme des Bildes 11.12 vermitteln.

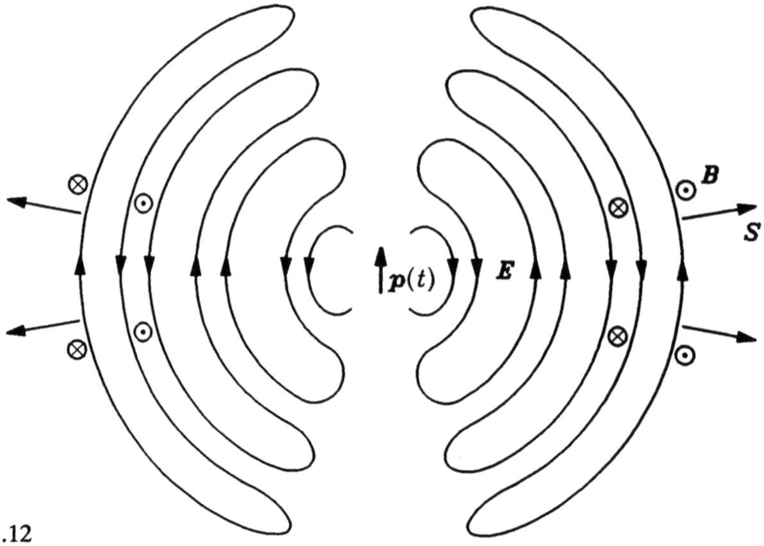

Bild 11.12

a) Die sogenannte *Nahzone* des Dipols wird durch die Bedingung $k\,r \ll 1$ bzw. $2\pi r \ll \lambda$ eingegrenzt. Dort dominieren hinsichtlich ihrer Amplituden die jeweils ersten Glieder der in eckigen Klammern stehenden Ausdrücke der Gln. (11.77a-c). Außerdem gilt

$$\begin{aligned}\sin(\omega t_0^*) &= \sin(\omega t - k\,r)\\ &= \sin(\omega t)\cos(k\,r) - \cos(\omega t)\sin(k\,r)\\ &\approx \sin(\omega t)\ .\end{aligned}$$

Diese Näherung folgt wegen $k\,r \ll 1$ aus den diesbezüglichen Eigenschaften der Kosinus- bzw. Sinusfunktion. Entsprechend gilt näherungsweise $\cos\omega t_0^* = \cos\omega t$. Also stellt

$$\boldsymbol{E}\,(P,t) = \frac{\hat{p}_z \sin\omega t}{4\pi\varepsilon_0 r^3}\,(2\cos\vartheta\,\boldsymbol{e}_r + \sin\vartheta\,\boldsymbol{e}_\vartheta)\ , \tag{11.78a}$$

$$\boldsymbol{B}\,(P,t) = \frac{\mu_0\,\omega\,\hat{p}_z \cos\omega t}{4\pi r^2}\sin\vartheta\,\boldsymbol{e}_\alpha \tag{11.78b}$$

das elektromagnetische Nahzonenfeld dar. Der elektrische Anteil ist in jedem Augenblick geometrisch identisch mit dem Feld eines elektrostatischen Punktdipols. Der magnetische Anteil ist gegen den elektrischen um $\pi/2$ phasenverschoben.

Faßt man den schwingenden elektrischen Punktdipol gemäß Gl. (11.64b) für sehr kleines l als isoliertes Stromelement auf, dann kann das Nahzonen-$\boldsymbol{B}$ nach Gl. (11.78b) auch in der Form

$$\boldsymbol{B}\,(\boldsymbol{r},t) = \frac{\mu_0\, i\,(t)\, l\, \boldsymbol{e}_z \times \boldsymbol{r}}{4\,\pi\, r^3} \tag{11.79}$$

dargestellt werden. Das läßt sich umdeuten in einen differentiellen Beitrag zum Integral der Biot-Savart-Formel (6.14). Erfüllen also alle Elemente einer zeitharmonischen Stromverteilung hinsichtlich der interessierenden Aufpunkte die Nahzonenbedingung, dann gilt näherungsweise die Gl. (6.14), wenn man $\boldsymbol{J}$ am Integrationspunkt zur gleichen Zeit t nimmt wie $\boldsymbol{B}$ im Aufpunkt. Auch in diesem Fall (vgl. Beispiel 11.5.1, Folgerung) gilt (hier allerdings nur näherungsweise) die Biot-Savart-Formel bei zeitveränderlichen Stromverteilungen, die zudem Quellen haben dürfen, wie der Extremfall des schwingenden elektrischen Dipols zeigt, von dem hier ausgegangen wurde. Das ist eine nachträgliche Begründung für die quasistationäre Berechnung des magnetischen Feldes nach Gl. (6.44a).

b) In der sogenannten *Fernzone*, die durch $k\,r \gg 1$ bzw. $2\,\pi\,r \gg \lambda$ gekennzeichnet ist und auch *Wellenzone* genannt wird, dominieren hinsichtlich der Amplituden die jeweils letzten Glieder in den eckigen Klammern der Gln. (11.77a-c). Außerdem kann E_r von der Amplitude her gegen E_ϑ vernachlässigt werden, so daß schließlich

$$\boldsymbol{E} = -\,\frac{\hat{p}_z\,\omega^2 \sin(\omega t_0^*)}{4\,\pi\,\varepsilon_0\, c_0^2}\,\frac{\sin\vartheta}{r}\,\boldsymbol{e}_\vartheta\,, \tag{11.80a}$$

$$\boldsymbol{B} = -\,\frac{\hat{p}_z\,\omega^2 \sin(\omega t_0^*)}{4\,\pi\,\varepsilon_0\, c_0^3}\,\frac{\sin\vartheta}{r}\,\boldsymbol{e}_\alpha \tag{11.80b}$$

das elektromagnetische Fernzonenfeld des Hertzschen Dipols darstellt. Elektrisches und magnetisches Feld sind in der Wellenzone also gleichphasig und senkrecht nicht nur zueinander, sondern auch zur Fortpflanzungsrichtung $\boldsymbol{e}_r$.

Für den Poynting-Vektor erhält man

$$\boldsymbol{S} = \frac{1}{\mu_0}\,\boldsymbol{E}\times\boldsymbol{B}$$

$$= \frac{\omega^4\,\hat{p}_z^2 \sin^2(\omega t_0^*)}{(4\,\pi)^2\,\varepsilon_0\, c_0^3}\,\frac{\sin^2\vartheta}{r^2}\,\boldsymbol{e}_r\,. \tag{11.81}$$

Energie wird also mit einer zu ω^4 proportionalen Intensität abgestrahlt, und zwar bevorzugt in der Ebene $\vartheta = \pi/2$.

11.5.3 Skalares retardiertes Potential

Zur Berechnung des skalaren retardierten Potentials eines elektrischen Punktdipols löst man diesen zunächst gemäß Bild 11.13 in zwei zeitabhängige Punktladungen auf, die von einem Linienstrom gespeist werden, der einfachheitshalber nicht von z abhängen soll. Wendet man Gl. (11.22) sinngemäß auf die beiden (ruhenden, aber zeitveränderlichen) Punktladungen an, so ergibt sich

$$\varphi\,(P,t) = \frac{1}{4\pi\varepsilon_0}\left[\frac{q\,(t_0^*)}{r} - \frac{q\,(\bar{t}^*)}{\bar{r}}\right] \tag{11.82}$$

als retardiertes Potential der Anordnung. Dabei treten zwei retardierte Zeiten, $t_0^* = t - r/c_0$ und $\overline{t^*} = t - \bar{r}/c_0$ auf, für die also

$$\overline{t^*} = t_0^* - \frac{\bar{r} - r}{c_0}$$

gilt. Außerdem ist bei hinreichend kleinem l näherungsweise

$$\bar{r} - r = l \cos\vartheta \,, \tag{11.83}$$

so daß

$$\overline{t^*} = t_0^* - \frac{l}{c_0} \cos\vartheta$$

folgt. Wiederum näherungsweise kann man hiermit

$$q(\overline{t^*}) = q(t_0^*) - \dot{q}(t_0^*) \frac{l}{c_0} \cos\vartheta \tag{11.84}$$

schreiben, wobei ersichtlich die ersten beiden Glieder einer Taylor-Reihe benutzt wurden. Setzt man die Beziehungen (11.83) und (11.84) in die Gl. (11.82) ein, so geht diese mittels Gl. (11.64a) über in

$$\varphi(P,t) = \frac{1}{4\pi\varepsilon_0} \frac{p_z(t_0^*) + \dot{p}_z(t_0^*) r c_0^{-1}}{r(r + l\cos\vartheta)} \cos\vartheta \,.$$

Da l genügend klein sein soll, folgt schließlich

$$\varphi(P,t) = \frac{1}{4\pi\varepsilon_0} \left[\frac{p_z}{r^2} + \frac{\dot{p}_z}{c_0 r} \right]^* \cos\vartheta \,. \tag{11.85}$$

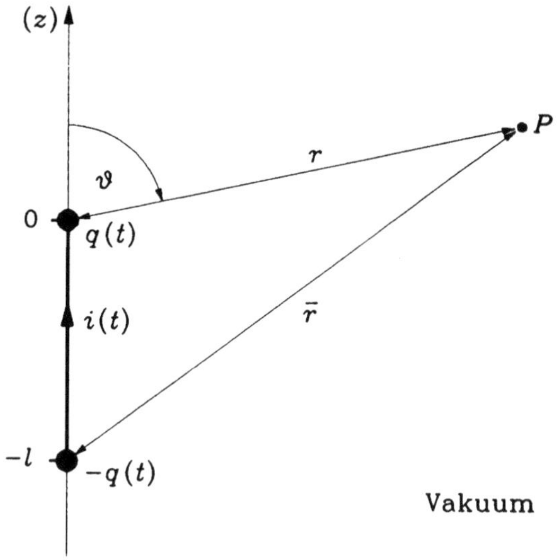

Bild 11.13

Für einen elektrischen Punktdipol ($l \to 0$ bei festem p_z) ist das die exakte Darstellung des retardierten skalaren Potentials. Auch hiermit könnte man an Hand der Gl. (11.14) das elektrische Feld der Gln. (11.71a-c) berechnen, die bereits auf anderem Weg hergeleitet wurden.

Anmerkung: Die Gl. (11.22) wurde hier auf ruhende Punktladungen angewendet, bei denen die momentane und retardierte Position ständig die gleiche ist. Die Auswertung der Gln. (11.21), (11.22) im Fall bewegter Punktladungen ist komplizierter (vgl. etwa Feynman-Lectures, vol. 2 oder D.J. Griffiths, Stichwort Liénard-Wiechert potentials) und führt schließlich zu den Feldern der Bilder 2.23 und 2.24 (s. R.Y. Tsien) sowie zu dem durch die Gln. (2.25), (2.26) dargestellten elektromagnetischen Feld einer gleichförmig bewegten Punktladung.

11.6 Zeitveränderlicher magnetischer Dipol (Fitzgeraldscher Dipol)

Bild 11.14a zeigt eine Stromschleife, die einfachheitshalber quadratisch sein soll. Die Stromstärke $i(t)$ sei längs der Schleife ortsunabhängig. Dann kompensieren sich überall in der xz-Ebene aus Symmetriegründen diejenigen Beiträge zum retardierten Vektorpotential, die von den x-parallelen Seiten herrühren. In einem Punkt P dieser Ebene müssen also nur die Beiträge der y-parallelen Seiten addiert werden. Wählt man nun l genügend klein, dann darf man jeweils mit einem festen Abstand r bzw. $\overline{r}$ rechnen (s. Bild 11.14b). Die zugehörigen retardierten Zeiten sind somit durch

$$t_0^* = t - \frac{r}{c_0}\,, \qquad \overline{t}^* = t - \frac{\overline{r}}{c_0}$$

gegeben, und für das Vektorpotential in P gilt näherungsweise

$$\boldsymbol{A}(P,t) = \frac{\mu_0}{4\pi}\left[\frac{i(t_0^*)}{r} - \frac{i(\overline{t}^*)}{\overline{r}}\right] l\, \boldsymbol{e}_y\,. \tag{11.86}$$

Da l klein sein soll, läßt sich $\overline{t}^* = t_0^* - (\overline{r} - r)/c_0$ näherungsweise in

$$\overline{t}^* = t_0^* - \frac{l \sin\vartheta}{c_0}$$

umformen. Ebenso näherungsweise kann man die Taylor-Entwicklung

$$i(\overline{t}^*) = i(t_0^*) - \left.\frac{\mathrm{d}i}{\mathrm{d}t}\right|_{t_0^*}\left(\frac{l \sin\vartheta}{c_0}\right)$$

nach dem zweiten Glied abbrechen. Die Gl. (11.86) geht daher über in

$$\boldsymbol{A}(P,t) = \frac{\mu_0}{4\pi}\left[\frac{i\,l}{r} - \frac{i\,l - \left(\frac{\mathrm{d}i}{\mathrm{d}t}\right)\frac{l^2 \sin\vartheta}{c_0}}{r + l\sin\vartheta}\right]^* \boldsymbol{e}_y$$

$$= \frac{\mu_0}{4\pi}\left[\frac{i\,l^2 \sin\vartheta + \left(\frac{\mathrm{d}i}{\mathrm{d}t}\right) l^2 r\, \frac{\sin\vartheta}{c_0}}{r\,(r + l\sin\vartheta)}\right]^* \boldsymbol{e}_y\,.$$

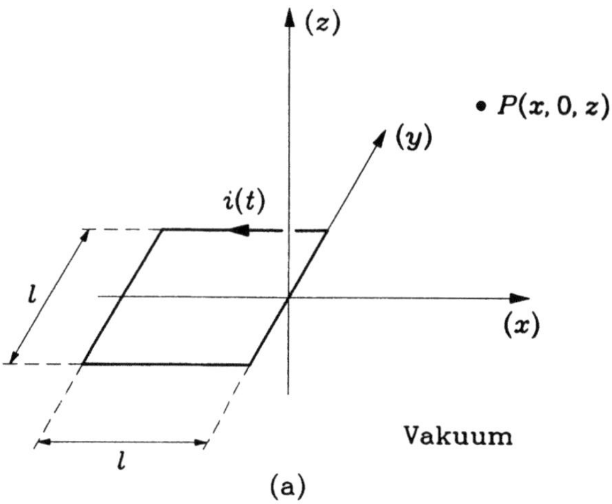

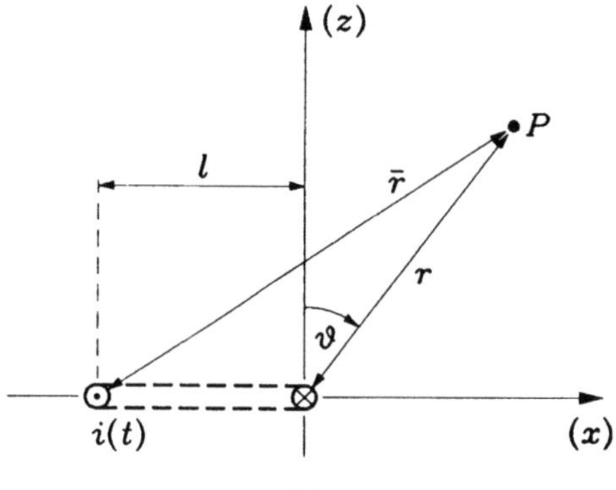

Bild 11.14

In großer Entfernung von der Stromschleife ($r \gg l$) oder nach Übergang zu einem magnetischen Punktdipol ($l \to 0$, $i l^2 = m_z$ = const) gilt also

$$\boldsymbol{A}(P,t) = \frac{\mu_0}{4\pi}\left[\frac{m_z}{r^2} + \frac{\dot{m}_z}{c_0 r}\right]^* \sin\vartheta\, \boldsymbol{e}_\alpha \ . \tag{11.87}$$

Dabei wurde $\boldsymbol{e}_y$ durch $\boldsymbol{e}_\alpha$ ersetzt, so daß diese Gleichung nicht nur für die anfängliche spezielle Wahl des Aufpunktes P gilt, sondern allgemein das retardierte Vektorpotential eines zeitveränderlichen magnetischen Dipols (einer "kleinen" Stromschleife, s. Bild 11.15) darstellt, der auch Fitzgeraldscher Dipol genannt wird.

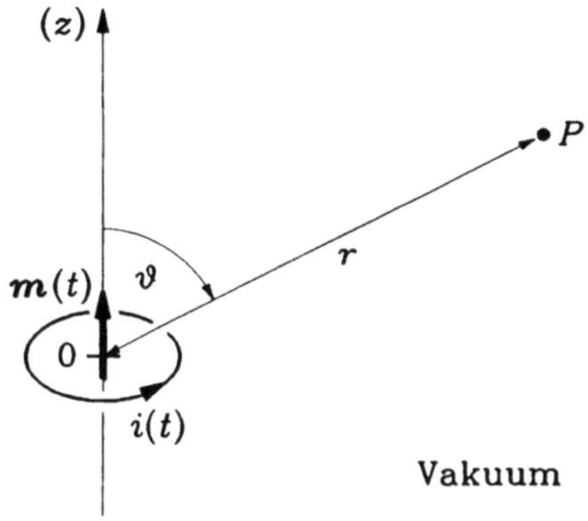

Bild 11.15

Da keine unkompensierten Ladungen vorhanden sind, ist das retardierte skalare Potential gleich null, und $\boldsymbol{E}$ errechnet sich einfach aus $\boldsymbol{E} = -\partial \boldsymbol{A}/\partial t$ zu

$$\boldsymbol{E}(P,t) = -\frac{\mu_0}{4\pi}\left[\frac{\dot{m}_z}{r^2} + \frac{\ddot{m}_z}{c_0 r}\right]^* \sin\vartheta\, \boldsymbol{e}_\alpha \; . \tag{11.88}$$

Für das magnetische Feld ist die Rechnung etwas länger:

$$\boldsymbol{B} = \operatorname{rot}\boldsymbol{A} = \frac{1}{r\sin\vartheta}\frac{\partial}{\partial\vartheta}(\sin\vartheta\, A_\alpha)\,\boldsymbol{e}_r - \frac{1}{r}\frac{\partial}{\partial r}(r A_\alpha)\,\boldsymbol{e}_\vartheta \; ;$$

$$\frac{1}{r\sin\vartheta}\frac{\partial}{\partial\vartheta}(\sin\vartheta\, A_\alpha) = \frac{\mu_0}{4\pi}\left[\frac{m_z}{r^3} + \frac{\dot{m}_z}{c_0 r^2}\right]^* 2\cos\vartheta \; ;$$

$$-\frac{1}{r}\frac{\partial}{\partial r}(r A_\alpha) = -\frac{\mu_0 \sin\vartheta}{4\pi r}\frac{\partial}{\partial r}\left[\frac{m_z}{r} + \frac{\dot{m}_z}{c_0}\right]^*$$

$$= \frac{\mu_0}{4\pi}\left[\frac{m_z}{r^3} + \frac{\dot{m}_z}{c_0 r^2} + \frac{\ddot{m}_z}{c_0^2 r}\right]^* \sin\vartheta \; ;$$

zuletzt wurde Gl. (11.69) beachtet. Es folgt also

$$B_r(P,t) = \frac{\mu_0}{4\pi}\left[\frac{m_z}{r^3} + \frac{\dot{m}_z}{c_0 r^2}\right]^* 2\cos\vartheta \; , \tag{11.89a}$$

$$B_\vartheta(P,t) = \frac{\mu_0}{4\pi}\left[\frac{m_z}{r^3} + \frac{\dot{m}_z}{c_0 r^2} + \frac{\ddot{m}_z}{c_0^2 r}\right]^* \sin\vartheta \; , \tag{11.89b}$$

$$B_\alpha(P,t) = 0 \; . \tag{11.89c}$$

Das elektromagnetische Feld eines Fitzgerald-Dipols hat also praktisch die gleiche Struktur wie das elektromagnetische Feld eines Hertz-Dipols gemäß den Gln. (11.70), (11.71a-c).

11.6.1 Beispiel

Das Moment eines Fitzgeraldschen Dipols gemäß Bild 11.15 soll den durch

$$m_z(t) = \begin{cases} 0 \, , & t < 0 \, , \\ k_0 t \, , & t > 0 \end{cases}$$

gegebenen zeitlichen Verlauf haben (s. Bild 11.16a), wobei k_0 eine Konstante ist. Das Dipolmoment wird also rampenförmig eingeschaltet (der spätere zeitliche Verlauf interessiert hier nicht). Das zugehörige elektromagnetische Feld erfüllt eine Kugel um den Dipol mit Radius $c_0 t$. Für alle Punkte P, die innerhalb dieser Kugel liegen ist $t_0^* > 0$, und es gilt daher

$$m_z(t_0^*) = k_0 \left(t - \frac{r}{c_0} \right) \, ,$$

$$\dot{m}_z(t_0^*) = k_0 \, ,$$

$$\ddot{m}_z(t_0^*) = 0 \, .$$

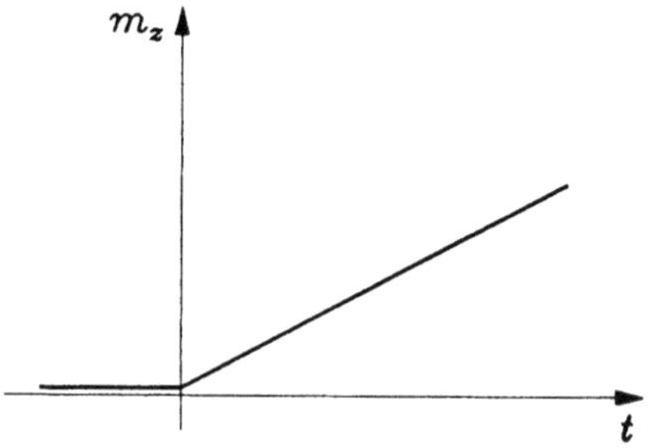

(a)

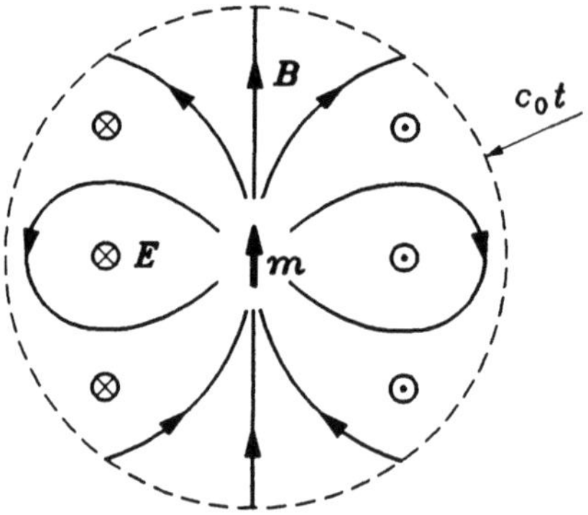

Bild 11.16 (b)

Also herrscht dort nach Gl. (11.88) ein zeitlich konstantes induziertes elektrisches Feld (s. Bild 11.16b)

$$\boldsymbol{E}(P,t) = -\frac{\mu_0}{4\pi}\frac{k_0}{r^2}\sin\vartheta\,\boldsymbol{e}_\alpha \ .$$

Die beiden von null verschiedenen Komponenten des $\boldsymbol{B}$-Feldes nach den Gln. (11.89a,b) errechnen sich wegen $\ddot{m}_z = 0$ aus

$$\left[\frac{m_z}{r^3} + \frac{\dot{m}_z}{c_0 r^2}\right]^* = \frac{k_0\left(t - \frac{r}{c_0}\right)}{r^3} + \frac{k_0}{c_0 r^2} = \frac{k_0 t}{r^3} = \frac{m_z(t)}{r^3}$$

zu

$$B_r(P,t) = \frac{\mu_0 m_z(t)}{4\pi r^3}\,2\cos\vartheta \ ,$$

$$B_\vartheta(P,t) = \frac{\mu_0 m_z(t)}{4\pi r^3}\sin\vartheta \ .$$

Das $\boldsymbol{B}$-Feld innerhalb der $c_0 t$-Kugel (s. Bild 11.16b) ist hier also in jedem Augenblick geometrisch gleich dem Feld eines statischen magnetischen Punktdipols. Da es für $r > c_0 t$ identisch verschwindet, ist also insbesondere B_r unstetig an dieser Kugelfläche, obwohl es sich um die Normalkomponente handelt, die nach der Standardform (3.67) der einschlägigen Grenzbedingung stetig sein sollte. Auf eine ähnliche Erscheinung bei Tangentialkomponenten (die übrigens auch hier vorliegt) wurde in Beispiel 11.4.6b hingewiesen. Auch hier läßt sich jene Grenzbedingung nicht anwenden, weil B_ϑ im vorliegenden Fall gemäß Gl. (11.89b) noch einen Summanden $\mu_0\,\delta(t_0^*)\,k_0\,\sin\vartheta/4\pi c_0^2 r$ hat, der für $t_0^* = 0$, d.h. für $r = c_0 t$ als "flächenhaft konzentriert" umschrieben werden kann (vgl. Abschnitt 3.7.3, vorletzter Absatz und Abschnitt 3.7.1, zweiter Absatz). Man beachte, daß dieser Summand, der analog hier auch beim elektrischen Feld nach Gl. (11.88) auftritt, nur auf der $c_0 t$-Kugel zu berücksichtigen ist, denn für alle Aufpunkte mit $r < c_0 t$ ist $t_0^* > 0$, d.h. $\delta(t_0^*) = 0$.

11.6.2 Zeitharmonisches Dipolmoment

Ab $t = 0$ schwinge ein Fitzgeraldscher Dipol (Anordnung wie in Bild 11.15) mit der Kreisfrequenz ω und der Amplitude $\hat{m}_z$ sinusförmig:

$$m_z(t) = \hat{m}_z \sin\omega t \ , \qquad t > 0 \ . \tag{11.90}$$

Die Vorgeschichte des Dipolmoments spielt keine Rolle, wenn man sich auf Beobachtungspunkte P beschränkt, die innerhalb einer Kugel mit dem Radius $c_0 t$ liegen. Eine Rechnung, die parallel zu derjenigen verläuft, die nach Gl. (11.74) beginnt, liefert für die nicht identisch verschwindenden Komponenten des elektromagnetischen Feldes im Fall des Fitzgerald-Dipols

$$B_r = \frac{\mu_0 \hat{m}_z}{4\pi r^3}\left[\sin(\omega t_0^*) + k\,r\cos(\omega t_0^*)\right]2\cos\vartheta \ , \tag{11.91a}$$

$$B_\vartheta = \frac{\mu_0 \hat{m}_z}{4\pi r^3}\left[\sin(\omega t_0^*) + k\,r\cos(\omega t_0^*) - k^2 r^2 \sin(\omega t_0^*)\right]\sin\vartheta\;, \tag{11.91b}$$

$$E_\alpha = -\frac{c_0\,\mu_0 \hat{m}_z}{4\pi r^3}\left[k\,r\cos(\omega t_0^*) - k^2 r^2 \sin(\omega t_0^*)\right]\sin\vartheta\;. \tag{11.91c}$$

Durch sinngemäße Abänderung von Bild 11.12 erhält man in Bild 11.17 eine grobe Veranschaulichung des zum zeitharmonischen Fitzgerald-Dipol gehörigen elektromagnetischen Feldes.

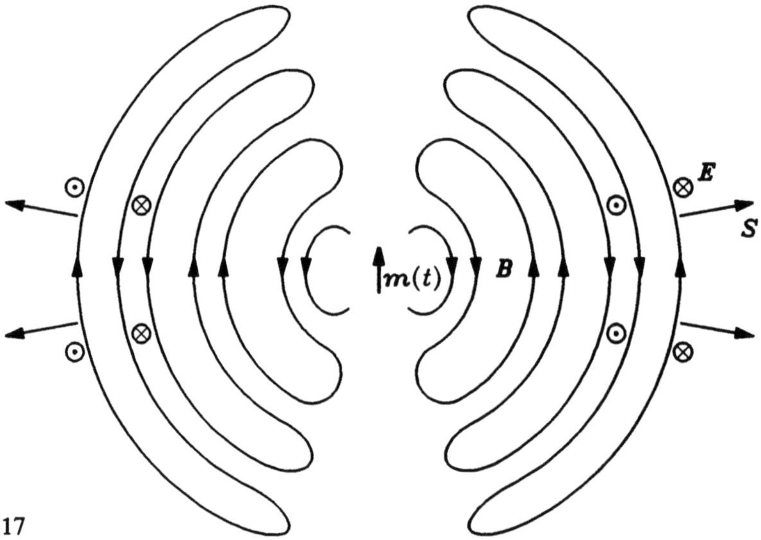

Bild 11.17

Auch hier kann man genau wie beim Hertz-Dipol eine Nahzone und eine Fernzone abgrenzen. Insbesondere für die *Fernzone* ($k\,r \gg 1$, d.h. $2\pi r/\lambda \gg 1$) gilt in guter Näherung

$$\boldsymbol{B} = -\frac{\mu_0 \hat{m}_z k^2 \sin(\omega t_0^*)}{4\pi}\,\frac{\sin\vartheta}{r}\,\boldsymbol{e}_\vartheta\;, \tag{11.92a}$$

$$\boldsymbol{E} = \frac{c_0\,\mu_0 \hat{m}_z k^2 \sin(\omega t_0^*)}{4\pi}\,\frac{\sin\vartheta}{r}\,\boldsymbol{e}_\alpha \tag{11.92b}$$

mit dem Poynting-Vektor

$$\boldsymbol{S} = \frac{1}{\mu_0}\boldsymbol{E}\times\boldsymbol{B} = \frac{\mu_0 \hat{m}_z^2 \omega^4 \sin^2(\omega t_0^*)}{c_0^3 (4\pi)^2}\,\frac{\sin^2\vartheta}{r^2}\,\boldsymbol{e}_r\;. \tag{11.93}$$

Wie beim Hertzschen Dipol wird Energie mit einer zu ω^4 proportionalen Intensität abgestrahlt, und zwar bevorzugt in der Ebene $\vartheta = \pi/2$.

11.7 Zur Berücksichtigung von Materialeigenschaften unter dynamischen Bedingungen

Die Fortpflanzung elektromagnetischer Wellen in polarisierbaren und magnetisierbaren Substanzen ist ein sehr komplizierter Vorgang. Wie im statischen Fall tragen immer auch die gebundenen Ladungen und Ströme (ρ_{pol}, $\boldsymbol{J}_{pol}$, $\boldsymbol{J}_{mag}$) zu den jeweiligen Gesamtfeldern ($\boldsymbol{E}, \boldsymbol{B}$) bei. Das geschieht im dynamischen Fall jedoch erstens auf retardierte Weise, und man muß zweitens berücksichtigen, daß die Mechanismen der Polarisation bzw. Magnetisierung träge und gedämpft sind. Es hat daher nur eingeschränkte Gültigkeit, wenn im folgenden einfach mit den statischen Konstanten ε und μ gerechnet wird, die bereichsweise homogen verteilt sein sollen. In einem solchen Homogenitätsbereich gilt dann

$$\operatorname{div}\boldsymbol{E} = \frac{1}{\varepsilon}\rho_f \ , \tag{11.94}$$

$$\operatorname{rot}\boldsymbol{E} = -\dot{\boldsymbol{B}} \ , \tag{11.95}$$

$$\operatorname{div}\boldsymbol{B} = 0 \ , \tag{11.96}$$

$$\operatorname{rot}\boldsymbol{B} = \mu(\boldsymbol{J}_f + \varepsilon\dot{\boldsymbol{E}}) \ . \tag{11.97}$$

Dabei wurden die Materialgleichungen (9.55), (9.56) mit voraussetzungsgemäß konstanten Faktoren ε bzw. μ in die Grundgleichungen (9.46), (9.49) eingesetzt.

Das Gleichungssystem (11.94) bis (11.97) hat genau die gleiche Form wie das System der Gln. (3.1) bis (3.4), aus welchem die inhomogenen Wellengleichungen (11.10), (11.11) abgeleitet wurden. Berücksichtigt man noch, daß $\varepsilon\mu = \varepsilon_r\mu_r/c_0^2$ gilt, dann nehmen die inhomogenen Wellengleichungen jetzt die Form

$$\nabla^2\boldsymbol{E} - \frac{\varepsilon_r\mu_r}{c_0^2}\ddot{\boldsymbol{E}} = \frac{1}{\varepsilon}\operatorname{grad}\rho_f + \mu\dot{\boldsymbol{J}}_f \ , \tag{11.98}$$

$$\nabla^2\boldsymbol{B} - \frac{\varepsilon_r\mu_r}{c_0^2}\ddot{\boldsymbol{B}} = -\mu\operatorname{rot}\boldsymbol{J}_f \tag{11.99}$$

an. Der Geschwindigkeitsparameter ist hier offensichtlich durch

$$c = \frac{c_0}{\sqrt{\varepsilon_r\mu_r}} \tag{11.100}$$

gegeben und somit kleiner als im Vakuum.

In einem reinen Dielektrikum setzt man $\rho_f = 0$, $\boldsymbol{J}_f = \boldsymbol{0}$ und $\mu_r = 1$. Dort sind also die homogenen Gleichungen

$$\nabla^2\boldsymbol{E} - \frac{\varepsilon_r}{c_0^2}\ddot{\boldsymbol{E}} = \boldsymbol{0} \ , \qquad \nabla^2\boldsymbol{B} - \frac{\varepsilon_r}{c_0^2}\ddot{\boldsymbol{B}} = \boldsymbol{0}$$

zu lösen, und zwar so, daß das Feld innerhalb des Dielektrikums mit dem Feld außerhalb die einschlägigen Grenzbedingungen an der Oberfläche des Dielektrikums erfüllt.

Für das betrachtete Dielektrikum folgt aus Gl. (11.100) mit $\mu_r = 1$ die Beziehung

$$\frac{c_0}{c} = \sqrt{\varepsilon_r} \; .$$

Da andererseits auch der Brechungsindex n des Dielektrikums durch $n = c_0 / c$ gegeben ist, sollte also

$$n = \sqrt{\varepsilon_r}$$

gelten. Dieser Zusammenhang heißt Maxwellsche Relation. Bei ihrer empirischen Überprüfung findet man neben brauchbarer Übereinstimmung auch erhebliche Unterschiede zwischen Theorie und Experiment. So mißt man beispielsweise für Wasser $\sqrt{\varepsilon_r} = 9$ (statisch) einerseits und $n = 1{,}3$ (mit sichtbarem Licht) andererseits. Damit soll hier nur vor einer bedenkenlosen Anwendung der statischen Materialgleichungen gewarnt werden. Mehr zu diesem sehr umfangreichen Thema (Dispersion, Absorption, Reflexion, Brechung usw.; s. E. Hecht) überschreitet den Rahmen dieses Buches.

Aufgaben

Aufgabe 1.1

a) Das außerhalb der z-Achse definierte Vektorfeld

$$\boldsymbol{F} = \frac{-y\,\boldsymbol{e}_x + x\,\boldsymbol{e}_y}{x^2 + y^2}$$

soll in Zylinderkoordinaten dargestellt werden.

b) Mittels Gl. (1.1) berechne man die Schar der Feldlinien dieses Vektorfeldes, und zwar in Zylinderkoordinaten an Hand der Darstellung (1.53a) vektorieller Kurvenelemente.

c) Welche Zirkulation hat dieses Vektorfeld längs einer Feldlinie in Feldrichtung?

Aufgabe 1.2

Ein Vektorfeld $\boldsymbol{F}(\boldsymbol{r})$ verschwindet identisch außerhalb einer genügend großen Kugel. Man zeige

a) $$\operatorname{rot} \iiint\limits_{\infty} \frac{\boldsymbol{F}(\boldsymbol{r}')}{|\boldsymbol{r}-\boldsymbol{r}'|}\,\mathrm{d}V' = \iiint\limits_{\infty} \frac{\operatorname{rot}'\boldsymbol{F}(\boldsymbol{r}')}{|\boldsymbol{r}-\boldsymbol{r}'|}\,\mathrm{d}V' \;;$$

b) $$\operatorname{div} \iiint\limits_{\infty} \frac{\boldsymbol{F}(\boldsymbol{r}')}{|\boldsymbol{r}-\boldsymbol{r}'|}\,\mathrm{d}V' = \iiint\limits_{\infty} \frac{\operatorname{div}'\boldsymbol{F}(\boldsymbol{r}')}{|\boldsymbol{r}-\boldsymbol{r}'|}\,\mathrm{d}V' \,.$$

Hinweis: Die ungestrichenen Operatoren können mit der Integration vertauscht werden, da sie nur auf $\boldsymbol{r}$ wirken. Man benutze die Gln. (1.36d), (1.36b), (1.69b) sowie einschlägige Integralsätze. Die Gln. (1.36b,d) gelten formgleich auch für die gestrichenen Operatoren.

Anmerkung: Man spricht hier von partieller Integration per Satz von Gauß.

Aufgabe 2.1

a) In einem Kubikmillimeter Kupfer befinden sich etwa $8{,}4 \cdot 10^{19}$ Cu-Atome. Die Ordnungszahl von Cu ist 29.

Wie groß ist die Raumladungsdichte ρ_0 der Elektronen?

b)

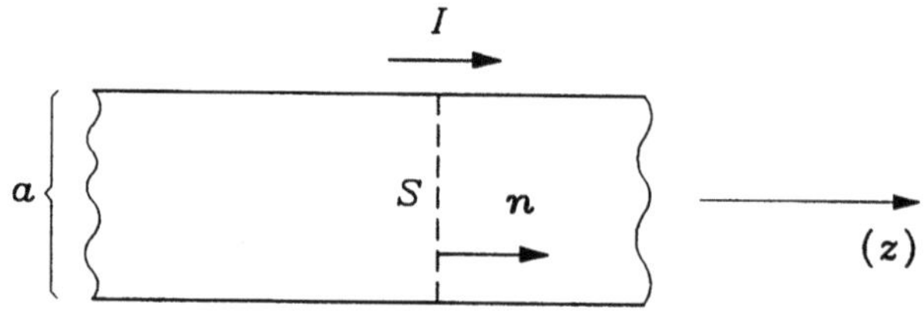

Ein gerader Kupferdraht mit dem Querschnitt $a = 1\ \mathrm{mm}^2$ wird von einem elektrischen Strom durchflossen, zu welchem jedes Atom im Mittel ein Leitungselektron beiträgt. Für eine Stromstärke von $I = 1\,\mathrm{A}$ bestimme man die homogene Stromdichte $\boldsymbol{J}$ und die mittlere Geschwindigkeit $\boldsymbol{u}_D$ (Driftgeschwindigkeit) der Leitungselektronen.

c) Nun wird der Draht mit der Geschwindigkeit $-\boldsymbol{u}_D$ parallel zur z-Achse bewegt.

Wie groß ist jetzt die Stromdichte?

Aufgabe 2.2

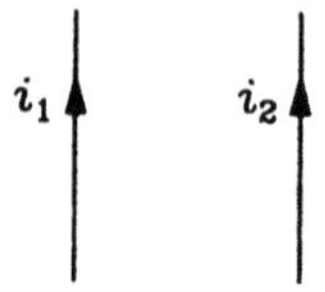

Ziehen sich die beiden stromdurchflossenen parallelen Drähte an oder stoßen sie sich ab? (Die Antwort sollte unbedingt gelesen werden).

Aufgabe 2.3

Zwei Punktladungen bewegen sich mit gleicher konstanter Geschwindigkeit $\boldsymbol{u}$ und zwar derart, daß ihre Verbindungslinie senkrecht zu $\boldsymbol{u}$ ist (vgl. Bild 2.22).

Gegen welchen Grenzwert streben die Wechselwirkungskräfte, wenn sich der Betrag von $\boldsymbol{u}$ der Lichtgeschwindigkeit c_0 nähert? Was stellt ein mitbewegter Beobachter fest?

Aufgabe 3.1

Man zeige, daß das durch Gl. (2.25) gegebene elektrische Feld einer gleichförmig bewegten Punktladung die Gln. (3.5a,b) erfüllt.

Hinweis: Zuerst weise man Gl. (3.5a) speziell für eine Kugelfläche S_0 (Radius r_0) nach, deren Mittelpunkt gerade von der Punktladung durchlaufen wird. Danach zeige man, daß $\operatorname{div}\boldsymbol{E} = 0$ außerhalb der Punktladung gilt. Mit dem Satz von Gauß lassen sich dann die Gln. (3.5a,b) allgemein verifizieren (analog Abschnitt 1.4.1). Außerdem benutzt man: $\mathrm{d}\boldsymbol{a}_0 = r_0^2 \sin\vartheta\ \mathrm{d}\vartheta\,\mathrm{d}\alpha\,\boldsymbol{e}_{r0}$, $1-\beta^2\sin^2\vartheta = (1-\beta^2)+\beta^2\cos^2\vartheta$ mit $\beta^2 := u^2/c_0^2$ und die Substitution $\nu = -\beta\cos\vartheta$.

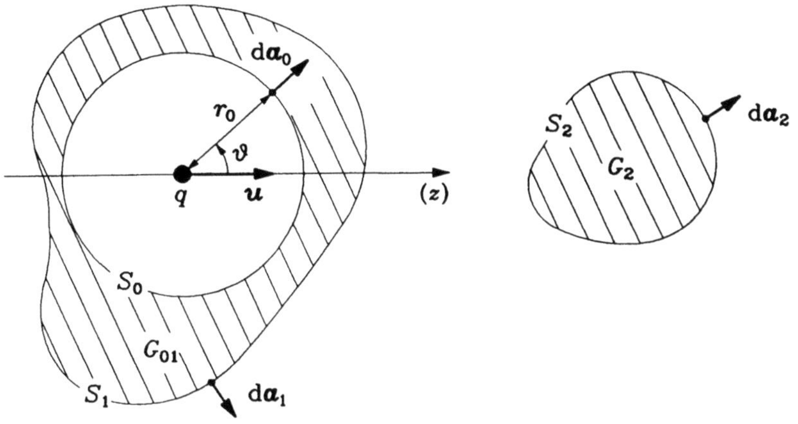

Aufgabe 3.2

a)

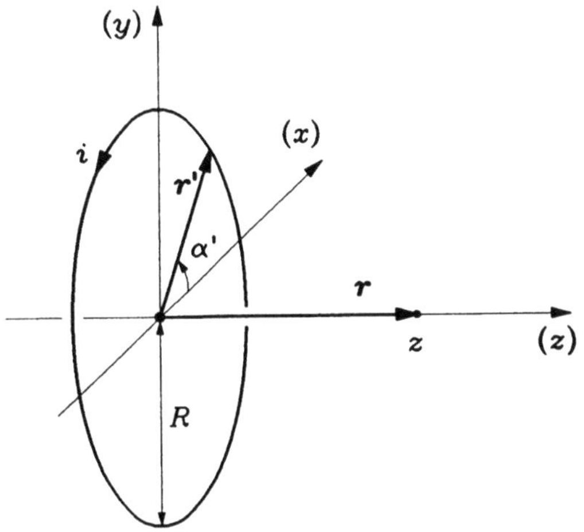

Längs eines Kreisrings vom Radius R fließt ein linienhafter Gleichstrom der Stärke i.
Man berechne $\boldsymbol{B}$ auf der z-Achse mittels der Biot-Savartschen Formel (3.10b).

Hinweis: $\boldsymbol{r}' = R(\cos\alpha'\,\boldsymbol{e}_x + \sin\alpha'\,\boldsymbol{e}_y)$, $\quad \mathrm{d}\boldsymbol{r}' = R(-\sin\alpha'\,\boldsymbol{e}_x + \cos\alpha'\,\boldsymbol{e}_y)\,\mathrm{d}\alpha'$.

b)

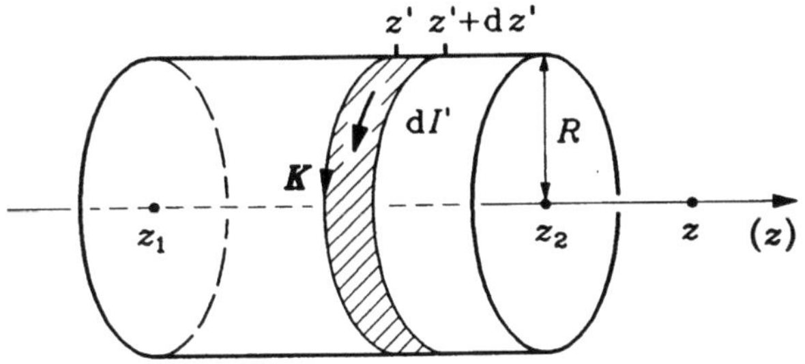

Koaxial zur z-Achse zwischen z_1 und $z_2 > z_1$ ist ein Kreiszylinder angeordnet (Radius R), dessen Mantelfläche gleichförmig mit einem zeitlich konstanten Flächenstrom der Dichte $\boldsymbol{K} = K_\alpha \boldsymbol{e}_\alpha$ belegt ist. Dies ist in idealisierter Form die Stromverteilung einer kreiszylindrischen Spule, die mit einer Lage dünnen Drahtes gleichmäßig dicht bewickelt ist ($K_\alpha = N\,i/l$; N = Windungszahl auf einem Abschnitt der Länge l).

Man berechne $\boldsymbol{B}$ auf der z-Achse, zuletzt auch für den Fall $z_1 \to -\infty$ und $z_2 \to +\infty$.

Hinweis: Man fasse $\mathrm{d}I' = K_\alpha\,\mathrm{d}z'$ als kreisförmigen Linienstrom auf und wende das Ergebnis von a sinngemäß an.

Aufgabe 3.3

Ausgehend von Gl. (3.11b) leite man die Gl. (2.19) ab.

Hinweis: Auf die im Draht 1 mit der Geschwindigkeit $\boldsymbol{u}_1$ strömenden Ladungselemente $\mathrm{d}Q_1$ wirkt die magnetische Kraft $\mathrm{d}Q_1\,\boldsymbol{u}_1 \times \boldsymbol{B}^{(2)}$, wenn $\boldsymbol{B}^{(2)}$ von i_2 herrührt. Nach Gl. (3.9b) gilt $\mathrm{d}Q_1\,\boldsymbol{u}_1 = i_1\,\mathrm{d}\boldsymbol{r}_1$.

Aufgabe 3.4

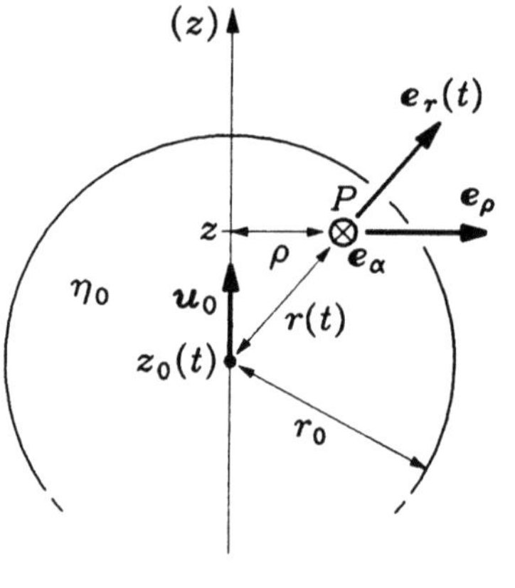

Eine Kugel (Radius r_0) ist homogen mit Raumladung der Dichte η_0 erfüllt (ρ bezeichnet im Zweifelsfall die entsprechende Zylinderkoordinate). Die Raumladungskugel bewegt sich translatorisch mit gleichförmiger Geschwindigkeit $\boldsymbol{u}_0 = u_0\,\boldsymbol{e}_z$ ($u_0^2 \ll c_0^2$). Ihr Mittelpunkt durchläuft dabei die z-Achse, wo er sich zur Zeit t bei $z_0(t)$ befindet. P kennzeichnet einen nicht mitbewegten Aufpunkt innerhalb der Kugel. Er hat zeitunabhängige Zylinderkoordinaten, während r und $\boldsymbol{e}_r$ von t abhängen, da sie dauernd auf den Kugelmittelpunkt bezogen sind.

Da die Bewegung nach Voraussetzung hinreichend langsam erfolgt, kann in jedem Augenblick mit dem aus Beispiel 3.6.1a bekannten elektrischen Feld gerechnet werden (wenn dort $\sigma_0 = 0$ gesetzt wird). Insbesondere für Aufpunkte innerhalb der Kugel gilt also

$$\boldsymbol{E}(P,t) = \frac{\eta_0}{3\,\varepsilon_0}\,r(t)\,\boldsymbol{e}_r(t) = \frac{\eta_0}{3\,\varepsilon_0}\left\{[z - z_0(t)]\,\boldsymbol{e}_z + \rho\,\boldsymbol{e}_\rho\right\}.$$

Die folgende Frage betrifft nur das Feld innerhalb der Kugel.

Ist hier die Maxwell-Gleichung (3.4) erfüllt, wenn man das $\boldsymbol{B}$-Feld mittels Gl. (2.29) bestimmt?

Anmerkung: Die Gl. (2.29) gilt bei allen translatorisch und gleichförmig bewegten Ladungsverteilungen. Das folgt aus den Gln. (2.31b,d), denn im Ruhesystem Σ' der Ladungsverteilung gilt $\boldsymbol{B}' = \boldsymbol{0}$.

Aufgabe 3.5

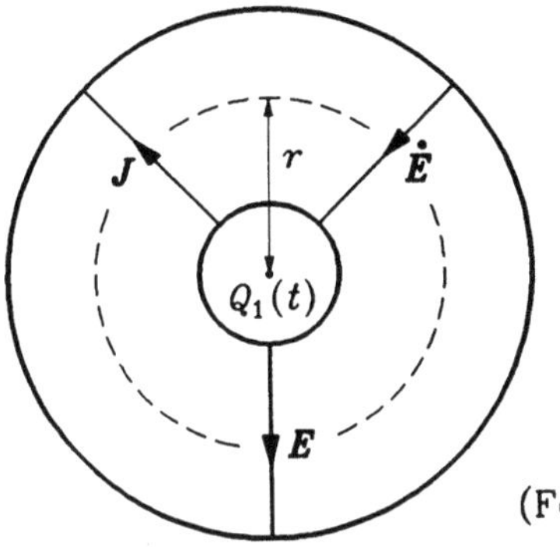

(Feldrichtungen für $Q_1 > 0$)

Ein Kugelkondensator, dessen konzentrische Belegungen die Radien R_1 und $R_2 > R_1$ haben, ist mit schwach leitfähigem und homogenem Material vollständig ausgefüllt. Er war an eine Spannungsquelle geschlossen, von der er inzwischen getrennt wurde, so daß jetzt die Ladungen $Q_1(t)$ und $Q_2(t) = -Q_1(t)$ der beiden Belegungen nach einer hier nicht interessierenden Zeitfunktion betragsmäßig abnehmen. Im leitenden Medium sind keine unkompensierten Ladungen vorhanden.

a) Man drücke $\boldsymbol{E}(\boldsymbol{r}, t)$ und $\boldsymbol{J}(\boldsymbol{r}, t)$ im Bereich $R_1 < r < R_2$ durch $Q_1(t)$ aus.

b) Welches $\boldsymbol{B}$-Feld liegt vor?

Hinweis: Wegen der Kugelsymmetrie haben alle fraglichen Felder die allgemeine Form $\boldsymbol{F}(\boldsymbol{r}, t) = F_r(r, t)\boldsymbol{e}_r$, wobei F_r nur von r und t abhängt. Daher bietet sich die Bildung von Hüllenintegralen über Kugelflächen an: $\oint\!\!\oint_{r=\text{const}} F_r(r,t)\boldsymbol{e}_r \cdot \boldsymbol{e}_r \,\mathrm{d}a = F_r(r,t)\, 4\pi r^2$.

c) Ist das Ergebnis von b verträglich mit den Maxwell-Gleichungen (3.2) und (3.4)?

Aufgabe 4.1

Zwei ungleichnamige Punktladungen q_1 und $q_2 = -k_0 q_1$ mit $k_0 > 1$ sind dem Bild entsprechend angeordnet. Das Potential in P ist somit durch

$$\varphi(P) = \frac{q_1}{4\pi\varepsilon_0}\left(\frac{1}{r_1} - \frac{k_0}{r_2}\right)$$

gegeben. Es verschwindet nicht nur auf der Fernkugel, sondern auch auf einer Fläche S_0 im Endlichen, deren Punkte ersichtlich die Bedingung

$$\frac{r_2}{r_1} = k_0$$

erfüllen. Also ist S_0 eine Kugelfläche.

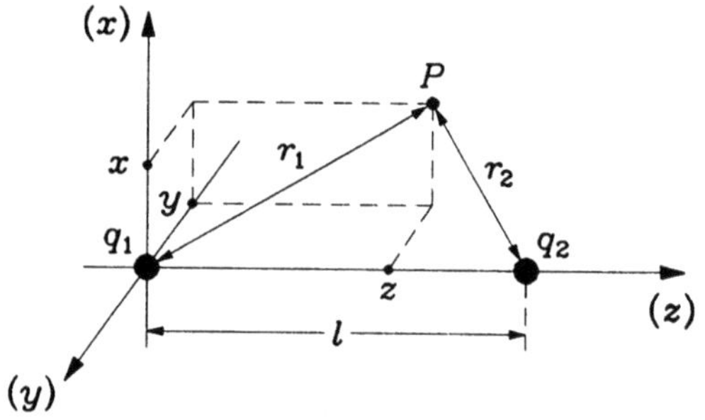

Bemerkung: Aus der ebenen Geometrie ist bekannt, daß alle Punkte mit gleichem Abstandsverhältnis bezüglich zweier fest vorgegebenen Punkte auf einem Kreis (Apollonius-Kreis) liegen. Die Kugelfläche S_0, deren Potential hier gleich null ist, entsteht aus dem etwa in der xz-Ebene durch die Bedingung $r_2 = k_0 r_1$ definierten Apollonius-Kreis, wenn man diesen um die z-Achse dreht.

a) Von S_0 bestimme man den Radius R sowie die Koordinaten des Mittelpunktes und der Schnittpunkte mit der z-Achse.

Welche der beiden Ladungen wird also von S_0 eingeschlossen? Ist es die betraglich größere oder kleinere?

Hinweis: Man forme in der xz-Ebene (d.h. $y = 0$) die Bedingung $r_2 = k_0 r_1$ mittels $r_1^2 = x^2 + z^2$, $r_2^2 = x^2 + (l - z)^2$ geeignet um.

b) Es seien s_1 bzw. s_2 die Abstände der Ladungen q_1 und q_2 vom Mittelpunkt der Kugel S_0. Man zeige, daß die folgenden Beziehungen gelten:

$$s_1 s_2 = R^2 \ , \qquad q_1 = -\frac{R}{s_2} q_2 \ .$$

c) Wo muß man eine weitere Punktladung q_3 anbringen, und welchen Wert muß sie haben, wenn die Kugelfläche S_0, deren Potential vorher gleich null ist, auch nach Einbringen von q_3 Äquipotentialfläche bleiben soll mit einem vorgegebenen Potential $\varphi_0 \neq 0$?

Aufgabe 4.2

Zum Liniendipol nach Bild 4.7 sollen die Potentiallinien (Schnittkurven der Äquipotentialflächen mit einer Ebene senkrecht zu den Linienladungen) bestimmt werden. Dazu weise man nach, daß es sich um Apollonius-Kreise (s. Aufgabe 4.1) handelt, und skizziere das Ergebnis.

Hinweis: Bei der Anwendung von Gl. (4.8) setze man den Bezugsabstand ρ_0 einfachheitshalber gleich $l/2$, und zwar für jede der beiden Linienladungen.

Aufgabe 4.3

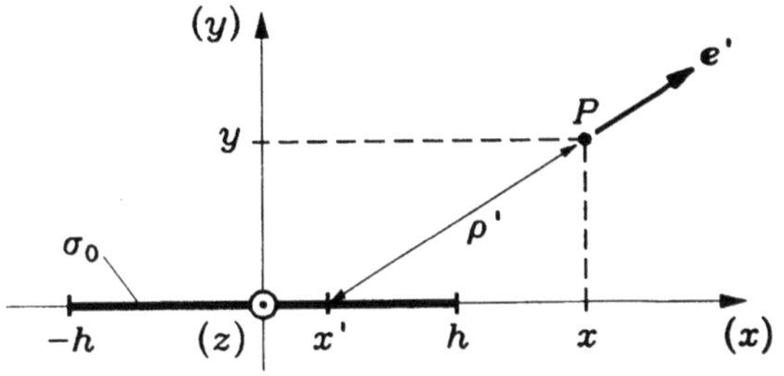

Auf einem unendlich langen Streifen der Breite $2h$ ist gleichförmig Flächenladung der Dichte σ_0 verteilt. Dieser Streifen liegt z-parallel zwischen $x = -h$ und $x = h > 0$ in der xz-Ebene.

a) Man bestimme (ohne vorherige Berechnung des Potentials) die elektrische Feldstärke in einem Punkt P außerhalb der Ladungsverteilung.

Hinweis: Die Ladungsverteilung kann zerlegt werden in z-parallele Streifen der Breite dx'. Der Streifen bei x' trägt wie eine unendlich lange Linienladung der Dichte $\sigma_0 dx'$ zum elektrischen Feld in P bei.

b) Für $y = 0$ skizziere man E_x qualitativ (aber vorzeichenrichtig für $\sigma_0 > 0$) als Funktion von x ($|x| \neq h$).

Aufgabe 4.4

a)

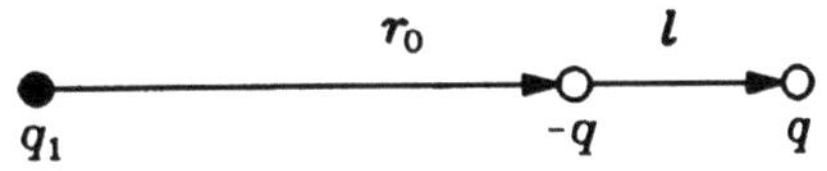

Wie im ersten Teil von Beispiel 4.2.2 soll die Kraft auf diesen elektrischen Dipol bestimmt werden einschließlich des Grenzübergangs zum Punktdipol an der Stelle $\boldsymbol{r}_0$.

Auf einen elektrischen Punktdipol im äußeren elektrischen Feld wirkt allgemein die durch Gl. (4.17) angegebene Kraft.

b) Man zeige mittels der Gln. (1.36i,g), daß unter statischen Verhältnissen (rot $\boldsymbol{E} = \boldsymbol{0}$) auch

$$\boldsymbol{F} = \nabla(\boldsymbol{p} \cdot \boldsymbol{E})$$

gilt, wobei zu beachten ist, daß $\boldsymbol{p}$ eine Konstante ist.

c) Das $\boldsymbol{E}$-Feld sei nach wie vor statisch. Außerdem gelte $\boldsymbol{p} \uparrow\uparrow \boldsymbol{E}(P_0)$. Unter diesen Bedingungen soll

$$\boldsymbol{F} = |\boldsymbol{p}| \, (\text{grad}\, |\boldsymbol{E}|)\,|_0$$

als dritte Darstellung der Dipolkraft hergeleitet werden. (Ein in Feldrichtung zeigender Dipol wird also in Richtung maximaler Zunahme des Feldbetrages gezogen.)

Hinweis: $\boldsymbol{p} \cdot \boldsymbol{E}(P) = |\boldsymbol{p}|\,|\boldsymbol{E}(P)| \cos\beta(P)$, $\beta(P_0) = 0$, analog Bild 6.6.

Aufgabe 5.1

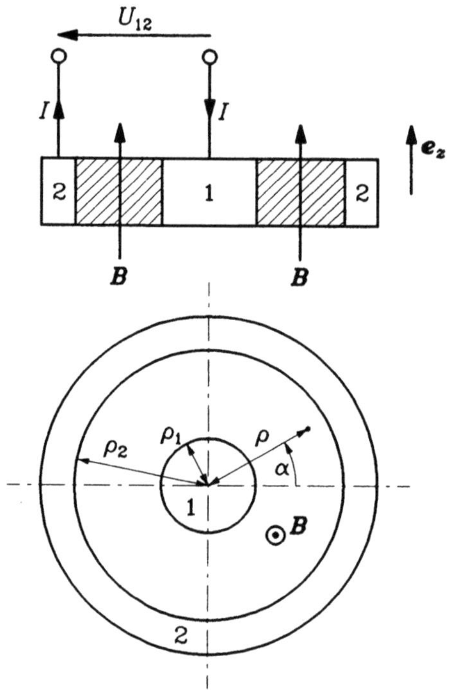

Die dargestellte Anordnung heißt Corbino-Scheibe. Sie hat, wie sich zeigen wird, einen von der magnetischen Induktion abhängigen Widerstand. Dies ist eine Folge des Hall-Effektes. Zwischen den mit 1 und 2 bezeichneten Elektroden befindet sich n-leitendes Halbleitermaterial der konstanten Leitfähigkeit κ. An den Klemmen der Anordnung liegt eine Spannung $U_{12} > 0$, und in z-Richtung ist ein homogenes magnetisches Feld eingeschaltet. Leitfähigkeit κ und Beweglichkeit b sind gegeben.

a) Mit dem Ansatz $\boldsymbol{E} = E_\rho(\rho)\boldsymbol{e}_\rho$ im Halbleiterring bestimme man $\boldsymbol{J}$ (als Funktion von E_ρ, nicht von U_{12}) an Hand der Gl. (5.7) sowie $\tan\beta_H$, wobei β_H der Hall-Winkel zwischen $\boldsymbol{J}$ und $\boldsymbol{E}$ ist.

   Hinweis: Einfachheitshalber löse man die Gl. (5.7) komponentenweise.

b) Man bestimme eine $\boldsymbol{J}$-Linie, die bei $\rho = \rho_1$, $\alpha = 0$ auf der inneren Elektrode beginnt.

   Hinweis: Man informiere sich über die Eigenschaften von logarithmischen Spiralen und wende Gl. (1.1) in Zylinderkoordinaten an.

c) Es seien R_0 und $R(B_z)$ die zwischen den Elektroden gemessenen Widerstände für $B_z = 0$ bzw. $B_z \neq 0$. Man bestimme das Verhältnis $R(B_z)/R_0$ bei fester Spannung U_{12}.

   Hinweis: Zur Stromstärke I trägt nur die ρ-Komponente der Stromdichte bei.

Aufgabe 5.2

Die Fragen beziehen sich auf Beispiel 5.5.2a.

a) Welche elektrische Kraft $\boldsymbol{F}_q$ (Bildkraft genannt) wirkt auf die Punktladung q?

b) Mittels Gl. (5.41) berechne man die gesamte Influenzladung auf der Metallwand?

Aufgabe 5.3

a) Eine Metallkugel, die den Radius R und das vorgegebene Potential φ_0 hat, steht unter der influenzierenden Wirkung einer Punktladung q, die sich im Abstand $s > R$ vom Kugelmittelpunkt befindet.

   Man bestimme das Potential im Raum außerhalb der Kugel.

   Hinweis: Aus Gründen der Eindeutigkeit (s. Abschnitt 4.4.3) ist die hier gesuchte Potentialverteilung identisch mit derjenigen, die bei der Anordnung von Aufgabe 4.1c *außerhalb* der Kugelfläche S_0 vorliegt, wenn man q mit q_2 und s mit s_2 identifiziert. Die übrigen Punktladungen q_1 und q_3 spielen jetzt die Rolle von fiktiven (virtuellen) Ladungen (vgl. Beispiel 5.5.2a) zwecks Berechnung des Potentialbeitrags, der im Außenraum von den auf der Metallkugel unbekannt verteilten Influenzladungen hervorgerufen wird.

b) Welche Gesamtladung Q_0 sitzt auf der Metallkugel?

c) Jetzt soll die Gesamtladung der Kugel vorgegeben sein. Welches Potential φ_0 hat sie, wenn sonst nichts geändert wird?

Aufgabe 5.4

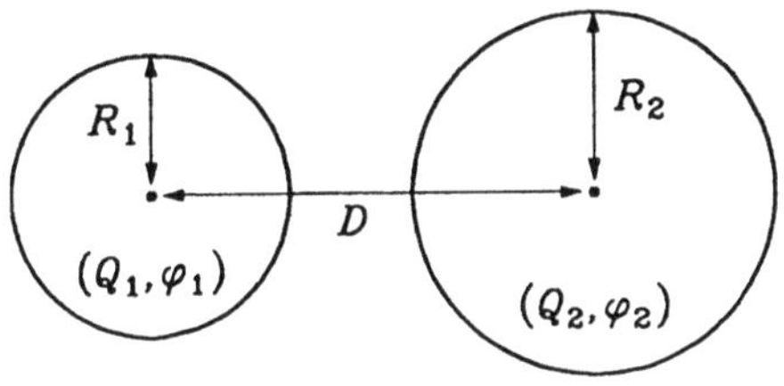

Zwei Metallkugeln (Radien R_1, R_2) stehen sich im sonst leeren Raum gegenüber (Mittelpunktabstand D). Sie tragen die Ladungen Q_1, Q_2 und haben (bezüglich S_∞) die Potentiale φ_1, φ_2.

a) Für die jeweils einzelne Kugel (allein im Vakuum) gilt bekanntlich $Q_\nu = 4\pi\varepsilon_0 R_\nu \varphi_\nu$ ($\nu = 1, 2$). Kann man in der dargestellten Situation (D vergleichbar mit R_1 und R_2)

$$Q_1 = 4\pi\varepsilon_0 R_1 \varphi_1 + c_{12}\varphi_2 \quad ,$$

$$Q_2 = c_{12}\varphi_1 + 4\pi\varepsilon_0 R_2 \varphi_2$$

ansetzen, wobei der Koeffizient c_{12} noch bestimmt werden müßte?

b) Die elektrischen Kräfte zwischen beiden Kugeln gehen bekanntlich mit unbeschränkt zunehmendem Abstand D gegen null.

Gilt entsprechendes auch für die Spannung U_{12} zwischen beiden Kugeln, wenn man Kondensatorbetrieb ($Q_2 = -Q_1 \neq 0$) annimmt?

c) Jetzt soll $Q_1 + Q_2 \neq 0$ sein. Für $D \gg R_1, R_2$ bestimme man (näherungsweise) das Verhältnis σ_1/σ_2 der Flächenladungsdichten auf den jeweiligen Kugeloberflächen, falls sie leitend miteinander verbunden und Ausgleichsströme abgeklungen sind.

Aufgabe 6.1

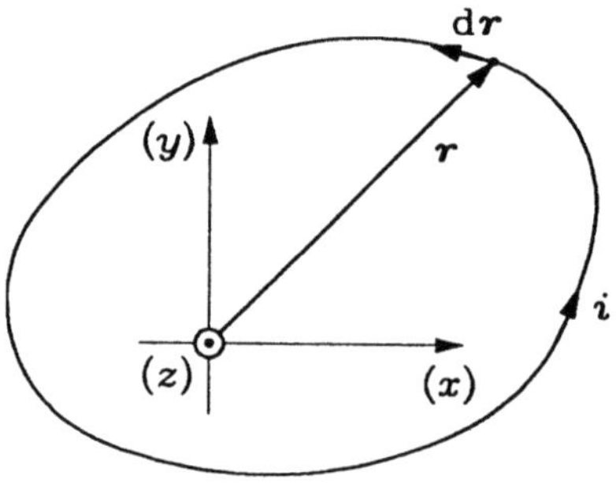

In der xy-Ebene liegt eine ebene Stromschleife beliebiger Gestalt, wobei die Zählrichtung für die Stromstärke i rechtshändig zu $\boldsymbol{e}_z$ ist. Außerdem liegt ein homogenes $\boldsymbol{B}$-Feld an.

a) Man zeige, daß die magnetische Gesamtkraft auf die Stromschleife gleich null ist.

Hinweis: Zur Auswertung von $\oint \mathrm{d}\boldsymbol{r}$ braucht man sich nur vorzustellen, daß es sich dabei um die Vektorsumme aller Kurvenelemente $\mathrm{d}\boldsymbol{r}$ handelt (s. auch die formale Herleitung der Gl. (6.17a)).

Bemerkung: Das Drehmoment $\boldsymbol{T}$ einer Kraft $\boldsymbol{F}$ bezüglich des Ursprungs ist definiert durch $\boldsymbol{T} = \boldsymbol{r} \times \boldsymbol{F}$, wobei $\boldsymbol{r}$ der Angriffspunkt der Kraft ist. Aufgrund naheliegender Verallgemeinerung ist dann $\boldsymbol{T} = \oint \boldsymbol{r} \times \mathrm{d}\boldsymbol{F}$ das auf die Stromschleife wirkende Drehmoment bezüglich des Ursprungs, wobei $\mathrm{d}\boldsymbol{F}$ die magnetische Kraft auf das Stromelement an der Stelle $\boldsymbol{r}$ ist. Im vorliegenden Fall verschwindet die Gesamtkraft, was bekanntlich heißt, daß das Drehmoment unabhängig vom Bezugspunkt ist.

b) Man verifiziere durch eine Rechnung in kartesischen Koordinaten, daß hier $\boldsymbol{T} = \boldsymbol{m} \times \boldsymbol{B}$ gilt, wobei $\boldsymbol{m} = ia\,\boldsymbol{e}_z$ (a = Inhalt der von der Stromschleife begrenzten Fläche in der xy-Ebene) das magnetische Moment der Stromschleife ist (s. Gl. (6.21)).

Hinweis: Ohne Beschränkung der Allgemeinheit kann (bei geeigneter Drehung der xy-Ebene um die feste z-Achse) $B_y = 0$ angenommen werden (B_x, B_z sind dann im allgemeinen ungleich null und wegen der Homogenität jeweils konstant). Die Schleifenpunkte $\boldsymbol{r}$ und somit auch die Kurvenelemente $\mathrm{d}\boldsymbol{r}$ haben keine z-Komponente. Die Werte $0, 0$ bzw. a der Integrale $\oint \boldsymbol{r} \cdot \mathrm{d}\boldsymbol{r}$, $\oint x\,\mathrm{d}x = \oint (x\boldsymbol{e}_x) \cdot \mathrm{d}\boldsymbol{r}$ und $\oint x\,\mathrm{d}y = \oint (x\boldsymbol{e}_y) \cdot \mathrm{d}\boldsymbol{r}$ lassen sich mit dem Satz von Stokes berechnen (s. Abschnitt 6.3, vierter Absatz).

Aufgabe 6.2

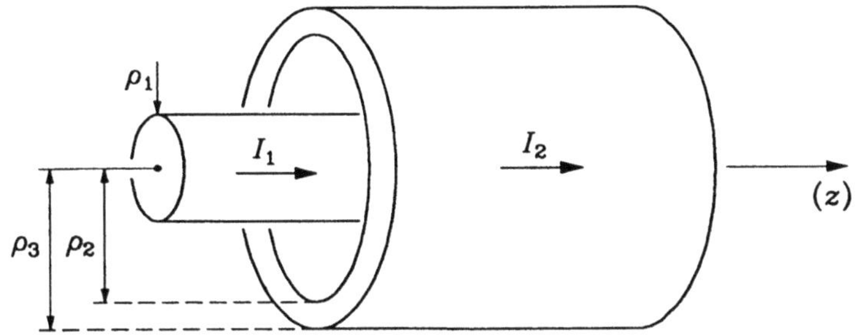

Das Bild zeigt den endlichen Abschnitt einer (theoretisch) unendlich langen Koaxialleitung, wobei allerdings die Gleichströme I_1, I_2 zunächst unabhängig voneinander vorgegeben sind. Sie sollen homogen über die jeweiligen Leiterquerschnitte verteilt sein. Flächenströme sind nicht vorhanden.

a) Nach dem Vorbild des Beispiels 3.6.1b ermittle man das $\boldsymbol{B}$-Feld.

b) Was ergibt sich im Spezialfall $I_1 = -I_2 =: I$?

Aufgabe 6.3

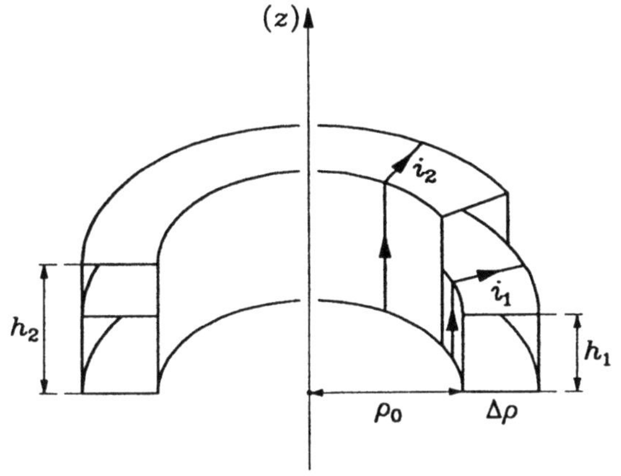

a) Zwei Ringspulen von rechteckigem Querschnitt sind dem Bild entsprechend ineinander geschoben. Sie haben N_1 bzw. N_2 dicht und gleichmäßig gewickelte Windungen, die von den Strömen i_1 bzw. i_2 mit den dargestellten Zählrichtungen durchflossen werden. Es handelt sich um ein System zweier Stromschleifen, deren jeweilige äußere Teile induktiv keine Rolle spielen sollen.

Welche Werte haben die Induktivitätskoeffizienten? Ändert daran die Anwesenheit weiterer Stromschleifen etwas?

b) Man verifiziere hier die Bedingung (7.37). Wann gilt das Gleichheitszeichen für feste Kopplung, und welchen Wert hat dann das Übersetzungsverhältnis $\ddot{u} := \sqrt{L_1 / L_2}$?

Aufgabe 6.4

Ein magnetischer Punktdipol $\boldsymbol{m} = m_z\, \boldsymbol{e}_z$ befindet sich im Nullpunkt der z-Achse, die bei z_0 den Mittelpunkt einer Kreisscheibe (Radius ρ_0) senkrecht durchstößt.

Mit Hilfe des Vektorpotentials bestimme man den (in z-Richtung gezählten) magnetischen Fluß durch diese Kreisscheibe.

Aufgabe 6.5

Man verifiziere die Grenzbedingung (3.68) bei der Luftspule von Beispiel 2.2.2, wobei das $\boldsymbol{B}$-Feld dem Beispiel 6.4.2 zu entnehmen ist.

Aufgabe 6.6

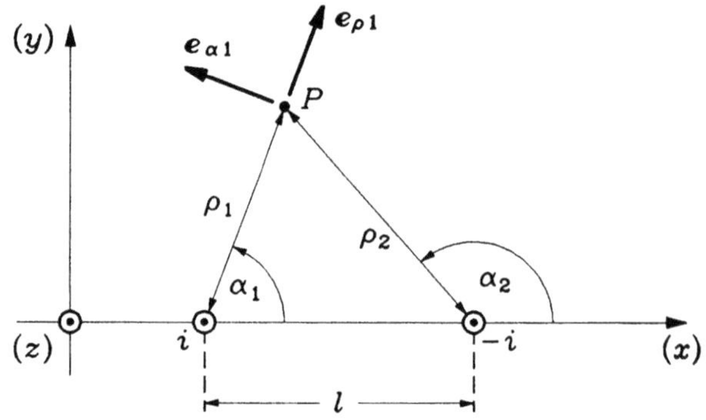

Zwei unendlich lange parallele Gleichströme sind dem Bild entsprechend in der xz-Ebene angeordnet. Sie haben bei gleichen Zählrichtungen (gegeben durch $\boldsymbol{e}_z$) die Stärken i und $-i$.

Wie im Abschnitt 4.2.3 berechne man die Linien des magnetischen Feldes, das beide Ströme gemeinsam erzeugen.

Aufgabe 6.7

Eine quadratische Stromschleife der Seitenlänge h hat die Selbstinduktivität L_0. Eine andere rechteckige Stromschleife mit den Seitenlängen h und $2h$ hat die Selbstinduktivität L.

Welche der Relationen $L \gtreqless 2L_0$ gilt hier?

Aufgabe 7.1

In der kreisförmigen Leiterschleife (Radius R) fließt ein quasistationärer Strom $i(t)$. Das Vektorpotential wird dann zu jeder Zeit wie im statischen Fall nach Gl. (6.44c) berechnet, deren sinngemäß modifizierte Form hier

$$A(P,t) = \frac{\mu_0 i(t)}{4\pi} \oint_K \frac{d\boldsymbol{r}'}{|\boldsymbol{r}-\boldsymbol{r}'|}$$

lautet (s. Gl. (6.12b)).

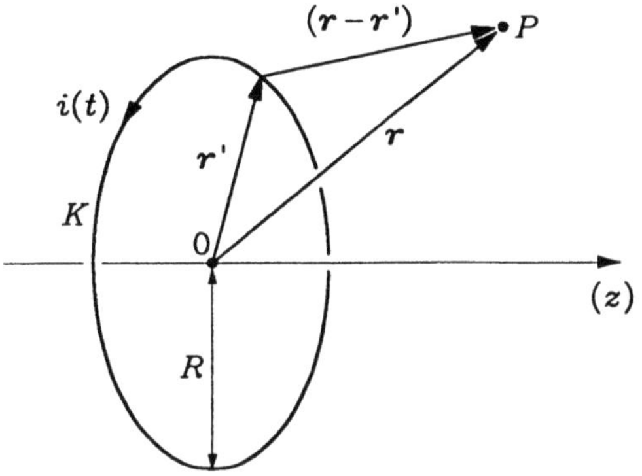

a) Man berechne $\boldsymbol{A}$ auf der z-Achse.

b) Geometrisch anschaulich überlege man, daß $\boldsymbol{A}$ außerhalb der z-Achse die Form

$$\boldsymbol{A}(P,t) = f(P,R)\; i(t)\; \boldsymbol{e}_\alpha(P)$$

hat, wobei f ein positiver nur von P und R abhängiger Faktor ist ($\partial f / \partial \alpha = 0$ aus Symmetriegründen).

Hinweis: Man nehme zunächst $i > 0$ an und zerlege die Leiterschleife in Stromelemente $i\, d\boldsymbol{r}'$, deren differentielle Beiträge zum Vektorpotential in P wegen $i > 0$ jeweils gleichsinnig parallel zu $d\boldsymbol{r}'$ sind (s. Bild 6.2). Auf Grund der vorliegenden Symmetrie können die Stromelemente bezüglich des Aufpunktes P geeignet paarweise zusammengefaßt werden (vgl. Bild 3.19).

Aufgabe 7.2

Von dem in der letzten Aufgabe betrachteten zeitveränderlichen Ringstrom $i(t)$ geht ein induziertes elektrisches Feld aus (s. Abschnitt 6.5.1).

a) Welche allgemeine Gestalt haben die Linien dieses induzierten $\boldsymbol{E}$-Feldes, und welche genaue Richtung hat $\boldsymbol{E}_{ind}$, falls di/dt gerade positiv ist?

Das zum zeitvariablen Ringstrom gehörige $\boldsymbol{B}$-Feld ist natürlich auch zeitveränderlich.

b) Auf der z-Achse gebe man $\partial \boldsymbol{B} / \partial t$ an (s. Aufgabe 3.2a) und verifiziere dadurch wenigstens in Achsennähe, daß $\boldsymbol{E}_{ind}$ linkshändig zu $\partial \boldsymbol{B} / \partial t$ verwirbelt ist.

Aufgabe 7.3

a) Bei der Anordnung von Aufgabe 3.2b sei die Bedingung $R \ll (z_2 - z_1)$ erfüllt. Es soll jetzt also eine in diesem Sinn lange Kreiszylinderspule betrachtet werden. Für Punkte, die innerhalb der Spule auf der z-Achse liegen, und zwar einige Radien weit entfernt von den

Spulenenden, gilt dann näherungsweise

$$\boldsymbol{B}\,|_{z\,\text{-Achse}} = \mu_0 K_\alpha\, \boldsymbol{e}_z \ ,$$

wie die Lösung 3.2b für den Fall $z_1 \to -\infty$, $z_z \to +\infty$ zeigt.

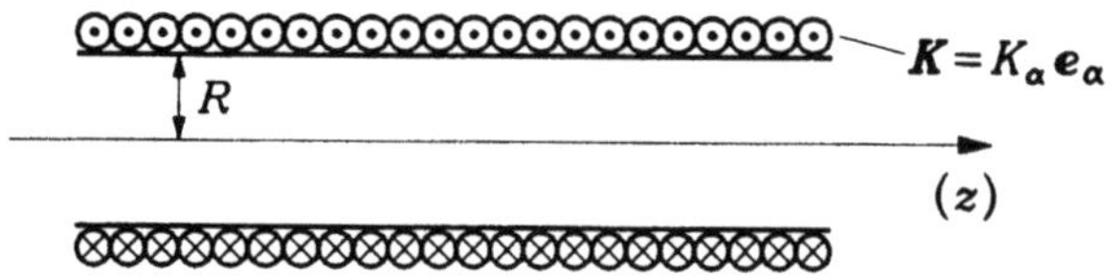

Ausgehend vom Ansatz $\boldsymbol{B} = B_z(\rho)\,\boldsymbol{e}_z$ bestimme man innerhalb und außerhalb der Spule das magnetische Feld für Aufpunkte in Spulennähe sowie großer Entfernung von den Spulenenden. Es soll die differentielle Form (3.27) des Durchflutungsgesetzes angewendet und $B_z(0) = \mu_0 K_\alpha$ (s.o.) gesetzt werden.

Anmerkung: Hier wurden ausdrücklich nur eine endliche Spule und kleine Entfernungen davon betrachtet, weil in der folgenden Teilaufgabe b quasistationär gerechnet, d.h. die Bedingung (7.2) eingehalten werden soll.

b) Jetzt sei der Strombelag der Spule gemäß $K_\alpha = \hat{K}_\alpha \sin \omega t$ zeitvariabel, wobei ω im quasistationären Sinn (s. letzte Anmerkung) klein sein soll. Da die Spule als Teil einer geschlossenen Stromschleife gelten kann, spielen zeitliche Ladungsänderungen und folglich coulombsche Verschiebungsströme $\partial \boldsymbol{E}_C / \partial t$ (s. Abschnitt 6.5) keine Rolle, so daß Gl. (6.51) hier in die differentielle Form des Durchflutungsgesetzes übergeht. Also kann das Ergebnis von a übernommen werden.

Für den in a betrachteten räumlichen Bereich bestimme man das induzierte elektrische Feld.

Hinweis: Die Spule hat kreisförmige Windungen, wobei für jede einzelne davon die Lösung 7.2a gilt.

Aufgabe 7.4

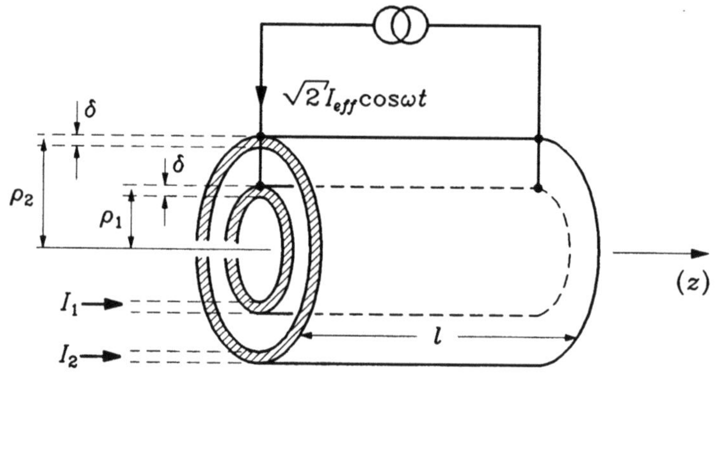

Zwei dünnwandige Rohre gleicher Leitfähigkeit κ sind koaxial ineinandergeschoben. Ihnen wird über kurzgeschlossene Elektroden (schraffiert) ein eingeprägter Wechselstrom mit der Kreisfrequenz ω zugeführt. Diese und die Länge l der Rohre seien so bemessen, daß quasistationär gerechnet werden kann. Zudem soll $\rho_2 \ll l$ sein. Also gilt für das $\boldsymbol{B}$-Feld im leeren Raum zwischen den Rohren näherungsweise $\boldsymbol{B} = (\mu_0 I_1 / 2\pi\rho)\, \boldsymbol{e}_\alpha$. Die Wandstärken δ sollen so klein sein, daß für die Stromdichten näherungsweise $\boldsymbol{J}_\nu = I_\nu \boldsymbol{e}_z / 2\pi\rho_\nu\delta$ $(\nu = 1,2)$ gilt, wobei $I_\nu(t) = \sqrt{2}\, I_{\nu eff} \cos(\omega t + \beta_\nu)$ die zunächst unbekannten Stromstärken in den jeweiligen Rohren sind. Das elektrische Feld soll gemäß $\boldsymbol{E} = E_z(\rho, t)\boldsymbol{e}_z$ angesetzt werden. Es liege der eingeschwungene Zustand vor.

Mit Hilfe des integralen Induktionsgesetzes bestimme man $\tan(\beta_2 - \beta_1)$ und das Verhältnis J_{2eff}/J_{1eff} der Effektivwerte von $\boldsymbol{J}_1 \cdot \boldsymbol{e}_z =: J_1$ und $\boldsymbol{J}_2 \cdot \boldsymbol{e}_z =: J_2$.

Hinweis: Es empfiehlt sich das Rechnen mit komplexen Zeigergrößen (vgl. R. Unbehauen).

Aufgabe 7.5

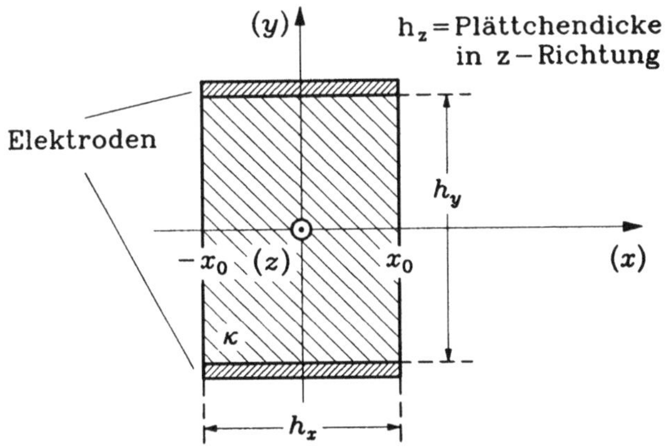

Ein homogen leitfähiges Rechteckplättchen der Dicke h_z, das dem Bild entsprechend mit Elektroden ($\kappa = \infty$) versehen ist, befindet sich in einem homogenen und zeitharmonischen Magnetfeld $\boldsymbol{B} = B_0 \sin\omega t\, \boldsymbol{e}_z$. Das von der induzierten Stromdichte $\boldsymbol{J}$ herrührende Magnetfeld und die zeitliche Ladungsänderung der Elektroden sollen vernachlässigt werden.

Hinweis: Die Stromdichte muß zusammen mit $\boldsymbol{E} = \boldsymbol{J}/\kappa$ senkrecht zu den Elektroden sein und tangential zu den restlichen Oberflächenteilen verlaufen. Beides wird durch den einfachen Ansatz $\boldsymbol{J} = J_y(x,t)\, \boldsymbol{e}_y$ erfüllt. (Zweck der Elektroden ist diese Vereinfachung der Aufgabe, die ohne die Elektroden viel schwerer zu lösen wäre.)

a) Man bestimme das $\boldsymbol{J}$-Feld im Plättchen.

b) Welche Gesamtleistung P_1 wird momentan in Joulesche Wärme überführt?

c) Nun werde das Plättchen (einschließlich der Elektroden) y-parallel in N gleichbreite Streifen zerschnitten, die gegeneinander isoliert sind. Die jetzt vorliegende gesamte Verlustleistung (Summe über alle N Streifen) sei P_2.

   Welchen Wert hat P_2/P_1?

Aufgabe 7.6

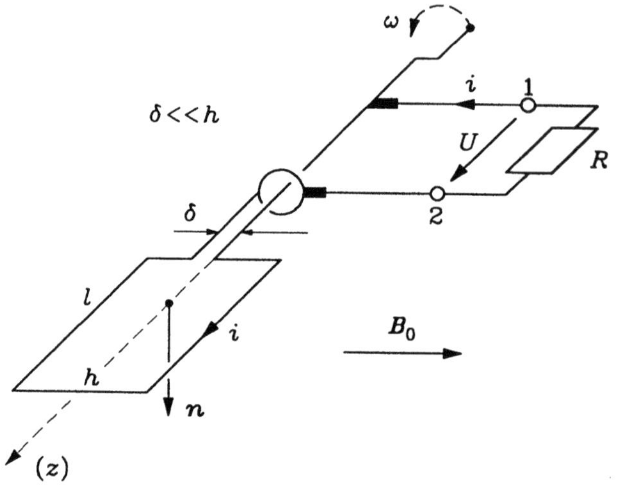

Eine rechteckige Drahtschleife der Leitfähigkeit κ wird mit konstanter Winkelgeschwindigkeit ω gedreht. Sie befindet sich in einem zeitlich konstanten homogenen Magnetfeld $\boldsymbol{B}_0$ und hat die Selbstinduktivität L_g. Die Klemmen 1 und 2 sind über Schleifkontakte leitend mit diesem Wechselspannungsgenerator verbunden, dessen ohmscher Innenwiderstand gleich R_g ist. Die dargestellte Situation soll zur Zeit $t = 0$ vorliegen.

a) Welcher Differentialgleichung gehorcht die Stromstärke $i\,(t)$, wenn ein ohmscher Widerstand R zwischen die Klemmen 1 und 2 geschaltet ist?

b) Man gebe für den Generator einschließlich Verbraucher ein Ersatznetzwerk an.

c) Jetzt denke man sich den ohmschen Verbraucher R weggenommen (d.h. $i = 0$). Dann ist U gleich der Leerlaufspannung U_0, deren Wert aus dem Ersatznetzwerk hervorgeht.

Diese Leerlaufspannung soll erneut bestimmt werden, und zwar mit Hilfe des Ohmschen Gesetzes für bewegte Leiter.

Aufgabe 7.7

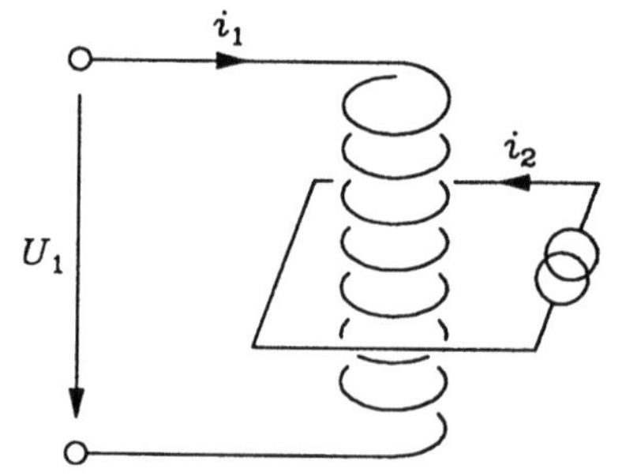

Die kreiszylindrische Luftspule hat den Radius R_1 und die Länge $l_1 \gg R_1$. Ihre Windungszahl N_1 sei so groß, daß man die induktive Wirkung der Zuleitungen vernachlässigen kann. Die Schleife 2, deren Abmessungen klein gegen l_1 sind, umfaßt die Spule ungefähr in deren Mitte. Es gilt $i_2 = \hat{i}_2 \sin \omega t$.

Man bestimme den Scheitelwert der Leerlaufspannung U_1.

Aufgabe 8.1

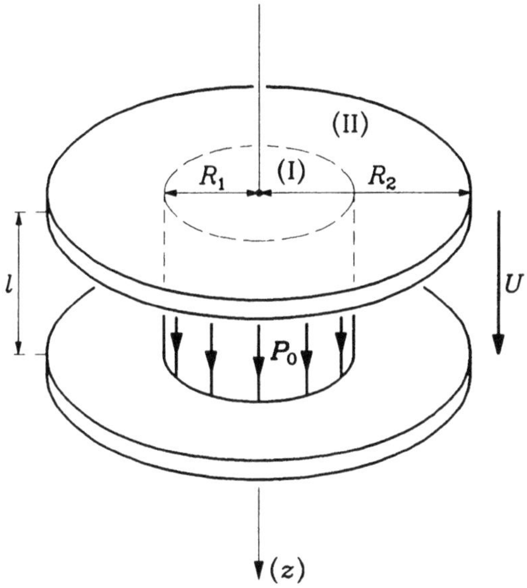

Zwei kreisförmige Metallplatten vom Radius R_2 bedecken die Stirnflächen eines kreiszylindrischen Isolators (Radius $R_1 < R_2$, Höhe l) aus piezoelektrischem Material. Solche Stoffe können durch mechanischen Druck elektrisch polarisiert werden. Hier denke man sich also die Metallplatten zusammengedrückt, und von der so hervorgerufenen Polarisation $\boldsymbol{P}_0$ nehme man an, daß sie homogen sowie z-parallel ist ($\boldsymbol{P}_0 = P_0 \boldsymbol{e}_z$, $P_0 > 0$).

a) Man bestimme die Dichten der freien Ladungen in den Bereichen (I) und (II) der oberen (oder der unteren) Platteninnenseite sowie die Spannung U zwischen den Platten unter der Annahme, daß die gesamte freie Ladung jeder Platte gleich null ist. Entsprechend der Standardnäherung beim Plattenkondensator rechne man mit z-parallelen und bereichsweise homogenen Feldern.

b) Ausgehend von den zuvor betrachteten Verhältnissen werden jetzt nacheinander die folgenden Maßnahmen durchgeführt. Beide Platten werden solange leitend verbunden, bis wieder statische Verhältnisse vorliegen. Dann werden zuerst die leitende Verbindung und danach der Isolator entfernt.

   Welchen Wert hat jetzt die Spannung U?

Aufgabe 8.2

Ein Zylinderkondensator der Länge l mit Belegungen (Radien ρ_1 und $\rho_2 > \rho_1$), die koaxial zur z-Achse sind, ist mit einem Dielektrikum erfüllt, dessen Permittivität bereichsweise konstant ist:

$$\varepsilon = \begin{cases} \varepsilon_1 , & \rho_1 < \rho < \rho_{12} , \\ \varepsilon_2 , & \rho_{12} < \rho < \rho_2 . \end{cases}$$

Es sei $l \gg \rho_2$, so daß in guter Näherung mit ρ-parallelen Feldern gerechnet werden kann. Die freien Ladungen Q_{f1} und $Q_{f2} = -Q_{f1}$ der inneren bzw. äußeren Belegung sind vorgegeben. Weitere freie Ladungen insbesondere bei $\rho = \rho_{12}$ sind nicht vorhanden.

Man bestimme $D_\rho(\rho)$, $E_\rho(\rho)$ sowie die Kapazität dieses Kondensators.

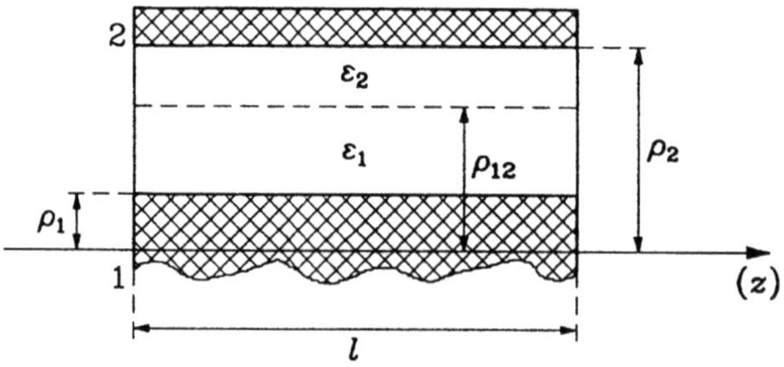

Hinweis: Anders als bei Plattenkondensatoren sind hier die Felder (auch bereichsweise) nicht homogen, so daß etwa die Gl. (8.21) ausgewertet werden muß.

Aufgabe 8.3

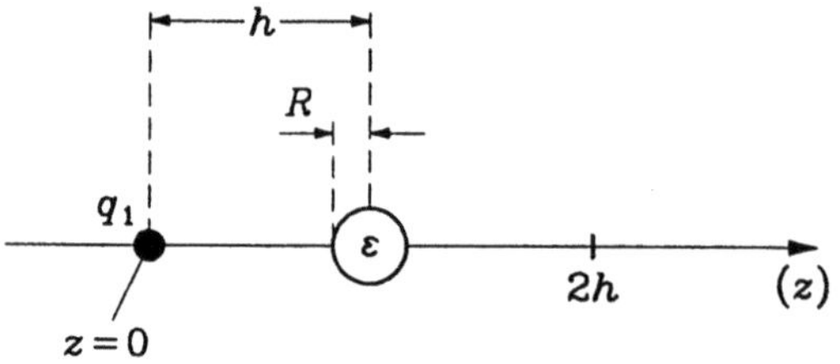

Im elektrischen Feld der Punktladung q_1 befindet sich im Abstand h ein kleines dielektrisches Kügelchen mit der Permittivität $\varepsilon = \varepsilon_r \varepsilon_0$, dessen Radius R die Bedingung $R \ll h$ erfüllt.

a) Man gebe näherungsweise das Dipolmoment $\boldsymbol{p}_0$ des Kügelchens an.

b) Welche elektrische Kraft $\boldsymbol{F}^{(1)}$ wirkt auf das Kügelchen?

c) Nun werde auf der z-Achse bei $z = 2h$ eine weitere Punktladung $q_2 = -q_1$ angebracht.

Welches Dipolmoment $\tilde{\boldsymbol{p}}$ nimmt das Kügelchen an, und welche elektrische Kraft $\tilde{\boldsymbol{F}}$ erfährt es jetzt?

Aufgabe 9.1

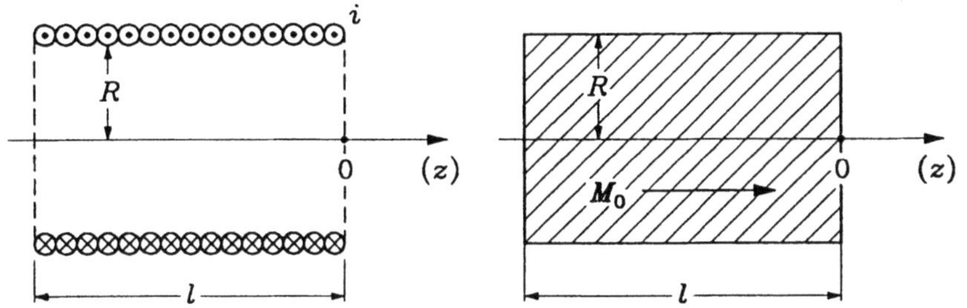

Eine kreiszylindrische Luftspule und ein kreiszylindrischer Permanentmagnet haben identische Abmessungen (Radius R, Länge l). Die Spule hat N dicht und gleichmäßig verteilte Windungen aus sehr dünnem Draht, durch den ein Gleichstrom der Stärke i fließt. Die permanente Magnetisierung $\boldsymbol{M}_0 = M_0\, \boldsymbol{e}_z$ des Magneten soll homogen sein.

a) Welchen Wert muß M_0 (bei gegebenem i) haben, damit Spule und Magnet hinsichtlich ihrer $\boldsymbol{B}$-Felder austauschbar sind ?

b) Man gebe $\boldsymbol{B}$ und $\boldsymbol{H}$ des Magneten auf der z-Achse an.

Hinweis: Das Ergebnis der Aufgabe 3.2b kann hier weiterhelfen.

c) Wie unterscheiden sich die $\boldsymbol{H}$-Felder von Spule und Magnet vektoranalytisch, d.h. hinsichtlich der Quellen und Wirbel ?

Aufgabe 9.2

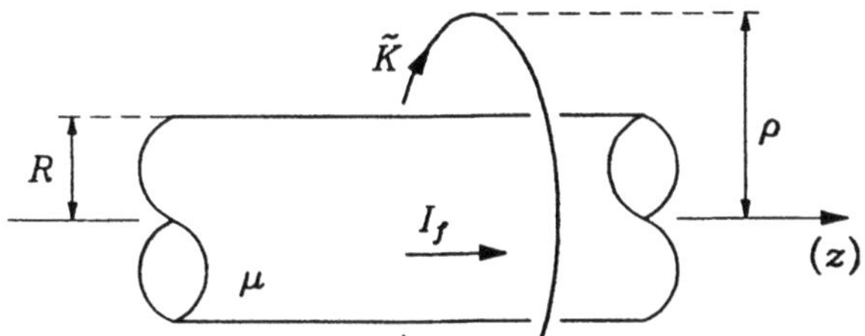

Ein langgestreckter runder Draht (Radius R) im Vakuum ist homogen von einem freien Gleichstrom der Stärke I_f durchflossen. Der Draht soll eine einheitliche relative Permeabilität $\mu_r > 0$ haben.

a) Mit Hilfe des Ansatzes $\boldsymbol{H} = H_\alpha(\rho)\boldsymbol{e}_\alpha$ und des integralen Durchflutungsgesetzes (9.16b) bezüglich $\tilde{K}$ ermittle man die Felder $\boldsymbol{H}$ und $\boldsymbol{B}$ innerhalb und außerhalb des Drahtes.

b) Wie sind die Magnetisierungsströme verteilt?

Wie groß ist der gesamte Magnetisierungsstrom I_{mag} (Zählrichtung $\boldsymbol{e}_z$) bezüglich einer Kontrollfläche S, die den Draht schneidet, und deren Rand K im Vakuum verläuft?

Aufgabe 9.3

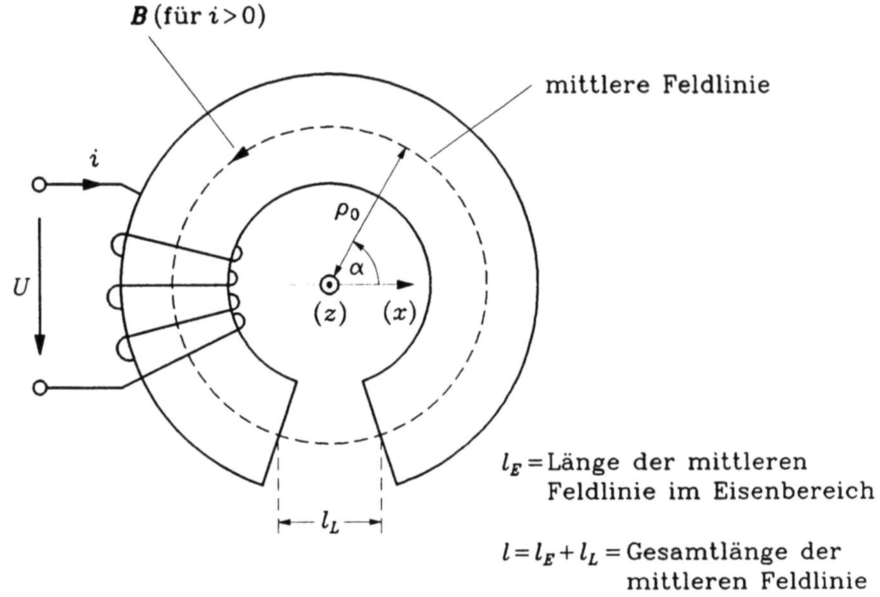

Ein Weicheisenring (Permeabilität μ) mit Luftspalt trägt N widerstandslose Drahtwindungen, durch die ein Gleichstrom i fließt. Man nehme an, daß $\boldsymbol{B}$ nur innerhalb des Ringkerns einschließlich Luftspalt wesentlich von null verschieden ist und praktisch kreisförmige Feldlinien hat. Diese grobe Näherung ist umso besser, je schmäler der Luftspalt ist. Das $\boldsymbol{B}$-Feld verläuft dann senkrecht zu den "Polflächen" des Kerns und ist daher dort stetig. Man kann also im Luftspalt wie im Kerninneren einheitlich $\boldsymbol{B} = B_\alpha(\rho)\boldsymbol{e}_\alpha$ ansetzen. Im folgenden soll pauschal mit $B := B_\alpha(\rho_0)$ gerechnet werden. Entsprechend verstehen sich die Größen $H_E := H_\alpha(\rho_0, \text{Eisen})$ und $H_L := H_\alpha(\rho_0, \text{Luft})$.

a) Wie sind H_E und H_L miteinander verknüpft?

b) Längs der mittleren Feldlinie werte man das Durchflutungsgesetz (9.16b) aus, so daß zuletzt B berechnet werden kann.

c) Welche Selbstinduktivität hat diese Anordnung näherungsweise? Zur Flußberechnung nehme man an, daß die zuvor berechnete mittlere magnetische Induktion B auf einer Querschnittsfläche mit dem Inhalt a konstant ist.

d) Während des Zeitintervalles $0 < t < T$ wird in den Luftspalt ein genau passendes Stück aus dem Material des Ringkerns eingefügt. Welcher Spannungsstoß $\int_0^T U\,\mathrm{d}t$ tritt dabei an den Klemmen der Spule auf, wenn der Strom i konstant gehalten wird?

Aufgabe 9.4

Erneut wird die Anordnung der Aufgabe 9.3 betrachtet. Jetzt sei aber das Kernmaterial magnetisch hart, so daß die Hysteresekurve von Bild 9.16a heranzuziehen ist, wo man H durch H_E ersetze.

a) Zunächst sei der Luftspalt mit einem genau passenden Stück aus dem Material des Ringkerns geschlossen. Die Stromstärke i soll positiv und so groß sein, daß Sättigung vorliegt.

Zu welchem Punkt der Hysteresekurve gelangt man, wenn man jetzt den Strom abschaltet?

b) Im nächsten Schritt wird (bei abgeschaltetem Spulenstrom) der Luftspalt geöffnet.

Wo auf der Hysteresekurve befindet man sich jetzt?

Aufgabe 10.1

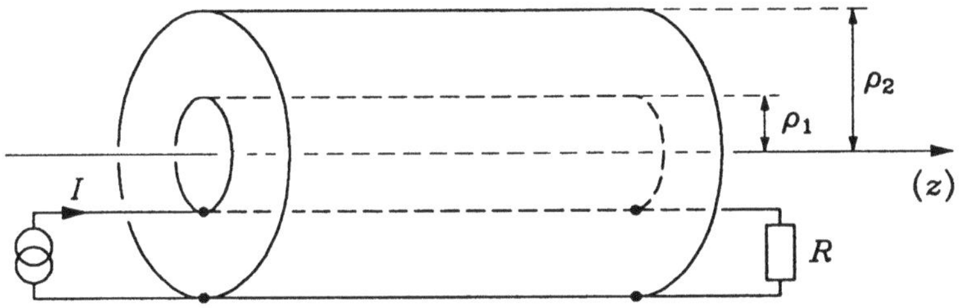

Betrachtet wird eine Koaxialleitung aus zwei sehr dünnwandigen Kreiszylindern im Gleichstrombetrieb. Außer dem Abschlußwiderstand R und der eingeprägten Stromquelle sind alle Leiter widerstandslos. Die Leitung ist so lang, daß in ihrem mittleren Bereich, auf den sich die folgenden Fragen beziehen, das elektromagnetische Feld nur zwischen ρ_1 und ρ_2 von null verschieden ist; es kann dort gemäß $\boldsymbol{E} = (k_1/\rho)\boldsymbol{e}_\rho$ bzw. $\boldsymbol{H} = (k_2/\rho)\boldsymbol{e}_\alpha$ angesetzt werden. Der Isolierstoff zwischen Hin- und Rückleiter ist gekennzeichnet durch $\kappa = 0$, $\mu = \mu_0$ sowie homogen verteilte Permittivität ε.

a) Man bestimme den Poynting-Vektor.

b) Man zeige, daß der in z-Richtung gezählte Energiestrom durch eine Querschnittsfläche der Leitung gleich $R\,I^2$ ist.

Aufgabe 10.2

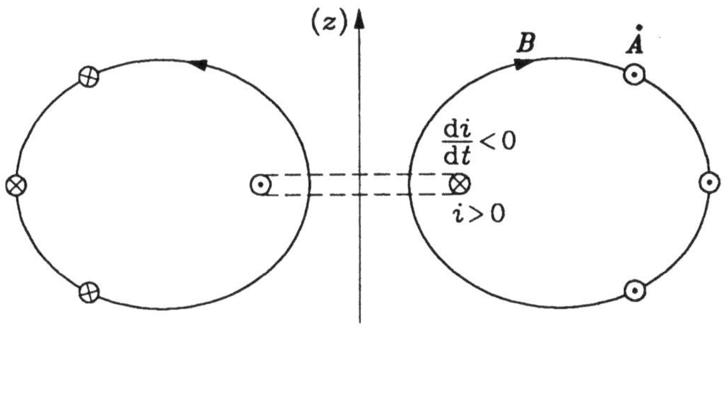

Ein stromdurchflossener Leiterring (ohmscher Widerstand $\mathring{R}$, Selbstinduktivität L) ist sich selbst überlassen, so daß die Stromstärke im Laufe der Zeit exponentiell abklingt (s. Abschnitt 7.3.1). Im angenommenen Fall gilt $i > 0$, $(\mathrm{d}i/\mathrm{d}t) < 0$, und $\boldsymbol{B}$ sowie $\partial \boldsymbol{A}/\partial t$ haben dementsprechend den angedeuteten Verlauf (s. Aufgabe 7.1).

Man veranschauliche die Tatsache, daß dem ohmschen Verbraucher ständig aus der Umgebung Energie zufließt.

Aufgabe 11.1

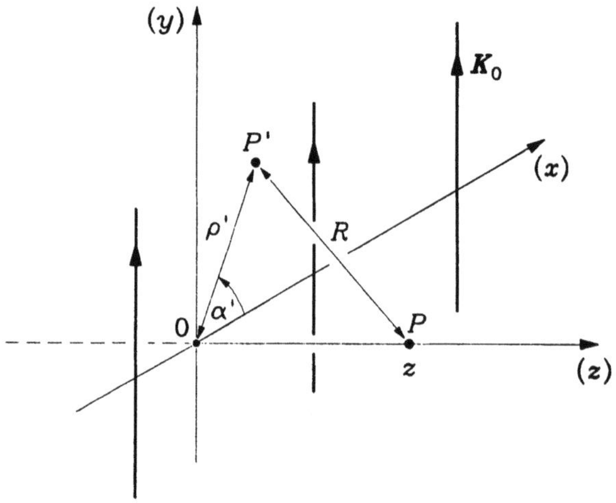

Der Flächenstrom von Beispiel 11.4.6a soll wie in dem daran anknüpfenden Beispiel 11.4.6b sprungartig zur Zeit $t = 0$ eingeschaltet werden (s. Bild 11.6a). Das zugehörige elektromagnetische Feld, dargestellt durch die Gln. (11.57a-e), soll erneut hergeleitet werden, und zwar jetzt durch direkte Berechnung des retardierten Vektorpotentials.

Hinweis: Man kann den Anfang von Beispiel 11.4.6c etwa bis Gl. (11.59) fast wörtlich übernehmen, wenn man ihn im Hinblick auf die jetzt vorliegenden geometrischen Verhältnisse umformuliert.

Aufgabe 11.2

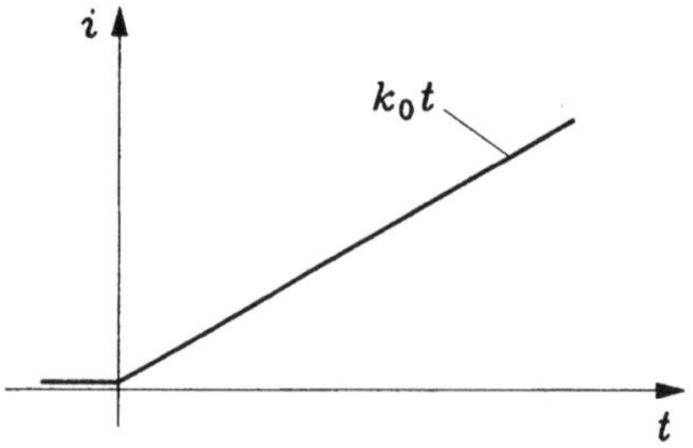

Der Linienstrom von Beispiel 11.4.6c soll jetzt rampenförmig eingeschaltet werden. Man berechne das zugehörige elektromagnetische Feld.

Aufgabe 11.3

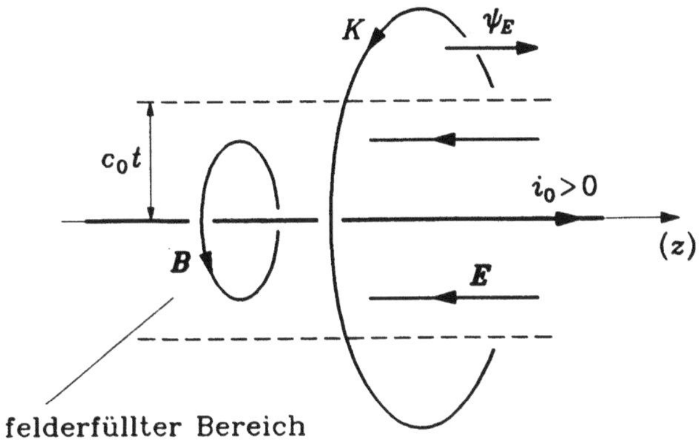

a) In Fortsetzung von Beispiel 11.4.6c berechne man den von der geschlossenen Kurve K rechtshändig umfaßten Fluß ψ_E des elektrischen Feldes, wobei K noch völlig außerhalb des felderfüllten Bereiches verlaufen soll.

b) Bezüglich K verifiziere man die vierte Maxwell-Gleichung in der hier gültigen Form

$$\oint_K \boldsymbol{B} \cdot \mathrm{d}\boldsymbol{r} = \mu_0 \left(i_0 + \varepsilon_0 \frac{\mathrm{d}\psi_E}{\mathrm{d}t} \right) .$$

Aufgabe 11.4

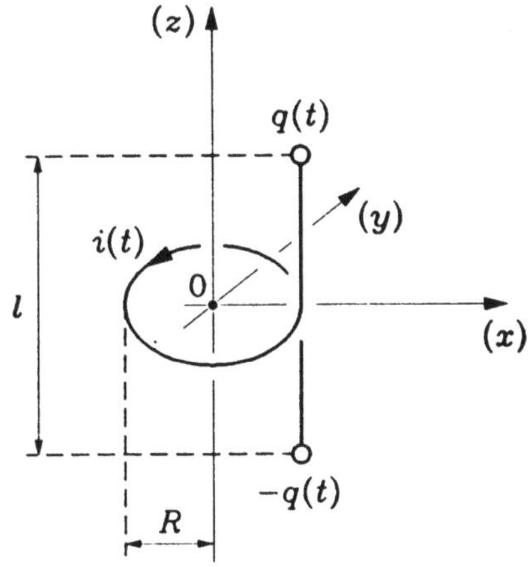

Ein Stück wechselstromdurchflossenen Drahtes hat die aus dem Bild ersichtliche Gestalt. Seine geraden Abschnitte verlaufen z-parallel und enden in zwei Punktelektroden, die den Abstand l voneinander haben. Nur dort sollen sich Ladungen $\pm q(t)$ ansammeln. Das restliche Drahtstück bildet im wesentlichen einen Kreis vom Radius R um die z-Achse und liegt in der xy-Ebene. Die Ladung der oberen Elektrode pulsiere (schon sehr lange) gemäß $q(t) = \hat{q} \sin \omega t$ mit der Kreisfrequenz ω. Die Wellenlänge sei groß gegen l und R, so daß praktisch punktförmige Hertz- bzw. Fitzgerald-Dipole vorliegen.

a) Man bestimme das elektromagnetische Feld in der Fernzone.

b) Man bestimme den Poynting-Vektor in der Fernzone.

Welche Bedingung müssen R, l und ω erfüllen, damit hier der Poynting-Vektor zeitunabhängig wird?

Aufgabe 11.5

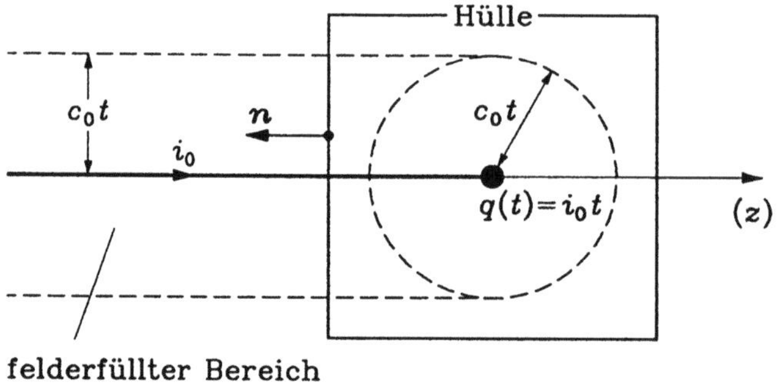

Seit $t = 0$ (vorher waren weder Ladungen noch Ströme vorhanden) fließt ein Linienstrom mit konstanter Stärke i_0 auf der z-Achse von $z = -\infty$ bis zu einer Punktelektrode, wo sich die Ladung $q(t) = i_0 t$ ansammelt.

Bezüglich der würfelförmigen Hülle mit Zentrum bei der Punktelektrode verifiziere man die integrale Form (3.6) der ersten Maxwell-Gleichung, und zwar für den im Bild festgehaltenen Augenblick.

Hinweis: Dort, wo die Hülle den felderfüllten Bereich schneidet, ist der Einfluß der Punktladung noch nicht spürbar. Also hilft das Resultat der Aufgabe 11.3a weiter.

Aufgabe 11.6

Mit der dynamischen Form (11.50b) des Biot-Savart-Gesetzes leite man erneut das $\boldsymbol{B}$-Feld eines Hertzschen Dipols, d.h. die Gl. (11.70) her.

Hinweis: Man gehe prinzipiell so vor wie im Abschnitt 11.5 bei der Bestimmung des Vektorpotentials.

Lösungen

Lösung 1.1

a)

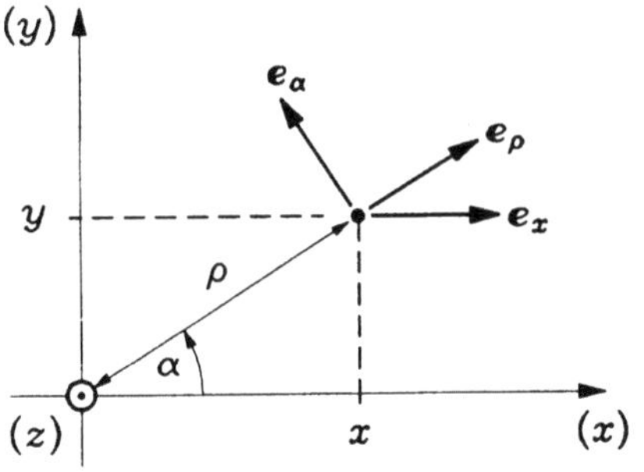

$x = \rho\cos\alpha\,, \quad y = \rho\sin\alpha\,, \quad x^2 + y^2 = \rho^2\,, \quad \boldsymbol{e}_x = \cos\alpha\,\boldsymbol{e}_\rho - \sin\alpha\,\boldsymbol{e}_\alpha\,,$
$\boldsymbol{e}_y = \boldsymbol{e}_z \times \boldsymbol{e}_x = \cos\alpha\,\boldsymbol{e}_\alpha + \sin\alpha\,\boldsymbol{e}_\rho\,;$ es folgt $\boldsymbol{F} = (1/\rho)\boldsymbol{e}_\alpha$.

b) $\mathrm{d}\boldsymbol{r} = \mathrm{d}\rho\,\boldsymbol{e}_\rho + \rho\,\mathrm{d}\alpha\,\boldsymbol{e}_\alpha + \mathrm{d}z\,\boldsymbol{e}_z$; hier ist $\mathrm{d}z = 0$, weil $\boldsymbol{F}$ keine z-Komponente hat, so daß die Feldlinien in Ebenen $z = \text{const}$ verlaufen; dort muß wegen Gl. (1.1) noch die Bedingung $(1/\rho)\boldsymbol{e}_\alpha \times (\mathrm{d}\rho\,\boldsymbol{e}_\rho + \rho\,\mathrm{d}\alpha\,\boldsymbol{e}_\alpha) = \boldsymbol{0}$, d.h. für $\rho \neq 0$ die Differentialgleichung $\mathrm{d}\rho = 0$ erfüllt werden; also sind die Feldlinien Kreise $\rho = \text{const}$ um die z-Achse.

c) $$\oint\limits_{\rho=\text{const}} \frac{1}{\rho}\,\boldsymbol{e}_\alpha \cdot \boldsymbol{e}_\alpha\,\rho\,\mathrm{d}\alpha = \int\limits_0^{2\pi} \mathrm{d}\alpha = 2\pi.$$

Lösung 1.2

a) $$\operatorname{rot}\frac{\boldsymbol{F}(\boldsymbol{r}')}{|\boldsymbol{r}-\boldsymbol{r}'|} = -\boldsymbol{F}(\boldsymbol{r}') \times \operatorname{grad}\frac{1}{|\boldsymbol{r}-\boldsymbol{r}'|}$$
$$= \boldsymbol{F}(\boldsymbol{r}') \times \operatorname{grad}'\frac{1}{|\boldsymbol{r}-\boldsymbol{r}'|} = \frac{\operatorname{rot}'\boldsymbol{F}(\boldsymbol{r}')}{|\boldsymbol{r}-\boldsymbol{r}'|} - \operatorname{rot}'\frac{\boldsymbol{F}(\boldsymbol{r}')}{|\boldsymbol{r}-\boldsymbol{r}'|}\,;$$

$$\iiint\limits_\infty \operatorname{rot}\frac{\boldsymbol{F}(\boldsymbol{r}')}{|\boldsymbol{r}-\boldsymbol{r}'|}\,\mathrm{d}V' = \iiint\limits_\infty \frac{\operatorname{rot}'\boldsymbol{F}(\boldsymbol{r}')}{|\boldsymbol{r}-\boldsymbol{r}'|}\,\mathrm{d}V' + \oiint\limits_{S_\infty} \frac{\boldsymbol{F}(\boldsymbol{r}')}{|\boldsymbol{r}-\boldsymbol{r}'|} \times \mathrm{d}\boldsymbol{a}' \quad \text{mit Gl. (1.41);}$$

$\boldsymbol{F} \equiv \boldsymbol{0}$ auf der Fernkugel nach Voraussetzung.

b) In analoger Weise mit dem gewöhnlichen Satz von Gauß.

Lösung 2.1

a) $\rho_0 = -390\,\mathrm{As/mm^3}$.

b) Gl. (2.14) mit $\boldsymbol{n} = \boldsymbol{e}_z$ (Zählrichtung für I): $\boldsymbol{J} = \frac{I}{a}\boldsymbol{e}_z$; Gl. (2.11b) mit $\boldsymbol{u}_+ = \boldsymbol{0}$,
$\rho_- = \frac{\rho_0}{29}$, $\boldsymbol{u}_- = \boldsymbol{u}_D$: $\boldsymbol{J} = \frac{\rho_0}{29}\boldsymbol{u}_D$; also $\boldsymbol{u}_D = \frac{29}{\rho_0}\frac{I}{a}\boldsymbol{e}_z \approx -7\cdot 10^{-2}\,\frac{\mathrm{mm}}{\mathrm{s}}\,\boldsymbol{e}_z$.

c) Jetzt: $\boldsymbol{J} = \rho_+\boldsymbol{u}_+ = \left(-\frac{\rho_0}{29}\right)\left(-\boldsymbol{u}_D\right)$; also erfährt die Stromdichte keine Änderung.

Lösung 2.2

Nicht zu beantworten, da die Zählrichtungen für die Stromstärken nichts über einen konkreten Betriebszustand aussagen; erst die zusätzliche Angabe $i_1 i_2 > 0$ ließe auf Anziehung schließen (vgl. Abschnitt 2.2.3).

Lösung 2.3

Fortsetzung von Beispiel 2.5.2, $\beta^2 := u^2/c_0^2$, $\lim\limits_{\beta^2\to 1} |\boldsymbol{F}_{1el}| = \infty$, $\lim\limits_{\beta^2\to 1} |\boldsymbol{F}_{1mag}| = \infty$;
$\boldsymbol{F}_{1el} + \boldsymbol{F}_{1mag} = \frac{q_1 q_2}{4\pi\varepsilon_0 r_{12}^2}\sqrt{1-\beta^2}\,\boldsymbol{e}_{21}$, $\lim\limits_{\beta^2\to 1}(\boldsymbol{F}_{1el} + \boldsymbol{F}_{1mag}) = \boldsymbol{0}$; relativ zum Ruhesystem der beiden Ladungen gilt das gewöhnliche Coulomb-Gesetz.

Lösung 3.1

$$\boldsymbol{E} = \frac{q\,(1-\beta^2)}{4\pi\varepsilon_0 r^2\sqrt{1-\beta^2\sin^2\vartheta}^{\,3}}\,\boldsymbol{e}_r = \frac{q\,(1-\beta^2)}{4\pi\varepsilon_0 r^2\sqrt{(1-\beta^2)+\beta^2\cos^2\vartheta}^{\,3}}\,\boldsymbol{e}_r\,;$$

$\mathrm{d}\nu = \beta\sin\vartheta\,\mathrm{d}\vartheta$, $\mathrm{d}\boldsymbol{a}_0 = \frac{r_0^2}{\beta}\,\mathrm{d}\nu\,\mathrm{d}\alpha\,\boldsymbol{e}_{r0}$, ϑ von 0 bis π bedeutet ν von $-\beta$ bis β,

$$\oint\!\!\!\oint_{S_0} \boldsymbol{E}\cdot\mathrm{d}\boldsymbol{a}_0 = \frac{q\,(1-\beta^2)}{4\pi\varepsilon_0\beta}\int_0^{2\pi}\int_{-\beta}^{\beta}\frac{\mathrm{d}\nu}{\sqrt{(1-\beta^2)+\nu^2}^{\,3}}\,\mathrm{d}\alpha = \frac{q}{\varepsilon_0}\,;$$

$$\operatorname{div}\boldsymbol{E} = \frac{1}{r^2}\frac{\partial}{\partial r}(r^2 E_r) = 0 \quad \text{für} \quad r \neq 0\,;$$

$$\oint\!\!\!\oint_{S_1} \boldsymbol{E}\cdot\mathrm{d}\boldsymbol{a}_1 = \oint\!\!\!\oint_{S_0} \boldsymbol{E}\cdot\mathrm{d}\boldsymbol{a}_0 + \iiint_{G_{01}}(\operatorname{div}\boldsymbol{E})\,\mathrm{d}V = \frac{q}{\varepsilon_0} \mathrel{\hat{=}} \text{Gl. (3.5a)},$$

$$\oint\!\!\!\oint_{S_2} \boldsymbol{E}\cdot\mathrm{d}\boldsymbol{a}_2 = \iiint_{G_2}(\operatorname{div}\boldsymbol{E})\,\mathrm{d}V = 0 \mathrel{\hat{=}} \text{Gl. (3.5b)}.$$

Lösung 3.2

a) $\boldsymbol{r}-\boldsymbol{r}' = z\,\boldsymbol{e}_z - R\,(\cos\alpha'\boldsymbol{e}_x + \sin\alpha'\boldsymbol{e}_y)$, $\;|\boldsymbol{r}-\boldsymbol{r}'| = \sqrt{R^2+z^2}$,

$\mathrm{d}\boldsymbol{r}'\times(\boldsymbol{r}-\boldsymbol{r}') = (R\,z\cos\alpha'\boldsymbol{e}_x + R\,z\sin\alpha'\boldsymbol{e}_y + R^2\boldsymbol{e}_z)\,\mathrm{d}\alpha'$;

$$\boldsymbol{B}(0,0,z) = \frac{\mu_0 i}{4\pi\sqrt{R^2+z^2}^{\,3}}\int_0^{2\pi}(\cdots)\,\mathrm{d}\alpha' = \frac{\mu_0 i\,R^2}{2\sqrt{R^2+z^2}^{\,3}}\,\boldsymbol{e}_z .$$

b)
$$\boldsymbol{B}(0,0,z) = \frac{\mu_0 R^2}{2}\int_{z_1}^{z_2}\frac{K_\alpha\,\mathrm{d}z'}{\sqrt{R^2+(z-z')^2}^{\,3}}\,\boldsymbol{e}_z$$
$$= \frac{\mu_0 K_\alpha}{2}\left[\frac{z-z_1}{\sqrt{R^2+(z-z_1)^2}} - \frac{z-z_2}{\sqrt{R^2+(z-z_2)^2}}\right]\boldsymbol{e}_z\,;$$

$z_1 \to -\infty$, $z_2 \to +\infty$: $\boldsymbol{B}(0,0,z) = \mu_0 K_\alpha \boldsymbol{e}_z$.

Lösung 3.3

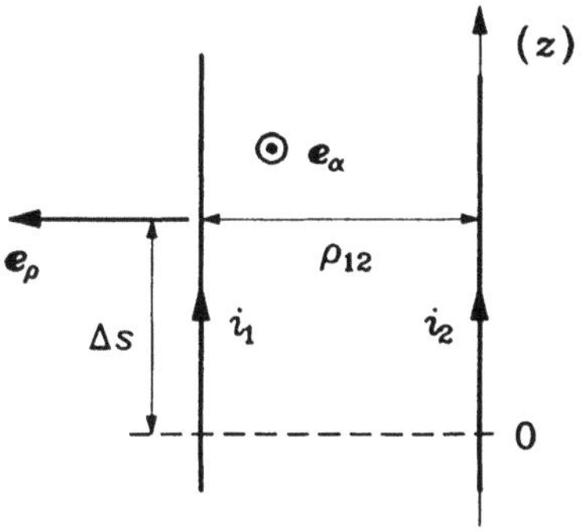

$\Delta\boldsymbol{F}_1 = \int_0^{\Delta s}\mathrm{d}Q_1\boldsymbol{u}_1\times\boldsymbol{B}^{(2)} = i_1\int_0^{\Delta s}\mathrm{d}z\,\boldsymbol{e}_z\times\frac{\mu_0 i_2}{2\pi\rho_{12}}\boldsymbol{e}_\alpha = \Delta s\,\frac{\mu_0 i_1 i_2}{2\pi\rho_{12}}(-\boldsymbol{e}_\rho)$, $\boldsymbol{e}_\rho$ stimmt mit $\boldsymbol{e}_{21}$ von Bild 2.10 überein.

Lösung 3.4

$$\varepsilon_0\dot{\boldsymbol{E}} = -\frac{\eta_0}{3}\dot{z}_0\boldsymbol{e}_z = -\frac{\eta_0}{3}u_0\boldsymbol{e}_z\,; \qquad \boldsymbol{B} = \varepsilon_0\mu_0 u_0\boldsymbol{e}_z\times\boldsymbol{E} = \frac{\mu_0\eta_0 u_0}{3}\rho\,\boldsymbol{e}_\alpha\,;$$

$$\mathrm{rot}\,[B_\alpha(\rho)\boldsymbol{e}_\alpha] = \frac{1}{\rho}\frac{\partial}{\partial\rho}(\rho B_\alpha)\boldsymbol{e}_z = \mu_0\frac{2}{3}\eta_0 u_0\boldsymbol{e}_z\,;$$

$\mu_0(\boldsymbol{J}+\varepsilon_0\dot{\boldsymbol{E}}) = \mu_0(\eta_0 u_0 - \frac{1}{3}\eta_0 u_0)\boldsymbol{e}_z = \mu_0\frac{2}{3}\eta_0 u_0\boldsymbol{e}_z$; Gl. (3.4) ist erfüllt.

Lösung 3.5

a) Gl. (3.41b) : $Q_1(t) = \varepsilon_0 \oiint\limits_{r = \text{const}} \boldsymbol{E} \cdot \mathrm{d}\boldsymbol{a} = \varepsilon_0 E_r(r,t)\, 4\pi r^2\,, \quad \boldsymbol{E} = \dfrac{Q_1(t)}{4\pi\varepsilon_0 r^2}\boldsymbol{e}_r\,;$

Gl. (2.22) : $\dot{Q}_1(t) = -\oiint\limits_{r = \text{const}} \boldsymbol{J} \cdot \mathrm{d}\boldsymbol{a} = -J_r(r,t)\, 4\pi r^2\,; \quad \boldsymbol{J} = \dfrac{-\dot{Q}_1(t)}{4\pi r^2}\boldsymbol{e}_r\,.$

b) Gl. (3.43) : $0 = \oiint\limits_{r = \text{const}} \boldsymbol{B} \cdot \mathrm{d}\boldsymbol{a} = B_r(r,t)\, 4\pi r^2\,; \quad \boldsymbol{B} = \boldsymbol{0}$; (vgl. auch Abschnitt 11.4.4, letzter Absatz).

c) Hier gilt $\operatorname{rot}\boldsymbol{E} = \boldsymbol{0}$ und $\dot{\boldsymbol{B}} = \boldsymbol{0}$, d.h. Gl. (3.2) ist erfüllt; hier gilt $\operatorname{rot}\boldsymbol{B} = \boldsymbol{0}$ und $(\boldsymbol{J} + \varepsilon_0\dot{\boldsymbol{E}}) = \boldsymbol{0}$, d.h. Gl. (3.4) ist erfüllt.

Lösung 4.1

a) $x^2 + (l-z)^2 = k_0^2(x^2+z^2)$, quadratisch ergänzen,

$$x^2 + \left(z - \frac{l}{1-k_0^2}\right)^2 = \left(\frac{k_0 l}{k_0^2-1}\right)^2;$$

$$R = \frac{k_0 l}{k_0^2-1}, \quad x_M = 0, \quad z_M = \frac{l}{1-k_0^2} < 0;$$ mit $x = 0$ folgt außerdem

$$z_1 = \frac{l}{1-k_0} < z_M\,, \quad z_2 = \frac{l}{1+k_0}\,, \quad 0 < z_2 < \frac{l}{2}\,;$$

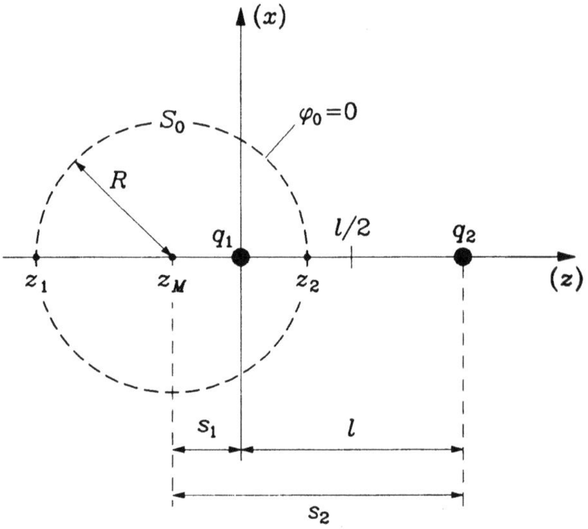

q_1 wird eingeschlossen, $|q_1| < |q_2|$.

b) $s_1 = |z_M| = \dfrac{l}{k_0^2 - 1} = \dfrac{R}{k_0}$

$s_2 = |z_M| + l = \dfrac{k_0^2\, l}{k_0^2 - 1} = k_0 R$

$\Longrightarrow \quad s_1 s_2 = R^2 , \quad q_1 = -\dfrac{R}{s_2} q_2 .$

c)

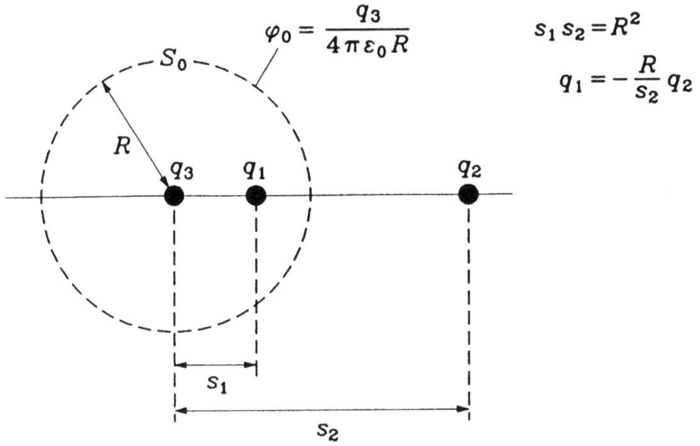

Die dritte Ladung q_3 muß im Mittelpunkt von S_0 angebracht werden; es gilt dann

$$\varphi_0 = \frac{q_3}{4\pi\varepsilon_0 R} ; \quad q_3 = \varphi_0 4\pi\varepsilon_0 R .$$

Lösung 4.2

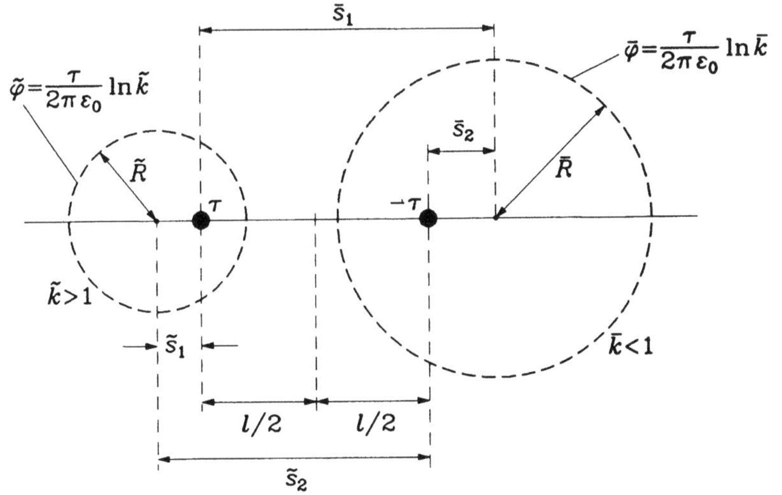

$$\varphi(P) = \frac{\tau}{2\pi\varepsilon_0} \left(\ln \frac{l/2}{\rho_1} - \ln \frac{l/2}{\rho_2} \right) = \frac{\tau}{2\pi\varepsilon_0} \ln \frac{\rho_2}{\rho_1} ;$$

die Potentiallinien sind durch $\rho_2/\rho_1 = \text{const} =: k$ gegeben und somit Apollonius-Kreise mit den in Aufgabe 4.1 ermittelten geometrischen Eigenschaften; hier stellt k kein Ladungsverhältnis dar, sondern ausschließlich das konstante Verhältnis ρ_2/ρ_1 der jeweils betrachteten Potentiallinie; das Bild zeigt Beispiele für $k = \tilde{k} > 1$ und $k = \bar{k} < 1$; nach Aufgabe 4.1 gilt in diesen Fällen $\tilde{s}_1\tilde{s}_2 = \tilde{R}^2$ bzw. $\bar{s}_1\bar{s}_2 = \bar{R}^2$.

Lösung 4.3

a) Mit Gl. (4.9) : $\boldsymbol{E}(P) = \dfrac{1}{2\pi\varepsilon_0}\displaystyle\int_{-h}^{h}\dfrac{\sigma_0\,\mathrm{d}x'}{\rho'}\boldsymbol{e}'$;

$\rho'\boldsymbol{e}' = (x-x')\boldsymbol{e}_x + y\,\boldsymbol{e}_y$, $\quad \rho' = \sqrt{(x-x')^2+y^2}$, Substitution $u := x - x'$;

$$\boldsymbol{E}(P) = \frac{\sigma_0}{2\pi\varepsilon_0}\int_{x-h}^{x+h}\frac{u\,\boldsymbol{e}_x + y\,\boldsymbol{e}_y}{u^2+y^2}\,\mathrm{d}u = \frac{\sigma_0}{2\pi\varepsilon_0}\left[\frac{1}{2}\ln(y^2+u^2)\boldsymbol{e}_x + \arctan\left(\frac{u}{y}\right)\boldsymbol{e}_y\right]\Bigg|_{x-h}^{x+h},$$

$$E_x = \frac{\sigma_0}{4\pi\varepsilon_0}\ln\left[\frac{y^2+(x+h)^2}{y^2+(x-h)^2}\right],$$

$$E_y = \frac{\sigma_0}{2\pi\varepsilon_0}\left[\arctan\left(\frac{x+h}{y}\right) - \arctan\left(\frac{x-h}{y}\right)\right].$$

b) $y = 0$, E_x als Tangentialkomponente stetig,

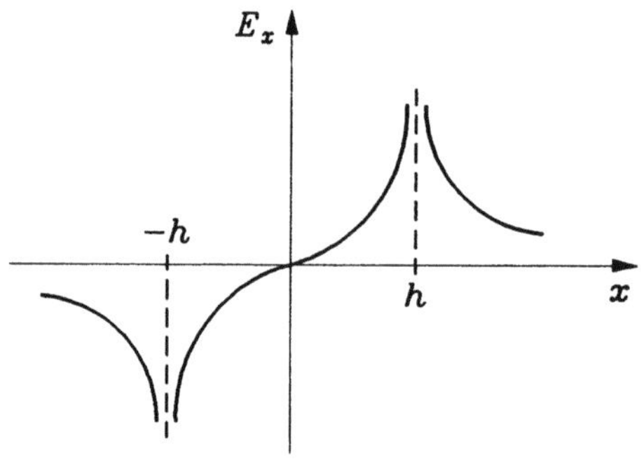

Lösung 4.4

$$\text{a) } \boldsymbol{F}_+ + \boldsymbol{F}_- = \frac{q_1 q}{4\pi\varepsilon_0}\left[\frac{1}{(r_0+l)^2} - \frac{1}{r_0^2}\right]\frac{\boldsymbol{r}_0}{r_0}$$

$$= -\frac{q_1 q}{4\pi\varepsilon_0}\,\frac{2r_0 l + l^2}{r_0^2(r_0+l)^2}\,\boldsymbol{e}_{r_0} = -\frac{q_1}{4\pi\varepsilon_0}\,\frac{2r_0+l}{r_0^2(r_0+l)^2}\,\boldsymbol{p}\ ;$$

$$\boldsymbol{F} = \lim_{\substack{l\to 0\\ \boldsymbol{p}\ \text{fest}}}(\boldsymbol{F}_+ + \boldsymbol{F}_-) = -\frac{q_1\boldsymbol{p}}{2\pi\varepsilon_0 r_0^3}\ .$$

b) Analoge Rechnung wie in Abschnitt 6.3.1, vorletzter Absatz.

c) Analoge Rechnung wie in Abschnitt 6.3.2.

Lösung 5.1

a) $\boldsymbol{E} = E_\rho(\rho)\boldsymbol{e}_\rho$ sowie $\boldsymbol{B} = B_z\,\boldsymbol{e}_z$ in Gl. (5.7) einsetzen und diese komponentenweise lösen:

$$\boldsymbol{J} = \frac{\kappa}{1+(b\,B_z)^2}\left(\boldsymbol{e}_\rho + b\,B_z\,\boldsymbol{e}_\alpha\right)E_\rho(\rho), \qquad \tan\beta_H = \frac{|J_\alpha|}{|J_\rho|} = b\,|B_z|\,.$$

b) Die $\boldsymbol{J}$-Linien verlaufen wegen $J_z = 0$ in Ebenen $z = \mathrm{const}$ und gehorchen dort der Differentialgleichung $\mathrm{d}\rho/\rho = \mathrm{d}\alpha/bB_z$, die aus $\boldsymbol{J}\times(\mathrm{d}\rho\,\boldsymbol{e}_\rho + \rho\mathrm{d}\alpha\,\boldsymbol{e}_\alpha) = \boldsymbol{0}$ folgt; Lösung zum Anfangspunkt $\rho = \rho_1,\ \alpha = 0$: $\rho = \rho_1\exp(\alpha/bB_z)$, $bB_z = \tan\beta_H$;

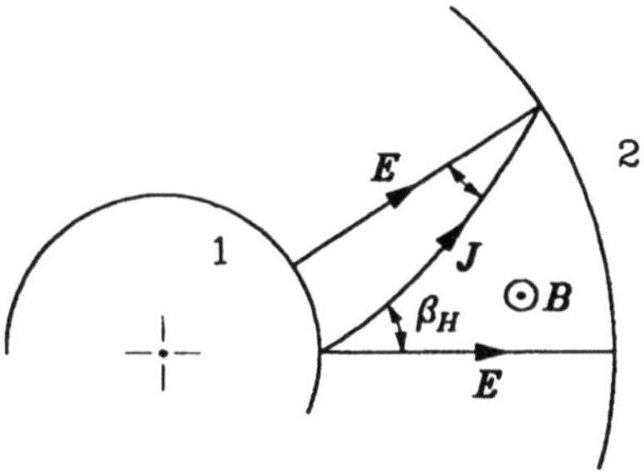

logarithmische Spiralen (hier $\boldsymbol{J}$-Linien) schneiden jeden radialen Strahl (hier $\boldsymbol{E}$-Linien) unter dem gleichen Winkel (hier Hall-Winkel).

c) $R(B_z)/R_0 = I_0/I(B_z) = J_{\rho 0}/J_\rho(B_z) = 1 + (bB_z)^2$.

Lösung 5.2

a) Die (reale) Punktladung q "spürt" nur

$$\boldsymbol{E}^{(\sigma)}(0,0,h) = \frac{-q}{4\pi\varepsilon_0(2h)^2}\,\boldsymbol{e}_z\,; \qquad \boldsymbol{F}_q = \frac{-q^2}{16\pi\varepsilon_0 h^2}\,\boldsymbol{e}_z\,.$$

b) $x^2+y^2 = \rho^2$, $\quad \sigma(\rho) = \dfrac{-q}{2\pi}\dfrac{h}{\sqrt{\rho^2+h^2}^{\,3}}\,;\quad \displaystyle\int_0^{2\pi}\int_0^{\infty}\sigma(\rho)\rho\,\mathrm{d}\rho\,\mathrm{d}\alpha = -q\,.$

Lösung 5.3

a) $\varphi(P) = \dfrac{1}{4\pi\varepsilon_0}\left(\dfrac{q}{r} + \dfrac{q'}{r'} + \dfrac{q''}{r''}\right)$ außerhalb von S_0, wobei q', q'' fiktive Ladungen sind, die nach Aufgabe 4.1 die Werte $q' = -\dfrac{R}{s}q$ bzw. $q'' = 4\pi\varepsilon_0 R\,\varphi_0$ haben und mit q derart auf einer gemeinsamen Achse liegen, daß $s's = R^2$ gilt; insbesondere ist dann $\left.\left(\dfrac{q}{r} + \dfrac{q'}{r'}\right)\right|_{S_0} = 0$, d.h. $\varphi(S_0) = \dfrac{q''}{4\pi\varepsilon_0 R} = \varphi_0$;

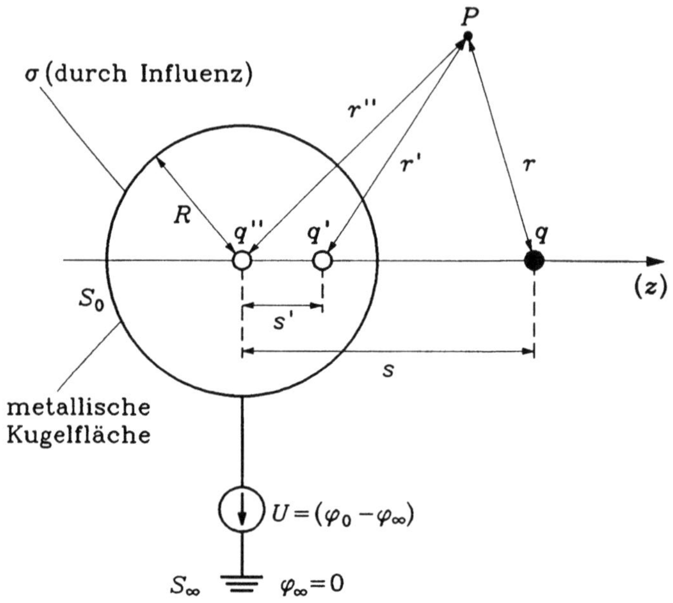

b) Die Wirkung der Influenzladung nach außen hin ist ersatzweise mittels der fiktiven Ladungen q', q'' berechenbar, also auch die Gesamtladung der Metallkugel:

$$Q_0 = q' + q'' = -\frac{R}{s} q + 4\pi\varepsilon_0 R\varphi_0 \;;$$

die Ladung Q_0 kommt über die Spannungsquelle von der Fernkugel, falls die Gesamtladung von S_0 vorher gleich null ist; dieser Ladungszufluß hört auf, wenn die Metallkugel schließlich das Potential φ_0 hat.

c) $$\varphi_0 = \frac{1}{4\pi\varepsilon_0}\left(\frac{Q_0}{R} + \frac{q}{s}\right);$$

dieses Potential stellt sich ein, wenn man der (jetzt isolierten!) Metallkugel die Gesamtladung Q_0 erteilt; bei festen Größen R, s und q sind Q_0 und φ_0 einander umkehrbar eindeutig zugeordnet.

Lösung 5.4

a) Nein, denn *alle* Koeffizienten eines Mehrleitersystems hängen von der gegenseitigen Lage und der Gestalt *aller* vorhandenen Metallkörper ab.

Je größer D wird, desto besser gilt $\varphi_1 = \dfrac{Q_1}{4\pi\varepsilon_0 R_1}$, $\varphi_2 = \dfrac{Q_2}{4\pi\varepsilon_0 R_2}$.

b) Mit $Q_2 = -Q_1$ und $U_{12} = \varphi_1 - \varphi_2$ folgt also $\lim\limits_{D\to\infty} U_{12} = \dfrac{Q_1}{4\pi\varepsilon_0}\left(\dfrac{1}{R_1} + \dfrac{1}{R_2}\right) \neq 0$.

c) Die leitende Verbindung erzwingt $\varphi_1 = \varphi_2$, d.h. $\dfrac{Q_1}{4\pi\varepsilon_0 R_1} = \dfrac{Q_2}{4\pi\varepsilon_0 R_2}$; da die gegenseitige Influenz der beiden Kugeln bei großem Abstand D praktisch zu vernachlässigen ist, sind die Ladungen Q_1 und Q_2 praktisch gleichförmig auf den Kugeloberflächen verteilt ($\sigma_\nu = Q_\nu / 4\pi R_\nu^2$): $\dfrac{\sigma_1}{\sigma_2} = \dfrac{R_2}{R_1}$.

Lösung 6.1

a) $\oint \mathrm{d}\boldsymbol{r} = \boldsymbol{0}$; $\quad \boldsymbol{F} = i \oint (\mathrm{d}\boldsymbol{r} \times \boldsymbol{B}) = -i\,\boldsymbol{B} \times \oint \mathrm{d}\boldsymbol{r} = \boldsymbol{0}$; gilt auch für nicht ebene Stromschleifen in homogenen $\boldsymbol{B}$-Feldern.

b) $\boldsymbol{r} = x\,\boldsymbol{e}_x + y\,\boldsymbol{e}_y$, $\quad \mathrm{d}\boldsymbol{r} = \mathrm{d}x\,\boldsymbol{e}_x + \mathrm{d}y\,\boldsymbol{e}_y$, $\quad \boldsymbol{B} = B_x\boldsymbol{e}_x + B_z\boldsymbol{e}_z$;

$$\boldsymbol{T} = \oint \boldsymbol{r} \times (i\,\mathrm{d}\boldsymbol{r} \times \boldsymbol{B}) = i\left[\oint (\boldsymbol{r}\cdot\boldsymbol{B})\,\mathrm{d}\boldsymbol{r} - \oint (\boldsymbol{r}\cdot\mathrm{d}\boldsymbol{r})\,\boldsymbol{B}\right];$$

$$\boldsymbol{r}\cdot\boldsymbol{B} = x\,B_x, \qquad \oint \boldsymbol{r}\cdot\mathrm{d}\boldsymbol{r} = 0;$$

$$\boldsymbol{T} = i\,B_x\left[\oint x\,\mathrm{d}x\,\boldsymbol{e}_x + \oint x\,\mathrm{d}y\,\boldsymbol{e}_y\right] = i\,B_x a\,\boldsymbol{e}_y;$$

$\boldsymbol{m} \times \boldsymbol{B} = i\,a\,\boldsymbol{e}_z \times (B_x\boldsymbol{e}_x + B_z\boldsymbol{e}_z) = i\,a\,B_x\boldsymbol{e}_y$; also $\boldsymbol{T} = \boldsymbol{m} \times \boldsymbol{B}$ für ebene Stromschleifen in homogenen Magnetfeldern.

Lösung 6.2

a) $\boldsymbol{B} = B_\alpha(\rho)\,\boldsymbol{e}_\alpha$; mit Bezeichnungen nach Bild 3.18:

$$\tilde{I}(\rho) = \begin{cases} I_1 \dfrac{\rho^2}{\rho_1^2}, & 0 \leqq \rho \leqq \rho_1, \\ I_1, & \rho_1 \leqq \rho \leqq \rho_2, \\ I_1 + I_2\left(\dfrac{\rho^2-\rho_2^2}{\rho_3^2-\rho_2^2}\right), & \rho_2 \leqq \rho \leqq \rho_3, \\ I_1 + I_2, & \rho_3 \leqq \rho; \end{cases}$$

$\oint_{\tilde{K}} \boldsymbol{B}\cdot\mathrm{d}\boldsymbol{r} = 2\pi\rho B_\alpha(\rho)$; Durchflutungsgesetz;

$$B_\alpha(\rho) = \frac{\mu_0}{2\pi}\begin{cases} \dfrac{I_1}{\rho_1^2}\rho, & 0 \leqq \rho \leqq \rho_1, \\ I_1\dfrac{1}{\rho}, & \rho_1 \leqq \rho \leqq \rho_2, \\ \left[I_1 + I_2\left(\dfrac{\rho^2-\rho_2^2}{\rho_3^2-\rho_2^2}\right)\right]\dfrac{1}{\rho}, & \rho_2 \leqq \rho \leqq \rho_3, \\ (I_1+I_2)\dfrac{1}{\rho}, & \rho_3 \leqq \rho; \end{cases}$$

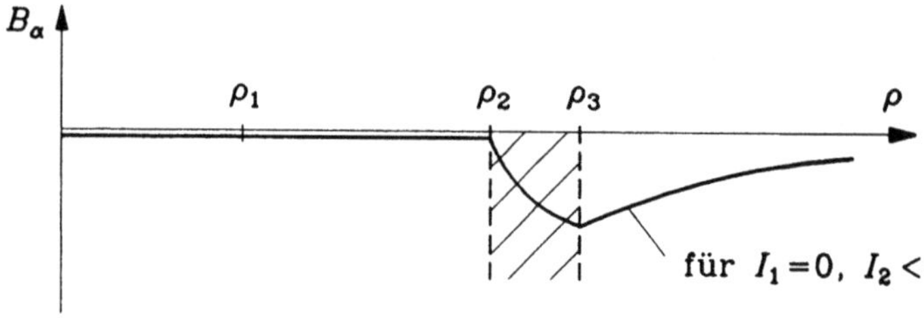

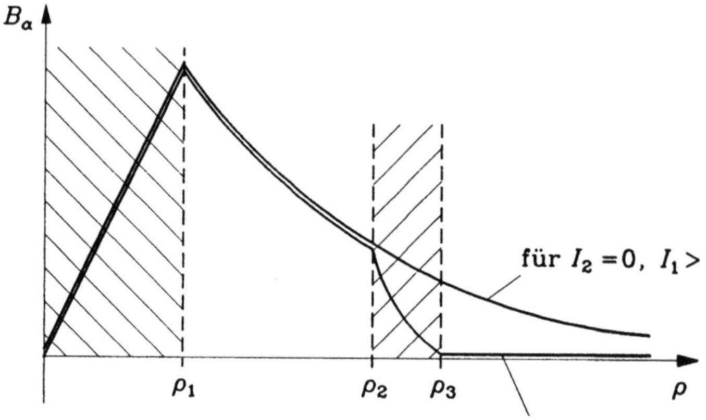

b)

$$B_\alpha(\rho)=\frac{\mu_0 I}{2\pi}\begin{cases}\dfrac{\rho}{\rho_1^2}\,, & 0\leqq\rho\leqq\rho_1\,,\\[2mm] \dfrac{1}{\rho}\,, & \rho_1\leqq\rho\leqq\rho_2\,,\\[2mm] \left(\dfrac{\rho_3^2-\rho^2}{\rho_3^2-\rho_2^2}\right)\dfrac{1}{\rho}\,, & \rho_2\leqq\rho\leqq\rho_3\,,\\[2mm] 0\,, & \rho_3\leqq\rho\,.\end{cases}$$

Lösung 6.3

a) $L_\nu=\dfrac{\mu_0 N_\nu^2 h_\nu}{2\pi}\ln\left(1+\dfrac{\Delta\rho}{\rho_0}\right)$ nach Gl. (6.33b); $M_{12}=N_2\left[\dfrac{\mu_0 N_1 h_1}{2\pi}\ln\left(1+\dfrac{\Delta\rho}{\rho_0}\right)\right]$ nach Beispiel 6.4.4a, wobei hier i_2 durch N_2 Windungen fließt und anders gezählt wird; weitere Stromschleifen ändern nichts an diesen Koeffizienten.

b) $\dfrac{L_1 L_2}{M_{12}^2}=\dfrac{h_2}{h_1}\geqq 1$; feste Kopplung für $h_2=h_1$; also $\ddot{u}=\dfrac{N_1}{N_2}$.

Lösung 6.4

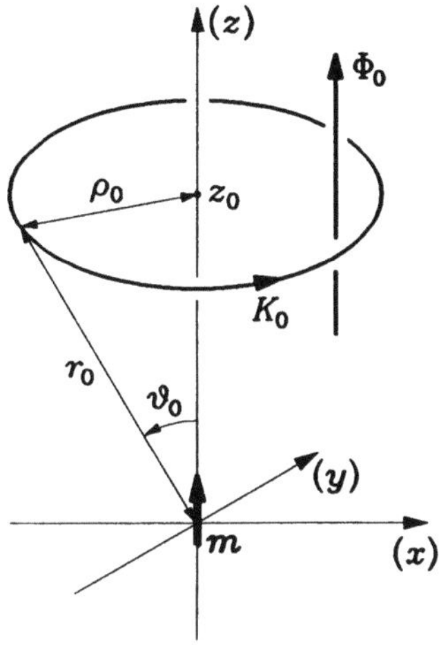

Gl. (6.3b): $\Phi_0 = \oint_{K_0} \boldsymbol{A} \cdot \mathrm{d}\boldsymbol{r}\,;$

Gl. (6.23): $\boldsymbol{A}\,|_{K_0} = \dfrac{\mu_0 m_z}{4\pi}\,\dfrac{\sin\vartheta_0}{r_0^2}\,\boldsymbol{e}_\alpha = \dfrac{\mu_0 m_z \rho_0}{4\pi\sqrt{\rho_0^2+z_0^2}^{\,3}}\,\boldsymbol{e}_\alpha\,;$

$\mathrm{d}\boldsymbol{r}\,|_{K_0} = \rho_0\,\mathrm{d}\alpha\,\boldsymbol{e}_\alpha\,;$ also $\Phi_0 = \dfrac{\mu_0 m_z \rho_0^2}{2\sqrt{\rho_0^2+z_0^2}^{\,3}}\,.$

Lösung 6.5

Beispielsweise für Teilfläche 3; dort gilt $\boldsymbol{K} = \dfrac{N i}{2\pi\rho}\,\boldsymbol{e}_\rho\,;$ andererseits folgt mit $\boldsymbol{n} = \boldsymbol{e}_z$ und dem $\boldsymbol{B}$-Feld nach Beispiel 6.4.2 $\mathrm{Rot}\,\boldsymbol{B}\,|_3 = \boldsymbol{e}_z \times \left(\boldsymbol{0} - \dfrac{\mu_0 N i}{2\pi\rho}\,\boldsymbol{e}_\alpha\right) = \dfrac{\mu_0 N i}{2\pi\rho}\,\boldsymbol{e}_\rho\,;$ ersichtlich ist $\mathrm{Rot}\,\boldsymbol{B} = \mu_0 \boldsymbol{K}$ auch auf den anderen Teilflächen erfüllt.

Lösung 6.6

$$\boldsymbol{B} = \frac{\mu_0 i}{2\pi}\left(\frac{1}{\rho_1}\,\boldsymbol{e}_{\alpha 1} - \frac{1}{\rho_2}\,\boldsymbol{e}_{\alpha 2}\right);$$

$$\boldsymbol{B} \times \mathrm{d}\boldsymbol{r} = \frac{\mu_0 i}{2\pi}\left[\frac{\boldsymbol{e}_{\alpha 1}}{\rho_1} \times (\mathrm{d}\rho_1 \boldsymbol{e}_{\rho 1} + \rho_1 \mathrm{d}\alpha_1 \boldsymbol{e}_{\alpha 1}) - \frac{\boldsymbol{e}_{\alpha 2}}{\rho_2} \times (\mathrm{d}\rho_2 \boldsymbol{e}_{\rho 2} + \rho_2 \mathrm{d}\alpha_2 \boldsymbol{e}_{\alpha 2})\right]$$

$$= \frac{\mu_0 i}{2\pi}\left(\frac{\mathrm{d}\rho_2}{\rho_2} - \frac{\mathrm{d}\rho_1}{\rho_1}\right)\boldsymbol{e}_z = \boldsymbol{0}\;;$$

letzteres ist gleichbedeutend mit $\mathrm{d}(\ln\rho_2 - \ln\rho_1) = 0$ bzw. $\ln(\rho_2/\rho_1) = \mathrm{const}$ oder $\rho_2/\rho_1 = \mathrm{const}$; die $\boldsymbol{B}$-Linien sind also Apollonius-Kreise (s. Aufgabe 4.1 und Lösung 4.2) bezüglich der jeweiligen Schnittpunkte der Linienströme mit der jeweiligen Ebene senkrecht zu den Strömen;

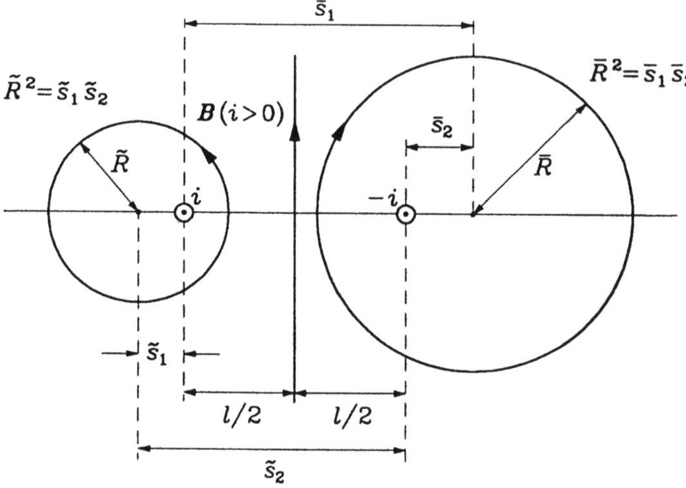

Lösung 6.7

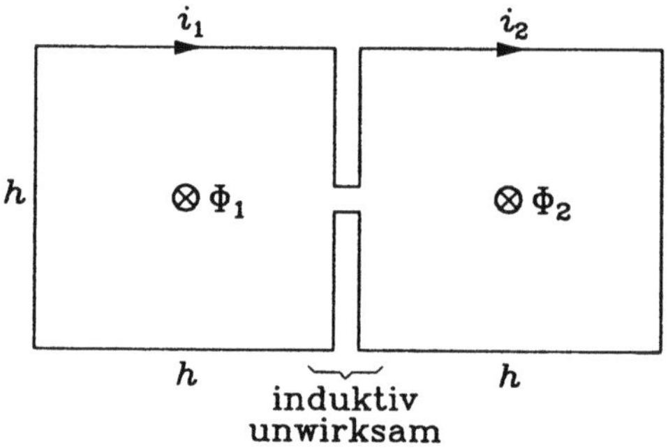

Die rechteckige Schleife ($h \times 2h$) wird aufgefaßt als Zusammenschaltung zweier quadratischer Schleifen ($h \times h$) mit den gegebenen gleichen Selbstinduktivitäten L_0; die zusätzlichen Teile sind induktiv praktisch unwirksam, weil dort eng benachbart gegensinnige Ströme fließen;

$$\Phi_1 = L_0 i_1 + M i_2 \ ,$$

$$\Phi_2 = M i_1 + L_0 i_2 \ ;$$

nach dem Zusammenschalten ($i_1 = i_2$) ergibt sich gemäß Beispiel 6.4.4c die Induktivität

$$L = L_0 + L_0 + 2M \ ;$$

da M hier negativ ist (Begründung wie für $M_{13} < 0$ in Bild 6.12), folgt schließlich $L < 2L_0$.

Lösung 7.1

a) $\boldsymbol{A}\,|_{z\text{-Achse}} = \dfrac{\mu_0 i(t)}{4\pi}\,\dfrac{1}{\sqrt{R^2+z^2}}\,\oint\limits_K \mathrm{d}\boldsymbol{r}' = \boldsymbol{0}$ wegen Gl. (6.17a).

b)

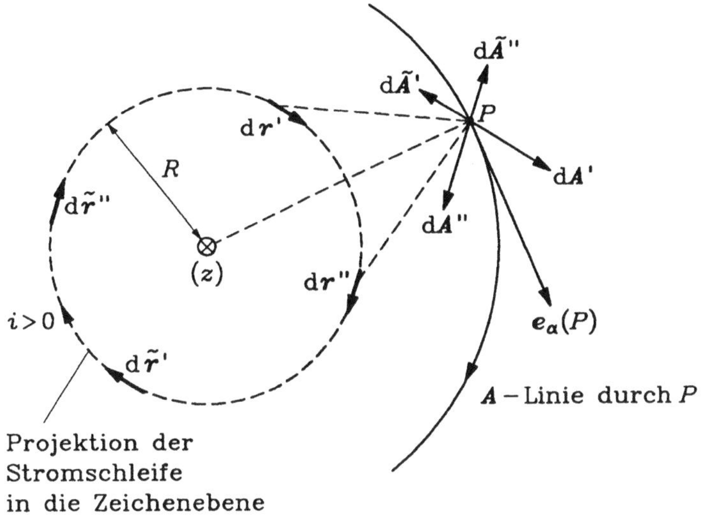

Es ist $\boldsymbol{A}(P,t) = [(\mathrm{d}\boldsymbol{A}' + \mathrm{d}\boldsymbol{A}'') + (\mathrm{d}\tilde{\boldsymbol{A}}' + \mathrm{d}\tilde{\boldsymbol{A}}'') + \cdots]$ mit $|\mathrm{d}\boldsymbol{A}'| > |\mathrm{d}\tilde{\boldsymbol{A}}'|$ und $|\mathrm{d}\boldsymbol{A}''| > |\mathrm{d}\tilde{\boldsymbol{A}}''|$; also gilt

$$\boldsymbol{A}(P,t) \begin{cases} \uparrow\uparrow \boldsymbol{e}_\alpha(P), & \text{falls } i(t) > 0, \\ \uparrow\downarrow \boldsymbol{e}_\alpha(P), & \text{falls } i(t) < 0; \end{cases}$$

denn im letzteren Fall müssen die $\mathrm{d}\boldsymbol{A}$ und folglich auch $\boldsymbol{A}(P,t)$ umgekehrt werden; insbesondere ist $f(P,R)$ positiv.

Lösung 7.2

a) Mit Aufgabe 7.1: $\boldsymbol{E}_{ind} = -\dot{\boldsymbol{A}} = -f\,\dfrac{\mathrm{d}i}{\mathrm{d}t}\,\boldsymbol{e}_\alpha \quad (f>0)$; die $\boldsymbol{E}_{ind}$-Linien sind also Kreise um die z-Achse; für $(\mathrm{d}i/\mathrm{d}t) > 0$ gilt $\boldsymbol{E}_{ind} \uparrow\downarrow \boldsymbol{e}_\alpha$.

b) Mit Lösung 3.2a: $\dot{\boldsymbol{B}}(0,0,z) = \dfrac{\mu_0 R^2}{2\sqrt{R^2+z^2}^{\,3}}\left(\dfrac{\mathrm{d}i}{\mathrm{d}t}\right)\boldsymbol{e}_z$;

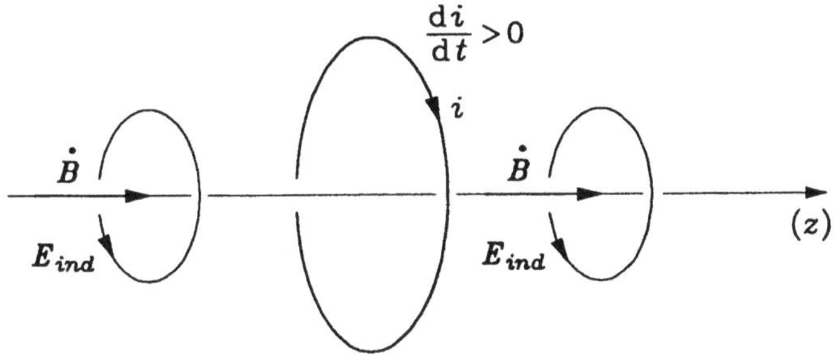

Lösung 7.3

a) $\operatorname{rot}[B_z(\rho)\,\boldsymbol{e}_z] = -\dfrac{\mathrm{d}B_z}{\mathrm{d}\rho}\,\boldsymbol{e}_\alpha = \boldsymbol{0}$ für $\rho \neq R$;

also ist B_z innerhalb und außerhalb räumlich konstant; innerhalb der Spule gilt somit $\boldsymbol{B} = \boldsymbol{B}\,|_{z\text{-Achse}} = \mu_0 K_\alpha \boldsymbol{e}_z$; dann muß aber außerhalb $\boldsymbol{B} = k\,\boldsymbol{e}_z = \boldsymbol{0}$ gelten, wie mit der Grenzbedingung $\operatorname{Rot}\boldsymbol{B}\,|_R = \boldsymbol{e}_\rho \times (k - \mu_0 K_\alpha)\,\boldsymbol{e}_z = \mu_0 K_\alpha \boldsymbol{e}_\alpha$ folgt.

b) $$\dot{\boldsymbol{B}} = \begin{cases} \mu_0 \dot{K}_\alpha \boldsymbol{e}_z = \mu_0 \hat{K}_\alpha\, \omega \cos\omega t\; \boldsymbol{e}_z\,, & \rho < R\,, \\ \boldsymbol{0}\,, & R < \rho\,; \end{cases}$$

das induzierte elektrische Feld jeder einzelnen Windung hat nur eine (von α unabhängige) α-Komponente; also gilt auch insgesamt $\boldsymbol{E}_{ind} = E_\alpha \boldsymbol{e}_\alpha$; die Anwendung des integralen Induktionsgesetzes längs eines Kreises mit Radius ρ rechtshändig um die z-Achse liefert

$$2\pi\rho\, E_\alpha = \begin{cases} -\dot{B}_z \pi \rho^2\,, & \rho \leqq R\,, \\ -\dot{B}_z \pi R^2\,, & R < \rho\,; \end{cases}$$

also folgt schließlich

$$\boldsymbol{E}_{ind} = \begin{cases} -\left(\dfrac{1}{2}\mu_0 \hat{K}_\alpha\, \omega \cos\omega t\right) \rho\, \boldsymbol{e}_\alpha\,, & \rho \leqq R\,, \\ -\left(\dfrac{1}{2}\mu_0 \hat{K}_\alpha\, \omega \cos\omega t\right) \dfrac{R^2}{\rho}\, \boldsymbol{e}_\alpha\,, & R < \rho\,; \end{cases}$$

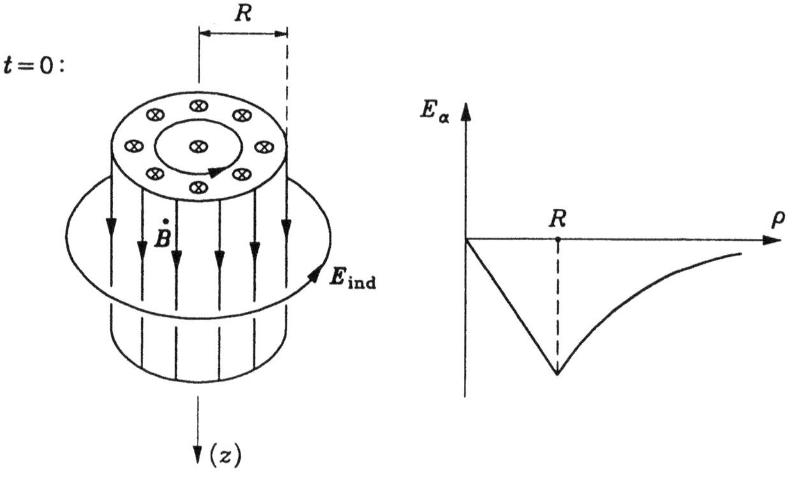

Lösung 7.4

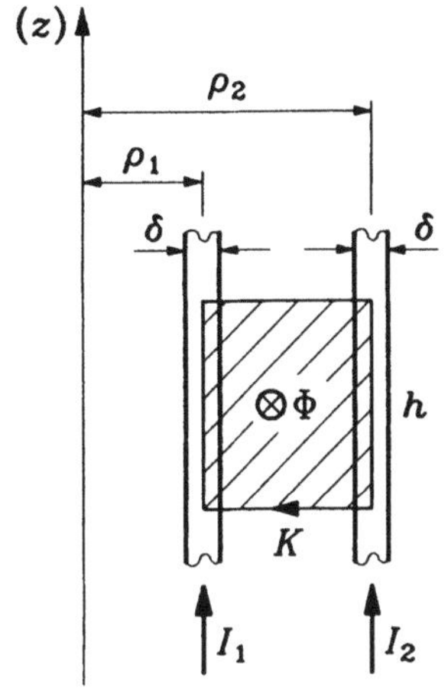

Mit Gl. (3.35) : $-\dot{\Phi} = -\left(\frac{\mu_0}{2\pi}\ln\frac{\rho_2}{\rho_1}\right)\dot{I}_1\,h \quad (\delta \ll \rho_1, \rho_2)$;

$\oint_K E_z(\rho,t)\boldsymbol{e}_z\cdot \mathrm{d}\boldsymbol{r} = (E_1 - E_2)\,h = \frac{1}{\kappa}(J_1 - J_2)\,h$, wobei E_1, E_2, J_1 und J_2 die z-Komponenten der jeweiligen Vektoren für $\rho = \rho_1$ bzw. $\rho = \rho_2$ bedeuten; wegen $I_1 = J_1\,2\pi\rho_1\delta$ folgt schließlich aus dem Induktionsgesetz

$$J_1 - J_2 = -\kappa\mu_0\left(\rho_1\delta\ln\frac{\rho_2}{\rho_1}\right)\dot{J}_1 \;;$$

Übergang zu komplexen Zeigergrößen, die durch Unterstreichen gekennzeichnet werden:

$$\underline{J}_1 - \underline{J}_2 = -\mathrm{j}\omega\kappa\mu_0\left(\rho_1\delta\ln\frac{\rho_2}{\rho_1}\right)\underline{J}_1 \;,$$

d.h.

$$\underline{J}_2 = \left[1 + \mathrm{j}\omega\kappa\mu_0\left(\rho_1\delta\ln\frac{\rho_2}{\rho_1}\right)\right]\underline{J}_1 \;;$$

daraus liest man ab:

$$\frac{J_{2eff}}{J_{1eff}} = \sqrt{1 + \omega^2\kappa^2\mu_0^2\left(\rho_1\delta\ln\frac{\rho_2}{\rho_1}\right)^2} > 1 \;,$$

$$\tan(\beta_2 - \beta_1) = \omega\kappa\mu_0\left(\rho_1\delta\ln\frac{\rho_2}{\rho_1}\right) \;;$$

die Stromdichte ist also im äußeren Rohr effektiv höher als im inneren; außerdem sind die Stromdichten nicht gleichphasig.

Das sind die allgemeinen Kennzeichen der sogenannten Stromverdrängung (Skineffekt), deren Berechnung für massive Runddrähte ungleich aufwendiger ist.

Lösung 7.5

a) $\operatorname{rot}\boldsymbol{E} = \frac{1}{\kappa}\operatorname{rot}[J_y(x,t)\,\boldsymbol{e}_y] = \frac{1}{\kappa}\frac{\partial J_y}{\partial x}\boldsymbol{e}_z$; $\operatorname{rot}\boldsymbol{E} = -\dot{\boldsymbol{B}} = -\omega B_0\cos(\omega t)\,\boldsymbol{e}_z$; also muß $\partial J_y/\partial x = -\kappa\,\omega B_0\cos(\omega t)$ gelöst werden: $J_y = [-\kappa\,\omega B_0\cos(\omega t)]\,x + k(t)$; da Ladungsänderungen der Elektroden vernachlässigt werden sollen, muß die Stromstärke durch eine Querschnittsfläche des Plättchens, also die Größe

$h_z\int_{-x_0}^{x_0} J_y(x,t)\,\mathrm{d}x = h_z k(t)\,2x_0$ dauernd gleich null sein; folglich gilt $k(t)\equiv 0$;

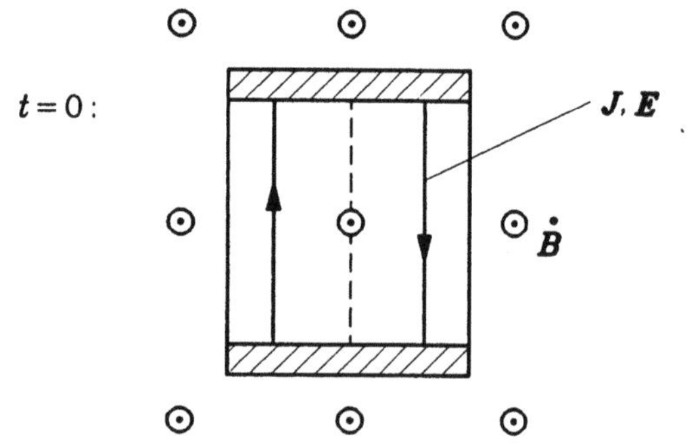

b) Mit Gl. (5.14) : $P_1 = \frac{1}{\kappa}\int_{-x_0}^{x_0} J_y^2 h_y h_z\,\mathrm{d}x = \frac{\kappa}{12}[\omega B_0\cos(\omega t)]^2 h_y h_z h_x^3 =: f(t)\,h_x^3$.

c) Ein Streifen der Breite h_x/N ist jetzt so zu behandeln wie zuvor das ganze Plättchen der Breite h_x; daher gilt für einen solchen Streifen $P = f(t)(h_x/N)^3$; damit folgt $P_2 = N\,P = \frac{P_1}{N^2}$.

Das ist ein elementares Beispiel für die Reduktion von Wirbelstromverlusten.

Lösung 7.6

a) Mit der Faradayschen Flußregel (7.46):

$$(R+R_g)i = -\frac{\mathrm{d}}{\mathrm{d}t}[L_g i + \boldsymbol{B}_0\cdot\boldsymbol{n}(t)\,l\,h] = -L_g\frac{\mathrm{d}i}{\mathrm{d}t} - l\,h\,|\boldsymbol{B}_0|\,\omega\cos\omega t\ ;$$

$$L_g\frac{\mathrm{d}i}{\mathrm{d}t} + (R+R_g)i = -\hat{\Phi}_0\,\omega\cos\omega t \quad \text{mit der Abkürzung} \quad \hat{\Phi}_0 = |\boldsymbol{B}_0|\,l\,h\ .$$

b)

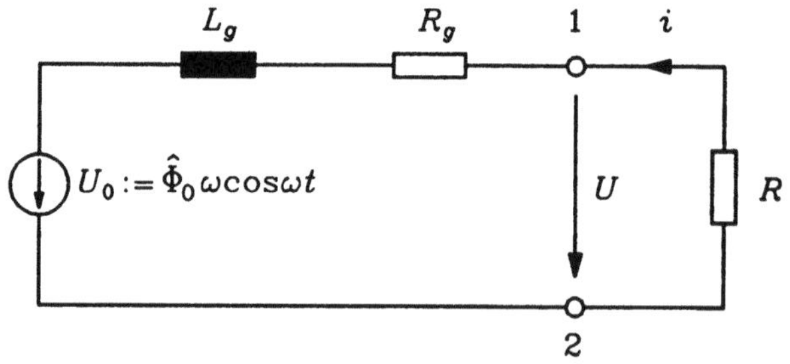

c) Leerlauf: $i = 0$, d.h. $\boldsymbol{J} = \boldsymbol{0}$ in allen Leiterteilen sowie $\boldsymbol{B} = \boldsymbol{B}_0$; $\boldsymbol{J} = \kappa(\boldsymbol{E} + \boldsymbol{u} \times \boldsymbol{B}_0) = \boldsymbol{0}$; also $\boldsymbol{E} = \boldsymbol{0}$ in den ruhenden und $\boldsymbol{E} = -\boldsymbol{u} \times \boldsymbol{B}_0$ in den bewegten Leiterteilen; wegen $\dot{\boldsymbol{B}}_0 = \boldsymbol{0}$ ist das elektrische Feld wirbelfrei, so daß $U_0 = \int_1^2 \boldsymbol{E} \cdot \mathrm{d}\boldsymbol{r}$ längs eines beliebigen Weges berechnet werden kann, der hier speziell von Klemme 1 stets innerhalb der Leiter durch den Generator zur Klemme 2 führen soll; da nur die bewegten Teile einen von null verschiedenen Beitrag liefern und diese wegen $\delta \ll h$ ein praktisch geschlossenes Rechteck bilden, gilt für den gewählten Integrationsweg

$U_0 = -\int_1^2 (\boldsymbol{u} \times \boldsymbol{B}_0) \cdot \mathrm{d}\boldsymbol{r} \approx -\oint_{(Rechteck)} (\boldsymbol{u} \times \boldsymbol{B}_0) \cdot \mathrm{d}\boldsymbol{r} = \dot{\Phi}^{(u)} = \hat{\Phi}_0\, \omega \cos \omega t$; es wurde noch Gl. (3.34b) benutzt.

Lösung 7.7

$i_1 = 0$; $U_1 = \frac{\mathrm{d}}{\mathrm{d}t} \Phi_1 = \frac{\mathrm{d}}{\mathrm{d}t}(L_1 i_1 + M_{12} i_2) = M_{12} \frac{\mathrm{d}i_2}{\mathrm{d}t} = M_{12} \hat{i}_2\, \omega \cos \omega t$; $\hat{U}_1 = |M_{12}|\, \hat{i}_2\, \omega$; zur Bestimmung von $M_{12} = M_{21}$ (!) darf ein geeigneter Betriebszustand angenommen werden: $i_1 \neq 0$, $i_2 = 0$; dann wird Schleife 2 einmal vom Querschnittsfluß $\frac{\mu_0 N_1 \,|i_1|\, \pi R_1^2}{l_1}$ der Spule durchsetzt (hier interessieren nur Beträge); also ist $|\Phi_2^{(1)}| = \frac{\mu_0 N_1 \,|i_1|\, \pi R_1^2}{l_1}$ und somit $|M_{21}| = \frac{\mu_0 N_1 \pi R_1^2}{l_1}$; schließlich folgt $\hat{U}_1 = \frac{\mu_0 N_1 \pi R_1^2}{l_1} \omega \hat{i}_2$.

Lösung 8.1

a) Da die $\boldsymbol{E}$-Linien tangential zur Mantelfläche des Isolators verlaufen, ist das elektrische Feld aus Stetigkeitsgründen *überall* zwischen den Platten durch $\boldsymbol{E} = E\, \boldsymbol{e}_z$ gegeben; somit gilt für die obere Platte

$\sigma_{fI} = D(I) = \varepsilon_0 E + P_0$, $\quad \sigma_{fII} = D(II) = \varepsilon_0 E$;

ersichtlich wird mit den z-Komponenten der jeweiligen Feldvektoren gerechnet;

$Q_f = \pi[\sigma_{fI} R_1^2 + \sigma_{fII}(R_2^2 - R_1^2)] = \pi[R_1^2 P_0 + R_2^2 \varepsilon_0 E]$;

mit $Q_f = 0$ folgt $\varepsilon_0 E = -\frac{R_1^2}{R_2^2} P_0$ und damit schließlich

$$\sigma_{fI} = \left(1 - \frac{R_1^2}{R_2^2}\right) P_0, \quad \sigma_{fII} = -\frac{R_1^2}{R_2^2} P_0, \quad U = -\frac{P_0 R_1^2 l}{\varepsilon_0 R_2^2}.$$

Man beachte: Die Gesamtdichten $\sigma_I = \sigma_{fI} + \sigma_{pol} = \sigma_{fI} - P_0 = -(R_1^2/R_2^2)P_0$ und $\sigma_{II} = \sigma_{fII} = -(R_1^2/R_2^2)P_0$ sind einander gleich sowie negativ ($P_0 > 0$); dementsprechend zeigt $\boldsymbol{E}$ von unten nach oben ($E < 0$) und ist $U < 0$, da von oben nach unten gezählt; die Flächenladungsdichten der unteren Platte unterscheiden sich nur durch das Vorzeichen von den ensprechenden Dichten auf der oberen Platte.

b) Nach wie vor gilt $Q_f = \pi[R_1^2 P_0 + R_2^2 \varepsilon_0 E]$; der Kurzschluß erzwingt $E = 0$, d.h. $Q_f = \pi R_1^2 P_0$; diese freie Ladung verteilt sich nach dem Entfernen des polarisierten Körpers über die ganze obere Platte mit der Dichte $\sigma_f = Q_f/\pi R_2^2 = (R_1^2/R_2^2)P_0$, so daß jetzt gilt:

$$\varepsilon_0 E = \frac{R_1^2}{R_2^2} P_0 , \quad U = \frac{P_0 R_1^2 l}{\varepsilon_0 R_2^2} \quad \text{(entgegengesetzt gleich zum vorherigen Resultat).}$$

Lösung 8.2

$\operatorname{div}[D_\rho(\rho)\boldsymbol{e}_\rho] = \dfrac{1}{\rho}\dfrac{\mathrm{d}}{\mathrm{d}\rho}(\rho D_\rho) = 0$, denn im Inneren der dielektrischen Bereiche liegen keine freien Ladungen vor; damit folgt zunächst

$$D_\rho = \begin{cases} \dfrac{k_1}{\rho}, & \rho_1 < \rho < \rho_{12}, \\ \dfrac{k_2}{\rho}, & \rho_{12} < \rho < \rho_2 ; \end{cases} \quad \text{für } \rho = \rho_{12} \text{ gilt } \operatorname{Div}\boldsymbol{D} = \boldsymbol{e}_\rho \cdot \left(\frac{k_2 - k_1}{\rho_{12}}\right)\boldsymbol{e}_\rho = \sigma_f = 0;$$

also kann mit *einer* Konstante $k := k_1 = k_2$ weitergerechnet werden; für $\rho = \rho_1$ gilt $\operatorname{Div}\boldsymbol{D} = \boldsymbol{e}_\rho \cdot \left(\dfrac{k}{\rho_1}\boldsymbol{e}_\rho - \boldsymbol{0}\right) = \sigma_{f1} = \dfrac{Q_{f1}}{2\pi\rho_1 l}$; also ist $k = \dfrac{Q_{f1}}{2\pi l}$, und man erhält schließlich

$$D_\rho = \frac{Q_{f1}}{2\pi l \rho} \quad \text{für } \rho_1 < \rho < \rho_2 \text{ sowie } E_\rho = \frac{Q_{f1}}{2\pi l \rho}\begin{cases} \dfrac{1}{\varepsilon_1}, & \rho_1 < \rho < \rho_{12}, \\ \dfrac{1}{\varepsilon_2}, & \rho_{12} < \rho < \rho_2 ; \end{cases}$$

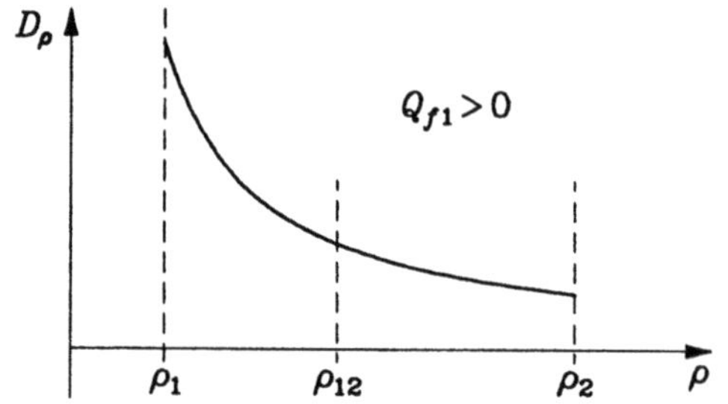

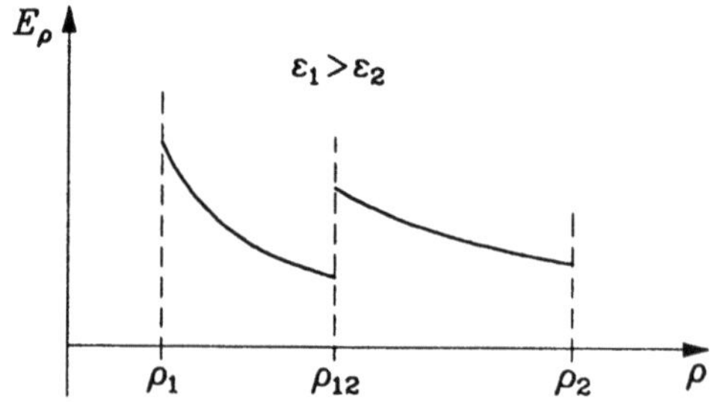

flächenhafte Polarisationsladungen bei $\rho = \rho_{12}$ bewirken den dortigen Sprung von E_ρ;

$$U_{12} = \int_{\rho_1}^{\rho_2} E_\rho(\rho)\,\mathrm{d}\rho = \frac{Q_{f1}}{2\pi l}\left(\frac{1}{\varepsilon_1}\ln\frac{\rho_{12}}{\rho_1} + \frac{1}{\varepsilon_2}\ln\frac{\rho_2}{\rho_{12}}\right), \quad C = \frac{2\pi l}{\frac{1}{\varepsilon_1}\ln\frac{\rho_{12}}{\rho_1} + \frac{1}{\varepsilon_2}\ln\frac{\rho_2}{\rho_{12}}}.$$

Lösung 8.3

a) Die Punktladung q_1 erzeugt im Bereich des Kügelchens ein praktisch homogenes Feld $\boldsymbol{E}_0^{(1)} = \frac{q_1}{4\pi\varepsilon_0 h^2}\,\boldsymbol{e}_z$, welches (nach Gl. (8.46)) die praktisch homogene Polarisation $\boldsymbol{P}_0 = 3\varepsilon_0\left(\frac{\varepsilon_r - 1}{\varepsilon_r + 2}\right)\boldsymbol{E}_0^{(1)}$ hervorruft; somit gilt $\boldsymbol{p}_0 = \frac{4}{3}\pi R^3 \boldsymbol{P}_0 = \frac{q_1 R^3}{h^2}\left(\frac{\varepsilon_r - 1}{\varepsilon_r + 2}\right)\boldsymbol{e}_z$.

b) Auf diesen feldparallel liegenden Dipol wirkt nach Lösung 4.4a die Kraft

$$\boldsymbol{F}^{(1)} = -\frac{q_1 \boldsymbol{p}_0}{2\pi\varepsilon_0 h^3} = -\frac{q_1^2 R^3}{2\pi\varepsilon_0 h^5}\left(\frac{\varepsilon_r - 1}{\varepsilon_r + 2}\right)\boldsymbol{e}_z.$$

c) $\tilde{\boldsymbol{p}} = 2\boldsymbol{p}_0$; $\tilde{\boldsymbol{F}}^{(1)} = -\frac{q_1\tilde{\boldsymbol{p}}}{2\pi\varepsilon_0 h^3}$, $\tilde{\boldsymbol{F}}^{(2)} = -\frac{q_2\tilde{\boldsymbol{p}}}{2\pi\varepsilon_0 h^3}$, $q_2 = -q_1$; also $\tilde{\boldsymbol{F}}_{ges} = \boldsymbol{0}$.

Lösung 9.1

a) Das $\boldsymbol{B}$-Feld der Spule wird erzeugt vom Strombelag $\boldsymbol{K}_{Spule} = (N i / l)\,\boldsymbol{e}_\alpha$; das $\boldsymbol{B}$-Feld des Magneten wird nach Beispiel 9.3.1a erzeugt vom Strombelag $\boldsymbol{K}_{mag} = M_0\,\boldsymbol{e}_\alpha$ auf der Mantelfläche; beide Beläge stimmen geometrisch überein; also $M_0 = \frac{N i}{l}$.

b) Lösung 3.2b mit $K_\alpha = M_0$, $z_1 = -l$ und $z_2 = 0$;

$$\boldsymbol{B}(0,0,z) = \frac{\mu_0 M_0}{2}\left(\frac{z+l}{\sqrt{R^2 + (z+l)^2}} - \frac{z}{\sqrt{R^2 + z^2}}\right)\boldsymbol{e}_z \qquad \text{für alle } z;$$

mit Gl. (9.14):

$$\boldsymbol{H}(0,0,z) = \begin{cases} \frac{1}{\mu_0}\boldsymbol{B}(0,0,z), & z < -l \text{ und } 0 < z, \\ \frac{1}{\mu_0}\boldsymbol{B}(0,0,z) - \boldsymbol{M}_0, & -l < z < 0. \end{cases}$$

c) Das $\boldsymbol{H}$-Feld der Spule gleicht geometrisch dem $\boldsymbol{B}$-Feld der Spule und hat daher ausschließlich flächenhafte Wirbel in Gestalt des (freien) Strombelags $(N i / l)\,\boldsymbol{e}_\alpha$ (s.o.).

Das $\boldsymbol{H}$-Feld des Magneten ist wirbelfrei, da keine freien Ströme fließen. Es hat ausschließlich flächenhafte Quellen auf den beiden Stirnflächen (s.Bild 9.12).

Lösung 9.2

a) $$H_\alpha(\rho)2\pi\rho = \oint_{\tilde{K}} \boldsymbol{H}\cdot \mathrm{d}\boldsymbol{r} = \tilde{I}_f(\rho) = \begin{cases} I_f \dfrac{\rho^2}{R^2}, & 0 \leqq \rho \leqq R, \\ I_f, & R \leqq \rho; \end{cases}$$

$$H_\alpha = \begin{cases} \dfrac{I_f}{2\pi R^2}\rho, & 0 \leqq \rho \leqq R, \\ \dfrac{I_f}{2\pi}\dfrac{1}{\rho}, & R \leqq \rho, \end{cases} \qquad B_\alpha = \begin{cases} \mu\dfrac{I_f}{2\pi R^2}\rho, & 0 \leqq \rho \leqq R, \\ \mu_0\dfrac{I_f}{2\pi}\dfrac{1}{\rho}, & R \leqq \rho; \end{cases}$$

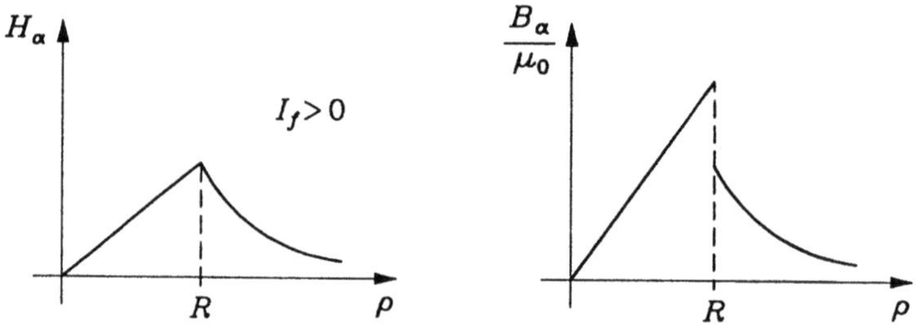

den Sprung von B_α verursacht ein flächenhafter Magnetisierungsstrom, während H_α bei $\rho = R$ stetig verläuft, da dort keine freie Flächenstromdichte vorliegt.

b)

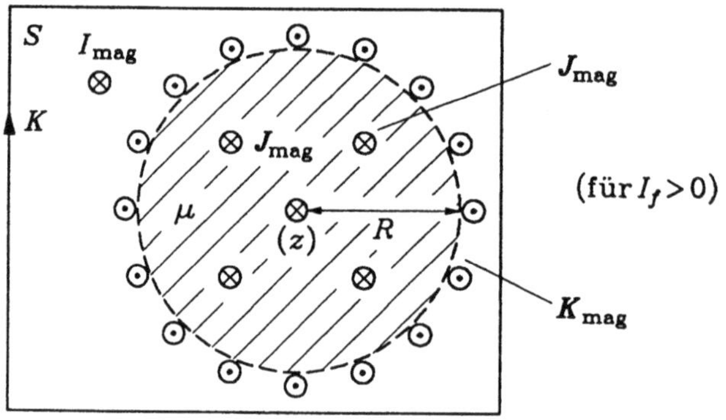

Gl. (9.43a): $\boldsymbol{J}_{mag} = (\mu_r - 1)\dfrac{I_f}{\pi R^2}\boldsymbol{e}_z$ innerhalb des Drahtes; Gl. (9.18) mit $\boldsymbol{K}_f = \boldsymbol{0}$:

$$\boldsymbol{K}_{mag} = \frac{1}{\mu_0}\operatorname{Rot}\boldsymbol{B}\,|_R = \frac{1}{\mu_0}\boldsymbol{e}_\rho \times \frac{I_f}{2\pi}\left(\frac{\mu_0}{R} - \frac{\mu}{R}\right)\boldsymbol{e}_\alpha = -(\mu_r - 1)\frac{I_f}{2\pi R}\boldsymbol{e}_z\ ;$$

$I_{mag} = \boldsymbol{J}_{mag} \cdot \boldsymbol{e}_z \pi R^2 + \boldsymbol{K}_{mag} \cdot \boldsymbol{e}_z 2\pi R = 0$; oder kürzer (und auch für gebogene Drähte) mit Gl. (9.7), in welche man hier nur $\boldsymbol{M} = \boldsymbol{0}$ (Vakuum) einsetzen muß; man verwechsle dieses Ergebnis nicht mit der Aussage von Gl. (9.8b), die sich auf Hüllflächen bezieht.

Bemerkung: Die gesamte Stromstärke eines permeablen Drahtes ist also gleich der freien Stromstärke im Draht. Für das Magnetfeld im Außenraum spielt die Permeabilität des Drahtes daher keine Rolle.

Lösung 9.3

a) Mit Gl. (9.34): $\mu H_E = \mu_0 H_L$; das $\boldsymbol{H}$-Feld hat an den Polflächen Quellen.

b) $N i = H_E l_E + H_L l_L = H_L \left(\dfrac{l_E}{\mu_r} + l_L \right)$; $B = \mu_0 H_L$; also $B = \mu_0 \dfrac{\mu_r}{l + \mu_r l_L} N i$, wobei $l_E \approx l$ gesetzt wurde.

c) L (mit Luftspalt) $= \dfrac{N B a}{i} = \mu_0 \dfrac{\mu_r}{l + \mu_r l_L} N^2 a$.

d) L (ohne Luftspalt) $= \mu_0 \dfrac{\mu_r}{l} N^2 a$, $\quad U = i \dfrac{\mathrm{d}L}{\mathrm{d}t}$; $\quad \int_0^T U \,\mathrm{d}t = i\,(L_{ohne} - L_{mit})$.

Lösung 9.4

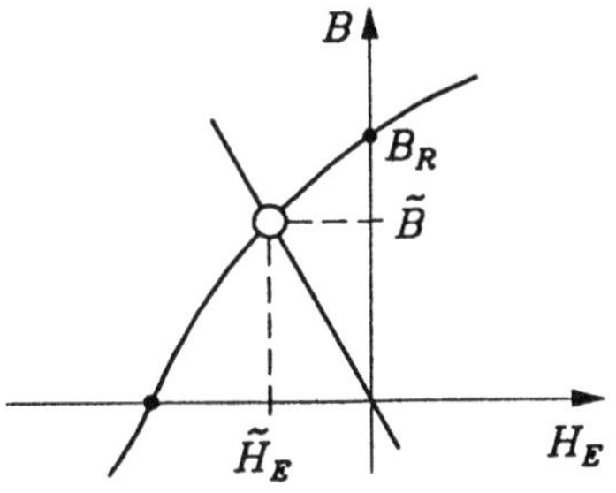

Wie in Aufgabe 9.3 gilt (mit $l_E \approx l$) $N i = H_E l_E + H_L l_L = H_E l + \dfrac{B}{\mu_0} l_L$.

a) Mit $l_L = 0$ und $i = 0$ folgt $H_E = 0$, so daß man zum Remanenzpunkt ($H_E = 0$, $B = B_R$) gelangt.

b) Mit $l_L \neq 0$ und $i = 0$ folgt $B = -\mu_0 \dfrac{l}{l_L} H_E$; letzteres beschreibt im B-H_E-Diagramm eine Gerade mit negativer Steigung durch den Nullpunkt (Scherungsgerade); deren Schnitt mit der Hysteresekurve ist der gesuchte jetzt vorliegende Arbeitspunkt ($\tilde{H}_E$, $\tilde{B}$).

Lösung 10.1

a) Anwendung des Durchflutungsgesetzes (9.16b) auf Kreise um die z-Achse mit Radien zwischen ρ_1 und ρ_2: $I = H_\alpha(\rho) 2\pi\rho = 2\pi k_2$, d.h. $k_2 = \dfrac{I}{2\pi}$; außerdem muß

$$RI = \int_{\rho_1}^{\rho_2} E_\rho(\rho)\,\mathrm{d}\rho = k_1 \int_{\rho_1}^{\rho_2} \frac{\mathrm{d}\rho}{\rho} = k_1 \ln \frac{\rho_2}{\rho_1}$$ gelten; d.h. $$k_1 = \frac{RI}{\ln(\rho_2/\rho_1)} \;;$$

$$\boldsymbol{S} = \boldsymbol{E} \times \boldsymbol{H} = \frac{k_1 k_2}{\rho^2} \boldsymbol{e}_z = \frac{RI^2}{2\pi \ln(\rho_2/\rho_1)} \frac{1}{\rho^2} \boldsymbol{e}_z \,.$$

b) $$\iint \boldsymbol{S} \cdot \boldsymbol{e}_z \,\mathrm{d}a = \frac{RI^2}{2\pi \ln(\rho_2/\rho_1)} \int_0^{2\pi} \int_{\rho_1}^{\rho_2} \frac{\rho\,\mathrm{d}\rho\,\mathrm{d}\alpha}{\rho^2} = RI^2 \,.$$

Lösung 10.2

$$\boldsymbol{E}_{ind} = -\dot{\boldsymbol{A}} \;; \qquad \boldsymbol{S} = \frac{1}{\mu_0} \boldsymbol{E} \times \boldsymbol{B} \;;$$

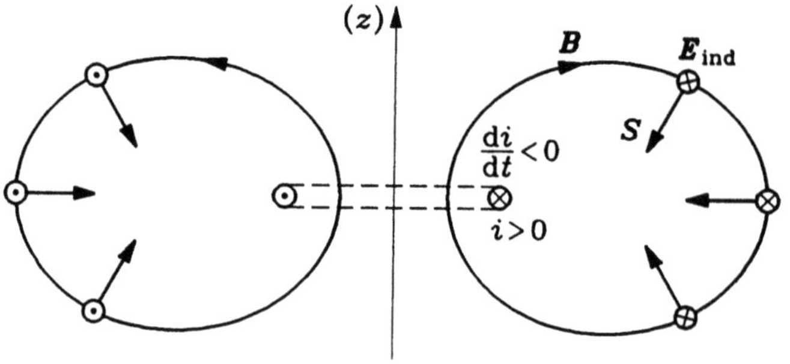

Lösung 11.1

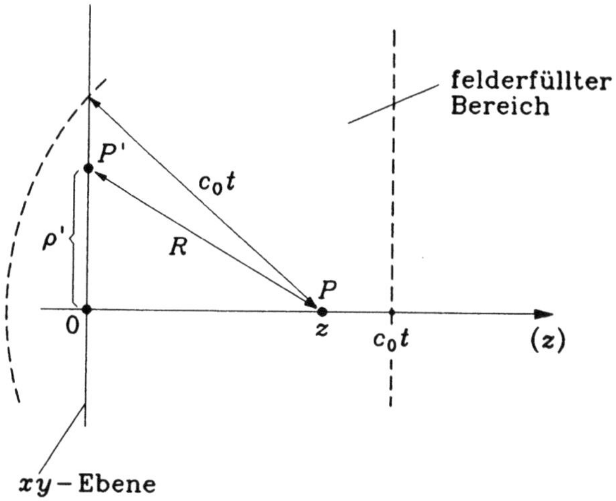

$$K_y(t^*) = K_y\left(t - \frac{R}{c_0}\right) = \begin{cases} 0\,, & R > c_0 t\,, \\ K_0\,, & R \leqq c_0 t\,; \end{cases}$$

$$\boldsymbol{A}(P,t) = \frac{\mu_0}{4\pi}\int_0^{2\pi}\int_0^{\infty}\frac{K_y(t^*)\rho'\,\mathrm{d}\rho'\,\mathrm{d}\alpha'}{R}\,\boldsymbol{e}_y \quad \text{mit} \quad R^2 = \rho'^2 + z^2\,;$$

nach der Substitution $\rho'\,\mathrm{d}\rho' = R\,\mathrm{d}R$ und der einfachen α'-Integration erhält man

$$\boldsymbol{A}(P,t) = \frac{\mu_0}{2}\int_{|z|}^{\infty} K_y(t^*)\,\mathrm{d}R\,\boldsymbol{e}_y\,;$$

$$\boldsymbol{A}(P,t) = \begin{cases} \boldsymbol{0}\,, & |z| > c_0 t\,, \\ \dfrac{\mu_0 K_0}{2}\displaystyle\int_{|z|}^{c_0 t}\mathrm{d}R\,\boldsymbol{e}_y = \dfrac{\mu_0 K_0}{2}(c_0 t - |z|)\,\boldsymbol{e}_y\,, & |z| \leqq c_0 t\,; \end{cases}$$

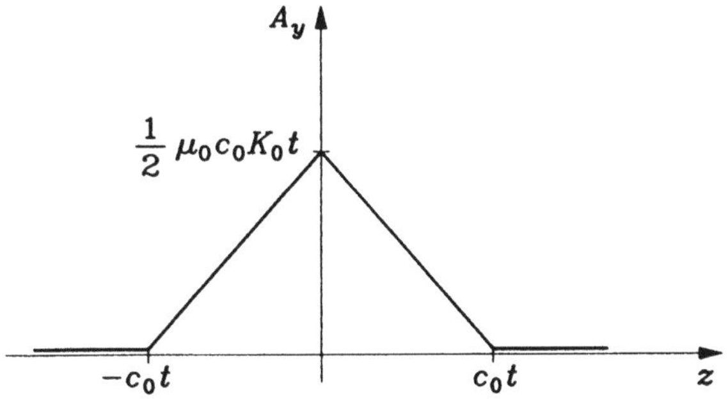

$$\boldsymbol{E} = -\dot{\boldsymbol{A}} = \begin{cases} \boldsymbol{0}\,, & |z| > c_0 t\,, \\ -\dfrac{\mu_0 K_0}{2} c_0\,\boldsymbol{e}_y\,, & |z| \leqq c_0 t\,; \end{cases}$$

$$\boldsymbol{B} = \operatorname{rot}\boldsymbol{A} = \begin{cases} \boldsymbol{0}\,, & |z| > c_0 t\,, \\ \dfrac{\mu_0 K_0}{2}\,\operatorname{sign}(z)\,\boldsymbol{e}_x\,, & |z| \leqq c_0 t\,. \end{cases}$$

Lösung 11.2

Geometrisch orientiere man sich an Bild 11.7a;

$$i(t^*) = \begin{cases} 0\,, & R > c_0 t\,, \\ k_0 t - \dfrac{k_0 R}{c_0}\,, & R \leqq c_0 t\,; \end{cases}$$

mit Gl. (11.58) und $R = \sqrt{\rho^2 + (z - z')^2}$ folgt die der Gl. (11.59) entsprechende Beziehung

$$\boldsymbol{A}(P,t) = \frac{\mu_0 k_0}{2\pi} \int_0^l \left(\frac{t}{\sqrt{\rho^2+u^2}} - \frac{1}{c_0} \right) \mathrm{d}u \; \boldsymbol{e}_z \;;$$

mit den Formeln (11.60a-c), (11.61):

$$\frac{\partial A_z}{\partial \rho} = \frac{\mu_0 k_0}{2\pi} \left[\int_0^l \frac{-\rho t}{\sqrt{\rho^2+u^2}^{\,3}} \mathrm{d}u - \left(\frac{t}{\sqrt{\rho^2+l^2}} - \frac{1}{c_0} \right) \frac{\rho}{l} \right]$$

$$= \frac{\mu_0 k_0}{2\pi} \left[\frac{-l\,t}{\rho\sqrt{\rho^2+l^2}} - \left(\frac{t}{c_0 t} - \frac{1}{c_0} \right) \frac{\rho}{l} \right]$$

$$= \frac{\mu_0 k_0}{2\pi} \frac{-l\,t}{\rho c_0 t} = -\frac{\mu_0 k_0}{2\pi c_0} \frac{\sqrt{(c_0 t)^2 - \rho^2}}{\rho} \;;$$

$$\frac{\partial A_z}{\partial t} = \frac{\mu_0 k_0}{2\pi} \left[\int_0^l \frac{\mathrm{d}u}{\sqrt{\rho^2+u^2}} + \left(\frac{t}{\sqrt{\rho^2+l^2}} - \frac{1}{c_0} \right) \frac{c_0^2 t}{l} \right]$$

$$= \frac{\mu_0 k_0}{2\pi} \left[\ln\left(\frac{l + \sqrt{\rho^2+l^2}}{\rho} \right) + \left(\frac{t}{c_0 t} - \frac{1}{c_0} \right) \frac{c_0^2 t}{l} \right]$$

$$= \frac{\mu_0 k_0}{2\pi} \ln\left(\frac{c_0 t + \sqrt{(c_0 t)^2 - \rho^2}}{\rho} \right) \;;$$

$$\boldsymbol{B} = -\frac{\partial A_z}{\partial \rho} \boldsymbol{e}_\alpha = \frac{\mu_0 k_0}{2\pi c_0} \frac{\sqrt{(c_0 t)^2 - \rho^2}}{\rho} \boldsymbol{e}_\alpha \;;$$

$$\boldsymbol{E} = -\dot{A}_z \boldsymbol{e}_z = -\frac{\mu_0 k_0}{2\pi} \ln\left(\frac{c_0 t + \sqrt{(c_0 t)^2 - \rho^2}}{\rho} \right) \boldsymbol{e}_z \;;$$

beide Felder haben insbesondere auf der Frontfläche $\rho = c_0 t$ keine Singularität (vgl. Beispiel 11.4.6c, vorletzter Absatz); sie gehen dort gegen null.

Lösung 11.3

a) Mit Gl. (11.63):

$$\psi_E(t) = \int_0^{2\pi} \int_0^{c_0 t} E_z(\rho', t)\, \rho' \mathrm{d}\rho' \mathrm{d}\alpha' = -\mu_0 i_0 c_0 \int_0^{c_0 t} \frac{\rho' \mathrm{d}\rho'}{\sqrt{(c_0 t)^2 - \rho'^2}}$$

$$= -\mu_0 i_0 c_0 \left(-\sqrt{(c_0 t)^2 - \rho'^2} \right) \Big|_0^{c_0 t} = -\mu_0 i_0 c_0^2 t = -\frac{i_0}{\varepsilon_0} t \,.$$

b) $\boldsymbol{B} = \boldsymbol{0}$ im feldfreien Bereich und $\varepsilon_0 \, \mathrm{d}\psi_E / \mathrm{d}t = -i_0$; also sind beide Seiten der fraglichen Gleichung solange gleich null, bis die $c_0 t$-Front über K hinweggelaufen ist.

Lösung 11.4

a) Mit den Gln. (11.80a,b), (11.92a,b):

$$\boldsymbol{E} = \frac{\omega^2}{4\pi c_0} \frac{\sin\vartheta}{r} \left[-\frac{\hat{p}_z}{\varepsilon_0 c_0} \sin(\omega t_0^*)\boldsymbol{e}_\vartheta + \mu_0 \hat{m}_z \cos(\omega t_0^*)\boldsymbol{e}_\alpha \right],$$

$$\boldsymbol{B} = \frac{\omega^2}{4\pi c_0^2} \frac{\sin\vartheta}{r} \left[-\frac{\hat{p}_z}{\varepsilon_0 c_0} \sin(\omega t_0^*)\boldsymbol{e}_\alpha - \mu_0 \hat{m}_z \cos(\omega t_0^*)\boldsymbol{e}_\vartheta \right];$$

$p_z = ql = \hat{q}\,l \sin\omega t$, d.h. $\hat{p}_z = \hat{q}\,l$; $m_z = \dot{q}\,\pi R^2 = \hat{q}\,\omega\pi R^2 \cos\omega t$, d.h. $\hat{m}_z = \hat{q}\,\omega\pi R^2$; in den Gln. (11.92a,b) muß $\sin(\omega t_0^*)$ durch $\cos(\omega t_0^*)$ ersetzt werden.

b) $$\boldsymbol{S} = \frac{1}{\mu_0 c_0}\left(\frac{\omega^2}{4\pi c_0}\frac{\sin\vartheta}{r}\right)^2 \left[\left(\frac{\hat{p}_z}{\varepsilon_0 c_0}\right)^2 \sin^2(\omega t_0^*) + (\mu_0 \hat{m}_z)^2 \cos^2(\omega t_0^*)\right]\boldsymbol{e}_r ;$$

wegen $\sin^2(\omega t_0^*) + \cos^2(\omega t_0^*) = 1$ wird $\boldsymbol{S}$ zeitunabhängig für $\left(\frac{\hat{p}_z}{\varepsilon_0 c_0}\right)^2 = (\mu_0 \hat{m}_z)^2$, d.h. $\frac{\omega\pi R^2}{l} = c_0$; dann sind übrigens $\boldsymbol{E}$ und $\boldsymbol{B}$ zirkular polarisiert.

Lösung 11.5

Zum Hüllenintegral der Gl. (3.6) trägt hier nur die Kreisscheibe (Radius $c_0 t$) bei, die der felderfüllte Bereich aus der würfelförmigen Hülle ausschneidet. Im ganzen felderfüllten Bereich *außerhalb* der $c_0 t$-Kugel um die akkumulierende Punktladung kann man wie im Beispiel 11.4.6c rechnen. Auf jener Scheibe liegt also im betrachteten Augenblick die durch Gl. (11.63) gegebene elektrische Feldstärke vor. Deren Integral über eine Kreisscheibe vom Radius $c_0 t$ ergibt den Wert $i_0 t/\varepsilon_0$, der aus Lösung 11.3a zu entnehmen ist, wenn man zu der jetzt vorgeschriebenen Zählrichtung ($\boldsymbol{n} = -\boldsymbol{e}_z$) übergeht. Somit gilt hier, wie zu zeigen war,

$$\oint\!\!\!\oint_{\text{Hülle}} \boldsymbol{E}\cdot \mathrm{d}\boldsymbol{a} = \frac{i_0 t}{\varepsilon_0} = \frac{q(t)}{\varepsilon_0},$$

und das, obwohl auf der Hülle noch keine direkte Information über die akkumulierende Punktladung vorliegen kann. Diese Maxwell-Gleichung verknüpft hier ein *induziertes* elektrisches Feld auf der Hülle mit dem momentanen Wert der eingeschlossenen Ladung, die selbst noch keinen Beitrag zu diesem Feld leistet, da sie weiter als $c_0 t$ von allen Hüllenpunkten entfernt ist (vgl. S. 84, letzter Absatz).

Lösung 11.6

Nach analogem Vorgehen wie es zur Gl. (11.66a) führt, erhält man jetzt

$$\boldsymbol{B}(P,t) = \frac{\mu_0}{4\pi}\int_{-l}^{0}\left[i + \frac{R}{c_0}\frac{\mathrm{d}i}{\mathrm{d}t}\right]^* \boldsymbol{e}_z \times \frac{\boldsymbol{R}}{R^3}\,\mathrm{d}z' ;$$ Übergang zum Punktdipol wie nach

Gl. (11.66a): $$\boldsymbol{B}(P,t) = \frac{\mu_0}{4\pi}\left[\dot{p}_z + \frac{r}{c_0}\ddot{p}_z\right]^* \boldsymbol{e}_z \times \frac{\boldsymbol{e}_r}{r^2} = \frac{\mu_0}{4\pi}\left[\frac{\dot{p}_z}{r^2} + \frac{\ddot{p}_z}{c_0 r}\right]^* \sin\vartheta\,\boldsymbol{e}_\alpha .$$

LITERATUR

Becker, R.; Sauter, F.: Theorie der Elektrizität 1; Teubner, Stuttgart 1973.

Born, M.; Wolf, E.: Principles of Optics; Pergamon Press, Oxford 1987.

Bourne, D.E; Kendall, P.C.: Vektoranalysis; Teubner, Stuttgart 1988.

Feynman, R.P; Leighton, R.B; Sands, M.: The Feynman Lectures on Physics, vols. 1,2; Addison-Wesley, Reading (Mass.) 1964.

French, A.P.: Die spezielle Relativitätstheorie; Vieweg, Braunschweig 1986.

Griffiths, D.J.: Introduction to Electrodynamics; Prentice-Hall, Englewood Cliffs 1989.

Großmann, S.: Mathematischer Einführungskurs für die Physik; Teubner, Stuttgart 1991.

Hafner, Ch.: Numerische Berechnung elektromagnetischer Felder; Springer, Berlin 1987.

Hecht, E.: Optics; Addison-Wesley, Reading (Mass.) 1987.

Jackson, J.D.: Classical Electrodynamics; Wiley, New York 1975.

Kellog, O.D.: Foundations of Potential Theory; Springer, Berlin 1967.

Kröger, R.; Unbehauen, R.: Zur Theorie der Bewegungsinduktion, AEÜ 36 (1982), 359-366.

Kuhrt, F.; Lippmann, H.J.: Hallgeneratoren; Springer, Berlin 1968.

Moon, P.; Spencer, D.E.: Field Theory Handbook; Springer, Berlin 1988.

Panofsky, W.K.H.; Phillips, M.: Classical Electricity and Magnetism; Addison-Wesley, Reading (Mass.) 1969.

Purcell, E.M.: Electricity and Magnetism (Berkeley Physics Course Volume 2); McGraw Hill, New York 1985.

Ramo, S.; Whinnery, J.R.; Van Duzer, Th.: Fields and Waves in Communication Networks; Wiley, New York 1965.

Sexl, R.; Schmidt, H.K.: Raum-Zeit-Relativität; Vieweg, Braunschweig 1990.

Simonyi, K.: Theoretische Elektrotechnik; Deutscher Verlag der Wissenschaften, Berlin 1989.

Tsien, R.Y.: Pictures of Dynamic Electric Fields; Am. J. Phys. 40 (1972), 46-56.

Unbehauen, R.: Elektrische Netzwerke; Springer, Berlin 1990.

Van Bladel, J.: Relativity and Engineering; Springer, Berlin 1984.

Wunsch, G,; Schulz, H.-G.: Elektromagnetische Felder; Verlag Technik, Berlin 1989.

Lehrbücher, in denen die Felder $\boldsymbol{D}$ und $\boldsymbol{H}$ so behandelt werden wie im vorliegenden Buch, sind die von Feynman, Griffiths und Purcell. Sie sind auch aus didaktischen Gründen sehr zu empfehlen.

SYMBOLE

A	Arbeit
$\boldsymbol{A}$	Vektorpotential
a	Flächeninhalt
α	Winkel (Zylinder- bzw. Kugelkoordinate; s. Bild 1.33)
$\boldsymbol{B}$	magnetische Induktion
b	Beweglichkeit
C	Kapazität
$C_{\nu\mu}$	Teilkapazitäten
$c_{\nu\mu}$	Kapazitätskoeffizienten
c_0	Lichtgeschwindigkeit im Vakuum
$\boldsymbol{D}$	Verschiebungsdichte
$\boldsymbol{E}$	elektrische Feldstärke
e	Elementarladung
$\boldsymbol{e}$	Einheitsvektor
ε_0	elektrische Feldkonstante
ε	Permittivität
ε_r	relative Permittivität
η	Raumladungsdichte (gelegentlich)
ϑ	Winkel (Kugelkoordinate; s. Bild 1.33)
$\boldsymbol{F}$	Kraft, Vektorfeld
G	Gebiet (dreidimensional)
$\boldsymbol{g}$	Impulsdichte des elektromagnetischen Feldes
$\boldsymbol{H}$	magnetische Feldstärke
I	Stromstärke (irgendwie verteilt)
i	Stromstärke eines Linienstroms
$\boldsymbol{J}$	räumliche Stromdichte schlechthin
$\boldsymbol{J}_f$	räumliche freie Stromdichte
$\boldsymbol{J}_{pol}$	räumliche Polarisationsstromdichte
$\boldsymbol{J}_{mag}$	räumliche Magnetisierungsstromdichte
K	Kurve
$\boldsymbol{K}$	Flächenstromdichte schlechthin
$\boldsymbol{K}_f$	flächenhafte freie Stromdichte
$\boldsymbol{K}_{mag}$	flächenhafte Magnetisierungsstromdichte
k	Wellenzahl
κ	Leitfähigkeit
L	Selbstinduktivität
λ	Wellenlänge
M	Gegeninduktivität
$\boldsymbol{M}$	Magnetisierung
$\boldsymbol{m}$	magnetisches Dipolmoment
μ_0	magnetische Feldkonstante
μ	Permeabilität
μ_r	relative Permeabilität
N	Anzahl
n	Konzentration
$\boldsymbol{n}$	Normaleneinheitsvektor
P	Aufpunkt, Leistung
$\boldsymbol{P}$	elektrische Polarisation
p	Leistungsdichte
$p_{\nu\mu}$	Potentialkoeffizienten
$\boldsymbol{p}$	elektrisches Dipolmoment
Q	Ladung (irgendwie verteilt)
q	Punktladung
R	Ohmscher Widerstand, Radius, Abstand Integrationspunkt-Aufpunkt
r	Abstand Nullpunkt-Aufpunkt (Kugelkoordinate; s. Bild 1.33)
$\boldsymbol{r}$	Ortsvektor (Aufpunkt)

ρ	räumliche Ladungsdichte schlechthin, Abstand z-Achse - Aufpunkt (Zylinderkoordinate; s. Bild 1.33)
ρ_f	räumliche freie Ladungsdichte
ρ_{pol}	räumliche Polarisationsladungsdichte
S	Fläche
$\boldsymbol{S}$	Poynting-Vektor
s	Bogenlänge
σ	Flächenladungsdichte schlechthin
σ_f	flächenhafte freie Ladungsdichte
σ_{pol}	flächenhafte Polarisationsladungs-dichte
$\boldsymbol{T}$	Drehmoment
t	Zeit
t^*	retardierte Zeit
$\boldsymbol{t}$	Tangenteneinheitsvektor
τ	Linienladungsdichte
U	Spannung, skalares Feld
$\boldsymbol{u}$	Geschwindigkeit
V	Volumeninhalt
W	Energie
w	Energiedichte
x, y, z	kartesische Koordinaten
φ	skalares Potential
Φ	magnetischer Fluß
Φ_Q	magnetischer Querschnittsfluß (s. Seite 210)
$\dot{\Phi}^{(\dot{B})}$	(s. Seite 99)
$\dot{\Phi}^{(u)}$	(s. Seite 99)
χ_e	elektrische Suszeptibilität
χ_m	magnetische Suszeptibilität
ω	Kreisfrequenz

$\mathrm{d}\boldsymbol{r} = \boldsymbol{t}\,\mathrm{d}s$ Wegelement (vektorielles)

$\mathrm{d}\boldsymbol{a} = \boldsymbol{n}\,\mathrm{d}a$ Flächenelement (vektorielles)

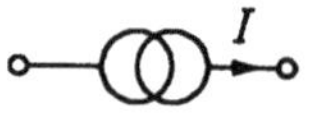

eingeprägte Stromquelle (Urstromquelle s. Seite 161)

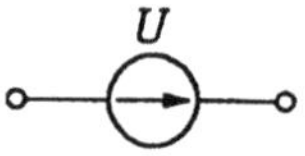

eingeprägte Spannungsquelle (Urspannungsquelle)

]...[s. Seite 115

SACHREGISTER

MIX
Papier aus verantwortungsvollen Quellen
Paper from responsible sources
FSC® C105338

If you have any concerns about our products,
you can contact us on
ProductSafety@springernature.com

In case Publisher is established outside the EU,
the EU authorized representative is:
Springer Nature Customer Service Center GmbH
Europaplatz 3, 69115 Heidelberg, Germany

Printed by Libri Plureos GmbH
in Hamburg, Germany